教育部哲学社会科学系列发展报告（培育项目）

2014国家社科重大项目《食品安全风险社会共治研究》成果

江苏省高校哲学社会科学优秀创新团队研究成果

Introduction to 2015 China
Development Report on Food Safety

中国食品安全
发展报告 2015

吴林海　徐玲玲　尹世久　等著

北京大学出版社
PEKING UNIVERSITY PRESS

图书在版编目(CIP)数据

中国食品安全发展报告.2015/吴林海等著.—北京:北京大学出版社,2015.12
(教育部哲学社会科学系列发展报告)
ISBN 978 – 7 – 301 – 26757 – 8

Ⅰ.①中…　Ⅱ.①吴…　Ⅲ.①食品安全—研究报告—中国—2015　Ⅳ.①TS201.6

中国版本图书馆 CIP 数据核字(2016)第 009881 号

书　　　　名	中国食品安全发展报告 2015
	Zhongguo Shipin Anquan Fazhan Baogao 2015
著作责任者	吴林海　徐玲玲　尹世久　　等著
责 任 编 辑	胡利国
标 准 书 号	ISBN 978 – 7 – 301 – 26757 – 8
出 版 发 行	北京大学出版社
地　　　址	北京市海淀区成府路 205 号　100871
网　　　址	http://www.pup.cn
电 子 信 箱	ss@ pup.pku.edu.cn
新 浪 微 博	@北京大学出版社　　　@未名社科—北大图书
电　　　话	邮购部 62752015　发行部 62750672　编辑部 62765016
印 刷 者	北京宏伟双华印刷有限公司
经 销 者	新华书店
	730 毫米×980 毫米　16 开本　41.75 印张　772 千字
	2015 年 12 月第 1 版　2015 年 12 月第 1 次印刷
定　　　价	108.00 元

序　言

　　"农夫方夏耘,安坐吾敢食。"烈日炎炎的暑假是许多人选择出游的好时节,但却是研究人员奋斗的好时光。秋日的硕果要在夏天孕育,因而放在我面前这本《中国食品安全报告2015》显然也是吴林海教授与他的合作者们又一次"夏耘"的成果。转眼间,作为教育部哲学社会科学系列发展报告的第四本年度报告——《中国食品安全发展报告2015》即将出版。我非常高兴地看到,以江南大学吴林海教授及其研究团队为主体撰写的系列"中国食品安全发展报告"质量逐步提升,业已成为国内融学术性、实用性、工具性、科普性于一体的具有较大影响力的研究报告,对全面、客观公正地反映中国食品安全的真实状况起到了十分重要的作用。《中国食品安全发展报告2015》(以下简称本《报告》)无论是研究内容的深度、广度,还是研究方法上都取得了一系列的新进展。在我看来,与前三个报告相比较,本《报告》至少在以下四个方面实现了新的突破:

　　一是实践特色。本《报告》共21章,其中第一章、第五章、第八章、第九章、第十章、第十三章、第十六章、第十八章、第十九章、第二十章、第二十一章等11章的研究内容均源自于实际的调查,超过本《报告》全部章节的50%。通过实际调查、实证研究,总结实践经验,服务实践应用,保证了本《报告》鲜明的实践特色,体现了本《报告》努力回答社会关切的基本宗旨,更反映了吴林海教授及其研究团队根植于国情而研究中国食品安全问题的学者情怀。

　　二是理论特色。本《报告》致力于构建具有中国特色的食品安全风险社会共治的理论框架,在借鉴西方理论与研究成果的基础上,在把握"全球视野"与"本土特质"两个维度的层次上进行了大胆探索,并提出了厘清食品安全风险现实问题的本质特征是构建理论分析框架的基础,"整体性治理"应该是构建理论分析框架的基本思路,理论分析框架应具有研究视角的中国特色、风险治理的实践特色、共治体系的系统特色、共治体系的开放特色,以及治理体系与治理能力、技术保障的有机统一的特色等一系列理论观点。这不仅仅提升了本《报告》的研究质量,更体现了吴林海教授及其研究团队宽广的"顶天立地"的研究视野。

　　三是研究方法。本《报告》坚持"学科交叉、特色鲜明、实证研究"的学术理念,努力采用了多学科组合的研究方法,并不断采用最先进的研究工具展开研究。与以往《报告》相比较,采用大数据工具的研究方法,这是本《报告》最鲜明的特色。

吴林海教授及其研究团队,率先在国内开发了食品安全事件大数据监测平台 Data Base V1.0 系统,率先计算了十年间中国发生的食品安全事件的数量,研究了最具风险性的食品种类,刻画了食品安全事件在空间区域的分布状况,分析了在食品供应链体系中最容易发生食品安全事件的环节等。所有这些,不仅为科学地回答"食品安全风险社会共治首先'共治'什么"奠定了科学基础,而且体现了吴林海教授及其研究团队勇于创新的探索性勇气。

四是研究内容。与前三个报告相比较,本《报告》既延续了良好的体例与范式,又实现了研究内容新颖化、系统化。尤其是增加了粮食、食用农产品与食品的生产与市场供应状况的分析,在粮食数量保障总体上处于紧平衡与片面追求数量的粗放式的生产方式难以为继的背景下,提出了如何通过深化改革与节约保障粮食安全的思考与建议,不仅确保了《报告》更好地把握食品安全数量与质量的内在关系,更体现了吴林海教授及其研究团队为保障粮食与质量安全所付出的艰辛努力。

天地一窑,阳炙炭烹的八月,《中国食品安全发展报告 2015》就像是一股清流,从酷暑的炎热中带来秋日的硕果,我们衷心地感谢吴林海教授及其研究团队为中国食品安全治理所作出的努力,并由衷地祝愿江南大学食品安全治理的研究团队能够为提升我国食品安全水平作出新的贡献。

孙宝国

中国工程院院士、北京工商大学校长

2015 年 8 月

目　　录

中编　食品安全:2014 年支撑体系的新进展

下编　年度关注：食品安全风险社会共治

Contents

Part III   Concerns in 2014: Food Safety Risk Co-goverance

导　　论

　　"中国食品安全发展报告"是教育部 2011 年批准立项的哲学社会科学研究发展报告培育资助项目。《中国食品安全发展报告 2015》(以下简称本《报告》)是自 2012 年以来第四次出版的年度食品安全发展报告。根据教育部对哲学社会科学研究发展报告的原则要求,与"中国食品安全发展报告"前三个年度报告相比较,本《报告》的研究结构、体例安排上没有进行大的调整,而且所涉及的主要概念、研究主线也并未有根本性的变化,但在研究内容上发生了很大的变化。尤其是每个《报告》下篇的年度关注,四个年度报告不仅根据当年度的热点而设定不同的研究内容,更体现了由社会管理向社会治理转型过程中食品安全治理的新理念,反映了中国食品安全治理发展的基本轨迹。特别是本《报告》自觉地将食品安全治理纳入国家治理体系中,努力构建具有中国特色的食品安全风险社会共治体系的理论分析框架,并尝试考察中国食品安全治理的真实状况。在社会各界的共同关心下,经过本《报告》研究团队全体研究人员的共同努力,今天的"中国食品安全发展报告"已成为融学术性、实用性、工具性、科普性于一体,在国内具有较大影响的研究报告,对全面、客观公正地反映中国食品安全的真实状况起到了十分重要的作用。

　　《中国食品安全发展报告 2015》作为一个完整的年度报告,在此仍对研究所涉及的主要概念、研究主线、研究方法等方面作简要说明,力图轮廓性、全景式地描述整体概况,并重点介绍本《报告》的主要研究内容与基本结论。

一、研究主线与视角

　　食品安全风险是世界各国普遍面临的共同难题[1],全世界范围内的消费者普遍面临着不同程度的食品安全风险问题[2],全球每年因食品和饮用水不卫生导致

---

[1]　M. P. M. M. De Krom, "Understanding Consumer Rationalities: Consumer Involvement in European Food Safety Governance of Avian Influenza", *Sociologia Ruralis*, Vol. 49, No. 1, 2009, pp. 1-19.

[2]　Y. Sarig, "Traceability of Food Products", *International Agricultural Engineering: the CIGR Journal of Scientific Research and Development*. No. 5, 2003, pp. 2-17.

约有 1800 万人死亡[①]。这其中也包括发达国家。1999 年以前美国每年约有 5000 人死于食源性疾病[②]。食品安全风险在我国则表现得更为突出,与此相对应的食品安全事件高频率地发生,难以置信,全球瞩目。尽管我国的食品安全总体水平稳中有升,趋势向好[③],但目前一个不可否认的事实是,食品安全风险与由此引发的安全事件已成为我国最大的社会风险之一[④]。

作为全球最大的发展中国家,中国的食品安全问题相当复杂。站在公正的角度,从学者专业性视角出发,全面、真实、客观地研究、分析中国食品安全的真实状况,是学者义不容辞的重大责任,也是本《报告》的基本特色。因此,对研究者而言,始终绕不开基于什么立场,从什么角度、沿着什么脉络,也就是有一个研究主线的选择问题。选择不当,将可能影响研究结论的客观性、准确性与科学性。研究主线与视角,这是一个带有根本性的重要问题,并由此内在地决定了《报告》的研究框架与主要内容。

(一) 研究的主线

基于食品供应链全程体系,食品安全问题在多个环节、多个层面均有可能发生,尤其在以下环节上的不当与失误更容易产生食品安全风险:(1) 初级农产品与食品原辅料的生产;(2) 食品的生产加工;(3) 食品的配送和运输;(4) 食品的消费环境与消费者食品安全消费意识;(5) 政府相关食品监管部门的监管力度与技术手段;(6) 食品生产经营者的社会责任与从业人员的道德、职业素质等不同环节和层面;(7) 生产、加工、流通、消费等各个环节技术规范的科学性、合理性、有效性与可操作性等。进一步分析,上述主要环节涉及政府、生产经营者、消费者三个最基本的主体;既涉及技术问题,也涉及管理问题;管理问题既涉及企业层次,也涉及政府监管体系,还涉及消费者自身问题;风险的发生既可能是自然因素,又可能是人源性因素,等等。上述错综复杂的问题,实际上贯穿于整个食品供应链体系。

食品供应链(Food Supply Chain)是指,从食品的初级食品生产经营者到消费者各环节的经济利益主体(包括其前端的生产资料供应者和后端的作为规制者的

---

① 魏益民、欧阳韶晖、刘为军等:《食品安全管理与科技研究进展》,《中国农业科技导报》2005 年第 5 期。

② P. S. Mead, L. Slutsker, V. Dietz, et al., "Food-Related Illness and Death in the United States", *Emerging Infectious Diseases*, Vol. 5, No. 5, 1999, p. 607.

③ 《张勇谈当前中国食品安全形势:总体稳定正在向好》,新华网,2011-03-01 [2014-06-06],http://news.xinhuanet.com/food/2011-03/01/c_121133467.htm。

④ 英国 RSA 保险集团发布的全球风险调查报告:《中国人最担忧地震风险》,《国际金融报》2010 年 10 月 19 日。

政府)所组成的整体①。虽然食品供应链体系概念在实践中不断丰富与发展,但最基本的问题已为上述界定所揭示,并且这一界定已为世界各国所普遍接受。按照上述定义,我国食品供应链体系中的生产经营主体主要包括农业生产者(分散农户、规模农户、合作社、农业企业、畜牧业生产者等)以及食品生产、加工、包装、物流配送、经销(批发与零售)等环节的生产经营厂商,并共同构成了食品生产经营风险防范与风险承担的主体②。食品供应链体系中的农业生产者与食品生产加工、物流配送、经销等厂商等相关主体均有可能由于技术限制、管理不善等因素,在每个主体生产加工经营等环节都存在着可能危及食品安全的因素。这些环节在食品供应链中环环相扣,相互影响,确保食品安全并非简单取决于某个单一厂商,而是供应链上所有主体、节点企业的共同使命。食品安全与食品供应链体系之间的关系研究就成为新的历史时期人类社会发展的主题。因此,对中国食品安全问题的研究,本《报告》分析与研究的主线是基于食品供应链全程体系,分析食用农产品与食品的生产加工、流通消费、进口等主要环节的食品质量安全,介绍食品安全相应的支撑体系建设的进展情况,为关心食品安全的人们提供轮廓性的概况。

(二) 研究的视角

国内外学者对食品安全与食品供应链体系间的相关性分析,已分别在宏观与微观、技术与制度、政府与市场,生产经营主体以及消费者等多个角度、多个层面上进行了大量的先驱性研究③。从我国食品安全风险的主要特征与发生的重大食品安全事件的基本性质及成因来考察,现有的食品科学技术水平并非是制约、影响食品安全保障水平的主要瓶颈。虽然技术不足、环境污染等方面的原因对食品安全产生一定影响,在不同层面影响到食品品质④,但基于食品供应链全程体系,我国的食品安全问题更多的是生产经营主体不当行为、不执行或不严格执行已有的食品技术规范与标准体系等违规违法行为等人源性因素造成的。这是本《报告》研究团队的鲜明观点。因此,在现阶段有效防范我国食品安全风险,切实保障食品安全,必须有效集成技术、标准、规范、制度、政策等手段综合治理,并且更应该注重通过深化监管体制改革,强化管理,规范食品生产经营者的行为。这既是

---

① M. Den Ouden, A. Dijkhuizen, R. Huirne, P. Zuurbier, "Vertical Cooperation in Agricultural Production-Marketing Chains, with Special Reference to Product Differentiation in Pork", *Agribusiness*, Vol. 12, No. 3, 1996, pp. 277-290.

② 本报告中将食品供应链体系中的农业生产者与食品生产加工、物流配送、经销等厂商统称为食品生产经营者或生产经营主体,以有效区别食品供应链体系中的消费者、政府等行为主体。

③ 刘俊威:《基于信号传递博弈模型的我国食品安全问题探析》,《特区经济》2012 年第 1 期。

④ 燕平梅、薛文通、张慧、胡晓平、谭丽平:《不同贮藏蔬菜中亚硝酸盐变化的研究》,《食品科学》2006 年第 6 期。

我国食品安全监管的难点,也是今后监管的重点。虽然 2013 年 3 月国务院对我国的食品安全监管体制进行了改革,在制度层面上为防范食品安全分段监管带来的风险奠定了基础,但如果不解决食品生产经营者的人源性因素所导致的食品安全风险问题,中国的食品安全难以走出风险防不胜防的困境。对此,本《报告》第五章进行了详细的分析。基于上述思考,本《报告》的研究角度设定在管理层面上展开系统而深入地分析。

归纳起来,本《报告》主要着眼于食品供应链的完整体系,基于管理学的角度,融食品生产经营者、消费者与政府为一体,以食用农产品生产为起点,综合运用各种统计数据,结合实地调查,研究我国生产、流通、消费等关键环节食品安全性(包括进口食品的安全性)的演变轨迹,并对现阶段我国食品安全风险的现实状态与未来走势作出评估,由此深刻揭示影响我国食品安全的主要矛盾;与此同时,有选择、有重点地分析保障我国食品安全主要支撑体系建设的进展与存在的主要问题。总之,基于上述研究主线与角度,本《报告》试图全面反映、准确描述近年来我国食品安全性的总体变化情况,尽最大的可能为生产经营者、消费者与政府提供充分的食品安全信息。

二、主要概念界定

食品与农产品、食品安全与食品安全风险等是本《报告》中最重要、最基本的概念。本《报告》在借鉴相关研究的基础上[1],进一步作出科学的界定,以确保研究的科学性。

(一)食品、农产品及其相互关系

简单来说,食品是人类食用的物品。准确、科学地定义食品并对其分类并不是非常简单的事情,需要综合各种观点与中国实际,并结合本《报告》展开的背景进行全面考量。

1. 食品的定义与分类

食品,最简单的定义是人类可食用的物品,包括天然食品和加工食品。天然食品是指在大自然中生长的、未经加工制作、可供人类直接食用的物品,如水果、蔬菜、谷物等;加工食品是指经过一定的工艺进行加工生产形成的、以供人们食用或者饮用为目的的制成品,如大米、小麦粉、果汁饮料等,但食品一般不包括以治疗为目的的药品。

1995 年 10 月 30 日起施行的《中华人民共和国食品卫生法》(在本《报告》中简称《食品卫生法》)在第九章《附则》的第五十四条对食品的定义是:"食品是指

---

[1]　参见吴林海、徐立青:《食品国际贸易》,中国轻工业出版社 2009 年版。

各种供人食用或者饮用的成品和原料以及按照传统既是食品又是药品的物品,但是不包括以治疗为目的的物品"。1994 年 12 月 1 日实施的国家标准 GB/T15091-1994《食品工业基本术语》在第 2.1 条中将"一般食品"定义为"可供人类食用或饮用的物质,包括加工食品、半成品和未加工食品,不包括烟草或只作药品用的物质。"2009 年 6 月 1 日起施行的《中华人民共和国食品安全法》(以下简称现行的《食品安全法》)在第十章《附则》的第九十九条对食品的界定[①],与国家标准 GB/T15091-1994《食品工业基本术语》完全一致。2015 年 4 月 24 日,第十二届全国人大常委会第十四次会议新修订的《食品安全法》(以下简称新修订的《食品安全法》)对食品的定义由原来的"食品,指各种供人食用或者饮用的成品和原料以及按照传统既是食品又是药品的物品,但是不包括以治疗为目的的物品"修改为"食品,指各种供人食用或者饮用的成品和原料以及按照传统既是食品又是中药材的物品,但是不包括以治疗为目的的物品",将原来定义中的"药品"调整为"中药材",但就其本质内容而言并没有发生根本性的变化。国际食品法典委员会(CAC)CODEXSTAN1 1985 年《预包装食品标签通用标准》对"一般食品"的定义是:"指供人类食用的,不论是加工的、半加工的或未加工的任何物质,包括饮料、胶姆糖,以及在食品制造、调制或处理过程中使用的任何物质;但不包括化妆品、烟草或只作药物用的物质"。

食品的种类繁多,按照不同的分类标准或判别依据,可以有不同的食品分类方法。GB/T7635.1-2002《全国主要产品分类和代码》将食品分为农林(牧)渔业产品,加工食品、饮料和烟草两大类[②]。其中农林(牧)渔业产品分为种植业产品、活的动物和动物产品、鱼和其他渔业产品三大类;加工食品、饮料和烟草分为肉、水产品、水果、蔬菜、油脂等类加工品;乳制品;谷物碾磨加工品、淀粉和淀粉制品,豆制品,其他食品和食品添加剂,加工饲料和饲料添加剂;饮料;烟草制品共五大类。

根据国家质量监督检验检疫总局发布的《28 类产品类别及申证单元标注方法》[③],对申领食品生产许可证企业的食品分为 28 类:粮食加工品,食用油、油脂及其制品,调味品,肉制品,乳制品,饮料,方便食品,饼干,罐头食品,冷冻饮品,速冻食品,薯类和膨化食品,糖果制品,茶叶及相关制品,酒类,蔬菜制品,水果制品炒

---

① 2009 年 6 月 1 日起施行的《食品安全法》是我国实施的第一部《食品安全法》。目前新修订的《食品安全法》已通过并在 2015 年 10 月 1 日起正式施行。如无特别的说明,本报告所指的《食品安全法》是指在 2015 年 9 月 30 日之前仍发挥法律效应的《食品安全法》,而并非指新修订《食品安全法》。

② 中华人民共和国家质量监督检验检疫总局:《GB/T7635.1-2002 全国主要产品分类和代码》,中国标准出版社 2002 年版。

③ 《28 类产品类别及申证单元标注方法》,广东省中山市质量技术监督局网站,2008-08-20[2013-01-13],http://www.zsqts.gov.cn/FileDownloadHandle? fileDownloadId=522。

货,食品及坚果制品,蛋制品,可可及焙烤咖啡产品,食糖,水产制品,淀粉及淀粉制品,糕点,豆制品,蜂产品,特殊膳食食品,其他食品。

GB2760-2011《食品安全国家标准食品添加剂使用标准》食品分类系统中对食品的分类①,也可以认为是食品分类的一种方法。据此形成乳与乳制品,脂肪、油和乳化脂肪制品,冷冻饮品,水果、蔬菜(包括块根类)、豆类、食用菌、藻类、坚果以及籽类等,可可制品、巧克力和巧克力制品(包括类巧克力和代巧克力)以及糖果,粮食和粮食制品,焙烤食品,肉及肉制品,水产品及其制品,蛋及蛋制品,甜味料,调味品,特殊膳食用食品,饮料类,酒类,其他类共十六大类食品。

食品概念的专业性很强,也并不是本《报告》的研究重点。如无特别说明,本《报告》对食品的理解主要依据新修订的《食品安全法》。

2. 农产品与食用农产品

农产品与食用农产品也是本《报告》中非常重要的概念。2006 年 4 月 29 日第十届全国人民代表大会常务委员会第二十一次会议通过的《中华人民共和国农产品质量安全法》(以下简称《农产品质量安全法》)将农产品定义为"来源于农业的初级产品,即在农业活动中获得的植物、动物、微生物及其产品",主要强调的是农业的初级产品,即在农业中获得的植物、动物、微生物及其产品。实际上,农产品亦有广义与狭义之分。广义的农产品是指农业部门所生产出的产品,包括农、林、牧、副、渔等所生产的产品;而狭义的农产品仅指粮食。广义的农产品概念与《农产品质量安全法》中的农产品概念基本一致。

不同的体系对农产品分类方法是不同的,不同的国际组织与不同的国家对农产品的分类标准不同,甚至具有很大的差异。农业部相关部门将农产品分为粮油、蔬菜、水果、水产和畜牧五大类。以农产品为对象,根据其组织特性、化学成分和理化性质,采用不同的加工技术和方法,制成各种粗、精加工的成品与半成品的过程称为农产品加工。根据联合国国际工业分类标准,农产品加工业划分为以下5 类:食品、饮料和烟草加工;纺织、服装和皮革工业;木材和木材产品,包括家具加工制造;纸张和纸产品加工、印刷和出版;橡胶产品加工。根据国家统计局分类,农产品加工业包括:食品加工业(含粮食及饲料加工业);食品制造业(含糕点糖果制造业、乳品制造业、罐头食品制造业、发酵制品业、调味品制造业及其他食品制造业);饮料制造业(含酒精及饮料酒、软饮料制造业、制茶业等);烟草加工业;纺织业、服装及其他纤维制品制造业;皮革毛皮羽绒及其制品业;木材加工及竹藤棕

---

① 中华人民共和国卫生部:《GB2760-2011 食品安全国家标准食品添加剂使用标准》,中国标准出版社2011 年版。

草制造业等 12 个行业①。

由于农产品是食品的主要来源,也是工业原料的重要来源,因此可将农产品分为食用农产品和非食用农产品。商务部、财政部、国家税务总局于 2005 年 4 月发布的《关于开展农产品连锁经营试点的通知》(商建发[2005]1 号)对食用农产品做了详细的注解,食用农产品包括可供食用的各种植物、畜牧、渔业产品及其初级加工产品。同样,农产品、食用农产品概念的专业性很强,也并不是本《报告》的研究重点。如无特别说明,本《报告》对农产品、食用农产品理解主要依据《农产品质量安全法》与商务部、财政部、国家税务总局的相关界定。

3. 农产品与食品间的关系

农产品与食品间的关系似乎非常简单,实际上并非如此。事实上,在有些国家农产品包括食品,而有些国家则是食品包括农产品,如 1986 年启动的乌拉圭回合农产品协议对农产品范围的界定就包括了食品,《加拿大农产品法》中的"农产品"也包括了"食品"。在一些国家虽将农产品包含在食品之中,但同时强调了食品"加工和制作"这一过程。但不管如何定义与分类,在法律意义上,农产品与食品两者间的法律关系是清楚的。在我国现行或新修订的《食品安全法》与《农产品质量安全法》分别对食品、农产品作出了较为明确的界定,法律关系较为清晰。

农产品和食品既有必然联系,也有一定的区别。农产品是源于农业的初级产品,包括直接食用农产品、食品原料和非食用农产品等,而大部分农产品需要再加工后变成食品。因此,食品是农产品这一农业初级产品的延伸与发展。这就是农产品与食品的天然联系。两者的联系还体现在质量安全上。农产品质量安全问题主要产生于农业生产过程中,比如,农药、化肥的使用往往会降低农产品质量安全水平。食品的质量安全水平首先取决于农产品的安全状况。进一步分析,农产品是直接来源于农业生产活动的产品,属于第一产业的范畴;食品尤其是加工食品主要是经过工业化的加工过程所产生的食物产品,属于第二产业的范畴。加工食品是以农产品为原料,通过工业化的加工过程形成,具有典型的工业品特征,生产周期短,批量生产,包装精致,保质期得到延长,运输、贮藏、销售过程中损耗浪费少等。这就是农产品与食品的主要区别。图 0-1 简单反映了食品与农产品之间的相互关系。

---

① 吴林海、钱和:《中国食品安全发展报告 2012》,北京大学出版社 2012 年版。

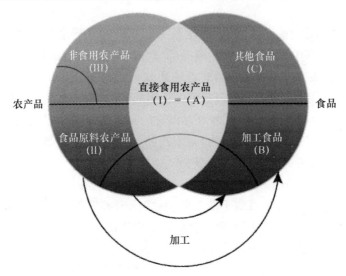

图 0-1　食品与农产品间关系示意图

目前政界、学界在讨论食品安全的一般问题时并没有将农产品、食用农产品、食品作出非常严格的区分,而是相互交叉,往往有将农产品、食用农产品包含于食品之中的含义。在本《报告》中除第一章、第二章分别研究食用农产品安全、生产与加工环节的食品质量安全,以及特别说明外,对食用农产品、食品也不作非常严格的区别。

(二) 食品安全的内涵

食品安全问题贯穿于人类社会发展的全过程,是一个国家经济发展、社会稳定的物质基础和必要保证。因此,包括发达国家在内的世界各国政府大都将食品安全问题提升到国家安全的战略高度,给予高度的关注与重视。

1. 食品量的安全与食品质的安全

食品安全内涵包括"食品量的安全"和"食品质的安全"两个方面。"食品量的安全"强调的是食品数量安全,亦称食品安全保障,从数量上反映满足居民食品消费需求的能力。食品数量安全问题在任何时候都是各国特别是发展中国家首先需要解决的问题。目前,除非洲等地区的少数国家外,世界各国的食品数量安全问题从总体上基本得以解决,食品供给已不再是主要矛盾。"食品质的安全"关注的是食品质量安全。食品质的安全状态就是一个国家或地区的食品中各种危害物对消费者健康的影响程度,以确保食品卫生、营养结构合理为基本特征。因此,"食品质的安全"强调的是确保食品消费对人类健康没有直接或潜在的不良影响。

"食品量的安全"和"食品质的安全"是食品安全概念内涵中两个相互联系的

基本方面。在我国,现在对食品安全内涵的理解中,更关注"食品质的安全",而相对弱化"食品量的安全"。

2. 食品安全内涵的理解

在我国对食品安全概念的理解上,大体形成了如下的共识。

(1) 食品安全具有动态性。 现行的《食品安全法》在第 99 条与新修订的《食品安全法》在第 150 条对此的界定完全一致:"食品安全,指食品无毒、无害,符合应当有的营养要求,对人体健康不造成任何急性、亚急性或者慢性危害。"纵观我国食品安全管理的历史轨迹,可以发现,上述界定中的无毒、无害,营养要求,急性、亚急性或者慢性危害在不同的年代衡量标准不尽一致。不同标准对应着不同的食品安全水平。因此,食品安全首先是一个动态概念。

(2) 食品安全具有法律标准。 进入 20 世纪 80 年代以来,一些国家以及有关国际组织从社会系统工程建设的角度出发,逐步以食品安全的综合立法替代卫生、质量、营养等要素立法。1990 年英国颁布了《食品安全法》,2000 年欧盟发表了具有指导意义的《食品安全白皮书》,2003 年日本制定了《食品安全基本法》。部分发展中国家也制定了《食品安全法》。以综合型的《食品安全法》逐步替代要素型的《食品卫生法》《食品质量法》《食品营养法》等,反映了时代发展的要求,同时,也说明了在一个国家范畴内食品安全有其法律标准的内在要求。

(3) 食品安全具有社会治理的特征。 与卫生学、营养学、质量学等学科概念不同,食品安全是个社会治理概念。不同国家在不同的历史时期,食品安全所面临的突出问题和治理要求有所不同。在发达国家,食品安全所关注的主要是因科学技术发展所引发的问题,如转基因食品对人类健康的影响;而在发展中国家,现阶段食品安全所侧重的则是市场经济发育不成熟所引发的问题,如假冒伪劣、有毒有害食品等非法生产经营。在我国,食品安全问题则基本包括上述全部内容。

(4) 食品安全具有政治性。 无论是发达国家还是发展中国家,确保食品安全是企业和政府对社会最基本的责任和必须做出的承诺。食品安全与生存权紧密相连,具有唯一性和强制性,属于政府保障或者政府强制的范畴。而食品安全等往往与发展权有关,具有层次性和选择性,属于商业选择或者政府倡导的范畴。近年来,国际社会逐步以食品安全的概念替代食品卫生、食品质量的概念,更加突显了食品安全的政治责任。

基于以上认识,完整意义上的食品安全的概念可以表述为:食品(食物或农产品)的种植、养殖、加工、包装、贮藏、运输、销售、消费等活动符合国家强制标准和要求,不存在可能损害或威胁人体健康的有毒有害物质以导致消费者病亡或者危及消费者及其后代的隐患。食品安全概念表明,食品安全既包括生产安全,也包括经营安全;既包括结果安全,也包括过程安全;既包括现实安全,也包括未来安全。本《报告》的研究主要依据新修订的《食品安全法》对食品安全所作出的原则界定,且关注与研究的主题是"食品质的安全"。在此基础上,基于现有的国家标准,分析研究我国食品质量安全的总体水平等。需要指出的是,为简单起见,如无特别的说明,在本《报告》中,食品质的安全、食品质量安全与食品安全三者的含义完全一致。

(三) 食品安全与食品卫生

与食品安全相关的主要概念有食品卫生、粮食安全。对此,本《报告》作出如下的说明。

1. 食品安全与食品卫生

我国的国家标准GB/T15091-1994《食品工业基本术语》将"食品卫生"定义为"为防止食品在生产、收获、加工、运输、贮藏、销售等各个环节被有害物质污染,使食品有益于人体健康所采取的各项措施"。食品卫生具有食品安全的基本特征,包括结果安全(无毒无害,符合应有的营养等)和过程安全,即保障结果安全的条件、环境等安全。食品安全和食品卫生的区别在于:一是范围不同。食品安全包括食品(食物)的种植、养殖、加工、包装、贮藏、运输、销售、消费等环节的安全,而食品卫生通常并不包含种植养殖环节的安全。二是侧重点不同。食品安全是结果安全和过程安全的完整统一,食品卫生虽然也包含上述两项内容,但更侧重于过程安全。

2. 食品安全与粮食安全

粮食安全是指保证任何人在任何时候都能得到为了生存与健康所需要的足够食品。食品安全是指品质要求上的安全,而粮食安全则是数量供给或者供需保障上的安全。食品安全与粮食安全的主要区别是:一是粮食与食品的内涵不同。粮食是指稻谷、小麦、玉米、高粱、谷子及其他杂粮,还包括薯类和豆类,而食品的内涵要比粮食更为广泛。二是粮食与食品的产业范围不同。粮食的生产主要是种植业,而食品的生产包括种植业、养殖业、林业等。三是评价指标不同。粮食安全主要是供需平衡,评价指标主要有产量水平、库存水平、贫苦人口温饱水平等,而食品安全主要是无毒无害、健康营养,评价指标主要是理化指标、生物指标、营养指标等。

3. 食品安全与食品卫生间的相互关系

由此可见,食品安全、食品卫生间绝不是相互平行,也绝不是相互交叉的关系。食品安全包括食品卫生。以食品安全的概念涵盖食品卫生的概念,并不是否定或者取消食品卫生的概念,而是在更加科学的体系下,以更加宏观的视角来看待食品卫生。例如,以食品安全来统筹食品标准,就可以避免目前食品卫生标准、食品质量标准、食品营养标准之间的交叉与重复。

(四) 食品安全风险与食品安全事件(事故)

1. 食品安全风险

风险(Risk)为风险事件发生的概率与事件发生后果的乘积[①]。联合国化学品安全项目中将风险定义为暴露某种特定因子后在特定条件下对组织、系统或人群(或亚人群)产生有害作用的概率[②]。由于风险特性不同,没有一个完全适合所有风险问题的定义,应依据研究对象和性质的不同而采用具有针对性的定义。对于食品安全风险,联合国粮农组织(Food and Agriculture Organization,FAO)与世界卫生组织(World Health Organization,WHO)于1995—1999年先后召开了三次国际专家咨询会[③]。国际法典委员会(Codex Alimentarius Commission,CAC)认为,食品安全风险是指将对人体健康或环境产生不良效果的可能性和严重性,这种不良效果是由食品中的一种危害所引起的[④]。食品安全风险主要是指潜在损坏或威胁食品安全和质量的因子或因素,这些因素包括生物性、化学性和物理性[⑤]。生物性危害主要指细菌、病毒、真菌等能产生毒素微生物组织,化学性危害主要指农药、兽药残留、生长促进剂和污染物,违规或违法添加的添加剂;物理性危害主要指金属、碎屑等各种各样的外来杂质。相对于生物性和化学性危害,物理性危害相对影响较小[⑥]。由于技术、经济发展水平差距,不同国家面临的食品安全风险不同。因此需要建立新的识别食品安全风险的方法,集中资源解决关键风险,以防止潜在风险演变为实际风险并导致食品安全事件[⑦]。而对食品风险评估,联合国粮农组织作出了内涵性界定,主要指对食品、食品添加剂中生物性、化学性和物理性危害对人体健康可能造成的不良影响所进行的科学评估,包括危害识别、危害特征描述、暴露评估、风险特征描述等。目前,联合国粮农组织对食品风险评估的界定已为世界各国所普遍接受。在本《报告》的分析研究中将食品安全风险界定为对人体健康或环境产生不良效果的可能性和严重性。

2. 食品安全事件(事故)

在现行的和新修订的《食品安全法》中均没有"食品安全事件"这个概念界定,

---

① L. B. Gratt, *Uncertainty in Risk Assessment*, *Risk Management and Decision Making*, New York, Plenum Press, 1987.

② 石阶平:《食品安全风险评估》,中国农业大学出版社2010年版。

③ FAO Food and Nutrition Paper, "Risk Management and Food Safety", *Rome*, 1997.

④ FAO/WHO, *Codex Procedures Manual*, 10th edition, 1997.

⑤ Anonymous, "A Simple Guide to Understanding and Applying the Hazard Analysis Critical Control Point Concept" (2nd edition), International Life Sciences Institute (ILSI) *Europe*, *Brussels*, 1997, p.13.

⑥ N. I. Valeeva, M. P. Meuwissen, M. Huirne, "Economics of Food Safety in Chains: A Review of General Principles", *Wageningen Journal of Life Sciences*, Vol.51, No.4, 2004, pp.369-390.

⑦ G. A. Kleter, H. J. P. Marvin, "Indicators of Emerging Hazards and Risks to Food Safety", *Food and Chemical Toxicology*, Vol.47, No.5, 2009, pp.1022-1039.

但对"食品安全事故"作出了界定。现行的《食品安全法》在第十章《附则》的第 99 条界定了食品安全事故的概念,而新修订的《食品安全法》作了微调,由原来的"食品安全事故,指食物中毒、食源性疾病、食品污染等源于食品,对人体健康有危害或者可能有危害的事故",修改为"食品安全事故,指食源性疾病、食品污染等源于食品,对人体健康有危害或者可能有危害的事故"。也就是新修订的《食品安全法》删除了现行法律条款中的"食物中毒"这四个字,而将"食品中毒"增加到了食源性疾病的概念中。新修订的《食品安全法》中的"食源性疾病",指食品中致病因素进入人体引起的感染性、中毒性等疾病,包括食物中毒。

目前,我国包括主流媒体对食品安全出现的各种问题均使用"食品安全事件"这个术语。"食品安全事故"与"食品安全事件"一字之差,可以认为两者之间具有一致性。但深入分析现阶段国内各类媒体所报道的"食品安全事件",严格意义上与现行或新修订的《食品安全法》对"食品安全事故"是不同的,而且区别很大。基于客观现实状况,本《报告》采用"食品安全事件"这个概念,并在第十五章中就此展开了严格的界定。本《报告》的主要从狭义、广义两个层次上来界定食品安全事件。狭义的食品安全事件是指食源性疾病、食品污染等源于食品、对人体健康存在危害或者可能存在危害的事件,与新修订的《食品安全法》所指的"食品安全事故"完全一致;而广义的食品安全事件既包含狭义的食品安全事件,同时也包含社会舆情报道的且对消费者食品安全消费心理产生负面影响的事件。除特别说明外,本《报告》研究中所述的食品安全事件均使用广义的概念。

本《报告》的研究与分析尚涉及诸如食品添加剂、化学农药、农药残留等其他一些重要的概念与术语,在现行或新修订的《食品安全法》中也有一些修改,但由于篇幅的限制,在此不再一一列出。

三、研究时段与研究方法

(一) 研究时段

本《报告》主要侧重于反映 2014 年度我国食品安全状况与体系建设的新进展。与前三个"中国食品安全发展报告"相类似,考虑到食品安全具有动态演化的特征,为了较为系统、全面、深入地描述近年来我国食品安全状况变化发展的轨迹,本《报告》在上篇《食品安全:2014 年的基本状况》的研究中,以 2006 年为起点,从主要食用农产品的生产与市场供应、食用农产品安全质量状况与监管体系建设、食品工业生产与市场供应、食品加工制造环节的质量安全、流通环节的食品质量安全与消费行为、进口食品安全性等六个不同的维度,描述了 2006—2014 年间我国食品质量安全的发展变化状况并进行了比较分析,且基于监测数据计算了 2006—2013 年间我国食品安全风险所处的区间范围。需要说明的是,由于受数据收集的局限,在具体章节的研究中有关时间跨度或时间起点稍有不同。而本《报告》在中篇《食品安全:2014 年支撑体系的新进展》的研究中,主要聚焦 2014 年食品安全保障体系的相关建设与进展情况。

(二) 研究方法

本《报告》坚持"学科交叉、特色鲜明、实证研究"的学术理念,努力采用了多学科组合的研究方法,并不断采用最先进的研究工具展开研究。主要是以下五种基本方法。

1. 调查研究

本《报告》在第一章、第五章、第八章、第九章、第十章、第十三章、第十六章、第十八章、第十九章、第二十章、第二十一章等均通过调查的方法来展开相应的研究。在上述章节的研究上投入了极大的力量,充分体现了本《报告》的实践特色,尤其是第十三章延续了前三个《中国食品安全发展报告》的风格,在 2014 年 7—8 月间组织专门的调查,再次调查了 10 个省(区)59 个县市的 92 个行政村的 3984 个农村居民,并进行比较以动态地分析近年来我国农村居民对食品安全满意度等方面的变化。采用调查方法展开研究的章节约占本《报告》全部章节的 50%。这些基于现实的调查研究保证了本《报告》具有鲜明的研究特色,更能够反映社会的关切与民意。

2. 比较分析

考虑到食品安全具有动态演化的特征,本《报告》采用比较分析的方法考察了我国食品安全在不同发展阶段的发展态势。比如,在第二章中基于例行监测和专项数据对 2006—2014 年间我国蔬菜与水果、畜产品、水产品、茶叶与食用菌等最常用的食用农产品质量安全水平进行了比较;在第四章中基于国家食品质量抽查合格率的相关数据,对近几年来我国生产加工与制造环节的液体乳、小麦粉产品、食用植物油、瓶(桶)装饮用水和葡萄酒等典型的食品质量安全水平进行了分析;在第六章中则就我国进口食品的安全性进行了全景式地比较分析。

3. 模型计量

考虑到本《报告》直接面向不同的读者,面向普通的城乡居民,为兼顾可读性,在研究过程中尽可能地避开使用计量模型等研究方法。但为保证研究的科学性、准确性与严谨性,在一些章节中仍然采用了必不可少的模型分析法。比如,在第一章中运用有序多分类 Logit 模型,分析了不同地区水稻产后收获的损失现状和影响水稻产后收获损失的主要因素。调查结果显示,与欧美发达国家 2% 左右的谷物产后收获损失相比较,中国水稻产后收获损失较大,这个结论对如何节约粮食,确保粮食安全具有重要的价值。第十三章中基于熵权 Fuzzy-AHP 法对 2006—2013 年间食品安全风险进行评估,再次验证了《中国食品安全发展》前三个报告使用的突变模型的科学性与准确性。第十六章、十八章、十九章、二十章的研究均使用了计量工具。

4. 大数据工具

这是本《报告》采用最先进的研究工具展开研究的最好例证。近年来,中国发生了多少食品安全事件?最具风险性的食品种类是什么?发生的食品安全事件在空间区域的分布状况如何?基于全程食品供应链体系,在什么环节最容易发生食品安全事件?科学地研究这些问题,对回答食品安全风险社会共治"共治"什么具有决定性作用。这是时代对学者们提出的重大现实问题。为解决这些问题,本《报告》研究团队,率先在国内开发了食品安全事件大数据监测平台 Data Base V1.0 系统,采用 laravel 最新的开发框架,使用模型—视图—控制器(Model View Controller,MVC)三层的结构来设计,实现了实时统计、数据导出、数据分析、可视化展现等功能,系统能够自动关联分析根据食品安全事件历史数据生成的预测值,对于偏离较大的异常值发送至智能终端 APP 实时预警。本《报告》采用大数据挖掘工具,分析了 2005—2014 年十年间中国发生的食品安全事件,科学地回答了社会关切,为食品安全风险社会共治奠定了科学基础。

5. 文献归纳

运用文献展开研究是本《报告》的最基本的方法。在本《报告》的整个研究过程中,研究团队参考了大量的国内外文献,尤其在第十六章、第十七章、第十八章、第十九章、第二十章等章节均采用文献研究与归纳的方法,努力确保本《报告》的研究站在国内外前沿的研究基础之上。特别是第十七章,参考的国外研究文献多达 135 个,对"顶天立地"地构建具有中国特色的食品安全风险社会共治的理论分析框架具有重要的借鉴价值。再比如,在第十二章,主要通过采用文献计量学方法,基于 Essential Science Indicators(ESI)数据库,对食品安全科研文献和引文数据进行多角度、全方位的定量分析,探索食品安全领域研究的热点前沿和新兴前沿,为我国从事食品安全科技领域研究的学者们了解目前食品安全国际前沿研究的热点提供参考。

(三)数据来源

为了全景式、大范围地、尽可能详细地刻画近年来我国食品质量安全的基本状况,本《报告》运用了大量的不同年份的数据,除调查分析的数据来源于实际调查外,诸多数据来源于国家层面上的统计数据,或直接由国家层面上的食品安全监管部门提供。但有些数据来源于政府网站上公开的报告或出版物,有些数据则引用于已有的研究文献,也有极少数的数据来源于普通网站,属于事实上的二手资料。在实际研究过程中,虽然可以保证关键数据和主要研究结论的可靠性,但难以保证全部数据的权威性与精确性,研究结论的严谨性不可避免地依赖于所引用的数据可信性,尤其是一些二手资料数据的真实性。为更加清晰地反映这一问题,便于读者做出客观判断,本《报告》对所引用的所有数据均尽可能地给出了来源。

(四) 研究局限

实事求是地讲,与前三个"中国食品安全发展报告"相类似,本《报告》的研究也难以避免地存在一些问题。对此,研究团队有足够的认识。就本《报告》而言,研究的局限性突出地表现在食品安全风险社会共治理论分析框架的研究尚不成熟。如何构建政府、社会、企业生产经营者等共同参与的食品安全风险社会共治的格局,形成具有中国特色的食品安全风险国家治理体系,使之成为国家治理体系的一个重要组成部分,这是全社会普遍关注的一个重大的现实与理论问题。但由于食品安全本身问题的极端复杂性、国内在此领域实践中探索的有限性与理论研究上的局限性,特别是没有较为成功的实践案例,因此虽然本《报告》努力在理论与实践相结合的层次上进行了研究,但需要学者们共同的验证,需要社会各方共同的实践。与此同时,由于数据的缺失或数据的连续性不足,本《报告》相关问题的研究并不是动态的,深度也不够,特别是在食品安全标准问题上,相关部门或机构没有完整地公开数据,已有两个年度报告没有就此问题展开分析。在遗憾的同时,研究团队更显得无奈,再次呼吁相关政府部门与公共治理机构应该完整地公开应该公开的食品安全信息。另外,有些问题在研究中凝练不够,限于人员的不足与调查经费难以报销,基于实际的调查还是深入不够。当然,本《报告》的缺失还可能表现在其他方面。这些问题的产生客观上与研究团队的水平有关,也与食品安全这个研究对象的极端复杂性密切相关。在未来的研究过程中,研究团队将努力克服上述问题,以期未来的《报告》更精彩,更能够回答社会关切的热点与重点问题。

(五) 努力方向

作为世界上最大的发展中国家,由于正处于社会转型的关键时期,中国的食品安全风险尤为严峻。这为本领域研究并构建具有中国特色的食品安全风险社会共治的理论框架提供鲜活的实践基础。基于"为人民做学问"已经成为本《报告》研究团队的共识,我们正在思考:应该基于分散化、小规模的食品生产经营方式与风险治理内在要求间的矛盾,以及人民群众日益增长的食品安全需求与食品安全风险日益显现间的矛盾,从我国由社会管理向社会治理转型的基本背景出发,把握"国际经验"与"本土特质"的基本维度,立足中央"自上而下"的推进、基层"自下而上"的推动、各个地方与部门连接上下的促进的基本实践,在目前已初步构建的食品安全风险社会共治理论分析框架的基础上,再展开深入的理论研究,尤其是把握好食品安全风险治理的基本规律与全球社会治理的普遍规律性,更自觉地把食品安全风险治理纳入到国家治理体系之中,并由此作为未来继续深入推进"中国食品安全发展报告"研究的关键支撑,力求通过研究提出中国特色的食品安全风险社会共治体系的理论分析框架,丰富与发展国家治理体系的理论与方法。这是中国防范食品安全风险现实发展的大局对学术理论研究提出的新要求。

四、主要内容与研究结论

依据上述确定的研究主线与视角,根据教育部关于哲学社会科学研究发展报告结构、体例相对基本固定,以实现重大问题动态跟踪研究的原则性要求,从《中国食品安全发展报告 2012》起,每个年度的《报告》在结构安排、主要章节上力求相对固定,由上、中、下三编构成。上编主要在多个层面上反映年度的食品安全状况;中编主要侧重反映年度在食品安全监管体制、法制建设、食品科学与技术、食品安全信息公开、食品安全风险监测评估与预警等支撑体系建设方面的新进展;下编则是年度关注,反映年度社会普遍关注的食品安全方面的热点问题。

《中国食品安全发展报告 2015》共有 21 章,在结构上继续安排上、中、下三编。上编《食品安全:2014 年的基本状况》,主要反映 2014 年我国食用农产品,食品生产与制造加工环节、食品流通与消费环节、进口食品等安全状况,共 6 章;中编《食品安全:2014 年支撑体系的新进展》,主要反映 2014 年食品安全法律体系的完善、新一轮食品安全监管体制的改革进展、食品安全信息公开体系的建设、食品科学与技术的进步、国家食品安全风险监测评估与预警体系的发展等方面状况,共 6 章;下编《年度关注:食品安全风险社会共治》,主要是基于我国食品安全风险治理面临的突出问题,借鉴国际经验,把握食品安全风险社会共治的规律性,构建理论分析框架,并由此指导来分析现实的共治主体在风险治理中的突出问题,为未来的社会共治提出有价值的咨询建议,共 9 章。

(一) 上编　食品安全:2014 年的基本状况

上编共六章,主要内容与研究结论是:

第一章　主要食用农产品的生产市场供应与数量安全。粮食的数量安全是食品安全的基础。解决好吃饭问题始终是治国理政的头等大事。本章以粮食、蔬菜与水果、畜产品和水产品等城乡居民基本消费的农产品为重点,重点考察我国主要食用农产品生产、市场供应与粮食的数量安全等问题。研究认为,我国粮食总产量突破 6 亿吨、实现"十一连增",2014 年我国粮食、蔬菜与水果、畜产品和水产品等主要食用农产品的生产与市场供应状况总体上良好,但在国内粮食持续增产的同时,进口屡创新高,粮食数量保障总体上处于紧平衡,片面追求数量的粗放式的生产方式难以为继的背景下,必须通过深化改革来保障粮食安全,节约成为保障粮食与食用农产品安全最现实的路径，但也存在数量供应的隐患。

第二章　主要食用农产品安全质量状况与监管体系建设。本章主要以蔬菜与水果、畜产品和水产品等我国居民消费最基本的农产品为对象，基于农业部发布的例行监测数据，分析 2014 年食用农产品质量安全状况，考察 2014 年食用农产品质量安全监管体系建设的新进展。2014 年我国蔬菜、畜禽产品、水产品、水果、茶叶的监测合格率分别为 96.3%、99.2%、93.6%、96.8% 和 94.8%，农产品质量安全水平总体上保持稳定，居民主要食用农产品消费的质量安全继续得到相应保障，并且食用农产品质量安全监管体系建设继续取得新进展。研究发现，由于农业生产的生态环境恶化等复杂因素交织在一起，我国农产品质量安全稳定的基础十分脆弱，安全风险依然大量存在，直接导致食用农产品质量安全事件不断发生，而且统筹生产、加工、流通、消费四大环节，大力推行标准化，强化突出问题治理，实现真正意义上全程监管的难度非常大。

第三章　食品工业生产、市场供应与结构转型。本章重点考察 2005—2014 年间我国食品生产的基本情况，重点分析 2014 年食品工业的发展状况，食品工业行业集中度、内部结构与区域布局的变化，基于技术创新国际比较、信息化与绿色化等视角分析食品工业结构转型的状况。结果表明，2014 年我国食品工业平稳增长，各重点行业平稳发展，基本满足国内需求，继续保持国民经济中重要支柱产业的地位；经过坚持不懈的努力，我国食品工业的行业集中度，内部行业结构与区域布局发生了一系列的变化，正趋向并呈现出逐步均衡协调的发展格局；与此同时，我国食品工业的技术创新投入总体呈现较为明显的增长态势，且食品工业科学技术进步的增速较快，但投入强度比国际先进水平仍有较大差距；我国的食品工业工业化、信息化"两化"融合取得新进展的同时，环保水平与环境效率进一步提升。在国际竞争日益激烈，全球食品格局深度调整的背景下，中国的食品工业既面临严峻挑战，更面临良好的发展机遇。

第四章　食品加工制造环节的质量安全状况。本章基于国家质量抽查合格率数据，多角度地研究我国食品加工制造环节的总体质量安全状况，并选取大宗消费品种，例如液体乳、小麦粉产品、食用植物油、瓶（桶）饮用水和葡萄酒等，描述食品质量国家抽查合格率的年度变化情况。数据表明，国家质量抽查合格率的总水平由 2005 年的 80.10% 上升到 2014 年的 95.72%，八年间提高了 15.62%。特别是近三年来，国家质量抽查合格率一直稳定保持在 95% 以上。当然，不同食品、不同年度同一食品品种的国家质量抽查合格率各不相同，甚至具有较大的差异性。虽然 2005—2013 年间我国加工和制造环节食品质量有所改善，但没有根本性改观，微生物污染、品质指标不达标以及超量与超范围使用食品添加剂仍然是目前食品加工和制造环节最主要的质量安全隐患。部分大类食品的抽检合格率仍然比较低下,涉及食品主要包括方便食品、蔬菜干制品、糕点、饼干、调味品、熏烧烤肉制品和瓶(桶)装饮用水等,影响食品质量的个性问题也较为突出。

第五章　流通环节的食品质量安全与农村居民消费行为。本章主要分析流通环节的食品质量安全监管状况,重点梳理食品监督管理部门对流通环节食品安全的专项执法检查、流通环节重大食品安全事件的应对处置、流通环节食品质量安全的日常监管等,并基于对农村消费者的问卷调查结果,分析农村消费者的食品安全消费行为。2014 年重点组织开展了农村食品市场"四打击四规范"专项整治行动、餐饮服务食品、白酒、瓶(桶)装饮用水、食用油、保健食品、食品标签标识等重点品种专项监督检查,有效维护了食品市场秩序,全年在流通环节上没有发生系统性和区域性食品安全事件。在重点查处、积极应对食品安全中的假冒伪劣事件、添加剂滥用事件等突发事件,努力保障流通环节的食品安全和消费者权益等方面成效显著。与此同时,严把食品经营主体准入关,严格监管食品质量,切实规范经营行为,日常监管的针对性和有效性不断提升。对全国十个省、自治区、直辖市的 3984 名农村消费者的问卷调查展开调查的结果显示,农村食品消费环境有新的改善,但薄弱环节仍然很多。

第六章　进口食品贸易与质量安全。本章在简单阐述 1991—2014 年间我国进口食品数量变化的基础上,重点考察 2009—2014 年间我国进口食品的安全性与进口食品接触产品的质量状况。研究显示,我国食品进口贸易规模在 20 世纪 90 年代平稳发展的基础上,进入新世纪后有了新的更为迅猛的增长,年均增长率屡创新高。2014 年我国进口食品贸易总额再创历史新高。其中,谷物及其制品、蔬菜及水果、植物油脂等三大类食品的进口贸易额接近整个贸易额的半壁江山。东盟、美国、欧盟稳居我国食品进口贸易的前三位。但随着食品进口量的大幅攀升,进口的食品质量安全形势日益严峻,被我国质检总局检出的不合格食品的批次和数量整体呈现上升趋势,2014 年进口不合格食品批次最多的前十位来源地依次是,中国台湾、美国、韩国、法国、意大利、马来西亚、泰国、德国、日本、澳大利亚。进口食品不合格的主要原因是,食品添加剂不合格、微生物污染、标签不合格、品质不合格、证书不合格、超过保质期、重金属超标、包装不合格等。与此同时,进口食品接触产品增长势头较为迅猛,2014 年货值达到 7.45 亿美元,主要包括金属制品、家电类、塑料制品、陶瓷制品、纸制品及其他材料制品等,进口食品接触产品不合格的情况主要包括标识标签不合格、安全卫生项目不合格、外观质量不合格、理化性能不合格等。

(二)　中编　食品安全:2014 年支撑体系的新进展

中编共六章,主要内容与研究结论是:

　　第七章　2014 年食品安全法治体系建设与惩处食品安全犯罪的新进展。本章重点回顾了《食品安全法》修订过程、食品安全法治体系建设与惩处食品安全犯罪方面取得的新进展，并以典型案例解释了法律与推动法律规定贯彻落实、完善食品安全标准与依法监管食品安全等方面的情况。研究认为，新修订的《食品安全法》在总结近年来我国食品安全风险治理经验的基础上，确实有诸多的进步，尤其在以法律形式固定了监管体制改革成果，针对当前食品安全领域存在的突出问题，建立了最严厉的惩处制度，但在未来的实施中将面临诸多的难点，甚至面临着巨大的困难，并不能够有效、全面地解决食用农产品与食品安全问题。

　　第八章　新一轮食品安全监管体制改革的总体进展与主要问题。本章在分析中央与地方政府食品安全监管职能整合与机构改革状况与成效的基础上，重点研究了地方政府食品安全监管机构设置的主要模式，评析了以山东省、广西壮族自治区、江西省三个省区的食品安全监管体制的改革案例，并在宏观层次上研究了食品安全监管体制改革存在的突出问题与主要成因。研究表明，新一轮的改革形成是监管体制仍不健全，统一权威的监管机构尚未真正建立，全过程监管尚未形成，监管执法能力仍严重不足，食品药品监管技术支撑力量依然薄弱，食品安全监管政策保障不到位。未来改革的完善必须把食品监管体制改革纳入国家治理体系和治理能力现代化总体布局之中，以构建统一权威的食品安全监管体系为目标，探索地方政府负总责的能力建设规范，构建多方力量参与的社会共治体系。

　　第九章　政府食品安全信息公开状况报告。本章重点评价在 2014 年 6 月—2015 年 7 月间政府食品安全监管部门主动公开的食品安全信息状况与相关制度，并以 2014 年 7 月上海发生的福喜事件为切入点，对各级政府食品安全监管机构针对公众需求和企业生产监管信息公开的状况进行评判，以探讨未来政府食品安全信息公开的努力方向与结合"互联网＋"的建设重点。研究认为，近年来，随着食品安全信息公开的社会呼声日益高涨，政府监管部门不断加大食品安全信息的公开力度，并取得了新的进展，但仍然存在管理机制仍不完善，一些重要的食品安全信息未能及时发布，食品安全信息公开栏目建设有待完善，回应公众关切的食品安全热点问题的水平仍较低等问题。在"互联网＋"的背景下，应彻底逐步消除目前政府各级食品安全监管机构由"路径依赖"造成的"路径闭锁"，以及由体制分割和信息壁垒为食品安全社会共治格局带来的藩篱和障碍，解决数据相互割裂，信息难以集成利用等问题，真正将企业、公众纳入食品安全社会共治的信息交流路径中，"互联网＋"中的政府、企业、公众互动的食品安全信息公开应成为建设重点。

　　第十章　国家食品安全风险监测评估预警工作进展。本章主要考察 2014 年我国食品安全风险监测评估预警工作，分析其在提高风险监测水平、强化风险预警能力等方面进行的新探索。总体而言,2014 年我国食品安全风险监测体系的持续优化,食品安全风险交流、风险评估、预警工作有序稳步开展。但是,由于提升风险监测点的质量不是短期内能够完成的,风险评估的常规项目和应急项目量多且难度大,而风险预警的建设,几乎还在初始阶段,风险预警能力远远落后于国家对食品安全风险治理的需求,未来必须提高风险监测点的质量、展开具有中国人群特色的风险评估项目、建成中国公民食品安全风险感知特征图谱,形成更多元化的预警举措。

第十一章 农产品冷链运输与物流技术研究进展。食品科学技术始终是保障食用农产品与食品数量供应与质量安全水平的基本工具。本章重点以农产品冷链运输与物流技术为案例展开分析。数据显示,我国瓜蔬类农产品从田间采摘到餐桌享用,损失率高达 25% —30% ,而发达国家损失率则控制在 5% 以下;目前,欧洲、美国、日本等发达国家和地区有 80% —90% 的农产品采用冷藏运输,东欧国家约 50% 的农产品采用冷藏运输,而我国不到 20% 的农产品采用冷藏运输;我国冷链产品的物流成本较高,冷链产品的物流成本已超过产品总成本的 70% ,而国际标准要求农产品物流成本最高不超过产品总成本的 50% 。因此,依靠创新驱动,从我国的实际出发,提高农产品冷链运输与物流技术刻不容缓。

第十二章 食品安全国际前沿研究的分析报告。本章基于 Essential Science Indicators(ESI)数据库,对食品安全科研文献和引文数据进行多角度、全方位的定量分析,探索食品安全领域研究的热点前沿和新兴前沿。研究发现,人口增长与食品供给安全、食品消费环境对人体健康的影响、智能化手机食品安全快速检测系统开发、农业生物多样性、蜡样芽孢杆菌的污染及其防治、壳聚糖在食品保鲜中的应用等 20 个理论与技术问题是目前全球食品安全领域的研究前沿,其中的智能化手机食品安全快速检测系统开发、隐蔽型真菌毒素污染及毒理学研究、农业生物多样性、细菌生物膜的形成机制及其控制研究、人口增长与食品供给安全等 10 个理论与技术问题是热点前沿,食品安全公共政策研究、智能化手机食品安全快速检测、食源性致病菌快速检测的新型生物传感方法、功能性食品的开发等 4 个理论与技术问题则是新兴前沿。我国在食品安全研究领域的科研水平已进入世界前列。

(三)下编 年度关注:食品安全风险社会共治

下编共 9 章,主要内容与研究结论是:

第十三章 食品安全风险评估、公众食品安全状况关注度与农村居民对食品安全状况的评价。本章主要基于国家宏观层面,从管理学的角度,在充分考虑数据的可得性与科学性的基础上,评估我国食品安全风险的现实状态,同时分析国内公众对食品安全的满意度,并继续关注农村食品安全问题。研究认为,2006—

2013 年间我国食品安全风险一路下行的趋势非常明显,处于相对安全的区间,食品安全保障水平呈现"总体稳定,逐步向好"的基本格局;尽管我国的食品安全水平稳中有升,趋势向好,但目前一个不可否认的事实是,食品安全风险与由此引发的安全事件已成为我国最大的社会风险之一;农村居民生活总体上处于小康水平,食品消费结构优化且呈营养多元化的态势;调查显示,农村地区食品安全总体状况的评价有较大提高,农民改善食品质量安全状况的愿望较强烈,有害物质残留超标成为农民最担忧的食品安全问题,生产者盲目追求利润与农产品安全监管与违法行为惩罚力度不足,是造成农村食品安全问题最主要成因。

第十四章　我国的食源性疾病与食品安全风险防范。本章分析了我国食源性疾病引发食品安全问题的总体状况,探讨了我国食源性疾病的致病因素与食品安全之间的关系,研究了食源性疾病暴发的空间布局。数据显示,2001—2013 年间我国食源性疾病累计暴发事件共 7748 个,累计发病 182250 人次,疾病暴发事件数与涉及的发病人数呈"一升一降"的态势,而家庭和集体食堂是食源性疾病暴发的主要场所,微生物性病原是对公众健康构成威胁的主要食源性疾病致病因素。与此同时,2011—2013 年间我国食源性疾病暴发的空间格局总体变化并不大,主要集中于我国上海市、云南省、广东省、贵州省和广西壮族自治区等地,而在我国东部沿海省份的食源性疾病暴发事件数也相对较高,证实了我国食源性疾病暴发具有典型的地域特色。加强食品卫生监督管理,重点推动包括农村及社区在内的家庭食品卫生宣传教育,提倡科学卫生的生活习惯,是防范食源性疾病的有效路径。

第十五章　2005—2014 年间我国发生的食品安全事件的研究报告。国内公众仍然高度关注食品安全且食品安全满意度持续低迷,这可能与食品安全事件持续发生且被媒体不断曝光高度相关。本章主要运用大数据挖掘工具,回答了全社会普遍关注的重大而现实的问题:最近十年间,我国到底发生了多少食品安全事件、所涉及的主要食品种类是什么、发生的食品安全事件主要分布在哪些省(自治区、直辖市)。研究计算的结论是,在 2005—2014 年间我国发生的具备明确的发生时间、清楚的发生地点、清晰的事件过程等"三个要素"的食品安全事件为227386 起,15.6% 的食品安全事件涉及两个或两个以上的省(自治区、直辖市),区域性的食品安全风险客观存在。从时间序列上分析,自 2005 年起食品安全事件发生的数量呈逐年上升趋势且在 2011 年达到峰值,以 2011 年为拐点,从 2012 年起食品安全事件发生量开始下降且趋势较为明显,但 2014 年出现反弹。食品安全事件主要集中发生在加工与制造环节,其次分别是销售与消费、生产源头、运输与流通环节。由于违规使用食品添加剂、生产或经营假冒伪劣产品与使用过期原料或出售过期产品等人为特征因素造成的食品安全事件占事件总数的比例为

75.50%。肉与肉制品、蔬菜与蔬菜制品、酒类、水果与水果制品、饮料、乳制品是发生食品安全事件最多的六类食品种类。北京、广东、上海、山东、浙江是媒体曝光的发生食品安全事件最多的省区。

第十六章　食品生产行为与安全事件持续爆发的原因研究:食用农产品为案例的分析。本章重点分析食品生产者行为与食品安全事件持续发生的原因,并以食用农产品的生产行为(农户生产行为)为案例展开分析。调查发现,农产品生产的产地环境污染状况严峻,由此导致农产品的质量安全在短时期难以实现根本性好转;农村"一家两制"的农业生产行为确实存在且比例不低于30%,规模化的生产方式有助于农产品质量的提升;说明食品加工小企业、小作坊在广大的农村至少在所调查的农村地区还较为普遍地存在,制假售假窝点时常发现;以病死猪无害化处理政策落实状况的调查发现,国家发布的要求病死猪无害化处理政策浮于表面,养殖户知之不多,对病死猪进行无公害处理的比例不足30%;犯罪参与主体呈多元化、跨区域犯罪逐步成为常态是近年来爆发的病死猪流入市场事件的基本特征,病死猪流入市场事件的持续发生显然不是偶然性的监管失范与少数不法商贩的无良,而是折射出监管部门失灵的问题,监管部门负有主要责任。研究认为,杜绝病死猪流入市场内在地取决于生猪养殖户综合素养的提高,而这是一个长期的过程。与此同时,还取决于政府病死猪无害化处理的补贴政策、监管与处罚力度。然而,在目前的国情下,农村基层政府有限的监管力量相对于无限的监管对象,实施监管的难度相当的大。这就是食用农产品安全事件为什么屡禁不止的真正原因。

第十七章　食品安全风险社会共治的理论分析框架。本章主要是在借鉴西方理论研究成果的基础上,轮廓性地总结研究世界上食品安全风险社会共治实践中的共性经验,根据中国的国情,初步提出了食品安全风险社会共治的理论分析框架。研究认为,引发食品安全风险的主要因素、风险类型与危害、基本矛盾等内容构成了中国食品安全风险本质特征,厘清食品安全风险现实问题的本质特征是构建具有中国特色的食品安全风险社会共治理论分析框架的基础;基于当代公共安全问题与治理体系的相关理论,从食品安全风险的规律性出发,"整体性治理"应该是构建食品安全风险社会共治理论分析框架的基本思路;食品安全风险社会共治理论分析框架应具有研究视角的中国特色、风险治理的实践特色、共治体系的系统特色、共治体系的开放特色,以及治理体系与治理能力、技术保障的有机统一的特色;刻画共治主体的治理行为,界定共治主体的基本职能,在治理对象、治理方式、治理工具等多个层面上研究食品安全风险共治体系中政府、市场、社会的相互作用与作用边界,探索实现主体间共治的基本运行机制(协调、整合、信任等机制)应该是食品安全风险社会共治理论分析框架研究中的基本问题。

　　第十八章　政府传统监管政策工具的效性检验：婴幼儿配方奶粉的案例。本章的研究主要以消费者支付意愿作为判断中国有机认证政策有效性的标准，以婴幼儿配方奶粉为案例，运用混合 logit 模型对不同属性组合的婴幼儿配方奶粉的消费者偏好进行了分析，验证现行的政府传统有机认证政策工具的有效性。研究表明，中国国内当前有机认证政策是低效的，并随着时间的推移效率有进一步下降的可能。提升国内消费者对国产婴幼儿配方奶粉信任的出路在于，建立有机认证的市场化机制，允许欧美尤其是北美认证机构在中国独立开展认证业务，或允许经欧美认证机构认证的有机婴幼儿配方奶粉在中国市场直接销售，这将有助于提升国内消费者对中国国产婴幼儿配方奶粉的信任。

　　第十九章　食品安全风险治理中的市场力量：可追溯猪肉市场消费需求的案例。本章的研究以辽宁省大连市、河北省石家庄市、江苏省无锡市、宁夏回族自治区银川市、云南省昆明市的 2121 名消费者对不同层次安全信息的可追溯猪肉消费偏好为研究切入点，实证研究现实市场情景下，可追溯食品市场对食品安全风险治理的有效性。可追溯食品市场能否形成并发挥治理食品安全风险的市场力量，主要取决于消费需求。目前我国市场上的可追溯猪肉品种单一，可追溯信息属性并不齐全，绝大多数可追溯猪肉缺少可追溯信息的认证，养殖、屠宰、运输信息等在现实的可追溯猪肉市场上也是不同程度的缺失。因此，现实情景下可追溯市场治理的有效性仍然非常有限。基于可追溯市场中出现的"市场失灵"，应该建立消费者、厂商以及政府的可追溯食品额外成本共担机制，在可追溯体系建设的初期，政府补贴有助于推动可追溯体系的建设，但从效率的角度，政府补贴并非越多越好，应基于政府补贴与市场份额弹性高低，寻找政府补贴的最优点。

　　第二十章　社会组织参与食品安全风险社会共治的能力考察：食品行业社会组织的案例分析。本章主要以中国食品工业协会、中国乳制品工业协会、中国肉类协会、中国保健协会、中国豆类协会等 25 家中央层面的食品行业的社会组织为案例，通过深度访问和问卷调查的方式，并基于模型的计量研究，重点考察影响食品行业社会组织参与食品安全风险治理能力的主要因素。研究表明，在现实情景下，中央层面上的食品行业社会组织参与食品安全风险社会共治的能力较为有效；社会组织与政府的关系、政府支持力度、社会组织的信息公开程度、专职人员的数量与质量是否履职需求是影响社会组织参与治理能力的主要因素。

　　第二十一章　食品安全风险治理中的公众参与：基于公众监督举报与消费者权益保护的视角。本章的研究主要基于实际调查，从城市、农村受访者监督与举报食品安全问题、消费投诉与权益保护等两个层面上展开研究。调查发现，大多数城市受访者比较关注食品质量安全等方面的信息，但城市受访者通过微信微博等方式发布与传播食品安全正能量信息的积极性不高；超过 60% 以上的城市受访者具有较高的举报意愿,而且比较倾向于便捷快速的举报方式,倾向于信赖现代科技手段,但将近一半的城市受访者对参与食品安全监督与举报方式的方便程度不满意。60%的农村受访者可能会举报所发现的食品制假售假窝点,但大部分农村受访者不愿意举报周围使用劣种子、农药、化肥、饲料、兽药等行为的农户,说明人情的概念还是比较根深蒂固;农村受访者对食品安全问题举报的奖励政策的认知度不高,接近70%的农村受访者感觉没有或不清楚是否有食品安全问题举报的奖励政策,政府举报奖励的相关政策可能仍有待完善;农村受访者权益保障意识并不强,与城市消费权益保护意识仍然有相当的差距,而且食品消费权益保护机构不健全,但农村受访者已逐步寻求合理的方式维护合法权益。基于全国消协组织的数据,研究发现在所有商品大类投诉中,食品类投诉量仍居前列;投诉的食品主要为普通食品,涉及质量、安全、价格、计量、假冒、合同、虚假宣传、人格尊严等多个方面的问题,投诉涉及的食品和服务种类多、性质复杂;目前,对消费者而言,投诉举报热线 12331 成为食品举报与投诉的重要渠道。由此可见,公众参与食品安全风险社会共治的基础初步具备。

2015

上编 食品安全：
2014年的基本状况

第一章 主要食用农产品的生产市场供应与数量安全

2013年12月召开的中央农村工作会议指出,中国是人口大国,中国人的饭碗任何时候都要牢牢端在自己手上。一个国家只有立足粮食基本自给,才能掌握粮食安全主动权,进而才能掌控经济社会发展这个大局。解决好吃饭问题始终是治国理政的头等大事。因此,粮食的数量安全对确保中国人的饭碗具有重要的意义。粮食的数量安全是食品安全的基础。故本章重点考察我国主要食用农产品生产、市场供应与粮食的数量安全等问题,由此作为本《报告》的第一章。考虑到我国粮食与食用农产品品种繁多,本章的讨论以粮食、蔬菜与水果、畜产品和水产品等城乡居民基本消费的农产品为重点。

一、主要食用农产品的生产与市场供应

2014年我国粮食、蔬菜与水果、畜产品和水产品等主要食用农产品的生产与市场供应状况总体上良好,但也存在数量供应的隐患。

(一)粮食

1. 粮食生产实现"十一连增"

民以食为天。粮食生产是一个国家经济发展和社会稳定的基础与保障。2014年,我国粮食产量60710万吨,比2013年增产516万吨,增产0.9%(图1-1)[1],产量再创历史新高,实现了我国粮食生产的"十一连增"。这是自2013年我国粮食产量首次突破1.2万亿斤的"高点"之后,再次取得的历史性突破。面对复杂严峻的国内外经济环境,我国粮食连年丰收,基本确保了中国人把饭碗端在自己手上,不仅对新常态下中国经济的平稳运行发挥着"定盘星"的作用,也为世界粮食安全贡献了中国力量。

2014年,我国夏粮、早稻和秋粮产量有增有减(图1-2)。其中,夏粮产量达到13660万吨,比2013年增产471万吨,增长3.6%;早稻产量3401万吨,比2013年

---

[1] 国家统计局:《国家统计局关于2014年粮食产量的公告》,http://www.stats.gov.cn/tjsj/zxfb/201311/t20131129_475486.html。

减产 6 万吨,降低 0.4%;秋粮产量 43649 万吨,比 2013 年增产 52 万吨,增长 0.1%①。

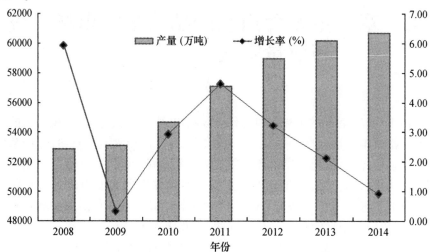

图 1-1　2008—2014 年间我国粮食总产量与增速变化图
数据来源:国家统计局:《中华人民共和国 2014 年国民经济和社会发展统计公报》。

2. 主要粮食品种产量有增有减

2014 年,全国小麦产量达到 12617 万吨,玉米产量达到 21567 万吨,稻谷产量 20643 万吨,分别比 2013 年增产 445 万吨、增长 3.5%,减产 206 万吨、下降 1.3%、增产 1238 万吨、增长 1.4%。2014 年,玉米总产量再次超过稻谷,成为我国第一大粮食作物。

3. 种植面积和单产再创新高

2014 年全国粮食播种面积 112738.3 千公顷,比 2013 年增加 782.7 千公顷,增长 0.7%,粮食增加的播种面积主要来源于种植结构调整,尤其是江淮、江汉一些地区减棉增麦,江汉等部分地区单季稻改为双季稻②。2014 年,全国粮食作物单位面积产量达 5385 公斤/公顷,比 2013 年增加 8.4 公斤/公顷,提高 0.2%。但谷物单位面积产量 5889.4 公斤/公顷,比 2013 年减少 4.8 公斤/公顷,下降 0.1%③。

4. 粮食生产气候条件相对较好但局部地区灾情较重

2014 年,全国平均降水量略多于常年,时空差异明显;全国平均气温较常年同期偏高 0.6℃。此外,2014 年我国局部地区灾情较重,主要表现为:降水时空分布

① 国家统计局:《中华人民共和国 2014 年国民经济与社会发展公报》和《中华人民共和国 2013 年国民经济与社会发展公报》。
② 国家统计局:《国家统计局农村司高级统计师侯锐解读粮食生产情况》。
③ 国家统计局:《国家统计局关于 2014 年粮食产量的公告》。

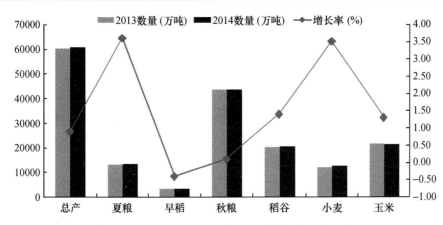

图1-2　2013年和2014年我国主要粮食产量情况对比

数据来源:国家统计局:《中华人民共和国2014年国民经济和社会发展统计公报》。

不均,东北和黄淮伏旱严重,南方局地暴雨洪涝多;华北黄淮出现极端高温,长江中下游发生罕见凉夏;台风活动偏少,但登陆台风强度大,超强台风"威马逊"造成灾害重等[1]。其中尤其是北方地区遭受"卡脖旱",秋粮生产受到影响。但综合看,2014年气候条件相对较好,灾情轻于上年。据民政部门统计,2014年1—9月,全国农作物受灾面积高达24899千公顷,比上年同期减少10041千公顷,下降29%;绝收面积2854千公顷,比上年同期减少400千公顷,下降12%[2]。

5. 粮食生产的政策环境持续趋好

2014年粮食生产再获丰收,实现粮食生产的"十一连增",得益于中央审时度势提出了新时期国家粮食安全战略,政策稳定、措施到位。近年来,中央继续出台了一系列强农惠农政策,及早预拨农业"四补贴",及早发布小麦、稻谷最低收购价,继续实施产粮大县奖励政策,积极推进农业生产经营方式转变,注重培育新型农业生产主体等政策措施。尤其是2013年12月中央农村工作会议提出了坚持以我为主、立足国内、确保产能、适度进口、科技支撑的国家粮食安全战略,进一步调动了多方面粮食生产积极性。

2004年以来,中央连续出台了十一个《一号文件》,始终把粮食增产、确保粮食安全作为农业农村工作的首要任务和主要目标,不断增加对农业生产的投入,不断健全财政强农惠农富农政策体系。五年来,中央财政用于"三农"的支出5年累计4.47万亿元,年均增长23.5%。2013年中央财政用于"三农"的投入安排为

---

① 《2014年全国天气气候特征及主要气象灾害》,中国气象网,2015-04-20[2015-01-02],http://www.cma.gov.cn/2011wzx/2011xqxxw/2011xqxyw/201501/t20150102_271061.html。

② 国家统计局:《国家统计局农村司高级统计师侯锐解读粮食生产情况》。

13799 亿元,比 2012 年又增加 1512 亿元,增长 11.4%①。2014 年,中央财政继续加大产粮(油)大县奖励力度②。近年来,持续完善的粮食生产政策,持续增加的投入和补贴确保了"三农"投入达到"总量稳步增加、比例稳步提高"的总体要求。

6. 强化粮食生产的技术保障体系

粮食再获丰收也得益于政府的资金补助和防灾技术的支持。2014 年,中央财政安排测土配方施肥专项资金 7 亿元,农作物测土配方施肥技术推广面积达到 14 亿亩,粮食作物配施肥面积达到 7 亿亩以上,免费为 1.9 亿农户提供测土配方施肥指导服务。面对不同时期局部地区气候条件的不利影响,中央财政专项安排近 40 亿元补助资金,开展冬小麦"一喷三防",支持东北、南方水稻产区采用综合施肥技术促早熟;各地政府积极采取措施有效应对灾情,组织专家制定分区域、分灾种、分作物的抗灾技术方案,根据不同区域受灾程度和不同作物生长发育进程,加强生产技术指导;受旱地区积极发挥小水库、小山塘的作用,千方百计利用各种水源灌溉受旱农田,受涝地区积极组织农民排涝保苗;农技人员进村入户、蹲点包片,指导农民加强田间管理,采取得力措施,扩大病虫害统防统治范围,有效遏制了病虫害的大面积爆发。由于应对措施全面及时,有效减轻或弥补了各种灾害对粮食生产带来的影响,为粮食再获丰收提供了有力保障③。

(二) 蔬菜与水果

1. 蔬菜产量略有增长,市场供应基本稳定

2014 年,全国蔬菜产量为 7.6 亿吨,比当年粮食总产量高出近 1 亿吨,再次取代粮食成为我国第一大农产品。根据对各省份《2014 年国民经济与社会发展公报》蔬菜产量的统计,除江苏、黑龙江两省区蔬菜产量数据缺失外,其他省份 2014 年蔬菜产量合计达到 6.95 亿吨,较 2013 年的全国产量略有增长(表 1-1 所示)。山东、河北、河南、四川、湖南、湖北、广东、辽宁是我国蔬菜生产的主要省份,年产量都超过 3000 万吨。除北京、上海、吉林、青海四省市蔬菜产量有所下降外,其余省份均有所增长。其中,新疆增长幅度最大,增长率为 13.5%。

---

① 《2013 年中央财政"三农"支出安排合计 13799 亿元》,中国新闻网,2013-03-08[2014-06-10],http://finance.chinanews.com/cj/2013/03-08/4628029.shtml。

② 农业部产业政策与法规司:《2013 年国家支持粮食增产农民增收的政策措施》《2014 年国家支持粮食增产农民增收的政策措施》,2013-03-20[2013-06-01]、2014-04-25[2014-04-30],http://www.moa.gov.cn/zwllm/zcfg/qnhnzc/201303/t20130320_3354001.htm、http://www.moa.gov.cn/zwllm/zcfg/qnhnzc/201404/t20140425_3884555.htm。

③ 国家统计局:《国家统计局农村司高级统计师黄加才解读粮食增产》,2013 年 11 月 29 日。

表 1-1 2014 年各省份蔬菜水果产量情况

省份	蔬菜		水果		省份	蔬菜		水果	
	产量(万吨)	增长率(%)	产量(万吨)	增长率(%)		产量(万吨)	增长率(%)	产量(万吨)	增长率(%)
浙江	1764.70	1.90	—	—	黑龙江	—	—	—	—
湖南	3761.36	4.40	—	—	河南	7272.46	2.30	2560.18	-1.50
山东	9973.70	3.30	1665.50	4.00	吉林	876.00	-0.60	—	—
上海	377.86	-1.90	—	—	云南	1735.60	6.80	605.30	5.90
江苏	—	—	861.60	5.80	宁夏	540.80	6.30	199.10	10.70
北京	236.20	-11.50	74.50	-6.30	辽宁	3090.10	-5.50	870.60	-7.80
河北	8125.70	2.80	—	—	安徽	2551.00	5.50	965.30	6.70
山西	1271.40	6.10	770.80	8.30	海南	561.12	6.90	420.26	-4.40
广东	3274.75	4.10	1436.00	4.90	甘肃	1705.19	8.00	425.23	8.70
福建	1697.10	3.90	790.85	6.30	江西	1312.40	4.40	420.80	-4.70
天津	460.20	1.10	62.70	15.70	西藏	68.21	1.80	—	—
贵州	1625.25	8.30	196.69	17.30	新疆	1894.79	13.50	1528.40	11.50
湖北	3671.52	2.60	614.25	7.90	广西	2610.08	7.20	1233.30	9.90
四川	4069.30	4.10	759.70	5.70	陕西	1724.68	5.90	1849.92	4.80
内蒙古	1472.20	3.60	322.30	9.40	青海	158.58	-0.20	1.32	-2.20
重庆	1689.10	5.50	—	—	总计	69571.35	—	18634.60	—

* 湖南省 2014 年蔬菜产量根据 2013 年产量和 2014 年增长率计算得出;辽宁省 2014 年蔬菜增长率和水果增长率由 2013 年产量和 2014 年产量计算得出。

资料来源:根据各省份《2014 年国民经济与社会发展公报》统计得出,"—"表示数据缺失。

2. 水果供应略有增长,产量基本满足市场需求

2014 年,全国水果产量略有增长,大部分省(区)的水果产量都有不同程度的增加,其中增幅最大的是贵州省,增长率高达 17.3%(如表 1-1)。但有 6 个省份的水果产量下降,下降省份的数量较上年有所增加。目前,我国水果生产主要集中在河南、陕西、山东、新疆、广东等省份,这些省份水果年产量皆超过 1 千万吨。河南仍然是我国水果产量最高的省份,达到 2560.18 万吨,远高于第二位陕西的 1849.92 万吨,但河南省水果产量较上年略有下降。

(三) 畜产品

1. 主要畜产品实现新的增长

2014 年,全年肉类总产量 8707 万吨,比上年增长 2.0%。其中,猪肉产量 5671 万吨,增长 3.2%;牛肉产量 689 万吨,增长 2.4%;羊肉产量 428 万吨,增长 4.9%;禽肉产量 1751 万吨,下降 2.7%;禽蛋产量 2894 万吨,增长 0.6%;牛奶产量 3725 万吨,增长 5.5%。不同品种的畜产品较上年有增有减,以增为主,基本满足国内不断增长的市场需求(图 1-3)。

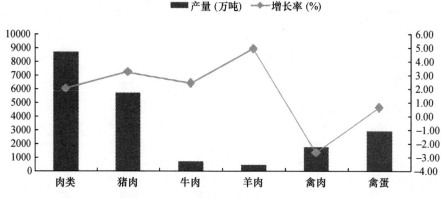

图 1-3　2014 年我国畜产品产量及增长率

资料来源：根据国家统计局《中华人民共和国 2014 年国民经济和社会发展统计公报》整理。

2. 肉类生产在各省份间相对集中，总体实现明显增长

2014 年肉类总产量 8707 万吨，比上年增长 2.0%。图 1-4 为 2014 年我国主要省份肉类总产量及其增长率。从总产量角度来看，肉类生产在各省份间呈现相对集中、不均衡分布的特征。一是肉类生产主要集中在部分省份。如，山东、河南、河北、广东、辽宁、安徽、江西、广西、云南等省份肉类总产量都达到 300 万吨以上，是我国主要的肉类生产省份。二是各省份间肉类产量差距较大。如，山东肉类总产量达 758.1 万吨，而青海、北京、海南、山西、宁夏、天津等省份的产量只有几十万吨，

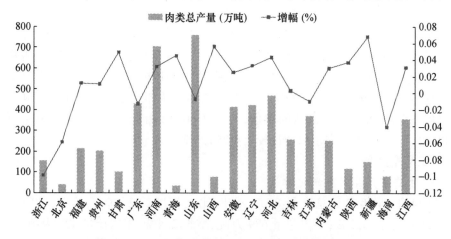

图 1-4　2014 年我国主要省份肉类总产量及其增长率

资料来源：根据各省份《2014 年国民经济与社会发展公报》整理统计得出，部分省份数据缺失。

尚不足山东的十分之一。从增长率角度看,我国大部分省(区、市)的肉类总产量都有所增长,其中山西、云南和新疆增幅较大,增长率达到5%以上,而浙江、北京、海南、广东、江苏、山东等省(市)产量有所下降,降幅分别为−9.9%、−5.9%、−4.1%、−1.3%、−1.0%、−0.7%。由于人口数量、消费文化、地理环境与其他要素禀赋的差异,肉类生产在不同省份之间相对集中和不均衡分布的状态将会长期持续。

3. 禽蛋和牛奶在各省份基本保持增长,但增长不均衡

伴随居民生活水平的提高,禽蛋、牛奶在我国居民食品消费结构中的比重不断上升,成为消费者日常生活中日益重要的食品种类。2014年,我国禽蛋和牛奶产量均有所增长,禽蛋产量较上年增长0.6%,牛奶产量较上年增长5.5%。从总产量角度看,与肉类生产相似,禽蛋与牛奶的生产在各省份间也呈现相对集中、不均衡分布的状态。河南、山东、河北和辽宁四省份是禽蛋的主要生产省份,其中河南产量最高,达404万吨;内蒙古、河北、河南和山东四省份是牛奶的主要生产省份,其中内蒙古产量最高,高达788万吨。经济发达的北京、福建等省(市)与经济发展相对落后的贵州、青海等省份的禽蛋产量较少,不足产量最高的河南省的十分之一。福建、江西、贵州、重庆、广西等省(区、市)的牛奶产量较少,均不足20万吨。从增长率角度看,部分省份禽蛋和牛奶的增长率为负,但绝大多数省份禽蛋和牛奶产量都有所增长。

表1-2　2014年主要省份禽蛋、牛奶和水产品产量

省份	禽蛋		牛奶		水产品	
	产量（万吨）	增长率（%）	产量（万吨）	增长率（%）	产量（万吨）	增长率（%）
浙江	—	—	—	—	575.00	3.50
湖南	—	2.40	—	4.50	—	6.00
山东	388.00	−2.10	279.60	3.00	867.20	1.80
上海	—		27.05	2.00	30.04	10.70
江苏	194.60	−1.70	60.70	1.40	518.80	1.90
北京	19.60	12.20	59.50	−3.20	6.80	7.20
河北	362.70	4.80	487.80	6.50	126.40	2.70
山西	83.70	4.80	96.20	11.60	5.10	12.30
广东	—	—	—	—	832.61	2.70
福建	25.82	1.60	14.97	0.20	695.98	5.70
天津	19.80	3.20	68.90	1.00	40.80	2.40
贵州	16.20	4.90	5.71	4.70	20.94	25.40
湖北	—	—	—	—	433.00	5.60
四川	—	0.10	—	0.30	132.63	5.20

（续表）

省份	禽蛋		牛奶		水产品	
	产量（万吨）	增长率（%）	产量（万吨）	增长率（%）	产量（万吨）	增长率（%）
内蒙古	53.50	−2.80	788.00	2.70	14.80	4.70
重庆	43.20	5.20	5.70	−16.30	—	—
黑龙江	—					
河南	404.00	−1.50	332.00	4.90	—	
吉林	98.50	0.80	49.30	3.60	19.00	2.30
云南	24.30	4.40	58.20	6.80	58.20	19.70
宁夏	8.30	11.60	135.70	30.30	16.30	12.20
辽宁	279.30	—	131.20	—	515.70	—
安徽	122.50	1.60	27.90	10.00	223.70	3.80
海南	—		—		197.23	7.70
甘肃	—		54.22	3.60	1.43	3.00
江西	57.80	1.60	12.80	1.10	253.80	4.60
西藏	—					
新疆	30.52	8.20	147.53	9.30	14.40	9.90
广西	22.20	−2.40	9.65	1.00	332.12	4.09
陕西	54.50	—	144.67	—	13.93	11.30
青海	2.18	−3.50	30.50	10.70	0.90	50.60

资料来源：根据各省份《2014 年国民经济与社会发展公报》整理统计得出，"—"表示数据缺失。

（四）水产品

1. 不同层次的水产品产量均实现新的增长

2014 年，全国水产品产量 6461.52 万吨，比上年增长 4.69%。其中，海水产品产量 3296.22 万吨，同比增长 5.01%；淡水产品产量 3165.30 万吨，同比增长 4.36%，海水产品与淡水产品的产量比例为 51：49，海水产品占水产品中的比重超过 50%。

2014 年，养殖水产品产量 4748.41 万吨，增长 4.55%；捕捞水产品产量 1713.11 万吨，增长 5.08%，养殖产品与捕捞产品的产量比例为 73：27（图 1-5）。由此可见，我国水产品生产以人工养殖为主，比重近 73%。养殖比重不断提高的原因主要在于，不断增长的水产品消费需求给生态环境和渔业可持续发展带来巨大威胁，世界各国都在加强对渔业资源的保护，纷纷通过人工养殖方式提高水产品产量以缓解日益严峻的过度捕捞问题。

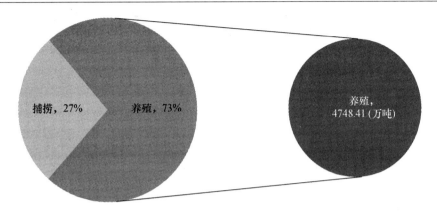

图1-5　2014年全国水产养殖产量

资料来源:农业部渔业局:《2014年全国渔业经济统计公报》。

2. 养殖产量增速高于捕捞产量

从具体构成来看,淡水养殖产量高于海水养殖产量,而海洋捕捞产量远高于淡水捕捞产量(图1-6)。2014年,全国海水养殖和淡水养殖产量分别为1812.65万吨和2935.76万吨,同比增长4.22%和4.76%。国内海洋捕捞和淡水捕捞产量分别为1280.84万吨和229.54万吨,同比增长1.30%和-0.52%。远洋渔业产量202.73万吨,同比增长49.95%,占水产品总产量的3.14%。

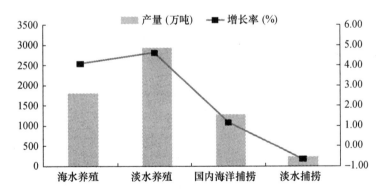

图1-6　2014年全国各类渔业产量及增长率

资料来源:农业部渔业局:《2014年全国渔业经济统计公报》。

3. 不同类型水产品增速差异大

从种类划分来看,我国水产品主要包括鱼类、甲壳类、贝类和藻类四大类。其中鱼类产量最大,超过3700万吨;其次为贝类,为1423.16万吨;甲壳类和藻类的产量相对较少,但较2013年,产量略有增长(表1-3)。

表 1-3　2014 年全国主要水产品产量

| | 海水养殖 | | 淡水养殖 | | 海洋捕捞 | | 淡水捕捞 | | 总产量 |
	产量（万吨）	增长率（%）	产量（万吨）	增长率（%）	产量（万吨）	增长率（%）	产量（万吨）	增长率（%）	（万吨）
鱼类	118.97	5.88	2602.97	4.89	880.79	1.04	167.35	0.74	3770.08
甲壳类	143.38	6.98	255.97	5.36	239.57	4.82	32.77	-3.79	671.69
贝类	1316.55	3.44	25.12	-1.78	55.16	0.74	26.33	-3.30	1423.16
藻类	200.46	7.96	0.86	4.44	2.43	-13.33	0.03	-3.40	203.78

资料来源:农业部渔业局:《2014 年全国渔业经济统计公报》。

二、粮食与主要农产品生产与消费的态势

作为 13 亿多人口的大国,解决好吃饭问题始终是治国理政的头等大事。虽然我国粮食总产量突破 6 亿吨、实现"十一连增",但粮食与主要食用农产品安全保障仍然面临着诸多突出的问题。国务院发展研究中心研究员程国强在 2015 年 2 月 10 日刊发财新网上的《中国粮食安全的真问题》的文章中提供了一组数据,2014 年,中国进口谷物(国际统计下的粮食口径)1951 万吨,同比增长 33.8%,创历史新高。进口大豆 7140 万吨,同比增长 12.7%。包含大豆在内的中国统计口径的粮食,进口突破 9000 万吨,占国内粮食产量的 15%。由于缺乏全面、权威的数据,难以对我国目前粮食与主要食用农产品的数量保障现状作出真实的评价。此章节中的 2010—2014 年主要农产品进口数据主要来自中国海关统计数据公布的《(2010—2014 年)1—12 月中国主要农产品进出口贸易数据分析》,并依据 2015 年 4 月 22 日《农民日报》上公布《中国农业展望报告(2015—2024)》,结合其他相关资料,就我国粮食与主要农产品生产与消费的态势作出分析。

(一) 稻米:能够实现自给,进口基本保持稳定

2010—2014 年间,国内对进口大米需求不断增加,大米进口数量逐年上升,由 2010 年的 38.8 万吨增加到 2014 年的 257.9 万吨,增长了 6.6 倍(图 1-7)。未来十年,我国稻米总产量将稳定在 2 亿吨以上,进口虽有增加但幅度不大。具体而言,水稻种植面积会保持稳中略减的趋势,单产持续提高。2020 年,稻谷种植面积将减少到 4.46 亿亩(2975 万公顷),单产将提高到 461 公斤/亩(6912 公斤/公顷),总产量将达到 20560 万吨。2024 年,稻谷种植面积将减少到 4.43 亿亩(2955 万公顷),单产将提高到 464 公斤/亩(6955 公斤/公顷),总产量将达到 20650 万吨。同时预计未来十年,我国稻米总消费量将保持增长。2015—2024 年间我国口粮消费保持增长,加工消费略增,种子消费和损耗略减,消费总量增加。预计 2024 年大米国内消费总量 14476 万吨。未来十年,我国稻谷和大米价格总体将保持稳

中有涨态势。由于中国大米贸易伙伴有限,进口大幅增加的可能性不大。预计2024年我国大米进口320万吨左右,比2014年增加60多万吨,进口虽有增加但幅度不大。

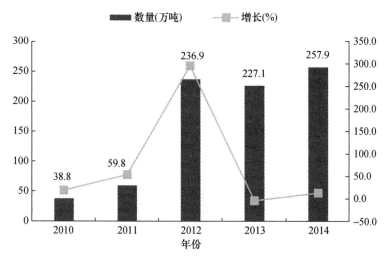

图 1-7　2010—2014 年间中国大米进口数量

资料来源:中国海关总署:《(2010—2014 年)1—12 月中国主要农产品进出口贸易数据分析》。

（二）小麦:生产主动调优,产需基本平衡

近年来,随着人们收入水平的提高,国内对面条、面包以及其他烘焙产品的需求也越来越大,对优质小麦进口数量增加。2010—2014 年间,我国小麦进口数量由 123.1 万吨增加到 300.4 万吨,年均增长率 24.99%（图 1-8）。未来十年,我国小麦生产受水土等农业资源环境制约,生产区域将有所调整,种植面积将主动调减,2024 年预计为 3.52 亿亩(2348 万公顷),但单产进一步提高,预计 2024 年将达到 367 公斤/亩(5506 千克/公顷),比 2014 年增加 18 公斤/亩(262 千克/公顷)。小麦产量继续增长,预计 2024 年将达到 12931 万吨,比 2014 年增长 2.5%。与此同时,未来小麦消费将呈现稳步增长的态势。预计 2024 年小麦总消费量将增至 13195 万吨,年均增长 0.6%。其中,受人口持续增长带动,小麦口粮消费仍将保持增长态势,预计 2024 年将达到 8877 万吨,年均递增约 0.5%,在小麦总消费中的比重保持在 67% 左右;随着农产品价格形成机制进一步完善,小麦饲料用粮消费增幅下降,预计 2024 年小麦饲料消费量约为 1833 万吨,占小麦总消费量的比例将接近 14%;随着食品工业持续发展,小麦加工消费将持续增加,预计到 2024 年将达到 1539 万吨,年均增长约 1.3%,占小麦总消费量的比例约为 11.7%;随着播种和栽培技术进步,未来小麦用消费量略减,预计将从 2014 年的 459 万吨略降至 2024 年的 448 万吨,年均降幅 0.2%;随着烘干和仓储设施的改进,小麦损失率下降,预计 2024 年约为 498 万吨,比 2014 年下降 1.4%。未来十年国内小麦价格将保持整体稳定,国际小麦价格将保持一定的竞争优势。预计 2024 年我国小麦进口将达到 280 万吨左右,与 2014 年基本持平,未来我国小麦贸易仍将维持净进口格局。

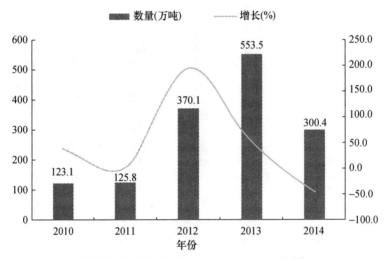

图 1-8　2010—2014 年间中国小麦进口数量

资料来源:中国海关总署:《(2010—2014 年)1—12 月中国主要农产品进出口贸易数据分析》。

(三) 玉米:短期供应充裕,中长期需求明显增加

我国玉米进口数量由 2010 年的 157.3 万吨增加到 2012 年的 520.8 万吨峰值,但 2014 年回落至 259.9 万吨(图 1-9)。2013—2014 年间,我国玉米深加工业陷入普遍亏损境地。玉米淀粉、玉米酒精等主要下游产品需求不佳,产品库存大,不断降价销售,亏损加剧导致深加工业开工率下滑,因而对进口玉米需求下降。未来十年,玉米种植效益仍将好于大豆、杂粮等竞争性作物,玉米种植面积仍将可能继续增加。但耕地减少、水资源短缺等矛盾将日益突出,决定了玉米种植面积增长空间越来越小,今后玉米种植面积增幅将明显放缓。预计 2015 年玉米种植面积稳中略增,若气候正常,产量将略有增长。同时,中低产田改造、高标准农田建设、土壤深松、秸秆还田等一大批工程项目的实施,以及品种改良、高产创建等增产技术的进一步推广应用,玉米单产尚有较大的增长潜力,今后玉米增产将主要来源于单产提高。未来十年我国玉米的单产年均增长 1.2%,总产量年均增长 1.3%。

随着新型城镇化的推进,加上人口增长,未来十年农村居民对畜水产品消费需求还有较大增长空间,玉米饲用需求将持续增长。同时,在经济增长及市场需

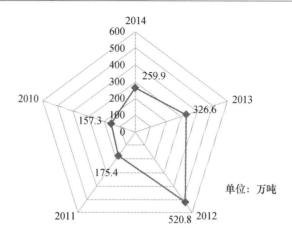

图 1-9　2010—2014 年间中国玉米进口数量

资料来源：中国海关总署：《（2010—2014 年）1—12 月中国主要农产品进出口贸易数据分析》。

求推动下，深加工玉米用量将恢复增长，但增速较上个十年明显放缓。食用消费和种用消费基本稳定。预计未来十年，国内玉米总消费量年均增速为 3.1%。玉米进口总体呈扩大趋势，国内外价差明显将是进口增长的主要动力。但国内较为宽松的供求格局将对进口形成抑制，加上关税配额管理机制的作用，玉米进口难以突破 720 万吨的配额数量。

（四）大豆：生产保持稳定，进口增速放缓

中国现在每年进口的大豆是国产大豆的 5 倍左右，以美国大豆为代表的海外大豆，已在中国市场形成了一定的综合竞争力，且由于进口到中国的关税极低，只有 3% 左右，因而进口大豆价格比较便宜。大豆是家禽和家畜饲料的重要来源，美国大豆业与中国养殖业深度捆绑，是美国大豆在中国市场得以不断扩大份额的另一个重要基础。2010—2014 年间，我国大豆进口数量由 5479.7 万吨稳步增加到 7139.9 万吨，增速平稳，年均增长率为 6.84%（图 1-10）。受国内经济发展和人口增加、城镇化进程加快等因素影响，未来十年我国大豆消费仍将增长，2024 年预计消费大豆 9671 万吨，比 2015 年增长 12.7%，年均增长 1.2%，明显低于 2005—2014 年的年均增长率 7.1% 的水平。大豆压榨消费将稳步增加，预计 2024 年达到 8542 万吨，年均增长率 1.3%。食用消费将稳步增加，其中大豆直接食用将减少，而传统豆制品以及大豆蛋白、大豆磷脂、大豆异黄酮等新兴大豆产品的市场需求将明显增加，预计 2024 年食用消费达到 968 万吨，年均增长率 0.7%。受耕地资源约束，国产大豆产量增长有限，但需求仍然刚性增长，未来十年我国大豆进口仍将稳步增长，预计 2024 年大豆进口 8266 万吨，比 2015 年增长 14.4%，年均增长率

1.3%;大豆出口将保持在30万吨以内,预计2024年出口29万吨,比2015年增长26.1%,年均增长率2.3%。

随着国家"三农"财政资金投入进一步加大,大豆目标价格补贴政策等支持政策进一步完善,未来十年大豆生产将逐步稳定、产量略有增加。预计2024年中国大豆种植面积约为721万公顷,比2015年增长12.5%,年均增长1.2%。大豆单产有望通过培育选用优良品种、规模化种植、机械化生产以及田间管理优化等措施得到提高。大豆产量将稳中有增,预计2024年将达到1434万吨,比2015年增长21.7%,年均增长1.9%。

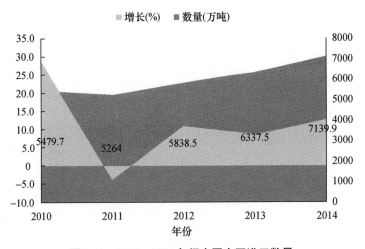

图1-10　2010—2014年间中国大豆进口数量

资料来源:中国海关总署:《(2010—2014年)1—12月中国主要农产品进出口贸易数据分析》。

(五) 猪肉:消费增速放缓,供需趋于平稳

未来十年我国猪肉产量占肉类产量比重将从2014年的66.4%降至2024年的64.9%,年出栏500头以上规模养殖户将成为生猪养殖的主导力量,到2024年其出栏比重将会达到60%以上。

未来十年猪肉消费量和人均占有量年均增速将保持在1.3%和0.8%。2015年猪肉总消费量和人均占有量预计分别较上年增长1.0%和0.4%,分别为5760万吨和41.87公斤/人/年。预计2024年猪肉总消费量和人均占有量将分别达到6510万吨和45.24公斤/人/年。其中,中国居民家庭人均猪肉消费量从2015年的20.19公斤增至2024年的22.00公斤,年均增1.0%,低于2012—2014年均4.2%的增速。城市和农村居民家庭人均猪肉消费量分别从2015年的16.32公斤和23.23公斤增至2024年的17.92公斤和24.30公斤,年均增速分别为1.1%和

0.5%；未来 10 年加工猪肉消费量预计年均增速 3.3%，从 2015 年的 990 万吨增至 2024 年的 1340 万吨。

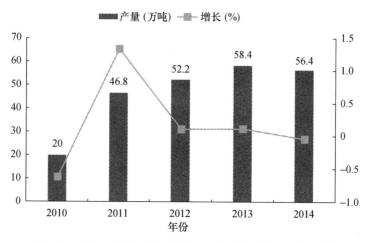

图 1-11 2010—2014 年间中国猪肉(生鲜冷冻猪肉)进口数量

资料来源：中国海关总署：《(2010—2014 年)1—12 月中国主要农产品进出口贸易数据分析》。

中国猪肉(生鲜冷冻猪肉)进口数量由 2010 年的 20.0 万吨逐步增加到 2013 年的 58.4 万吨，2014 年国内市场供应充足进口需求有所减弱，猪肉进口量为 56.4 万吨，比 2013 年略微下降 3.4%(图 1-11)。未来十年猪肉仍将保持一定进口量，出口则稳步增加。短期来看，2015 年猪肉进口量稳中有增，进口量将在 59 万吨左右。长期来看，受产能增速放缓影响，2019 年以后猪肉进口量将保持在 80 万吨以上，2024 年在 100 万吨左右，净进口量将由 2014 年的 34 万吨提高至 2024 年 70 万吨左右。

（六）禽肉：规模化生产发力，市场保持供需平衡

2010—2013 年，中国从巴西进口禽肉量与往年相比增加较多，禽肉进口量由 2010 年的 54.2 万吨上升到 2013 年的 58.42 万吨。2014 年，由于国内真空包装凤爪等消费不旺，美国等国际市场鸡腿等禽肉价格上涨，而中国禽肉价格较低，进口缺乏动力，因而从国外进口禽肉量下降，2014 年禽肉总进口回落至 47.15 万吨(图 1-12)。未来十年，中国禽肉生产和消费增速都将逐渐放缓，进口平稳，禽肉市场将继续保持供需平衡格局。近年来，受生产成本高企、居民总体消费平淡等因素影响，中国禽肉产业进入调整期。产量连续两年出现下降，预计近期保持基本稳定，远期将恢复增长态势。考虑到近五年全产业快速发展，消费需求增长缓慢，未来生产继续快速扩张的可能性降低。土地、水、饲料资源短缺，生产成本高企也给产业扩张带来约束。未来十年禽肉产量年均增速将下降为 1.9%，比过去十年降低 1.5 个百分点。

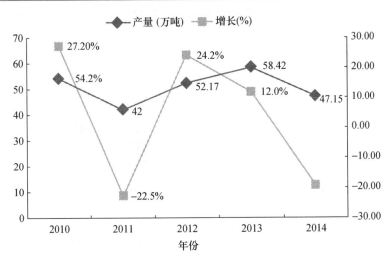

图 1-12　2010—2014 年间中国禽肉进口数量

资料来源:中国海关总署:《(2010—2014 年)1—12 月中国主要农产品进出口贸易数据分析》。

　　未来十年禽肉产业生产方式将加快转变,规模化、标准化、专业化和集约化程度显著提高。2013 年,我国出栏 2000 只以上及 1 万只以上的肉鸡规模养殖比例分别达到 85.6% 和 71.9%,超过 100 万只的大规模养殖快速发展,比例达到12%。未来,肉鸡养殖的规模化比重将进一步提高,将涌现出更多的肉鸡自养自宰一体化龙头企业。随着城乡居民收入水平提高和城镇化发展,禽肉消费将继续增加。长远来看,新增城镇化人口和农村居民都是禽肉消费增加的主要潜力。从消费结构看,未来冰鲜禽和加工制品将会成为消费的主流产品。但受制于食物消费需求多元化,禽肉消费增速会受到制约,未来十年我国禽肉消费超过猪肉的可能性不大。总体来看,未来十年禽肉消费稳步增加,2024 年人均占有量有望达到14.6 公斤,年均增长 1.3%,比过去十年的年均增速下降 1.6 个百分点。

　　未来十年,中国禽肉贸易将继续平稳发展。到 2024 年进口规模将保持在 60万吨以内,出口有扩大的可能,特别是对中亚地区的出口量会小幅增加。

　　(七)蔬菜:供需总体宽松,国际贸易继续保持顺差

　　2010—2014 年间,我国蔬菜进口数量由 15 万吨逐步增加到 22.2 万吨,年均增长率 10.30%,整体增长趋势较为平稳(图 1-13)。未来十年,我国蔬菜生产稳定发展,居民消费平稳增加,供需总体较为宽松,市场保持平稳运行,价格继续遵循常年波动规律,进出口贸易将继续保持顺差格局。

　　未来我国蔬菜生产虽然仍将稳定发展,但增速趋缓。受土地、水等资源要素约束趋紧影响,预计未来十年我国蔬菜种植面积进一步增加的空间有限,播种面

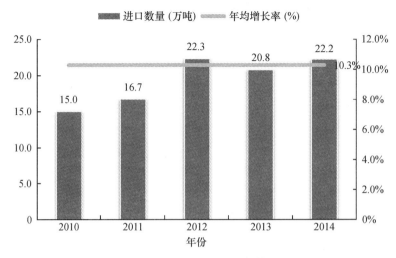

图 1-13　2010—2014 年间中国蔬菜进口数量

资料来源:中国海关总署:《(2010—2014 年)1—12 月中国主要农产品进出口贸易数据分析》。

积、单产和总产量增速将趋于放缓。2015—2024 年间全国蔬菜播种面积将趋于稳定或略有增加,预计 2015 年播种面积将基本保持稳定,2024 年将增至 32340 万亩,年均增速为 0.1%;随着蔬菜设施的发展和生产技术的提高,蔬菜单产水平将继续稳步提升,预计未来十年年均增速为 0.5%;蔬菜总产量年均增速将有所放缓,预计 2015 年总产量将保持稳中有增,2024 将达到 79213 万吨,年均增速为 0.6%,低于过去十年年均增长速度。同时,预计未来一段时期,我国蔬菜中无公害、绿色和有机等"三品一标"产品的比重将进一步提高,生产将从注重产量向确保均衡供应和提质增效并重的方向加快转变。

随着城乡居民收入水平提高,人们追求健康膳食的科学营养观念加强,以及全国人口总量继续保持一定增长水平,预计未来十年我国蔬菜消费将继续保持年均 1.1% 的增长态势,2024 年消费总量将达到 51977 万吨;人均消费量年均增速约在 1% 左右,2024 年将增至 160 公斤/人。加工消费、饲用消费未来将保持平缓变化,蔬菜损耗率将在管理模式改变与技术创新中持续下降。未来十年,我国蔬菜进出口量均将呈现逐年增加的趋势,出口规模仍将高于进口规模,出口创汇的贸易形势将继续维持;预计到 2024 年蔬菜贸易总量将达到 1235 万吨,年均增长率为 2.2%;贸易顺差将进一步扩大,净出口量将达 1125 万吨,比 2014 年增加约 17.9%。

(八) 水果:生产由数量增加转向质量提升

受收入水平提升和消费结构升级的影响,国内消费者对高品质进口水果的需求稳步增加。2010—2014 年间,我国水果进口数量由 264.5 万吨逐步增加到 340

万吨,年均增长率6.48%,增长较为稳定(图1-14)。未来十年,我国水果产量预计持续小幅增长,水果生产结构优化,质量得到提升;水果消费量增加和消费结构升级。与过去十年相比,水果供需量增速将放缓,需求将对供给起到更主要的引导作用,新型产销经营方式和现代物流将对水果市场产生深刻影响。

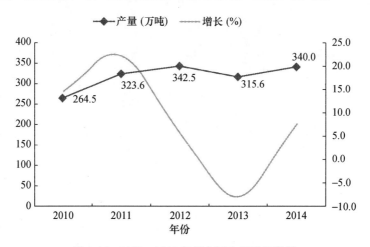

图 1-14　2010—2014 年间中国水果进口数量

资料来源:中国海关总署:《(2010—2014 年)1—12 月中国主要农产品进出口贸易数据分析》。

未来十年,我国水果产业发展将由数量扩展型向质量效益型转变,大宗水果品种如苹果、柑橘属水果熟期结构和品质结构将继续改善;小宗水果品种生产多样化水平将继续提高,热带和亚热带水果将较快发展。水肥一体化技术、农业机械化应用、采后商品化处理技术、标准化和集约化经营是未来十年水果生产提质增效的重要技术途径。未来十年,我国水果产量预计持续小幅增长,2024 年水果总产量(包括园林水果和瓜果类产量)预计达 2.81 亿吨,年均增速 1.38%。

未来十年,水果直接消费总量增加,加工消费量上升。随着生活水平提高、消费观念改变、膳食结构改善,对水果的消费需求将进一步扩大。城乡消费差距预计持续缩小,收入水平提高、人口持续增长和城镇化水平提高将推动水果直接消费总量增加。预计 2024 年水果直接消费量将达到 1.35 亿吨。城镇居民水果消费结构优化和品质提高,农村居民水果消费将较多体现为“量”的增加。

伴随消费量小幅增长,水果消费的产品结构和区域结构也将明显改变。一是消费者对水果品种结构和品质结构的需求愈加多元化。二是果汁、果汁饮料、果酒等水果加工制品的消费需求较快增长,预计 2024 年水果加工消费量将达到 3093 万吨。三是欠发达地区收入水平的提高和现代物流的发展,将缩小水果消费的区域间差距。

未来十年,水果进口增长仍具有空间。国内消费者购买力提高、进口水果价格优势、电商发展均对水果进口有促进作用,我国与非洲、南美洲、大洋洲国家和新兴经济体的贸易关系加强也将在一定程度上促进水果进口。

（九）水产品:生产消费平稳增长,出口数量继续领先

近几年,我国对国外水产品进口需求越来越大。2010—2014 年间,我国水产品进口量由 382.2 万吨稳步增加到 428.1 万吨,年均增长率达 2.88%（图 1-15）。未来十年,我国水产品产量预计将继续保持增长态势,2015 年产量预计为 6643 万吨,2020 年达到约 7300 万吨后,受资源环境约束,增速逐渐下降,2024 年达到 7700 万吨左右,2015—2024 年间年均增长率约 1.8%。主要增产潜力仍来自于水产养殖业,预计 2024 年水产养殖产量占水产品总产量的比重接近 78%,但随着自然资源承载压力加大以及用工成本上升,水产养殖业规模继续扩大的空间有限。预计未来 10 年,水产养殖年均增速 2.4% 左右,2015 年水产养殖产量 4900 万吨,2020 年有望达到 5600 万吨,2024 年接近 6000 万吨。

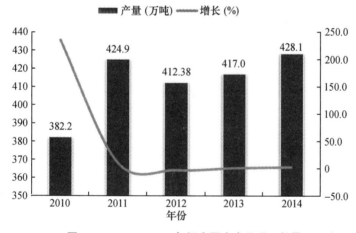

图 1-15　2010—2014 年间中国水产品进口数量
资料来源:中国海关总署:《(2010—2014 年)1—12 月中国主要农产品进出口贸易数据分析》。

未来十年,人均水产品消费量将继续增加,但增速放缓。2015 年包含户外消费在内的人均水产品消费量预计为 19.8 公斤,2024 年将达到 23.9 公斤,年均增速 2.3%。随着农村居民收入水平的提高以及流通体系的不断完善,水产品消费呈现由城市向农村地区扩散的状态,农村居民水产品消费的增长速度将快于城镇居民。2024 年城镇居民年人均水产品消费量预计将达到 30.1 公斤,年均增长 1.4%,农村居民人均水产品消费量 12.8 公斤,年均增长 2.4%。

未来十年,水产品出口将继续保持增长态势,但受国内渔业生产成本上升、国际市场需求总体偏弱等不利因素影响,增速将有所下降。预计未来十年水产品出口总量年均增幅约 2.6% ,2024 年达到 540 万吨左右。随着居民整体收入水平提高,消费向多元化、差异化方向发展,食用水产品进口可能逐步增加,但受消费习惯等因素制约,食用水产品进口规模不会增长过快。预计 2015—2024 年间,我国水产品进口增速预计在 2.8% 左右,2024 年水产品净进口量达 26 万吨左右。

三、保障粮食数量安全的现实路径:水稻的案例

民以食为天。粮食安全关乎国家命脉、人民福祉。中国是全球最大的粮食生产国和消费国,以占全球 7% 左右的耕地养活了全球超过 20% 的人口,因此保障粮食有效供给的任务尤为艰巨。虽然近些年中国粮食连年丰产,市场供应充足,当前粮食与主要食用农产品供应保障状况良好,但中国在粮食领域的损失、浪费现象严重。2013 年 2 月,国家粮食局局长任正晓在接受新华社记者采访时指出,中国粮食产后仅储藏、运输、加工等环节损失浪费总量就达 700 亿斤以上;2013 年 5 月,国家粮食局主办的粮食科技活动周所发布的相关数据显示,我国每年粮食产后损失浪费超过 1000 亿斤,占全国粮食总产量的 9% 以上,相当于 1.45 亿亩粮田产量。因此,减少粮食产后损失浪费就成为现阶段保障粮食与主要农产品安全供应的最现实的路径。本节主要以水稻收获环节为案例展开分析。

(一) 问题的提出

研究表明,受资源环境、极端气候、人口刚性增长、饲料与加工用粮的刚性需求以及国际粮食供应市场变化的影响,我国粮食供应量将面临严峻挑战[①]。据联合国粮农组织(Food and Agriculture Organization of the United Nations,FAO)和经济合作与发展组织(Organization for Economic Co-operation and Development,OECD)估计,2013—2022 年间中国农业生产供给与消费需求的年均增长率分别为 1.7%和 1.9% ,供需缺口将逐步扩大[②]。然而,一直以来中国在保障粮食安全问题上较注重"产前"和"产中"环节的要素投入与管理,对粮食"产后"的节粮减损重视度严重不足。随着城镇化进程中有效耕地面积的不断减少、水资源结构性短缺以及化肥农药使用效率的逐步降低[③],中国单位面积粮食"产前""产中"要素投入所带

[①]　J. Aulakh, A. Regmi, et al. , *Fost-harvest Food Losses Estimation-Development of Consistent Methodology*, Agricultural & Applied Economics Association's 2013 AAEA & CAES Joint Annual Meeting, Washington, DC, 2013; 李国祥:《2020 年中国粮食生产能力及其国家粮食安全保障程度分析》,《中国农村经济》2014 年第 5 期。

[②]　"Food Losses and Food Waste in China:A First Estimate", *OECD Food, Agriculture and Fisheries Papers*, Vol. 66, 2014, pp. 30-30.

[③]　*Agricultural Science & Technology in China:A Roadmap to 2050*, China:Springer Berlin Heidelberg, 2011; J. Liu, C. Folberth, H. Yang, et al. , "A Global and Spatially Explicit Assessment of Climate Change Impacts on Crop Production and Consumptive Water Use", *Plos One*, Vol. 8, No. 2, 2013, pp. 1-13.

来的粮食增长的边际效用却日益缩减。而事实上,我国粮食产后的损失触目惊心。据统计,每年粮食产后损失量上千亿斤,大约相当于2亿亩耕地的产量,占我国粮食总产量的近10%,远高于发达国家和世界平均水平的3%—5%水平①。粮食产后损失,不仅意味着食物供应量的减少,也将浪费粮食生产过程中所需的劳动力、淡水、耕地和化肥等资源,同时粮食生产过程中排放的温室气体还对环境构成巨大压力②。

粮食产后的内涵非常丰富,不同的粮食品种,产后环节并不完全相同。收获作为粮食产后的第一个环节,在降低粮食产后损耗上具有特殊的地位。以水稻为例,水稻是我国最主要粮食作物之一,2013年产量约占全国同期粮食总产量的33.83%③。如果水稻在产后收获环节一旦发生较大损失,不仅仅是粮食数量的损失,而且其品质的损失还将进一步影响后续加工、存储和销售的损失量④。而我国的现实情景是,伴随大量青壮年农民进城务工,女性与年龄偏大男性的农户成为粮食生产的主体,导致传统精耕细作的农业生产日趋粗放,更加剧了水稻产后收获环节损失的扩大⑤。因此,以水稻为研究对象,实证分析影响水稻产后收获损失的主要因素,有助于我国的节粮减损,提高水稻安全保障水平。

(二) 文献回顾

学者们对粮食产后损失展开了大量的先驱性研究,但可能由于研究目的与背景的差异,学者们在实际研究中又将粮食产后损失进一步划分为粮食损失和粮食浪费。一般而言,粮食损失指在某一食物价值链中,因为基础设施、技术条件和管理的局限性等客观因素所导致的食物不可避免的流失,它既包括直接的数量损失也包括间接的质量损失(例如营养价值的流失和在口味、质感和颜色上的改变),而粮食浪费是指因为粮食供应链主体主观上的疏忽而导致的可食性粮食流失⑥。Priefer 等的研究则将粮食浪费看成粮食损失中的一个子集,认为凡是用于消费的粮食未被消费者所食用而从供应链中流失的,均可称为粮食损失,粮食浪费则是

---

① 郭燕枝、陈娆、郭静利:《中国粮食从"田间到餐桌"全产业链损耗分析及对策》,《农业经济》2014年第1期。

② B. G. Ridoutt, P. Juliano, P. Sanguansri, J. Sellahewa, "The Water Footprint of Food Waste: Case Study of Fresh Mango in Australia", *Journal of Cleaner Production*, Vol. 18, No. 16-17, 2010, pp. 1714-1721.

③ 国家统计局:《中国统计年鉴(2014)》,http://www.stats.gov.cn。

④ R. A. Boxall, "A Critical Review of the Methodology for Assessing Farm-level Grain Losses after Harvest", *International Biodeterioration*, Vol. 25, No. 4, 1989, pp. 318-319.

⑤ 张永恩、褚庆全、王宏广:《城镇化进程中的中国粮食安全形势和对策》,《农业现代化研究》2009年第3期。

⑥ J. Aulakh, A. Regmi, et al., *Fost-harvest Food Losses Estimation-Development of Consistent Methodology*, Agricultural & Applied Economics Association's 2013 AAEA & CAES Joint Annual Meeting, Washington, DC, 2013.

指在粮食损失中因为人为因素而导致的部分①。综合国内外现有文献对粮食产后损失和浪费的定义,可以认为粮食产后损失是指供消费而生产的可食用粮食从收割至消费的整个链条中数量的减少和品质的降低,其中因人为因素导致的粮食损失称作粮食浪费。

为准确分析我国粮食产后损失程度和主要影响因素,早在 20 世纪 90 年代,浙江省农科院就将产后环节细分为收获、脱粒、运输、清洗、干燥、储藏、加工、分销和消费九个子系统②。Teshome 等则细分为收获、运输、干燥、脱粒、储藏、加工和消费七个环节③。Aulakh & Regmi 在评估发展中国家粮食产后损失时又进行了进一步的细分④。然而,多数学者对于粮食产后损失环节的划分大都是基于机械化水平较为低下且粮食收获多采用分段收获方式的发展中国家(地区)的情景。目前我国水稻收获机械化水平迅速提高,采用联合收割方式的比重也不断扩大,2012 年全国水稻机收水平达 73.59%⑤。区别于传统的分段收获,水稻收割与脱粒两个环节在联合收获时一次性完成。鉴于我国水稻收割与脱粒两个环节紧密相连,无论是采取分段收割还是联合收割方式,大都是在田间完成,故在实际研究中要严格区分每个环节的损失量是困难的。

学者们从不同角度对影响水稻收获损失的因素进行了深入的研究。适时收割对减少水稻产后收获中数量与品质的损失至关重要。研究指出,水稻在达到物理成熟期后的 10—15 天是收获的最佳时间段⑥。同一块田地内因错过最佳收获时间将导致粮食损失量将增加 3.5%—9.5% 左右⑦。Lantin 等的研究认为,粮食在产后收获中的损失与最适收割期紧密相连,过早收割将夹杂大量含水率较高的

①　C. Priefer, J. Jörissen, *Technology Options for Feeding* 10 *Billion People Options for Cutting Food Waste*, Institute For Technology Assessment And Systems Analysis: Carmen Priefer, Project Leader, 2013.

②　Zhejiang Academy of Agricultural Sicences, Postharvest Development Research Center, *Grain Post-Production System Analysis In China*: *Terminal Report*, Zhejiang Academy of Agricultural Sicences, Postharvest Development Research Center, Hangzhou, CN, 1991.

③　A. Teshome, J. Kenneth, T., Bernard, B. Lenore, F. John, D. H. Lambert, J. T. Arnason, "Traditional Farmers' Knowledge of Sorghum (Sorghum Bicolor [Poaceae]) Landrace Storability In Ethiopia", *Economic Botany*, Vol. 53, No. 1, 1999, pp. 69-78.

④　J. Aulakh, A. Regmi, et al., *Fost-harvest Food Losses Estimation-Development of Consistent Methodology*, Agricultural & Applied Economics Association's 2013 AAEA & CAES Joint Annual Meeting, Washington, DC, 2013.

⑤　刘华、陈卫灵、邹诗洋等:《南方水稻收获机械应用现状与发展趋势》,《现代农业装备》2014 年第 1 期。

⑥　T. Akar, M. Avci, F. Dusunceli, *Berley*: *Post-Harvest Operations*, Food and Agriculture Organization of the United Nations, Ulus, Ankara, Turkey, 2004.

⑦　W. E. Klinner, G. W. Biggar, "Some Effects of Harvest Date and Design Features of the Cutting Table on the Front Losses of Combine-Harvesters", *Journal of Agricultural Engineering Research*, Vol. 17, No. 1, 1972, pp. 71-78.

未成熟谷物,影响后续存储并导致损失,而过晚收割会使得成熟谷物受到来自昆虫、鸟兽和微生物的攻击[1]。Beta 等则进一步指出,采收过早将降低谷物的淀粉、蛋白质和糖分含量[2],及时收割可以降低恶劣天气对产量的影响,同时也可以减轻谷物爆腰率(Crack ratio)[3]。稻谷的爆腰率不仅导致谷物品质的下降,也会加大产后处理的加工碎米率[4]。王百灵对不同抽穗天数水稻采样的研究表明,过早收获的稻谷含水率较高,千粒重[5]相对较低,收获期对稻米直链淀粉和脂肪酸影响较大[6]。陈维君采用高光谱遥感技术监测研究了不同收获期对稻米产量与品质的影响,认为最适时期收获不仅可以提高产量,同时也会获得高的精米率和好的蒸煮品质[7]。赵世岭针对不同割期对水稻收获产量的影响进行了研究,发现割晒期要因不同气候条件、不同熟期的品种以及品种的成熟度而定,并由此根据当地的天气预报,合理确定割晒方式和割晒面积及时拾禾[8]。另外 Grolleaud 等指出收获的时间跨度与粮食损失成正比,谷物会因为风雨的侵袭而枯倒在地,霉菌也会迅速蔓延,成熟的谷物也会被虫鸟所蚕食[9]。

收获期的天气状况与粮食产后收获损失有着密切的关系。Akar 等的研究指出,粮食收获时节的多雨天气将加剧病虫害和早衰,致使粮食成熟率下降而造成减产,同时倒伏的粮食也将增加收割难度而扩大损失[10]。World Bank 的研究显示,成熟的谷物如若过度暴露在高温和潮湿的环境中会增加谷物的易腐性,从而降低粮食的产量和品质[11]。Abass 等则进一步指出,成熟的谷物在需要进行干燥时若突然受到风雨的袭击将会破坏谷物的营养和口感[12]。陈晓艺在分析了连绵雨对粮食

---

[1]　R. Lantin, *Rice: Post-Harvest Operations*, International Rice Research Institute, Philippines, 1999.

[2]　T. Beta, S. Nam, J. E. Dexter, et al., "Phenolic Content and Antioxidant Activity of Pearled Wheat and Roller-Milled Fractions", *Cereal Chemistry*, Vol. 82, No. 4, 2005, pp. 390-393.

[3]　爆腰率:米粒上出现横向裂纹称为爆腰,爆腰米粒占试样的百分率,一般称为爆腰率。

[4]　巫幼华、徐润琪:《稻米的收获及产后处理损失因素分析》,《粮食流通技术》2004 年第 2 期。

[5]　千粒重:千粒重是以克表示的一千粒谷物的重量,体现谷物的大小与饱满程度。

[6]　王百灵、张文忠、商全玉等:《不同收获时期对超级稻沈农 014 主要稻米品质影响》,《北方水稻》2009 年第 3 期。

[7]　陈维君、周启发、黄敬峰:《用高光谱植被指数估算水稻乳熟后叶片和穗的色素含量》,《中国水稻科学》2006 年第 4 期。

[8]　赵世岭、牛艳凯、张卓等:《水稻不同割晒期对产量及米质的影响》,《吉林农业》2010 年第 12 期。

[9]　M. Grolleaud, *Post-Harvest Losses: Discovering The Full Story*, Overview of the Phenomenon of Losses During the Post-Harvest System, FAO, Agro Industries And Post-Harvest Management Service, Rome, Italy, 2002.

[10]　T. Akar, M. Avci, F. Dusunceli, *Berley: Post-Harvest Operations*, Food and Agriculture Organization of the United Nations, Ulus, Ankara, Turkey, 2004.

[11]　World Bank, FAO, NRI, *Missing Food: The Case of Post-Harvest Grain Losses in Sub-Saharan Africa*, Economic Sector Work Report No. 60371-AFR, Worldbank, Washington, DC, 2011.

[12]　A. B. Abass, G. Ndunguru, P. Mamiro, et al., "Post-Harvest Food Losses in a Maize-Based Farming System of Semi-Arid Savannah Area of Tanzania", *Journal of Stored Products Research*, Vol. 57, 2014, pp. 49-57.

秋收影响时发现连绵雨导致千粒重减轻和生物产量锐减,已收割稻穗因不能及时晾晒而造成霉烂[1]。费永成在分析秋季连阴雨的地理分布、年际变化特征和收获期秋绵雨发生频次对水稻收获产量的影响时也得出相同结论,并指出割倒铺放的籽粒在严重时可造在田间生芽[2]。张海燕的研究认为,受风雨天气影响而发生的水稻倒伏将会使产量减少10%—20%,同时水稻青粒、瘪粒明显增加,降低结实率[3],收割脱粒时出现落粒、穗芽现象,加重收获损失[4]。

粮食产后收获损失与田间管理和操作精细度直接相关。Khatib 等在研究中发现不良的杂草控制情况与粮食收获损失有着密切的联系,在收割和脱粒时为区分杂草与稻穗,不可避免地会产生稻穗的遗漏和谷物的丢弃[5]。Lantin 等及 World Bank 发现粮食的种植密度、田间管理(除草、除虫、施肥等)、及时收割等收获前的管理和决策都会对最终的收获损失产生影响[6]。Hodges 等研究认为,粮食收获操作的不精细,割倒后的谷物在田间随意铺放会导致谷物返潮,同时微生物的侵害也将降低谷物的品质[7]。Appiah 等则发现,不同田块损失率受稻田野草的控制状况、农户采收的经验技巧、作业的精细程度相关[8]。Abass 等通过调查也发现,尽管大多数受访者认为收获时多变的天气状况主导了粮食损失,但农户在收获中因知识和技巧的贫乏,粗放的作业方式才是导致粮食在收获环节损失的主要原因[9]。

收获方式也影响粮食收获环节的损失。李植芬的研究表明,尽管联合收获时粮食未割净和收割落粒损失较大,但总体上分段收获比联合收获损失小得多[10]。

---

[1]　陈晓艺、马晓群、姚筠:《安徽省秋季连阴雨发生规律及对秋收秋种的影响》,《中国农业气象》2009年第2期。

[2]　费永成、陈林、彭国照等:《四川秋绵雨特征及水稻收获的气象适宜度研究》,《江苏农业科学》2013年第5期。

[3]　一般而言,禾谷类作物饱满谷粒占颖花总数(饱满粒数 + 空粒数)的百分率,称为结实率。

[4]　张海燕、刘元明、陈兴良:《高产水稻倒伏发生的原因及防止措施》,《农民致富之友》2013年第6期。

[5]　K. Khatib, C. Libbey, R. Boydston, "Weed Suppression with Brassica Green Manure Crops in Green Pea", *Weed Science*, 1997, pp. 439-445.

[6]　R. Lantin, *Rice: Post-Harvest Operations*, International Rice Research Institute, Philippines, 1999; World Bank, FAO, NRI, *Missing Food: The Case of Post-Harvest Grain Losses in Sub-Saharan Africa*, Economic Sector Work Report No. 60371-AFR, Worldbank, Washington, DC, 2011.

[7]　R. J. Hodges, J. C. Buzby, B. Bennett, "Postharvest Losses and Waste in Developed and Less Developed Countries: Opportunities to Improve Resource Use", *The Journal of Agricultural Science*, Vol. 149, No. 1, 2011, pp. 37-45.

[8]　F. Appiah, R. Guisse, P. K. Dartey, "Post Harvest Losses of Rice from Harvesting to Milling in Ghana", *Journal of Stored Products and Postharvest Research*, Vol. 2, No. 4, 2011, pp. 64-71.

[9]　A. B. Abass, G. Ndunguru, P. Mamiro, et al., "Post-Harvest Food Losses in a Maize-Based Farming System of Semi-Arid Savannah Area of Tanzania", *Journal of Stored Products Research*, Vol. 57, 2014, pp. 49-57.

[10]　李植芬、夏培焜、汪彰辉等:《粮食产后损失的构成分析及防止对策》,《浙江农业大学学报》1991年第4期。

冯刚也认为直接收获对倒伏稻穗的作业难度较大,且易受机械性能、操作人员的技术影响;分段收获时对倒伏稻谷的作业更为精细,不仅可以提早作业期,缓解了劳动力紧张,同时可以增产 5%—15% 左右。另外,水稻采用分段收获方式时的脱净率达 99.5%,综合损失率≤2%[1]。但 Lantin 等的研究指出,粮食分段收获中所涉及的环节较多,每个环节在作业中均不可避免地对粮食的数量和品质产生损害[2]。Schulten 等研究发现,相比于其他作物,水稻在收获阶段的损失主要是由收获方式和收割设备的使用造成的,相比于联合收获,手工分段收获导致的损失更为明显,谷物的物理损失也会在田间堆积的几天内成倍增加[3]。Demirci 等在研究中进一步指出,采用联合收获时收割人员可能会在单位时间内增加收割面积而将 4—6 千米/时(km/h)的正常作业速度提高到 7—8 千米/时(km/h),从而扩大联合收获损失率[4]。

在从不同角度研究粮食产后收获损失的同时,学者们还从经济与社会发展更广泛的视角研究了影响粮食收获损失的成因。Grethe 等的研究指出,社会经济因素和技术发展水平是影响发展中国家和新兴国家粮食作物损失的主要原因[5]。Buchner 等的调查发现,发展中国家粮食产后供应链前端损失明显高于发达国家,劳动密集型的农业小规模生产效率低下,技术、资金、管理水平的局限性,农户收割方法、收割设备的落后和农村基础设施的不健全是主要原因[6]。Priefer 等的调查认为,农业知识和管理技能的缺乏、政府管理不足、相关政策的缺乏以及新技术的改良、现代设备的引进等问题都加剧了粮食产后的损失[7]。Liu 等通过比较研究也发现,基础设施的不健全、知识和技术水平的落后和分散的小农生产体系是中国和其他发展中国家影响粮食产后损失的共同因素[8]。同时 Parfitt & Monier 的研

---

① 冯刚、孙聪聪:《水稻割晒拾禾分段收获技术》,《农村科技》2014 年第 4 期。

② R. Lantin, *Rice: Post-Harvest Operations*, International Rice Research Institute, Philippines, 1999.

③ G. G. M. Schulten, "Post-Harvest Losses in Tropical Africa and Their Prevention", *Food and Nutrition Bulletin*, Vol. 4, No. 2, 1982, pp. 2-9.

④ K. Demirci, *Crop Losses with Combine at Harvest: Examples of Turkey and State Farms in Proceedings of the Seminar on Pre and Post Harvest*, Ministry of Agriculture and Forestry, Turkish, 1982.

⑤ H. Grethe, A. Dembélé, N. Duman, *How to Feed the World's Growing Billions: Understanding FAO World Food Projections and Their Implications*, Study for WWF Deutschland the Heinrich-Böll-Stiftung, Berlin, 2011.

⑥ B. Buchner, C. Fischler, E. Gustafson, et al., "Food Waste: Causes, Impacts and Proposals", *Barilla Center for Food & Nutrition*, 2012.

⑦ C. Priefer, J. Jörissen, *Technology Options for Feeding 10 Billion People Options for Cutting Food Waste*, Institute for Technology Assessment and Systems Analysis: Carmen Priefer, Project Leader, 2013.

⑧ G. Liu., "Food Losses and Food Waste in China: A First Estimate", *OECD Food, Agriculture and Fisheries Papers*, Vol. 66, 2014, pp. 30-30.

究发现,当年粮食的市场价格越低,收获环节中损失量就会越大[1]。另外,Groll-eaud 等的研究发现,不同地区的地理位置、地形地貌、气候特征等也是造成粮食收获损失的原因[2]。

目前的研究成果对本文的研究具有重要的借鉴意义。但深层次地研究可以发现,现有的研究仍然存在明显的不足,主要是:学者们尤其是国外学者对粮食产后损失的研究,大都重视粮食产后各个环节损失量的评估,鲜见有采用定量工具对具体环节损失量及影响因素的分析;国际上所研究的粮食损失是基于不同国家的不同国情,研究的背景与我国粮食生产的基本国情有很大的差异,故国际上诸多研究结论在我国未必具有普适性。本研究主要是借鉴已有的文献,基于对全国10 个省的 957 个水稻生产农户的问卷调查,运用有序多分类 Logit 模型确定水稻产后收获环节中损失的影响因素及其边际效应。需要指出的是,基于前人的研究成果,我们所研究的水稻收获主要包括水稻收割和脱粒两个环节,而且基于中国国情将水稻收获损失界定为指水稻在田间从收割、脱粒、清选到装袋过程中,因自然条件、基础设施、技术水平、收割方式、操作水平等所导致的谷粒数量的减少或品质的降低。同时,为简单起见,本研究并未区分粮食损失中的粮食浪费。

(三) 调查设计与样本分析

1. 调查设计

本研究采用多阶段抽样方法,选取了黑龙江、江苏、浙江、广东、湖北、湖南、安徽、江西、四川和广西共 10 个省作为抽样区域。2013 年上述 10 个省水稻产量占到全国的 78.96%[3],抽样区域基本上覆盖了我国粮食主产区。江苏、浙江、广东,湖北、湖南、安徽、江西,四川、广西,黑龙江分别属于东部、中部、西部与东北部地区,抽样区域在区域空间上具有较好的代表性,并跨越了华南、华中、华北、西南、东北单季稻五大稻作区的单双季稻[4]。而且抽样区域初步涵盖了以米饭为主食的南方省份与以面食为主食的北方省份。在此基础上,根据水稻生产与产后收获特征、地形特征、水稻种植比例、居民收入等事件,在上述所调查的每个省中分别抽取五个县,并在每个县随机选择五个行政村作为抽样区域。由此可见,本研究所确定的调查点基本兼顾了我国不同地区,地形地貌、气候特征、经济发展与城镇化水平、水稻的生产制度与消费习惯等。以这些地区种植户的调查数据来大致刻画

---

① J. Parfitt, M. Barthel, S. Macnaughton, "Food Waste within Food Supply Chains: Quantification and Potential for Change to 2050", *Philosophical Transactions of the Royal Society B: Biological Sciences*, Vol. 365, No. 1554, 2010, pp. 3065-3081.

② M. Grolleaud, *Post-Harvest Losses: Discovering The Full Story*, *Overview of the Phenomenon of Losses During the Post-Harvest System*, FAO, Agro Industries And Post-Harvest Management Service, Rome, Italy, 2002.

③ 国家统计局:《中国统计年鉴 2014》,中国统计出版社 2014 年版。

④ 在中国,一般将水稻种植划分华南、华中、华北、西南、东北单季稻和西北干燥区等为 6 大稻作区。

国内水稻收获损失状况较为合适。在实际调查过程中,由经过训练的调查员实地走访深入农户家庭,通过面对面的直接访问方式由农户直接回答问卷。此次调查在上述十个省等量发放问卷100份,经过认真筛选,得到有效问卷957份,问卷有效率为95.7%。调查于2014年7—8月间完成。

2. 问卷设计

问卷主要由"水稻收获损失程度评价""水稻收获损失影响因素""农户水稻种植特征"和"农户个人信息"四部分组成。同时为便于受访的农户(以下简称受访者)正确评估水稻产后收获损失程度,综合国内外学者的研究[1]与调查结果[2],并通过预调查中农户对水稻产后收获损失程度的反馈,本节最终将水稻产后每亩收获损失率划分为"3%及以下、3%—4%、4%—5%、5%—6%、6%—7%和7%及以上"6个等级[3]。

3. 样本分析

(1)受访者的统计特征。表1-4是受访者基本统计特征。表1-4显示,在957个受访者中,男性占54.96%,年龄分布上以46—55岁和56—65岁两个年龄段为主体,分别占样本量比例的41.27%和29.68%;学历、家庭规模、家庭年均收入分别以高中及以下、3—4人、6万元及以下者为主体,分别占样本量比例的87.04%、67.71%、69.80%。与此同时,47%的受访者有在城市务工的经历。

表1-4　受访者的基本统计特征

特征描述	具体特征	频数	有效比例(%)
性别	男	526	54.96
	女	431	45.04
年龄	35岁及以下	64	6.69
	36—45岁	160	16.72
	46—55岁	395	41.27
	56—65岁	284	29.68
	66岁及以上	54	5.64
受教育程度	小学及以下	209	21.84
	初中	369	38.56
	高中(包括中等职业)	255	26.64
	大专及以上	124	12.96

---

① 李植芬、夏培焜、汪彰辉等:《粮食产后损失的构成分析及防止对策》,《浙江农业大学学报》1991年第4期;R. J. Hodges, C. Maritime, *Post-Harvest Weight Losses of Cereal Grains in Sub-Saharan Africa*, Aphlis, UK, 2012.

② 国内外研究文献的较为一致的研究结论是,水稻产后收获损失程度集中在3%—7%之间。

③ 水稻产后每亩收获损失率=每亩水稻损失量/每亩水稻产量。

（续表）

特征描述	具体特征	频数	有效比例（%）
家庭规模	1—2 人	53	5.54
	3 人	282	29.47
	4 人	366	38.24
	5 人及以上	256	26.75
家庭年均收入	3 万元及以下	296	30.93
	3—6 万元之间	372	38.87
	6—10 万元之间	207	21.63
	10 万元以上	82	8.57
是否具有外出务工经历	有	452	0.47
	无	505	0.53

（2）水稻产后每亩收获损失率的总体估算。表 1-5、表 1-6 的统计数据显示，分别有 26.93% 和 29.20% 的受访者认为水稻在收获环节中的每亩损失率在 3% 以下和 3%—4% ,18.30%、13.07% 的受访者认为损失率在 4%—5%、5%—6% 之间,同时约有 5.68% 和 6.82% 的受访者则估计损失率在 6%—7% 之间或超过 7%。对于水稻在收获阶段损失的主要原因,45.48% 的受访者归因于多变的天气状况,而 19.58%、18.22% 和 10.54% 的受访者则认为是"收割设备的落后""病虫害侵蚀""收割落粒"主导了损失。

表 1-5 各地区水稻产后每亩收获损失率

区域＼损失率	3% 及以下	3%—4%	4%—5%	5%—6%	6%—7%	7% 及以上
全国	26.93	29.20	18.30	13.07	5.68	6.82
东部地区	26.38	23.77	18.55	12.75	6.38	12.17
中部地区	24.39	32.52	13.82	16.67	8.13	4.47
西部地区	19.28	35.43	26.46	13.00	3.59	2.24
东北部地区	65.15	22.72	6.06	1.52	1.52	3.03

（3）分地区水稻产后每亩收获损失率估算。表 1-5、表 1-6 的统计数据表明,不同地区的受访者对水稻产后每亩收获损失率的估算存在着一定的差异性。分别有 50.14%、56.91% 的东部、中部地区的受访者估算认为各自的每亩收获损失率主要在 3% 及以下与 3%—4% 两个区间内,而 61.89% 的西部地区受访者估算的损失率集中在 3%—5% 之间。另外,65.15% 的东北部地区受访者评价每亩收获损失率在 3% 及以下,相比较而言损失最为轻微。表 1-5、表 1-6 还同时显示,虽

然导致不同地区水稻产后收获损失的成因各有不同,但受访者认为天气变化是各个地区水稻产后收获损失的主要因素,其次分别是病虫害侵蚀和收割设备的落后。

表1-6　各地区水稻每亩收获损失的影响因素

损失因素 区域	天气 (%)	设备落后 (%)	人手缺乏 (%)	病虫害 (%)	田间抛洒 (%)	其他 (%)
全国	45.48	19.58	2.84	18.22	10.54	3.34
东部地区	44.64	21.45	3.48	15.65	11.88	2.90
中部地区	47.56	13.01	3.66	23.17	10.57	2.03
西部地区	34.08	20.63	4.48	30.49	4.93	5.38
东北部地区	50.00	13.64	1.52	25.76	7.58	1.52

(四)理论模型与变量设置

1. 水稻产后收获损失的理论模型

直观而言,农户并不乐意见到损失,但作为一个经济人,农户是以净收益最大化为目标,通过降低损失以增加收益势必要增加成本,如果增加的成本超过增加的收益,则会降低净收益,只有当减少收获损失的边际成本等于边际收益时,农户净收益才达到最大。对此,现假设 MC_i 为第 i 个农户为降低损失所增加的主观成本,将受到各种因素的影响,即:

$$MC_i = \beta'X_i + \varepsilon_i \tag{1}$$

(1)式中 X_i 为影响第 i 个农户主观成本判断的影响因素向量,β 为估计参数向量,ε_i 为误差项。基于农户以净收益最大化为目标,农户为降低损失所增加的成本理论上应与所增加的收益一致,因此在主观成本难以被观测的情形下,本文选择水稻损失 Y_i 作为显示变量,并构建以下分类框架:

$$\begin{cases} Y_i = 0 & MC_i \leq \mu_0 \\ Y_i = 1, & \mu_0 \leq MC_i \leq \mu_1 \\ \cdots \\ Y_i = n & \mu_{n-1} \leq MC_i \leq \mu_n \end{cases} \tag{2}$$

(2)中 μ_n 为农户主观成本变化的临界点,临界点 μ_i 将 U_i 划分为 n 个互不重叠的区间,且满足 $\mu_1 < \mu_2 < \cdots < \mu_n$。为全面地研究影响水稻产后收获损失的主要因素,本文构建有序多分类 Logit 模型(Ordinal ploytomous logit regression model)对水稻产后收获损失及影响因素进行定量评价。一般而言,假设 ε_i 的分布函数为 $F(x)$,则可以得到被解释变量 Y_i 取各个选值的概率:

$$
\begin{cases}
P(Y_i = 0) = F(\mu_1 - \beta X_i) \\
P(Y_i = 1) = F(\mu_2 - \beta X_i) - F(\mu_1 - \beta X_i) \\
\vdots \\
P(Y_i = n) = 1 - F(\mu_n - \beta X_i)
\end{cases}
\tag{3}
$$

由于 ε_i 服从 logit 分布,则:

$$
\begin{aligned}
P(Y_i > 0) &= F(U_i - \mu_1 > 0) = F(\varepsilon_i > \mu_1 - \beta X_i) \\
&= 1 - F(\varepsilon_i < \mu_1 - \beta X_i) \\
&= \frac{\exp(\beta X_i - \mu_1)}{1 + \exp(\beta X_i - \mu_1)}
\end{aligned}
\tag{4}
$$

2. 水稻产后收获损失的构成和变量选择

借鉴国内外已有的研究成果[1]与本研究的实际调查,基于国内水稻产后收获主要分为联合收获和分段收获两种方式,可以将水稻产后收获损失可以细分如图 1-16 所示的六个子环节。其中,水稻收割落粒损失、未割净损失、未脱净损失、飞溅损失和夹带损失和与稻谷的成熟期、谷物倒伏状况、收割的适时性、田块大小和形状、收获方式、机械化程度、人手富裕度和收获人员的行为态度密切相关。同时,收获期的天气状况对谷物铺放损失影响尤为显著。实际上,影响水稻产后收获损失的因素诸多,我们在表 1-7 初步归纳了目前国内外学者的主要的研究结论。

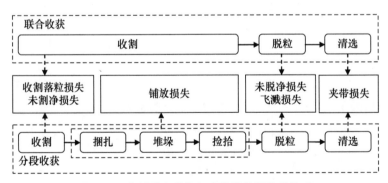

图 1-16　水稻联合收获与分段收获损失的构成

---

① 李植芬、夏培焜、汪彭辉等:《粮食产后损失的构成分析及防止对策》,《浙江农业大学学报》1991 年第 4 期;J. Aulakh, A. Regmi, et al., *Fost-harvest Food Losses Estimation-Development of Consistent Methodology*, Agricultural & Applied Economics Association's 2013 AAEA & CAES Joint Annual Meeting, Washington, DC, 2013.

表1-7　研究产后损失及影响因素的国内外典型文献

作者	国家地区	粮食种类	研究内容	研究结论
Akar 等（2004）	非洲	水稻	收获、脱粒	产后损失与收割期相关，收割期因不同气候条件、不同熟期的品种以及品种的成熟度而定。
Basavaraja 等（2007）	印度	水稻	收获、脱粒	产后损失与种植户的年龄和教育水平成负相关，与谷物的总生产面积、谷物产量、商品粮面积、天气和劳动力短缺成正相关。
Rugumamu 等（2009）	坦桑尼亚	谷物	收获、脱粒	产后损失受家庭劳动力性别比例影响，相比于男性，女性在谷物收获中会扩大损失。
张永恩（2009）	中国	水稻	粮食种植经营	产后损失受种植家庭收入水平、收入来源影响，与种粮收入占家庭总收入比成负向相关。
Hodges 等（2010）	东南亚	谷物	收获、脱粒、清选	产后损失与种植户文化程度、节粮减损的意识相关。
Parfitt & Monier（2010）	欧盟	谷物	收获、脱粒、干燥	产后损失与粮食的市场价格与成反比，并受种植户技术水平、基础设施影响。
李维（2010）	中国	水稻	土地田间经营	产后损失受劳动力外出务工、农地经营方式影响。
Appiah 等（2011）	加纳	水稻	收获、脱粒	产后损失与种植户年龄和种植年限成反比关系，受收割、脱粒方式的影响。
Jenny Gustavsson 等（2011）	亚洲	谷物	收获、存储	产后损失与家庭收入水平、收获时间点、基础设施、农户节粮减损意识相关。
黄延信（2011）	中国	水稻	土地田间经营	土地流转优化了农村资源配置，提高了劳动生产效率。
Bokusheva 等（2012）	中美洲	谷物	收获、存储	小农生产者知识技术的贫乏、设备的落后、不当的收获方式和粗糙的采收过程加重了产后损失。
Carmen Priefer 等（2013）	欧盟	谷物	收获、存储	产后损失受技术水平、气候条件、基础设施、家庭规模、年龄、教育水平、家庭年收入影响。
Jaspreet & Anita（2013）	非洲	谷物	收获	产后损失与机械化水平、气候类型、天气湿热相关。
Abassa 等（2013）	坦桑尼亚	谷物	收获、脱粒	产后损失与收获期天气、技术水平、机械化程度、种植户节粮减损的意识和文化程度相关。
Halloran 等（2014）	丹麦	谷物	收获、脱粒、运输	产后损失受种植户的行为态度和节粮减损的认知影响。
冯刚（2014）	中国	水稻	收获、脱粒	联合收割总损失率达到5%以上，并且容易造成发霉，影响水稻品质；分段收割可缓解作业紧张，综合损失率较低。
郭燕枝（2014）	中国	水稻	收获、脱粒	产后损失与人手富裕度密切相关，种植户家庭人口越多、劳动力可获性越强，收获损失就越小。

基于前人的研究成果，我们将影响水稻收获损失的主要因素归纳为如表1-8的农户个体特征、生产种植特征和收获作业特征三个板块的15个变量。

表1-8　模型变量的名称、含义及统计特征

变量名称	变量含义	均值	标准差
农户个体特征			
性别	男性=1;女性=0	0.55	0.50
年龄	实际值(周岁)	51.43	9.72
文化程度	具体受教育年限(年)	8.97	3.23
务工与否	有=1;没有=0	0.47	0.50
年收入水平	实际值(万元)	5.45	3.05
家庭经营收入占比	家庭经营收入占家庭总收入的百分比(%)	0.56	0.20
生产种植特征			
种植规模	家庭人均水稻耕地面积(亩)	4.23	2.38
机械化程度	机械收获的面积占总收获面积的百分比(%)	0.59	0.14
土地流转与否	是=1;否=0	0.51	0.50
粮食价格评价	满意=1;不满意=0	0.63	0.48
收获作业特征			
收获方式	分段收割=1;联合收割=0	0.47	0.50
适时收割与否	适时收割=1;非适时收割=0	0.45	0.50
行为态度	按行为态度分为五组:很粗糙、较粗糙、一般、较精细、很精细(以"很粗糙"为参照组)	—	—
行为态度1	行为态度为"较粗糙"(是=1,否=0)	0.20	0.40
行为态度2	行为态度为"一般"(是=1,否=0)	0.42	0.49
行为态度3	行为态度为"较精细"(是=1,否=0)	0.21	0.41
行为态度4	行为态度为"很精细"(是=1,否=0)	0.11	0.31
收获期天气	按收获期内的天气状况分为五组:极端恶劣、比较恶劣、一般、比较晴朗、非常晴朗(以"极端恶劣"为参照组)	—	—
收获期天气1	收获期天气为"比较恶劣"(是=1,否=0)	0.29	0.45
收获期天气2	收获期天气为"一般"(是=1,否=0)	0.31	0.46
收获期天气3	收获期天气为"比较晴朗"(是=1,否=0)	0.24	0.42
收获期天气4	收获期天气为"非常晴朗"(是=1,否=0)	0.06	0.23
人手富裕度	按人手富裕度分为五组:非常缺乏、比较缺乏、一般、比较充足、非常充足(以"非常缺乏"为参照组)	—	—
人手富裕度1	人手富裕度为"比较缺乏"(是=1,否=0)	0.17	0.38
人手富裕度2	人手富裕度为"一般"(是=1,否=0)	0.43	0.50
人手富裕度3	人手富裕度为"比较充足"(是=1,否=0)	0.22	0.42
人手富裕度4	人手富裕度为"非常充足"(是=1,否=0)	0.09	0.29

(五) 估计结果与讨论

我们运用 SPSS21.0 分析软件对水稻产后收获损失的影响因素模型进行估计,模型估计结果见表 1-9。结果显示,农户务工与否、家庭经营收入占比、水稻种

表 1-9　影响粮食收获损失主要因素的模型估计结果

变量	系数	Std. Error	Wald 值	P 值
性别 X_1	0.093	0.125	0.552	0.458
年龄 X_2	-0.004	0.008	0.213	0.644
文化程度 X_3	0.001	0.019	0.002	0.967
务工与否 X_4	0.386**	0.130	8.808	0.003
年收入水平 X_5	0.020	0.020	0.911	0.340
家庭经营收入占比 X_6	-3.112**	0.364	73.166	0.000
种植规模 X_7	-0.359**	0.039	82.857	0.000
机械化程度 X_8	-1.060*	0.455	5.422	0.020
粮食价格评价 X_9	-0.019	0.128	0.021	0.884
土地流转与否 X_{10}	0.084	0.131	0.413	0.520
收获方式 X_{11}	0.072	0.124	0.334	0.563
适时收割与否 X_{12}	-0.415**	0.127	10.647	0.001
人手富裕度 1 X_{13}	0.769**	0.265	8.413	0.004
人手富裕度 2 X_{14}	0.344	0.240	2.058	0.151
人手富裕度 3 X_{15}	-0.245	0.258	0.902	0.342
人手富裕度 4 X_{16}	-0.368	0.303	1.470	0.225
行为态度 1 X_{17}	0.946**	0.262	13.063	0.000
行为态度 2 X_{18}	0.159	0.244	0.423	0.515
行为态度 3 X_{19}	-0.892**	0.265	11.347	0.001
行为态度 4 X_{20}	-1.077**	0.303	12.627	0.000
收获期天气 1 X_{21}	-1.612**	0.241	44.692	0.000
收获期天气 2 X_{22}	-0.711**	0.239	8.883	0.003
收获期天气 3 X_{23}	-0.106	0.252	0.179	0.673
收获期天气 4 X_{24}	-0.563	0.397	2.016	0.156
临界点				
临界点 1 μ_1	-0.763	0.672	1.288	0.256
临界点 2 μ_2	1.110	0.672	2.732	0.098
临界点 3 μ_3	2.579	0.675	14.587	0.000
临界点 4 μ_4	4.069	0.687	35.118	0.000
临界点 5 μ_5	5.066	0.699	52.485	0.000
Nagelkerke R^2	0.524			
Cox & Snell R^2	0.505			
χ^2 检验	672.035($p = 0.0000 < 0.0001$)			

注:* 表示在 5% 水平上显著,** 表示在 1% 水平上显著。

植规模、机械化程度、适时收割与否、人手富裕度、行为态度、收获期天气等 8 个自变量通过了显著性检验,其中,农户生产种植和收获作业两类特征影响水稻产后收获损失程度较大。

分析表 1-9 的计量结果,可以得出如下的基本结论:

1. 农户个体特征因素

模型结果显示,农户务工与否对水稻产后收获损失存在显著正向影响,表明农户外出务工会扩大水稻产后收获损失。这与李维指出的劳动力向城镇转移加剧了土地粗放经营相契合[1],但本章的研究认为,这实际上是由农户外出务工增加了水稻种植的机会成本所致。当减少收获损失所得的收益不足以弥补其花费的显性成本和机会成本时,农户减少收获损失的意愿就会降低。家庭经营收入占比对水稻产后收获损失存在反向影响,这可能是因为家庭收入对水稻作物的依赖程度越大时,水稻产后收获损失的成本对于农户来说也相对越大,控制收获损失的意愿和行为也就越积极。

2. 生产种植特征因素

模型结果表明,农户的种植规模对水稻收获损失具有显著的负向影响,这与 Basavaraja 等研究结论一致[2]。可能的原因是,种植规模越大的农户在包括收获环节在内的生产全过程中,可能将获得规模经济的优势,即在规模扩大的同时农户降低损失的成本将同步减少。进一步分析,农业规模经营可以减轻土地的细碎化[3],细碎化程度较低的种植户可以提高农业生产效率,降低收割成本,进而减少收获的损失。研究结果还表明,农户的机械化程度对产后收获损失具有显著的负向影响,这与 Buchner 等的研究结论也相似[4]。可能是因为,随着机械化成本不断降低且技术水平不断提高,水稻种植农户借助机械化,可以以较低的成本降低收获损失。

3. 收获作业特征因素

模型结果显示,农户收获的行为态度和适时收割与否对水稻收获损失具有显著的负向影响。我们假设减少水稻收获损失的成本与收益取决于农户的主观判断,如果农户对减少水稻收获损失的收益主观判断越高,则农户适时收获、提高收

---

① 李维:《农户水稻种植意愿及其影响因素分析——基于湖南资兴 320 户农户问卷调查》,《湖南农业大学学报(社会科学版)》2010 年第 5 期。

② H. Basavaraja, S. B. Mahajanashetti, N. C. Udagatti, "Economic Analysis of Post-Harvest Losses in Food Grains in India: A Case Study of Karnataka", *Agricultural Economics Researh Review*, Vol. 20, No. 1, 2007, pp. 117-126.

③ 李科亮、马骥:《粮食规模化经营中的土地细碎及其对规模经济的制约分析——基于中国 7 个小麦主产省的农户调研数据》,《科技与经济》2015 年第 2 期。

④ B. Buchner, C. Fischler, E. Gustafson, et al., *Food Waste: Causes, Impacts and Proposals*, Barilla Center for Food & Nutrition, Italy, 2012.

获作业精细度的积极性也越高,水稻损失将会越少。与此同时,收割期天气也对水稻产后收获损失存在负向影响,这与 Lantin 等[1]、Abass 等[2]的研究结论相一致。这可能是因为,恶劣的收割期天气扩大了水稻的倒伏面积,大大增加了收割难度,当减少损失的成本不足以弥补其收益时,农户将放任这部分损失。此外,郭燕枝的研究指出,人手不足会显著扩大水稻产后收获损失[3],但本文的研究结果表明,人手不足虽然可能扩大水稻收获损失,而人手富裕并不能有效降低损失,可能的原因在于,随着劳动数量增加,劳动的边际报酬递减。

表1-9 中的系数估计虽然反映了不同因素是否影响水稻产后收获损失,但并不能全面和准确地反映这些影响因素的不同影响程度。为此,我们利用临界点和相关估计系数计算边际效应(marginal effects)以展开进一步的分析。考虑到常规连续变量边际效应的计算方法并不适合虚拟变量[4],我们在计算单个虚拟变量的边际效应时把该变量之外的其他变量均假设为零,并按照下列公式计算[5]:

$$E[Y \mid x_{ik} = 1] - E[Y \mid x_{ik} = 0] = F(c_n + x_{ik}) - F(c_n) \tag{5}$$

在(5)式中,c_n 为临界点,$n = 1,2,3,4,5$。计算结果见表1-10。

表1-10　显著自变量对水稻收获损失程度的边际效应(其他条件不变)

显著自变量	$Y_i = 0$	$Y_i = 1$	$Y_i = 2$	$Y_i = 3$	$Y_i = 4$	$Y_i = 5$
务工与否 X_4	-0.0773	-0.0013	0.0488	0.0222	0.0048	0.0029
家庭经营收入占比 X_6	0.5949	-0.3614	-0.1663	-0.0511	-0.0101	-0.0060
种植规模 X_7	0.0824	-0.0216	-0.0406	-0.0152	-0.0031	-0.0019
机械化程度 X_8	0.2557	-0.1103	-0.1005	-0.0340	-0.0068	-0.0041
适时收割与否 X_{12}	0.0959	-0.0267	-0.0463	-0.0172	-0.0035	-0.0021
人手富裕度1 X_{13}	0.1690	-0.0605	-0.0740	-0.0261	-0.0053	-0.0032
行为态度1 X_{17}	-0.1403	-0.0274	0.0976	0.0514	0.0116	0.0072
行为态度3 X_{19}	-0.1647	-0.0465	0.1183	0.0676	0.0156	0.0097
行为态度4 X_{20}	0.2142	-0.0853	-0.0885	-0.0305	-0.0062	-0.0037
收获期天气1 X_{21}	0.2599	-0.1129	-0.1016	-0.0343	-0.0069	-0.0041
收获期天气2 X_{22}	0.3824	-0.1962	-0.1306	-0.0422	-0.0084	-0.0050

①　R. Lantin, *Rice: Post-Harvest Operations*, International Rice Research Institute, Philippines, 1999.

②　A. B. Abass, G. Ndunguru, P. Mamiro, et al., "Post-Harvest Food Losses in a Maize-Based Farming System of Semi-Arid Savannah Area of Tanzania", *Journal of Stored Products Research*, Vol. 57, 2014, pp.49-57.

③　郭燕枝、陈娆、郭静利:《中国粮食从"田间到餐桌"全产业链损耗分析及对策》,《农业经济》2014 年第 1 期。

④　W. H. Greene, *Econometric Analysis*, New Jersey: Prentice Hall, 2003.

⑤　S. Anderson, R. G. Newell, "Simplified Marginal Effects in Discrete Choice Models", *Economics Letters*, Vol. 81, No. 3, 2003, pp.321-326.

分析表1-10中变量的边际效应,可以发现:

第一,务工与否、行为态度1、行为态度3这三个变量在 $Y_i = 0$、$Y_i = 1$ 时,边际效应小于零;而行为态度4在 $Y_i = 0$ 时边际效应大于零。表明在其他条件不变的情况下,相比于在家务农,当农户具有外出务工经历时,水稻产后每亩收获损失率大于4%的概率较高。同时,收获环节中农户的行为态度并不会明显减少损失,每亩收获损失率大于4%的概率仍然较高,而只有当农户收获时采取非常精细的作业态度时,水稻产后每亩收获损失率大于3%的概率才会明显降低。

第二,在 $Y_i = 0$ 时,家庭经营收入比、种植规模、机械化程度、适时收割与否、收获期天气1、收获期天气2、人手富裕度1的边际效应大于零。表明在其他条件不变的情况下,家庭经营收入占总收入的比重越大,种植规模越大,水稻成熟后及时收割和较高的机械化程度的农户,水稻产后每亩收获损失率小于3%及以下的概率较高,且相比于收获时恶劣的天气条件及人手紧缺,良好的收获期天气条件以及适当的人手富裕度,更有可能保持水稻产后每亩收获损失率小于3%及以下水平。

(六) 主要结论与政策含义

作为水稻产后处理的第一环节,水稻收获不仅存在较大数量和品质损失,同时也对后续存储、运输和加工等环节产生重要影响。本文研究基于全国10个省的957个农户的调查数据,运用有序多分类 Logit 模型,分析了不同地区水稻产后收获的损失现状和影响水稻产后收获损失的主要因素。调查结果显示,与欧美发达国家2%左右的谷物产后收获损失相比较[1],中国水稻产后收获不仅损失较大,同时不同地区也各有差异。全国水稻产后每亩收获损失率在4%及以下。其中东部、中部地区每亩收获损失率与全国4%及以下的损失率相当;西部地区每亩收获损失率较大,一般在3%—5%之间;相比而言,东北部地区每亩收获损失率较为轻微,多在3%及以下水平。

研究进一步表明,农户的家庭经营收入占比、水稻种植规模、机械化程度、适时收割与否和行为态度与水稻收获损失成负向相关,农户外出务工与否与水稻收获损失成正向相关。同时,虽然人手不足、恶劣的天气状况加剧了水稻收获损失,但人手富足、天气晴朗与水稻收获损失并无明显的相关性。

四、总结与展望

综上所述,由于"政策好、人努力、天帮忙",我国粮食连续十一年增产,基本确

---

① J. Gustavsson, C. Cederberg, U. Sonesson, R. Otterdijk, A. Meybeck, *Global Food Losses and Food Waste*, FAO: Jenny Gustavsson Christel Cederberg Ulf Sonesson, 2011.

保了国内需求,对社会经济稳定发展起到重要支撑作用。但是最近几年来,中国粮食领域最受关注的一个现象即是,在国内粮食持续增产的同时,进口屡创新高。虽然 2013 年底,中央已经确立了"以我为主、立足国内、确保产能、适度进口、科技支撑"的粮食安全新战略,但对进口的担忧仍根植于许多人士和有关部门的意识中。2014 年中国进口 1 亿吨粮食,据专家估计,其中仅一半是国内供需缺口拉动的"必需进口",另一半是内外价差驱动的"非必需进口",从而造成"边进口、边积压""洋货入市、国货入库"的怪象,原有支持调控政策效果大打折扣。随着经济进入新常态,中国农业发展的内外部环境也在发生深刻变化,确保粮食与主要食用农产品安全面临着艰巨的考验。结合 2015 年 3 月国家发展和改革委员会主任徐绍史在全国粮食流通工作会议上的讲话,本章将主要观点归纳如下:

1. 告别了粮食短缺时代

从粮食供给看,我国已经告别了粮食短缺时代,粮食生产能力基本稳定在 1 万亿斤以上,但粮食生产靠天吃饭的局面还未根本改变,现在可灌溉的耕地刚刚超过 50%,资源环境约束日益加剧,必须转变单纯追求数量增长的发展方式,更加注重可持续发展。

2. 粮食数量保障总体上处于紧平衡

从粮食需求看,人口增加、生活水平提高和城镇化发展,促使粮食总消费继续保持刚性增长,粮食总体上处于紧平衡,结构也有变化,优质粮食品种趋紧,大豆对外依存度高,这两个特点非常明显。与此同时,受经济增速下降、能源价格下跌以及进口替代等因素影响,粮食消费增速有所放缓,玉米、籼稻等品种出现阶段性供大于求,必须加强对粮食生产和消费的引导,更加注重提高粮食的品质和市场竞争力。

3. 国内粮食生产成本将继续逐步提高

从国际贸易比较优势看,现在国内劳动力、土地等生产要素价格上升,国内粮食生产成本也在逐步提高,国内粮食三大品种价格比国际市场每吨普遍高 600 元左右,国际市场大宗农产品价格呈下跌态势。统筹国际国内两个大局、两个市场、两种资源,就必须一方面要充分利用好国际粮食市场和国际粮食资源,同时又要注重防范国际粮食对国内市场的冲击。

4. 粮食生产相对集中化将成为趋势

从粮食生产经营方式看,种粮大户、家庭农场、农民合作社等新型农业经营主体正在兴起,粮食企业兼并重组、生产相对集中已经成为趋势,推进粮食产业化、发展多种形式适度规模经营、促进产业结构优化升级将成为发展方向。要素价格在上升,种粮成本也在上升,要解决这个问题,就要依靠提高劳动生产率,而规模化经营是提高劳动生产率的重要路径。

5. 必须通过深化改革来保障粮食安全

从资源配置模式和宏观调控方式看,依靠增加直接补贴刺激粮食生产的边际效应明显递减,对粮食市场的过多直接价格干预可能抑制市场机制作用甚至扭曲市场,粮食库存过多集中在政府特别是中央政府手中,粮食价格和市场调控机制需要加快完善。国家决定进行目标价格改革试点,就是要通过深化改革对这一套机制进行积极探索。

6. 节约成为保障粮食与食用农产品安全最现实的路径

从宏观层面看,中国粮食产后损失浪费率每降低一个百分点,相当于开发 600 万亩吨粮田。如何减少粮食产后系统的可控性损失、降低和消除消费领域的粮食浪费,促进粮食生产者、粮食流通企业、粮食加工企业改善生产和经营技术,降低成本、增加收益,成为保障粮食与食用农产品安全最现实的路径。就水稻收获环节的节粮降耗而言,总体来说,应合理有序推动农村劳动力向城镇转移,保持农村劳动力数量和结构的动态平衡。积极推行土地流转,将田块集中成片,大力推进高标准农田建设,培育种粮大户,提高水稻收获的机械化水平,实行规模化、专业化、现代化的土地集约化经营,促进农业现代化建设。同时,农户在田间收获中,保持适当的人手,提高作业精细度,在水稻成熟后根据当地的天气状况及时收割,可有效缓解水稻产后收获损失。

7. 片面追求数量的粗放式的生产方式难以为继

中国农业生产中年化肥使用量占世界的 35%,相当于美国、印度的总和;农药利用率仅 35%,比发达国家低 10—20 个百分点。地下水严重超采,部分地区地表水和耕作层土壤污染严重。总体上看,中国农业投入品边际效益明显下降,资源环境透支严重,环境容量逼近极限,资源约束进一步趋紧,原有发展模式已难以为继。未来中国的粮食与食用农产品的生产不能再追求"十二连增",甚至"二十连增"了,必须加快推进农业的转型升级,确保粮食与食用农产品的质量安全。

第二章　主要食用农产品安全质量状况与监管体系建设

　　本《报告》的第一章简要分析了我国主要食用农产品生产、市场供应的基本状况与未来的态势,本章则进一步深入考察主要食用农产品的质量安全状况。考虑到我国食用农产品品种繁多,以及数据的可得性与权威性,本章延续第一章的方法,主要以蔬菜与水果、畜产品和水产品等我国居民消费最基本的农产品为对象,基于农业部发布的例行监测数据,分析 2014 年食用农产品质量安全状况,考察 2014 年食用农产品质量安全监管体系建设的新进展,客观分析我国食用农产品质量安全中存在的主要问题,并就实现真正意义上的全程监管提出建议。

一、基于例行监测数据的 2014 年食用农产品质量安全状况分析

　　根据《农产品质量安全法》的规定和国务院办公厅《关于 2014 年食品安全重点工作安排》的要求,2014 年农业部在全国 31 个省(自治区、直辖市)153 个大中城市组织开展了四次农产品质量安全例行监测①,共监测 5 大类产品 117 个品种,监测参数为 94 项,抽检样品 43924 个,总体合格率为 96.9%。其中,蔬菜、畜禽产品、水产品、水果、茶叶的监测合格率分别为 96.3%、99.2%、93.6%、96.8% 和 94.8%,农产品质量安全水平总体上保持稳定,居民主要食用农产品消费的质量安全继续得到相应保障。在范围扩大、参数增加的情况下,食用农产品例行监测总体合格率自 2012 年首次公布该项统计以来连续 3 年在 96% 以上的高位波动,质量安全总体水平呈现"波动上升"的基本态势,但是不同品种农产品的质量安全水平不一②。

(一)蔬菜

　　农业部蔬菜质量主要监测各地生产和消费的大宗蔬菜品种。对蔬菜中甲胺磷、乐果等农药残留例行监测结果显示,2014 年蔬菜的检测合格率为 96.3%,较 2013 年下降 0.3 个百分点,但较 2005 年大幅提高了 4.9 个百分点。总体来看,自 2006 年以来持续呈现出良好势头,农药残留超标情况明显好转(图 2-1)。监测数

---

　　① 目前农业部例行监测的范围为各省、自治区、直辖市和计划单列市约 153 个大中城市,其中各省和自治区抽检省会城市和 2 个地级市,地级市每隔 2—3 年进行调整。

　　② 数据来源于农业部关于农产品质量安全检测结果的有关公报、通报等。

据显示,自 2008 年以来,全国蔬菜产品抽检合格率连续 7 年保持在 96.0% 以上的高位波动,但 2013 年、2014 年检测合格率略有下降,这表明我国蔬菜农药残留超标情况有所好转,质量安全水平呈现"波动上升"的态势。未来随着农药残留监测标准的严格实施,农产品监管部门力度的持续强化,稳步提高蔬菜产品质量安全水平仍有较大的空间。

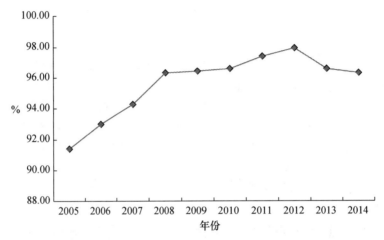

图 2-1 2005—2014 年间我国蔬菜中农药残留平均合格率
资料来源:农业部历年例行监测信息。

(二) 畜产品

农业部对畜禽产品主要监测猪肝、猪肉、牛肉、羊肉、禽肉和禽蛋。对畜禽产品中"瘦肉精"以及磺胺类药物等兽药残留开展的例行监测结果显示,2014 年畜禽产品的监测合格率为 99.2%,较 2014 年下降 0.5 个百分点,但较 2005 年提高了 2.5 个百分点,自 2009 年起已连续 6 年在 99% 以上的高位波动(图 2-2)。这表明我国畜禽产品质量安全保持在较高水平。

其中,备受关注的"瘦肉精"污染物的监测合格率为 99.8%,比 2013 年又提升了 0.1 个百分点,与 2012 年持平,连续 8 年稳中有升,城乡居民普遍关注的生猪瘦肉精污染问题基本得到控制并逐步改善。

(三) 水产品

农业部对水产品主要监测对虾、罗非鱼、大黄鱼等 13 种大宗水产品。对水产品中的孔雀石绿、硝基呋喃类代谢物等开展的例行监测结果显示,2014 年水产品检测合格率为 93.6%,较 2013 年下降了 0.8 个百分点(图 2-3),在五大类农产品中合格率最低。虽在一定程度上受到监测范围扩大、参数增加等因素影响,但水产品合格率为 2008 年以来的最低值且连续两年低于 96%。五年内发生两次起伏

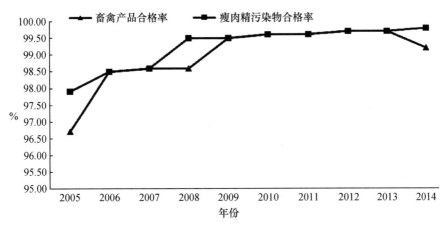

图 2-2　2005—2014 年间我国畜禽产品、瘦肉精污染物例行监测合格率

资料来源：农业部历年例行监测信息。

的现状暴露出我国水产品质量安全水平稳定性不足，表明水产品的总体质量"稳中向好"态势有所逆转，应该引起水产品从业者以及农业监管部门的高度重视。

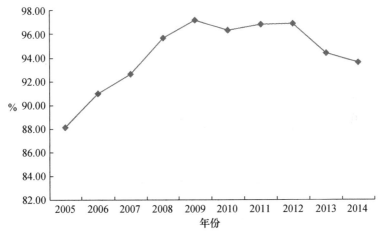

图 2-3　2005—2014 年间我国水产品质量安全总体合格率

资料来源：农业部历年例行监测信息。

（四）水果

农业部对水果中的甲胺磷、氧乐果等农药残留开展的例行监测结果显示，2014 年水果的合格率为 96.8%，与去年持平，已连续三年（2010 年、2011 年数据未公布）在 96% 以上的高位波动，但较 2009 年首次纳入检测时仍回落了 1.2 个百分点（图 2-4）。这表明我国水果质量安全水平平稳向好，但仍有一些问题需要解决。

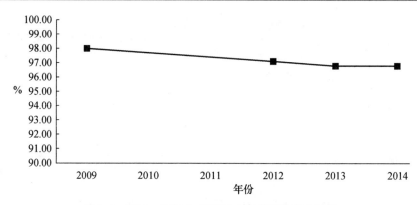

图 2-4   2009—2014 年间我国水果例行监测合格率
资料来源:农业部历年例行监测信息,2010、2011 数据未公布。

(五) 茶叶

对茶叶中的氟氯氰菊酯、杀螟硫磷等农药残留开展的例行监测结果显示,2014 年茶叶的合格率为 94.8% ,较去年下降 3.3 个百分点,近三年合格率的波动幅度远高于其他大类产品(图 2-5)。这表明我国茶叶质量安全水平仍不稳定,质量提升有较大的空间。

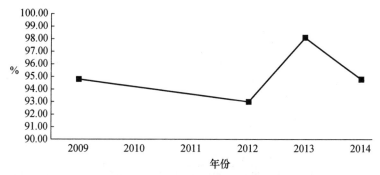

图 2-5   2009—2014 年间我国茶叶例行监测合格率
资料来源:农业部历年例行监测信息,2010 年、2011 年数据未公布。

二、2014 年食用农产品质量安全监管体系建设进展

食用农产品质量安全是食品安全的源头,事关人民群众身体健康和生命安全,事关农业农村经济可持续发展和全面建成小康社会目标实现[①]。2014 年,我国

---

① 农业部:《国家农产品质量安全县创建活动方案(农质发[2014]15 号)》,农业部网站,2014-11-28 [2015-02-25],http://www. moa. gov. cn/govpublic/ncpzlaq/201411/t20141128_4256375. htm。

政府继续高度重视农产品质量安全问题,协调保持《食品安全法》和《农产品质量安全法》两法并行,以开展农产品质量安全监管年活动为统领,深入推进监管体系建设,坚持"产""管"并重,保障农产品质量安全。

(一)监测体系不断完善

食用农产品质量安全监管体系是一个国家食品安全管理水平的重要标志。我国食用农产品质量安全监管体系建设起步较晚,始于 20 世纪 80 年代[1]。经过三十余年的努力,我国已初步建成相对完备的监管体系,并正在进一步深化改革。2014 年,我国食用农产品质量安全监管体系得到进一步优化。

1. 中央层面的监管机构改革顺利推进

2013 年进行了新一轮的农产品与食品安全监管体制改革,目的是从我国的实际出发,借鉴国际经验,进一步探索并最终解决我国食品安全多头管理、分段管理、权责不清的顽症,逐步形成一体化、广覆盖、专业化、高效率的安全监管体系,努力构建具有中国特色的食品安全监管社会共治格局,实现我国食品安全风险治理体系与治理能力的现代化。改革后我国形成了食品安全监管体制"三位一体"的总体框架(可参见本《报告》第八章的图 8-1)。从食品安全监管模式的设置上看,新的监管体制重点由三个部门对食品安全进行监管,农业部主管全国初级食用农产品生产的监管工作,国家卫生计生委负责食品安全风险评估与国家标准的制定工作,国家食品药品监督管理总局对食品的生产、流通以及消费环节实施统一监督管理。

我国农产品监管机构分为中央和地方两个层级,分工各有侧重。在中央层级,继 2013 年全国人大批准将农产品质量安全监管部门由五大部门精简为农业部和食品药品监督管理总局两大部门后,2014 年两部门签订合作框架协议,联合印发《关于加强食用农产品质量安全监督管理工作的意见》,进一步厘清监管职责,细化任务分工,建立联动机制,逐步形成"从农田到餐桌"全程监管的合力。

2. 基层监管机构与检测体系快速发展

目前,我国食用农产品质量安全监管的重点和难点在基层。在中央不断强化农产品质量安全属地责任的背景下,2014 年基层监管机构建设被纳入国办督查的重点内容[2]。内蒙古、山西、山东等 20 多个省(区、市)政府明确提出加快建立地、县、乡镇监管机构,湖北、浙江、陕西等 6 个省则将监管机构建设作为各级政府绩效考核的重要指标。截至 2014 年底,我国所有省级农业厅局、86% 的地市、71% 的县

---

① 农业部:《全国农产品质量安全监测体系建设规划(2011 年—2015 年)》,农业部网站,2012-09-26 [2015-03-15],http://www. moa. gov. cn/govpublic/FZJHS/201209/t20120926_2950575. htm。
② 农业部:《陈晓华副部长在全国农产品质量安全监管工作会议上的讲话》,农业部网站,2014-04-08 [2015-01-25],http://www. moa. gov. cn/govpublic/ncpzlaq/201404/t20140408_3841945. htm。

市和 97% 的乡镇已建立农产品质量安全监管机构,落实监管服务人员 11.7 万人。

表 2-1　2012—2014 年间基层农产品质量检测体系建设情况

基层检测体系建设情况	2012 年	2013 年	2014 年
财政经费支持(亿元)	15	12	17
新增检测机构(个)	494	388	398
检测人员(万人)	2.3	2.7	—*
培训(农业部组织)	7 期检测人员培训班	9 期基层监管及检测人员培训班,培训 1140 余人次	20 余期监管、检测、应急人员培训班,培训 1.2 万人
例行检测范围	5 大类 102 个品种,覆盖 150 个城市	5 大类 103 个品种,监测城市 153 个	5 大类 117 个品种,监测城市 151 个
检测标准	87 项参数。农药残留标准参照 GB2763-2005	87 项参数。农药残留标准参照 GB2763-2012	94 项参数。农药残留标准参照 GB2763-2014
其他	/	制定发布"农产品质量安全检测员"国家标准,创建"农产品质量安全检测员"国家职业资格证书制度	修订《农产品质量安全应急预案》

资料来源:农业部;* 这里的"—"表示数据缺失。

与此同时,进一步加强技术能力建设。"十一五"以来,农业部组织实施了《全国农产品质量安全检验检测体系建设规划(2006—2010 年)》和《全国农产品质量安全检验检测体系建设规划(2011—2015 年)》,截至 2014 年,已投资 114.2 亿元,其中中央投资 81 亿元,共建设各级农业质检机构 2553 个。在基层监管的重要职能——检测方面,国家通过稳定的财政投入和更加广泛的教育培训促进其快速健康发展(表 2-1)。目前,已累计投资建设各级农产品质检项目 2548 个,已竣工验收的地县质检机构中有 50% 通过了计量认证,近三分之一通过了机构考核,基层质检机构正从建设阶段逐渐过渡到考核管理和发挥作用阶段[1]。同时加强改革创新,积极开展检验检测认证机构整合工作,进一步激发活力,促进其做大做强[2]。

　　3. 例行监测范围逐步扩大

　　2001 年,农业部首次在北京、天津、上海、深圳四个试点城市开展蔬菜药残、畜产品瘦肉精残留例行检测;2002 年监测工作扩展到农药、兽药残留等,2004 年水

---

　　① 农业部:《农产品质量安全持续向好》,农业部网站,2014-12-17[2015-02-25],http://www.moa.gov.cn/zwllm/zwdt/201412/t20141217_4299189.htm。
　　② 农业部:《关于加强农产品质量安全检验检测体系建设与管理的意见(农质发[2014]11 号)》,农业部网站,2015-06-11[2015-02-25],http://www.moa.gov.cn/govpublic/ncpzlaq/201406/t20140611_3935664.htm。

产品被纳入例行监测,2007 年开始实行农产品质量安全监督抽查工作,十余年来,我国农产品质量安全监测工作几经调整,监测范围、品种和参数大幅度增加(图2-6)。截至2014 年,我国农产品质量安全的监测产品种类已达5 大类117 个品种,监测参数达94 项,监测城市达151 个,同时监测标准日趋严格。

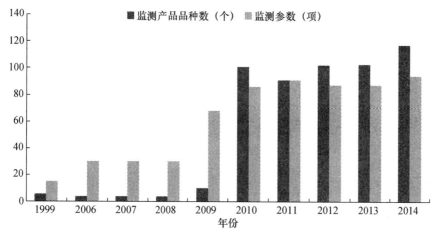

图2-6　1999 年以来我国农产品例行监测范围与参数变化示意图
资料来源:农业部历年农产品质量安全例行监测公报。

4. 风险评估能力明显提升

为全面掌握农产品生产过程和产地收贮运等环节质量安全风险隐患,采取有针对性的管控措施确保农产品生产规范、产品安全,从 2012 年开始,农业部依法建立国家农产品质量安全风险评估制度,并按年度组织实施。按照《农产品质量安全法》《食品安全法实施条例》规定,农业部在前两年部分农产品质量安全风险隐患摸底排查的基础上,2014 年全面推进农产品质量安全风险评估及评估项目的实施。2014 年,农业部新增风险评估实验室 10 家,首次认定风险评估实验站 145个,初步建立起以国家农产品质量安全风险评估机构(农业部农产品质量标准研究中心)为龙头,农产品质量安全风险评估实验室为主体,农产品质量安全风险评估实验站为基础的三级风险评估网络①。2014 年在部分农产品质量安全风险隐患摸底排查的基础上,13 家风险评估实验室牵头(主持)将"菜篮子"和大宗粮油等12 类农产品纳入风险评估范围,着力从生产全过程摸清危害因子种类、范围、危害程度及产生原因,提出全程控制措施和技术规范②。风险评估综合能力取得明显

① 《农业部认定 145 家农产品质量安全风险评估实验站》,中国政府网,2014-01-13［2015-02-21］,http://www.gov.cn/jrzg/2014-01/13/content_2565740.htm。
② 农业部:《2014 年国家农产品质量安全风险评估计划(农质发［2014］12 号)》,农业部网站,2014-07-14［2015-04-25］,http://www.moa.gov.cn/zwllm/tzgg/tz/201407/t20140714_3967896.htm。

提升,为执法监管和区域性、系统性监测预警提供了有力支撑。

表 2-2　2011—2014 年间农产品质量安全风险评估发展情况

发展情况	2011 年	2012 年	2013 年	2014 年
重要事件	遴选出首批专业性和区域性农业部农产品质量安全风险评估实验室	建立国家农产品质量安全风险评估制度	着手编制全国农产品质量安全风险评估体系能力建设规划	认定首批主产区风险评估实验站;全面推进风险评估的项目实施
风险评估实验室数量	65 个(专业性 36 个、区域性 29 个)	65 个(专业性 36 个、区域性 29 个)	88 个(专业性 57 个、区域性 31 个)	98 个(专业性 65 个、区域性 33 个)
风险评估实验站数量	0	0	0	145 个*
风险评估项目实施	对 8 大类农产品进行质量安全风险摸底评估	对 21 个专项进行风险评估	对 9 大类食用农产品中的 10 大风险隐患进行专项风险评估	对 12 大类农产品进行专项评估、应急评估、验证评估和跟踪评估

资料来源:根据中央 1 号文件、农业部农产品质量安全监管相关文件整理形成。

* 风险评估实验站于 2013 年 10 月组织申报,2014 年 1 月公布认定名单。风险评估实验站用于承担风险评估实验室委托的风险评估、风险监测、科学研究等工作。

5. 可追溯平台建设取得突破性进展

食用农产品质量安全追溯是一种有效管用的监管模式,它能及时发现问题、查明责任,防止不安全产品混入。近年来,农业部以及部分省、市在种植、畜牧、水产和农垦等行业开展了农产品质量安全追溯试点。但试点相对分散、信息不能共享,难以发挥应有的作用。2014 年,经国家发改委批准,我国农产品质量安全可追溯体系建设正式破题,纳入《全国农产品质量安全检验检测体系建设规划(2011—2015)》,总投资 4985 万元[1]。农业部已增设追溯管理部门[2],国家级农产品质量安全追溯管理信息平台和农产品质量安全追溯管理信息系统即将进入正式建设阶段[3]。

(二) 专项整治取得阶段性成效

2014 年,农业部在巩固已有整治成果的基础上,开展了 7 个专项整治行动,继续严厉打击非法生产、销售、使用农业投入品和非法添加有毒有害物质等危害食用农产品质量安全的违法违规行为。全年共出动执法人员 417.7 万人次,检查生产

---

[1]　农业部:《2014 年国家深化农村改革、支持粮食生产、促进农民增收政策措施》,农业部网站,2014-04-25[2015-01-20],http://www.moa.gov.cn/zwllm/zcfg/qnhnzc/201404/t20140425_3884555.htm.

[2]　《农业部农产品质量安全中心增设追溯管理处》,中国农产品质量安全网,2014-01-31[2015-04-20],http://www.aqsc.gov.cn/zhxx/xwzx/201410/t20141031_132848.htm.

[3]　农业部:《陈晓华副部长在全国农产品质量安全监管工作会议上的讲话》,农业部网站,2015-01-22[2015-02-25],http://www.moa.gov.cn/sjzz/jianguanju/dongtai/201502/t20150204_4395814.htm.

经营单位 233.3 万家,行政处罚 5799 件①。农产品质量安全存在的突出问题和隐患得到有效遏制,全年未发生重大农产品质量安全事件,专项整治取得阶段性成效。

1. 种养环节治理力度持续加强

种植业领域,继续开展了农药及农药使用专项整治,在"菜篮子"主产区推行高毒农药定点经营和实名购买制度,推进病虫害统防统治和绿色防控。渔业领域,继续开展了水产品违禁药物专项整治,加强了产地水产品监督抽查力度。畜牧业领域,一方面继续开展了"瘦肉精"、生鲜乳违禁物质、兽药抗菌药等三个专项整治,其中生鲜乳整治中,全年现场检查奶站 1.3 万个,生鲜奶运输车 7000 辆,奶站检查达标率 99.8%,运输车全部达标。另一方面,针对畜禽屠宰的严峻形势和相关监管职责的划转,农业部首次开展了畜禽屠宰专项整治行动,全年共出动执法人员 36 万人次,清理关闭不符合条件的生猪定点屠宰场 1387 个,查处屠宰违法案件 3386 件。

2. 农资打假深入推进

农资质量是食用农产品质量安全的重要保证。2014 年,我国连续第 14 年在农业生产重点时节开展农资打假专项治理行动,农资质量明显好转。全年共检查农资企业 92.2 万余家,整顿农资市场 26.2 万个,查处假劣农资案件 6.1 万件,捣毁制假窝点 68 个,为农民挽回直接经济损失 5.4 亿元(表2-3)②。在此高压严打下,2014 年杂交玉米、杂交稻种子质量合格率为 98.7%,较上年提高 0.8 个百分点;复混肥料、兽药、饲料产品抽检合格率分别为 92.6%、95.5% 和 96.2%,分别比上年提高 1.5、1.6 和 0.2 个百分点;中消协受理农资类投诉占比 0.9%,较 2013 年下降 0.5 个百分点③。

表 2-3　2012—2014 年农资打假执法情况

	2012 年	2013 年	2014 年
检查农资企业	194.3 万家	97.8 万家	92.2 万余家
整顿农资市场	27.9 万个	34 万个	26.2 万个
查处假劣农资案件	7.9 万件	6.2 万件	6.1 万件
捣毁制假窝点	240 个	73 个	68 个
挽回直接经济损失	18.9 亿元	8 亿元	5.4 亿元

数据来源:农业部。

① 《农产品质量安全监管迈上新台阶》,《农民日报》2014 年 12 月 30 日。
② 《八部委启动 2015 年农资打假专项治理》,《农民日报》2015 年 3 月 2 日。
③ 农业部:《陈晓华副部长在 2015 年全国农资打假专项治理行动电视电话会议上的讲话》,农业部网站,2015-03-06[2015-05-2],http://www.moa.gov.cn/zwllm/tzgg/tz/201503/t20150306_4427907.htm。

（三）执法监管力度显著加强

自 2009 年以来，农产品质量安全执法监管力度持续显著增强，检查对象不断扩大，出动执法人次迅速增长，执法监管效果显著。六年来，全国的农业部门共出动执法人员 2100 万余人次，检查企业 1400 万余家次，查处问题 26 万余起，有效遏制了农产品质量安全监管中存在的一些突出问题（表 2-4）。2014 年，在国务院统一部署下，农业部继续保持高压状态，深入开展农产品质量安全的专项治理行动，共检查相关生产经营单位 141 万家，向司法机关移送案件 79 起。查获假劣农资 2.6 万吨，为农民挽回直接经济损失 4.7 亿元，向社会公布典型案例 23 个。

表 2-4　2009—2014 年间农产品质量安全执法情况

执法项目	2009 年	2010 年	2011 年	2012 年	2013 年	2014 年
出动执法人员	283 万人次	279 万人次	416 万人次	432 万人次	310 万人次	417.7 万人次
检查企业	163 万家次	162 万家次	289 万家次	317 万家次	274 万家次	233 万家
查处问题	5.4 万起	6.3 万起	4.1 万起	5.1 万起	5.1 万起	4.51 万起*
挽回损失	8.2 亿元	9.4 亿元	7 亿元	11.7 亿元	5.68 亿元	4.7 亿元

数据来源：农业部。

* 来源于国务院新闻办公室 2014 年 6 月 8 日发表的《2014 年中国人权事业的进展》白皮书。在统计口径上与 2013 年等，可能并不一致。

（四）质量安全标准化体系建设渐趋完善

农产品生产标准化是保障和提升农产品质量安全的治本之策，也是转变农业发展方式和建设现代农业的重要抓手[①]。2014 年，农业部一方面加快药物残留标准的制修订工作，另一方面积极开展标准化生产示范工作，取得了显著的成果。

1. 农药残留标准制修订取得重大突破

2005 年，我国时隔 24 年后首次修订食品农药残留监管的唯一强制性国家标准——《食品中农药最大残留限量》（GB2763-2005）。2012 年，我国再次对 GB2763 开展修订，新标准涵盖了 322 种农药在 10 大类农产品和食品中的 2293 个残留限量，较原标准增加了 1400 余个，改善了之前许多农残标准交叉、混乱、老化等问题。2014 年，农业部与国家卫生计生委联合发布涵盖 387 种农药在 284 种（类）食品中 3650 项限量标准的《食品中农药最大残留限量》（GB2763-2014）。在 GB2763-2014 中，1999 项指标在国际食物法典中已制定限量标准，1811 项等同于或严于国际食物法典标准[②]。作为我国食品农药残留监管的唯一强制性国家标准的《食品中农药最大残留限量》已于 2014 年 8 月 1 日起正式实施。该标准中的新

---

① 罗斌：《我国农产品质量安全发展状况及对策》，《农业农村农民（B 版）》2013 年第 8 期。

② 《我国最严谨的农药残留国家标准发布》，《农民日报》2014 年 3 月 29 日。

农药最大残留限量标准达 3650 个,较原标准增加了 1357 个,其中重点增加了蔬菜、水果等鲜食农产品的限量标准,为 115 个蔬菜种(类)和 85 个水果种(类)制定了 2495 项限量标准,比 2012 版本增加了 904 项限量标准。新增蔬菜水果限量占总新增限量的 67%,其中水果上农药残留限量增加 473 项,蔬菜(包括食用菌)上农药最大残留限量增加 431 项。明确 387 种农药的最大残留限量标准,基本覆盖了常用农药品种。与此同时,2014 年农业部还组织制定了《加快完善我国农药残留标准体系工作方案(2015—2020)》,计划用 5 年时间新制定农药残留限量标准及其配套检测方法 7000 项,基本健全我国农药残留标准体系①。

表 2-5 GB2763-2005、GB2763-2012 与 GB2763-2014 基本情况对比

对比指标	2005 年	2012 年	2014 年
相关标准数量	3 项国家标准、10 项农业行业标准	1 项国家标准	1 项国家标准
限量农药种类	201 种	322 种	387 种
覆盖农产品数量	114 种	10 大类农产品和食品	284 种(类)
残留限量标准数量	873 个	2293 个	3650 个
农药残留限制规定	较宽松*,不同标准间存在矛盾△	更加严格*,标准统一△	更加严格,标准统一
其他	/	首次制定同类农产品的组限量标准和初级加工制品的农残最大限量标准	

数据来源:根据农药残留相关标准整理形成。
* 例如已禁止使用的磷铵,在稻谷中的限量原标准规定 0.1 mg/kg,现标准修订为 0.02 mg/kg。
△ 例如菌清在小麦中的限量,原国标规定 0.1 mg/kg,原行标规定 0.05 mg/kg,现标准统一修订为 0.1 mg/kg。

2. "三品一标"工作扎实推进

2014 年,农业部继续扎实推进"三品一标"(即无公害农产品、绿色食品、有机农产品和农产品地理标志)工作,一方面积极开展新的认证登记,认证的产地已占食用农产品产地总面积 40% 多,认证的农产品已占食用农产品商品量的 40% 多;另一方面积极维护"三品一标"的品牌信誉,严格生产管理、产品认证和证后监管,强化退出机制,发布了《茄果类蔬菜等 55 类无公害农产品检测目录》,废止了 132

① 《农产品质量安全监管迈上新台阶》,《农民日报》2014 年 12 月 30 日。

项无公害食品标准,并率先推行"三品一标"的质量安全全国追溯管理①②③。

2014 年,新认证无公害农产品 11912 个,绿色食品 7335 个,有机食品 3316 个,地标农产品 213 个,"三品一标"农产品总数达到 10.7 万个④(表 2-6)。截至 2014 年年底,全国认证无公害农产品近 8 万个,涉及 3.3 万个申请主体;绿色食品企业总数达到 8700 家,产品总数超 2.1 万个;农业系统认证的有机食品企业 814 家,产品超过 3300 个;登记保护农产品地理标志产品 1588 个。2014 年无公害农产品抽检总体合格率为 99.2%;绿色食品抽检合格率 99.5%;有机食品抽检合格率 98.4%;地理标志农产品连续 6 年重点监测农药残留及重金属污染合格率一直保持在 100%⑤。上述产品合格率均明显高于例行监测总体合格率⑥。

表 2-6　2014 年农业部认证"三品一标"数量变化

发展项目	2013 年增量	2013 年底存量	2014 年增量	2014 年底存量
三品一标	23140 个	100974 个	107000	207974
无公害农产品	3040 个*	77569 个	11912	89481
绿色食品	1951 个*	19076 个	7335	26411
有机农产品	319 个*	3081 个	3316	6397
地理标志农产品	201 个*	1248 个	213	1461

数据来源:根据农业部、《农民日报》的相关数据整理形成。

* 由于"三品一标"有期限,该部分数据为 2013 年"三品一标"新认证个数减到期证书个数。

3. 标准化示范积极推进

2014 年,农业部继续积极推进已有的"三园两场一县"(即标准化果园、菜园、茶园,标准化畜禽养殖场、水产健康养殖场和农业标准化示范县),争取 6 亿元专项资金用于果、菜、茶标准化生产,并开展农资统购统销等"五统一"服务。全年创建"三园两场"1700 个、标准化示范县 46 个。为更好地维护标准化生产单位及产品的示范作用,农业部加强生产管理、产品认证、证后监管和标志使用管理,强化退出机制,保障数量与质量协调发展。

---

① 《下一步将强化"三园两场"和标准化整体推进示范县建设》,中国政府网,2014-01-08[2015-05-25],http://www.gov.cn/zxft/ft239/content_2562303.htm。

② 农业部新闻办公室:《农产品质量安全形势总体稳定向好》,中国农业信息网,2013-07-12[2015-04-21],http://www.agri.gov.cn/V20/ZX/nyyw/201307/t20130712_3524878.htm。

③ 《"三品一标"将率先实行质量安全全国追溯》,《农民日报》,2013-04-02[2015-01-21],http://szb.farmer.com.cn/nmrb/html/2013-04/02/nw.D110000nmrb_20130402_2-01.htm?div=-1。

④ 《农产品质量安全监管迈上新台阶》,《农民日报》2014 年 12 月 30 日。

⑤ 《截至 2014 年底全国"三品一标"动态》,湖北智慧农村网,2015-03-20[2015-04-21],http://www.hbncw.cn/chanye/zixun/dongtai/20150320/47911.html。

⑥ 《落实监管责任确保品牌公信》,《农民日报》2015 年 3 月 20 日。

与此同时,农业部制订了标准更严、范围更广,涵盖标准化生产、全过程监管、执法等多个质量安全管理要素的国家农产品质量安全县创建活动方案及考核办法,并积极落实相应创建经费。2014年11月,国务院副总理汪洋亲自部署启动国家农产品质量安全县创建活动。首批将在"菜篮子"产品主产区遴选出100个质量安全县开展试点,重点落实加强生产经营主体管理、全面推进农业标准化生产等八项任务。此次试点将有助于探索有效的模式机制,示范带动各地、各级强化农产品质量安全工作,点面结合,以点带面,逐步推动全国农产品质量安全水平整体提升①。

4. 开展农业生产标准化绩效评价试点

2012年国家质检总局、国家标准委把促发展、惠民生、服务"三农"的农业标准化项目纳入实施绩效管理的范畴,并选取了农业标准化工作基础较好、示范区建设水平较高的吉林和江苏等5个省先期开展了绩效评价试点工作,全程指导、重点追踪。2014年,在上述试点项目验收考评和经验总结的基础上,又增加了北京和山西等10个省。经过努力,形成了一批较为丰富、可供参考的绩效管理实践素材,实现了顶层设计和基层实践的有机结合。在农业标准化示范区建设过程中,尽管中央财政资金所占比例较小,资金规模不大(平均每个示范区中央财政投入约12万元),但发挥的杠杆效应比较大,初步实现了小投入大产出、小成本大收益。据不完全统计,示范区农业产值年均增加约15%—45%,农民年增收约1050—3300元,得到了各级政府、农民群众、涉农企业和社会各界的广泛赞誉②。实践证明,纳入绩效管理试点的农业标准化示范区成效显著,真正做到了"选好一个项目、建立一个(标准)体系、形成一个龙头、创立一个品牌、致富一方百姓",并作为龙头项目进一步示范引领其他农业标准化示范区建设③。

三、食用农产品质量安全中存在的主要问题

经过多年持之以恒的建设,我国主要食用农产品安全质量总体状况保持基本稳定,逐步趋好的发展状态。由于农业生产的生态环境恶化等复杂因素交织在一起,我国农产品质量安全稳定的基础十分脆弱,安全风险依然大量存在,直接导致食用农产品质量安全事件不断发生。伴随人们生活水平的逐步提高,人们对农产

---

① 农业部:《关于引发〈国家农产品质量安全县创建活动方案〉和〈国家农产品质量安全县考核办法〉的通知》,农业部网站,2014-11-28[2015-04-21],http://www.moa.gov.cn/govpublic/ncpzlaq/201411/t20141128_4256375.htm。

② 农业部:《国家质检总局以绩效管理推动农业标准化示范区建设成效显著》,农业部农业标准化网,2015-02-28[2015-03-17],http://www.agristd.org.cn/xwdt/rdtj/rdtj/2015-03-17/380.html。

③ 农业部:《国家质检总局以绩效管理推动农业标准化示范区建设成效显著》,农业部农业标准化网,2015-03-17[2015-04-28],http://www.agristd.org.cn/xwdt/rdtj/rdtj/2015-03-17/380.html。

品质量安全问题关注度不断上升。

（一）2014 年食用农产品质量安全发生的热点事件

2014 年我国食用农产品发生了"抗生素滥用""病死猪流入市场"等诸多质量安全事件，典型的事件见表 2-7。这些事件引发了人们对食用农产品质量安全的担忧，给我国农业发展及整个社会的诚信体系建设带来巨大的负面效应。分析近年来特别是 2014 年食用农产品质量安全热点事件和食物中毒事件，再次暴露出我国食用农产品在面源污染、农药残留、兽药滥用、病死禽畜处置不当及疫病等方面存在的问题，有些问题相当严重，是农业生产长期粗放式发展的结果，也包括极少数农业生产者的不道德，治理的难度相当大，要在短时期内彻底改善食用农产品的质量安全十分困难。

表 2-7　2014 年发生的典型的食用农产品质量安全热点事件

序号	问题种类	事件名称	事件简述	处理工作或事件影响
1	重金属（面源）污染	"西湖龙井"茶叶污染物超标	2014 年 6 月，央视曝光北京市所售的龙井茶 50 个测试样品中有 33 个质量指标不符合国家标准要求。其中有 3 个污染物超标，表明茶叶生长环境已受到污染，污染程度将会对人体造成危害。之后，多地开展相关检查，铁观音、普洱等茶叶均出现污染物超标现象。	1. 不达标产品强制下架。 2. 产区工商部门开展全面调查检查工作。 3. "西湖龙井"增加地域防伪标识，可查询相关质量安全情况。
		"湖南衡阳镉大米"事件	2014 年 4 月 24 日，湖南省衡阳市衡东工业园（大埔片）周围稻谷、稻田土壤及地表水样本的重金属超标严重。其中，超标最严重的稻米样本中的镉含量超过国家标准近 21 倍。	1. 绿色和平组织呼吁政府对已经查出中重度污染的土地实行禁耕，并公开信息，同时加强对有色金属行业的合理规划和严格管控，切实保障食品安全和环境健康。
		"湖南石门河水砷超标"事件	2014 年 3 月 24 日，湖南省常德市石门县鹤山村土壤砷含量最高超过我国一级土壤环境质量标准 19 倍，水含砷量标准上千倍。全村 700 多人中，有近一半的人都是砷中毒患者，因砷中毒致癌死亡的已有 157 人。	1. 严重影响当地村民生活及耕地灌溉用水。 2. 毒元素污染土壤农作物生长受损严重。 3. 严重影响村民的生命安全与生活稳定。 4. 农业部将启动农产品产地土壤重金属污染综合防治工作的试点，包括重金属污染耕地修复和种植结构调整试点，并联合环保、国土、水利等部门加强农业生产用水和土壤环境治理。

（续表）

序号	问题种类	事件名称	事件简述	处理工作或事件影响
2	农药残留	湖北"毒大米"事件	2014 年 7 月 3 日，宜昌市土肥站码头 20 余只麻雀吃了散落在码头现场的米相继死亡。公安部门对死亡麻雀进行检验，发现麻雀胃内有杀虫剂呋喃丹成分。	1. 宜昌市公安局、宜昌市食品药品监督管理局、宜昌市农业局立即对码头周边农药销售店、农户使用农药情况进行排查，追查呋喃丹的来源。 2. 现场 152 吨大米已就地封存，小部分流向市场的已追回。
		"青水源有机蔬菜检出农药残留"事件	2014 年 9 月 6 日，天津市青水源生产的有机芹菜农药百菌清残留量检测结果为 0.002 mg/kg，不符合国家标准"不得检出"的要求。	1. 引发公众对有机蔬菜的普遍质疑。 2. 有关部门吊销了青水源的有机蔬菜认证。
		"广州毒豆芽"事件	2014 年 3 月 18 日，广州海珠两个特大生产销售毒豆芽窝点，被查获 9 吨毒豆芽，缴获大批无根剂、AB 粉等有毒有害的非食品类添加剂，日产销毒豆芽量达 1.5 吨，主要销往海珠、荔湾等地的批发市场，销售范围波及周围数个区的菜市场和酒楼。	1. 引发南方都市报（深圳）权威媒体的关注。 2. 豆芽生产以小作坊为主，隐蔽性强，监管难。 3. 海珠警方已对涉嫌生产、销售有毒有害食品的、8 名犯罪嫌疑人刑事拘留。
3	违规使用兽药或兽药超标	水产品兽药超标	2014 年下半年，深圳、上海的食药监局在抽检中发现海鲜市场以及部分知名超市所售的水产品含有孔雀石绿、硝基呋喃等禁用药物。	1. 对不合格水产品采取下架、召回措施，对相关企业立案查处；2. 深圳在海鲜市场开始设置监测站，加大抽检频次；3. 上海部分超市开始加强供应商管理，要求定点取货，按时提供检验报告。
		"津在航空供给食品中检出含'瘦肉精'动物内脏"事件	2014 年 3 月 25 日，天津滨海国际机场范围内航空供给食品或餐饮原料被查出 1 批牛肝样品中含有国家禁止的"瘦肉精"成分——盐酸克伦特罗。	1. 卫生监督人员立即通知该餐饮企业负责人对所涉肉制品停用封存，调查企业该批货物来源，并再次采集样品送专业技术中心进行进一步检测。
		"广东养牛场打缩宫素催奶 长期饮用或致生理紊乱"事件	2014 年 3 月 31 日，广东佛山一家非法养牛场给奶牛打"缩宫素"催奶。该牛场给母牛违规使用多种抗生素和激素类药物，且每日有 400 余斤未经质量检测的生鲜奶流入市场。	1. 长期饮用该牛奶可能致生理紊乱。 2. 目前，该非法养牛场已被取缔关停，但"问题奶"流向尚未查明。
		南京鸭养殖抗生素滥用	2014 年 12 月，央视曝光南京部分养鸭场不执行休药期规定，即使鸭不生病，每隔六七天也要喂一次抗生素。这不仅造成鸭体内及鸭蛋中药残超标，还对环境造成直接污染。	1. 农业部派出督导组与江苏省农委相关部门开展现场调查，迅速查处违规行为。 2. 农业部要求各地强化养殖环节兽药使用监管。

（续表）

序号	问题种类	事件名称	事件简述	处理工作或事件影响
4	违法加工（制假售假，以次充好）	福喜事件	2014 年 7 月，上海电视台曝光，上海福喜食品有限公司通过采用回锅重做、更改保质期标印等手段加工过期劣质肉类，并将其销售给麦当劳、肯德基等快餐连锁店。 事件在全国范围产生了恶劣影响，舆论聚焦大型企业有组织犯罪、监管失效、过期肉通过标准检验等问题。	1. 所有涉事产品全部紧急下架、封存。 2. 上海警方进行立案调查，并刑事拘留 5 名涉案人员。 3. 下游涉事快餐连锁店全面终止与上海福喜乃至中国福喜的业务合作。 4. 福喜集团内部开始全面整顿，并着手设立独立于加工基地的质量监控部门。
		注水大米	2014 年 3 月，全国人大代表将"注水大米"带到两会，指出部分作坊式加工企业为增白、压价，将大米用自来水甚至河水浸泡后销往大型食堂。	1. 代表呼吁:规范加工作坊，提高加工门槛，促进行业整合。
		"山东大量土豆莲藕用药水浸泡翻新"事件	2014 年 4 月 28 日，据舜网—济南时报报道，记者通过对七里堡、八里桥等蔬菜批发市场进行调查，发现为了使陈土豆卖出更高的价格，有商贩把陈土豆用焦亚硫酸钠、柠檬酸等漂白剂浸泡过后充当新土豆卖给消费者。	1. 食用焦亚硫酸钠超标的食物，人体会出现急性中毒，表现为头晕、呕吐、腹泻，严重时会毒害肝肾，严重影响居民身体健康与生命安全。 2. 工商部门对用陈土豆冒充新土豆销售涉嫌以次充好的行为，一经查获，将按有关法规进行处罚。
		"广州假盐"事件	2014 年 4 月 18 日，广州黄埔警方捣毁了海珠区、白云区的大型制售假盐窝点，现场缴获假冒"×盐"成品共 13.1 吨、生产假盐机器 4 台、运输车辆 2 辆、假冒"×盐"包装标识 10 万余份，依法刑事拘留 5 人。截至破案时，该团伙累计制售假冒粤盐高达 1000 多吨。	1. 广东省质量技术检测局立即进行检验，发现缴获的假盐样本中含大量杂质，不含碘离子，而碘是人体必需的微量元素之一，缺碘会给儿童的智力发育造成不良的影响。
5	食品添加剂超滥用	"沃尔玛姜粉二氧化硫超标"事件	2014 年 4 月 2 日，沃尔玛建国路分店销售的"汇营"牌姜粉，被检出二氧化硫残留。二氧化硫可以起到漂白食品或防腐作用，在蜜饯、干果、干菜、粉丝等部分食品的加工过程中，可以限量使用。但按照国家标准，在姜粉这类食品中禁止添加、不得检出二氧化硫。	1. 问题产品已经下架。 2. 长期或者过量食用二氧化硫超标的食物，消费者可能会出现恶心、呕吐、头昏、腹痛和全身乏力等不良症状，影响人体对钙的吸收。

（续表）

序号	问题种类	事件名称	事件简述	处理工作或事件影响
5	食品添加剂超滥用	"超市在售儿童牛奶被爆添加十多种添加剂"事件	2014年4月6日，据中国广播网报道，记者调查了市场上销售的儿童牛奶，发现绝大多数儿童牛奶产品中都含有食品添加剂，而且种类还不少。比如：某品牌的儿童成长牛奶中，含有柠檬酸钠、阿斯巴甜、黄原胶、食用香精等10种食物添加剂。	1. 引发消费者对儿童牛奶中各种添加剂是否影响儿童成长发育的关注。 2. "磷酸钠类添加剂"虽然可以让奶的口感更好，但会妨碍钙、铁、锌等元素的吸收，对孩子没有什么好处。
6	病死畜禽流通	江西病死猪流入市场	12月，央视曝光江西高安等地不少病死猪被猪贩子长期收购，有些病死猪甚至携带a类烈性传染病口蹄疫。病死猪经黑窝点屠宰后，逃过层层监管，最终流向本地及广东、湖南等多地市场。事件在全国范围产生了恶劣影响，舆论强烈质疑层层监管失效问题。	1. 农业部派出督导组与江西省农业厅相关部门开展现场调查，迅速查处违法违规行为。 2. 公安部部署病死猪流入地警方依法立案侦查，并派员赴江西督办。部分涉案人员已被控制，多名主要责任的监管人员被免职甚至立案侦查。 3. 查封事发地多处非法屠宰场，集中无害化处理病死猪肉。
7	谣言	蘑菇重金属超标	2014年4月，一篇《蘑菇还是少吃一点吧》的帖子在网上被广泛传播。文中提到，蘑菇对铅、汞等重金属富集能力强，人们食用后，重金属会在肾小管内聚集。而多地调查、检验结果显示，人工食用菌和野生菌的重金属含量均远低于限量标准。	央视《焦点访谈》对此事开展走访调查，指出"市场上正规销售的蘑菇是可以放心吃的"。
		猪肉钩虫	2014年7月，有关"猪肉大面积出现钩虫"的消息在网上被广泛传播，传闻涉及河北、四川、广西、辽宁等地。而多地检验结果证实，这些白色细长组织只是猪的血管、神经、肌腱或结缔组织，对人体无害。	各地均组织检验检疫部门进行调查，并通过政府官网、电视台等渠道开展辟谣、科普宣传等工作。

数据来源：根据人民网、新华网、央视网等媒体报道整理形成。

（二）食用农产品质量安全风险在各个环节均有隐患

总体上分析，我国发生的食用农产品质量安全事件，体现在供应链体系的各个环节，几乎防不胜防。

1. 生产环节:生产环境污染严重,农兽药使用过量

近年来,"镉大米""毒生姜""速生鸡"等事件接连发生,生产环境污染和农兽药使用过量问题成为影响食用农产品生产环节质量安全的突出问题。2014年,首次全国土壤普查结果显示,我国耕地点位超标率高达 19.4%,镉、镍等重金属成为主要污染物①。这些污染物在动植物体内富集,对食用农产品质量安全构成严重威胁。同时,受药残标准仍不健全(图 2-7)、标准化生产成本高、生产者素质有限甚至唯利是图等因素影响,农兽药的过量使用现象普遍。近三年农作物病虫害防治农药年均使用量 31.1 万吨(折百),较 2009—2011 年增长 9.2%,是世界平均水平的 2.5 倍②③。农作物亩均化肥用量 21.9 公斤,远高于世界平均水平(每亩 8 公斤),是美国的 2.6 倍,欧盟的 2.5 倍④。农药、化肥不足 40% 的有效利用率不仅使农作物有害物质残留超标,还会造成有害物质扩散到农业生产的水、土、气、生立体环境中,形成相互污染的恶性循环。

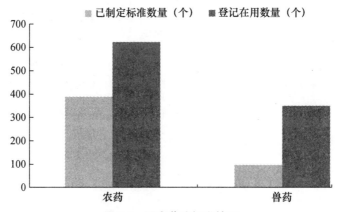

图 2-7　国内药残标准情况

数据来源:全国人大网、浙江在线。

2. 加工环节:加工标准体系建设明显不足,发展方式制约质量安全提升

我国食用农产品标准体系建设以生产标准为主,加工标准体系建设明显不足。据农业部统计,我国现有的 5000 项农业行业标准中,农产品加工标准仅有

---

① 环境保护部、国土资源部:《全国土壤污染状况调查公报》,环保部网站,2014-04-17[2015-01-28], http://www.zhb.gov.cn/gkml/hbb/qt/201404/t20140417_270670.htm。
② 农业部:《到 2020 年农药使用量零增长行动方案》,农业部网站,2015-02-17[2015-02-28],http://www.moa.gov.cn/zwllm/tzgg/tz/201503/t20150318_4444765.htm。
③ 邵振润:《农药减量靠什么来实现?》,《农民日报》2015 年 2 月 12 日。
④ 农业部:《到 2020 年化肥使用量零增长行动方案》,农业部网站,2015-02-17[2015-02-28],http://www.moa.gov.cn/zwllm/tzgg/tz/201503/t20150318_4444765.htm。

579 项,占总数的 11.6%,与食用农产品相关的初加工标准则更为缺乏。已有的标准中,又普遍存在针对性、适应性不强、标准滞后等问题,标准的实施未能达到规范生产、提升农产品质量安全的目标①。在此背景下,我国食用农产品加工行业的主要经营主体——分散的传统型小作坊,由于缺乏资金和技术手段,难以把握市场行情,无法产生规模经济,极易为攫取更大利益而进行违规生产。与此同时,农业部农产品加工局 2015 年 5 月发布的《关于我国农产品加工业发展情况的调研报告》称,我国农产品加工业创新能力不足。模仿多、创新少,引进多、自创少,单打独斗多、联合创新少,技术装备比发达国家落后 20—25 年,核心设备主要靠进口,多数企业缺乏品牌宣传推介资金。

3. 流通环节:供应组织落后,溯源管理机制尚不健全

我国现有食用农产品供应组织化程度仍然较低,缺乏质量安全自我约束动力,既不利于与农产品质量安全相关的产地准出、市场准入制度的推行,也不利于相关部门监管。同时,运输主体与现代物流发展脱节,常温、裸露的配送方式仍较为普遍,分级包装率低,标准化冷链物流设施和操作人员稀缺,造成食用农产品在运输流通环节面临微生物滋生,"二次污染"等较大的质量安全隐患。据统计,我国食用农产品流通运输损耗率高达 25%—30%,而发达国家在 5% 以下②。

在溯源管理方面,我国已启动国家级农产品质量安全可追溯体系建设,并在部分行业和地区进行了一些探索,积累了一定的经验;但仍存在溯源标识、标准不统一,各部门、环节缺乏有效衔接,溯源过程不协调,溯源技术落后等问题无法得到有效解决③。食用农产品生产、加工、流通环节规模化、标准化程度较低也阻碍了溯源管理机制的全面推行,进而影响质量安全提升。

4. 消费环节:消费者缺乏积极应对食用农产品质量安全问题的能力

尽管我国食用农产品质量安全事件时有发生,但其影响只是加剧了消费者对食用农产品质量安全的担忧和恐慌,并未从本质上促进消费者质量安全认知水平和对问题农产品甄别能力的提升,食物中毒问题未得到明显改观(表 2-8)。

---

① 农业部:《2014—2018 年农产品加工(农业行业)标准体系建设规划》,农业部网站,2013-06-27 [2015-03-28],http://www.moa.gov.cn/zwllm/ghjh/201306/t20130627_3505314.htm。

② 郑轶:《中国和日本生鲜农产品流通模式比较研究》,《世界农业》2014 年第 8 期。

③ 贾娜、东梅、李瑾等:《我国农产品可追溯体系的现状及问题分析》,《农机化研究》2014 年第 2 期。

表 2-8　2012—2014 年间我国发生的食物中毒情况统计

中毒原因	2012 年			2013 年			2014 年		
	报告起数	中毒人数	死亡人数	报告起数	中毒人数	死亡人数	报告起数	中毒人数	死亡人数
微生物性	56	3749	16	49	3359	1	68	3831	11
化学性	21	395	19	19	262	26	14	237	16
有毒动植物及毒蘑菇	72	990	99	61	718	79	61	780	77
不明原因或尚未查明原因	25	1551	12	23	1220	3	17	809	6
合计	174	6685	146	152	5559	109	160	5657	110

数据来源:国家卫生计生委。

2014 年,国家卫生计生委收到食物中毒事件报告 160 起,中毒 5657 人,死亡 110 人(表 2-9)。其中,微生物性食物中毒事件起数和中毒人数最多,分别占食物中毒事件总起数和总中毒人数中的 42.5% 和 67.7%,主要是由沙门氏菌、副溶血性弧菌等引起。有毒动植物及毒蘑菇引起的食物中毒事件死亡人数最多,为 77 人,占食物中毒事件死亡总人数的 70.0%,中毒因素包括毒蘑菇、未煮熟四季豆和豆浆、油桐果、蓖麻籽等,其中,毒蘑菇引起的食物中毒事件占该类事件总起数的 68.9%。化学性食物中毒则主要由亚硝酸盐、毒鼠强、氟乙酰胺及甲醇等引起[①]。由于消费者缺乏积极应对食用农产品质量安全问题的能力,防范食品中毒刻不容缓。另外,目前消费者普遍认为安全农产品的可靠来源主要是“三品一标”类认证农产品,其价格普遍较高,大多数消费者难以长期消费。

表 2-9　2014 年我国发生的食物中毒原因分类状况

中毒原因	报告起数	中毒人数	死亡人数
微生物性	68	3831	11
化学性	14	237	16
有毒动植物及毒蘑菇	61	780	77
不明原因或尚未查明原因	17	809	6
合计	160	5657	110

数据来源:国家卫生计生委。

5. 全过程:全程监管缺乏统一性,预警应急水平较低

纵观近年来我国发生的食用农产品质量安全热点事件和食物中毒公共卫生

---

① 国家卫生计生委:《国家卫生计生委办公厅关于 2014 年全国食物中毒事件情况的通报(国卫办应急发〔2015〕9 号)》,食品伙伴网,2015-02-16〔2015-06-10〕,http://news.foodmate.net/2015/02/296414.html。

事件,暴露出食用农产品质量安全在生产、加工、流通、消费等环节仍存在较多问题。当前,我国虽然已将食品安全监管部门精简为农业部和食品药品监督管理总局,但在 2013 年、2014 年的实施过程中,仍暴露出我国食用农产品质量安全全程监管缺乏统一性,一是重视程度不够,地方政府未能充分统筹本地区质量安全监管,各环节监管单位缺乏沟通机制、推诿责任、层层失位,甚至有监管单位存在被监管对象收买,动态抽检成为事先通知、提前准备的形式主义检查的现象①;二是监管、检测机构软硬件实力仍显不足,难以应对复杂的质量安全环境。

在预警应急方面,食用农产品质量安全预警尚处于风险因子评估起步阶段,预警整体技术支撑薄弱,对新的风险警示能力有限②。在相关舆情预警管理上,虽已建立日报制度,但近三年负面舆情仍占比约 50%,恶意攻击类舆情呈"抬头"趋势③。面对质量安全事件和负面舆情,相关部门处置技能落后,甚至仍抱有拖延、隐瞒心理。未来我国食用农产品亟须加强质量安全风险预警建设,提高质量安全风险预警水平,预防农产品质量安全突发事件的发生。

(三) 农业生产方式转型缓慢

我国现阶段食用农产品质量安全存在的风险,根本上是农业生产方式粗放形成的。在这里以农药使用为例,展开简单的分析。

农药在我国曾经是非常重要的战略物资,对促进农产品增产、满足人口增长的刚性需要等方面发挥了十分重要的作用。但是高强度、大面积地施用农药,对农业生态环境与农产品质量安全带来了极其严重的后果,农药残留使农药由过去的农产品"保量增产的工具"转变为现阶段影响农产品与食品安全的"罪魁祸首"之一。江南大学江苏省食品安全研究基地在 2012 年、2013 年、2014 年连续三年间对全国 10 多个省(自治区、直辖市)城乡居民做了大样本的跟踪调查显示,由"农药残留超标"导致的农产品安全风险,始终为城乡居民所担忧。2014 年有59.42% 的受访居民认为"农药残留超标"是影响农产品质量安全的第一位的因素。2012 年农业部农产品质量安全监管局发布的专题研究结果也显示,53.1% 的消费者认为我国农产品质量安全问题比较严重,且消费者对农产品质量安全风险的容忍度很低。在现实条件下,保障农产品数量供应仍然是我国农业生产的最主要的目标之一,依赖农药仍然是农产品增产增收的重要路径。因此,降低农药残

---

①　中国人民大学食品安全治理协同创新中心:《福喜事件的反思与我国食品安全治理》,中国食品安全网,2014-07-29[2015-03-28],http://www.cfsn.cn/2014-07/29/content_220677.htm。

②　张星联、钱永忠:《我国农产品质量安全预警体系建设现状及对策研究》,《农产品质量与安全》2014年第 2 期。

③　李祥洲、钱永忠、邓玉等:《2014 年农产品质量安全网络舆情特征分析研究》,《农产品质量与安全》2015 年第 1 期。

留并改善农业生态环境,最现实的路径是防范滥用农药,控制并逐步降低农药施用量,这客观要求彻底转变我国的农业生产方式。

改革开放后,我国逐步认识到农药施用的负面影响,开始尝试通过管理、技术等手段改善农药施用。1983 年 4 月 1 日起全面停止六六六、滴滴涕的生产与施用,1998 年 6 月起逐步并最终全面停止使用甲胺磷农药。进入 21 世纪以来,我国农药行业努力转型升级,依靠科技加快发展、重点发展高效、安全、环保的农药产品,但我国农业生产中实际的农药施用量始终持续上扬。数据显示,1993 年我国农药施用量为 84.50 万吨,1995 年全国农药施用量首次超过 100 万吨,达到 108.70 万吨;2006 年农药施用量超过 150 万吨,达到 153.71 万吨,2012 年则达到了 180.61 万吨的历史最高点(图 2-8)。1993—2012 年间我国农药施用量年均增长率为 4.31%,2012 年农药施用量的绝对值是 1993 年的 2.14 倍,19 年间农药施用量增加近百万吨。按照 4.31% 的年均增长率,2015 年我国农药施用量将超过 200 万吨。与此同时,根据《2013 中国国土资源公报》的数据,2012 年全国共有 20.27 亿亩耕地,扣除需退耕还林、还草和休养生息与受不同程度污染不宜耕种约 1.99 亿亩外,全国实际用于农作物种植的耕地约为 18.08 亿亩,据此计算,2012 年我国每公顷耕地平均农药施用量为 14.98 公斤(实际上,我国现有统计的耕地中,还有一定数量无法正常耕种的"漏斗地",每公顷平均 14.98 公斤的施用量被低估了)。而在我国一些发达的省份,单位面积的农药平均施用量更高,比如广东农药施用量更是高达每公顷 40.27 公斤,是发达国家对应限值的 5.75 倍。

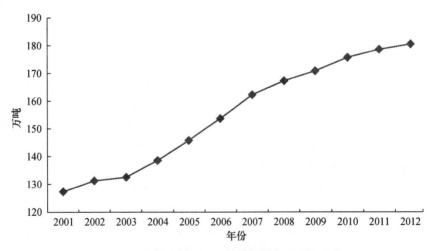

图 2-8　2001—2012 年间中国化学农药施用量
资料来源:根据《中国统计年鉴》整理形成。

农作物在生长过程中常常发生病虫草害危害,病虫草害引起的损失最多可达

70%,通过有效地施用农药可以挽回40%左右的损失。因此,施用农药是国内外防治病虫草害的基本路径之一。但是在我国农作物有效耕地持续下降的背景下,农药施用量却始终居高不下并持续增长,这与发达国家农药施用强度形成了明显的反差。以法国为例,法国是欧盟最大的农业生产国,世界主要农产品和食品出口国,全球重要的农药市场之一,盛产小麦、玉米、油菜、甜菜等农作物,但其农药施用量10多年来大幅度下降。相关数据显示,法国农药有效成分、有机合成农药、铜和硫类农药销售量从1998年的12.05万吨、8.91万吨、3.14万吨分别下降到2011年的6.27万吨、4.88万吨、1.39万吨,分别减少了48.0%、45.2%、55.7%。由于中国是一个人口众多耕地紧张的国家,农产品尤其是粮食增产和农民增收始终是农业生产的主要目标,但由于农业生产转型缓慢,依赖施用农药成为实现粮食增产的主要手段之一,导致目前我国农作物单位面积农药平均施用量高出世界发达国家2.5—5倍,每年遭受残留农药污染的作物面积超过10亿亩。由于国内对农药刚性需求的不断增长,2007年中国化学农药产量达到了173.1万吨,首次超过美国成为世界第一大化学农药的生产国。不仅我国农药施用量居高不下,更令人担忧的是,由于农药技术等限制,我国的农药实际使用率只有30%,比发达国家低10—20个百分点,大量农药流失进入大气、水体、土壤及农产品之中,难降解的农药在土壤中的残留逐年增加,造成的污染日益加剧。我国大量施用农药已经并将继续为农产品与食品安全、农业的可持续发展埋下严重隐患。因此,中国农药调控的政策体系必须彻底转型。

四、实现真正意义上的全程监管

农产品质量安全是全面建成小康社会的必然要求,是促进农业提质增效的重要抓手。随着我国经济进入新常态、农业农村发展进入新阶段,我国农产品质量安全工作已处于攻坚克难的关键时期。保障和提升农产品质量安全,需站在全局的角度,统筹生产、加工、流通、消费四大环节,大力推行标准化,强化突出问题治理,实现真正意义上的全程监管。

(一)生产环节:改善食用农产品产地环境,强化标准化生产

生产是源头,对农产品质量安全起着基础性和决定性的作用。因此,加强对生产环节的监督和管理对全面提升农产品质量安全具有关键性的意义[①]。

在立体交叉污染的防控上,产地内应避开化学污染项目、企业;对于其他项

---

① 窦艳芬、陈通、刘琳等:《基于农业生产环节的农产品质量安全问题的思考》,《天津农学院学报》2009年第3期。

目、企业应特别注重"三废"治理建设,改善生产工艺,减少或消除污染物的排放①。要加强农民培训,提高农民科技素质和意识,通过补贴等形式大力推广生物有机肥、低度低残留农药,开展秸秆、畜禽粪便资源化利用和农田残膜回收区域性示范,减少农业生产自身产生的污染。要根据作物种类、污染物特性、土壤性质,合理安排生产、调整耕作制度和优化种植结构②。要积极开展污水灌溉和土壤修复的相关研究和试验。要建立食用农产品产地环境特别是耕地环境的长效监控机制,提高土壤质量监测能力,定期向社会发布耕地环境信息,引导农业生产者进行安全生产。各级政府需提高土壤环境应急能力,完善预警体系和应急预案。

同时,要继续加快加强食用农产品相关标准的制修订工作。从我国实际出发,借鉴国际经验,进一步扩大标准覆盖面,转化、强化农产品相关标准,修订和制订与标准相配套的食用农产品生产操作规程,切实保障投入品安全使用。还应积极培育认证品牌,充分运用市场价格杠杆③,加强认证产品(单位)在产地管理、过程管控、标准化生产、消费认知、市场增值等方面的示范带动作用,引导非认证单位进行标准化生产。

(二)加工环节:完善加工标准体系,推进加工发展方式转变

加工环节是提升农产品附加值、增加农民收入的重要环节。加强对加工环节的监督和管理对提高农产品质量安全、食品安全都具有重要意义。要加大资金投入、加强科学研究,进一步完善加工标准体系,扩大标准的覆盖范围,提高标准的科学性、配套性和实用性,努力解决相关争议问题和填补标准空白,逐步缩小与发达国家的差距。对于新型加工工艺、食品添加剂等,要及时组织专家论证,科学制定严格的安全标准。要加强标准宣贯,提高标准实施效益,提升国民对食用农产品加工产业总体的信任。

同时,要加快转变加工产业发展方式,培育发展龙头企业,加强企业间的联系,利用龙头企业同区域外企业的合作时机,拓宽安全、优质食用农产品及其加工品的发展空间。要鼓励企业对食用农产品加工技术、设备的引进及研发④。要为国内加工企业搭建与国外先进企业的交流平台,建立技术、设备引进的投融资机制。

(三)流通环节:整合食用农产品供应组织体系,健全溯源管理机制

流通环节作为农产品进入消费者手中的最后环节,对于保障农产品质量安全

---

① 章力建:《农产品质量安全要从源头(产地环境)抓起》,《中国农业信息》2013年第15期。

② 卢信、罗佳、高岩等:《土壤污染对农产品质量安全的影响及防治对策》,《江苏农业科学》2014年第7期。

③ 江激宇、柯木飞、张士云:《农户蔬菜质量安全控制意愿的影响因素分析——基于河北省藁城市151份农户的调查》,《农业技术经济》2012年第5期。

④ 唐明霞、顾拥建、陈惠:《南通市农产品加工的发展现状与建议》,《农业开发与装备》2012年第6期。

具有极其重要的作用。要整合分散的供应组织,充分考虑产销区域、交通等因素,合理布局批发市场类规模供应组织。要在现代化食用农产品配送体系建设上给予政策和资金上的倾斜,鼓励农产品龙头企业的产业链延伸,支持其建立现代化的生鲜农产品配送中心、冷链系统、质量安全可追溯系统,推广产地预冷、分级分类包装、冷链运输的物流模式,确保食用农产品在流通中的质量安全①。要探索构建市场准入机制,与供应组织水平的提升形成相互促进。

同时,要健全溯源管理机制,抓紧制定溯源制度和管理规范,对立法可行性开展讨论;要统一编制信息链条、采集指标、传输格式、交换接口和编码规则等技术规范,做好已有资源的整合,纳入全国食用农产品质量安全追溯信息平台②③。要加快3S技术、数据库技术、RFID技术等先进技术在溯源管理中的转化与更新④。要合理选择推进重点,前期可选择规模化、标准化生产单位的食用农产品进行试点,逐步扩大推进范围。要积极争取资金,促进不同行业不同部门协调合作,尽可能把纵向和横向的监管信息串联起来,贯通检测、认证、预警、评估、执法、追溯、标准化等全要素⑤,确保工作取得实效。

(四) 消费环节:加大科普宣传,提高消费者认知水平

要充分依托农业科研单位和高校广泛开展质量安全科普培训;要依托新闻宣传部门进行质量安全宣传,全面普及农产品质量安全知识;要及时公开监管工作推进措施和成效信息,增强公众消费信心。要引导树立正确的食用农产品质量安全消费观念,不仅要关注农残、重金属等指标,也要关注病原微生物、亚硝酸盐等极易引发食物中毒的指标。要培育对优质农产品有较强需求且具有消费能力的群体,通过其示范作用以及对优质农产品的口碑相传,逐步扩大优质农产品的市场需求范围⑥。

同时,要在确保"三品一标"标准不降低的前提下,控制、降低认证费用,让利于农户和消费者。要引导分散的中小型农户、消费者建立区域性参与式认证体系,扩大非第三方认证类安全农产品布局范围⑦。应鼓励超市、集贸市场等规模型

---

① 何广文:《农产品交易体系建设的特征及其完善路径》,《农村金融研究》2013年第8期。

② 杨玲:《中国农产品质量安全追溯体系建设现状与发展对策》,《世界农业》2012年第8期。

③ M. Thakur, K. A. M. Donnelly, "Modeling Traceability Information in Soybean Value Chains", *Journal of Food Engineering*, No. 1, 2010, pp. 98-105.

④ M. M. Aung, Y. S. Chang, "Traceability in a Food Supply Chain: Safety and Quality Perspectives", *Food Control*, No. 11, 2013, pp. 172-184.

⑤ 农业部:《陈晓华副部长在全国农产品质量安全监管工作会议上的讲话》,农业部网站,2015-01-22[2015-03-28],http://www.moa.gov.cn/sjzz/jianguanju/dongtai/201502/t20150204_4395814.htm。

⑥ 费威:《供应链生产、流通和消费利益博弈及其农产品质量安全》,《改革》2013年第10期。

⑦ M. Cuéllar-Padilla, á. Calle-Collado, "Can We Find Solutions with People? Participatory Action Research with Small Organic Producers in Andalusia", *Journal of Rural Studies*, No. 4, 2011, pp. 372-383.

农产品市场公开非认证类安全农产品的入场检验检测结果,让公众有据可选,从而提高应对问题农产品的能力。

(五) 全过程:努力实现全程监管,加快预警应急体系建设

保障、提升食用农产品质量安全是一个系统性工程,既需要各环节分段式管理,也需要统筹各个环节,进行全过程管理。要加强"从农田到餐桌"全过程的食用农产品安全风险管理,严格落实属地责任,提高基层对食用农产品质量安全的重视。要完善监督检查制度,增加检查时间安排和目标选择上的灵活度和随机性;要结合地方实际,明确关键点控制,努力消除监管盲区和重复监管;要逐步提高监管能力,通过加大资金投入和提高科技手段,推动监管工作效率的提升;要注重检测各环节的相互衔接和工作协同,防止重复建设和资源浪费;要强化质检机构管理,稳妥推进机构整合,通过培训、技术竞赛等方式提高质检人员能力[1]。此外,还应努力构建社会共治工作格局,督促生产经营者落实质量安全主体责任,发动群众广泛参与,加强社会监督和消费维权,推动监管部门与其他部门、机构间建立协同联动治理机制,推动食用农产品质量安全监管向多方主体参与、多种要素发挥作用的综合治理转变。

同时,要加快预警应急体系的建设。一要加快建设食用农产品质量安全预警系统,实时监测农产品质量安全舆情,实现农产品质量安全管理方式的转变[2];二要严格做好食用农产品质量安全突发事件应急处置工作,要组建食用农产品质量安全应急专业化队伍,建立突发事件应急演练机制;三要对热点舆论及时组织相关专家研判,及时对外发布信息,化解社会疑虑[3][4];四要加强与媒体沟通,促进媒体社会责任意识的提升。

五、强化农业生产使用的农用化学品的质量监管

确保农业生产使用的农用化学品的质量,对提升食用农产品质量安全水平具有基础性的作用。虽然农业部几乎每年均组织包括农用化学品在内的农用生产资料专项打假,但此方面的投诉仍然不断,而这些投诉也仅仅反映问题的冰山一角,更多的问题并没有充分暴露。表 2-10 是中国消费者协会发布的 2014 年农用生产资料类受理投诉的相关情况统计表。从总体上看,目前我国生产的农用化学

　　① 李哲敏、刘磊、刘宏:《保障我国农产品质量安全面临的挑战及对策研究》,《中国科技论坛》2012 年第 10 期。

　　② 许世卫、李志强、李哲敏等:《农产品质量安全及预警类别分析》,《中国科技论坛》2009 年第 1 期。

　　③ 王二朋:《从英美应对疯牛病事件成败经验看我国食品安全事件的应急管理》,《中国食物与营养》2012 年第 11 期。

　　④ C. Jia, D. Jukes, "The National Food Safety Control System of China: A Systematic Review", *Food Control*, Vol. 32, No. 1, pp. 236—245.

品质量仍然需要强化监管,提升质量。这里以兽药质量为例简单说明。

(一)兽药质量监督抽检的总体情况

全国 31 个省级兽药监察所和中国兽医药品监察所组织完成了 2014 年第四季度兽药质量监督抽检计划,农业部就此发布了《关于 2015 年第一期兽药质量监督抽检情况的通报》。通报指出,2014 年第四季度共完成兽药(不包括兽用生物制品)监督抽检 4618 批,合格 4385 批,不合格 233 批[1],合格率为 94.9%,比 2014 年第三季度(95.0%)下降 0.1 个百分点,比 2013 年同期(93.1%)提高 1.8 个百分点。其中,兽药监测抽检共抽检 3342 批,合格 3162 批,合格率 94.6%;兽药跟踪抽检共抽检 684 批,合格 666 批,合格率 97.4%;兽药定向抽检共抽检 95 批,合格 87 批,合格率 91.6%;兽药鉴别抽检共抽检 497 批,合格 470 批,合格率 94.6%。

表 2-10　2014 年农用生产资料类受理投诉的相关情况统计表　　(单位:批次)

类别	总计	质量	安全	价格	计量	假冒	合同	虚假宣传	人格尊严	售后服务	其他
农用生产资料类	5046	3824	177	78	116	147	188	90	9	417	508
农用机械及配件	2025	1388	31	29	8	5	92	12	3	296	161
化肥	553	349	11	12	27	49	10	18	1	15	61
农药	165	122	5	2	1	11		8		8	8
种子	1160	855	37	10	22	47	55	27	—	23	84
饲料	290	172	17	5	28	10	9	13		6	30
其他	1361	938	76	20	30	25	22	12	5	69	164
农业生产技术服务	299	183	15	28	21	5	23	10		14	198

资料来源:根据中国消费者协会《2014 年全国消协组织受理投诉情况分析》整理形成。

(二)兽药质量环节性监督抽检的情况

从抽检环节看,生产环节抽检 730 批,合格 710 批,合格率 97.3%,比 2014 年第三季度(95.8%)提高 1.5 个百分点;经营环节抽检 3093 批,合格 2929 批,合格率 94.7%,比 2014 年第三季度(94.6%)提高 0.1 个百分点;使用环节抽检 795 批,合格 746 批,合格率 93.8%,比 2014 年第三季度(95.5%)下降 1.7 个百分点。

(三)不同品种的兽药质量监督抽检情况

从产品类别看,化药类产品共抽检 2104 批,合格 2007 批,合格率 95.4%,比 2014 年第三季度(96.4%)下降 1.0 个百分点;抗生素类产品共抽检 1436 批,合格

---

[1]　可分别参见农业部网站的相关资料。

1378 批,合格率 96%,比 2014 年第三季度(96.2%)下降 0.2 个百分点;中药类产品共抽检 1055 批,合格 977 批,合格率 92.6%,比 2014 年第三季度(90.1%)提高 2.5 个百分点;其他类产品共抽检 23 批,合格 23 批,合格率 100%。2014 年第四季度共完成兽用生物制品监督抽检 132 批,合格 128 批,不合格 4 批合格率 97%。从 2014 年第四季度抽检情况看,鉴别和含量不合格仍然是兽药质量检验不合格的主要项目,部分产品含量较低甚至为 0,个别产品含量无法测定;其次是改变组方违法添加其他兽药成分的现象依然存在。因此,各级地方政府农业部门要按照《农业部公告第 2071 号》规定,对不符合质量要求的兽药生产单位,必须依法予以从重处罚。对符合撤销兽药产品批准文号、吊销兽药生产许可证的,应继续实施撤号、吊证处罚。对鉴别检验不合格的,各检验机构要进一步开展检验,确认是否存在改变制剂组方、非法添加其他药物成分等违法行为,为处罚提供技术支持。同时,要组织开展查处活动,加强兽药质量信息通报,继续强化兽药企业日常监管,保障经营市场兽药的合法性。

第三章 食品工业生产、市场供应 与结构转型

食品工业是我国国民经济发展中的重要支柱产业,承担着为我国13亿人提供安全放心、营养健康食品的重任。食品工业首要也是最大的任务是保障食品的数量供应,满足13亿人口的食品消费需求。本章重点考察2005—2014年间我国食品生产与市场供应的基本情况,重点分析2014年食品工业的发展状况,食品工业行业集中度、内部结构与区域布局的变化,基于技术创新国际比较、信息化与绿色化等视角分析食品工业结构转型的状况,并展望未来我国食品工业的发展态势。

一、2014年食品工业发展状况与在国民经济中的地位

此处重点分析2014年我国食品工业的生产水平、主要产品产量、规模以上食品工业企业的效益规模、食品工业重点行业运行情况、食品价格水平与食品工业固定资产投资等情况。

(一)食品工业平稳增长且巩固了在国民经济中重要支柱产业的地位

2014年,全国食品工业实现主营业务收入继2013年突破10万亿元后继续攀升,达到10.8933万亿元的又一历史新高,比2013年增长7.71%。表3-1显示,全国食品工业总产值占国内生产总值的比例由2005年的10.99%上升到17.12%,虽然比2013年的17.78%有所回落,但仍然保持在一个合理的区间。若不计烟草制品业,与2013年相比较,2014年食品工业增加值增长7.6%。分行业看,与2013年相比,2014年农副食品加工业增长7.7%,食品制造业增长8.6%,酒、饮料和精制茶制造业增长6.5%,烟草制品业增长8.2%。2014年,食品工业的工业增加值占全国工业增加值的比重达到11.9%,比2013年和2012年分别提高0.3和0.7个百分点,对全国工业增长贡献率达11%,比2013年提高0.5个百分点,虽然比2013年低0.1个百分点,但仍拉动全国工业增长0.9个百分点。食品工业保持并巩固了在国民经济中重要支柱产业的地位。

表 3-1　2005—2014 年间食品工业与国内生产总值占比变化

年份	食品工业总产值（亿元）	国内生产总值（亿元）	占比（％）
2005	20324	184937	10.99
2006	24801	216314	11.47
2007	32426	265810	12.20
2008	42373	314045	13.49
2009	49678	340903	14.57
2010	61278	401513	15.26
2011	78078	473104	16.50
2012	89553	519470	17.24
2013	101140*	568845	17.78
2014	108933*	636463	17.12

注：*表示该数值为食品工业企业主营业务收入。

资料来源：中国统计年鉴（2006—2014 年），2013 年、2014 年国民生产总值数据来源于《2013 年、2014 年国民经济和社会发展统计公报》，2013 年、2014 年食品工业的有关数据来源于中国食品工业协会《2013 年、2014 年食品工业经济运行情况》。

（二）主要食品产量小幅增加且基本满足国内需求

表3-2 显示，分析全国食品 21 种主要品种的产量，2014 年有 16 种食品产量增长，糖果、酱油产量增长超过 10%。由于行业调整或者受进口产品冲击，5 种食品产量有所下滑。

表 3-2　2014 年食品工业主要产品产量

产品名称	12 月产量（万吨）	同比增长（万千升）	全年产量（亿支）	同比增长（％）
小麦粉	1358.32	3.13	14116.02	4.76
大米	1300.04	5.49	13042.82	7.36
精制食用植物油	659.22	1.42	6534.13	6.65
成品糖	354.42	-2.06	1660.09	4.20
鲜、冷藏肉	369.43	0.58	3903.44	4.86
冷冻水产品	84.89	-1.99	857.57	5.39
糖果	40.06	22.84	362.41	13.84
速冻米面食品	56.82	-2.25	528.26	-3.93
方便面	90.90	-7.54	1025.64	-1.55
乳制品	232.44	-4.74	2651.81	-1.23
罐头	118.33	3.92	1171.89	4.70
酱油	100.48	20.52	938.83	10.63
冷冻饮品	16.37	11.54	308.57	-0.66
食品添加剂	64.10	19.59	682.90	7.95
发酵酒精	97.81	0.55	984.28	7.69

（续表）

产品名称	12月产量（万吨）	同比增长（万千升）	全年产量（亿支）	同比增长（%）
白酒（折65度，商品量）	131.71	−2.56	1257.13	2.75
啤酒	242.10	−17.18	4921.85	−0.96
葡萄酒	11.89	5.29	116.10	2.11
软饮料	1202.96	−5.96	16676.81	4.61
精制茶	23.16	18.69	243.76	3.39
卷烟	1745.99	13.65	26098.57	1.93

资料来源：中国食品工业协会：《2014年食品工业经济运行情况》。

进一步分析，自2005年以来，在市场需求和政策引导的双驱动下，我国主要食品供销两旺，产量持续增加。表3-3的数据显示，整体来看，2005年以来，我国主要食品产量稳步增长，食品市场种类丰富供应充足。2014年，稻谷、小麦、食用植物油、成品糖、肉类、罐头、软饮料、茶叶产量均小幅上升。其中，稻谷产量增长幅度最大、增长最快，2014年的总产值达到20642.7万吨，2005—2014年间的年均增长率达到了31.4%。部分产品如乳制品和啤酒，由于行业调整或者受进口产品冲击，产量有所下滑。总体而言，我国食品工业的快速发展，较好地满足了人民群众日益增长的消费需求，有效地保障了食品供应的数量安全。

表3-3 2005年、2011—2014年间我国主要食品产量比较

产品	2005年	2011年	2012年	2013年	2014年	累计增长	年均增长（%）
稻谷	1766.2	8839.5	10769.7	20329.0	20642.7	1068.8	31.4
小麦	3992.3	11677.8	12331.7	12217.0	12617.1	216.0	13.6
食用植物油	1612.0	4331.9	5176.2	6218.6	6534.1	305.3	16.8
成品糖	912.4	1169.1	1406.8	1589.7	1660.1	81.9	6.9
肉类	7700.0	7957.0	8384.0	8536.0	8707.0	13.1	1.4
乳制品	1204.0	2387.5	2545.2	2676.2	2651.8	120.2	9.2
罐头	500.3	972.5	971.9	1041.9	1171.9	134.2	9.9
软饮料	3380.4	11762.3	13024.0	14926.8	16676.8	393.3	19.4
啤酒	3061.5	4898.8	4902.0	5061.5	4921.9	60.8	5.4
茶叶	93.5	162.3	179.0	189.0	195.0	108.6	8.5

* 食用植物油，乳制品，软饮料、啤酒单位对应为万千升，其他均为万吨。

资料来源：2005年食品主要产量的数据来源于《中国统计年鉴》（2006年），其余年份的数据绝大多数来源于中国食品工业协会相关年度的《食品工业经济运行情况综述》，以及国家统计局的《中华人民共和国国民经济和社会发展统计公报》等，有少数数据来自于有关网络资料，比如2013年小麦的数据来源于《2013年中国主要农作物产量预测》，中国粮油信息网，http://www.chinagrain.cn/liangyou/2013/10/15/201310159432037104.html，2014年稻谷和小麦的数据来源于国家统计局：《国家统计局关于2014年粮食产量公告》等。

(三) 效益规模继续增长且对社会贡献持续扩大

2014 年全国食品工业效益规模继续扩大,规模以上食品工业企业实现主营业务收入由 2005 年的 17685.08 亿元增长为 2014 年的 108932.93 亿元(图 3-1),年均增长率 22.39%;食品工业实现利润总额由 2005 年的 1025.74 亿元增长为 2014 年的 7581.46 亿元(图 3-2),年均增长率 24.89%;食品工业上缴税金总额由 2005 年的 1255.78 亿元增长为 2014 年的 9241.55 亿元(图 3-3),年均增长率 24.83%。

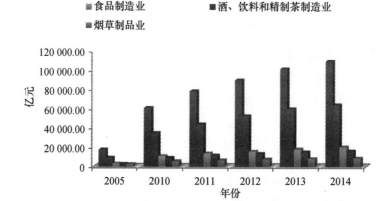

图 3-1　2005—2014 年间我国食品工业主营业务收入对比

资料来源:中国食品工业协会:《2014 年食品工业经济运行情况》《中国统计年鉴》(2006—2014)。

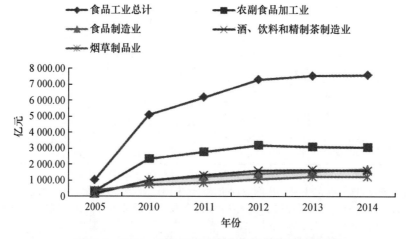

图 3-2　2005—2014 年间我国食品工业利润总额对比

资料来源:中国食品工业协会:《2014 年食品工业经济运行情况》《中国统计年鉴》(2006—2014)。

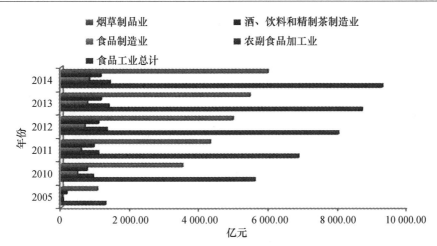

图 3-3　2005—2014 年间我国食品工业税金总额对比
资料来源:中国食品工业协会:《2014 年食品工业经济运行情况》《中国统计年鉴》
(2006—2014 年)。

由于处于结构转型的发展阶段,行业产成品库存增加,生产成本费用提升,
2014 年全国食品工业效益增长出现了明显回落。2014 年食品工业每百元主营业
务收入中的成本为 80.4 元,较 2013 年提高 0.8 元;主营业务收入利润率为
7.0%,较 2013 年下降 0.4 个百分点。分行业看,酒、饮料及精制茶制造业受国家
政策和部分行业调整影响,回落最为显著,行业利润和税金双双下降;农副食品加
工业利润下降了 0.44%;烟草制品业利润维持 0.2%的微增长。但食品制造业利
润增长显著,较 2013 年提升 9.8%。总体而言,2005—2014 年间中国食品工业效
益规模持续增长,对促进就业、增加税收等作出了重要的社会贡献。

(四) 食品工业重点行业平稳发展

由于资料的局限性,在此主要以粮食加工业、食用油加工业、乳制品制造业、
酿酒工业、屠宰及肉类加工业等与老百姓密切相关的行业展开分析①。

1. 粮食加工业

粮食加工业转化农产品数量大,产业关联度高,近年来始终保持较快增长,生
产总量迈上新台阶。2014 年全国规模以上粮食加工企业有 6061 家,实现主营业
务收入 12571.51 亿元,比 2010 年增长 98.4%,2010—2014 年间年均增长 18.7%。
2014 年全国规模以上粮食加工企业生产大米 13042.82 万吨(图 3-4),比 2010 年
增长 58.2%,2010—2014 年间年均增长 12.2%;生产小麦粉 14116.02 万吨,比

---

① 资料来源于《食品工业"十二五"期间行业发展状况》,《中国食品安全报》2015 年 4 月 1 日。

2010 年增长 39.5% ,2010—2014 年间年均增长 8.7% 。

2. 食用油加工业

我国是食用植物油生产和消费大国,经过近几年的持续努力,食用油加工技术水平已达到国际先进水平,主营业务收入、资产总额等主要经济指标再创历史新高。2014 年全国食用植物油产量 6534.13 万吨(图 3-4),比 2010 年增长 66.9% ,2010—2014 年间年均增长 13.7% ;实现主营业务收入 10369.98 亿元,比 2010 年 6076.80 亿元增长 70.6% ,2010—2014 年间年均增长 14.3% 。

3. 乳制品制造业

2011 年以来,我国的乳制品制造业在整顿和调整中实现恢复性增长,行业诚信建设、安全生产能力得到提高,但全行业仍处于转型发展期。2014 年全国乳制品制造业完成主营业务收入 3297.73 亿元,比 2010 年增长 67.8% ,2010—2014 年间年均增长 13.8% ;乳制品产量 2651.81 万吨(图 3-4),比 2010 年的 2159.39 万吨增长 22.8% ,2010—2014 年间年均增长 5.3% 。

4. 屠宰及肉类加工业

2014 年全国规模以上屠宰及肉类加工企业 3786 家,实现主营业务收入 12874.01 亿元,比 2010 年增长 72.6% ,2010—2014 年间年均增长 14.6% 。2014 年,畜禽屠宰业生产鲜冻肉 3903.44 万吨(图 3-4),比 2010 年的 2116.8 万吨增长 84.4% ,2010—2014 年间年均增长 16.5% ;肉制品加工业实现主营业务收入 4225.13 亿元,比 2010 年增长 42.2% ,2010—2014 年间年均增长 9.2% 。

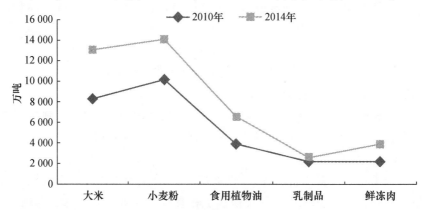

图 3-4 2010 年与 2014 年食品工业重点行业产量对比

资料来源:中国食品工业协会:《2013 年、2014 年食品工业经济运行情况》《中国食品工业年鉴》(2011—2013)。

5. 酿酒工业

酿酒工业是我国历史最悠久的传统工业之一,也是世界酒类品种最全、产业

规模最大的国家。在经历"十一五"高速发展后,近年来我国酿酒行业在逐步向
"理性变革、力求稳健"发展,产业结构、生产规模和科技水平发生显著变化。2014
年,全国葡萄酒制造业实现主营业务收入 420.57 亿元,比 2010 年的 309.5 亿元增
长 35.9%,2010—2014 年间年均增长 8.0%;葡萄酒产量 116.10 万千升,比 2010
年增长 6.6%(图 3-5),2010—2014 年间年均增长 1.6%。全国黄酒制造业实现主
营业务收入 158.56 亿元,比 2010 年增长 35.8%,2010—2014 年间年均增长
7.9%。2014 年,全国啤酒制造业实现主营业务收入 1886.24 亿元,比 2010 年增
长 46.2%,2010—2014 年间年均增长 10.0%;啤酒产量 4921.85 万千升,比 2010
年增长了 9.8%,2010—2014 年间年均增长 2.4%。2014 年,白酒制造业实现主营
业务收入 5258.89 亿元,比 2010 年增长 94.2%,2010—2014 年间年均增长
18.0%;白酒产量 1257.13 万千升,比 2010 年增长了 60.2%,2010—2014 年间年
均增长 12.5%。白酒行业积极开展科技创新、节粮降耗,进行产业转型升级,成为
拉动当地经济建设和发展的重要产业。

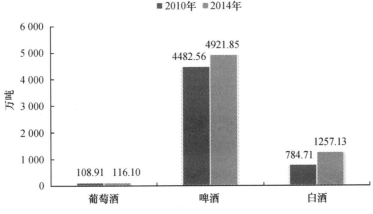

图 3-5　2010 年和 2014 年酒类产量对比

资料来源:中国食品工业协会:《2013 年、2014 年食品工业经济运行情况》《中国食品工
业年鉴》(2011—2013)。

(五) 食品价格水平涨幅较低

2014 年食品消费价格继续上涨,如图 3-6 所示,比 2013 年上涨 3.1%,但涨幅
回落,比 2013 年下降 1.6 个百分点,也是近几年中最低的。在价格上涨的五大类
食品中,粮食价格上涨最少,为 3.1%,水产品上涨 4.4%,牛肉上涨 6.3%,乳制品
上涨 8.5%,蛋品价格上涨 10.4%,鲜果价格上涨最高,为 18.0%。在价格下降的
三类食品中,油脂价格下降最多,为 4.9%,猪肉价格下降 4.3%,鲜菜价格下降
1.5%。2014 年全年食品出厂价格涨幅 0.2%,比 2013 年下降 0.5%。

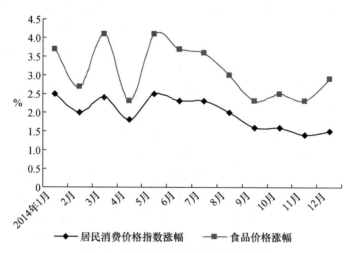

图 3-6　**2014 年食品消费价格指数走势**

资料来源:中国食品工业协会:《2014 年食品工业经济运行情况综述》。

(六)固定资产投资增速回落较大

2005—2014 年间,全国规模以上食品工业企业投资施工项目由 11471 项增加到 30785 项,年均增长率 11.60%,其中当年新开工项目由 8959 项增加到 22214 项,年均增长率 10.62%。2014 年食品工业完成固定资产投资 18698.90 亿元,比 2005 年的 1881.6 亿元累积增长了 893.8%,比 2013 年增长 18.6%,增速比制造业高 5.1 个百分点,继续保持较快增长(见图 3-7)。2014 年食品工业固定资产投资额占全国固定资产投资额的比重为 3.7%,占比与 2013 年持平。分行业看,2014 年农副食品加工业,食品制造业,酒、饮料和精制茶制造业完成固定资产投资额分别为 10026.6 亿元、4463.1 亿元和 3925.1 亿元,比 2013 年分别增加 18.7%、22.0% 和 16.9%,2014 年烟草制品业完成固定资产投资额为 184.2 亿元,比 2013 年下降 5.3%(见图 3-8)。从资金来源构成分析,2014 年食品工业固定资产投资总额中,国家预算资金占 0.4%,国内贷款占 6.8%,自筹资金占 89.4%,利用外资占 0.9%,其他资金占 2.5%。由此可见,食品工业企业已经成为我国食品工业投资的主体。

图 3-7 2005—2014 年间食品工业固定资产投资情况
资料来源:中国食品工业协会:《2014 年食品工业经济运行情况》《中国统计年鉴》
(2006—2014)。

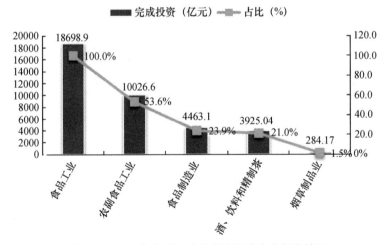

图 3-8 2014 年食品工业分行业固定资产投资情况
资料来源:中国食品工业协会:《2014 年食品工业经济运行情况》。

二、食品工业行业集中度、内部结构与区域布局

经过坚持不懈的努力,我国食品工业的行业集中度,内部行业结构与区域布局发生了一系列的变化,正趋向并呈现出逐步均衡协调的发展格局。

（一）食品工业集中度

2012 年和 2014 年,规模以上大中型食品工业企业共计 4740 和 5789 家,分别占食品工业企业数的 14.1% 和 15.4%,规模以上小型食品工业企业共计 28952 和 31818 家,分别占食品工业企业数的 85.9% 和 84.6%。与 2012 年相比较,2014 年全国规模以上大中型食品工业企业完成主营业务收入、实现利润总额、上缴税金在全行业中的占比分别由 50.6%、61.0%、82.7% 提高到 54.0%、62.9%、83.2%(图 3-9);与此相对应,与 2012 年相比较,2014 年全国规模以上小型企业完成主营业务收入、实现利润总额、上缴税金占全行业比重分别由 49.4%、39.0%、17.3% 调整为 46.0%、37.1%、16.8%。可见,2014 年全国规模以上大中型食品企业的主要经济指标在食品工业中的比重较两年前均有新的提高,反映了食品工业结构转型的新变化。

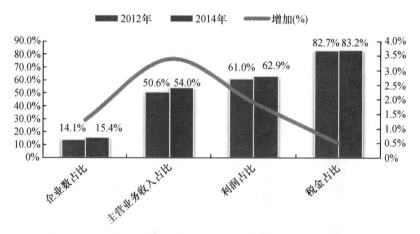

图 3-9　2012 年、2014 年规模以上大中型食品工业规模与效益情况
资料来源:中国食品工业协会:《2012 年、2014 年食品工业经济运行情况》。

（二）食品工业内部结构

2005—2014 年间,食品工业内部的四大食品加工制造部门产值既同时相向增长,但增速又表现出较大的差异性,不同的增速变化,推动内部结构不断调整,并逐步趋于合理。图 3-10 显示,2014 年,全国农副食品加工业的主营业务收入达到 63533.2 亿元,比 2005 年(产值)累计增长 498.5%,2005—2014 年间的年均增长率达到 22.0%,年均增长率位居四大食品加工制造部门之首。农副食品加工业的快速发展还带动了农业、农村的发展与农民的增收。2014 年,全国食品制造业,酒、饮料和精制茶制造业、烟草制造业的主营业务收入分别达到 20261.7 亿元、

16232.0 亿元、8906.1 亿元,比 2005 年(产值)累计增长 436.1%、425.4%、213.
5%①。烟草制造业的增长速度明显低于整个食品产业的增长速度,控烟效果有所
显现。

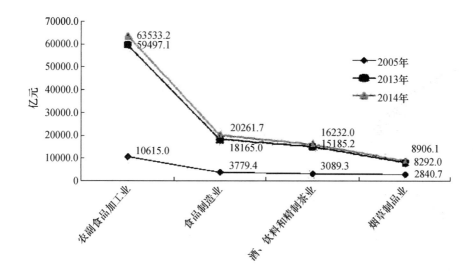

图 3-10　2005 年和 2013 年食品工业四大行业总产值对比情况

注:由于相关部门没有公布 2014 年食品工业四大行业的产值数据,上图中 2014 年食品
工业四大行业产值的数据由主营业务收入代替并由此展开计算。

资料来源:《中国统计年鉴》(2006 年),2013 年数据来自国家统计局与中国食品工业协
会《2013 年食品工业经济运行情况》。

从四大行业产值占食品工业总额的比重看,2005 年农副食品加工业,食品制
造业,酒、饮料和精制茶制造业与烟草制造业产值占食品工业总产值的比重分别
为 52.2%、18.6%、15.2% 和 14.0%。2014 年农副食品加工业,食品制造业,酒、
饮料和精制茶制造业与烟草制造业主营业务收入占食品工业主营业务收入总额
的比重分别为 58.3%、18.6%、14.9% 和 8.2%,相比较而言,农副食品加工业在食
品工业中所占比重比 2005 年提高 6.1%,食品制造业在食品工业中所占比重则与
2005 年基本一致,酒、饮料和精制茶制造业以及烟草制造业在食品工业中所占比
重分别比 2005 年下降 0.3% 和 5.8%(图 3-11)。食品加工制造内部行业增速的
变化是适应市场需求变动而相应调整的必然结果,体现了内部结构优化调整的良
好态势。

① 相关部门没有公布 2014 年食品工业四大行业的产值数据,在这一部分的分析中,有关 2014 年食品
工业四大行业产值的数据由主营业务收入代替并计算。

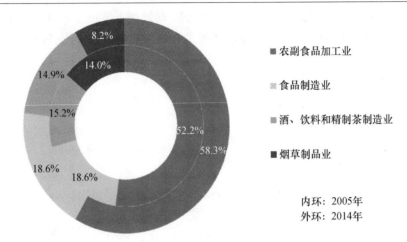

图例：
■ 农副食品加工业
▨ 食品制造业
▨ 酒、饮料和精制茶制造业
■ 烟草制品业

内环：2005年
外环：2014年

图3-11 2005年和2014年食品工业四大行业的比重比较
资料来源：根据《中国统计年鉴》（2006年），2014年数据来自国家统计局与中国食品工业协会《2014年食品工业经济运行情况》。

（三）食品工业的区域布局

2005年我国东、中、西三大区域的食品工业总产值的比例为3.13∶1.24∶1，2012年这一比例为2.24∶1.32∶1，2014年则调整为2.87∶1.42∶1[①]，可见中部地区食品工业发展速度较快，东、中、西部食品工业布局更加均衡协调。与此同时，随着区域布局调整，食品工业强省的分布也有所变动。2005年，东、中、西部拥有的食品工业总产值排名前十位省份数量分别为7∶1∶2，而2012和2013年东、中、西、东北地区拥有的食品工业总产值排名前十位省份数量均分别为4∶3∶1∶2，2014年这一比例调整为4∶4∶1∶1。由于东北地区也属于东部地区，因此2012和2013年东中西部前十位省份实际上分别为6∶3∶1，2014年这一比例实际上为5∶4∶1，与2005年相比，2014年食品工业总产值排名前十位的省份数量中，东部地区减少2个，中部地区增加3个，西部地区基本不变。

尽管区域差距在缩小，但是各地区食品工业的差距仍然较大。2014年东部、中部、西部、东北地区完成主营业务收入分别占同期全国食品工业的42.11%、26.81%、18.89%、12.19%（见表3-4）。与2012年相比，中部地区占比呈现增长，东北地区占比呈现降低，东部和西部占比变化不大。总体上看，2005—2014年间我国食品工业发展呈现出东部地区继续保持优势地位，中部地区借助农业资源优势，实现产业优势，发展速度较快，西部地区夯实基础稳步发展，区域布局趋向均衡协调发展的动态局面。

---

① 相关部门没有公布2014年食品工业四大行业的产值数据，在这一部分的分析中，2014年食品工业的相关数据均以主营业务收入代替产值数据来计算分析。

表 3-4　2014 年分地区的食品工业经济效益

	企业数 /个	主营业务收入 /亿元	占比 /%	同比增长 /%	利润总额 /亿元	占比 /%	同比增长 /%
食品工业总计	37607	108932.90	100	7.98	7581.46	100	1.19
东部地区	14936	45867.50	42.11	8.32	3209.85	42.34	3.50
中部地区	10523	29209.91	26.81	11.16	1994.12	26.30	4.73
西部地区	7509	20576.75	18.89	10.66	1775.68	23.42	-0.93
东北地区	4639	13278.78	12.19	-2.88	601.81	7.94	-13.38

资料来源:中国食品工业协会《2014 年食品工业经济运行情况》。

同时,据市场研究机构中商产业研究院发布的报告显示,中国食品工业的生产主要布局于表 3-5 的 100 强城市中。

表 3-5　2014 中国食品行业 100 强城市排行榜

排名	城市	排名	城市	排名	城市	排名	城市
1	广州市	26	商丘市	51	遂宁市	76	鹤壁市
2	漯河市	27	长沙市	52	南昌市	77	潮州市
3	沈阳市	28	揭阳市	53	呼伦贝尔市	78	新乡市
4	泉州市	29	西安市	54	衡阳市	79	张家口市
5	青岛市	30	焦作市	55	嘉兴市	80	无锡市
6	郑州市	31	烟台市	56	徐州市	81	开封市
7	潍坊市	32	滨州市	57	福州市	82	淄博市
8	周口市	33	南京市	58	咸阳市	83	邵阳市
9	德州市	34	邢台市	59	东莞市	84	唐山市
10	呼和浩特市	35	通辽市	60	宁波市	85	益阳市
11	聊城市	36	菏泽市	61	大庆市	86	安阳市
12	漳州市	37	齐齐哈尔市	62	合肥市	87	许昌市
13	佛山市	38	威海市	63	南宁市	88	南平市
14	成都市	39	泰安市	64	驻马店市	89	南阳市
15	临沂市	40	宜春市	65	资阳市	90	襄阳市
16	宜昌市	41	武汉市	66	绥化市	91	随州市
17	哈尔滨市	42	孝感市	67	银川市	92	芜湖市
18	大连市	43	济南市	68	三明市	93	宿迁市
19	江门市	44	邯郸市	69	濮阳市	94	荆门市
20	岳阳市	45	长春市	70	铁岭市	95	宿州市
21	杭州市	46	廊坊市	71	枣庄市	96	昆明市
22	石家庄市	47	湘潭市	72	乌鲁木齐市	97	吉安市
23	济宁市	48	保定市	73	深圳市	98	安庆市
24	中山市	49	南充市	74	宝鸡市	99	赣州市
25	苏州市	50	吉林市	75	东营市	100	龙岩市

资料来源:中商产业研究院:《2014 中国食品行业 100 强城市排行榜发布》,中商情报网(2014 年 11 月 27 日)。表中是数据以 2013 年该市的食品制造行业收入为标准,北京、天津、上海、重庆等直辖市分区数据未包括。

三、食品工业的结构转型:基于技术创新国际比较的视角①

科学技术是食品安全的基本保障,是促进食品工业转型的基本手段。在此主要基于比较的视角研究中国食品工业的结构转型。

(一) 食品工业的创新投入显著增加

食品工业的转型升级,究其本质就是必须以食品安全为核心,从单纯追求规模和速度,转向注重质量安全和经济效益并重,将低碳环保作为我国食品工业未来的战略选择。只有在大数据时代,通过技术创新、信息化的支撑,推动资源和环境的保护,才可能在向国际先进水平挑战的进程中,真正落实食品工业的转型升级的各项工作。我国《工业转型升级规划(2011—2015 年)》中提出,"十二五"期间,我国食品科技研发经费占食品工业产值的比例要提高到 0.8%,关键设备自主化率要提高到 50% 以上;食品工业副产品综合利用率提高到 80% 以上;单位产值二氧化碳排放减少 17% 以上,能耗降低 16%;主要污染物排放总量减少 10% 以上。当然,这些指标更是明确指出了我国食品工业转型升级的方向。目前,我国食品消费需求的快速增长和消费结构的变化,不断推动着食品产业结构调整与技术升级,食品安全与营养健康业已成为产业发展的新常态和新挑战。而现代技术的进步和发展,带动一大批食品新技术的开发、食品新业态的出现和新模式的形成,成为引领乃至决定我国食品工业转型升级的"新动力"和"新优势",更成为拉动我国国民经济发展的"新兴产业"和经济"新增长点"。

图 3-12 显示,2009—2013 年间,我国食品工业的技术创新投入总体呈现较为明显的增长态势。尤其在 2010 年以后,我国食品工业的 R&D 投入项目和 R&D 投入经费均急剧增加,到 2013 年,两项指标分别较 2010 年增加了 151% 和 155%,为我国食品工业转型升级提供了坚实的技术保障。

(二) 食品工业技术创新投入与产出水平:与美国的比较

食品工业的科学与技术发展水平一般可以由食品工业科技研发经费投入强度、授权专利和技术创新收益等指标来反映。

1. 食品工业科技研发经费投入强度的比较

研发经费(R&D)投入强度指 R&D 经费占产品销售收入的比重,是反映行业科技创新投入最重要且具有世界可比性的指标。从图 3-13 所示的食品工业 R&D 经费投入强度来看,美国食品工业 R&D 经费投入强度远高于我国,从 2008 年到 2011 年,其 R&D 经费投入强度分别是我国食品工业的 1.81 倍、1.34 倍、1.71 倍和 2.5 倍。由此可见,虽然 2010 年后我国食品工业的创新投入显著增加,但与美

---

① 此章节完成研究时,国家相关部门尚未公布 2014 年度有关宏观层面的数据,故相关数据以及展开的相应数据,以可得性为研究原则。

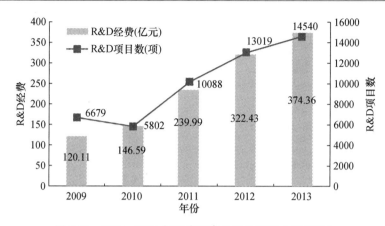

图3-12 2009—2013年间我国食品工业的技术创新投入

资料来源:《中国统计年鉴》(2010—2014年)

国差距仍然很大。

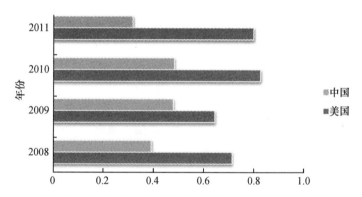

图3-13 2008—2011年间中、美食品工业研发经费投入强度

资料来源: National Science Foundation/Division of Science Resources Statistics, Business R&D and Innovation Survey:2012;《中国科技统计年鉴》。

2. 授权专利与技术创新收益的比较

专利不仅能够反映一国食品科技创新活动产出,而且能够反映一国科技创新成果水平。2009—2011年间美国食品工业的专利申请数由966件增加到3261件,其中专利授权数由371件增加到1398件,分别增加了237.58%和276.82%。由图3-14显示,从平均专利申请数和授权数来看,2009—2011年间美国平均每个食品工业企业的专利申请数和授权数分别为0.74和0.29,远远超过我国的0.39和0.10。

此外,食品工业新产品销售收入也是反映美国科技创新成果水平的重要指标。从2009—2011年,美国食品工业企业中,34%的企业在产品或生产工艺方面

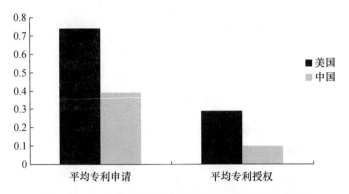

图 3-14　中美食品工业平均专利申请数与专利授权数

资料来源：The Patent Board™, Proprietary Patent database, special tabulations(2011). See appendix tables 6-47-6-56 and 6-58-6-61. Science and Engineering Indicators 2012。

有重大创新,新产品或新工艺的创新给企业带来的总利润为 13928.3 万美元。

(三) 科学与技术进步对食品产业发展的贡献:与美国的比较

本《报告》在此用食品工业产值的增长代表食品产业的发展,并运用柯布—道格拉斯生产函数与索洛模型估算食品科技进步及其对食品工业产值增长的贡献,相关数据见表 3-6。通过索洛模型可以求得科技进步增长速度 a,结果如图 3-15 示,2007—2011 年间美国食品科技进步增长速度基本保持在 3%—8% 左右,并且从 2006 年开始被我国赶超,此后的 2010 年和 2011 年我国食品科技进步增长速度分别是美国的 3.16 倍和 2.39 倍。由此可见,我国食品科学技术水平虽无法与美国媲美,但科学技术进步的增长速度是比较快的。

表 3-6　2004—2011 年间食品工业总产值、劳动力投入与固定资产投入

年份	工业产值(Y)		就业人数(L)(万人)		固定资产(K)	
	美	中	美	中	美	中
2005	659.70	20473.00	161.70	464.00	18.10	1881.62
2006	664.30	24801.00	162.10	482.00	18.80	2898.75
2007	717.20	31912.00	162.20	519.00	19.00	3342.12
2008	773.00	42600.70	161.60	603.00	22.80	4173.03
2009	766.80	49678.00	157.80	593.00	19.80	5616.06
2010	789.30	63079.90	156.20	654.00	19.90	7141.50
2011	863.00	78078.30	157.50	682.00	23.00	9790.40

注:食品工业包括食品、饮料和烟草制造业。

数据来源:Bureau of Economic Analysis,December 13,2012。

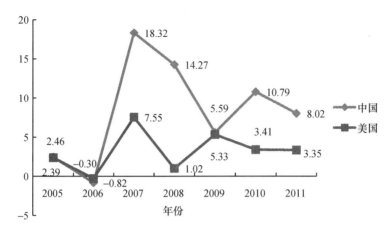

图 3-15 2005—2011 年间食品工业科技进步的增长速度(%)

由柯布—道格拉斯生产函数和索洛模型,计算出食品工业产值增长中科技进步贡献率、资金投入贡献率和研发人员贡献率,具体见表 3-7。从 2005 年到 2011 年,美国劳动力投入对食品工业增长的贡献率很低,除了 2006 年以外均在 6% 以下,有些年份甚至是负贡献,这主要是因为美国食品工业就业增长率几乎停滞不前甚至负增长。资本投入对食品工业增长有重要的正向推动作用。从 2007 年开始,除个别年份外,美国食品科技进步对食品工业增长的贡献率高于资金和劳动力投入对食品工业增长的贡献率,对食品工业增长有很大的正向推动作用,尤其是 2009 年达到了 443.58% 的高峰,2010 年为 251.79%,2011 年回落至 35.81%,表明科技进步是拉动美国食品工业增长的关键因素。相比之下,我国食品科技进步对食品工业增长的贡献整体小于美国,但从 2007 年开始均稳定在 33% 以上,2011 年达到 33.71%,对食品工业的增长发挥了积极的作用。

表 3-7 科技进步、劳动力及资金对食品工业增长的贡献率

年份	科技进步贡献率(%)		资金贡献率(%)		劳动力贡献率(%)	
	美国	中国	美国	中国	美国	中国
2005	46.52	8.80	68.46	66.12	−14.98	25.08
2006	−117.20	−1.43	194.12	89.50	23.06	11.93
2007	94.82	63.91	4.68	18.68	0.50	17.41
2008	13.12	42.60	89.97	25.98	−3.09	31.42
2009	443.58	33.63	−257.96	72.87	−85.62	−6.50
2010	251.79	39.98	55.63	35.23	−27.42	24.79
2011	35.81	33.71	58.39	54.59	5.80	11.70

（四）促进食品工业科技进步的举措：美国的经验

美国发展食品科技，促进食品工业转型的经验可以归纳为：

1. 政府政策引导

为了推动科技成果的产业化应用，美国政府颁布了多部保护和鼓励 R&D 活动和科技成果转化的法规。如 1980 年的 Bayh-Dole 法案、2000 年的《技术转移商业法案》、2007 年旨在促进创新的竞争力法案、2011 年的《美国专利法》。美国还颁布了多部有关鼓励风险投资，促进科技主体交流与合作的法案。在政府的鼓励和引导下，美国大学联合会、美国公立和赠地大学联盟以及来自美国全国的 135 位大学校长承诺与企业、发明人和相关机构展开更密切的合作，从而支持企业创新、促使知识产权产品市场化和推动经济发展。

2. 政府资金支持

美国政府还要求 11 个联邦政府部门参加中小企业创新研究（SBIR）项目，5 个部门参与中小企业技术转移（STTR）项目，参与方式为每年从其财政预算中拨出一定比例的经费用于支持上述两个项目。同时，绝大多数产学研合作比较成功的高校都从美国联邦政府那里获得了大量研究经费。Coulter 基金会和国家科学基金会（NSF）与美国科学发展协会（AAAS）启动大学科研成果商业转化奖，该奖项旨在激励大学院校科研成果商业化。Coulter 基金会和国家科学基金会为奖项提供 400 万美元的运作资金，美国科学发展协会牵头规划和实施，多个合作机构、基金会和组织协办。

3. 高校积极参与

大学的科研机构除院系的研究实验室和独立研究单位外，在产学研合作方面起作用的主要是企业—大学合作研究中心。比如，康奈尔大学通过设立乳制品技术研究中心、食品加工与放大中试工程中心、风味分析实验室，与当地企业共同建立了果蔬中试加工线、葡萄栽种与酿酒技术实验室，在资源高附加值等应用领域上不断研发新技术；普渡大学设立产业合作计划，加强与各大食品企业联合，培养出符合企业要求的毕业生，目前有 Alfa Laval, Cargill Food System Design, Coca Cola, General Mills, Nestle R&D Center, Pepsico Beverages and Foods 等食品企业参与产业合作计划；加州大学戴维斯分校设立了加州食品与农业技术研究所（食品科学前沿趋势智能库、生物质能技术、食品节能加工技术等），启动食品前瞻性战略合作计划（CIFAR），该计划的国际合作网络已经扩展到亚洲、欧洲、南美等地。目前正在进行中的计划包括食品趋势前瞻智能系统、加州食品工业能源研究计划（与加州政府合作）。

四、食品工业的结构转型：基于信息化与绿色化的视角①

信息化和工业化相结合的两化融合，就是充分利用信息化的支撑，推进我国的工业化进程，提升技术创新等，并着眼于生态绿色化，提升我国食品工业在资源节约与环境保护的水平，真正实现食品工业的转型升级，推进食品工业的可持续发展。

（一）食品工业的两化融合：浙江省的案例

以两化融合推动我国食品工业的转型升级，可以与"互联网＋"的国家发展战略实现对接，将以云计算、物联网、大数据、移动互联网为代表的新型信息技术产业在我国食品工业加速培育，逐步为两化在食品工业的深度融合提供有力支撑。

根据《2014 年中国信息化与工业化融合发展水平评估报告》，结果显示（表3-8），2014 年浙江省两化融合指数（国家评估口径）达到 86.26，相比 2013 年提高了 7.57，列全国第三位，上升两位，仅次于江苏和上海。

表3-8　2014 中国区域两化融合发展水平评估前六位

省份	基础环境	工业应用	应用效益	总指数
江苏	86.31	78.00	126.37	92.17
上海	90.08	80.00	113.46	90.89
浙江	93.01	75.33	101.37	86.26
北京	88.84	67.82	114.78	84.81
广东	89.77	54.03	126.21	81.01
山东	79.35	70.47	101.11	80.35

资料来源：中国电子信息产业发展研究院。

综合来看，表3-9 中进一步显示了 2014 年浙江省食品工业在两化融合方面的具体进步。其中，数控化率显示，该行业在生产自动化方面处于领先地位，而由于食品企业大部分仍依靠传统供货渠道进行销售，所以在采购电子商务方面的应用比例并不高，也是未来两化融合的重点之一。当然，总体而言，与轻工行业相比，浙江省食品工业除了在信息化规划方面略好以外，在企业资源计划（Enterprise Resource Planning，ERP）、制造执行系统（Manufacturing Execution System，MES）、产品生命周期管理（Product Lifecycle Management，PLM）、供应链管理（Supply Chain Management，SCM）等普及情况、销售电子商务、采购电子商务、数控化率和数字工具等方面都存在差距，显示出食品工业在具体的两化融合进程中，继续努力的空

---

① 与本章的第三部分相类似，在此部分完成研究时，国家相关部门尚未公布 2014 年度有关宏观层面的数据，故相关数据以及展开的相应数据，以可得性为研究原则。

间仍然较大。

表3-9   2014 年浙江省两化融合中食品工业等行业调查情况

行业	信息化规划	ERP普及情况	MES普及情况	PLM普及情况	SCM普及情况	销售电子商务	采购电子商务	数控化率	数字工具
食品工业	54.23%	59.66%	21.62%	28.11%	53.15%	11.71%	14.41%	41.69%	59.46%
纺织服装	58.90%	75.77%	24.67%	29.38%	71.37%	13.22%	22.47%	37.90%	82.38%
家居建材	56.77%	67.74%	18.06%	37.29%	58.06%	14.52%	20.97%	18.01%	91.94%
轻工	53.59%	72.65%	29.06%	28.24%	70.94%	23.08%	20.51%	45.78%	88.03%
化工医药	51.95%	72.41%	40.80%	29.94%	58.62%	19.54%	18.39%	40.05%	78.74%
冶金	55.88%	48.24%	22.94%	26.71%	48.24%	18.82%	22.35%	44.97%	63.53%
装备制造	56.31%	83.85%	30.29%	44.02%	66.05%	19.46%	21.74%	30.98%	94.00%
电力电子	60.95%	87.37%	33.68%	38.74%	70.53%	14.74%	17.89%	37.24%	87.37%

资料来源:浙江省经济和信息化委员发布的《2014 年浙江省区域两化融合发展水平评估报告》,2015 年 4 月 1 日。

(二) 食品工业的环境保护

我国的食品工业在技术创新投入增加,两化融合取得进展的同时,在环境保护、环境效率方面也取得一定成效。这也意味着我国食品工业的技术创新投入与两化融合方面对生态环境保护、食品安全所做出的努力。

1. 单位产值的废水、COD 与氨氮排放量持续下降

《中国环境统计年鉴 2006—2013》中的相关数据表明,2005—2012 年间我国食品工业废水排放量总体呈上升趋势,但 2014 年则出现明显下降,仅为 23.81 亿吨。而其中化学需氧量(COD)排放和氨氮排放量则呈现稳中有降态势,分别由 2006 年的 94.31 万吨和 4.81 万吨,下降到 2013 年的 78.51 万吨和 3.83 万吨。综合食品工业总产值指标,图 3-16 的数据进一步表明,2006—2013 年间,无论是食品工业单位产值废水排放量,还是产值的 COD 排放量和单位产值的氨氮排放量,均明显下降。相比而言,2006—2013 年间,单位产值氨氮排放量下降态势最为明显,7 年间下降了 80.41%,其次分别为单位产值的 COD 排放量下降了 79.60%,单位产值的废水排放量下降了 70.25%。可见,仅从废水排放的相关环境指标分析,我国食品工业的水环境保护已经逐年显著改善。

2. 单位产值 SO_2 排放量逐年趋好

2006—2013 年间,我国食品工业总产值逐年上升的同时,SO_2 排放量也呈增高态势。2013 年较 2006 年增加了 30.57%。但通过分析单位产值 SO_2 排放量可以发现,2006—2013 年间我国食品工业单位产值的 SO_2 排放量恰是逐年下降态势,由 2006 年的 1.6290 kg/万元下降为 2013 年的 0.5216 kg/万元,7 年间减少了 67.98%(见图 3-17)。因此,从大气环境影响的重要指标分析,我国食品工业大气

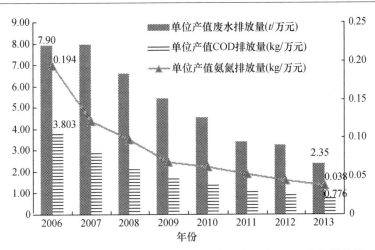

图 3-16　2006—2013 年间食品工业单位产值的废水、COD、氨氮排放量

资料来源:根据《中国统计年鉴 2007—2014》《中国环境统计年鉴 2017—2014》中相关数据计算而得。

环境的保护也呈逐年趋好态势。

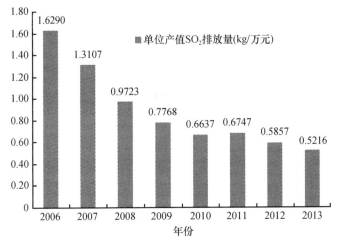

图 3-17　2006—2013 年间食品工业单位产值的 SO_2 排放量

资料来源:根据《中国统计年鉴 2007—2014》《中国环境统计年鉴 2017—2014》中相关数据计算而得。

3.　单位产值的固废产生量实现较大改善

食品工业的固体废弃物则主要由农副食品加工业和饮料制造业产生。图 3-18 中,尽管 2006—2013 年间食品工业整体固体废弃物产生量增幅不大,但 2013 年较 2006 年仍增加了 12.35%。综合食品工业总产值分析,2006—2013 年间,食品工业单位产值固废产生量的下降趋势同样较为显著,由 2006 年的 0.1371t/万元下降为 2013 年的 0.0378t/万元,7 年间,单位产值固废产生量减少了 72.43%。可见,我国食品工业在固体废弃物排放方面的环境保护状况同样有较大改善。

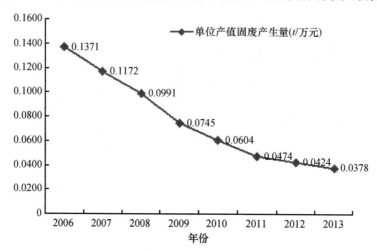

图 3-18　2006—2013 年间食品工业单位产值固废产生量

资料来源:根据《中国统计年鉴 2007—2014》《中国环境统计年鉴 2007—2014》中相关数据计算而得。

(三) 食品工业的生态效率

由于生态效率是保证研究目标在提高经济收益同时尽量减少其资源消耗和环境影响,是可持续发展的理论基础和分析工具之一,本《报告》将利用价值——影响比值法,分析我国食品工业的生态效率情况。

$$E = \sqrt{R^2 + P^2} \tag{1}$$

公式(1)中,生态效率为 E,资源效率 R、环境效率 P 分别表示从生产源头减少资源消耗、生产末端减少环境影响的角度描述食品工业的生态效率。R、P 值越高,则反映其生态效率状况越佳。具体表示为:

$$R = \frac{工业产值}{能源消耗量}, \quad P = \frac{工业产值}{各环境排放}$$

本《报告》将食品工业的能源效率作为资源效率,将碳排放、废水、SO_2、烟(粉)尘和固体废弃物等环境影响指标共同纳入对食品工业环境效率的考察。其中 SO_2 排放作为酸化趋势(Acidification Potential, AP)的环境指标,烟(粉)尘排放作为空气质量的环境指标,且食品工业的环境效率是碳排放、废水、SO_2、烟(粉)尘和固体废弃物等各类环境效率的算术平均值。拟分别从生产源头减少能源消耗,从企业生产末端减少环境影响的两个角度展开,分析我国食品工业的生态效率状况(表 3-10)。

表 3-10 所构建的我国食品工业生态效率指标

效率	指标	公式	变量解释与说明
资源效率	能源消耗	$EI = \dfrac{Y}{\sum\limits_{s} Q_s}$	Q_s,各类能源 s 折标煤后消耗量(万 tce);Y,食品工业产值(亿元)
环境效率	碳排放	$CEI = \dfrac{Y}{\sum\limits_{j} C_j}$	C_j,二氧化碳等 j 种温室气体折合的二氧化碳当量(标煤后消耗量(万 tCO_{2e}));Y,食品工业产值(亿元)
	废水排放	$WI = \dfrac{Y}{M_w}$	M_w,废水排放量(万 t) Y,食品工业产值(亿元)
	SO_2 排放	$SO_2I = \dfrac{Y}{M_{SO_2}}$	M_{SO_2},工业 SO_2 排放量(万 t) Y,食品工业产值(亿元)
	烟(粉)尘排放	$DI = \dfrac{Y}{M_s}$	M_s,工业烟(粉)尘排放量(万 t) Y,食品工业产值(亿元)
	固体废物产生量	$SPI = \dfrac{Y}{M_{sd}}$	M_{sd},固体废弃物产生量(万 t) Y,食品工业产值(亿元)

　　根据表 3-10 所构建的我国食品工业的生态效率指标,以 2005 年我国食品工业各类排放的环境影响(即环境效率分析)和以能源为代表的资源效率评估为基期,基于公式(1),评价 2005—2013 年间我国食品工业的资源效率、环境效率和生态效率,相应的计算结果见表 3-11。

表 3-11 2005—2013 年间我国食品工业环境效率、资源效率和生态效率

年份	各类排放的环境效率					环境效率	资源效率	生态效率
	废水	SO_2	烟粉尘	固废	碳排放			
2005	1.000	1.000	1.000	1.000	1.000	1.000	1.000	1.000
2006	1.292	1.118	1.400	1.161	1.179	1.230	1.136	1.756
2007	1.289	1.390	2.078	1.326	1.494	1.515	1.417	2.114
2008	1.552	1.873	2.913	1.522	1.933	1.959	1.742	2.356
2009	1.883	2.338	3.536	1.719	2.300	2.355	1.998	2.723
2010	2.273	2.742	4.166	2.032	2.850	2.813	2.627	3.204
2011	3.028	2.698	3.830	2.630	3.716	3.180	3.221	3.592
2012	3.163	3.108	4.943	2.937	4.424	3.715	3.600	4.136
2013	4.347	3.490	5.406	3.300	—	—	—	—

　　资料来源:根据《中国统计年鉴 2006—2014》《中国环境统计年鉴 2006—2014》中相关数据计算而得。

表3-11 显示,从食品工业各类环境排放的环境效率分析,2005—2013 年间,除烟粉尘环境效率较高外,废水、SO_2、烟尘、固体废弃物以及碳排放的环境效率相差不大,总体均呈缓慢上升态势,且均比 2005 年的水平增长了 3 倍左右。2013 年,除碳排放的环境效率以外,废水、SO_2、烟粉尘、固体废弃物排放的环境效率都较 2005 年增加了 3 倍以上,其中烟粉尘排放的环境效率甚至较 2005 年增长了5.406 倍。

进一步分析还可看出,2005—2012 年间,我国食品工业的资源效率、环境效率和生态效率均呈现不同程度的提升。2012 年,食品工业资源效率、环境效率和生态效率分别较 2005 年提升了 3.6 倍、3.715 倍和 4.136 倍。可见,随着环境效率和资源效率的改善,食品工业生态效率优化成效非常突出。而该成效很大一部分是来自于生产源头即开始的资源效率提升。同时,2006—2012 年间,我国食品工业的资源效率、环境效率均大于 1.000,这也表明资源的能源消耗和环境影响的增速其实一直低于食品工业经济产出的增长速度。

当然,2005—2012 年间,除了 2011 年,我国食品工业的环境效率一直稍高于资源效率,这也说明食品工业提高生态效率可能更偏好采用末端治理的现实情况。另外,对于食品工业的痼疾,亦即废水和固体废弃物处理,虽然相关食品企业已经逐步采用源头治理的措施,但可能由于这些措施并没有与原有的末端治理有效衔接,导致从生产源头治理的提升环境效率的措施目前存在对接困难的情形。这也为如何进一步提升食品工业的资源效率指明了现实路径。

截至 2015 年 7 月 20 日,2013 年我国食品工业能源消耗总量的数据尚未发布,故表3-11 中未计算出 2013 年我国食品工业资源效率、环境效率和生态效率。但仅从 2013 年我国食品工业废水、SO_2、烟粉尘、固体废弃物排放的环境效率分析,食品工业环境效率依然延续了 2005—2012 年总体持续向好的态势。

五、食品工业未来发展趋势

中国食品工业协会常务副会长刘治在 2015 年 4 月 1 日《中国食品安全报》发布的《食品工业"十二五"期间行业发展状况》中,就食品工业未来发展趋势进行了分析,本《报告》转载如下。

(一) 国际竞争日益激烈,全球食品格局深度调整

世界经济已进入密集创新和产业振兴时代,全球食品竞争格局也在发生广泛而深刻的变化,不断向多领域、全链条、深层次、低能耗、全利用、高效益、可持续方向发展,这些必将深刻地影响我国食品工业的发展。食品跨国集团在全球范围内通过资本整合,以专利、标准、技术和装备的垄断及人才的争夺,将人才、技术优势迅速转化为市场垄断优势,不断提升核心竞争力,采用兼并、控股、参股等多种手

段实现食品工业重组,这些也对竞争力相对较弱的食品企业带来严峻的挑战。

(二) 资源环境约束日益加剧,食品工业转型升级迫切而艰巨

我国经济社会发展面临日趋强化的资源和环境双重制约,以节能减排为重点,加快构建资源节约型、环境友好型的生产方式和消费模式已成为我国经济社会发展进程中必须解决的重大问题。我国食品工业部分行业单位产品的能耗、水耗和污染物排放仍然较高,对这些企业,加快转型升级,大力发展循环经济成为必然的选择。

(三) 高新技术应用加速,食品工业不断涌现新业态

食品科学是高度综合的应用性学科,其他科学领域的重大科技成果都会直接或间接带动食品工业的技术创新。信息技术、生物技术、纳米技术、新工艺新材料等高新技术的迅速发展,与食品科技交叉融合,不断转化为食品生产新技术,如物联网技术、生物催化、生物转化等技术已开始应用于从食品原料生产、加工到消费的各个环节。营养与健康技术、酶工程、发酵工程等高新技术的突破催生了传统食品工业化、新型保健与功能性食品产业、新资源食品产业等新业态。

(四) 消费需求刚性增长,市场空间持续扩大

随着人口增长、国民收入水平提高和城镇化深入推进,"十三五"时期,城乡居民对食品消费需求将继续保持较快增长的趋势。随着我国进入中高收入阶层的人越来越多,城乡居民对食品的消费大体经历了三个层次:一是民以食为天的刚性需求,主要是要吃得饱;二是生活水平提高的结构需求,讲究吃提好;三是健康长寿的功能需求,要求吃得安全有营养,而且正从生存型消费加速向健康型、享受型消费转变,从"吃饱、吃好"向"吃得安全、吃得健康"转变,食品消费将进一步多样化,市场空间持续扩大,继续推动食品消费总量持续增长。

(五) 引领县域经济发展

近些年来,全国许多县市以发展食品工业为重点,带动和引领地方经济快速发展。自 2000 年以来,中国食品工业协会每两年开展一次食品工业强县和优秀龙头食品企业的认定和经验交流活动。截至目前,已在全国培养和认定 178 个食品工业强县和 1046 家优秀龙头食品企业,这些强县的食品工业产值均占到全县的经济总量的 50% 以上。通过大力发展食品工业,有效地促进了农业结构调整和农民增收,推动化解"三农"问题和促进新农村建设,带动了相关产业发展,创立了各具特色的县域经济发展的新模式。

(六) 聚集特色发展

食品行业以中小企业居多,发展食品工业一是要聚集,二是要有特色。聚集发展有利于发挥综合优势,产生聚集效应;有利于产业贯通,融合发展;有利于完善社会化公共服务体系,带动农业产业化和现代服务业同步发展;有利于产域融合,成为新城镇建设的载体,进而实现农业人口和农产品就地转化,实现食品产业和新城镇建设的融合推进。聚集发展的有效形式就是建设食品产业园区。有特色就是根据本地的资源禀赋和基础条件,确定食品工业发展的重点和方向,统筹规划,业态集中,形成优势,如最近涌现的新产品、新业态、功能食品、植物蛋白饮料、有机食品、休闲食品等等。

第四章　食品加工制造环节的质量安全状况

本《报告》的第三章重点考察 2005—2014 年间我国食品生产的基本情况,重点研究了 2014 年食品工业的发展状况,食品工业企业规模、内部与区域结构演化,基于技术创新国际比较、信息化与绿色化等视角分析了食品工业结构转型的状况,并展望了未来我国食品工业的发展态势。本章则基于国家质量抽查合格率数据,多角度地研究我国食品加工制造环节的质量安全状况与变化态势,努力挖掘影响加工制造环节食品安全问题的主要因素等。

一、2014 年加工制造环节食品质量状况

本章主要采用国家食品质量抽查合格率等指标来概括性地反映我国制造与加工环节食品(成品)质量安全总体水平与近年来的变化情况。2013 年 3 月,新组建的国家食品药品监督管理总局坚持以问题为导向,致力于加强食品安全监督抽检工作,在以往监督抽检工作基础上,加大了对重点品种、重点区域、重点场所和高风险品种的抽检力度,分阶段地对 20 类食品及食品添加剂展开监督检查,督促食品生产经营者进一步落实质量安全主体责任,努力及早发现和处置食品安全问题,最大程度地防范系统性、区域性的食品安全风险。这里主要以国家食品药品监督管理总局发布的国家食品质量抽查合格率为依据[①],分析 2014 年我国加工制造环节食品质量状况。需要说明的是,本章中 2012 年及之前的国家质量抽查合格率等数据来源于国家质检总局,2013—2014 年的数据则来源于新组建的国家食品药品监督管理总局。

(一) 食品质量抽查的总体情况

2005—2012 年间我国食品加工制造环节的质量监督抽查工作由国家质检总局负责。2013 年 3 月,国务院实施新一轮食品安全监管体制改革后,由国家食品药品监督管理总局承担食品加工制造环节的质量监督抽查工作。2014 年国家食

---

① 国家质量抽查,检查的是成品。成品的合格率是对生产加工环节质量控制水平的综合评价,也是验证生产过程控制有效性的方法之一。国家质量抽查食品(成品)的合格率可以近似衡量食品生产加工环节的质量安全水平。

品药品监督管理总局加大工作力度,增加了监督抽查的食品种类、食品企业数量和样品批次。图 4-1 的数据表明,国家质量抽查合格率的总水平由 2005 年的 80.10% 上升到 2014 年的 95.72%,八年间提高了 15.62%。特别是近三年来,国家质量抽查合格率一直稳定保持在 95.00% 以上。但相对于 2013 年,2014 年国家质量抽查合格率略有下降。在 2014 年国内消费者对产品质量的申诉中,申诉量排在前 5 位的产品依次为通讯类产品、服装、汽车及零部件、鞋、食品等。食品类的投诉从 2013 年的第二位降至 2014 年第五位。可见,近年来通过政府主管部门、行业组织、消费者组织、食品经营者、消费者、新闻媒体等多方共同的努力,食品质量水平得到了进一步改善。

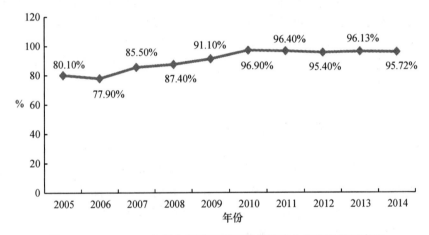

图 4-1 2005—2014 年间食品质量国家监督抽查合格率变化示意图
资料来源:2005 年—2012 年数据来源于中国质量检验协会官方网站,2013—2014 年的数据来源于国家食品药品监督管理总局官方网站。

(二) 主要大类食品抽查合格率

2014 年国家食品药品监督管理总局分阶段对粮食及粮食制品、食用油和油脂及其制品、肉及肉制品、蛋及蛋制品、蔬菜及其制品、水果及其制品、饮料、乳制品等食品及食品添加剂进行监督抽检,共抽检食品生产企业数量 19198 家,抽检样品共计 36043 批次。主要大类食品的抽检结果如下:

1. 粮食及其制品。2014 年共抽检粮食及其制品样品 7438 批次,覆盖 4828 家企业。主要包括大米、玉米粉、挂面等产品,生湿面制品、发酵面制品、米粉制品等谷物粉类制成品,淀粉和淀粉制品,速冻面米食品及方便食品。如图 4-2 所示,除了个别食品,如方便食品、米粉制品和玉米粉的抽检合格率较低外,其余粮食及其制品的抽检合格率均在 97% 以上。其中:大米、生湿面制品和其他谷物粉类制成品的抽检合格率均高达 99% 以上,普通挂面、花色挂面、手工面、其他谷物碾磨加工品、发酵面制品的抽检合格率均为 100%。但方便食品的抽检合格率仅为 93.75%,应当引起方便食品生产企业和监管部门的重视。

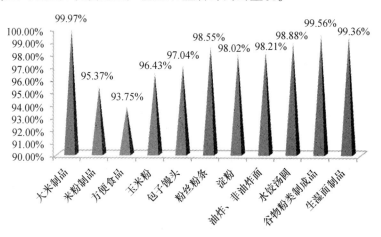

图4-2　2014 年粮食及其制品质量国家监督抽查合格率

资料来源:根据国家食品药品监督管理总局官方网站发布的《2014 年第一阶段食品安全 监督抽检信息的公告(2014 年第 40 号)》和《2014 年第二阶段食品安全监督抽检信息的公告 (2014 年第 57 号)》整理所得。

2．肉及肉制品。2014 年共抽检肉及肉制品样品 3721 批次,覆盖 1699 家企 业。主要包括腌腊肉制品、熏烧烤肉制品、熏煮香肠火腿制品、酱卤肉制品和熟肉 干制品等。其中腌腊肉制品合格率为 98.63%,酱卤肉制品、熟肉干制品合格率为 96.66%,熏煮香肠火腿制品和熏烧烤肉制品的抽检合格率偏低,分别为 95.25% 和 90.00%。可见,肉及肉制品的抽检合格率偏低,质量有待提升。

3．蛋及蛋制品。2014 年共抽检蛋及蛋制品样品 470 批次,覆盖 293 家企业。 主要包括鲜蛋,其他再制蛋、皮蛋(松花蛋)、干蛋类、冰蛋类等。其中,其他再制蛋 样品合格率为 98.25%,皮蛋(松花蛋)样品合格率为 99.30%,鲜蛋样品合格率为 100%,如图 4-4 所示。抽检结果表明,蛋及蛋制品的整体抽检合格率比较高。

4．水产品及水产制品。2014 年共抽检水产品及水产制品样品 792 批次,覆 盖 368 家企业。抽检的水产品及水产制品范围包括淡水鱼、软体动物和风味鱼制 品等。抽检结果如图 4-5 所示,除了淡水鱼类抽检合格率为 100%外,其他水产品 及其制品的抽检合格率非常低,熟制动物性水产品(可直接食用)合格率为 88.94%,软体动物类和其他盐渍水产品的抽检合格率仅为 66.67%和 33.33%。

5．蔬菜及其制品。2014 年共抽检蔬菜及其制品样品 370 批次,覆盖 26 个生 产省份的 277 家企业。主要包括酱腌菜、蔬菜干制品、食用菌制品。其中,干制食 用菌样品合格率为 97.62%,酱腌菜样品合格率为 96.65%,但蔬菜干制品(自然

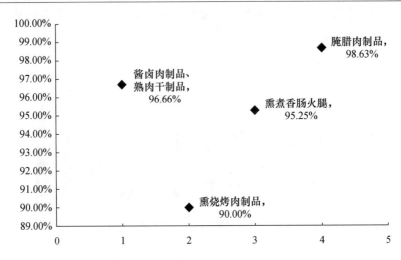

图4-3　2014年肉及肉制品质量国家监督抽查合格率

资料来源:根据国家食品药品监督管理总局官方网站发布的《2014年第一阶段食品安全监督抽检信息的公告(2014年第40号)》和《2014年第二阶段食品安全监督抽检信息的公告(2014年第57号)》整理所得。

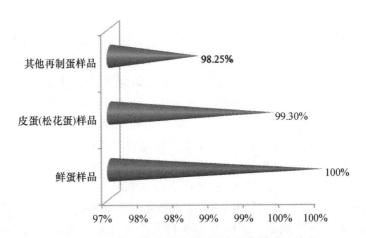

图4-4　2014年蛋及蛋制品质量国家监督抽查合格率

资料来源:根据国家食品药品监督管理总局官方网站发布的《2014年第一阶段食品安全监督抽检信息的公告(2014年第40号)》和《2014年第二阶段食品安全监督抽检信息的公告(2014年第57号)》整理所得。

干制品、热风干燥蔬菜、冷冻干燥蔬菜、蔬菜脆片、蔬菜粉及制品)的样品合格率在95%以下,仅为93.75%。

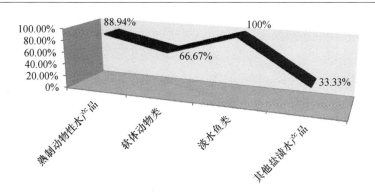

图 4-5　2014 年水产品及水产制品质量国家监督抽查合格率

资料来源:根据国家食品药品监督管理总局官方网站发布的《2014 年第一阶段食品安全监督抽检信息的公告(2014 年第 40 号)》和《2014 年第二阶段食品安全监督抽检信息的公告(2014 年第 57 号)》整理所得。

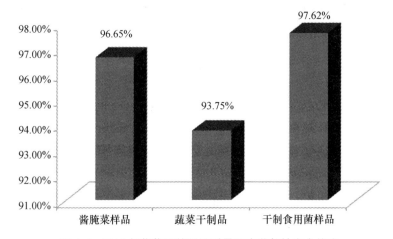

图 4-6　2014 年蔬菜及其制品质量国家监督抽查合格率

资料来源:根据国家食品药品监督管理总局官方网站发布的《2014 年第一阶段食品安全监督抽检信息的公告(2014 年第 40 号)》和《2014 年第二阶段食品安全监督抽检信息的公告(2014 年第 57 号)》整理所得。

6. 水果及其制品。 2014 年共抽检水果及其制品样品 492 批次,覆盖 27 个生产省份的 226 家企业。主要包括新鲜水果类、蜜饯、水果干制品、果酱等。其中,新鲜水果类、水果干制品、蜜饯制品的合格率分别为 100%、98.39%、96.52%,果酱样品合格率最低,仅为 91.23%。

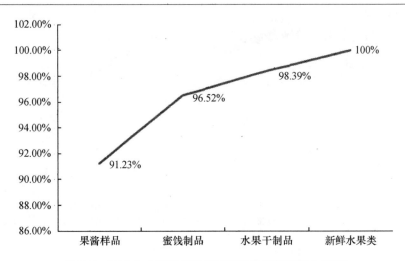

图 4-7　2014 年水果及其制品质量国家监督抽查合格率
资料来源：根据国家食品药品监督管理总局官方网站发布的《2014 年第一阶段食品安全监督抽检信息的公告(2014 年第 40 号)》和《2014 年第二阶段食品安全监督抽检信息的公告(2014 年第 57 号)》整理所得。

　　7.焙烤食品。2014 年抽检的焙烤食品主要包括糕点、饼干、粽子、月饼等。共抽检焙烤食品样品 3489 批次,覆盖 1830 家企业。其中,月饼和粽子产品抽查合格率较高,分别为 98.45% 和 99.47%,糕点和饼干产品的抽查合格率偏低,分别为93.81% 和 93.62%。

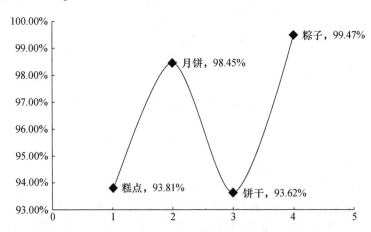

图 4-8　2014 年焙烤食品质量国家监督抽查合格率
资料来源：根据国家食品药品监督管理总局官方网站发布的《2014 年第一阶段食品安全监督抽检信息的公告(2014 年第 40 号)》和《2014 年第二阶段食品安全监督抽检信息的公告(2014 年第 57 号)》整理所得。

8. 婴幼儿配方乳粉。2014年国家食品药品监管总局部署各地开展婴幼儿配方乳粉生产许可审查和再审核工作,对全国133家婴幼儿配方乳粉生产企业开展了生产许可审查工作。其中,82家企业获得生产许可证,生产的婴幼儿配方乳粉产品品种1638个,未通过审查、申请延期和注销的企业51家。2014年总局共抽检婴幼儿配方乳粉样品1565批次,覆盖国内全部100家生产企业的产品和部分进口产品。检出不合格样品48批次,涉及23家国内生产企业和4家进口经销商,抽检合格率为96.9%(图4-9)。在国内企业样品中,共有44批次不合格,其中不符合食品安全国家标准的样品23批次,存在较高风险的有11批次,问题包括黄曲霉毒素M1超标、检出阪崎肠杆菌等。此外,还有12批次一般风险的产品,存在营养素指标不符合食品安全国家标准的情况。另有与包装标签明示值不符的奶粉21批次。在抽检的200批次进口样品中,共检出不合格样品4批次。其中,存在一般风险的2批次,另外2个不合格批次为包装标签明示值不符,但不存在食品安全风险。

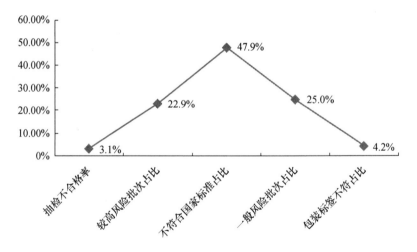

图4-9　2014年婴幼儿配方乳粉质量国家监督抽查情况

资料来源:根据国家食品药品监督管理总局官方网站发布的《2014年第一阶段食品安全监督抽检信息的公告(2014年第40号)》和《2014年第二阶段食品安全监督抽检信息的公告(2014年第57号)》整理所得。

9. 茶叶及其相关制品。2014年共抽检茶叶、代用茶、速溶茶类和其他含茶制品样品1121批次,覆盖833家企业。茶叶及其相关制品的抽查合格率结果表明,茶叶及其相关制品的整体抽查合格率较高,茶叶样品合格率为99.10%,代用茶样品合格率为98.55%,速溶茶类、其他含茶制品样品合格率为100%。

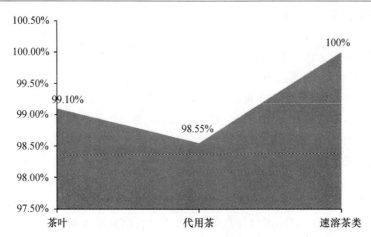

图 4-10　2014 年茶叶及相关制品质量国家监督抽查合格率
　　资料来源:根据国家食品药品监督管理总局官方网站发布的《2014 年第一阶段食品安全监督抽检信息的公告(2014 年第 40 号)》和《2014 年第二阶段食品安全监督抽检信息的公告(2014 年第 57 号)》整理所得。

　　10. 调味品。2014 年共抽检调味品 3251 批次,覆盖 1573 家企业。包括酱油、食醋、固态调味料、半固态调味料、液体调味料、味精和鸡精调味料。调味品的抽检合格率参差不齐,味精、鸡精调味料样品合格率为 100%,食醋样品合格率为 96.35%,但酱油、固态调味料(辣椒、花椒、辣椒粉、花椒粉)、半固态调味料的抽检合格率不足 95%,分别为 94.39%、93.92% 和 93.75%。

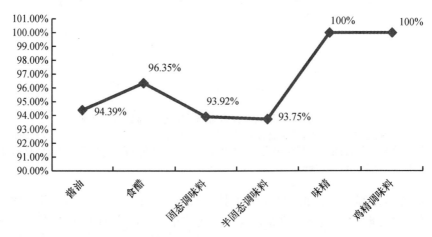

图 4-11　2014 年调味品质量国家监督抽查合格率
　　资料来源:根据国家食品药品监督管理总局官方网站发布的《2014 年第一阶段食品安全监督抽检信息的公告(2014 年第 40 号)》和《2014 年第二阶段食品安全监督抽检信息的公告(2014 年第 57 号)》整理所得。

11. 食品添加剂。2014 年共抽检食品添加剂样品 936 批次,覆盖 392 家企业,主要包括食品用香精和明胶。其中,增稠剂(明胶)样品合格率为 97.56%,食品用香精样品合格率为 99.75%,复配食品添加剂样品合格率为 100%。

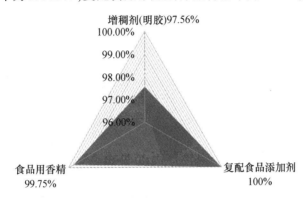

图 4-12　2014 年食品添加剂质量国家监督抽查合格率

资料来源:根据国家食品药品监督管理总局官方网站发布的《2014 年第一阶段食品安全监督抽检信息的公告(2014 年第 40 号)》和《2014 年第二阶段食品安全监督抽检信息的公告(2014 年第 57 号)》整理所得。

二、不同年度同一食品品种抽查合格率比较

选取大宗消费品种,例如液体乳、小麦粉产品、食用植物油、瓶(桶)饮用水和葡萄酒等,描述食品质量国家抽查合格率的变化,由此分析食品加工制造环节的质量安全状况的发展趋势,以及存在的主要质量安全问题。

(一) 液体乳

如图 4-13 所示,2010 年、2011 年、2013 年、2014 年对全国 1286 家企业的液体乳产品的抽查结果表明[1],液体乳的合格率总体保持在一个较高的水平上。2010 年国家质检总局对 82 家企业生产的 120 种灭菌乳产品的 13 个项目进行了检验,合格率为 100%;2011 年对 128 家企业生产的 200 种液体乳进行抽检,合格率为 99%,不合格项目为黄曲霉毒素 M1;2013 年抽检的 588 家企业的 5417 次乳样品,合格率为 99.2%,检出不合格的检测项目为酸度、蛋白质、非脂乳固体、菌落总数、大肠菌群、酵母、霉菌、乳酸菌数、脂肪;2014 年共抽检 488 家企业的 895 次乳样品,合格率为 98.99%,检出不合格的检测项目为酸度、蛋白质、非脂乳固体、霉菌、酵母、菌落总数、大肠菌群。由此可见,我国液体乳产品总体合格率保持在高水平上。

---

[1]　需要说明的是,2012 年度的全国液体乳产品的抽查合格率数据缺失。

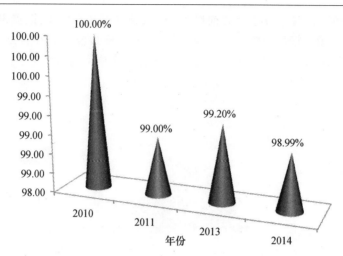

图 4-13　2010—2014 年间液体乳的国家质量监督抽查合格率

资料来源:2010 年、2011 年数据来源于中国质量检验协会官方网站,2013 年、2014 年数据来源于国家食品药品监督管理总局官方网站。

(二) 小麦粉

如图 4-14 所示,2009—2014 年间对全国上百种小麦粉产品的抽查结果表明,整体而言,小麦粉产品合格率逐年上升,由 2009 年的 95.30% 上升到 2014 年的 99.68%。2009 年和 2010 年抽查发现的小麦粉产品存在的主要问题为:过氧化苯甲酰实测值不符合相关标准规定和灰分未达到标准。而 2011 年和 2012 年发现的主要问题是灰分未达到标准。2014 小麦粉的不合格检测项目为脱氧雪腐镰刀菌烯醇、过氧化苯甲酰。

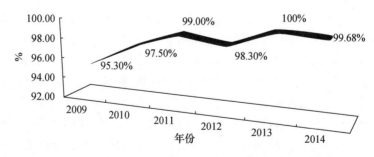

图 4-14　2009—2014 年间小麦粉产品的国家质量监督抽查合格率

资料来源:2009—2012 年的数据来源于中国质量检验协会官方网站,2013—2014 年数据来源于国家食品药品监督管理总局官方网站。

(三) 食用植物油

如图 4-15 所示,2009—2014 年间对全国 30 个省份的 200 种左右食用植物油产品的抽查结果表明,产品合格率近年来开始稳步提升。2014 年的抽查合格率为 97.7%,比 2013 年和 2012 年的抽查合格率分别高出 0.30% 和 3.80%。尽管抽检合格率逐步提升,但存在的问题依然不容小觑,2012 年超过 60% 的不合格食用植物油产品主要问题是过氧化值超标,其中超标最严重的是苯并芘。例如,某公司的食用植物油产品苯并芘实测值为 36 μg/kg,而国家的标准值为小于或等于 10 μg/kg,超标 260%。2013 年检出不合格的检测项目主要为过氧化值、酸值、溶剂残留量、苯并芘、黄曲霉毒素 B1。2014 年的突出问题表现为苯并芘、酸值、黄曲霉毒素 B1、过氧化值、极性组分、溶剂残留量等,且抽检结果表明近 200 家企业致癌物超标。

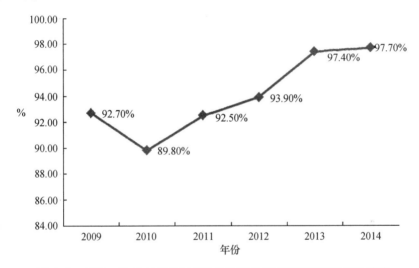

图 4-15　2009—2014 年间食用植物油产品的国家质量监督抽查合格率
资料来源:2009—2012 年数据来源于中国质量检验协会官方网站,2013—2014 年数据来源于国家食品药品监督管理总局官方网站。

(四) 瓶(桶)装饮用水

2014 年对 30 个省(区、市)的 3192 家企业进行瓶(桶)装饮用水的抽检,共抽查样品 909 批次,合格率仅为 70.41%,比 2013 年下降 17.69%。2013 年对 30 个省(区、市)3288 家企业进行瓶(桶)装饮用水的抽检,共抽查样品 2846 批次,合格率为 88.1%,检出不合格的检测项目为菌落总数、电导率、霉菌和酵母、游离氯/余氯、高锰酸钾消耗量/耗氧量、溴酸盐、铜绿假单胞菌、偏硅酸、锶、亚硝酸盐、大肠菌群。2011 年对 186 种瓶装饮用水和 34 种桶装饮用水进行抽检,合格率为 91.8%,不合格项目主要是菌落总数、大肠菌群、霉菌、酵母、溴酸盐、电导率、界限指标(锶含量)、游离氯项目。2010,抽查了 294 家企业生产的 300 种瓶(桶)装饮用水产品,合格率为 92%,不合格项目涉及菌落总数、电导率、亚硝酸盐等。从抽查的合格率看,瓶(桶)装饮用水的质量呈现下降趋势。瓶(桶)装饮用水安全问题必须引起高度重视,采取一切必要措施展开质量提升行动。

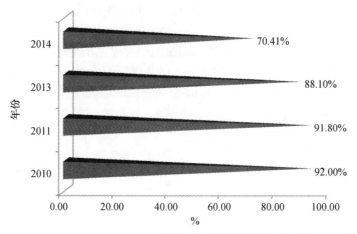

图 4-16   2010—2011 年,2013、2014 年间瓶(桶)装饮用水的国家质量监督抽查合格率
　　资料来源:2010—2011 年数据来源于中国质量检验协会官方网站,2013—2014 年数据来源于国家食品药品监督管理总局官方网站。

(五) 葡萄酒

　　如图 4-17 所示,2010—2013 年间对全国 28 个省份的近 650 家企业的葡萄酒产品进行抽查,结果表明葡萄酒的质量比较稳定,抽检项目包括葡萄酒中环己基氨基磺酸钠(甜蜜素)、糖精钠、干浸出物、酒精度、苋菜红、苯甲酸、日落黄、合成着

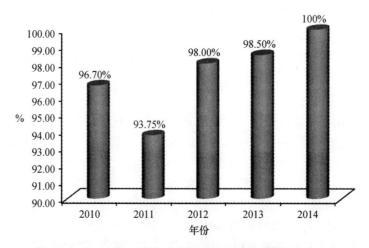

图 4-17   2010—2014 年间葡萄酒的国家质量监督抽查合格率
　　资料来源:2010—2012 年数据来源于中国质量检验协会官方网站,2013—2014 年数据来源于国家食品药品监督管理总局官方网站。

色剂、二氧化硫、沙门氏菌、金黄色葡萄球菌等 19 个。2014 年抽检的 96 个批次的葡萄酒样品,合格率为 100%。2013 年抽检的 405 个批次的葡萄酒样品,合格率为 98.5%,不合格的检测项目为干浸出物、酒精度、苋菜红、苯甲酸、日落黄、环己基氨基磺酸钠(甜蜜素)、糖精钠。2012 年和 2011 年的抽检合格率分别为 98% 和 93.75%,不合格项目主要是菌落总数、山梨酸、酒精度、干浸出物等。2010 年抽检了 120 种葡萄酒产品,合格率为 96.70%,不合格项目涉及菌落总数、酒精度、山梨酸等。抽查结果显示,菌落总数一直是影响葡萄酒质量的重要因素,而食品添加剂则近几年成为影响葡萄酒质量的重要因素。

(六) 碳酸饮料

如图 4-18 所示,2010—2013 年间碳酸饮料的抽检合格率上下浮动。2011 年碳酸饮料的抽查合格率达到 100%,但抽检样本数较少(不足 100 份)。2012 年抽查省份的覆盖面更广、抽查的样本更多、涉及的抽查项目更多,合格率降到 95.70%,但依然高于 2010 年的 93.00%。2013 年抽检碳酸饮料的合格率达到 98.40%。2014 年共抽检碳酸饮料 3192 批次,抽检合格率又下降到 96.15%。2012 年抽查的不合格项目主要为二氧化碳气容量、菌落总数、甜蜜素、安赛蜜,其中二氧化碳气容量和甜蜜素超标占 50% 左右。2013 年检出的不合格项目为酵母、菌落总数、苯甲酸、二氧化碳气容量、糖精钠、环己基氨基磺酸钠(甜蜜素)、乙酰磺胺酸钾(安赛蜜)。2014 年检出不合格的检测项目为菌落总数、苯甲酸、霉菌。

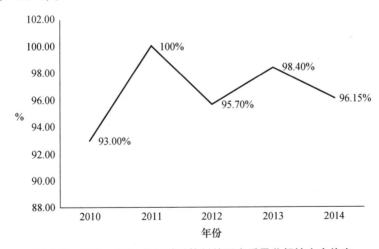

图 4-18　2010—2014 年间碳酸饮料的国家质量监督抽查合格率

资料来源:2009—2012 年数据来源于中国质量检验协会官方网站,2013—2014 年数据来源于国家食品药品监督管理总局官方网站。

(七) 果蔬汁饮料

2009—2014 年间对上百种果蔬汁饮料产品的砷、铅、铜、二氧化硫残留量、苯甲酸、山梨酸、糖精钠、甜蜜素、安赛蜜、合成着色剂、展青霉素、菌落总数、大肠菌群、霉菌、酵母、致病菌(沙门氏菌、金黄色葡萄球菌、志贺氏菌)、商业无菌等 20 多个项目进行了检验。结果显示,2019—2014 年间果蔬汁饮料的抽查合格率逐年提升。2014 年共抽查 579 批次果蔬汁饮料样品,抽检合格率为 100%。2012 年之前,果蔬汁饮料的不合格项目主要为菌落总数、霉菌、酵母项目超标。而 2012 年不合格项目主要为原果汁含量不符合标准的规定。2013 年不合格的检测项目主要为菌落总数、亮蓝、霉菌。

国家食品药品监督管理总局对检出的各类不合格样品食品的生产企业和进口经销商,均在第一时间通知相关省(区、市)食品药品监管局,责令企业停止生产和销售,召回不合格产品,彻查问题原因,全面整改,对相关企业进行了处罚,并详细公布了不合格食品的生产企业信息、不合格检测项目、检测结果与风险级别。充分发挥相关部门、行业协会和社会各界作用,积极回应社会关切、科学引导市场消费,营造婴幼儿配方乳粉社会共治的良好环境。

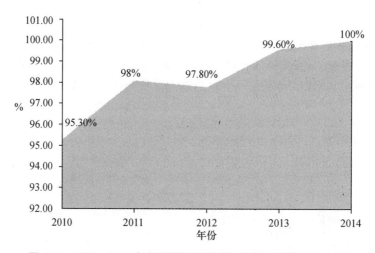

图 4-19　2009—2014 年间果蔬汁饮料的国家质量监督抽查合格率
资料来源:2009—2012 年数据来源于中国质量检验协会官方网站,2013—2014 年数据来源于国家食品药品监督管理总局官方网站。

三、影响加工制造环节食品安全问题的主要因素分析

归纳总结 2005—2014 年间我国加工制造环节食品安全存在的主要问题,可以发现影响加工制造环节食品安全问题的主要因素。

(一) 影响食品质量的共性问题依然明显

2005—2014 年间,我国加工和制造环节食品质量有所改善但没有根本性改

观。2005 年国家质量抽查发现的主要食品质量问题是,超量与超范围使用食品添加剂、微生物指标超标、产品标签标注不规范等。2011 年发现的主要问题是,食品添加剂超限量、微生物指标不合格或理化指标达不到标准要求等。2012 年发现的主要问题是:超范围超限量使用食品添加剂、微生物超标和农兽药残留超标等;而2013 年发现的主要问题是,产品品质不合格、菌落总数、大肠菌群等微生物指标及食品添加剂项目不合格。2014 年不合格产品的主要问题:一是微生物污染问题仍较突出,涉及产品主要为瓶(桶)装水、酱卤肉制品和熟肉制品等,说明部分企业生产经营过程存在操作不当、清洗消毒措施不到位、卫生条件把控不严等问题;二是品质指标不达标问题明显,涉及产品主要是食用油和油脂及其制品、熏煮香肠火腿及腌腊肉等,说明生产加工过程中可能存在以次充好、偷工减料的情况;三是防腐剂、甜味剂等部分食品添加剂超范围超限量使用问题依然存在,涉及产品主要是肉制品等,说明有的企业未严格按照食品安全标准使用食品添加剂。从各年度抽查发现的主要问题可以看出,微生物污染、品质指标不达标以及超量与超范围使用食品添加剂仍然是目前我国食品加工和制造环节最主要的质量安全隐患。

1. 微生物超标

2012 年,在厦门召开的国际食品微生物标准委员会会议(The International Committee on Microbiological Specification for Food, ICMSF)上,国内外专家一致呼吁,食源性疾病是全球食品安全面临的主要挑战[1]。国际食品微生物标准委员会主席 Martin 博士指出,尽管食源性疾病的全球发病率难以估计,但据报告,2011 年美国因食源性疾病造成 3037 人死亡;2011 年 5 月,在德国爆发的肠出血性大肠杆菌(EHEC)O111:H4 事件,导致德国范围内 50 人死亡,4000 多人感染,传染源为下萨克森一家工厂生产的豆芽[2]。事实上,在一些工业化国家,每年患食源性疾病的人口比例估计高达 30% 以上[3]。食源性疾病关系到工业化国家和发展中国家的人口健康[4],是一个世界性问题。

2011 年中国食源性疾病监测显示,平均每 6.5 人中就有 1 人罹患食源性疾病[5]。而生物因素构成食源性疾病致病因子占到 84% 以上,其中包括 17 种病菌、

①　魏公铭、王薇:《中国的食品安全应高度关注微生物引起的食源性疾病》,《中国食品报》2012 年 10 月 24 日。

②　《德国宣告肠出血性大肠杆菌疫情结束 共致 50 人死亡》,中国新闻网,2011-07-27[2014-06-12],http://www.chinanews.com/gj/2011/07-2 7/3211667.shtml。

③　WHO, "WHO Fact Sheet: Food Safety and Foodborne Disease", Geneva: World Health Organization, 2007.

④　C. DeWaal, N. Robert, "Global & Local: Food Safety Around the World", Center for Science in the Public Interest, 2005.

⑤　《陈君石院士:食源性疾病是我国头号食品安全问题》,新华网,2012-04-14[2014-06-12],http://news.xinhuanet.com/society/2012-04/14/c_111780559.htm。

18 种寄生虫和 7 种生物毒素。有关研究报告进一步指出,在过去的十年中,中国官方发布的重要食品中毒事件每年不到 2 万件①。例如在 2012 年,总共报告了 6685 起,大多数属于微生物导致(56.1%),其次是有毒动植物(14.8%)和化学污染(5.9%)②。很显然,与全球大多数食品安全事件的报告一样,中国政府的数据存在着漏报的问题。可见,控制食品中微生物风险因素,对保障食品安全至关重要。而食品生产过程中不卫生的操作、不安全的饮用水、受污染的原材料和杀菌技术的不完善等则是引起食品微生物超标的主要原因。

近年来,我国政府监管加强,企业的关注与努力,以及科技界在微生物研究领域的大力投入都直接指向食品微生物超标问题的有效解决。2012 年我国在国家、省、地和县的 2854 个疾病机构实施食物中毒报告工作,在 31 个省(自治区、直辖市)和新疆生产建设兵团的 465 家县级以上试点医院设立了疑似食源性疾病异常病例监测点,并启动开展了食源性疾病主动监测,建立国家食源性疾病主动监测网③。但是与发达国家相比,目前我国食品微生物管理仍存在检验难、监控难、认知难三大难题。传统的检测方法主要包括形态检查和生化方法,其准确性、灵敏性均较高,但涉及的实验较多、操作烦琐、时间周期较长、准备和收尾工作繁重,而且要有大量人员长时间参与④。新型的检测方法虽然缩短时间,但成本高,同时在基层难以推广。这些原因造成了当前我国食品微生物的检测困难,加之我国监管覆盖面的不足、技术条件的相对落后、专业人员缺乏等诸多因素,直接增加了微生物的监控难度。认知难也是我国食品微生物监管的难点之一。在微生物食品安全方面,消费者甚至许多食品行业的从业人员并未能深刻理解微生物引起的食源性疾病是头号食品安全问题。对食品安全知识的陌生与匮乏已逐渐成为食品安全恐慌的主要原因。

2. 造假、违法添加非食用物质或滥用食品添加剂

在食品市场与政府监管双重"失灵"的宏观背景下,对经济利益的疯狂追求而引发的不当或违规违法生产加工行为等人源性因素已成为引发食品安全风险的重要因素。近年来我国曝光的人造假鱼翅、假羊肉、进口奶粉篡改保质期等一系列食品安全事件,无不反映了食品生产企业的违法行为。本章第四部分国家抽检结果也显示人为滥用所导致的食品添加剂超标是引发食品安全风险的主要原因。

---

① 徐立青、孟菲:《中国食品安全研究报告》,科学出版社 2012 年版。

② 《卫生部办公厅关于 2012 年全国食物中毒事件情况的通报》,卫生部,2013-02-26[2014-06-12],http://www. moh. gov. cn/mohwsyjbgs/s7860/201303/b70872682e614e41 89d0631 ae 5 5 27625. Shtml。

③ 《我国已建立食源性疾病主动监测网》,中华食品信息网,2012-11-12[2013-06-12],http://www. foods-info. com/ArticleShow. asp? ArticleID =63063。

④ 洪炳财、陈向标、赖明河:《食品中微生物快速检测方法的研究进展》,《中国食物与营养》2013 年第 5 期。

蓝志勇等基于转型期社会生产活动性质转变的视角探析我国食品安全问题的市场根源,研究认为,在以专业化分工和自利价值取向为特征的市场经济体系的支配和带动下,社会生产活动的性质发生了重大转变。生产活动由使用原则向交易原则转变,致使生产者对产品的态度由以使用为目的转向以逐利为目的。在食品市场领域,食品生产由使用原则向逐利原则的转变、对食品的态度由以使用为目的向以交易为目的转变是食品安全问题普遍、频发的根源[①]。因此,食品安全危机是每个国家社会转型期不可避免的现象。2013年1月发生在欧洲的马肉冒充牛肉事件是几乎影响整个欧洲的食品丑闻,英国和爱尔兰超市出售的冷冻牛肉中发现含有马的DNA。后来,瑞典、法国、德国、荷兰、罗马尼亚等多个欧洲国家都卷入了丑闻。

因此,治理食品安全危机的根本途径在于敷设相应的制约机制来确保食品生产者按照食品的原定用途进行制作。由于我国正处于社会转型期,一方面市场体制在内的信誉和自律制约机制尚未建立,另一方面市场之外的政府监管和社会监督矫正机制不完善。所以,我国食品安全风险防控体系构建的最终落脚点应该是,在微观层面上最大程度地优化食品生产经营者的生产经营行为。只有厘清影响食品生产经营者行为的关键因素,并实施有效、配套的政策组合体系,才能从微观层面最终构筑有效防控风险的安全屏障。

(二)影响食品质量的个性问题较为突出

从国家食品质量抽查合格率可以看出,我国部分大类食品的抽检合格率仍然比较低下,涉及食品主要包括方便食品、蔬菜干制品、糕点、饼干、调味品、熏烧烤肉制品和瓶(桶)装饮用水,其问题主要表现如下:

1. 方便食品的抽检合格率偏低

方便食品迎合了都市现代消费者追求方便、快捷的需求,方便食品制造业的产值与效益规模持续增长,但2014年方便食品的国家抽检合格率偏低,不足94%。2014年国家食品药品监督管理总局抽检的方便食品主要包括方便粥、方便盒饭、冷面及其他熟制方便食品,总体抽检合格率仅为93.75%,影响方便食品质量的问题主要为菌落总数不达标、霉菌超标。

2. 蔬菜干制品抽检合格率偏低

2014年,蔬菜干制品(自然干制品、热风干燥蔬菜、冷冻干燥蔬菜、蔬菜脆片、蔬菜粉及制品)抽检合格率为93.75%,影响蔬菜干制品质量的问题主要为重金属铅含量超标和影响产品品质的大肠菌群超标。

---

① 蓝志勇、宋学增、吴蒙:《我国食品安全问题的市场根源探析:基于转型期社会生产活动性质转变的视角》,《行政论坛》2013年第1期。

3. 糕点、饼干样品抽检合格率偏低

2014 年,糕点、饼干样品的抽检合格率分别为 93.81% 和 93.62%,影响糕点、饼干食品质量的问题主要为影响产品品质的菌落总数不达标,大肠菌群和霉菌超标,重金属铝残留量超标,二氧化硫、日落黄、柠檬黄、山梨酸、糖精钠等食品添加剂超标。

4. 调味品抽检合格率偏低

2014 年,对调味品的抽检发现,酱油、固态调味料(辣椒、花椒、辣椒粉、花椒粉)、半固态调味料的抽检合格率分别为 94.39%、93.92% 和 93.75%,问题主要为氨基酸态氮和菌落总数不达标,甜蜜素、苯甲酸和罗丹明 B 等食品添加剂超标。

5. 瓶(桶)装饮用水合格率偏低

2014 年,天然矿泉水抽检合格率为 95.25%,检出不合格的检测项目为界限指标—偏硅酸、界限指标—锶、界限指标—溶解性总固体、界限指标—碘化物、界限指标—锂、界限指标—锌、溴酸盐、铜绿假单胞菌、大肠菌群、氟化物、硝酸盐。饮用纯净水样品抽检合格率仅为 77.25%,检出不合格的检测项目为菌落总数、电导率、霉菌和酵母、大肠菌群、游离氯、亚硝酸盐、高锰酸钾消耗量。其他瓶(桶)装饮用水抽检合格率仅为 70.41%,检出不合格的检测项目为菌落总数、溴酸盐、酵母、余氯、耗氧量、亚硝酸盐、大肠菌群、霉菌。菌落总数超标是瓶(桶)装饮用水合格率偏低的最主要原因。

第五章 流通环节的食品质量安全
与农村居民消费行为

食品流通是整个食品供应链体系中重要且不可或缺的环节之一。有效治理流通环节的食品安全风险,直接关系消费者的身体健康。2013 年 3 月新组建的国家食品药品监督管理总局按照改革要求,全面履行流通环节食品安全监管职责与相应的工作。本章主要分析流通环节的食品质量安全监管状况,重点梳理食品监督管理部门对流通环节食品安全的专项执法检查、流通环节重大食品安全事件的应对处置、流通环节食品质量安全的日常监管等,并基于对农村消费者的问卷调查结果,分析农村消费者的食品安全消费行为。

一、流通环节食品安全的专项执法检查

2014 年,国家食品药品监督管理总局继续在流通环节展开专项执法检查,在工商、质检、卫生等部门的通力协作下,重点组织开展了农村食品市场"四打击四规范"专项整治行动、餐饮服务食品、白酒、瓶(桶)装饮用水、食用油、保健食品、食品标签标识等重点品种专项监督检查,依法查处了一批违法案件,有效维护了食品市场秩序,全年在流通环节上没有发生系统性和区域性食品安全事件。

(一) 农村食品市场

2014 年 8 月,国务院食品安全办、食品药品监管总局、工商总局联合开展农村食品市场"四打击四规范"专项整治行动。针对农村食品市场薄弱环节和突出问题,各地坚持打防结合、标本兼治的原则,依托抽检监测,充分发挥各职能部门协同作用,联合打击各类食品违法行为,全面提升监管水平。如图 5-1 所示,行动期间共检查食品生产单位 42.42 万户次、食品经营户 386.88 万户次,检查批发市场、集贸市场等各类市场 14.29 万个次,开展监督抽检 25.36 万批次,依法取缔无照经营 2.28 万户,吊销食品生产经营许可证 1142 户,吊销营业执照 642 户,捣毁制售假冒伪劣食品窝点 1375 个,查扣侵权仿冒食品数量 36.19 万公斤,累计查处各类食品违法案件 4.51 万件,其中移送司法机关处理案件 749 件,受理并处理消费者

投诉举报4.68万件①。专项整治行动基本解决和消除了农村食品市场存在的风险隐患,有效遏制了农村食品市场突出问题多发、高发的态势,净化了农村食品市场生产经营环境,推动了农村食品安全监管长效机制建设,进一步夯实了农村地区食品安全监管基础。

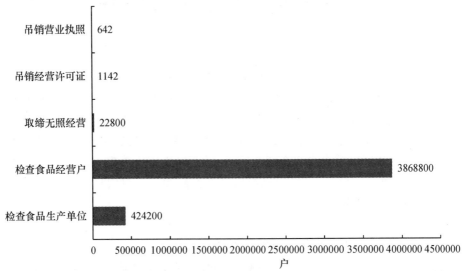

图5-1　农村食品安全监管检查情况示意图
资料来源:根据相关资料由作者整理形成。

(二) 儿童食品和校园食品环境

2014年下半年,根据食品药品监管总局统一部署安排,各地食品药品监管部门在教育部门的大力配合下,以校园及其周边为重点区域,以食品(杂)店、餐饮服务单位等儿童食品经营单位为重点场所,加大监督检查和执法力度,集中开展了儿童食品和校园及其周边食品安全专项整治活动,如图5-2所示,全国共出动执法人员1030938人次,检查校园及其周边食品经营户784718户次,检查校园及其周边餐饮服务单位396695户次,发现存在突出问题或风险隐患的食品经营者53713户次,取缔无证经营户6426户,取缔非法流动摊贩10548户,吊销食品经营许可证683户;监督抽检食品50135批次,抽检发现不符合食品安全标准的食品2962批次,查处不符合食品安全标准和要求的食品及食品添加剂81157.76公斤;查处违法案件7750件,移送司法机关46件②,有效净化了校园

---

① 国家食品药品监督管理总局:《农村食品市场"四打击四规范"专项整治行动取得成效》,2014-12-24〔2015-03-25〕,http://www.sda.gov.cn/WS01/CL0051/111321.html。

② 国家食品药品监督管理总局:《食品药品监管总局全面加强儿童食品和校园及其周边食品安全隐患整治力度》,2015-02-09〔2015-03-25〕,http://www.sda.gov.cn/WS01/CL0050/114100.html。

及其周边食品经营市场环境。

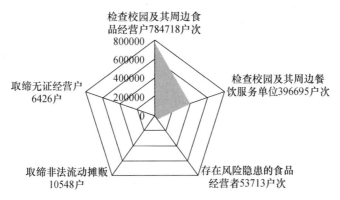

检查校园及其周边食品经营户784718户次

检查校园及其周边餐饮服务单位396695户次

取缔无证经营户6426户

存在风险隐患的食品经营者53713户次

取缔非法流动摊贩10548户

图5-2　儿童食品和校园及其周边食品安全监管检查情况示意图
资料来源：根据相关资料由作者整理。

（三）餐饮食品

为加强餐饮服务食品、学校食堂食品等的安全监管，国家食品药品监督管理总局统一部署，各级食品监管机构对各自辖区内的餐饮服务市场开展食品监督抽检工作，抽检范围涵盖各类餐饮服务单位，并突出学校（含托幼机构）食堂、集体用餐配送单位、中央厨房和旅游景区（含农家乐旅游点）等重点场所[1]。监督抽检结果显示，在被监督抽检的122792件（次）餐饮服务市场的食品样品中，不合格样品占比为6.56%。从不合格食品样品存在问题分析，餐饮食品中病原微生物的污染与火锅底料中违法添加罂粟壳，在辣椒及其制品中违法添加苏丹红和罗丹明B等非食用物质的现象依然存在。在地方层面的餐饮服务食品安全监管工作中，各地从实际出发，展开了有效的专项整治。如，2014年上半年，福建省共出动食品安全监督人员约4.7万人次，检查餐饮单位6.6万家次，责令整改713家次，立案查处21家，罚没款11.5万元，没收不合格食品310公斤[2]。2014年，新疆维吾尔自治区哈密市在严把餐饮服务准入关口，严格履行餐饮服务许可职能的同时，开展餐饮服务食品安全专项整治工作，共受理餐饮服务单位申请720家，现场审核697家，发证697家；共检查餐饮服务单位2046家次，出动执法人员9663人次，出动执法车辆2046车次，处理投诉案件39起；罚没款18.75万元，杜绝餐饮服务市场的

①　国家食品药品监督管理总局：《农村食品市场"四打击四规范"专项整治行动取得成效》，2014-12-24［2015-03-25］，http://www.sda.gov.cn/WS01/CL0051/111321.html。
②　福建省食品药品监督管理局：《2014年上半年餐饮服务食品安全监管工作总结》，2014-07-04［2015-03-25］，http://www.fjfda.gov.cn/detail/d20421.html。

食品安全事故[①]。

(四) 白酒市场

近年来,白酒质量安全的监管始终是食品监管部门监管的重点。在 2014 年白酒质量安全监管专项整治中,共抽检样品 3000 批次,抽检项目包括酒精度、固形物、铅、甲醇、氰化物、糖精钠、安赛蜜、甜蜜素等 8 项。检出不合格样品 278 批次,样品不合格率 9.26%,涉及不合格项目 6 项,为酒精度、固形物、氰化物、甜蜜素、糖精钠、安赛蜜。其中酒精度检出不合格样品 132 批次,占抽检样品总数的4.40%,其次是甜蜜素、糖精钠、安赛蜜等甜味剂,涉及样品 108 批次,占抽检样品总数的 3.60%,氰化物、固形物项目分别检出 26、18 批次,占抽检样品总数的0.87%、0.60%[②],如图 5-3 所示。

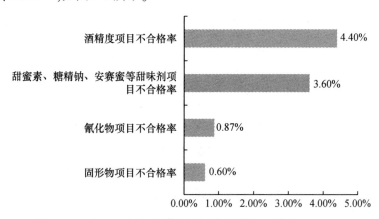

图5-3　白酒质量安全监管检查情况示意图

资料来源:根据相关资料由作者整理。

(五) 食用油市场

2014 年,全国各级食品安全监管部门共检查食用油生产经营单位 1072790 户次,责令整改 11884 户,取缔违法经营 348 户,立案查处食品违法案件 1604 件,移送司法机关 10 起,查扣不合格食用油 118407 公斤。其中,总局共抽检食用植物油8806 批次,检出不合格样品 201 批次,不合格样品检出率为 2.28%;地方食品安全监管部门共抽检食用植物油 16271 批次,检出不合格样品 362 批次,不合格样品检出率为 2.22%。监督抽检涉及风险较高的黄曲霉毒素 B1、苯并芘、溶剂残留量不合格样品共 203 批次,不合格样品的标称生产企业或经营、餐饮单位共 198 家,涉

---

①　《哈密市食品药品监督管理局 2014 年工作总结》,中国哈密政府网,2014-10-10[2015-03-25],http://www.xjhm.gov.cn/info/egovinfo/zfxxgk/xxgknr/592813557-02_Z/2014-1021007.htm。

②　国家食品药品监督管理总局:《食品药品监管总局 2014 年白酒专项监督抽检结果及整治情况通报》,2015-02-06[2015-03-25],http://www.sda.gov.cn/WS01/CL0051/114004.html。

及风险较低的酸值(价)、过氧化值、极性组分等不合格样品 159 批次,不合格样品的标称生产企业或经营、餐饮单位共 179 家①。广东、山西、湖北、上海、重庆等省市食品安全监管部门在抽检过程中覆盖面广、抽样量大,查处工作力度大,发现的问题比较多。辽宁、黑龙江、江苏、江西、四川、贵州、西藏、宁夏等 8 省(区)在抽检过程中则未检出不合格样品。

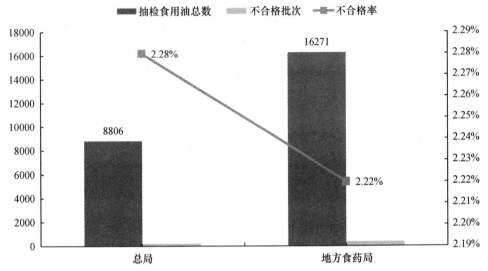

图 5-4 食用油质量安全监管检查情况示意图
资料来源:根据相关资料由作者整理。

(六) 节日性食品市场

2014 年,国家食品药品监管总局专门制定相关方案,强化端午、中秋、国庆等节庆日期间的食品安全监管工作,强化粽子、月饼市场的专项执法检查。端午节前,食品药品监管总局安排抽检粽子产品 300 批次,涉及 17 个省份 80 余家生产企业,未发现不合格产品,总体质量安全状况良好②。中秋节前,食品药品监管总局统一安排在商场、超市、农贸市场、批发市场等场所共抽检月饼 833 批次,覆盖全国 23 个生产省份的 374 家生产企业,检测项目涉及微生物、酸价、过氧化值、防腐剂、重金属等 30 余项。在被抽检的 833 批次月饼产品中,合格产品 806 批次,合格

① 国家食品药品监督管理总局:《食药监管总局通报 2014 年食用油专项检查情况》,2015-05-13[2015-05-25],http://www.sda.gov.cn/WS01/2015/05/13/013867421.shtml。

② 国家食品药品监督管理总局:《粽子产品监督抽检结果显示总体质量安全状况良好》,2014-05-27[2015-01-05],http://www.sda.gov.cn/WS01/CL0051/100477.html。

率为96.8%,不合格产品27批次,不合格率为3.2%①。抽检结果显示,月饼质量安全总体稳定,未发现违法添加非食用物质以及金黄色葡萄球菌、志贺氏菌等致病性微生物污染等问题。

(七) 食品标签标识

为加强对食品标签标识的监督管理,打击违法违规行为,保护广大消费者的合法权益,2014年3月至11月,全国食品药品监管系统组织开展了食品标签标识专项监督检查工作,并取得了明显成效。专项监督执法期间,以突出治理食品标签标识虚假标注、夸大标注等问题,严厉打击食品标签标识违法违规行为为重点,全国食品药品监管系统共出动执法人员734602人次,检查食品生产企业108806家次,发现问题标签标识涉及企业11634家,检查产品170249批次,发现问题标签标识涉及产品15607批次;检查食品流通经营户605673家次,发现问题标签标识涉及8865家,检查产品1126254批次,发现问题标签标识涉及产品11821批次;共查处案件4508起,涉案货值2191.41万元,查处大案要案29件,移交司法机关案件4件,移交其他部门案件4件②,对规范生产与经营单位食品标签标注行为起到了积极的作用(图5-5)。

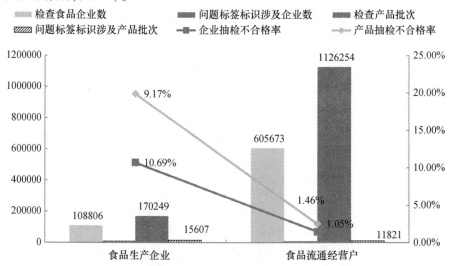

图5-5 食品标签标识专项监督检查情况示意图
资料来源:根据相关资料由作者整理。

---

① 国家食品药品监督管理总局:《2014年中秋节月饼的监督抽检信息》,2014-09-01[2015-01-05],http://www.sda.gov.cn/xfrbdzb/news/2014/09/03/14097089346411.htm。

② 国家食品药品监督管理总局:《食品标签标识专项监督检查工作取得实效》,2015-01-23[2015-03-25],http://www.sda.gov.cn/WS01/CL0051/113000.html。

（八）保健食品市场

2014 年，为进一步加强保健食品监管，规范保健食品市场秩序，及时发现和处置有关问题，食品药品监管总局组织开展了易非法添加的保健食品和蛋白粉类保健食品专项监督抽检工作，抽检产品类别涉及蛋白粉类以及声称减肥、通便、辅助降血糖、缓解体力疲劳、辅助降血压和增强免疫力（调节免疫）等功能保健食品。共抽检产品 336 批次，发现不合格产品 10 批次[①]。省、自治区、直辖市食品药品监管部门依法对保健食品监督抽检中的不合格产品及其生产经营企业依法予以查处，地方各级食品药品监管部门则督促行政区域内保健食品生产经营者（含网售）开展自查工作，对通报的不合格产品采取下架并停止销售的处理。

二、流通环节重大食品安全事件的应对处置

2014 年全国食品药品监督管理系统重点查处、应对食品安全中的假冒伪劣事件、添加剂滥用事件等突发事件，努力保障流通环节的食品安全和消费者权益。

（一）福喜事件

2014 年 7 月 20 日，上海广播电视台电视新闻中心官方微博报道，麦当劳、肯德基等洋快餐供应商——上海福喜食品公司，在其食品生产过程存在违法违规行为，使用过期劣质肉，麦当劳等连锁食品经营单位使用问题食品原料。2014 年 7 月 20 日，上海食品药品监督管理部门连夜出击但在进入生产车间时一度被阻。2014 年 7 月 22 日，在食品药品监督管理部门和公安部门联合成立的调查组的约谈中，福喜公司相关责任人承认，对于过期原料的使用，公司多年来的政策一贯如此，且"问题操作"由高层指使。随着调查深入，福喜事件又生出了新的疑点，根据上海电视台记者暗访获得的线索，上海福喜食品有限公司在厂区之外还有一个神秘的仓库，专门把别的品牌的产品搬到仓库里，再换上福喜自己的包装[②]。对此，国家食品药品监督管理总局立即部署安排对上海福喜食品有限公司问题食品进行全面调查处理，在全国范围内展开了应急处置。一是要求上海市食品药品监督管理局要迅速行动，对上海福喜食品有限公司立即采取控制措施，停止生产经营活动，封存所有原料和产品，对企业的违法违规行为要追根溯源，一查到底，严肃查处。涉嫌犯罪的，坚决移送公安机关。截至 2014 年 7 月 23 日，上海共出动执法监察人员 875 人次，共检查相关食品生产经营企业 581 户，对经营、使用福喜公司

---

①　国家食品药品监督管理总局：《食品药品监管总局办公厅关于国家保健食品监督抽检结果的通报》，2014-12-31［2015-03-25］，http：//www. sda. gov. cn/WS01/CL0847/112060. html。

②　《福喜事件回顾》，网易新闻，2014-9-23［2015-01-20］，http：//news. 163. com/ 14/0923/09/A6QN1PRI000 14AED. html。

产品的企业的问题食品均已采取下架、封存等控制措施。2014年8月3日上海福喜食品有限公司6名涉案人员被刑拘。麦当劳等相继停止与福喜中国、福喜全球的合作;2014年8月4日上海联合调查组进驻上海福喜投资方—欧喜投资(中国)有限公司(系上海福喜食品有限公司投资方)。2014年8月29日上海检方宣布,上海福喜的高管胡骏等6人因涉嫌生产、销售伪劣产品罪被批准逮捕①。二是部署各地食品药品监督管理部门对欧喜投资(中国)有限公司在河北、山东、河南、广东、云南等地投资设立的所有食品生产企业立即开展全面彻查,严密排查企业原辅料购入和使用、生产过程控制、产品销售记录等,对发现的违法违规行为严肃查处;由当地食品药品监管部门派出专门执法人员,对企业实行现场监管。三是安排各地食品药品监督管理部门迅速对使用上海福喜食品有限公司产品的餐饮服务单位进行全面突击检查,责令餐饮服务单位立即停止销售、使用并就地封存上海福喜食品有限公司生产的所有食品;重点检查企业是否落实了食品安全主体责任,采购、储存、使用的食品原料是否落实了进货查验和索证索票要求,是否存在使用过期、变质食品原料加工制作食品行为等。对检查中发现的违法违规行为,食品药品监管部门应依法依规查处。同时,国家食品药品监督管理总局发出紧急通知,再次强调各地要结合国务院食品安全办下发的《关于深入开展肉及肉制品检查执法工作的通知》精神,深入开展肉及肉制品专项整治,确保广大人民群众的饮食安全。

(二)顶新黑心油事件

2014年9月,台湾地区爆发"馊水油"(地沟油)事件,许多上下游商家受到波及,消费者陷入食品安全恐慌,台湾卫生行政主管部门负责人因此下台。事隔一个月,岛内又查获以生产康师傅方便面闻名的顶新集团子公司正义油品厂,将饲料油掺杂在猪油内,制成食用油销售。2014年10月12日《联合报》报道,顶新的黑心油事件被证实且在追查时发现,顶新早在2012年就从越南进口油品,迄今累计进口量达到3216吨,越南官方证实出口的是饲料油。短短一年内,顶新集团已经连续三次爆发黑心油事件。在2014年9月曝光的强冠香猪油风波时,公司旗下味全卷入其中,但因主动通报并提前下架相关产品而免罚。而在2013年年底,大统长基食品公司被查出多款产品添加铜叶绿素、假冒纯油,而大统长基的客户名单中,顶新赫然在列。此次又在馊水油及这次的饲料油中沦陷,已经连续三次都榜上有名②。饲料油事件发生后最先在台湾发生大规模抵制顶新产品运动。2014

①　《福喜事件》,网易新闻,2014-7-27[2015-01-20],http://news.163.com/14/0727/07/A25366TR00014SEH.html。

②　《猪油掺杂饲料油　台湾食品安全风波何时休?》,食品中国网,2014-10-17[2015-01-20],http://www.china.com.cn/food/2014-10/17/content_33793738.htm。

年 10 月 13 日起,台北市小学全面暂停供应味全乳品,台北市政府教育局所属学校、社教机构及学校合作社,均暂停贩卖顶新、味全所有产品。不仅台湾,而且香港等地也对顶新集团相关产品进行了查处,香港特区政府食物环境卫生署食物安全中心在进行风险评估后,已禁止台湾生产的所有动物源性食油进口和在香港出售,持有相关产品的商户立即停用和停售。特区政府食物环境卫生署食物安全中心当时封存了自台湾进口的动物源性食油共约 200 吨。国家质检总局于 2014 年 10 月 11 日发布通知告知,2013 年以来大陆方面未从台湾进口过食用猪油脂,并已暂停台湾"正义公司"其他食用油进口。2014 年 10 月 12 日,厦门海关将一批货物退运回台湾,这批被退运的涉事企业产品总共有 13 个货柜 19750 箱,一共重达 256 吨,全部是来自台湾味全公司的饮料和酱油等产品[①],努力确保进口台湾食品的安全性。

(三)"三聚氰胺"酸奶片糖果事件

2014 年 1 月,国家食品药品监督管理总局在开展食品安全风险监测时,检出潮州市博大食品有限公司生产的酸奶片糖果中"三聚氰胺"超标,立即部署广东省局对涉案企业及产品流向进行调查,并将此案列为总局重点督办案件。经查,潮州市博大食品有限公司生产的酸奶片糖为糖果制品,不是奶制品。现场查获的成品、半成品中"三聚氰胺"含量均超标。经最终确认,糖果中"三聚氰胺"来自原料植物脂末。植物脂末是以精致植物油或氢化植物油等为主要原料的产品。经公安机关调查,此批植物脂末经山东、河北、广东等多地经销商层层销售,最终销售给潮州市博大食品有限公司。随后,广东省食品药品监管部门已依法对博大公司作出吊销许可等行政处罚,查扣问题产品成品 12.05 吨,半成品 13.5 吨,同时责令企业召回全部问题产品。截至 2014 年 8 月,公安机关已刑事拘留 5 名犯罪嫌疑人并批捕,犯罪嫌疑人将被依法严厉追究刑事责任。所有涉案问题产品全部得到有效控制,市场已无涉案酸奶片糖果[②],切实保障公众饮食用药安全。

(四)"魔爽烟"事件

新浪新闻中心 2014 年 1 月报道,部分地区中小学周边市场出现名叫"魔爽烟""魔烟"的果粉食品,经食品检测机构检验,这类食品为不合格产品。此类食品是用一根类似香烟状的塑料吸管进行吸食,长期食用这类食品会引发呼吸道和食道疾病。为此,国务院食品安全办、教育部和食品药品监管总局联合发出《关于依法查处"魔爽烟"类食品的紧急通知》(食安办〔2013〕20 号),部署对全国"魔爽

---

① 《顶新集团三陷"黑心油"事件　旗下多品牌在台遭抵制》,第一财经网,2014-10-13[2015-01-20],http://www.yicai.com/news/2014/10/4026974.html。

② 《广东依法查处潮州市博大食品有限公司生产三聚氰胺酸奶片糖果案件》,南方网,2014-08-02[2015-01-20],http://fds.southcn.com/xwfbmtkf/content/2014-08/02/content_105795554.htm。

烟"类食品的依法查处工作。全国各地高度重视,周密部署,迅速组织开展查处工作。一是对可能生产经营"魔爽烟"类食品的生产企业、中小学校园周边食品经营户以及食品批发、集贸市场等重点区域进行了重点排查和监督检查,做到清查不留死角、不留盲区。二是一经发现生产销售"魔爽烟"类食品的,立即责令停止生产经营,查清问题食品的生产、销售情况。三是加大案件查办力度,一经发现存在违法行为的,依法严厉查处。据统计,各地食品安全监管部门在查处"魔爽烟"事件过程中共出动执法人员 75194 人次,执法车辆 9013 台(次),排查食品生产者、经营者、小作坊、餐饮单位 793199 家(户),收缴 23109 袋(盒)"魔爽烟"类食品。广东省食品药品监管部门依法查处了 6 家"魔爽烟"类食品生产企业,其中没收潮安县庵埠振华食品厂、潮安县庵埠大明食品有限公司、潮安县马后炮食品厂、潮安县汉佳食品有限公司等相关企业的违法所得,处罚款一万元的行政处罚,对揭东县地都镇好利源食品厂、揭东县地都镇华业食品厂等涉案生产企业责令停产整顿,并暂扣生产许可证。各地在查处工作中积极通过电视、报刊、广播等各类媒介,多形式、多渠道开展食品安全知识宣传教育工作,特别是加大对青少年食品安全知识的宣传力度,增强学生的自我保护意识和辨别能力。

三、流通环节食品质量安全的日常监管

2014 年,流通环节食品安全日常监管规范化建设取得新进展。各级食品安全监管机构强化食品市场日常规范监管,加大市场巡查和抽检工作力度,严把食品经营主体准入关,严格监管食品质量,切实规范经营行为,日常监管的针对性和有效性不断提升。

(一) 食品经营者的行为监管

截止到 2014 年 12 月,全国食品经营主体共计达到 613 万多户,面对数量庞大的食品经营主体,强化食品流通经营环节的安全,全国食品药品监管系统在深入开展重点区域、重点时段、重点品种以及重点问题专项治理的同时,针对不同食品经营业态和经营场所的特点,积极探索和创新监管方式方法,继续深化食品经营者日常行为的监管。2014 年全国食品药品监督管理系统共检查食品经营者1389.3 万户次,检查批发市场、集贸市场等各类市场 37.98 万个次,捣毁售假窝点949 个,查处不符合食品安全标准的食品案件 8.45 万件,查处不符合食品安全标准的食品 146.16 万公斤,查处违法添加或销售非食用物质及滥用食品添加剂案件 1531 件,查处违法添加或销售非食用物质和食品添加剂 1.38 万公斤,吊销许可

证 658 户,移送司法机关 738 件①。

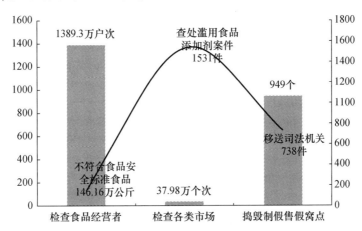

图 5-6　2014 年全国食品经营者行为监管情况

资料来源:根据相关资料由作者整理。

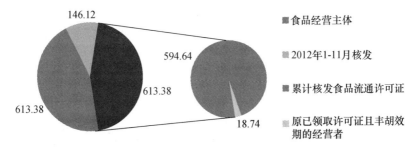

图 5-7　截止到 2014 年 12 月全国食品经营主体的数量

资料来源:根据相关资料由作者整理。

(二) 食品市场主体的准入监管

为深化改革,精简许可行为,2014 年全国食品药品监督管理系统整合食品流通、餐饮服务许可等,设计食品经营许可管理办法、食品经营许可审查通则等制度规范,推进流通许可和餐饮服务许可"两证合一"。食品药品监管部门将食品经营范围细化为预包装食品(含冷藏冷冻食品)销售、预包装食品(不含冷藏冷冻食品)销售、散装食品(含冷藏冷冻食品)销售、散装食品(不含冷藏冷冻食品)销售、乳制品(含婴幼儿配方乳粉)销售、乳制品(不含婴幼儿配方乳粉)销售、热食类食品制售、冷食类食品制售、生食类食品制售、糕点类食品制售、自制饮品制售等,依据其

---

① 《全国食品经营监管工作会议在京召开》,中央政府门户网站,2015-01-29[2015-03-20],http://www.gov.cn/xinwen/2015-01/29/content_2811845.htm。

风险度进一步明确和细化许可条件,使市场准入更加统一规范,并从 2014 年 9 月份开始对外办理新版食品经营许可证,已经颁发并在有效期内的原许可继续有效①。地方食品药品监督管理部门从各自的实际出发,不断深化改革,并努力履行食品流通环节监管职能,提升食品市场主体准入监管的质量。

(三) 食品经营者诚信自律体系建设

2014 年,全国食品药品监督管理系统多举措推进食品经营者诚信自律体系建设,共创建食品安全示范店 13. 39 万户②,并在餐饮服务单位推行“明厨亮灶”,鼓励餐饮服务单位“阳光公示”,促进餐饮服务单位自律,有效推进餐饮服务食品安全社会共治。在食品药品监督管理总局部署与指导下,各地积极推动食品经营者诚信自律体系建设。如安徽省食品药品监督管理局通过四步骤加快食品药品安全诚信体系建设。一是继续推进食品药品示范创建工作。推行食品流通环节“食品安全示范店”建设,推动食品经营者健全完善产品质量和食品安全管理制度;加强对“食品安全示范店”的动态管理。二是开展餐饮服务量化分级管理等级评定与公示工作。坚持“四统一”(统一评定标准、统一脸谱标识、统一公示内容、统一公示格式),继续扎实推进量化分级管理工作。三是在全省 20 余户诚信体系建设试点企业开展食品工业企业诚信管理体系评价工作。四是加强食品药品安全信用体系建设,以及加大对违法违规企业等失信行为惩戒力度③。甘肃省食品药品监督管理局也积极开展食品安全示范创建工作,2014 年共创建“甘肃省食品安全示范店”181 家④。

(四) 违法食品广告的监管与预警

表 5-1 显示,从 2009 年第四季度至 2014 年第四季度的五年间,国家工商总局和国家食品药品监督管理总局共曝光 559 种违法产品广告,包括食品(包括保健食品)、药品、医疗、化妆品及美容服务等。其中,有 133 种是保健食品广告,占曝光广告总数的 23. 79% 。相关数据表明,近年来被曝光的违法保健食品广告逐年递增,2009 年为 11 起,2010 年上升为 12 起,2011 年增加到 14 起,2012 年增加到 37 起,2013 年增加到 38 起(图 5-8)。2014 年 5 月起,由新组建的国家食品药品监督管理总局全面承担违法食品广告的监管与预警职能,发布《违法广告公告》,对

---

① 《全国食品经营监管工作会议在京召开》,中央政府门户网站,2015-01-29 [2015-03-20],http://www. gov. cn/xinwen/2015-01/29/content_2811845. htm。

② 《2014 年全国查处 8. 45 万件食品安全事件》,为农服务诚信网,2015-01-30 [2015-03-20],http://www. wncx. org/information/info/detail/view/3970304。

③ 国家食品药品监督管理总局:《安徽省食品药品监督管理局加快食品药品企业诚信体系建设》,2014-07-21 [2015-02-25],http://www. sda. gov. cn/WS01/CL0005/103115. html。

④ 甘肃省食品药品监督管理局:《甘肃省食品药品监督管理局关于命名 2014 年省级食品安全示范店的通知》,2015-01-22 [2015-02-25],http://www. gsda. gov. cn/CL0005/36038. html。

违法情节严重的药品、医疗器械、保健食品广告进行汇总通报。2014 年共曝光 20 起情节严重的违法保健食品广告。从 2009 年到 2014 年,被曝光食品和保健食品广告数年均递增 12.7%,被曝光的食品和保健食品广告主要是因为广告中出现与药品相混淆的用语,超出国家有关部门批准的保健功能和适宜人群范围,宣传食品的治疗作用,利用专家、消费者的名义和形象作证明,误导消费者等。

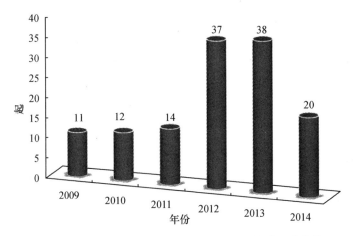

图 5-8　2009—2014 年间被曝光的违法保健食品广告数
资料来源:根据相关资料由作者整理。

(五) 流通环节食品可追溯体系建设

为保障食品安全,实现肉菜来源可查、去向可追、责任可究,我国从 2010 年开始,在国家商务部、财政部、工商总局的共同推动下,以肉类、蔬菜为重点品种,借助现代物联网,利用中央、省、市三级管理平台,覆盖批发、屠宰、零售、消费环节,利用 IC 卡、二维码、条码等各种技术,记录肉菜流通的各类信息,分四批在 50 个城市开展肉菜流通追溯体系建设试点,基本覆盖直辖市、省会城市。消费者可以通过索证、索票的方式进行查询,查询到上游产品的来源以及它的"出生地"。到 2014 年 7 月,全国已有 2000 多家流通企业纳入了追溯体系建设,平均每天有 100 多万条信息追溯 3 万多吨、300 多种肉类蔬菜食品,覆盖范围包括屠宰场、批发市场、菜市场、超市和团体采购单位[1]。未来农业部将会同食品药品监管部门着力构建农产品产地准出与市场准入衔接机制,加快国家农产品质量安全追溯信息平台建设,加速将生猪和无公害、绿色、有机、地理标志农产品全部纳入质量追溯试点范围,通过以点带面,逐步实现农产品生产、收购、贮藏、保鲜、运输、销售和消费全链条可追溯。

---

[1]　《我国肉菜流通可追溯体系试点已覆盖 50 个城市》,商务部网,2014-07-17［2015-03-20］,http://traceability. mofcom. gov. cn/static/zy_gongzuodongtai/page/2014/7/1406089213555. html。

表 5-1　2009—2014 年间国家工商总局和国家食品药品监督管理总局曝光的违法食品广告

序号	公告	发布时间	违法食品广告	监测时间
1	第 4 期违法药械保健食品广告（食药监稽〔2015〕1 号）	2015 年 1 月 5 日	蓝美牌清清胶囊保健食品；天光牌盐藻天然胡萝卜素软胶囊保健食品	2014 年第四季度
2	第 3 期违法药械保健食品广告（食药监稽〔2014〕244 号）	2014 年 10 月 28 日	红阳牌盐藻软胶胶囊保健食品；玛卡牌玛卡益康咀嚼片保健食品	2014 年第三季度
3	第 2 期违法药械保健食品广告（食药监稽〔2014〕79 号）	2014 年 7 月 3 日	巢之安牌知本天韵胶囊保健食品；华德虫草菌丝体片保健食品	2014 年第二季度
4	违法广告公告（工商广公字〔2014〕5 号）	2014 年 6 月 10 日	力加力胶囊违法保健食品广告	2014 年第二季度
5	违法广告公告（工商广公字〔2014〕4 号）	2014 年 4 月 24 日	氨糖保健食品广告；苦瓜桑叶片保健食品广告；美斯特牌肉桂胶囊减肥胶囊保健食品广告；简亭牌胶囊保健食品广告	2014 年第一季度
6	违法广告公告（工商广公字〔2014〕3 号）	2014 年 4 月 14 日	盐藻（海中金牌盐藻复合片）食品广告；红康软胶囊保健食品广告；美媛春口服液保健食品广告	2014 年第一季度
7	违法广告公告（工商广公字〔2014〕2 号）	2014 年 3 月 7 日	天地松胶囊保健食品广告；华德虫草片保健食品广告	2013 年第四季度
8	违法广告公告（工商广公字〔2014〕1 号）	2014 年 1 月 28 日	巢歌 1＋1（金奥力牌珍源软胶囊）保健食品广告；创美糖力宁胶囊保健食品广告；渔夫堡藤戈胶囊保健保健食品广告；汉林清脂胶囊保健食品广告	2013 年第四季度
9	违法广告公告（工商广公字〔2013〕12 号）	2013 年 12 月 30 日	健都润通胶囊保健食品广告；九秘四排来茶保健食品广告	2013 年第四季度
10	违法广告公告（工商广公字〔2013〕11 号）	2013 年 11 月 27 日	盈实牌参葛胶囊天麻组合保健食品	2013 年第三季度
11	违法广告公告（工商广公字〔2013〕10 号）	2013 年 11 月 6 日	玛卡益康保健食品广告；青钱柳降糖神茶保健食品广告；轻漾飚比美小麦纤维颗粒保健食品广告	2013 年第三季度

（续表）

序号	公告	发布时间	违法食品广告	监测时间
12	违法广告公告（工商广公字[2013]9号）	2013年9月23日	脑鸣清保健食品广告；益寿虫草口服液保健食品广告；萎力果保健食品广告	2013年第三季度
13	违法广告公告（工商广公字[2013]8号）	2013年9月16日	毕斑灵芝鹿茸胶囊保健食品广告；美琳婷羊胎素口服液保健食品广告	2013年第二季度
14	违法广告公告（工商广公字[2013]7号）	2013年8月15日	美国NA奥复康保健品广告；鸡尾普洱大肚子茶保健食品广告；苯能牌蓝荷减肥茶保健食品广告	2013年第二季度
15	违法广告公告（工商广公字[2013]6号）	2013年6月26日	易道稳诺软胶囊保健食品广告；寿瑞祥全松茶保健食品广告；威土雅虫草菌丝体胶囊保健食品广告；沃能康胶囊保健食品广告；玛卡益康能量片保健食品广告	2013年第二季度
16	违法广告公告（工商广公字[2013]4号）	2013年5月28日	龙涎降压茶保健食品广告；雪域男金保健食品广告；帝勃参茸胶囊保健食品广告；臻好牌大肚子茶保健食品广告；虫草固精丸保健食品广告；帝龙丸食品广告	2013年第一季度
17	违法广告公告（工商广公字[2013]3号）	2013年5月2日	李鸿章五日瘦身汤保健食品广告；福棠醇胶囊（深奥牌胶囊保健食品广告；为公牌天麻软胶囊）保健食品广告；扶元堂灵芝利胶囊；盐藻（红阳牌海保软胶囊（原名α—南瓜玉米粉）保健食品广告孢子粉胶囊	2013年第一季度
18	违法广告公告（工商广公字[2013]2号）	2013年3月10日	东星牌灵芝益甘粉剂保健食品广告	2013年第一季度
19	违法广告公告（工商广公字[2013]1号）	2013年1月30日	藏达冬虫夏草保健食品广告（致仁堂牌蝙蝠拟青霉菌丝胶囊）；HD元素保健食品广告；黄金菌保健食品广告	2012年第四季度
20	违法广告公告（工商广公字[2012]13号）	2012年12月31日	金脉胶囊保健食品广告；压美保健食品广告；不凡牌银菊珍珠胶囊）保健食品广告	2012年第四季度
21	违法广告公告（工商广公字[2012]12号）	2012年12月5日	藏雪玛冬虫夏草胶囊（补王虫草精）保健食品广告；同美胶囊保健食品广告	2012年第四季度

（续表）

序号	公告	发布时间	违法食品广告	监测时间
22	违法广告公告（工商广公字[2012]11号）	2012年11月14日	富康神茶保健食品广告；全清大肚子茶保健食品广告	2012年第三季度
23	违法广告公告（工商广公字[2012]10号）	2012年10月18日	极融牌大肚茶保健食品广告；巴西雄根（兴安健鹿牌参鹿胶囊）保健食品广告；国老同肝茶保健食品广告；妙巢胶囊保健食品广告	2012年第三季度
24	违法广告公告（工商广公字[2012]9号）	2012年9月10日	雷震子牌护康胶囊（北大护康胶囊）保健食品广告	2012年第三季度
25	违法广告公告（工商广公字[2012]8号）	2012年8月16日	藏黄金稳压脉胶囊保健食品广告；活益康降生菌胶囊（黄金菌美）保健食品广告；排毒一粒排茶国研；梅山牌减肥神茶保健食品广告；美国360（广告名称：康尔健胶囊）保健食品广告	2012年第二季度
26	违法广告公告（工商广公字[2012]7号）	2012年7月9日	藏秘雪域冬虫夏草胶囊食品广告；那曲雪域冬虫夏草胶丸（批准名称名称北大三排茶保健食品广告；妙巢胶囊保健食品广告；美国AN奥复康保健食品广告；雷震子牌护康胶囊（批准名称北大护康胶囊）保健食品广告	2012年第二季度
27	违法广告公告（工商广公字[2012]6号）	2012年5月29日	都邦食品广告；天地通三七茶食品广告；五日瘦身汤（五日牌减肥茶）保健食品广告；中研万通胶囊保健食品广告；臻好牌大肚子茶保健食品广告	2012年第二季度
28	违法广告公告（工商广公字[2012]4号）	2012年5月7日	古汉养生酒食品广告；富硒灵芝宝保健食品广告；雷震子牌护康胶囊（北大护康胶囊）保健食品广告	2012年第一季度
29	违法广告公告（工商广公字[2012]3号）	2012年3月29日	同仁益益保健食品广告；HD元素食品广告	2012年第一季度
30	违法广告公告（工商广公字[2012]2号）	2012年2月28日	前列三宝食品广告；水德胶囊（谷比利）保健食品广告	2012年第一季度

（续表）

序号	公告	发布时间	违法食品广告	监测时间
31	违法广告公告〔2012〕1号	2012年1月16日	那曲雪域冬虫夏草保健食品广告；东方之子牌双歧胶囊（双奇胶囊）保健食品广告；健都牌润通胶囊保健食品广告	2011年第四季度
32	违法广告公告（工商广公字〔2011〕5号）	2011年11月28日	问美美容宝胶囊保健食品广告；藏秘雪域冬虫夏草胶囊保健食品广告	2011年第三季度
33	违法广告公告（工商广公字〔2011〕4号）	2011年8月10日	颐玄虫草全松茶食品广告；金王蜂胶苦瓜软胶囊食品广告；同仁修复口服胰岛素保健食品广告；国老问肝茶食品广告	2011年第二季度
34	违法广告公告（工商广公字〔2011〕3号）	2011年6月13日	寿瑞祥全松茶食品广告；国研前列方食品广告；厚德蜂胶软胶囊保健食品广告	2011年第一季度
35	北京、昆明工商曝光违法广告	2011年3月10日	葵力康食品广告；虫草养生酒保健食品广告；知蜂堂蜂胶保健食品广告；昆明：同仁甫克保健食品广告	2011年第一季度
36	违法广告公告（〔2011〕1号）	2011年1月30日	《郑州晚报》12月3日A31版发布的活力降压酶食品广告；《兰州晚报》12月2日A13版发布的鲎根果食品广告	2010年第四季度
37	违法广告公告（工商广公字〔2010〕7号）	2010年11月11日	《三秦都市报》10月13日11版发布的MAXMAN食品广告；《太原晚报》10月13日17版发布的天豚素食品广告；新疆卫视9月3日发布的敏源清保健食品广告	2010年第三季度
38	违法广告公告（工商广公字〔2010〕6号）	2010年9月21日	西木左旋肉碱奶茶食品广告；东方之子双奇胶囊食品广告；排酸肾茶食品广告；净右清玉薏茶食品广告；雪樱花纳豆复合胶囊保健食品广告	2010年第二季度
39	国家工商行政管理总局违法广告公告（工商广公字〔2010〕4号）	2010年5月10日	《新晚报》（黑龙江）3月20日A10版发布的同仁强劲胶囊食品广告；《南宁晚报》3月20日09版发布的西摩免疫胶囊保健食品广告	2010年第一季度

（续表）

序号	公告	发布时间	违法食品广告	监测时间
40	国家工商行政管理总局、国家食品药品监督管理局违法广告公告（工商广公字〔2010〕3号）	2010 年 2 月 10 日	《南国都市报》（广西）12 月 3 日 A09 版发布的梨花降压藤茶保健食品广告；海峡都市报（福建）12 月 3 日 A32 版发布的北奇神好汉软胶囊保健食品广告	2009 年第四季度
41	国家工商行政管理总局违法广告公告（工商广字〔2009〕8 号）	2009 年 10 月 27 日	《作家文摘》（北京）9 月 18 日 4 版发布的泽正多维智康胶囊保健食品广告；南宁晚报 9 月 17 日 09 版发布的都邦超美畔麦芪参胶囊保健食品广告；京华时报（北京）9 月 17 日 A31 版发布的肝之宝保健食品广告	2009 年第三季度
42	国家工商总局 2009 年第二季度违法广告公告（〔2009〕6 号）	2009 年 7 月 29 日	《楚天都市报》（湖北）6 月 11 日发布的知蜂堂保健食品广告；《北方新报》（内蒙古）6 月 10 日发布的美国美力坚保健食品广告	2009 年第二季度
43	国家工商总局 2009 年第一季度违法广告公告（工商广公字〔2009〕5 号）	2009 年 5 月 17 日	《西安晚报》3 月 18 日发布的生命 A 蛋白食品广告；《西安晚报》（黑龙江）3 月 18 日发布的倍力胶力健食品广告；《燕赵晚报》（河北）3 月 16 日发布的仲马鱼食品广告；青岛电视台一套节目 3 月 26 日发布的至首荠民胶囊保健食品广告	2009 年第一季度
44	国家工商行政管理总局公告（工商广公字〔2009〕2 号）	2009 年 2 月 11 日	《半岛都市报》12 月 3 日发布的爱动力保健食品广告	2008 年第四季度

资料来源：根据国家工商总局公布的 2009—2014 年违法广告公告、国家食品药品监督管理总局公布的 2014 年违法药械保健食品广告资料整理形成。

四、农村食品消费行为与安全性评价：基于农村食品消费的调查

2014 年是农村食品安全监管年，国家食品药品监管总局专门进行了农村食品市场"四打击四规范"专项行动。此节主要依据 2014 年对全国 10 个省、自治区、直辖市的 3984 名农村消费者的问卷调查展开分析（相关调查与样本的情况可参见本《报告》第十三章），并与 2013 年农村消费者调研情况进行比较分析，以期更为真实且动态地反映农村消费者食品安全消费行为[①]。

（一）受访者食品购买的消费行为

根据调查数据，本《报告》主要从受访者购买包装食品时对生产日期与保质期的关注、购买食品时对相关检验标志的关注以及判断食品质量和安全的方式来研究农村居民食品购买的消费行为。

1. 35.87% 的受访者购买包装食品时并不关注生产日期与保质期

如图 5-9 所示，与 2013 年相比，2014 年受访者购买包装食品时对生产日期和保质期关注的情况有所好转。在 2013 年和 2014 年的调查中发现，分别有 31.53% 和 30.57% 的受访者在购买包装食品时能"每次都查看"食品的生产日期与保质期；"经常查看"生产日期与保质期的受访者从 2013 年的 21.67% 增加到 2014 年的 33.56%；"偶尔看"和"一般不看"生产日期与保质期的受访者，则从 2013 年的 31.51% 和 15.29% 下降到 2014 年的 20.86% 和 15.01%。由此可见，目前仍然有 35.87% 的受访者在购买食品时并不关注生产日期或保质期，但这一比例低于 2013 年的 46.80%。

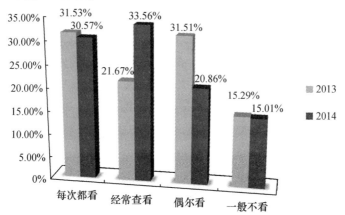

图 5-9　2013 年与 2014 年受访者购买包装食品时对生产日期与保质期的关注程度的比较

---

① 参见《中国食品安全发展报告（2013）》的第六章，北京大学出版社 2013 年版。

2. 44.60% 的受访者购买肉类等食品时并不关注相关检验标志

图 5-10 的调查结果显示,与 2013 年的调查相比,2014 年购买肉类等食品时关注有关检验标志的受访者比例由 39.20% 增加到了 43.50%;没有注意到肉类等食品包装上的有关检验标志的受访者比例则相应由 16.45% 下降到 11.90%;但不关注有关检验标志的受访者比例在 2014 年仍然高达 44.60%,与 2013 年 44.35% 的比例基本持平。

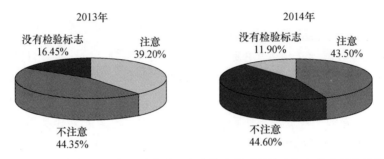

图 5-10 2013 年与 2014 年受访者购买肉类等食品时对检验标志关注程度的比较

3. 受访者主要通过外观是否新鲜来判断食品的质量和安全

为更深入了解农村居民消费过程与可能存在的问题,在 2014 年的调查中,增加了农村居民对食品质量和安全判断方式的调查。如图 5-11 所示,"食品的外观是否新鲜"是受访者判断食品质量和安全的最基本的方式,选择的比例高达 64.48%;而通过"食品的包装是否完好""价格高低""食品的标签说明""食品的品牌"和"其他"等方式判断食品质量和安全的受访者比例分别为 48.72%、41.52%、38.03%、25.25% 和 4.52%。调查结果表明,受访者更加注重食品外观的新鲜程度,其次是食品的包装和价格,并由此来判断食品的质量安全。

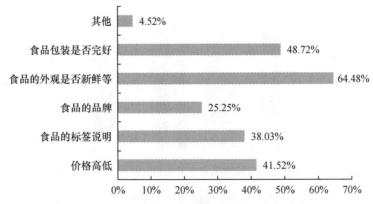

图 5-11 2014 年受访者判断食品质量和安全的方式

（二）受访者购买食品的主要场所选择

本《报告》的调查问卷设置了包括大型超市、食品专卖店、农贸市场、批发市场、食品便利店、小商小贩与小商品店、个体流动摊点或临时摊点以及其他购买场所等8个主要食品购买场所供受访者选择。

1. 大型超市和农贸市场成为受访者购买食品的主要场所

在2013年、2014年的调查中发现，大型超市和农贸市场是超过50%的受访者购买食品的主要场所，其中2014年选择大型超市和农贸市场的受访者的比例分别为30.47%和21.51%，而在2013年的调查中，受访者选择的比例分别为29.94%和27.18%。但值得关注的是，选择小商贩和流动摊点的受访者比例有所提升，分别从2013年的5.64%和4.22%上升到2014年的8.18%和7.05%（图5-12）。收入仍然是影响受访者选择购买食品场所的主要因素。

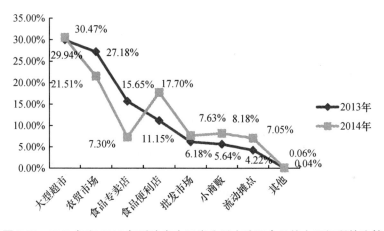

图5-12　2013年和2014年受访者在日常生活中购买食品的主要场所的比较

2. 受访者对大型超市和食品专卖店的安全性评价最高

在2013年和2014年的调查中发现，受访者对食品购买场所的安全性评价基本一致，对购买场所安全性评价的高低秩序依次为：大型超市、食品专卖店、农贸市场、食品便利店、批发市场、小商贩与小商品店、流动摊点和其他，如图5-13所示。由此可见，受访者对大型超市和食品专卖店的安全性评价较高，而对批发市场、小商贩与小商品店、流动摊点所售食品的质量安全的信任度比较低，这些场所仍然是目前我国农村食品消费市场应该重点监管的场所。

3. 食品安全是影响受访者选择食品购买场所的最主要的因素

2013年和2014年的调查结果显示，受访者在选择购买场所时，对食品安全这一因素的重视程度提升，选择比例由2013年的55.96%上升到2014年的59.64%（图5-14）。由此可见，随着农村生活水平和购买食品便利性的提高，受访者更加

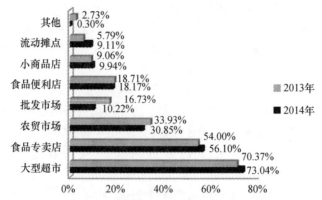

图5-13 2013 年和2014 年受访者认为安全的食品购买场所的比较

重视食品的安全性。此外,购买习惯、方便程度和价格因素也是影响受访者选择食品购买场所时的主要因素。

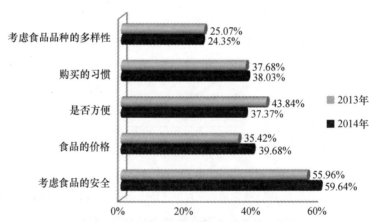

图5-14 2013 年和2014 年受访者选择食品购买场所时考虑的主要因素的比较

(三) 农村新鲜食品消费方便程度

通过对受访者是否容易购买到新鲜食品和对食品零售店的需求情况的调查,了解农村居民获得新鲜食品的方便程度。

1. 受访者购买日常新鲜食品的便捷性仍有待提高

2014 年的调查结果表明,68.07% 的受访者表示能够方便地购买到日常新鲜的食品,而31.93% 的受访者表示购买日常新鲜食品并不方便。进一步调查受访者是否观察到农民有难以购买新鲜食品的情况发现,44.78% 的受访者表示有观察到农民难以购买新鲜食品的情况,有23.17% 的受访者表示没有,还有32.05% 的受访者表示不清楚,如图5-15 所示。由此可见,农村消费者购买日常新鲜食品仍然不太方便。

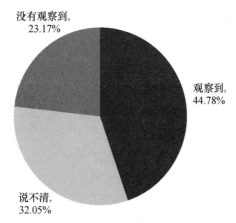

图 5-15 2014 年受访者观察到农民难以购买到新鲜食品的情况

2. 包括食品零售在内的农村商业网点建设仍然需要强化

如图 5-16 所示,在 2014 年的调查中,当受访者被问及"所在的村庄是否有必要建设食品零售点,以满足农民购买新鲜食品的要求"时,分别有 31.15%、34.09%、21.91% 和 12.85% 的受访者认为很有必要、必要、一般和没有必要,说明包括食品零售在内的农村商业网点建设仍然需要强化。

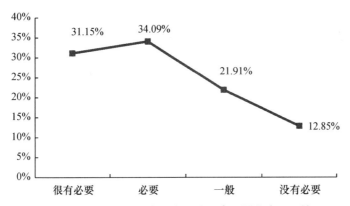

图 5-16 2014 年受访者所在村建设食品零售店必要性

(四) 受访者通过网络购买食品的行为与态度

鉴于目前信息技术和互联网的快速发展,越来越多的消费者选择网络消费模式购买食品。本报告专门调查了受访者通过网络购买食品的行为以及对相关监管的需求。

1. 有网络购买食品经历的受访者比例突增

在 2013 年的调查中,仅 7% 的农村受访者有网络购买食品的经历,而在 2014 年的调查中,有网络购买食品经历的农村受访者比例则大大增加至 40.18%,比 2013 年增加了 33.18%,其中,经常通过网络(淘宝)购买食品的受访者比例为 8.43%。可见,受访者网络购买食品的增长势头非常迅猛,政府食品安全监督与管理的过程中应当对此提高关注度。

2. 约 63% 的受访者不放心网络购买的食品

图 5-17 表明,在 2014 的调查中,分别有 8.71% 和 28.26% 的受访者对通过网络购买的食品持"放心"和"比较放心"的态度,持"不放心"态度的受访者比例高达 63.03%。可见多数受访者并不放心通过网络购买的食品。为促进网络食品消费的健康发展,保护消费者权益,政府应当提高对网络食品的监管力度。

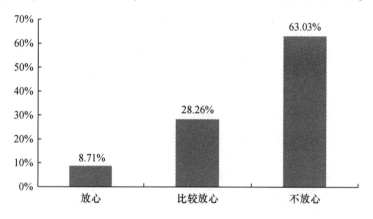

图 5-17　2014 年受访者对通过网络购买的食品的态度

3. 接近 75% 的受访者认为政府需要加强对网络食品的监管

如图 5-18 所示,在 2014 年的调查中,有 74.70% 的受访者认为政府需要对网络食品销售行为进行监管,仅 3.29% 的受访者认为政府不需要对网络食品销售行为进行监管,另有 22.01% 的受访者选择"说不清"。可见,绝大多数受访者认为应强化我国网络食品安全监管中的政府责任。

(五)受访者外出就餐的消费行为

外出就餐已经在农村逐步流行。综合本次调查,农村消费者外出就餐消费主要有如下两个特点:

1. 受访者外出就餐的场所以小型化为主

图 5-19 显示,小型餐馆依然是受访者外出就餐时的主要选择,在 2013 年和 2014 年的调查中,这一比例分别为 39.07% 和 36.15%;选择在大型饭店和中型餐

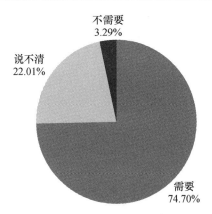

图 5-18　2014 年受访者对政府监督网络食品购买情况的态度

饮店就餐的受访者比例分别从 2013 年的 9.80% 和 25.32% 提高至 2014 年的 13.34% 和 25.73%；而选择在路边摊点就餐的受访者比例则从 2013 年的 19.15% 略微下降至 2014 年的 18.90%。因此，随着收入与安全消费观念的提升，选择大中型饭店就餐的农村受访者比例有所提高。

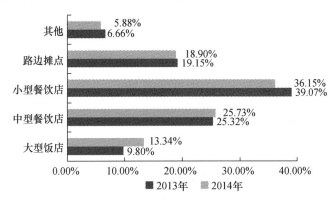

图 5-19　2013 年和 2014 年受访者外出就餐场所选择的比较

2. 安全卫生成为影响受访者选择餐馆的最主要因素

就影响受访者外出就餐选择场所的各种因素来分析，是否安全卫生是受访者最为关注的因素，在 2013 年与 2014 年的调查中，分别有 53.28% 和 48.54% 的受访者把餐馆是否安全卫生作为其选择就餐场所最为关注的因素（图 5-20）；与此同时，在选择就餐场所时，受访者对口味的关注程度从 2013 年的 22.14% 下降到 2014 年的 17.60%，但对价格的关注程度则由 2013 年的 4.84% 上升到 2014 年的 13.40%。

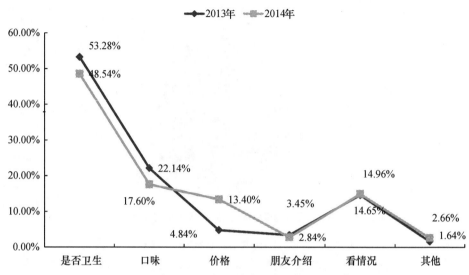

图 5-20　2013 年和 2014 年受访者外出就餐影响因素的比较

（六）受访者对餐饮行业的食品安全性与经营者诚信度评价

1. 受访者对餐饮行业的食品安全性评价有较大提升

2013 年和 2014 年的调查结果显示，认为其所在地区餐饮行业食品安全性比较好和一般的受访者比例分别从 2013 年的 24.64% 和 48.56% 上升到 2014 年的 31.65% 和 59.54%；而认为其所在地区餐饮行业食品安全性"比较差"和"很差"的受访者比例则分别从 2013 年的 21.66% 和 5.14% 下降到 2014 年的 6.95% 和 1.86%，如图 5-21 所示。

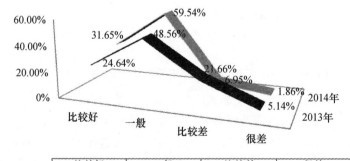

	比较好	一般	比较差	很差
■2013年	24.64%	48.56%	21.66%	5.14%
▨2014年	31.65%	59.54%	6.95%	1.86%

图 5-21　2013 年和 2014 年受访者对所在地区餐饮行业食品安全性评价的比较

2. 受访者对餐饮行业经营者诚实性评价有所提升

2013 年和 2014 年的调查结果如图 5-22 所示,认为其所在地区餐饮行业经营者比较诚实和诚实度一般的受访者比例分别从 2013 年的 29.07% 和 53.69% 上升到 2014 年的 31.33% 和 59.06%,认为餐饮行业经营者的诚实度较差、很差的受访者比例则分别从 2013 年的 11.90% 和 5.34% 下降到 2014 年的 7.68% 和 1.93%。总体而言,受访者对其所在地区餐饮行业经营者的诚实性评价有所提升。

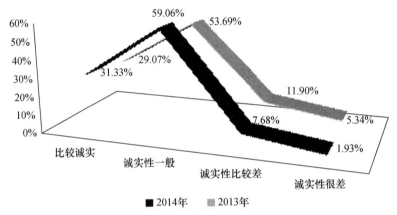

图 5-22　2013 年和 2014 年受访者对所在地区餐饮经营者诚实性评价法的比较

(七) 受访者对食品安全消费知识的需求

了解受访者获取食品安全信息的渠道与迫切希望获得的食品安全知识,有助有政府监管部门对症下药,丰富相关食品风险交流内容,提高受访者对食品安全与风险的正确认知。

1. 受访者了解食品安全信息最主要的渠道是电视报纸与杂志

表 5-2 显示,农村受访者了解食品安全知识与信息的渠道呈现多元化的格局,食品安全信息来源最广的渠道依然是电视、报纸与杂志。在 2013 年和 2014 年的调查中,农村受访者通过电视报纸与杂志、广播、政府部门了解食品安全知识与信息的比例分别从 2013 年的 80.54%、12.36%、21.85% 增加到 2014 年的 86.55%、22.62% 和 23.47%,而通过网络获取食品安全信息的受访者比例反而从 2013 年的 37.07% 下降到 2014 年的 18.90%。可见政府部门发布食品安全知识与信息的作用在提升。

表 5-2　受访者了解食品安全知识或信息的渠道统计

渠道		2013 年	2014 年
电视报纸与杂志	是	80.54%	86.55%
	否	19.46%	13.45%
广播	是	12.36%	22.62%
	否	87.64%	77.38%
网络	是	37.07%	18.90%
	否	62.93%	81.10%
亲朋好友交谈	是	43.37%	33.73%
	否	56.63%	66.27%
政府部门发放的信息	是	21.85%	23.47%
	否	78.15%	76.53%

2. 迫切需要了解的食品安全知识是食品营养卫生与科学食用

对于"您最需要了解的食品安全方面的知识"这一问题,2013 年与 2014 年的调查表明,受访者的需求有较大变化,如图 5-23 所示。2013 年的调查显示,受访者需要了解的食品安全知识依次是如何鉴别食品的伪劣(48.50%)、政府关于食品安全方面的法律法规知识(36.79%)、食品营养卫生与科学食用知识(6.50%);而 2014 年的调查显示,受访者对食品安全知识的需求调整为食品营

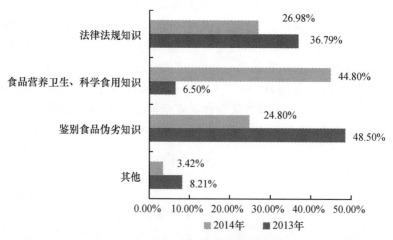

图 5-23　2013 年和 2014 年受访者最需要了解的食品安全知识的比较

养卫生与科学食用知识(44.80%),食品安全方面的法律法规知识(26.98%)和鉴别食品的伪劣(24.80%)。由此可见,随着食品安全知识的积累与人们生活水平的提高,食品营养卫生与科学食用知识更加受到受访者的关注。相关政府部门在此方面应有针对性地开展工作,普及农民关于食品营养卫生与科学食用方面的知识。

第六章　进口食品贸易与质量安全

随着贸易全球化发展,世界食品贸易不断向多领域、全方位、深层次方向发展,比以往任何历史时期都更加深刻地影响着世界各国。改革开放以来,中国食品工业、食品贸易与全球的关联度从未像今天这样密切。随着我国经济发展水平和人民生活质量的不断提升,进口食品已经成为我国消费者重要的食品来源,在满足国内多样化食品消费需求,平衡食品需求结构,优化食品产业结构等方面发挥了日益重要的作用。但是国内消费者对进口食品安全的要求也越来越高,而且近年来我国进口食品不合格数量呈持续增加的态势,确保进口食品的质量安全,成为保障国内食品安全的重要组成部分。本章在简单阐述进口食品数量变化的基础上,重点考察进口食品的安全性与进口食品接触产品的质量状况,并提出强化进口食品安全性的建议①。

一、进口食品贸易的特征分析

改革开放以来,特别是20世纪90年代以来,我国食品进口贸易的发展呈现出总量持续扩大,结构不断提升,市场结构整体保持相对稳定与逐步优化的基本特征,对调节国内食品供求关系,满足食品市场多样性等方面发挥了日益重要的作用②。

(一) 进口规模持续上扬

根据世界贸易组织数据统计,国家质检总局于2015年4月发布的《2014年度全国进口食品质量安全状况(白皮书)》显示,2013年我国进口食品中农产品贸易总额

---

① 为了确保"中国食品安全发展报告"进口数据的一致性,在较长的时间跨度内来考察中国进口食品安全性,更便于获得国际数据与进行国际比较,本章的相关数据除来源于《中国统计年鉴》、国家质检总局外,主要来自于 UN Comtrade。为方便读者的研究,本章的相关图、表均标注了主要数据的来源。

② 国家质检总局于2015年4月发布了《2014年度全国进口食品质量安全状况(白皮书)》,公布了2014年中国进口食品贸易的数据等。同样地,为在较长的时间跨度内考察中国的进口食品贸易特征,便于进行国际比较,自2012年以来出版的"中国食品安全发展报告"主要数据来源于自 UN Comtrade。本章采用的数据框架延续了《中国食品安全发展报告2014》的形式。由于数据来源的不一,故本章的有关数据与《2014年度全国进口食品质量安全状况(白皮书)》的数据存在一些差异,但差异性并不大。UN Comtrade 数据库是联合国统计署旗下的大型商品贸易统计数据库,是全球最大、最权威的国际商品贸易数据库。

排名世界第一,已经成为全球第一大进口市场①。1991 年以来,我国食品进口贸易规模变化见表6-1 与图6-1。图6-1 显示,我国食品进口贸易规模在 20 世纪 90 年代平稳发展的基础上,进入新世纪后有了新的更为迅猛的增长,具体表现为贸易总额持续增长,年均增长率屡创新高。2014 年,我国进口食品贸易在高基数上继续实现新增长,贸易总额达到 609.92 亿美元,较 2013 年增长了 6.84%,再创历史新高。

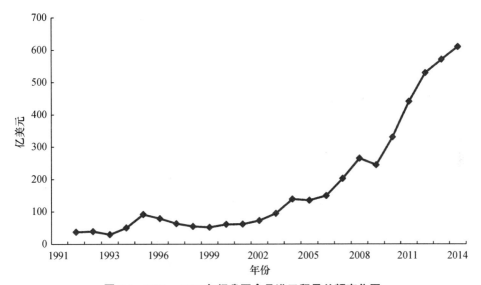

图6-1 1991—2014 年间我国食品进口贸易总额变化图

资料来源:《中国统计年鉴 2014》、UN Comtrade 数据库(http://comtrade. un. org/db/)。

表6-1 1991—2014 年间按国际贸易标准分类的中国进口食品商品构成表

年份	食品及主要供食用的活动物（亿美元）	饮料及烟类（亿美元）	动、植物油脂及蜡（亿美元）	进口总额（亿美元）	年增长率（%）
1991	27.99	2.00	7.19	37.18	-16.90
1992	31.46	2.39	5.25	39.10	5.16
1993	22.06	2.45	5.02	29.53	-24.48
1994	31.37	0.68	18.09	50.14	69.79
1995	61.32	3.94	26.05	91.31	82.11
1996	56.72	4.97	16.97	78.66	-13.85
1997	43.04	3.20	16.84	63.08	-19.81

① 《2014 年度全国进口食品质量安全状况(白皮书)》,国家质检总局网站,2015-04-07[2015-06-12],http://www. aqsiq. gov. cn/zjxw/zjfdpxw/201504/t20150407_436001. htm。

（续表）

年份	食品及主要供食用的活动物（亿美元）	饮料及烟类（亿美元）	动、植物油脂及蜡（亿美元）	进口总额（亿美元）	年增长率（%）
1998	37.88	1.79	14.91	54.58	-13.47
1999	36.19	2.08	13.67	51.94	-4.84
2000	47.58	3.64	9.77	60.99	17.42
2001	49.76	4.12	7.63	61.51	0.85
2002	52.38	3.87	16.25	72.50	17.87
2003	59.60	4.90	30.00	94.50	30.34
2004	91.54	5.48	42.14	139.16	47.26
2005	93.88	7.83	33.70	135.41	-2.69
2006	99.94	10.41	39.36	149.71	10.56
2007	115.00	14.01	73.44	202.45	35.23
2008	140.51	19.20	104.86	264.58	30.69
2009	148.27	19.54	76.39	244.20	-7.70
2010	215.70	24.28	90.17	330.50	35.20
2011	287.71	36.85	116.29	440.84	33.53
2012	352.62	44.03	132.43	529.08	20.02
2013	417.45	45.18	108.23	570.86	7.90
2014	471.82	46.92	91.18	609.92	6.84

资料来源:《中国统计年鉴 2014》、UN Comtrade 数据库(http://comtrade.un.org/db/)。

(二) 三大类食品进口贸易额接近半壁江山

近年来,我国进口食品的品种几乎涵盖了全球各类质优价廉的食品。虽然进口种类十分齐全,但仍然较为集中在谷物及其制品、蔬菜及水果、植物油脂等三大类食品,并且这三类的进口贸易额接近整个贸易额的半壁江山。表6-2 显示,2014年我国进口的食品主要是谷物及其制品、蔬菜及水果、植物油脂等三大类商品,分别占据进口食品总额的 16.31%、13.92%、13.47%,三类商品所占比例之和为43.70%,虽然比 2013 年下降 1.27 个百分点,但占进口食品总额的比例超过40%。2006—2014 年间我国进口食品结构变化的基本态势是:

1. 供食用的活动物、乳品及蛋品、谷物及其制品的增幅较大。由于国内食品需求结构的升级,我国对供食用的活动物的进口增长幅度最大,进口额从 2006 年的0.63 亿美元增至 2014 年的 8.35 亿美元,八年间增长了 1225.40%,占进口食品总额的比重提升了 0.95 个百分点。由于国内消费者对国产奶制品等行业的信心严重不足,导致对进口乳品、蛋品的需求不断攀升,乳品及蛋品的进口额从 2006年的 5.66 亿美元增至 2014 年的 64.32 亿美元,八年间增长了 10.36 倍,占进口食品总额的比重从 2006 年的 3.78% 上升至 2014 年的 10.55%。由于国内耕地的减少,人口刚性的增加,我国对谷物及其制品的进口迅速增长,进口额从 2006 年的 9.09 亿美元迅速攀升到 2014 年的 99.49 亿美元,八年间增长了 994.50%。

2. 肉及肉制品、饮料、蔬菜及水果的进口增长同样显著。受国内肉制品安全事件的持续发生的影响,肉及肉制品的进口额迅速增长,由 2006 年的 7.28 亿美元迅速达到 2014 年的 58.44 亿美元,八年间增长了 702.75%。由于国内消费能力的不断攀升,饮料的进口额从 2006 年的 5.77 亿美元增加到 2014 年的 29.74 亿美元,八年间增长了 4.15 倍,占食品进口贸易总额的比重由 2006 年的 3.86% 增加到 2014 年的 4.88%。2006 年我国蔬菜及水果的进口额为 17.20 亿美元,占进口食品总额的 11.49%,而 2014 年的进口额增加到 84.89 亿美元,同比增长 393.55%,所占比重也提高到 13.92%。

表 6-2　2006 年与 2014 年我国进口食品分类总值和结构变化比较

食品分类	2006 年		2014 年		2014 年比 2006 年增减	
	进口金额(亿美元)	比重(%)	进口金额(亿美元)	比重(%)	增减金额(亿美元)	增减比例(%)
食品进口总值	149.71	100	609.92	100	460.21	307.40
一、食品及活动物	99.94	66.76	471.82	77.36	371.88	372.10
1. 活动物	0.63	0.42	8.35	1.37	7.72	1225.40
2. 肉及肉制品	7.28	4.86	58.44	9.58	51.16	702.75
3. 乳品及蛋品	5.66	3.78	64.32	10.55	58.66	1036.40
4. 鱼、甲壳及软体类动物及其制品	31.57	21.09	68.33	11.20	36.76	116.44
5. 谷物及其制品	9.09	6.07	99.49	16.31	90.40	994.50
6. 蔬菜及水果	17.20	11.49	84.89	13.92	67.69	393.55
7. 糖、糖制品及蜂蜜	6.21	4.15	18.41	3.02	12.20	196.46
8. 咖啡、茶、可可、调味料及其制品	2.47	1.65	11.90	1.95	9.43	381.78
9. 饲料(不包括未碾磨谷物)	12.98	8.67	43.66	7.16	30.68	236.36
10. 杂项食品	6.85	4.58	14.03	2.30	7.18	104.82
二、饮料及烟类	10.41	6.95	46.92	7.69	36.51	350.72
11. 饮料	5.77	3.86	29.74	4.88	23.97	415.42
12. 烟草及其制品	4.63	3.09	17.18	2.81	12.55	271.06
三、动植物油、脂及蜡	39.36	26.29	91.18	14.95	51.82	131.66
13. 动物油、脂	1.73	1.15	2.24	0.37	0.51	29.48
14. 植物油、脂	34.75	23.21	82.17	13.47	47.42	136.46
15. 已加工过的动植物油、脂及动植物蜡	2.88	1.92	6.77	1.11	3.89	135.07

资料来源:根据 UN Comtrade 数据库相关数据由作者整理计算所得(http://comtrade.un.org/db/)。

3. 水产品、动物油脂增幅较慢且比重下降。2006 年我国水产品的进口额为 31.57 亿美元,2014 年则达到 68.33 亿美元,八年间增长了 96.10%,但占所有进口食品总额的比重由 2006 年的 21.09% 下降到 2014 年的 11.20%。相对于其他进口食品的增长幅度,水产品进口增长相对缓慢,但在进口食品贸易总额中仍然占据较大的比重。动物油脂的进口额从 2006 年的 1.73 亿美元增长到 2014 年的 2.24 亿美元,八年间增长了 29.48%,显著低于其他进口食品贸易额的增长率。

(三) 进口市场结构保持相对稳定

2006 年我国食品主要的进口国家和地区是,东盟(46.97 亿美元、31.38%)、美国(15.29 亿美元、10.21%)、欧盟(13.08 亿美元、8.74%)、俄罗斯(12.81 亿美元、8.56%)、澳大利亚(7.28 亿美元、4.86%)、巴西(7.03 亿美元、4.70%)、秘鲁(6.25 亿美元、4.17%)、新西兰(5.47 亿美元、3.65%),从上述八个国家和地区进口的食品贸易总额达到 114.17 亿美元,占当年食品进口贸易总额的 76.27%。2014 年我国食品主要进口国家和地区则分别是,东盟(160.00 亿美元、26.23%)、美国(91.23 亿美元、14.96%)、欧盟(81.41 亿美元、13.35%)、新西兰(61.86 亿美元、10.14%)、澳大利亚(43.17 亿美元、7.08%)、巴西(25.15 亿美元、4.12%)、俄罗斯(14.94 亿美元、2.45%)、秘鲁(12.14 亿美元、1.99%),我国从以上八个国家和地区进口的食品贸易总额为 489.90 亿美元,占当年所有进口食品额的 80.32%。

2006—2014 年我国主要进口食品国家贸易额的变化见图 6-2。图 6-2 显示,东盟、美国、欧盟稳居我国食品进口贸易的前三位,除东盟在 2013 年对我国食品

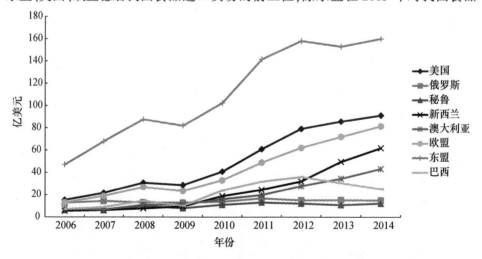

图 6-2　2006—2014 年间我国食品进口贸易的主要国家和地区的贸易额
资料来源:根据 UN Comtrade 数据库相关数据由作者整理计算所得(http://comtrade. un. org/db/)。

的出口额略有下降外,自 2009 年以来以上三个国家和地区对我国出口的增幅均较大。美国、欧盟、新西兰在我国食品进口市场中的份额呈逐年上升的趋势,尤其是新西兰先后超越俄罗斯、澳大利亚、巴西居我国食品进口贸易市场的第四位,之后一直保持这个地位。伴随着新西兰的超越,巴西、俄罗斯和秘鲁对我国食品出口的市场份额则进一步缩减,澳大利亚的市场份额增减趋势并不明显。

二、具有安全风险的进口食品的批次与来源地

经过改革开放三十多年的发展,我国已成为进口食品农产品贸易总额排名世界第一的大国。虽然我国进口食品质量安全总体情况一直保持稳定,没有发生过重大进口食品质量安全问题,但随着食品进口量的大幅攀升,其质量安全的形势日益严峻。从保障消费者食品消费安全的全局出发,基于全球食品的安全视角,分析研究具有安全风险的进口食品的基本状况,并由此加强食品安全的国际共治就显得尤其重要。

(一) 进口不合格食品的批次

随着我国经济的发展和城乡居民食品消费方式的转变,进口食品的需求激增。伴随着进口食品的大量涌入,近年来被我国质检总局检出的不合格食品的批次和数量整体呈现上升趋势。国家质检总局的数据显示,2009 年,我国进口食品的不合格批次为 1543 批次,2010—2012 年分别增长到 1753 批次、1818 批次和 2499 批次。虽然 2013 年进口食品的不合格批次下降到 2164 批次,但并未改变进口不合格食品批次整体上升的趋势。2014 年,各地出入境检验检疫机构检出不符合我国食品安全国家标准和法律法规要求的进口食品共 3503 批次,同比增长 61.88%,比 2013 年有较为明显的上升,再次表明进口食品的问题依然严峻,其安全性备受国内消费者关注(图 6-3)。

(二) 进口不合格食品的主要来源地

表 6-3 是 2013—2014 年间我国进口不合格食品的来源地分布。据国家质检总局发布的相关资料,2013 年我国进口不合格食品批次最多的前十位来源地分别是,中国台湾(380 批次,17.56%)、法国(215 批次,9.94%)、美国(175 批次,8.09%)、马来西亚(148 批次,6.84%)、德国(125 批次,5.78%)、泰国(103 批次,4.76%)、意大利(100 批次,4.62%)、韩国(97 批次,4.48%)、新西兰(84 批次,3.88%)、西班牙(66 批次,3.05%)。上述十个国家和地区不合格进口食品合计为 1493 批次,占全部不合格 2164 批次的 69.00%。

2014 年我国进口不合格食品批次最多的前十位来源地分别是,中国台湾(773 批次,22.06%)、美国(250 批次,7.14%)、韩国(233 批次,6.65%)、法国(207 批次,5.91%)、意大利(185 批次,5.28%)、马来西亚(177 批次,5.05%)、泰国(157

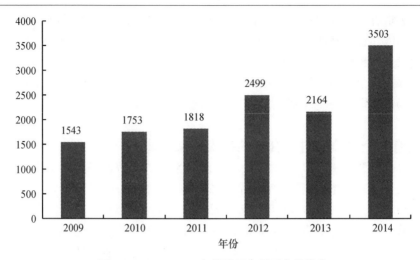

图 6-3 2009—2014 年间进口食品不合格批次

资料来源:国家质检总局进出口食品安全局:2009—2014 年 1—12 月进境不合格食品、化妆品信息,并由作者整理计算所得。

批次,4.48%)、德国(155 批次,4.42%)、日本(143 批次,4.08%)、澳大利亚(119批次,3.40%)(图 6-4)。上述 10 个国家和地区不合格进口食品合计为 2399 批次,占全部不合格 3503 批次的 68.47%。可见,我国主要的进口不合格食品来源地相对比较集中且近年来变化不大。

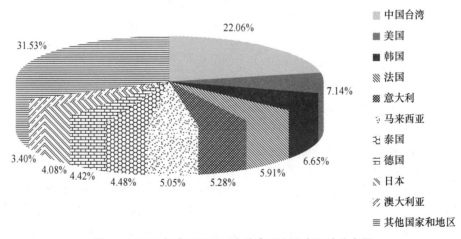

图 6-4 2014 年我国进口不合格食品主要来源地分布图

资料来源:国家质检总局进出口食品安全局:2014 年 1—12 月进境不合格食品、化妆品信息,并由作者整理计算所得。

从进口不合格食品来源地的数量来看,我国进口不合格食品来源地的数量从

2013 年的 68 个国家或地区增长到 2014 年的 80 个国家或地区,进口不合格食品来源地呈现出逐步扩散的趋势。

表 6-3　2013—2014 年我国进口不合格食品来源地区汇总表

2013 年不合格食品的来源国家或地区	不合格食品批次	所占比例（%）	2014 年不合格食品的来源国家或地区	不合格食品批次	所占比例（%）
中国台湾	380	17.56	中国台湾	773	22.06
法国	215	9.94	美国	250	7.14
美国	175	8.09	韩国	233	6.65
马来西亚	148	6.84	法国	207	5.91
德国	125	5.78	意大利	185	5.28
泰国	103	4.76	马来西亚	177	5.05
意大利	100	4.62	泰国	157	4.48
韩国	97	4.48	德国	155	4.42
新西兰	84	3.88	日本	143	4.08
西班牙	66	3.05	澳大利亚	119	3.40
澳大利亚	60	2.77	西班牙	117	3.34
日本	53	2.45	越南	104	2.97
比利时	46	2.13	新西兰	85	2.42
英国	42	1.94	英国	79	2.26
阿根廷	40	1.85	奥地利	44	1.26
荷兰	40	1.85	印度尼西亚	41	1.17
越南	36	1.66	中国香港	40	1.14
印度尼西亚	35	1.62	比利时	38	1.08
加拿大	33	1.52	土耳其	38	1.08
土耳其	24	1.11	波兰	35	1.00
南非	21	0.97	加拿大	35	1.00
菲律宾	19	0.88	哈萨克斯坦	26	0.74
中国香港	18	0.83	新加坡	25	0.71
新加坡	17	0.79	巴西	24	0.69
波兰	15	0.69	瑞士	22	0.63
捷克	12	0.55	瑞典	21	0.60
朝鲜	11	0.51	印度	21	0.60
奥地利	10	0.46	荷兰	20	0.57
印度	10	0.46	阿根廷	17	0.49
智利	10	0.46	阿联酋	17	0.49
丹麦	9	0.41	丹麦	17	0.49
希腊	9	0.41	远洋捕捞※※	17	0.49

（续表）

2013 年不合格食品的来源国家或地区	不合格食品批次	所占比例（%）	2014 年不合格食品的来源国家或地区	不合格食品批次	所占比例（%）
瑞士	7	0.32	巴基斯坦	14	0.40
缅甸	6	0.28	菲律宾	13	0.37
葡萄牙	6	0.28	挪威	13	0.37
瑞典	6	0.28	斯里兰卡	13	0.37
阿塞拜疆	5	0.23	乌克兰	12	0.34
爱尔兰	5	0.23	葡萄牙	11	0.31
巴西	5	0.23	阿尔巴尼亚	10	0.29
挪威	5	0.23	孟加拉国	10	0.29
巴基斯坦	4	0.18	智利	10	0.29
厄瓜多尔	4	0.18	中国澳门	10	0.29
斯里兰卡	4	0.18	捷克	8	0.23
乌克兰	4	0.18	俄罗斯	7	0.19
匈牙利	4	0.18	克罗地亚	7	0.19
莫桑比克	3	0.14	斯洛文尼亚	6	0.16
中国※	3	0.14	伊朗	6	0.16
中国澳门	3	0.14	埃及	5	0.14
保加利亚	2	0.09	朝鲜	5	0.14
格鲁吉亚	2	0.09	南非	5	0.14
古巴	2	0.09	希腊	5	0.14
哈萨克斯坦	2	0.09	塔吉克斯坦	4	0.11
基里巴斯	2	0.09	匈牙利	4	0.11
孟加拉	2	0.09	中国※	4	0.11
墨西哥	2	0.09	爱尔兰	3	0.09
阿尔巴尼亚	1	0.05	法罗群岛	3	0.09
阿联酋	1	0.05	吉尔吉斯斯坦	3	0.09
巴布亚新几内亚	1	0.05	秘鲁	3	0.09
白俄罗斯	1	0.05	白俄罗	2	0.06
冰岛	1	0.05	保加利亚	2	0.06
俄罗斯	1	0.05	卢森堡	2	0.06
肯尼亚	1	0.05	摩洛哥	2	0.06
立陶宛	1	0.05	亚美尼亚	2	0.06
沙特阿拉伯	1	0.05	巴拉圭	1	0.03
苏丹	1	0.05	厄瓜多尔	1	0.03
坦桑尼亚	1	0.05	斐济	1	0.03
突尼斯	1	0.05	格陵兰岛	1	0.03

（续表）

2013 年不合格 食品的来源国家 或地区	不合格食品 批次	所占比例 （%）	2014 年不合格 食品的来源国家 或地区	不合格食品 批次	所占比例 （%）
乌拉圭	1	0.05	肯尼亚	1	0.03
			立陶宛	1	0.03
			罗马尼亚	1	0.03
			马里	1	0.03
			马绍尔群岛	1	0.03
			缅甸	1	0.03
			莫桑比亚	1	0.03
			沙特阿拉伯	1	0.03
			突尼斯	1	0.03
			土库曼斯坦	1	0.03
			乌拉圭	1	0.03
			乌兹别克斯坦	1	0.03
			以色列	1	0.03
合计	2164	100.00	合计	3503	100.00

※ 货物的原产地是中国，是出口食品不合格退运而按照进口处理的不合格食品批次。

※※ 2014 年国家质检总局的报告中将远洋捕捞单列，本报告也采用此规范。

资料来源：国家质检总局进出口食品安全局：《2013 年、2014 年 1—12 月进境不合格食品、化妆品信息》。

三、不合格进口食品主要原因的分析考察

分析国家质检总局发布的相关资料，2014 年我国进口食品不合格的主要原因是：食品添加剂不合格、微生物污染、标签不合格、品质不合格、证书不合格、超过保质期、重金属超标、包装不合格、未获准入许可、感官检验不合格、检出有毒有害物质、货证不符、风险不明、农兽药残留超标、检出异物、含有违规转基因成分、非法贸易、携带有害生物等。在食品安全存在的问题中，食品添加剂不合格、微生物污染与重金属超标是主要问题，占检出不合格进口食品总批次的 40.39%；在非食品安全存在的问题中，标签、品质、证书等不合格，与超过保质期则是主要问题，占检出不合格进口食品总批次的 41.43%。2014 年，进口食品中添加剂不合格与微生物污染成为我国进口食品不合格的最主要原因，共有 1221 批次，占全年所有进口不合格食品批次的 34.86%（表 6-4、图 6-5）。

表 6-4　2013—2014 年我国进口不合格食品的主要原因分类

2013 年			2014 年		
进口食品不合格原因	批次	所占比例（%）	进口食品不合格原因	批次	所占比例（%）
微生物污染	446	20.61	食品添加剂不合格	640	18.27
食品添加剂不合格	408	18.85	微生物污染	581	16.59
标签不合格	320	14.79	标签不合格	567	16.19
品质不合格	224	10.35	品质不合格	437	12.48
超过保质期	193	8.92	证书不合格	233	6.65
证书不合格	126	5.82	超过保质期	214	6.11
重金属超标	120	5.55	重金属超标	194	5.53
货证不符	86	3.97	包装不合格	168	4.80
检出异物	45	2.08	未获准入许可	91	2.59
包装不合格	42	1.94	感官检验不合格	64	1.83
检出有毒有害物质	33	1.52	检出有毒有害物质	62	1.77
感官检验不合格	31	1.43	货证不符	61	1.74
未获准入许可	25	1.16	风险不明	58	1.66
非法贸易	13	0.60	农兽药残留超标	41	1.17
携带有害生物	12	0.55	检出异物	30	0.85
农兽药残留	11	0.51	含有违规转基因成分	24	0.69
含有违规转基因成分	7	0.33	非法贸易	18	0.51
来自疫区	2	0.09	携带有害生物	7	0.20
其他	20	0.93	其他	13	0.37
总计	2164	100.00	总计	3503	100.00

　　资料来源：国家质检总局进出口食品安全局：《2013 年、2014 年 1—12 月进境不合格食品、化妆品信息》，并由作者整理计算所得。

（一）食品添加剂不合格

1. **具体情况**。食品添加剂超标或不当使用食用添加剂是影响全球食品安全性的重要因素。2014 年，因食品添加剂不合格的进口食品共计 640 批次，较 2013 年增长 56.86%，食品添加剂不合格成为我国进口食品不合格的最主要原因，这是近年来的首次。2014 年由食品添加剂不合格引起的我国进口不合格食品，主要是由着色剂、防腐剂、营养强化剂违规使用所致（表 6-5）。比较 2013 年和 2014 年由食品添加剂超标等引起的进口不合格食品具体原因，进口食品中营养强化剂、抗结剂的违规使用需要引起进出口食品监管部门足够的重视。

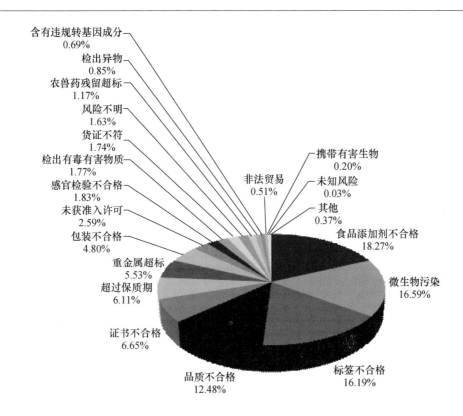

图 6-5　2014 年我国进口食品不合格项目分布

资料来源：国家质检总局进出口食品安全局：《2014 年 1—12 月进境不合格食品、化妆品信息》。

表 6-5　2013—2014 年由食品添加剂不合格引起的进口不合格食品的具体原因分类

序号	2013 年			2014 年		
	进口食品不合格的具体原因	批次	比例（%）	进口食品不合格的具体原因	批次	比例（%）
1	着色剂	153	7.07	着色剂	197	5.62
2	防腐剂	91	4.21	防腐剂	140	4.00
3	甜味剂	41	1.89	营养强化剂	110	3.14
4	营养强化剂	40	1.85	甜味剂	31	0.88
5	香料	12	0.55	抗结剂	24	0.69
6	塑化剂	12	0.55	抗氧化剂	15	0.43
7	乳化剂	10	0.46	膨松剂	12	0.34
8	增稠剂	9	0.42	酸度调节剂	8	0.23

（续表）

序号	2013 年			2014 年		
	进口食品不合格的具体原因	批次	比例（%）	进口食品不合格的具体原因	批次	比例（%）
9	抗氧化剂	8	0.37	加工助剂	7	0.20
10	分离剂	3	0.14	香料	7	0.20
11	膨松剂	2	0.09	被膜剂	2	0.06
12	漂白剂	2	0.09	缓冲剂	2	0.06
13	品质改良剂	2	0.09	增稠剂	2	0.05
14	被膜剂	2	0.09	乳化剂	1	0.03
15	加工助剂	2	0.09	其他	82	2.34
16	面粉处理剂	2	0.09			
17	其他	17	0.80			
	总计	408	18.85	总计	640	18.27

资料来源:国家质检总局进出口食品安全局:《2013 年、2014 年 1—12 月进境不合格食品、化妆品信息》,并由作者整理计算所得。

2. 主要来源地。 如图 6-6 所示,2014 年由食品添加剂不合格引起的进口不合格食品的主要来源国家和地区分别是中国台湾(146 批次,22.81%)、美国(70 批次,10.94%)、泰国(62 批次,9.69%)、日本(49 批次,7.66%)、马来西亚(48 批次,7.50%)、越南(30 批次,4.69%)、法国(23 批次,3.59%)、意大利(23 批次,3.59%)、西班牙(22 批次,3.44%)、韩国(21 批次,3.28%)。以上十个国家和地区因食品添加剂不合格而导致我国进口食品不合格的批次为 494 批次,占所有食品添加剂不合格批次的 77.19%。

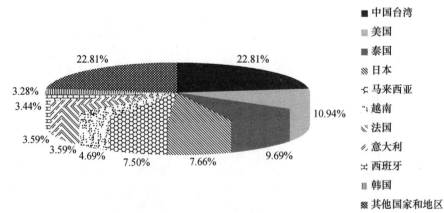

图 6-6　2014 年食品添加剂不合格引起的进口不合格食品的主要来源

资料来源:国家质检总局进出口食品安全局:《2014 年 1—12 月进境不合格食品、化妆品信息》,并由作者整理计算所得。

3．典型案例。2013—2014 年间的典型案例是：

（1）美国玛氏公司"M&M's 黑巧克力豆"日落黄超标。2013 年 7 月，一批来自国际食品巨头美国玛氏公司的"M&M's 黑巧克力豆"被检出色素日落黄超标。"日落黄"是色素的一种，添加到糖果中可以令其外观颜色更好看，不过有严格的使用量限制。长期或一次性大量食用色素含量超标的食品，可能会引起过敏、腹泻等症状。该批食品由上海伊纳思贸易有限公司从美国玛氏公司进口，共 171 千克，全部被国家质检总局的检验检疫部门销毁①。

（2）美国好时调味牛奶违规使用诱惑红。食品添加剂诱惑红(Allura Red)是食品工业中一种非常重要的着色剂，其使用标准号为 GB 17511.1-2008。2014 年 6 月，北美地区最大的巧克力及巧克力类糖果制造商、世界 500 强企业好时公司生产的 5 批次的调味牛奶因违规使用食品添加剂诱惑红，被国家质检总局做销毁处理。该 5 批次调味牛奶是由中山市汇明贸易有限公司进口，共计 4.5 吨②。

（二）微生物污染

1．具体情况。微生物个体微小、繁殖速度较快、适应能力强，在食品的生产、加工、运输和经营过程中很容易因温度控制不当或环境不洁造成污染，是威胁全球食品安全的又一主要因素。2014 年国家质检总局检出的进口不合格食品中因微生物污染的共 581 批次，占全年所有进口不合格食品批次的 20.61%，较 2013 年增长了 135 批次，增长幅度较为明显，其中菌落总数超标、大肠杆菌超标以及霉菌超标的情况较为严重。表 6-6 分析了在 2013—2014 年间由微生物污染引起的进口不合格食品的具体原因分类。

表 6-6　2013—2014 年由微生物污染引起的进口不合格食品的具体原因分类

序号	2013 年			2014 年		
	进口食品不合格的具体原因	批次	比例（%）	进口食品不合格的具体原因	批次	比例（%）
1	菌落总数超标	169	7.81	菌落总数超标	200	5.71
2	大肠菌群超标	155	7.16	大肠菌群超标	189	5.40
3	霉菌超标	7i	3.28	霉菌超标	70	2.00
4	检出金黄色葡萄球菌	10	0.41	细菌总数超标	27	0.77
5	大肠菌群、菌落总数超标	7	0.32	检出金黄色葡萄球菌	19	0.54

① 《2013 年 7 月进境不合格食品、化妆品信息》，国家质检总局进出口食品安全局，2013-07-31［2015-06-12］，http://jckspaqj. aqsiq. gov. cn/jcksphzpfxyj/jjspfxyj/jjbhgsptb/。

② 《2014 年 6 月进境不合格食品、化妆品信息》，国家质检总局进出口食品安全局，2014-09-02［2015-06-12］，http://jckspaqj. aqsiq. gov. cn/jcksphzpfxyj/jjspfxyj/jjbhgsptb/。

（续表）

序号	2013 年			2014 年		
	进口食品不合格 的具体原因	批次	比例 （%）	进口食品不合格 的具体原因	批次	比例 （%）
6	霉变	5	0.24	大肠菌群、菌落总数超标	13	0.37
7	大肠菌群、霉菌超标	4	0.19	霉变	10	0.28
8	检出单增李斯特菌	3	0.14	酵母菌、霉菌超标	7	0.20
9	检出氯霉素	3	0.14	检出单增李斯特菌	6	0.17
10	酵母菌超标	3	0.14	酵母菌超标	6	0.17
11	细菌菌落总数超标	3	0.14	霉菌、大肠菌群超标	6	0.17
12	检出副溶血性弧菌	3	0.14	霉菌、菌落总数超标	5	0.14
13	菌落总数、霉菌、大肠菌群 超标	2	0.10	乳酸菌超标	5	0.14
14	检出霍乱弧菌	2	0.10	检出副溶血性弧菌	3	0.09
15	嗜渗酵母超标	1	0.05	检出产气荚膜梭菌	2	0.06
16	非商业无菌	1	0.05	检出沙门氏菌	2	0.06
17	微生物污染	1	0.05	真菌总数超标	2	0.06
18	检出洋葱条黑粉菌	1	0.05	大肠菌群、沙门氏菌超标	1	0.03
19	菌落总数、霉菌超标	1	0.05	金黄色葡萄球菌、菌落总 数超标	1	0.03
20	检出 Newlands 血清型沙门 氏菌	1	0.05	非商业无菌	1	0.03
21				细菌总数、霉菌超标	1	0.03
22				其他	5	0.14
总计		446	20.61	总计	581	16.59

　　资料来源：国家质检总局进出口食品安全局：《2013 年、2014 年 1—12 月进境不合格食品、化妆品信息》，并由作者整理计算所得。

　　2. 主要来源地。如图 6-7 所示，2014 年由微生物污染引起的进口不合格食品的主要来源国家和地区分别是中国台湾（136 批次，23.41%）、马来西亚（66 批次，11.36%）、泰国（40 批次，6.88%）、韩国（35 批次，6.02%）、意大利（30 批次，5.16%）、澳大利亚（26 批次，4.48%）、新西兰（25 批次，4.30%）、印度尼西亚（22 批次，3.79%）、越南（20 批次，3.44%）、美国（19 批次，3.27%）。以上十个国家和地区因微生物污染而食品不合格的批次为 419 批次，占所有微生物污染批次的 72.11%，成为进口食品微生物污染的主要来源地。

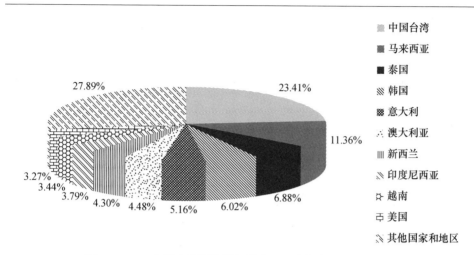

图6-7　2014年微生物污染引起的进口不合格食品的主要来源

资料来源：国家质检总局进出口食品安全局：《2014年1—12月进境不合格食品、化妆品信息》，并由作者整理计算所得。

3. 典型案例。

（1）恒天然"毒奶粉"事件。2013年8月，新西兰知名企业恒天然被曝检测出肉毒杆菌。早在2013年3月，恒天然集团在一次检查中发现，2012年5月生产的特殊类型浓缩乳清蛋白（WPC 80）梭菌属微生物指标呈阳性，经进一步检测发现，在一个样本中可能存在会导致肉毒杆菌中毒的梭菌属微生物菌株。2013年8月2日，恒天然为此对包括中国客户在内的8家客户发出提醒，其中3家为食品公司，2家为饮料公司，3家为动物饲料生产企业。2014年8月4日，国家质检总局公布四家可能受肉毒杆菌污染的进口商名单，上海市质监部门第一时间对涉案的上海企业进行了监督检查，督促企业通过追溯系统查明问题产品可能的流向。此事件导致中国消费者对新西兰奶粉的安全性感到担忧，严重影响恒天然企业在中国的发展。为此，新西兰外交部部长默里·麦卡利表示，新西兰政府就恒天然问题乳品事件在中国消费者中引起的不安深表歉意①。

（2）冷冻食品中检出金黄色葡萄球菌。金黄色葡萄球菌是人类生活中最常见的致病菌，其广泛存在于自然界中，尤其是食品中。食品中超出一定数量的金黄色葡萄球菌就会导致食用者出现呕吐、腹泻、发烧，甚至死亡的中毒事件②，是引

①　《恒天然和它的小伙伴们：毒奶粉污染"半径"还原》，载《21世纪经济报道》，2013-08-10［2014-06-12］，http://www.21cbh.com/2013/8-10/wNNDE4XzczOTkwNw.html。

②　柳敦江、王鹏：《一种快速鉴定猪舍空气样品中金黄色葡萄球菌的方法》，《猪业科学》2013年第5期，第96—97页。

发毒素型食物中毒的三大主因之一①。随着食品安全的逐步升级,对食品中金黄色葡萄球菌的检测成为食品检测中的重要内容。2014 年,我国进口食品中仍有较多批次的金黄色葡萄球菌超标的冷冻食品,包括来自新西兰、越南、英国、法国等国的冰鲜鲑鱼、冻鱼糜、冻猪筒骨、冻猪肋排等产品,给人们的食品安全带来隐患(表6-7)。

表 6-7　2014 年部分金黄色葡萄球菌不合格的冷冻产品

时间	产地	具体产品	处理方式
2014 年 3 月	新西兰	冰鲜鲑鱼	销毁
2014 年 5 月	越南	冻鱼糜	退货
2014 年 11 月	英国	冻猪筒骨	退货
2014 年 11 月	法国	冻猪肋排	退货
2014 年 11 月	马来西亚	榴莲球(速冻调制食品)	退货
2014 年 12 月	西班牙	冷冻猪连肝肉	退货

资料来源:国家质检总局进出口食品安全局:《2014 年 1—12 月进境不合格食品、化妆品信息》,并由作者整理计算所得。

(三) 重金属超标

1. 具体情况。不仅在中国,而且包括发达国家在内的世界其他国家或地区也不同程度地存在着重金属污染食品的情况。表6-8 显示,2014 年我国进口食品中由重金属超标而被拒绝入境的批次规模有新的增加,占所有进口不合格食品批次的比例基本不变。除了常见的如铜、镉、铬、铁等重金属污染物超标外,进口食品中稀土元素、砷等重金属超标的现象需要格外引起重视。

表 6-8　2013—2014 年由重金属超标引起的进口不合格食品具体原因

序号	2013 年			2014 年		
	进口食品不合格的具体原因	批次	比例(%)	进口食品不合格的具体原因	批次	比例(%)
1	铜超标	34	1.57	铜超标	40	1.14
2	铁超标	27	1.25	砷超标	35	1.00
3	铅超标	15	0.69	稀土元素超标	33	0.94
4	镉超标	11	0.51	铝超标	22	0.63
5	砷超标	9	0.42	镉超标	17	0.48
6	铬超标	8	0.37	铁超标	17	0.48

---

①　刘海卿、佘之蕴、陈丹玲:《金黄色葡萄球菌三种定量检验方法的比较》,《食品研究与开发》2014 年第 13 期。

（续表）

序号	2013 年			2014 年		
	进口食品不合格的具体原因	批次	比例（%）	进口食品不合格的具体原因	批次	比例（%）
7	锰超标	6	0.28	铅超标	12	0.34
8	汞超标	4	0.18	铬超标	2	0.06
9	稀土元素超标	3	0.14	汞超标	2	0.06
10	铝超标	2	0.09	镁超标	1	0.03
11	铬超标、稀土超标	1	0.05	锰超标	1	0.03
12				锌超标	1	0.03
13				其他	11	0.31
	总计	120	5.55	总计	194	5.53

资料来源:国家质检总局进出口食品安全局:《2013 年、2014 年 1—12 月进境不合格食品、化妆品信息》,并由作者整理计算所得。

2. 主要来源地。如图 6-8 所示,2014 年我国由重金属超标引起的进口不合格食品的主要来源国家和地区,分别是日本(25 批次,12.89%)、中国台湾(22 批次,11.34%)、美国(14 批次,7.22%)、法国(12 批次,6.19%)、斯里兰卡(11 批次,5.67%)、韩国(9 批次,4.64%)、澳大利亚(8 批次,4.12%)、阿根廷(7 批次,3.61%)、德国(7 批次,3.61%)、西班牙(7 批次,3.61%)。以上十个国家和地区因重金属超标而食品不合格的批次为 122 批次,占所有重金属超标批次的62.90%。

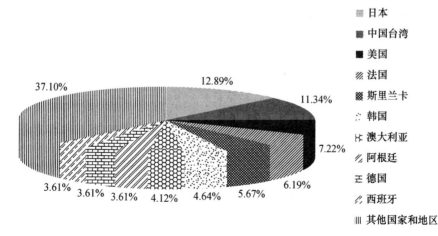

图 6-8　2014 年重金属超标引起的进口不合格食品的主要来源
资料来源:国家质检总局进出口食品安全局:《2014 年 1—12 月进境不合格食品、化妆品信息》,并由作者整理计算所得。

3.典型案例。 进口阿根廷马黛茶稀土元素超标,是近年来我国进口食品重金属超标的典型案例。2014 年 1 月,Estabkecimiento Las Marias Sacifa 公司生产的塔拉吉精选无梗马黛茶、塔拉吉活力印第安传统马黛茶、圣恩限量精品马黛茶等 5 批茶叶被国家质检总局检出稀土元素超标,共有 6.66 吨。所有的茶叶均已做退货处理①。在一般情况下,接触稀土不会对人带来明显危害,但长期低剂量暴露或摄入可能会给人体健康或体内代谢产生不良后果,包括影响大脑功能,加重肝肾负担,影响女性生育功能等。

(四) 农兽药残留超标或使用禁用农兽药

1.具体情况。 由表 6-9 可以看出,相比 2013 年,2014 年进口食品中因农兽药残留超标和使用禁用农兽药引起的被拒绝入境的批次出现明显地增长,增长率高达 272.73%,占所有进口不合格食品的比例也出现较大上升。莱克多巴胺、呋喃唑酮、吡虫啉、硝基呋喃等是引发农兽药不合格原因的重点。

表 6-9　2013—2014 年由农兽药残留超标或使用禁用农兽药等引起
的进口不合格食品具体原因分类

序号	2013 年			2014 年		
	进口食品不合格的具体原因	批次	比例(%)	进口食品不合格的具体原因	批次	比例(%)
1	检出呋喃西林代谢物	7	0.31	检出莱克多巴胺	29	0.82
2	检出呋喃西林	1	0.05	检出呋喃唑酮	5	0.14
3	检出氰戊菊酯	1	0.05	吡虫啉超标	2	0.06
4	检出三氯杀螨醇	1	0.05	硝基呋喃超标	2	0.06
5	检出顺丁烯二酸	1	0.05	滴滴涕超标	1	0.03
6				尼卡巴嗪超标	1	0.03
7				乙酰甲胺磷超标	1	0.03
	总计	11	0.51	总计	41	1.17

资料来源:国家质检总局进出口食品安全局:《2013 年、2014 年 1—12 月进境不合格食品、化妆品信息》,并由作者整理计算所得。

2.典型案例。 "立顿"茶农残超标是近年来有代表性的案例。2012 年 4 月,"绿色和平组织"对全球最大的茶叶品牌——"立顿"牌袋泡茶叶的抽样调查发现,该组织所抽取的四份样品共含有 17 种农药残留,绿茶、茉莉花茶和铁观音样本中均含有至少 9 种农药残留,其中绿茶和铁观音样本中农药残留多达 13 种。而且,"立顿"牌的绿茶、铁观音和茉莉花茶三份样品,被检测出含有《中华人民共和国农

① 《2014 年 1 月进境不合格食品、化妆品信息》,国家质检总局进出口食品安全局,2014-03-10[2015-06-12],http://jckspaqj.aqsiq.gov.cn/jcksphzpfxyj/jjspfxyj/jjbhgsptb/。

业部第 1586 号公告》规定不得在茶叶上使用的灭多威,而灭多威被世界卫生组织列为高毒农药①。同时,进口美国近 500 吨猪肉产品含莱克多巴胺事件也具有典型性。2014 年 11 月,国家质检总局天津口岸接连在进口自美国的 17 批猪肉产品中检出莱克多巴胺,累计超过 478 吨,涵盖冻猪肘、冻猪颈骨、冻猪脚、冻猪肾、冻猪心管、冻猪舌、冻猪鼻等猪肉产品。所有这些猪肉产品均已做退货或销毁处理②。

（五）进口食品标签标识不合格

1．具体情况。根据我国《食品标签通用标准》的规定,进口食品标签应具备食品名称、净含量、配料表、原产地、生产日期、保质期、国内经销商等基本内容。实践已经证明,规范进口食品的中文标签标识是保证进口食品安全、卫生的重要手段。2014 年我国进口食品标签中存在的问题主要是食品名称不真实、隐瞒配方、标签符合性检验不合格等,共计 567 批次,较 2013 年增长 247 批次,占全部不合格批次总数的 16.19%。

2．主要来源地。如图 6-9 所示,2014 年由标签不合格引起的进口不合格食品的主要来源国家和地区分别是中国台湾（183 批次,32.28%）、德国（60 批次,10.58%）、美国（51 批次,8.99%）、马来西亚（32 批次,5.64%）、澳大利亚（26 批次,4.59%）、意大利（24 批次,4.23%）、西班牙（22 批次,3.88%）、法国（21 批次,3.70%）、比利时（19 批次,3.35%）、韩国（17 批次,3.00%）。以上十个国家和地区因标签不合格而食品不合格的批次为 455 批次,占所有标签不合格批次的80.24%。

3．典型案例。2014 年 1 月,国家质检总局在检验进口食品时发现,来自中国台湾统一集团的 5 批次的统一阿 Q 桶面存在标签不合格的情况,这 5 批次的桶面因此被退货处理③。

（六）含有转基因成分的食品

1．具体情况。作为一种新型的生物技术产品,转基因食品的安全性一直备受争议,而目前学界对于其安全性也尚无定论。2014 年 3 月 6 日,农业部部长韩长赋在十二届全国人大二次会议新闻中心举行的记者会上指出,转基因在研究上要

---

① 《茶叶被指涉有高毒性农药残留　上海多超市未下架》,中国新闻网,2012-04-25［2015-06-12］,http://finance.chinanews.com/jk/2012/04-25/3845646.shtml。

② 《2014 年 11 月进境不合格食品、化妆品信息》,国家质检总局进出口食品安全局,2015-01-12［2015-06-12］,http://jckspaqj.aqsiq.gov.cn/jcksphzpfxyj/jjspfxyj/jjbhgsptb/。

③ 《2014 年 1 月进境不合格食品、化妆品信息》,国家质检总局进出口食品安全局,2014-03-10［2015-06-12］,http://jckspaqj.aqsiq.gov.cn/jcksphzpfxyj/jjspfxyj/jjbhgsptb/。

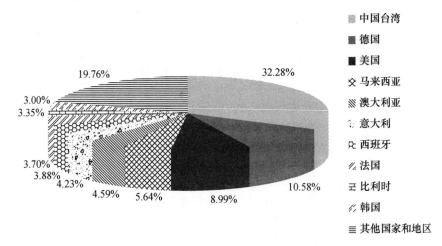

图 6-9　2014 年标签不合格引起的进口不合格食品的主要来源

资料来源:国家质检总局进出口食品安全局:《2014 年 1—12 月进境不合格食品、化妆品信息》,并由作者整理计算所得。

积极,坚持自主创新,在推广上要慎重,做到确保安全[1]。我国对转基因食品的监管政策一贯是明确的。2014 年,我国进口食品中含有违规转基因成分共计 24 批次,占全部不合格批次总数的 0.69%。

2. 典型案例。 2014 年 3 月,进口自中国台湾的永和豆浆因含有违规转基因成分被国家质检总局的福建口岸截获,最终做退货处理。永和豆浆是海峡两岸及香港著名的豆浆生产品牌,豆浆产品由永和国际开发股份有限公司生产[2]。这一事件表明国际大品牌的食品质量安全同样需要高度重视。

四、进口食品接触产品的质量状况

食品接触产品是指日常生活中与食品直接接触的器皿、餐厨具等产品,这类产品会与食品或人的口部直接接触,与消费者身体健康密切相关。近年来,随着国内居民生活水平的不断提高,高档新型的进口食品接触产品越来越受到人们的喜爱,进口数量也在快速增长,由此,因食品接触产品引发的食品安全问题已成为一个新关注点。因此,主要借鉴国家质检总局发布的《全国进口食品接触产品质

---

[1] 《农业部部长回应转基因质疑:积极研究慎重推广严格管理》,新华网,2014-03-06［2014-06-12］,http://news.xinhuanet.com/politics/2014-03/06/c_126229096.htm。

[2] 《永和豆浆被检出转基因》,半月谈网,2014-05-18［2015-06-12］,http://www.banyuetan.org/chcontent/zc/bgt/2014516/101635.html。

量状况》报告①,本章新增进口食品接触产品的质量状况,力求全面反映我国进口食品接触产品的现状。目前,我国进口食品接触产品的规范主要有《中华人民共和国进出口商品检验法》及其实施条例、国家质检总局《进出口食品接触产品检验监管工作规范》及相关标准。

（一）进口食品接触产品贸易的基本特征

1. 进口食品接触产品的规模持续增长。近年来,进口食品接触产品的规模呈现出明显的增长态势。图 6-10 显示,进口食品接触产品从 2012 年的 14891 批次增长到 2014 年的 79562 批次,年均增长 131.15%,增长势头较为迅猛;进口食品接触产品的货值也从 2012 年的 2.38 亿美元增长到 2014 年的 7.45 亿美元,年均增长 76.93%。

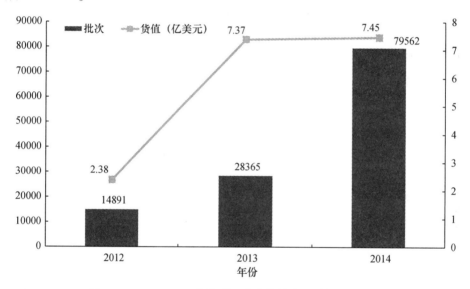

图 6-10 2012—2014 年间进口食品接触产品的批次和货值

资料来源:国家质检总局:《2013 年、2014 年度全国进口食品接触产品质量状况》,并由作者整理所得。

2. 金属制品、家电类、塑料制品占绝大多数。2014 年,我国进口食品接触产品主要包括金属制品、家电类、塑料制品、陶瓷制品、纸制品及其他材料制品。其中,金属制品、家电类和塑料制品的所占比例较高,分别为 29.9%、27.0% 和 15.1%,是主要的产品类别。其他材料类制品以玻璃制品为主(图 6-11)。

---

① 2014 年的报告见:《2014 年度全国进口食品接触产品质量状况》,国家质检总局网站,2014-03-30 [2015-06-12],http://www.aqsiq.gov.cn/zjxw/zjxw/zjftpxw/201503/t20150330_435404.htm.

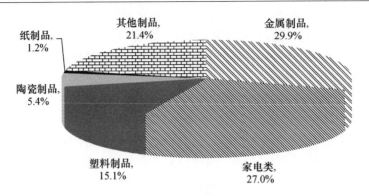

图 6-11　2014 年进口食品接触产品货值分布
资料来源:国家质检总局:《2014 年度全国进口食品接触产品质量状况》,并由作者整理所得。

3. 地区分布相对集中。图 6-12 显示,2014 年,我国进口食品接触产品批次原产国前十位依次是韩国、日本、中国①、德国、意大利、美国、法国、英国、瑞典、土耳其。原产于该 10 国的食品接触产品合计 62732 批次,占总进口批次的 78.8%。可见,我国进口食品接触产品的来源地相对集中。

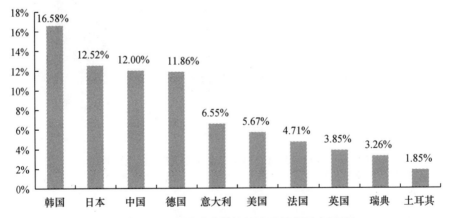

图 6-12　2014 年进口食品接触产品的主要来源地
资料来源:国家质检总局:《2014 年度全国进口食品接触产品质量状况》,并由作者整理所得。

(二) 进口食品接触产品质量状况

1. 检出批次与不合格率。2014 年,我国进口食品接触产品检验不合格 4776

---

① 这里的中国主要是指出口复进口产品,不包括港澳台地区。

批、货值4507.7万美元,同比分别增加300.7%和274.5%,检验批不合格率为6.0%,不合格率创最近三年的新高;实验室检测12948批,检测不合格228批,检测批不合格率为1.76%,不合格率则为近三年最低。检验不合格情况猛增一方面是因为进口量的快速增长,更主要的则是标识、标签不合格情况大幅增加。2012—2014年三年间检验批不合格率及实验室检测不合格率对比如图6-13所示。

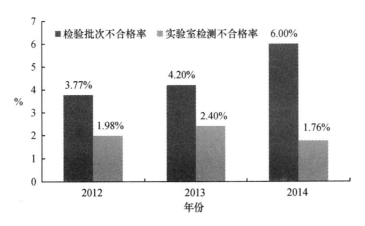

图6-13　2012—2104年间进口食品接触产品不合格率
资料来源:国家质检总局:《2013年、2014年度全国进口食品接触产品质量状况》,并由作者整理所得。

2. 不合格种类和原因。2013年进口食品接触产品不合格的情况主要包括标识标签不合格、安全卫生项目不合格、外观质量不合格、理化性能不合格及其他不合格,所占比例分别为55.2%、27.4%、9.4%、2.2%、5.8%。标识标签不合格占半数以上,是进口食品接触产品不合格的最主要原因。安全卫生项目不合格的比重也较高,主要是蒸发残渣超标、脱色、丙烯腈单体、高锰酸钾消耗量超标、荧光检查不合格、重金属溶出量超标等原因造成的。

2014年度国家质检总局检出的4776批次不合格进口食品接触产品中,标识标签不合格4310批,所占比例为90.24%,占绝大多数,无中文标识标签或标识标签内容欠缺是主要原因。安全卫生项目检测不合格228批,所占比例为4.77%,主要表现为陶瓷制品铅、镉溶出量超标,塑料制品脱色、蒸发残渣及丙烯腈单体超标,金属制品重金属溶出量、涂层蒸发残渣超标,纸制品荧光物质和铅含量超标,家电类重金属和蒸发残渣超标等。其他项目检验不合格239批,所占比例为4.99%,主要表现为货证不符、品质缺陷等。

2014年各类进口食品接触产品检测批不合格率情况如图6-15所示。与食品接触的家电类产品是首次纳入质量分析范畴,家电类制品实验室检测比例最低,

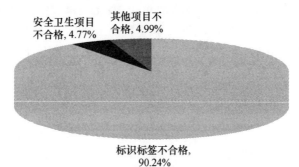

图 6-14　2014 年进口食品接触产品不合格原因

资料来源:国家质检总局:《2014 年度全国进口食品接触产品质量状况》,并由作者整理所得。

而检测批不合格率却最高,可见进口家电类食品接触产品存在较为严重的质量安全问题,需要引起格外的注意。由于我国强制性标准《食品安全国家标准 不锈钢制品》(GB 9684-2011)制定了明确且严格的重金属溶出限量,近年来金属类产品不合格率也较高,为 3.14%,排在第二位。不合格率排在第三位的是塑料制品,蒸发残渣、丙烯腈单体、脱色等指标不合格是造成塑料制品不合格的主要原因。纸制品、日用陶瓷及其他制品(主要是玻璃制品)检测不合格率相对较低。

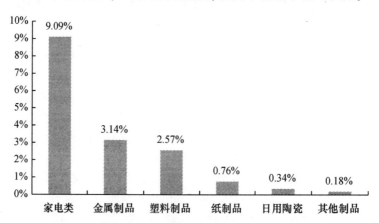

图 6-15　2014 年不同类别进口食品接触产品的检测合格率

资料来源:国家质检总局:《2014 年度全国进口食品接触产品质量状况》,并由作者整理所得。

3. 不合格进口食品接触产品的主要来源地。图 6-16 是 2014 年不合格进口食品接触产品的主要来源地。韩国是我国不合格进口食品接触产品的最大来源地,所占比例超过四分之一。其他前十位的国家主要是日本、中国、德国、泰国、印度、意大利、中国台湾、法国、保加利亚,所占比例分别为4.29%、3.75%、2.68%、2.14%、1.38%、1.11%、0.98%、0.96%、0.77%。

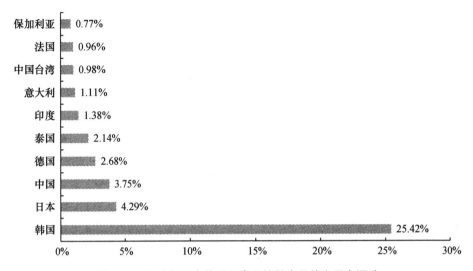

图6-16　2014年不合格进口食品接触产品的主要来源地
资料来源:国家质检总局:《2014年度全国进口食品接触产品质量状况》,并由作者整理所得。

五、现阶段需要解决的重要问题

面对日益严峻的进口食品安全问题,着力完善覆盖全过程的具有中国特色的进口食品安全监管体系,保障国内食品安全已非常迫切。立足于保障进口食品质量安全的现实与未来需要,应该构建以源头监管、口岸监管、流通监管和消费者监管为主要监管方式,以风险分析与预警、召回制度为技术支撑,以食品安全国际共治为外部环境保障,以安全卫生标准与法律体系为基本依据,构建与完善具有中国特色的进口食品安全监管体系。由于篇幅的限制,本章节重点思考的建议是如下五个方面。

(一) 实施进口食品的源头监管

2014年,在《进口食品国外生产企业注册管理规定》《进口食品国外生产企业注册管理规范》等框架下,我国对64个国家的36种食品实行了严格的检验检疫准入,对输往中国的14000多家食品企业进行注册,对10多家进出口商进行备案①。然而,与发达国家相比,我国对进口食品的源头监管能力还有待提升。应该借鉴欧美等发达国家的经验,进一步加强对食品输出国的食品风险分析和注册管理,尤其是重要的进口食品,问题较多的进口食品,明确要求食品出口商在向所在国家取得类似于 HACCP(Hazard Analysis Critical Control Point,危害分析及关键控制点)认证等安全认证②。同时由于进口食品往往具有在境外加工、生产的特征,一国的监管者很难在本国境内全程监管这些食品的加工与生产过程,因此必要时可以对外派出食品安全官,到出口地展开实地调查和抽查,督查食品生产企业按我国食品安全国家标准进行生产,这就需要与食品出口国加强合作,构建食品安全国际共治的格局则显得十分必要。

(二) 强化进口食品的口岸监管

如图 6-17 所示,2014 年我国查处不合格进口食品前十位的口岸分别是上海(993 批次,28.35%)、厦门(491 批次,14.02%)、广东(374 批次,10.68%)、深圳(344 批次,9.82%)、山东(286 批次,8.16%)、北京(219 批次,6.25%)、福建(206 批次,5.88%)、珠海(117 批次,3.34%)、浙江(116 批次,3.31%)、江苏(71 批次,2.03%)。以上十个口岸共检出不合格进口食品 3217 批次,占全部不合格进口食品批次的 91.84%。而从货值的角度看,国家质检总局的《2014 年度全国进口食品质量安全状况(白皮书)》也显示,2014 年,我国进口食品贸易额前 10 位的口岸分别是上海、天津、广州、青岛、大连、深圳、苏州、北京、厦门、泰州,共 375.7 亿美元,占我国进口食品贸易总额的 77.9%③。可见,我国进口食品的口岸相对集中。

进口食品的口岸监督监管是指利用口岸在进出口食品贸易中的特殊地位,对来自境外的进口食品进行入市前管理,对不符合要求的食品实施拦截的监管方式④。强化进口食品的口岸监管,核心的问题是根据各个口岸进口不合格食品的类别、来源的国别地区,实施有针对性的监管。2014 年,我国在口岸上拦截有害生物 5460 多种,80 多万种次,退用和销毁不合格食品 24000 多吨,对 44 种高风险食品实行严格监管,发出食品安全预警 100 多次⑤。虽然国家质检总局在进口食品的口岸监管方面做出了很多努力,但我国进口食品的口岸监管仍存在一些问题。

---

① 《支树平:食品安全习主席要求四个严》,中国食品科技网,2014-03-28[2015-06-12],http://www.tech-food.com/news/2015-3-28/n1190985.htm。

② HAPPC:Hazard Analysic Critical Control Point,即"危害分析及关键控制点",是一个国际认可的、保证食品免受生物性、化学性及物理性危害的预防体系。

③ 《2014 年度全国进口食品质量安全状况(白皮书)》,国家质检总局网站,2015-04-07[2015-06-12],http://www.aqsiq.gov.cn/zjxw/zjxw/zjftpxw/201504/t20150407_436001.htm。

④ 陈晓枫:《中国进出口食品卫生监督检验指南》,中国社会科学出版社 1996 年版。

⑤ 《支树平:食品安全习主席要求四个严》,中国食品科技网,2014-03-28[2015-06-12],http://www.tech-food.com/news/2015-3-28/n1190985.htm。

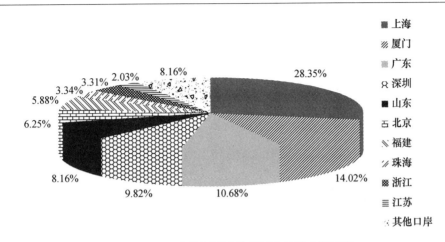

图 6-17　2014 年检测不合格进口食品的主要口岸

资料来源:国家质检总局进出口食品安全局:2014 年 1—12 月进境不合格食品、化妆品信息,并由作者整理计算所得。

目前,我国对不同种类的进口食品的监管采用统一的标准和方法,不同种类的进口食品均处于同一尺度的口岸监管之下,这可能并不完全符合现实要求。以酒和米面速冻制品(如:速冻水饺、小笼包等)为例,从 HAPPC 的角度而言,前者质量的关键控制点仅包括原料、加工时间和温度三个点,即只要控制好原料的质量和加工时间、温度这三个关键控制点,就能控制酒类的卫生质量。除此之外,酒类在成型后稳定性好,食品的保质期长(几年甚至高达十年以上)。而后者的质量关键控制点有面、馅的原料来源,面的发酵时间和温度,成品蒸煮的时间和温度,手工加工步骤中人员卫生因素等十几个关键控制点,控制点越多,食品质量的风险系数就越大。而且这类食品的保存要求高、保质期短、稳定性差。显然,相比酒类,米面速冻制品存在质量缺陷的可能性更大,食品安全风险更高。因此,要对不同的进口食品进行分类,针对不同食品的风险特征展开不同种类的重点检测。

(三) 实施口岸检验与后续监管的无缝对接

在 2000 年我国政府机构管理体制的改革中,口岸由国家质检系统管理,市场流通领域由工商系统管理,进口食品经过口岸检验进入国内市场,相应的检测部门就由质检系统转向工商系统,前后涉及两个政府监管系统。相比于发达国家实行的"全过程管理",我国的进口食品的分段式管理容易造成进口食品监管的前后脱节。2013 年 3 月,我国对食品安全监管体制实施了新的改革,食品市场流通领域由食品药品监管系统负责,但口岸监管仍然属于质检系统,并没有发生改变,进口食品安全监管依然是分段式管理的格局。口岸对进口食品监管属于抽查性质,在整个进口食品的监管中具有"指示灯"的作用。然而,进口食品的质量是动态的,进入流通、消费等后续环节后仍然可能产生安全风险。因此,对进口食品流通、消费环节的后续监管是对口岸检验工作的有力补充,实施口岸检验和流通监管的无缝对接就显得十分必要。

(四) 完善食品安全国家标准

为进一步保障进口食品的安全性,国家卫生计生委应协同相关部门努力健全与国际接轨、同时与我国食品安全国家标准、法律体系相匹配的进口食品安全标准,最大程度地通过技术标准、法律体系保障进口食品的安全性。(1) 提高食品安全的国家标准,努力与国际标准接轨。我国食品安全标准采用国际标准和国外先进标准的比例为 23%,远远低于我国国家标准 44.2% 采标率的总体水平[1]。我国食品安全国家标准有相当一部分都低于 CAC 等国际标准[2]。以铅含量为例,CAC 标准中薯类、畜禽肉、鱼类、乳等食品中铅限量指标分别为 0.1 mg/kg、0.1 mg/kg、0.3 mg/kg、0.02 mg/kg,而我国相应的铅限量指标分别为 0.2 mg/kg、0.2 mg/kg、0.5 mg/kg、0.05 mg/kg[3],标准水平明显低于 CAC 标准,在境外不合格的有些食品通过口岸流入我国就成为合格食品。(2) 提高食品安全标准的覆盖面。与 CAC 食品安全标准相比,我国食品安全标准涵盖的内容范围小,提高食品安全标准的覆盖面十分迫切。(3) 确保食品安全国家标准清晰明确,努力减少交叉。我国现有的食品安全标准存在相互矛盾、相互交叉的问题,这往往导致标准不一的问题,虽然近年来我国食品安全国家标准在清理、整合上取得了重要进展,但仍然不适应现实要求。(4) 提高食品安全标准的制修订的速度。发达国家的食品技术标准修改的周期一般是 3—5 年[4],而我国很多的食品标准实施已经达到十年甚至是十年以上,严重落后于食品安全的现实需求。因此,要加快食品安全标准的更新速度,使食品标准的制定和修改与食品技术发展、食品安全需求相匹配。

(五) 构建食品安全国际共治格局

在经济全球化、贸易自由化的背景下,全球食品安全问题有几个明显的变化[5]。首先,全球食品的贸易在迅猛增长,2004—2013 年的十年间,全球食品的贸

① 江佳、万波琴:《我国进口食品安全侵权问题研究》,《广州广播电视大学学报》2010 年第 3 期。
② 国际食品法典委员会制定的全部食品标准构成国际食品标准体系(简称 CAC 食品标准体系),该标准体系标准覆盖面广、制定重点突出、制定程序具有科学性,是唯一认可的国际食品标准体系,已成为解决国际食品贸易争端的仲裁性标准。
③ 邵懿、王君、吴永宁:《国内外食品中铅限量标准现状与趋势研究》,《食品安全质量检测学报》2014 年第 1 期。
④ 江佳:《我国进口食品安全监管法律制度完善研究》,西北大学硕士学位论文,2011 年。
⑤ 《支树平:食品安全习主席要求四个严》,中国食品科技网,2014-03-28 [2015-06-12],http://www.tech-food.com/news/2015-3-28/n1190985.htm。

易额从 1.3 万亿吨增加到 3 万亿吨,增长 131%,贸易量的增加使食品安全的压力加大。其次,全球食品的供应链更加复杂多样,原料供应从本地化为主转向全球化为主,给保障食品安全增加了难度。再次,全球食品安全问题更加凸显,随着转基因等科学技术的发展以及电子商务新型业态的出现,食品安全面临的新挑战越来越多。因此,食品安全问题是全世界共同面临的难题,加强各国(地区)之间的合作,构建食品安全国际共治格局,是未来食品安全治理的趋势。

食品安全国际共治要求世界各个国家和地区在互信的基础上共商、共建、共享,各国政府、企业、国际组织要搭建食品安全合作的平台,构建共同的食品安全预警与保障体系,一起保卫舌尖上的安全。目前,我国已在食品安全国际共治方面做出了努力。国家质检总局发布的《2014 年度全国进口食品质量安全状况(白皮书)》①显示,我国为食品安全国际共治做了很大的贡献。一是加强与国际组织的合作。目前我国是国际食品法典委员会(Codex Alimentarius Commission)农药残留和食品添加剂两个委员会的主席国,在世界贸易组织、世界动物卫生组织(Office International Des Epizooties)、国际植物保护公约(International Plant Protection Convention)等国际组织中发挥着重要积极作用。二是加强政府之间的合作。截至 2014 年,质检总局与全球主要贸易伙伴共签署了 189 个食品安全合作协议,要加强双边合作,各负其责,保障全球食品安全。三是加强政企之间的合作。2014年,国家质检总局成功地举办了 APEC 食品安全政企高层对话。今后,我国应继续推动与国际组织、政府、企业之间的食品安全多边合作,构建食品安全国际共治的格局。

从长远来分析,我国对进口食品的需求将进一步上扬,进口食品质量安全面临的格局将日趋复杂化,提高进口食品的安全性,根本的路径就在于建立健全具有中国特色的进口食品的安全监管体系,这是一个较为漫长的发展与改革过程。

---

①　《2014 年度全国进口食品质量安全状况(白皮书)》,国家质检总局网站,2015-04-07[2015-06-12],http://www.aqsiq.gov.cn/zjxw/zjzw/zjftpxw/201504/t20150407_436001.htm。

2015

中编 食品安全：2014年支撑体系的新进展

第七章 2014年食品安全法治体系建设与惩处食品安全犯罪的新进展

2014年我国食品安全法律制度发展的主要特征是,在立法上重点开展了《中华人民共和国食品安全法》(以下简称《食品安全法》)的修订工作,并于2015年4月24日由第十二届全国人民代表大会常务委员会第十四次会议修订通过。新的《食品安全法》的出台与实施,将对全面提高食品安全法治建设能力,构建食品安全风险治理体系与提升治理能力的现代化具有十分重大的意义。与此同时,2014年在司法环节上,继续严惩食品安全犯罪和相关的职务犯罪行为,食品安全法律制度执法上取得了新的进展,并通过推进地方层面改革食品安全监管体制,为食品安全的依法行政奠定了重要的体制基础。本章重点回顾与总结2014年食品安全法治体系建设与惩处食品安全犯罪方面取得的新进展。

一、《食品安全法》修订与食品安全立法工作的新进展

2013年,全国人大常委会展开了《食品安全法》的修订工作,经过2014年卓有成效的工作,取得了重要进展,并于2015年4月24日由第十二届全国人民代表大会常务委员会第十四次会议修订通过,自2015年10月1日起施行。《食品安全法》的修改,主要是以法律形式固定我国食品安全监管体制的改革成果、完善监管的制度机制,解决当前食品安全领域存在的突出问题,以法治方式维护食品安全,为最严格的食品安全监管提供了体制制度保障。与此同时,2014年在食品安全行政法制度建设方面,还取得了一系列新进展,主要包括国务院颁布了二部规范性文件,国务院有关部委颁布了二部部委规章,具有普遍约束力的规范性文件20部。

(一) 修订背景及过程

现行《食品安全法》对规范食品生产经营活动、保障食品安全发挥了重要作用,食品安全整体水平得到提升,食品安全形势总体稳中向好。与此同时,我国食品企业违法生产经营现象依然存在,食品安全事件时有发生,监管体制、手段和制度等尚不能完全适应食品安全需要,法律责任偏轻、重典治乱威慑作用没有得到充分发挥,食品安全形势依然严峻。党的十八大以来,党中央、国务院进一步改革

完善我国食品安全监管体制,着力建立最严格的食品安全监管制度,积极推进食品安全社会共治格局。为了以法律形式固定监管体制改革成果、完善监管制度机制,解决当前食品安全领域存在的突出问题,以法治方式维护食品安全,为最严格的食品安全监管提供体制制度保障,修改现行《食品安全法》被立法部门提上日程①。

新修订的《食品安全法》历经全国人大常委会第九次会议、第十二次会议两次审议,三易其稿后终获通过。从 2013 年 10 月—2015 年 4 月历时 1 年半的时间,《食品安全法》修正案主要的修改历程是:

1. 国家食品药品监管总局提出初步修订案并向社会公开征求意见

2013 年 5 月,国务院将《食品安全法》修订列入 2013 年立法计划②,并确定由国家食品药品监督管理总局牵头修订。经过广泛调研和论证,2013 年 10 月 10 日,国家食品药品监管总局向国务院报送了《食品安全法(修订草案送审稿)》。该送审稿从落实监管体制改革和政府职能转变成果、强化企业主体责任落实、强化地方政府责任落实、创新监管机制方式、完善食品安全社会共治、严惩重处违法违规行为 6 个方面对现行法律作了修改、补充,增加了食品网络交易监管制度、食品安全责任强制保险制度、禁止婴幼儿配方食品委托贴牌生产等规定和责任约谈、突击性检查等监管方式。在行政许可设置方面,国家食品药品监督管理总局经过专项论证,在送审稿中增加规定了食品安全管理人员职业资格和保健食品产品注册两项许可制度。为了进一步增强立法的公开性和透明度,提高立法质量,国务院法制办于同年 10 月 29 日将该送审稿全文公布,公开征求社会各界意见。

2. 国务院常务会议讨论通过修订草案并递交全国人大常委会审议

2013 年 10 月 30 日公布的第十二届全国人大常委会立法规划中,《食品安全法》的修改被列为"条件比较成熟、任期内拟提请审议的法律草案"之一③。2014 年 5 月 14 日,国务院常务会议讨论通过《食品安全法(修订草案)》,并重点完善了四个方面:一是对生产、销售、餐饮服务等各环节实施最严格的全过程管理,强化生产经营者主体责任,完善追溯制度。二是建立最严格的监管处罚制度。对违法行为加大处罚力度,构成犯罪的,依法严肃追究刑事责任。加重对地方政府负责人和监管人员的问责。三是健全风险监测、评估和食品安全标准等制度,增设责

---

① 本章的内容主要来源于:《打响"舌尖安全"保卫战——新修订〈食品安全法〉深度解读》,中国食品网,2015-06-03[2015-06-16],http://www.cfqn.com.cn/jryw/5192.html。

② 在食品安全方面,2013 年列入国务院立法计划的还包括对《乳品质量安全监督管理条例》的修订,该项立法工作由农业部起草,属于"力争年内完成的项目"。但关于该条例的修改起草工作没有太多的信息,具体进展情况不明。

③ 《十二届全国人大常委会立法规划》,新华网,2013-10-30[2014-06-16],http://news.xinhuanet.com/po litics/2013-10/30/c_117939129.htm。

任约谈、风险分级管理等要求。四是建立有奖举报和责任保险制度,发挥消费者、行业协会、媒体等监督作用,形成社会共治格局。同年6月23日,《食品安全法(修订草案)》被提交至全国人大常委会第九次会议一审。

3. 全国人大常委会二审修订草案

2014年12月22日,第十二届全国人大常委会第十二次会议对《食品安全法(修订草案)》进行二审。二审修订时出现了7个方面的变化:一是增加了非食品生产经营者从事食品贮存、运输和装卸的规定;二是明确将食用农产品市场流通写入食品安全法;三是增加生产经营转基因食品依法进行标识的规定和罚则;四是对食品中农药的使用做了规定;五是明确保健食品原料用量要求;六是增加媒体编造、散布虚假食品安全信息的法律责任;七是加重了对在食品中添加药品等违法行为的处罚力度。

4. 全国人大常委会表决通过新法

2014年12月30日至2015年1月19日,《食品安全法(修订草案)》第二次公开征求意见。2015年4月,第十二届全国人大常委会第十四次会议对《食品安全法(修订草案)》审议后表决通过。相比二审稿,《食品安全法(修订草案)》最后一次审议只是在较受争议的几个核心问题上做了修改,如对剧毒、高毒农药作出的进一步限制是,不得用于"蔬菜、瓜果、茶叶和中草药材"。同时增加规定:销售食用农产品的批发市场应当配备检验设备和人员,或者委托食品检验机构,对进场销售的食用农产品抽样检验;特殊医学用配方食品应当经国务院食品药品监督管理部门注册等。2015年4月24日,第十二届全国人大常委会第十四次会议以160票赞成、1票反对、3票弃权,表决通过了新修订的《食品安全法》,自2015年10月1日起正式施行。

(二) 新的《食品安全法》的基本理念及亮点

1. 体现的基本理念

新修订的《食品安全法》(以下简称《新法》)在总则中规定了食品安全工作要实行预防为主、风险管理、全程控制、社会共治的基本原则,要建立科学、严格的监管制度。该规定内容吸收了国际食品安全治理的新价值、新元素,不仅是《食品安全法》修订时遵循的理念,也是今后我国食品安全监管工作必须遵循的理念。

在预防为主方面,就是要强化食品生产经营过程和政府监管中的风险预防要求。为此,将食品召回对象由原来的"食品生产者发现其生产的食品不符合食品安全标准,应当立即停止生产,召回已经上市销售的食品"修改为"食品生产者发现其生产的食品不符合食品安全标准或者有证据证明可能危害人体健康的,应当立即停止生产,召回已经上市销售的食品"。在风险管理方面,提出了食品药品监管部门根据食品安全风险监测、风险评估结果和食品安全状况等,确定监管重点、方式和频次,实施风险分级管理。在全程控制方面,提出了国家要建立食品全程追溯制度。食品生产经营者要建立食品安全追溯体系,保证食品可追溯。在社会共治方面,强化了行业协会、消费者协会、新闻媒体、群众投诉举报等方面的规定。

2. 体现的主要亮点

新法体现的亮点集中体现在以下四个方面:

(1) 八个方面的制度设计确保最严监管。一是完善统一权威的食品安全监管机构。终结了"九龙治水"的食品安全分段监管模式,从法律上明确由食品药品监管部门统一监管。二是建立最严格的全过程的监管制度。《新法》对食品生产、流通、餐饮服务和食用农产品销售等环节,食品添加剂、食品相关产品的监管以及网络食品交易等新兴业态等进行了细化和完善。三是更加突出预防为主、风险防范。新法进一步完善了食品安全风险监测、风险评估制度,增设了责任约谈、风险分级管理等重点制度。四是建立最严格的标准。《新法》明确了食品药品监管部门参与食品安全标准制定工作,加强了标准制定与标准执行的衔接。五是对特殊食品实行严格监管。《新法》明确特殊医学用途配方食品、婴幼儿配方乳粉的产品配方实行注册制度。六是加强对农药的管理。新法明确规定,鼓励使用高效低毒低残留的农药,特别强调剧毒、高毒农药不得用于瓜果、蔬菜、茶叶、中草药材等国家规定的农作物。七是加强风险评估管理。新法明确规定通过食品安全风险监测或者接到举报发现食品、食品添加剂、食品相关产品可能存在安全隐患等情形,必须进行食品安全风险评估。八是建立最严格的法律责任制度。《新法》从民事和刑事等方面强化了对食品安全违法行为的惩处力度。

(2) 六个方面的罚则设置确保"重典治乱"。一是强化刑事责任追究。《新法》对违法行为的查处上做了一个很大改革,即首先要求执法部门对违法行为进行一个判断,如果构成犯罪,就直接由公安部门进行侦查,追究刑事责任;如果不构成刑事犯罪,才是由行政执法部门进行行政处罚。此外还规定,行为人因食品安全犯罪被判处有期徒刑以上刑罚,则终身不得从事食品生产经营的管理工作。二是增设了行政拘留。新法对用非食品原料生产食品、经营病死畜禽、违法使用剧毒高毒农药等严重行为增设拘留行政处罚。三是大幅提高了罚款额度。比如,对生产经营添加药品的食品,生产经营营养成分不符合国家标准的婴幼儿配方乳粉等性质恶劣的违法行为,现行食品安全法规定最高可以处罚货值金额 10 倍的罚款,新法规定最高可以处罚货值金额 30 倍的罚款。四是对重复违法行为加大处罚。新法规定,行为人在一年内累计 3 次因违法受到罚款、警告等行政处罚的,给予责令停产停业直至吊销许可证的处罚。五是非法提供场所增设罚则。为了加强源头监管、全程监管,新法对明知从事无证生产经营或者从事非法添加非食用物质等违法行为,仍然为其提供生产经营场所的行为,规定最高处以 10 万元罚款。六是强化民事责任追究。《新法》增设首负责任制,要求接到消费者赔偿请求的生产经营者应当先行赔付,不得推诿;同时消费者在法定情形下可以要求 10 倍价款或者 3 倍损失的惩罚性赔偿金。此外,新法还强化了民事连带责任,规定对网络交易第三方平台提供者未能履行法定义务、食品检验机构出具虚假检验报告、认证机构出具虚假的论证结论,使消费者合法权益受到损害的,应与相关生产经营者承担连带责任。

(3) 四个方面的规定确保食品安全社会共治。 一是行业协会要当好引导者。新法明确,食品行业协会应当加强行业自律,按照章程建立健全行业规范和奖惩机制,提供食品安全信息、技术等服务,引导和督促食品生产经营者依法生产经营。二是消费者协会要当好监督者。新法明确,消费者协会和其他消费者组织对违反食品安全法规定,损害消费者合法权益的行为,依法进行社会监督。三是举报者有奖并受保护。《新法》规定,对查证属实的举报应当给予举报人奖励,对举报人的相关信息,政府和监管部门要予以保密。同时,参照国外的"吹哨人"制度和公益告发制度,明确规定企业不得通过解除或者变更劳动合同等方式对举报人进行打击报复,对内部举报人给予特别保护。四是新闻媒体要当好公益宣传员。《新法》明确,新闻媒体应当开展食品安全法律、法规以及食品安全标准和知识的公益宣传,并对食品安全违法行为进行舆论监督。同时,规定对在食品安全工作中做出突出贡献的单位和个人给予表彰、奖励。

(4) 四项义务强化互联网食品交易监管。 一是明确网络食品第三方交易平台的一般性义务,即要对入网经营者实名登记,要明确其食品安全管理责任。二是明确网络食品第三方交易平台的管理义务,即要对依法取得许可证才能经营的食品经营者许可证进行审查,特别是发现入网食品经营者有违法行为的,应当及时制止,并立即报告食品药品监管部门。对发现严重违法行为的,应当立即停止提供网络交易平台的服务。三是规定消费者权益保护的义务,包括消费者通过网络食品交易第三方平台,购买食品其合法权益受到损害的,可以向入网的食品经营者或者食品生产者要求赔偿,如果网络食品第三方交易平台的提供者对入网的食品经营者真实姓名、名称、地址和有效方式不能提供的,要由网络食品交易平台提供赔偿,网络食品交易第三方平台提供赔偿后,有权向入网食品经营者或者生产者进行追偿,网络食品交易第三方平台提供者如果做出了更有利于消费者承诺的,应当履行承诺。

(三) 新的《食品安全法》对监管部门和行业发展等产生的影响

近年来,食品安全不断被推上风口浪尖,食品安全事件也是风波不断,以至于广大群众对"吃什么才安全"深感忧虑。《新法》作为一部保证食品质量、保障公众饮食安全的法典,必将对食品监管、食品行业发展以及消费者的饮食安全带来直接影响。

1. 对食品监管产生的重要影响

相比现行《食品安全法》,《新法》从监管角度出发,创新完善了诸多监管制度,为行业监管部门开展食品安全监管增添了新的"武器"。一是规定监管部门应根据食品安全风险监测、评估结果等确定监管重点、方式和频次,实施风险分级管理。该规定有利于监管部门合理配置监管资源,有针对性地加强对食品企业的动态监管和风险预警分析,落实食品企业质量安全主体责任。二是明确对有证据证明食品存在安全隐患但食品安全标准未作相应规定的,相关部门可规定食品中有害物质的临时限量值和临时检验方法。作为应急状态下的一项行政控制措施,这一制度的设计有利于监管部门在食品监管中对食品中有害物质含量的检测判定。三是规定食品药品监管部门可以对未及时采取措施消除隐患的食品生产经营者的主要负责人进行责任约谈;政府可以对未及时发现系统性风险、未及时消除监管区域内的食品安全隐患的监管部门主要负责人和下级人民政府主要负责人进行责任约谈。这一制度的设立,有利于监管部门进一步强化食品药品安全管理的责任意识,推动食品药品安全监管职责落实到位,有效防范食品药品安全事故的发生。四是明确食品药品监管部门应当建立食品生产经营者食品安全信用档案,依法向社会公布并实时更新。这一制度的建立不仅有利于引导食品生产经营者在生产经营活动中重质量、重服务、重信誉、重自律,进而形成确保食品安全的长效机制,而且对监管部门提升监督检查效率,增强执法威慑力具有重要意义。五是规定食品药品监管、质量监督等部门发现涉嫌食品安全犯罪的,应当按照有关规定及时将案件移送公安机关。这一规定明确了食品安全行政执法案件的移送程序和各相关部门的职责,这对畅通行政执法与刑事司法衔接、多部门联合打击食品安全违法犯罪具有重要作用。

2. 对食品行业发展生产的积极影响

相比现行的《食品安全法》,《新法》的实施将对食品行业的发展产生重要影响。一是明确食品生产经营者对食品安全承担主体责任,对其生产经营食品的安全负责。这一原则性规定确立了食品生产经营者是其产品质量第一责任人的理念,对提高整个食品行业质量安全意识具有积极意义。二是规定食品生产经营者应当依法建立食品安全追溯体系,保证食品可追溯。国家鼓励食品生产经营企业采用信息化手段采集、留存生产经营信息,建立食品安全追溯体系。食品安全追溯体系的建立,便于有效追溯食品源头,分清各生产环节的责任,对提高我国整个食品安全可信度和食品企业竞争力具有重要作用。同时,通过追溯体系的健全,有利于追踪溯源地查处各类食品违法行为,对净化整个食品行业环境,促进食品产业发展意义重大。三是对保健食品管理新增多项规定。例如,改变过去单一的产品注册制度,对保健食品实行注册与备案双规制;明确保健食品原料目录、功能目录的管理制度,对使用符合保健食品原料目录规定原料的产品实行备案管理;明确保健食品企业应落实主体责任,生产必须符合良好规范并实行定期报告制度;规定保健食品广告发布必须经过省级食品药品监管部门的审查批准等。《新法》增加的这些规定,将使整个保健食品行业得到进一步肃清整顿,加速行业的健康成长。正如汤臣倍健公共事务部总监陈特军所言,此次食品安全法修订将对整个保健品行业的发展起到正向激励作用,既解放了行业龙头企业的生产力与创新力,也给行业注入新鲜活力,而且规范的监督也有助于重塑消费者对保健品行业的信心,促进整个行业的发展成熟。四是对婴幼儿配方乳粉管理增设新规定。例如,明确要求婴幼儿配方食品生产企业实施从原料进厂到成品出厂的全过程质量控制;婴幼儿配方乳粉的产品配方应当经国务院食品药品监督管理部门注册;不得以分装方式生产婴幼儿配方乳粉。新法明确"加强全程质量监控",可以最大限度保证婴幼儿配方食品质量安全,这对规范奶粉市场秩序、重振民众对国产奶粉的消费信心具有积极的推动作用。特别是"产品配方实施注册管理",不仅有助于政府部门通过许可手段将配方总量有限制地控制起来,促使企业更专注地将配方产品质量做好,而且对提高奶粉品牌的市场进入门槛,推动婴幼儿奶粉配方升级具有积极作用。而"禁止分装方式生产",意在鼓励国内的生产企业集中力量提升研发能力和生产的技术水平,进一步保障婴幼儿配方乳粉的质量安全。

3. 对消费者饮食安全的保障作用

同样,《新法》的实施也将对保障消费者饮食安全产生积极的影响。一是保健食品标签不得涉及防病治疗功能。近年来,保健食品在我国销售日益火爆,但市场中鱼龙混杂的现象仍十分严重。根据国家食品药品监督管理总局对2012年全年和2013年1—3月期间,118个省级电视频道、171个地市级电视频道和101份报刊的监测数据显示,保健食品广告90%以上属于虚假违法广告,其中宣称具有治疗作用的虚假违法广告占39%。《新法》要求保健食品标签不得涉及防病治疗功能,并声明"本品不能代替药物"。这些规定有助于消费者识别保健品虚假宣传,警惕消费陷阱。二是生产经营转基因食品应按规定标示。近年来,农业转基因生物产品越来越多地进入到人们的生活中,关于转基因食品安全性的争议也愈演愈烈。尤其是在转基因食品标示方面,要么标识很小,消费者很难注意到;要么有些商家乱标识,以"非转基因"作为炒作噱头。新法规定了生产经营转基因食品应当按照规定显著标示,并设置了相应的法律责任。这一规定完善了我国转基因食品标识制度,充分保障了消费者对转基因食品的知情权。三是剧毒、高毒农药禁用于蔬菜瓜果。利用剧毒农药、化肥、膨大剂等对蔬菜瓜果进行病虫害防治、催肥,是消费者最担忧的食品安全问题之一。2015年4月初,就有山东省即墨市、胶州市的消费者食用了产自海南的西瓜后,出现呕吐、头晕等症状,后经抽检,发现 9 批次含有国家明令禁止销售和使用的高毒农药"涕灭威"。新法明确规定,剧毒、高毒农药不得用于蔬菜、瓜果、茶叶和中草药材。这有利于进一步确保消费者的饮食安全,消除消费者对有"毒"蔬菜瓜果的担忧,提升消费者对普通食品的消费信心。

表 7-1　2014 年中央层面机构部门规章立法情况表

	名称	文号
1	食品药品行政处罚程序规定	国家食品药品监督管理总局令第 3 号
2	食品药品监督管理统计管理办法	国家食品药品监督管理总局令第 10 号

资料来源:由作者整理形成。

　　需要指出的是,在修改《食品安全法》的同时,2014 年中央层面和地方层面的法规和规章的立法工作也继续推进,各部门和各地方制定了大量的规范性文件以外,同时制定了两部部委规章。法规、规章立法数量较之以前比较少的主要原因有两个方面,一方面,自现行《食品安全法》颁布与实施以来,我国在食品安全方面的法律体系已经渐趋完善,2012 年、2013 年食品安全立法工作已经表现出立法数量放缓的态势;另一方面,2014 年《食品安全法》的修订工作正在紧锣密鼓地进行,下位阶的立法工作处于期待观望的状态,2014 年地方的执行性立法出现空白主要是这个原因。相关情况参见本章的表 7-1、表 7-2。

表 7-2　中央层面机构制定的规范性文件

	名称	文号
1	国务院办公厅关于进一步加强食品药品监管体系建设有关事项的通知	国办发明电〔2014〕17 号
2	国务院办公厅关于印发 2014 年食品安全重点工作安排的通知	国办发〔2014〕20 号
3	食品安全监督抽检和风险监测实施细则(2014 年版)	食药监办食监三〔2014〕71 号
4	食品安全抽样检验管理办法	国家食品药品监督管理总局令第 11 号
5	农业部绿色食品管理办公室、中国绿色食品发展中心关于印发《绿色食品标志许可审查工作规范》和《绿色食品现场检查工作规范》的通知	农绿认〔2014〕24 号
6	中国绿色食品发展中心关于印发《绿色食品标志使用证书管理办法》和《绿色食品颁证程序》的通知(2014 修订)	2014 年 12 月 10 日发布
7	国家卫生计生委关于建立卫生计生系统食品安全首席专家制度的指导意见	国卫食品发〔2014〕84 号

（续表）

	名称	文号
8	农业部、食品药品监管总局关于加强食用农产品质量安全监督管理工作的意见	农质发[2014]14 号
9	中国绿色食品发展中心关于印发《关于绿色食品产品标准执行问题的有关规定》的通知(2014 修订)	中绿科[2014]153 号
10	中国绿色食品发展中心关于严格执行《绿色食品产地环境质量》和《绿色食品产地环境调查、监测与评价规范》的通知	中绿科[2014]135 号
11	国家食品药品监督管理总局关于印发食品药品行政处罚案件信息公开实施细则(试行)的通知	食药监稽[2014]166 号
12	中国绿色食品发展中心关于印发《绿色食品检查员注册管理办法》的通知(2014 修订)	农绿认[2014]12 号
13	国家食品药品监督管理总局、财政部关于印发《食品药品监督管理人员制式服装及标志供应办法》和《食品药品监督管理人员制式服装及标志式样标准》的通知	食药监财[2014]15 号
14	国家食品药品监督管理总局关于印发重大食品药品安全违法案件督查督办办法的通知	食药监稽[2014]96 号
15	农业部绿色食品管理办公室、中国绿色食品发展中心关于下发《全国绿色食品原料标准化生产基地监督管理办法》的通知(2014 修订)	农绿科[2014]12 号
16	农业部绿色食品管理办公室、中国绿色食品发展中心关于印发《绿色食品标志许可审查程序》的通知(2014 修订)	农绿认[2014]9 号
17	国家质量监督检验检疫总局关于印发《国家级出口食品农产品质量安全示范区考核实施办法》的通知	国质检食[2014]216 号
18	国家食品药品监管总局办公厅关于印发食品安全监督抽检和风险监测工作规范(试行)的通知	食药监办食监三[2014]55 号
19	国家质量监督检验检疫总局公告 2014 年第 43 号——关于发布《进口食品不良记录管理实施细则》的公告	国家质量监督检验检疫总局公告 2014 年第 43 号

资料来源:由作者整理形成。

二、严厉打击食品安全犯罪的新成效

2014 年,在严厉打击食品领域的犯罪活动,继续取得新成效。各级行政机关与司法机关通力合作,通过各种有效途径,严厉打击危害食品安全的违法犯罪行为,对保护百姓舌尖上的安全等发挥了重要作用。

（一）公安部门出重拳下猛药

2014 年,伴随着我国法律制度体系不断完善,以及公安机关食品打假专业侦查力量不断充实,在公安部与各地公安机关依法严厉打击下,我国食品药品安全形势持续稳定向好,食药安全工作步入深入治理的新常态,百姓餐桌安全和用药安全得到进一步保障。

1. 大力度地侦破食品犯罪案件

2014 年,针对该领域违法犯罪突出的严峻形势,全国公安机关出重拳、下猛药,在深入推进"打四黑除四害"工作的基础上,全面开展"打击食品药品环境犯罪深化年"活动,破获一系列食品药品重特大案件。全国公安机关共侦破食品药品案件 2.1 万起,抓获犯罪嫌疑人近 3 万名。其中侦破一批食品安全重大犯罪案件,如,山东省滕州市警方破获了涉及山东、河南、湖北、河北等 7 省份的特大制售"毒腐竹"案件,查扣有毒有害食品添加物 105 吨、毒腐竹 3.3 万余斤,涉案金额 5000余万元。一批大案要案的相继侦破,有力打击了食品药品犯罪分子的嚣张气焰,回应了百姓关切[①]。

2. 建章立制与突出源头治理

2014 年,公安部针对查办病死畜禽案件中发现的保险理赔和无害化处理环节中行政监管的薄弱环节,推动国务院制定下发了《关于建立病死畜禽无害化处理机制的意见》,有效堵塞了病死猪问题的产生源头等。一系列法律制度的落地,为公安机关依法打击食药犯罪提供了坚实的法律支撑,进一步筑牢公安机关保卫百姓食药安全的屏障。

3. 专设"食药警察"

2014 年 3 月,上海市公安局食品药品犯罪侦查总队宣告成立。这是在 2013年 15 个省级食品药品犯罪专业侦查机构的基础上,诞生的又一个省级打击食品药品犯罪的专门机构。2014 年包括上海、山西在内,各地纷纷推进食药打假专业侦查力量建设,打击食品药品犯罪专门机构如雨后春笋涌现。到 2014 年底为止,全国省级公安机关专业食品药品犯罪侦查机构已达到 17 个。专门的食药犯罪侦查办案人员,被百姓形象地称为"食药警察"。这一新警种的设立使公安机关更加专业有效地打击食品药品制假售假行为。以上海为例,成立不到 7 个月,就破获190 余起案件,抓获 200 余名犯罪嫌疑人[②]。

---

① 《公安机关高扬法治利剑严厉打击食药犯罪综述》,四川长安网,2015-01-08[2015-06-16],http://www. sichuanpeace. org. cn/system/20150108/000107903. html。

② 《我国食药安全步入深入治理新常态》,中国警察网,2015-01-07[2015-06-16],http://www. cpd. com. cn/ n10216060/n10216144/c27398384/content. html。

(二) 检察院与法院系统严惩危害食品安全的犯罪

1. 检察院系统

最高人民检察院牵头制定办理危害药品安全刑事案件的司法解释,开展危害食品药品安全犯罪专项立案监督。坚持依法从严原则,起诉制售有毒有害食品、假药劣药等犯罪 16428 人,同比上升 55.9%;在食品药品生产流通和监管执法等领域查办职务犯罪 2286 人。在上海、北京探索设立跨行政区划人民检察院,将重大食品药品安全刑事案件纳入重点办理跨地区重大案件之中,保证国家食品安全法律的正确统一实施①。

2. 执法和司法机关系统

2014 年,全国执法和司法机关继续保持对食品药品安全犯罪严打的高压态势。新收涉食品药品犯罪案件 1.2 万件,比上年上升 117.6%;其中,生产、销售假药罪 4417 件,上升 51.9%。生产、销售有毒、有害食品罪 4694 件,上升 157.2%;生产、销售不符合安全标准的食品罪案件 2396 件,上升 342.8%,表明近年来全国食品药品安全和监督体制改革工作和部分专项打击行动(如"严厉打击药品违法生产、严厉打击药品违法经营、加强药品生产经营规范建设和加强药品监管机制建设的'两打两建'"等)取得初步成效,最高人民法院近年来发布的有关审理食品药品犯罪案件的司法解释和典型案例发挥着越来越重要的作用②。

三、以典型案例解释法律与推动法律规定的贯彻落实

最高人民法院、监察部等通过典型案例解释法律,努力推动法律规定的全面贯彻落实。

(一) 最高人民法院公布的典型案例

2014 年 1 月 9 日,为维护消费者合法权益,净化食品药品安全环境,最高人民法院召开新闻发布会,向社会公布了五起食品药品纠纷的典型案例③。其目的在于统一各级法院的裁判制度,提醒消费者合理维权,同时也是向不良商家发出必须诚实经营的警示和警告。这批典型案例中有两件是涉及食品消费者获得惩罚性赔偿的案例,有一件是涉及食品消费损害赔偿主体的案例。2014 年 3 月,最高

---

① 《2015 年最高人民检察院工作报告》,人民网,2015-03-12 [2015-06-16], http://lianghui. people. com. cn/ 2015npc/n/2015/0312/c394473-26681959. html。

② 《依法惩治刑事犯罪　守护国家法治生态》,汉丰网,2015-05-07[2015-06-16],http://www. kaixian. tv/gd/ 2015/0507/691405. html

③ 《最高人民法院公布五起食品药品纠纷典型案例》,中国法院网,2014-01-09[2015-06-16], http:// www. chinacourt. org/article/detail/2014/01/id/1174682. shtml。

人民法院公布了十起维护消费者权益典型案例①,其中一起亦涉及食品安全法惩罚性赔偿条款的适用问题。

1. 孙银山买卖合同纠纷案

该案的基本案情是:2012 年 5 月 1 日,原告孙银山在被告欧尚超市有限公司江宁店(以下简称欧尚超市)购买"玉兔牌"香肠 15 包,其中价值 558.6 元的 14 包香肠已过保质期(原告明知)。孙银山到收银台结账后,又径直到服务台进行索赔。因协商未果,孙银山诉至南京市江宁区人民法院,要求欧尚超市支付售价十倍的赔偿金 5586 元。法院认为,《中华人民共和国消费者权益保护法》第 2 条规定:"消费者为生活消费需要购买、使用商品或者接受服务,其权益受本法保护;本法未作规定的,受其他有关法律、法规保护。"本案中,孙银山实施了购买商品的行为,欧尚超市未提供证据证明其购买商品是用于生产销售,并且原告孙银山因购买到过期食品而要求索赔,属于行使法定权利。因此欧尚超市认为孙银山不是消费者的抗辩理由不能成立。

食品销售者负有保证食品安全的法定义务,应当对不符合安全标准的食品及时清理下架。但欧尚超市仍然销售超过保质期的香肠,系不履行法定义务的行为,应当被认定为销售明知是不符合食品安全标准的食品。在此情况下,消费者可以同时主张赔偿损失和价款十倍的赔偿金,也可以只主张价款 10 倍的赔偿金。孙银山要求欧尚超市支付售价十倍的赔偿金,属于当事人自行处分权利的行为,应予支持。根据《中华人民共和国食品安全法》第 96 条的规定,判决被告欧尚超市支付原告孙银山赔偿金 5586 元。现该判决已发生法律效力。该典型案例的意义在于,消费者明知是过期食品而购买,请求经营者向其支付价款十倍赔偿,法院应予支持。

2. 华燕人身权益纠纷案

该案的基本案情是:2009 年 5 月 6 日,原告华燕两次到被告北京天超仓储超市有限责任公司第二十六分公司(以下简称二十六分公司)处购买山楂片,分别付款 10 元和 6.55 元(为取证),在食用时山楂片中的山楂核将其槽牙崩裂。当日,华燕到医院就诊,将受损的槽牙拔除。为此,华燕共支付拔牙及治疗费 421.87元,镶牙费 4810 元,交通费 6.4 元、复印费 15.8 元。后华燕找二十六分公司协商处理此事时,遭到对方拒绝。华燕后拨打 12315 进行电话投诉,经北京市朝阳区消费者协会团结湖分会(以下简称团结湖消协)组织调解,未达成一致意见。遂向北京市朝阳区人民法院起诉,要求被告赔偿拔牙及治疗费 421.87 元,镶牙费 4810元,交通费 6.4 元、复印费 15.8 元,购物价款 17 元及初次购物价款 10 倍赔偿费共

① 《最高法院公布 10 起维护消费者权益典型案例》,中国法院网,2014-03-13 [2015-06-16],http://www. chinacourt. org/article/detail/2014/03/id/1229740. shtml。

计117元,精神损害抚慰金8000元。团结湖消协向法院出具说明,证明华燕所购山楂片在包装完整的情况下即可看出存在瑕疵。案件审理中,北京天超仓储超市有限责任公司(以下简称天超公司)提供了联销合同及山楂片生产者的相关证照及山楂片的检验报告等,证明其销售的山楂片符合产品质量要求。经法院调查,华燕在本案事实发生前,曾因同一颗牙齿的问题到医院就诊,经治疗该牙齿壁变薄,容易遭受外力伤害。

北京市第二中级人民法院二审认为,根据国家对蜜饯产品的安全卫生标准,软质山楂片内应是无杂质的。天超公司销售的山楂片中含有硬度很高的山楂核,不符合国家规定的相关食品安全卫生标准,应认定存在食品质量瑕疵,不合格食品的销售者对其销售的不合格食品所带来的损害后果,应承担全部责任。华燕自身牙齿牙壁较薄,但对于本案损害的发生并无过错,侵权人的责任并不因而减轻。从团结湖消协出具的情况说明来看,该山楂片所存在的瑕疵是在外包装完整的情况下即可发现的,因此,产品销售商是在应当知道该食品存在安全问题的情况下销售该产品,应向消费者支付价款十倍的赔偿金。鉴于华燕因此遭受的精神损害并不严重,对其要求赔偿精神损失的主张,依法不予支持。据此,该院依照《食品安全法》第96条的规定,判决天超公司向华燕赔偿医疗费5231.87元、交通费6.4元、退货价款及支付价款十倍赔偿116.55元。该典型案例的意义在于,消费者因食用不合格食品造成人身损害,请求销售者依法支付医疗费和购物价款10倍赔偿金,人民法院予以支持。

3. 皮旻旻产品责任纠纷案

该案的基本案情是:2012年5月5日,皮旻旻在重庆远东百货有限公司(以下简称远东公司)购买了由重庆市武陵山珍王食品开发有限公司(以下简称山珍公司)生产的"武陵山珍家宴煲"10盒,每盒单价448元,共计支付价款4480元。每盒"武陵山珍家宴煲"里面有若干独立的预包装食品,分别为松茸、美味牛肝、黄牛肝、香菇片、老人头、茶树菇、青杠菌、球盖菌、东方魔汤料包等。每盒"武陵山珍家宴煲"产品的外包装上标注了储存方法、配方、食用方法、净含量、产品执行标准、生产许可证、生产日期、保质期以及生产厂家的地址、电话等内容,但东方魔汤料包上没有标示原始配料。山珍公司原以Q/LW7-2007标准作为企业的生产标准,该标准过期后由于种种原因未能及时对标准进行延续,且该企业仍继续在包装上标注Q/LW7-2007作为企业的产品生产标准,该企业于2012年9月向重庆市石柱土家族自治县质量技术监督局提交了企业标准过期的情况说明,于2012年10月向重庆市卫生局备案后发布了当前使用产品标准Q/LW0005S-2012。皮旻旻认为其所购食品不合格,遂向重庆市江北区人民法院起诉,请求判令远东公司退还货款4480元,判令山珍公司承担5倍赔偿责任共计22400元。

一审法院判决:远东公司于判决生效之日起 10 日内退还皮旻旻货款 4480 元;驳回皮旻旻的其他诉讼请求。二审法院认为,食品生产经营者应当依照我国《食品安全法》及相关法律法规的规定从事生产经营活动,对社会和公众负责,保证食品安全,接受社会监督,并依法承担法律责任。本案双方当事人的讼争焦点为,涉案食品是否存在食品安全等问题,以及本案的法律适用和法律责任问题。其一,涉案食品是否存在食品安全及其他问题。1. 山珍公司生产的"武陵山珍家宴煲"食品,未按卫生部门的通知要求进行食品安全企业标准备案,在其制定的 Q/LW7-2007 企业标准过期后继续执行该标准,违反食品强制性标准的有关规定;2. 该食品中"东方魔汤料包"属预包装食品,该食品预包装的标签上没有标明成分或者配料表以及产品标准代号,不符合《食品安全法》关于预包装食品标签标明事项的有关规定;3. 包装上的文字"家中养生我最好"是商品包装中国家标准要求必须标注事项以外的文字,符合广告特征,应适用《广告法》的规定,该文字属于国家明令禁止的绝对化用语,不合法。其二,本案的法律适用及法律责任。《食品安全法》是《侵权责任法》的特别法,本案涉及食品安全问题的处理,应当适用《食品安全法》及相关法律法规之规定。根据上述查明的该食品存在食品安全标准、包装、广告方面的问题,该食品的生产经营者应当依照有关食品安全等法律法规的规定承担相应的法律责任。《重庆市食品安全管理办法》属于重庆市地方行政规章,在不与法律法规冲突的情况下可参照适用。皮旻旻要求参照该办法第 67 条的规定,退换食品,并支付价款 5 倍赔偿金符合《食品安全法》第 96 条之规定精神,应予支持。遂判决:(一)维持一审判决第一项;(二)撤销一审判决第二项;(三)山珍公司支付上诉人皮旻旻赔偿金 22400 元。该典型案例的意义在于,食品存在质量问题造成消费者损害,消费者可同时起诉生产者和销售者。

4. 孟健诉产品责任纠纷案

该案的基本案情是:2012 年 7 月 27 日、28 日,孟健分别在广州健民医药连锁有限公司(以下简称健民公司)购得海南养生堂药业有限公司(以下简称海南养生堂公司)监制、杭州养生堂保健品有限责任公司(以下简称杭州养生堂公司)生产的"养生堂胶原蛋白粉"共 7 盒合计 1736 元,生产日期分别为 2011 年 9 月 28 日、2011 年 11 月 5 日。产品外包装均显示产品标准号:Q/YST0011S,配料包括"食品添加剂(D-甘露糖醇、柠檬酸)"。各方当事人均确认涉案产品为普通食品,成分含有食品添加剂 D-甘露糖醇,属于超范围滥用食品添加剂,不符合食品安全国家标准。孟健因向食品经营者索赔未果,遂向广东省广州市越秀区人民法院起诉,请求海南养生堂公司、杭州养生堂公司、健民公司退还货款 1736 元,十倍赔偿货款 17360 元。

一审法院判决杭州养生堂公司退还孟健所付价款 1736 元,海南养生堂公司对上述款项承担连带责任。孟健不服该判决,向广州市中级人民法院提起上诉。二审法院经审理认为,第一,本案当事人的争议焦点在于涉案产品中添加D-甘露糖醇是否符合食品安全标准的规定。涉案产品属于固体饮料,并非属于糖果,而D-甘露糖醇允许使用的范围是限定于糖果,因此根据食品添加剂的使用规定,养生堂公司在涉案产品中添加D-甘露糖醇不符合食品安全标准的规定。杭州养生堂公司提供的证据不能支持其主张。第二,关于本案是否可适用《食品安全法》第96条关于十倍赔偿的规定。本案中,由于涉案产品添加D-甘露糖醇的行为不符合食品安全标准,因此,消费者可以依照该条规定,向生产者或销售者要求支付价款十倍的赔偿金。孟健在二审中明确只要求海南养生堂公司和杭州养生堂公司承担责任,海南养生堂公司和杭州养生堂公司应向孟健支付涉案产品价款十倍赔偿金。二审法院判决杭州养生堂公司向孟健支付赔偿金17360元,海南养生堂公司对此承担连带责任。该典型案例的意义在于,违规使用添加剂的保健食品属于不安全食品,消费者有权请求价款十倍赔偿。

(二) 监察部通报危害食品安全责任追究典型案例①

2014年1月8日,监察部就五起危害食品安全责任追究典型案例发出通报,强调食品安全是基本民生问题,保障食品安全是各级政府的重大责任,要求各级监察机关加强监督检查,督促地方政府和相关部门认真履行食品安全监管职责,用最严谨的标准、最严格的监管、最严厉的处罚、最严肃的问责,确保广大人民群众"舌尖上的安全"。

1. 安徽萧县大量制售病死猪肉失职渎职案

该县不法商贩收购病死猪肉销往安徽、河南等地加工成熟食后,批发销售到安徽、江苏等地零售点和菜市场。至案发时共加工病死猪肉5万余斤,非法获利8万余元。萧县和青龙镇政府及农业、商务、工商、质监等部门存在监管不严、失职失察问题。安徽省监察厅责成萧县政府、青龙镇政府分别向宿州市政府、萧县政府作出深刻书面检查,萧县原副县长等17人受到党纪政纪处分。

2. 山东潍坊市峡山区生姜种植违规使用剧毒农药失职渎职案

峡山区管委会、王家庄街道和当地农业部门存在监管不力、检查不严问题。峡山区管委会副主任等9人受到党纪政纪处分。

3. 山东阳信县制售假羊肉失职渎职案

该县不法商贩利用羊尾油、鸭脯肉等,制成假羊肉销售。县政府和监管部门存在日常监管缺失、执法检查不到位问题。阳信县副县长等4人受到党纪政纪处

---

① 《监察部通报5起危害食品安全责任追究典型案例》,人民网—中国共产党新闻网,2014-01-08[2014-06-16],http://fanfu.people.com.cn/n/2014/0108/c64371-24062082.html。

分,3 人被移送司法机关处理。

4. 江苏东海县康润食品配料有限公司非法制售"地沟油"失职渎职案

该公司从不法商人处大量收购火炼毛油(俗称"地沟油")并制成食用油品种,销售至安徽等地上百家食用油、食品加工企业及个体粮油店,案值达 6129 万余元。东海县政府和工商、质监等部门存在监管不力、检查不严问题。东海县副县长等 5 人受到政纪处分,5 人被移送司法机关处理。

5. 山西孝义市金晖小学学生集体腹泻事件失职渎职案

该学校食堂长期无证经营,且存在通风不畅、管理不严、卫生安全措施缺失等问题,致使发生 46 名学生集体腹泻事件。孝义市教育、食品药品监管部门和梧桐镇政府存在监督管理不严、督促整改不力问题。孝义市教育局局长、食品药品监管局局长等 11 人受到政纪处分。

通报要求,各级监察机关要督促地方政府和相关部门认真汲取教训,切实增强责任意识,把维护食品安全放在更加突出的位置、作为重要系统工程来抓。一是认真履行作为食品安全监管第一责任主体的职责;二是切实加强日常监管,强化源头防控,严查风险隐患,加大整治力度,严惩重处食品安全犯罪和违法乱纪行为;三是各级监察机关要强化执纪监督,建立更为严格的责任追究制度,加大对食品安全监管失职问题的查处力度,对责任人员实行最严格的责任追究。对履行食品安全监管领导、协调职责不得力,本行政区域出现重大食品安全问题的,要严肃追究地方政府有关人员的领导责任;对履行食品安全监管职责不严格、日常监督检查不到位的,要严肃追究有关职能部门和责任人员的监管责任;对滥用职权、徇私舞弊甚至搞权钱交易、充当不法企业"保护伞"等涉嫌犯罪的,要及时移送司法机关依法追究法律责任。

四、完善食品安全标准与依法监管食品安全

食品安全标准的科学化、统一化,不仅对于食品生产经营行为具有重要影响,对于依法进行食品安全监管也具有重要意义,并且在对相关案件进行行政处罚和追究刑事责任时,食品安全的相关标准往往直接成为罪与非罪的标准。在此方面,作为食品安全标准主管部门的国家卫生计生委会同有关部门展开了大量的工作。

(一) 食品安全标准的清理整合工作

2014 年,国家卫生计生委在前期对食品安全标准清理结果的基础上,全面启动食品安全国家标准整合工作,重点解决我国食用农产品质量安全标准、食品卫生标准、食品质量标准以及行业标准中强制执行内容存在的交叉、重复、矛盾的问题。为做好标准整合工作,国家卫生计生委加强组织领导,成立了以李斌主任为

组长的整合工作领导小组,加强部门协调会商,解决标准整合中的重大政策性问题;制定《食品安全国家标准整合工作方案(2014年—2015年)》,明确了标准整合原则、方法和具体安排,落实标准整合项目工作任务;成立由37名相关学科领域权威专家组成的专家技术组,做好技术把关,由国家食品安全风险评估中心承担标准整合的日常技术工作。同时,加快重点和缺失食品安全国家标准的制定、修订,完善食品安全国家标准、地方标准管理和企业标准备案管理,组织编写了《食品安全国家标准工作程序手册》,拓宽公众参与和标准征求意见的渠道、方式,加强食品安全国家标准审评委员会组织管理,做好审评委员会换届工作。另外,为了进一步加强食品安全国家标准跟踪评价,制定了《食品安全国家标准跟踪评价规范》、起草了《食品安全国家标准跟踪评价技术指南》。

(二) 新制订食品安全标准

以农药残留的标准为例展开说明。农业部与国家卫生计生委联合发布食品安全国家标准《食品中农药最大残留限量》(GB2763-2014)。新国标规定了387种农药在284种(类)食品中3650项限量指标,与2012年颁布实施的《食品中农药最大残留限量》(GB2763-2012)旧国标相比,新增加了65种农药、43种(类)和1357项限量指标。新国标于2014年8月1日起开始施行,《食品中农药最大残留限量》(GB2763-2012)同时废止。新颁布的国标扩大了食品农产品种类,覆盖了蔬菜、水果、谷物、油料和油脂、糖料、饮料类、调味料、坚果、食用菌、哺乳动物肉类、蛋类、禽内脏和肉类等12大类作物或产品。除了常规的谷物、蔬菜、水果外,首次制定了果汁、果脯、干制水果等初级加工产品的农残限量值,基本覆盖消费者经常消费的食品种类。同时,新国标还覆盖了农业生产常用农药品种。据悉,为防治各种病虫害对农作物生长的侵害,我国不同地区、不同农作物生产中经常使用的农药品种大约为350种左右,而新标准为387种农药制定了最大残留限量标准,基本覆盖了常用农药品种,今后覆盖面还会进一步扩大。另外,新国标基本与国际标准接轨。在新发布的标准中,国际食品法典委员会已制定限量标准的有1999项。其中,1811项国家标准等同于或严于国际食品法典标准,占90.6%。在标准制定过程中,所有限量标准都向世界贸易组织(WTO)各成员新国进标将于今年8月1日起开始施行了通报,接受了各成员国的评议,并对所提意见给出了科学的解释。

(三) 食品安全标准不清晰导致执法难的状况仍难以杜绝

2014年福建芽农全尚根"毒豆芽"案即为一个典型。2014年3月19日,全尚根因涉嫌犯生产、销售有毒、有害食品罪被闽侯县公安局刑事拘留,同年4月2日被逮捕。全尚根是福建闽侯芽农,其生产的黄豆芽、绿豆芽销往福州市某超市。福建闽侯县人民法院下达的一审判决书称,全尚根在生产、销售豆芽过程中使用有毒有害的"无根水"(含6-苄基腺嘌呤),行为构成生产、销售有毒、有害食品罪,且"情节特别严重",总销售额认定为888695.75元,一审判处其有期徒刑10年零6个月。根据公开的判决书显示,仅2013年1月到2014年8月间,我国就有约千名芽农获不同程度的刑罚。2014年9月,中国食品工业协会豆制品专业委员会秘书长吴月芳曾"上书"国务院,要求为"无根豆芽"正名。在2015年全国两会上,全国人大代表、重庆市人民检察院检察长余敏提交了一份建议,称"毒豆芽"案件有争议,亟须明确其法律适用。

泡发豆芽的"无根水"究竟是不是有毒有害物质?用"无根水"泡发的豆芽是否属于有毒有害食品?形成这些问题的根本原因在于标准的不明确。长期以来,6-苄基腺嘌呤均未出现在卫生部公布的"可能违法添加的非使用物质名单"之列,2011年,卫生部在关于《食品添加剂使用标准》(GB2760-2011)有关问题的复函(卫办监督函〔2011〕919号)中明确表示,6-苄基腺嘌呤因"缺乏食品添加剂工艺必要性,不得作为食品用加工助剂生产经营和使用"。由于6-苄基腺嘌呤被从《食品添加剂使用标准》中删除,导致了6-苄基腺嘌呤不得再作为食品加工助剂生产经营和使用。2011年11月4日,国家质量监督检验总局公告禁止食品添加剂生产企业和食品生产企业生产、销售、使用6-苄基腺嘌呤。此后,"毒豆芽"成为广受关注的食品安全热点问题,有关部门不断加大整治、打击力度,人民法院受理此类案件的数量随之增加,各有关职能部门均认为对于"毒豆芽"违法犯罪行为应依法惩处。

但是,对此问题又有不同的认识。一种观点认为,根据《食品添加剂使用标准》(GB2760-2011)有关问题的复函(卫办监督函〔2011〕919号)的表述,6-苄基腺嘌呤被删除的原因是"缺乏食品添加剂必要性",其本身并不属于"有害"和"不符合食品添加剂安全性要求"的物质之列。2013年,卫生部《政府信息公开告知书》(2013年8月12日)中表示:"《食品添加剂使用卫生标准》(GB2760-2007)中将6-苄基腺嘌呤作为食品工业用加工助剂列为附录C中,按照标准使用是符合食品安全要求的。因该物质已作为植物生长调节剂,属于农药,不再具有食品添加剂工艺必要性,故将其从《食品安全国家标准食品添加剂使用标准》(GB2760-2011)中删除,而不是由于食品安全原因。"该信息公开答复同时指出,根据《中华人民共和国农产品质量安全法》第21条规定:对可能影响农产品质量安全的农药、兽药、饲料和饲料添加剂、肥料、兽医器械,依照有关法律、行政法规的规定实行许可制度。国务院农业行政主管部门和省、自治区、直辖市人民政府农业行政主管部门应当定期对可能危及农产品质量安全的农药、兽药、饲料和饲料添加剂、肥料等农业投入品进行监督抽查,并公布抽查结果。因此,判定"6-苄基腺嘌呤是否允许用于农业产品的生产"不属于卫生部的职责范围。

可见,卫生部认为:(1)按照标准使用 6-苄基腺嘌呤是符合食品安全要求的,不存在食品安全原因;(2)该物质已作为植物生长调节剂,属于农药,已不再归卫生部监管。由于被列入农产品的范围,所以豆芽属于农业主管部门监管的范围。在农业部公布的《豁免制订食品中最大残留限量标准的农药名单(征求意见稿)》中,苄氨基嘌呤(6-苄基腺嘌呤)被列入"免订残留限量名单"。但该文件至今仍未正式制定公布。

综上,导致"6-苄基腺嘌呤"未被明确获准使用的根本原因在于卫生部和农业部对豆芽泡发行为监管存在管辖权的消极冲突,不能就此推断"6-苄基腺嘌呤"有毒有害。认识到"6-苄基腺嘌呤"定性的复杂性,2014 年 11 月 25 日,最高人民法院网站专门就"毒豆芽"案争议问题向公众回应,称"毒豆芽"问题需要各有关职能部门协调配合,统一认识和认定标准。最高人民法院刑一庭与国家食药监局等部门专门研究了相关问题,之后又开展了调研工作,撰写了专题调研报告,汇总了基本情况、存在的问题,并提出了初步处理建议,下一步将与有关职能部门沟通、协调,争取达成共识①。

五、全面执行新的食品安全法仍将面临巨大的困难

2015 年 4 月 24 日,十二届全国人大常委会第十四次会议表决通过了新修订的《食品安全法》。相比 2009 年颁布的我国第一部《食品安全法》,新修订的《食品安全法》在总结近年来我国食品安全风险治理经验的基础上,确实有诸多的进步,尤其在以法律形式固定了监管体制改革成果,针对当前食品安全领域存在的突出问题,建立了最严厉的惩处制度。因此,新修订的《食品安全法》被称为"史上最严"的食品安全法,赢得了老百姓的点赞。

虽然新修订的《食品安全法》有诸多的亮点,而且目前的舆论一片赞歌,但仍然不得不说,新修订的《食品安全法》在未来的实施中将面临着多的难点,甚至面临着巨大的困难,并不能够有效、全面地解决食用农产品与食品安全问题。可以就此进行简单的分析。

这次食品安全法的修改,是为了以法律形式固定监管体制改革成果、完善监管制度机制。也就是说,"史上最严"的食品安全法执行效果取决于食品安全监管体制改革的成效。事实上,2013 年我国的食品安全监管体制改革并不成功,到目前为止,不仅改革的进度缓慢,而且质量不高,与中央的顶层设计的预期要求相差甚远。2015 年 4 月 7—10 日,本《报告》研究团队在江西省南昌市就食品安全监管

---

① 《关于人民法院处理"毒豆芽"案件有关问题的答复》,最高人民法院网站,2014-11-29 [2015-06-16],http://www.court.gov.cn/hudong-xiangqing-6874.html。

体制进行了调查,调查发现,该市的 B 县的原工商、质检、食药经过"三合一"的改革于今年 3 月 31 日挂牌成立了"市场和质量监管局",领导班子成员多达 14 人,而新机构编制总人数为 37 人,仅设置食品监管科一个部门在从事食品安全监管工作,仅县城就有 1000 多家餐饮企业需要监管。目前 B 县现有人口 66 万,面积 2300 平方公里,可使用的工作经费 20 万元,食品抽查检验经费 20 万元,基本没有检验检测手段,靠 10 多个监管人员能否较好地履行食品监管任务? 大家非常清楚这个答案。类似的情况在全国不在少数。目前全国相当的地区实施的食品监管体制的改革,主要特征是以工商局为班底,整合质检、食药监机构,将工商部门惯用的排查、索证索票等管理方式广泛用于基层市场监管,难以承担食品领域的专业监管职能。在目前的食品监管体制下,执行新修订的《食品安全法》基础绝不巩固。由于没有"严"的基础,"史上最严"实际上"严"不起。

分散化、小规模的食品生产经营方式与食品安全风险治理内在要求间的矛盾是我国食品安全风险治理面临的基本矛盾。客观事实一再表明,与发达国家发生的食品安全事件相比较,我国的食品安全事件虽然也有技术不足、环境污染等方面的原因,但更多是生产经营主体的不当行为、不执行或不严格执行已有的食品技术规范与标准体系等违规违法的人源性因素所造成,"明知故犯"的人源性因素是导致食品安全风险重要源头之一。而小作坊、食品摊贩是"明知故犯"的重要主体。对于食品生产加工小作坊和食品摊贩的监管,中华人民共和国食品安全法,2009 年 2 月 28 日第十一届全国人民代表大会常务委员会第七次会议通过《食品安全法》明确规定"由省、自治区、直辖市人民代表大会常务委员会依照本法制定"。但到 2013 年底,四年多的时间里全国仅有河南、吉林、山西、湖南、宁夏等少数省区的省级地方人大完成了食品生产加工小作坊和食品摊贩管理办法或条例。按照新出台的《中华人民共和国立法法》的规定,法律规定明确要求国家机关对专门事项做出配套具体规定的,有关国家机关应在法律实施一年内做出规定。修改后的《食品安全法》在 2015 年 10 月 1 日实施,按照新出台的《立法法》的规定,在 2016 年 10 月 1 日之前,各省、自治区、直辖市都要制定地方性法规,出台对小加工作坊和小摊贩具体的管理办法。假设到 2016 年 10 月 1 日之前,各省、自治区、直辖市均完成了立法,但在实践中仍然面临执法难的问题。相当数量的小商小贩,摆个食品摊点维持生计;不依法处置,留下食品安全隐患,而依法取缔,如何解决生产经营人员的就业?

再比如,新修订的《食品安全法》强调对农药的使用实行严格的监管,并对违法使用剧毒、高毒农药的,增加了由公安机关予以拘留处罚这样一个严厉的处罚手段。事实上,就食用农产品的农药管理,剧毒、高毒农药的监管是一个方面,而且由于生产源头的严格控制,剧毒、高毒农药流入农户手中的可能性正在逐步减少,而在实践中如何解决农药滥用则是更重要的一个方面。1993—2012 年间我国农药施用量年均增长率为 4.31%,2012 年农药施用量的绝对值是 1993 年的 2.14 倍,19 年间农药施用量增加近百万吨。按照 4.31% 的年均增长率,2015 年我国农药施用量将超过 200 万吨。与此同时,根据《2013 中国国土资源公报》的数据,2012 年全国共有 20.27 亿亩耕地,扣除需退耕还林、还草和休养生息与受不同程度污染不宜耕种约 1.99 亿亩外,全国实际用于农作物种植的耕地约为 18.08 亿亩,据此计算,2012 年我国每公顷耕地平均农药施用量为 14.98 公斤。而在我国一些发达的省份,单位面积的农药平均施用量更高,比如广东农药施用量更是高达每公顷 40.27 公斤,是发达国家对应限值的 5.75 倍。在我国,农药残留使农药由过去的农产品"保量增产的工具"转变为现阶段影响农产品与食品安全的"罪魁祸首"之一。农药残留成为影响中国食用农产品安全的主要隐患之一。但是新修订的《食品安全法》并未对普通化学农药的施用提出任何要求,实施新的《食品安全法》并不能够有效解决食用农产品农药残留超标的问题。

当然,新修订的《食品安全法》无疑是基于现阶段我国实际出台的保障食品安全的根本法律。本《报告》研究团队认为,全面执行新修订的《食品安全法》仍将面临巨大的困难,这仅仅是学者的担忧或看法。但愿这个担忧是多余的,看法是片面的。良法贵在执行,贵在实践,贵在实事求是地操作。全社会期待,新修订的《食品安全法》将是中国现实发展阶段中一部真正保障食品安全的好法律。

第八章　新一轮食品安全监管体制改革
的总体进展与主要问题

　　1993年以来,伴随着市场经济体制的建立与不断完善,我国的食品安全监管体制一直处于变化和调整之中。2013年3月,第十二届全国人民代表大会第一次会议通过的《国务院机构改革和职能转变方案》①,作出了改革我国食品安全监管体制,组建国家食品药品监督管理总局的重大决定,启动了新一轮的食品安全监管体制改革。2013年11月12日,党的十八届三中全会通过的《中共中央关于全面深化改革若干重大问题的决定》进一步提出,要完善统一权威的食品药品安全监管机构,建立最严格的覆盖全过程的监管制度,建立食品原产地可追溯制度和质量标识制度,保障食品药品安全。这是首次在党的全会上重大决定的文件中提纲挈领地指出未来食品药品监管机构改革的方向和目标。这充分体现了中央政府对我国食品药品监管体制改革的高度重视和坚定决心。本章主要研究2013年新一轮体制改革以来,我国食品安全监管体制改革的进展状况。

一、食品安全监管体制改革现状

　　改革开放以来,我国的食品安全监管体制经历了1982年、1988年、1993年、1998年、2003年、2008年、2013年等七次重要改革,基本上每5年为一个周期。期间的2003年、2008年、2013年的三次改革,涉及范围广、改革力度大,并基于国际经验与食品安全风险治理的现实需要,最终形成了目前"三位一体"的食品安全监管体制的总体框架。

(一)中央层面监管机构职能整合与改革状况

　　2013年3月15日,新华社全文公布了由第十二届全国人民代表大会第一次会议批准的《国务院机构改革和职能转变方案》(以下简称《方案》)。该方案提出"组建国家食品药品监督管理总局",要求"将食品安全办的职责、食品药品监管局的职责、质检总局的生产环节食品安全监督管理职责、工商总局的流通环节食品

---

　　① 《国务院机构改革和职能转变方案》,中央政府门户网站,2013-03-15[2013-07-02],http://www.gov.cn/2013lh/content_2354443.htm。

安全监督管理职责整合,组建国家食品药品监督管理总局。主要职责是,对生产、流通、消费环节的食品安全和药品的安全性、有效性实施统一监督管理等"。与此同时,为做好食品安全监督管理衔接,明确责任,该《方案》提出,"新组建的国家卫生和计划生育委员会负责食品安全风险评估和食品安全标准制定,农业部负责农产品质量安全监督管理,将商务部的生猪定点屠宰监督管理职责划入农业部"。改革后新的食品安全监管体制较以前的体制有了根本性的变化,有机整合了各种监管资源,将食品生产、流通与消费等环节进行统一监督管理,由"分段监管为主,品种监管为辅"的监管模式转变为集中监管模式。我国新的"三位一体"的食品安全监管体制总体框架见图8-1。从食品安全监管模式的设置上看,新的监管体制重点由三个部门对食品安全进行监管,农业部主管全国初级食用农产品生产的监管工作,国家卫生计生委负责食品安全风险评估与国家标准的制定工作,国家食品药品监督管理总局对食品的生产、流通以及消费环节实施统一监督管理①。

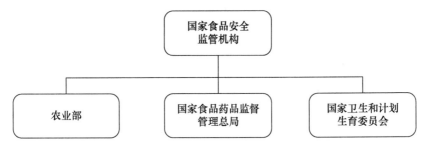

图 8-1　改革后我国"三位一体"的食品安全监管体制框架

国务院办公厅于 2013 年 3 月 26 日发布了《关于印发国家食品药品监督管理总局主要职责内设机构和人员编制规定的通知》(国办发〔2013〕24 号)。国办发〔2013〕24 号文件明确了新组建的国家食品药品监督管理总局的职能转变的要求,包括取消的职责、下放的职责、整合的职责与加强的职责,规定了新组建的国家食品药品监督管理总局主要职责,以及明确了内设的 17 个机构的主要职责。在 17 个内设的机构中 13 个机构与食品安全监管相关,4 个机构是药品监管机构。同时明确了新组建的国家食品药品监督管理总局行政编制为 345 名。国家食品药品监督管理总局于 2013 年 3 月 22 日正式挂牌成立,并加挂国务院食品安全委员会办公室的牌子。中央层面上的机构改革严格按照国务院的改革时间表完成了预定的改革任务。

(二) 中央对地方层面上监管机构改革的基本要求

2013 年 4 月 10 日国务院发布《关于地方改革完善食品药品监督管理体制的

---

① 封俊丽:《大部制改革背景下我国食品安全监管体制探讨》,《食品工业科技》2013 年第 6 期。

指导意见》(国发〔2013〕18号),进一步明确了推进地方食品药品监督管理体制改革的要求。主要是:

1. 整合监管职能和机构

为了减少监管环节,保证上下协调联动,防范系统性食品药品安全风险,省、市、县级政府原则上参照国务院整合食品药品监督管理职能和机构的模式,结合本地实际,将原食品安全办、原食品药品监管部门、工商行政管理部门、质量技术监督部门的食品安全监管和药品管理职能进行整合,组建食品药品监督管理机构,对食品药品实行集中统一监管,同时承担本级政府食品安全委员会的具体工作。地方各级食品药品监督管理机构领导班子由同级地方党委管理,主要负责人的任免需事先征求上级业务主管部门的意见,业务上接受上级主管部门的指导。

2. 整合监管队伍和技术资源

参照《国务院机构改革和职能转变方案》关于"将工商行政管理、质量技术监督部门相应的食品安全监督管理队伍和检验检测机构划转食品药品监督管理部门"的要求,省、市、县各级工商部门及其基层派出机构要划转相应的监管执法人员、编制和相关经费,省、市、县各级质监部门要划转相应的监管执法人员、编制和涉及食品安全的检验检测机构、人员、装备及相关经费,具体数量由地方政府确定,确保新机构有足够力量和资源有效履行职责。同时,整合县级食品安全检验检测资源,建立区域性的检验检测中心。

3. 加强监管能力建设

在整合原食品药品监管、工商、质监部门现有食品药品监管力量基础上,建立食品药品监管执法机构。要吸纳更多的专业技术人员从事食品药品安全监管工作,根据食品药品监管执法工作需要,加强监管执法人员培训,提高执法人员素质,规范执法行为,提高监管水平。地方各级政府要增加食品药品监管投入,改善监管执法条件,健全风险监测、检验检测和产品追溯等技术支撑体系,提升科学监管水平。食品药品监管所需经费纳入各级财政预算。

4. 健全基层管理体系

县级食品药品监督管理机构可在乡镇或区域设立食品药品监管派出机构。要充实基层监管力量,配备必要的技术装备,填补基层监管执法空白,确保食品和药品监管能力在监管资源整合中都得到加强。在农村行政村和城镇社区要设立食品药品监管协管员,承担协助执法、隐患排查、信息报告、宣传引导等职责。要进一步加强基层农产品质量安全监管机构和队伍建设,推进食品药品监管工作关口前移、重心下移,加快形成食品药品监管横向到边、纵向到底的工作体系。

5. 有序推进地方改革

食品药品日常监管任务繁重,要尽可能缩短改革过渡期。省、市、县三级食品药品监督管理机构改革工作,原则上分别于2013年上半年、9月底和年底前完成。

(三) 地方层面监管体制改革的进展状况

《国务院关于地方改革完善食品药品监督管理体制的指导意见》(国发〔2013〕18号)明确了地方食品监督管理体制改革的方向和原则,同时,出于落实"地方政府负总责"等精神的考虑,在机构设置改革中,中央又留给了地方政府一定的自主权。总体而言,目前已实施改革的省级层面的食品安全监管机构设置模式与国家层面基本保持一致。但在省级以下层面,出于当地食品安全监管实际的考虑以及精简机构等多种目的,地方政府食品安全监管机构设置具有一定的灵活性。

除按照国发〔2013〕18号文的要求,在地市、县区层面独立设置食品药品监督管理局的模式外,一些地方启动了以"大市场"的改革探索。《国务院关于促进市场公平竞争维护市场正常秩序的若干意见》(国发〔2014〕20号)指出,加快县级政府市场监管体制改革,探索综合设置市场监管机构,原则上不另设执法队伍。目前,中央已明确中编办、工商总局牵头落实十八届三中全会改革任务;在地方层面,深圳、上海、浙江、天津、辽宁、吉林、重庆两江新区、武汉东湖新区等地纷纷整合工商、质监、食药等部门,组建市场监督管理局(委),试图用一个强有力的部门打破地方保护。在此背景下,很多地方政府(主要是县区级政府)食品药品监管改革又开始新尝试,各地做法不一,可分为"二合一"型(食药监、工商)、"三合一"型(食药监、工商、质检)、"四合一"型(食药监、工商、质检、物价)等。

在改革的时序上,总体进度极不理想。国务院原则上要求本轮食品药品监管体制改革于2013年底基本结束。但截止到2013年12月10日,全国大陆31个省、自治区、直辖市(以下简称省区)中有23个省区出台了省局"三定"方案,25个省区明确了省级食品药品监督管理局的主要负责人;18个省区出台了省内食品药品监管体制改革指导意见①。到2014年6月,全国31个省区中公布省级食品药品监督管理机构"三定"方案的有29个,14个省区公布了省级改革实施方案,有21个省区公布了省以下级别的改革实施方案②。到2014年底,除省级层面的改革全部结束外,各省区的地市级与县级层面的改革参差不齐,全国尚有30%的市、50%的县未完成改革③。江苏省在此方面具有典型性。2014年11月7日,江苏省人民政府办公厅印发《关于调整完善市县工商质监食品药品管理体制加强市场监管意见的通知》,要求分别于2014年11月、12月底完成市县两级体制改革。本

---

①　《食品药品监管体制改革进行时:完善统一权威的监管机构》,《中国医药报》2013年12月18日。
②　吴林海、尹世久、王建华:《中国食品安全发展报告(2014)》,北京大学出版社2014年版。
③　贺澜起:《关于在食药监体制改革未完成的市县设置独立食药监机构的建议》,民建中央网站,2014-12-30〔2015-06-06〕,http://www.cndca.org.cn/mjzy/lxzn/czyz/jyxc/938585/index.html。

《报告》研究团队的主体在江苏省无锡市，但实际上到 2015 年 6 月 30 日为止，江苏省辖的地级市尚没有完成机构改革。

（四）地方层面监管机构的主要模式

虽然大多数省份在 2013 年的改革后，逐步形成了在省（市、区）、地（市）、县（区）层面均独立设置食品药品监督管理局的中央推荐模式（可称之为"直线型"食药监单列模式），但伴随着在较大区域内进行的"大市场"的改革探索，地方政府食品安全监管机构设置涌现出"纺锤形"的深圳模式、"倒金字塔型"的浙江模式和"圆柱形"的天津模式等。

1. "直线型"的食药监单列模式

按照国发〔2013〕18 号文的要求，在省（市、区）、地（市）、县（区）层面均需独立设置食品药品监督管理局，作为本级政府的组成部门。自 2013 年 4 月起，大多数省份均参照国务院整合食品药品监督管理职能和机构的模式，在省、市、县级政府层面将原食品安全办、原食品药品监管部门、工商行政管理部门、质量技术监督部门的食品安全监管和药品管理职能进行整合，组建食品药品监督管理局，对食品药品实行集中统一监管，同时承担本级政府食品安全委员会的具体工作。这一模式实际上就是《国务院关于地方改革完善食品药品监督管理体制的指导意见》（国发〔2013〕18 号）推荐的基本模式。2013 年改革之初，除浙江等个别省份外，北京、海南、广西等绝大多数省份均采用了"直线型"的食药监单列模式，但 2014 年部分省份启动了"二次改革"，有部分省份开始在县级层面或者在市、县两级层面进行"三合一"或"多合一"改革探索。

2. "纺锤形"的深圳模式

早在 2009 年的大部制体制改革中，深圳市整合工商、质检、物价、知识产权的机构和职能，组建市场监督管理局，后来又加入食品药品监管职能。2014 年 5 月，深圳进一步深化改革，组建市场和质量监督管理委员会，下设深圳市市场监督管理局、食品药品监督管理局与市场稽查局，相应在区一级分别设置市场监管和食品监管分局作为市局的直属机构，在街道设市场监管所作为两个分局的派出机构，是典型的上下统一、中间分开的"纺锤形"结构。

3. "倒金字塔型"的浙江模式

2013 年 12 月，浙江省实施了食品安全监管机构的改革，省级机构设置基本保持不变，地级市自主进行机构设置（如舟山、宁波等市设立市场监督管理局，而金华、嘉兴等市设立食品药品监督管理局），而在县级层面则整合了原工商、质检、食药监职能，组建市场监督管理局，保留原工商、质检、食药监局牌子。与此相类似，安徽省也采取了这种基层统一、上面分立的"倒金字塔型"的机构设置模式，在地级层面组建新的食品监管局，县级以下实施工商、质检、食药监部门"三合一"改革,组建市场监督管理局。此外,辽宁、吉林、武汉与上海浦东等地也在探索类似的做法。尤其是 2014 年之后,越来越多的省份(如安徽、江西、山东等)在全省或者在省内部分地市启动了"二次改革",在县级层面或者在市、县两级层面进行"三合一"或"多合一"改革探索,开始采用"倒金字塔型"的浙江模式。

4. "圆柱形"的天津模式

2014 年 7 月,天津实施食药监、质检和工商部门"三合一"改革,成立天津市市场和质量监督管理委员会,而且从市级层面到区、街道(乡镇)全部进行"三合一"改革,街道(乡镇)设置市场监管所作为区市场监督局的派出机构,原所属食药监、质检和工商的执法机构由天津市市场监管委员会垂直领导,形成了全市行政区域内垂直管理的"圆柱形"监管模式。

(五) 新一轮食品安全监管体制改革的成效

由于机构改革后运行时间比较短,目前尚难以对食品安全监管体制改革的成效作出全面的评估。但总体来看,经过新这一轮的改革,食品监管体制有所改善,监管能力有所增强,技术支撑得到强化。

1. 统一的食品安全监管体系初步形成

从全国范围来看,自 2013 年食品药品监管体制改革以来,各地新的食品药品监管体系初步建立,省、市、县三级职能整合、人员划转已基本到位,覆盖省、市、县、乡的四级纵向监管体系基本形成。虽然地方政府食品安全监管机构设置模式存在较大差异,存在改革进程总体较慢、模式不一等问题,但均成立了专门机构或队伍承担食品安全监管工作,统一的食品安全监管体系初步形成。

2. 食品监管能力有所增强

经过 2013 年的新一轮食品安全监管体制改革,全国食品药品监管机构有所增长,尤其是基层监管机构数量增长较快,2013 年底达到 2767 家,较"十一五"末期增长了 9.7%。食品监管队伍不断壮大,人才结构不断优化,大学及以上学历的到岗人员所占比例为 74.1%,较"十五"末期的 72.3% 有所提高。

(1) 食品综合协调能力不断提升。健全了食品案件线索共享、案件联合查办、联合信息发布等工作机制,地方行刑衔接机制得到建立完善,行政执法与刑事司法衔接协调有所提高,积极推进建立了部门间风险监测通报会商机制,风险监测中涉及农业、质检等部门的问题,信息通报、相关处置工作的配合协作能力有所提升。

(2) 食品监管执法能力有所提高。统一执法尺度和办案程序,行政执法能力有所提高。食药监总局与公安部共同完善了联合挂牌督办制度,联合查处重大食品药品安全违法案件。山东、江苏等多个省份成立了食药警察支队等专门侦办食药犯罪。

（3）应急处置能力有所增强。 经过几年努力,各级应急机制和应急预案逐步建立。应急平台初步建立,进一步明确了各部门应急工作职责、突发事件处置程序以及突发事件监测分析、信息报告、指挥决策、调查处置、协调联动、新闻发布等机制。建立了舆情共享机制和重大信息报送机制,建成投诉举报风险监测平台,对突发事件和重大舆情进行专项跟踪监测的能力得到加强,应急管理能力得到强化,应急基础能力得到提升。

（4）风险监测能力得到提高。 制定了食品风险监测体系的制度和风险监测计划,建立了国家食品安全风险监测体系,覆盖 31 个省和 288 个地市的食品污染物和有害因素监测网,以及覆盖 31 个省、226 个地市、50 个县的食源性致病菌监测网。

3. 技术支撑能力得到强化

2013 年以来,随着体制改革的进程,食品安全监管技术支撑体系不断强化,检验检测机构有所增长,检验检测能力迅速提高,数据库建设与信息化水平得到较快发展。

（1）食品药品检验检测能力有所提高。 机构改革后,检验机构力量有所加强。截止到 2013 年,国家食品药品检验机构共 940 家,较 2012 年有所增加,其中具有食品、药品、保健食品、化妆品、医疗器械（"四品一械"）检验职能的机构有 84 家。检验检测人员有所增加,检验检测机构在岗人员共有 24612 人。

（2）食品监管信息化水平提高。 食品安全追溯体系初步建立,婴幼儿配方乳粉和原料乳粉电子信息追溯系统、肉菜流通追溯体系、酒类流通电子追溯体系已进入动态监管试点阶段;相关食品安全溯源控制技术得到了改进,可实现国内追溯与全球追溯的联网。

二、山东、广西与江西食品安全监管体制改革的案例调查

为深入考察我国食品安全监管体制改革的进展与主要成效,本《报告》研究团队先后在全国 10 多个省区进行了调查,并重点山东、广西与江西展开了较为系统的调查研究。

（一）山东省食品安全监管体制改革的现状考察

1. 体制改革的进展状况

山东省人民政府于 2013 年 7 月重新组建了山东省食品药品监督管理局,并于当年 10 月发布实施了《关于改革完善市县食品药品工商质监管理体制的意见（鲁政发〔2013〕24 号）》,在山东全省范围内启动了新一轮的食品药品监督管理体制改革。目前,改革任务已经基本完成,省、市、县三级全部建立了食品药品行政监管机构和稽查执法机构,省、市两级组建了统一的检验检测机构,县级已经建成或

正在组建相应的检验检测机构。全省 1826 个乡镇（街道）中已在 1810 个乡镇建立了 1822 个食药监管所①。行政村、城镇社区食品药品协管员队伍初步建立，覆盖省、市、县（区）、乡镇（街道）、村（社区）的纵向到底的监管体系初步形成。

但是，2014 年下半年山东台、潍坊、菏泽、东营四个地市进行了"二次改革"，启动了"大市场局"的改革试点，确定整合县（市、区）食药监、工商、质检职责和机构组建市场监管局，即实现"三合一"（个别县食药监与工商"二合一"）。目前，烟台、潍坊正在全市范围内对全部下辖县区进行"大市场局"改革，菏泽、东营则选择部分县区进行改革试点。山东省除上述四个地市在部分县级层面实行"三合一"或"二合一"改革，在探索"倒金字塔型"的浙江模式外，其他地区均采用了"直线型"的食药监单列模式。

2. 监管体制改革中存在的主要问题

经过 2013 年的新一轮食品药品监管体制改革，山东全省食品药品监管能力有了较大提升，食品药品监管的统一权威性有了新的加强。然而，必须引起高度重视的是，改革后山东全省基层食品药品监管力量仍十分薄弱，"重心下移、力量下沉、保障下倾"仍有待于进一步落实。尤其是"二次改革"推进的"三合一"试点改革，在一些突出性矛盾和深层次问题仍未得到解决的同时，又带来了一系列新的问题和较为尖锐的矛盾。

（1）责权下放与基层监管人员严重不足之间的矛盾相当尖锐。从全国来看，2013 年启动的新一轮改革后，县乡基层食药监管人员占食药系统总人数的比重普遍超过 80%（山东约为 84%），但基层"人少""事多"的矛盾仍然非常突出。主要原因可能在于：一是在这一轮改革中，从省市等各级都进行了行政放权和职能调整，基层承担了更多基础性的行政许可项目与监管职能；二是基层尤其是乡镇（街道）监管所，编制仍然普遍不足且到岗率偏低（全省 1822 个乡镇监管所共核定编制 9263 名，到岗 6472 人）。如，烟台市牟平区实现了"三合一"，牟平经济开发区市场监管所，核定编制 10 人，实有在岗人员 5 人，需要负责监管辖区内 1500 家企业、2000 多户个体工商户等监督检查，监管人员与企业户数比达到 1∶700。此外，5 名工作人员还承担着工商业户登记、特种设备监管乃至文明城市创建、森林防火等当地政府交办的其他任务。

（2）人员老化严重且业务能力不足与监管对象复杂之间的矛盾日益突出。在基层食药监管部门的组建中，很大比例人员是从原工商等系统划转，这些人员普遍缺乏食药监管的相关专业背景与工作经验，同时产生因工商系统人员长期流动性不足而导致较为严重的年龄老化问题。而从监管对象的变化上看，基层直接

---

① 除特别说明外，本章数据主要来源于调查中由当地政府有关部门提供的有关资料。

承接的诸如"三小一市场"(即小作坊、小摊贩、小餐饮和农贸市场)等监管对象,却在食品安全风险控制领域中监管难度最大,对监管人员综合素养要求更高,由此导致监管要求与监管人员业务能力间形成更为尖锐的矛盾。以山东省某市的经济开发区为例,执法人员 50 岁以上 81 人,占 36.00%,40 岁至 50 岁 84 人,占 37.33%,40 岁以下 60 人,仅占 26.67%。具有食品药品及相关专业知识背景人员 9 人,仅占 4.00%。在基层监管所,具有食药相关专业背景的人员更是极端匮乏。在烟台市牟平区为专门创建食品安全示范城市而组建的宁海街道监管所,21 名执法人员均无食药相关专业背景。在某街道监管所的 10 名监管人员,年龄在 50 岁以上的占 8 人,且均没有相关专业背景或食药监管工作经历。年龄普遍偏大又带来培训难度大,业务能力难以提高等问题,基层食药监管人员业务素质与执法能力普遍堪忧。

(3) **检测机构技术能力要求与技术人员匮乏且激励机制僵化之间的矛盾开始凸显**。按照"省级检测机构为龙头,市级检测机构为骨干,县级检测机构为基层,第三方检测力量为补充"规划思路,山东省及地市各级财政加大了对技术支撑能力建设的支持。但在调研中发现,与不断增长的检测设备等硬件投入难以匹配的是,检测机构专业技术人员因素上升为主要矛盾,当前普遍存在年龄结构老化,专业素质低,一线实验人员少,检验任务严重超负荷且激励机制亟须改革等问题。如,某地级市食品药品检验所的 71 名在编人员中,50 岁以上的有 27 人,占 38.02%;一线实验检测人员仅有 23 人,占 32.39%。据实验人员反映,由于近年来不断加大食品抽检力度,实验检测任务连续翻番,加班加点成为常态,但按照现有规定,收入参照公务员工资标准且无任何加班费等,与第三方检测机构的薪酬形成很大差距,若长期得不到解决,难免将影响工作积极性,不利于检测机构技术能力的提升。

(4) **保障条件不足与监管手段高要求之间的矛盾逐步显现**。地方政府投入严重不足,在食品监管执法装备、执法服装、执法车辆等配备,办公经费等方面支持投入和保障力度较小,不仅远远没有达到国家食药总局的指导标准,甚至连执法记录仪、快速检验检测设备等基本装备都普遍没有配备,一线执法人员仍主要靠"眼看、鼻闻、手摸"等落后手段开展执法检查。同时,基层人员普遍反映,由于执法程序烦琐、文书与处理依据不统一等导致缺乏监管实效,执法效能不高。

(5) **专项任务繁多且普遍流于形式与日常监管薄弱之间的矛盾十分明显**。下表 8-1 是本《报告》研究团队根据在山东的调研数据统计的基层监管人员工作时间分配情况,行政许可现场核查、专项检查等成为基层监管人员的主要工作,分别占到工作时间的 30% 和 35%,而日常监督检查工作的时间仅占 10%。专项任务已演化为日常工作,基层人员疲于应付各种报表,尤其是一些专项任务缺乏通盘调度,或没有充分考虑基层工作实际,专项整治工作流于形式,成效大打折扣,甚至大大阻碍了基层日常监管工作的有效开展。实行"三合一"改革试点的地区,由于需要承接来自食药监、工商和质监多个系统的专项任务,问题尤为突出。比如,某市的一个区市场监管局在2014年承担专项任务120多项,而截至2015年4月份已超过100项。

表8-1　山东基层监管人员主要工作内容的时间占比

工作内容	工作时间占比	发现问题主要类型
日常监督检查	10%	综合类问题
行政许可现场核查	30%	无
专项检查(含节假日检查)	35%	索证索票、标签标识
投诉举报查实	10%	证照
监督抽检	15%	添加、微生物等
合计	100%	——

(二)广西壮族自治区食品安全监管体制改革的现状考察

1. 体制改革的进展状况

2013年10月,广西壮族自治区人民政府发布实施了《广西壮族自治区人民政府关于改革完善全区食品药品监督管理体制的实施意见(桂政发〔2013〕48号)》,在广西全区范围内启动了新一轮的食品药品监督管理体制改革,旨在以转变政府职能为核心,以整合监管职能和机构为重点,减少监管环节,明确部门责任,优化资源配置,对生产、流通、消费环节的食品安全和药品的安全性、有效性实施统一监督管理。通过改革着力解决食品监管职责交叉和监管空白等问题,充实和加强基层监管力量,实现食品药品全程无缝监管,逐步形成一体化、广覆盖、专业化、高效率的食品药品监管体系。在食药监机构设置模式上,广西壮族自治区在全区均采用了"直线形"的食药监单列模式。

截至2014年12月,随着全区食品药品监管体制改革的推进,健全了从自治区到市、县直至乡镇(街道)的食品安全监管体制,全区所有市、县已全部成立了食品药品监管局和稽查执法机构,并按照"一乡镇(街道)一所"在1245个乡镇(街道)均设立监管所,并在乡村社区组建起食品药品协管员队伍。全区系统核定人员编制近1.1万名(人员到岗率68.25%),其中县乡核编8817名(占81.5%),实现监管力量重心下移,横到边、纵到底覆盖城乡的监管体系初步建成,成为全国最早完成市县两级改革任务的九个省份之一。

整合组建广西—东盟食品药品安全检验检测中心,设立自治区食品药品安全信息与监控、投诉举报、食品安全检测评价机构,食品药品审批查验中心更名增编,各市县也逐步成立相应的机构,7个市36个县建立食品药品检验机构。

2. 监管体制改革中存在的主要问题

在调查中也发现,广西食品药品监管体制在改革中仍然存在一些突出的矛盾,并出现了值得关注的新问题,可以归纳为以下四个方面。

(1) 思想上存在"翻烧饼"的担忧。广西食品药品监管体制改革起步早,而且严格按照中央有关文件的精神进行改革,通过系统的整合将相关部门承担的食品安全监管方面的职能整合到新组建的食品药品监督管理局之中,并通过坚持不懈地努力,形成了全区上下统一、单列的食品药品监管机构的模式。但一些后续进行改革的省区市陆续通过"三合一"等方式形成的市场监管局模式,客观上对广西食品药品监管系统产生了冲击。特别是作为 2013 年国务院推动食品药品监管体制改革样本城市的陕西渭南市,五年四改监管体制,并最终于 2015 年 3 月在新一轮的改革中,将下辖的县级工商、质监、食药监、盐务等四个部门整合组建市场监督管理局,渭南市"改革样本翻烧饼"的情况在一定程度上使广西食品药品监管系统出现了今后是否会"翻烧饼"的担忧,担心刚刚建立起来的体系在不久的将来"翻烧饼"组建市场监管局,并削弱食品药品的监管能力。

(2) 监管能力与监管任务的矛盾仍然十分突出。改革后全区食品药品监管系统虽然人员编制增加到 1.08 万名,而且基层乡镇街道监管所增加人员编制5031 个,除去从事检验检测等提供技术支撑的人员,截止到 2015 年 5 月底全区实有监管执法人员 6835 人。目前全区的监管对象为 37.97 万家持证的食品药品生产经营单位,其中食品生产经营单位 35.90 万家,药品生产经营单位 1.64 万家,医疗器械生产经营企业 0.41 万家,不考虑食品加工小作坊、保健食品化妆品经营企业、一类医疗器械经营企业的监管数量,按全区乡镇街道监管人员全部编制数5031 个计算,平均每个监管人员监管的企业数量为 76 家左右。而且 2014 年食品工业是自治区首个突破 3000 亿元的产业,当年全区医药工业主营业务销售收入也达到 334.29 亿元,随着"大众创业、万众创新"环境的逐步形成,市场审批制度改革的不断深入,食品药品企业尤其是小规模食品生产经营企业将会出现较大规模的扩充,监管对象也将持续增加,对监管人员与执法技术手段提出了更高的要求。与此同时,广西地处边境地区,边境线较长,是我国面向东盟的桥头堡和中国—东盟博览会长久举办地,与周边邻国的食品贸易较为频繁,边境食品安全监管压力也相对较大。面对繁重的监管任务,广西食品药品监管资源与力量依然有限。

(3) 基层监管人员难以在短时期内有效配置到位。改革后全区食品药品监管系统核定人员编制虽然大幅度增加,但截止到 2015 年 5 月底人员到岗率只有68.25%,整个系统尚缺编 3285 名。乡镇(街道)虽然从卫生、教育等部门进行调剂,也通过参公招录一批大学生,但实际到岗只有 3054 人,到岗率 60.70%。新设立的 35 个城区核定人员编制 1735 名,实际到岗人数为 1100,到岗率 63.40%。本《报告》研究团队在大新县了解到,该县稽查大队共有 16 个编制,但到岗人员只有 5 个,而 14 个乡镇加华侨经济管理区监管所共有 55 个编制,但实际到岗人员只有 3 个。由于广西一部分地区属于山区或边远地区,基础条件较差,基层食药监管所虽然降低了报考条件,但在一些地方仍然无人报名或人数达不到开考条件,"空编"问题甚为严重。

(4) 技术支撑能力尚难以满足有效的监管需求。 改革之前,广西食品药品技术支撑能力就相对薄弱。此次改革中,食品药品监管系统并没有从全区的质检部门划转食品检验技术资源,仅从工商部门划转了少量快速检测设备。目前,全区 7 个地级市还没有食品药品的检验检测技术机构,在县里基本上还是空白或正在报批,极少数的检验检测技术机构也刚刚获批。虽然百色市有 10 个县区报批成立了相应的检测技术机构,但目前仍没有形成监管能力,这是由于每个检测机构至少需要 1500 万元的建设资金(尚不包括土地费用),而百色市尚属于经济欠发达地区,依靠自身力量可能在今后五年内也无法全部建成。由于缺少检测手段,基层现场监管局限于眼看、鼻闻、手摸,发现和解决问题的能力严重滞后。甚至在百色的一些地区,迫不得已用传统的中医诊断方法判断食品安全性。即便是百色市食品药品检验所,也出现了由于技术手段的落后与装备的不足,而面临的检验项目扩项速度跟不上日常监管需要窘境。与此同时,检验人员数量严重不足,检验任务严重超负荷且激励机制亟须改革等。另外,在基层食品监管执法的装备、服装、车辆等配备和办公经费等方面也不同程度地存在困难,特别是边远山区的乡镇,由于执法装备的匮乏,农村食品安全监管仍非常薄弱。

(三) 江西省食品安全监管体制改革的现状考察

1. 体制改革的进展状况

2013 年 7 月 9 日,江西省人民政府发布《关于改革完善食品药品监督管理体制的实施意见》(赣府发〔2013〕18 号),同日,江西省人民政府办公厅下发了《关于印发江西省食品药品监督管理局主要职责内设机构和人员编制规定的通知》(赣府厅发〔2013〕15 号),全面启动了新一轮食品药品监督管理体制的改革。

时至今日,改革历时两年,经过职能整合、设备与人员划转,逐步建立起统一的食品药品监管机构。从地市级层面来看,食药监管机构设置存在三种模式:第一种是食药、工商、质监"三合一"成立市场监管局,如景德镇、萍乡、新余、鹰潭市;第二种是食药单列、工商、质监"二合一"成立市场监管局,如南昌、上饶、吉安、抚州市;第三种是食药、工商、质监保留原体系,但食品生产、流通监管职能划归食药监管,如赣州、宜春、九江市。从县级层面来看,虽然也主要采用上述三种模式,但并没有与所在的地市级层面直接对应设置相应机构。即使在同一地级市,各县

(区)机构设置的模式也并不统一。如南昌市的东湖区、青山湖区、青云谱区、新建县四个县(区)均在改革中将食品药品、工商、质监"三合一"成立了市场监督管理局,没有与南昌市级机构设置保持统一,而其他县区的机构改革仍在酝酿中。在南昌市行政区域内部各区县食品药品监管机构设置也呈现多模式并存的现状。截止到 2015 年 4 月 10 日,江西省食品药品监管体制改革地市级层面上的改革基本结束,正在进行县(区)层面上的改革。总体来看,江西省当前在食药监机构设置模式上,混合存在着"直线型"的食药监单列模式和"倒金字塔型"的浙江模式,且部分地市正处在从"直线型"的食药监单列模式向"倒金字塔型"的浙江模式改革的阶段。

2. 监管体制改革中存在的主要问题

江西省 2013 年开始启动的体制改革对解决食品安全"多头管理"等问题,增强食药监管机构的统一权威性,起到了积极作用。但是本《报告》研究团队在调查中发现,仍存在一些问题值得高度关注。

(1) 机构设置多种模式并存,统一权威的食品安全监管机构尚未真正建立。虽然江西省政府(赣府发〔2013〕18 号)文件明确要求,省、设区市、县级政府食品药品监督管理职能和机构的整合与设置原则上参照国务院要求的模式,并结合各地实际,组建新的食品药品监督管理机构。但调查发现,江西省各设区市的机构改革是多样化并存的模式,且上下不对应,造成政令不畅等问题。据了解,全国其他 30 个省、自治区、直辖市(简称省区)也有"三合一"或"二合一"的改革模式,但大多数省区的改革至少在全省范围内保持基本统一。类似于一个省区范围内食品药品监管机构多模式并存的改革,在全国所有省区中确实少见,不利于形成全省统一、权威的食品安全监管体系,不利于建立有效的食品安全风险治理体系。

(2) 基层监管力量仍有待强化,监管的专业性亟须增强。食品药品监管体制无论采用何种模式安排,都必须进一步强化基层监管力量,确保食品药品监管的专业性,保证监管队伍的适当规模与合理结构。这是中央的要求,也是食品药品监管的特殊性所决定的。从本《报告》研究团队在南昌等地调研的情况来分析,虽然市级层面上食品药品监管的专业人员数量上有所增加,而下辖的各县(区)级市场监管局并未增加食品药品监管专业人员的编制,即使增编也是非常有限,并且在内部机构设置上仍由原班人马履行原职责。由于原来乡镇(街道)食品药品监管系统并没有相应的分支监管机构,改革后承担食品药品监管职能的乡镇(街道)市场监管所,基本保留原工商所的班底,并没有增加食品药专业监管人员,人员数量基本保持不变。随着监管职能的下放,一些专业要求强的监管职能大量划至基层乡镇(街道)监管机构实施监管。从南昌市、县(区)、乡镇(街道)三个层面来看,机构改革后,食品药品专业监管人员全部保留在市、县两级,乡镇基层监管人员基本没有专业监管经验。南昌是江西经济社会发展水平最高的地区,南昌的情况尚且如此,全省的情况更不容乐观。本《报告》研究团队的初步判断是,与过去相比,改革后江西全省食品药品监管专业队伍数量呈现了"量增质降""专业稀释"的现状,基层食品药品监管力量并未得到有效强化,"重心下移、力量下沉、保障下倾"没有得到有效落实。

(3) 改革缺乏统筹协调,一些地区虽然进行了改革但仍然处于相对独立的工作状态。江西全省的改革不仅时序进度落后,而且改革的准备工作不充分,在出台改革方案时对存在的困难估计不充分,没有很好地统筹考虑相关问题。南昌市下辖的县(区)的食品药品监管体制改革并未将领导班子、人员编制、办公用房等通盘考虑,形式上进行了改革而实际上并未有效融合的情况具有一定的普遍性。比如,新建县实施"三合一"的改革,于 2015 年 3 月 1 日成立市场监管局,3 月 31 日宣布领导班子,但由于质监、工商人员编制未下放,尚未正式挂牌,仍在原工商、食品药品、质监等各自的办公场所,按照原来的工作模式运行。新组建的市场监督管理局领导班子成员有 14 名,分别来自于原来的工商、食品药品、质监部门的领导成员,改革后不仅没有根据新机构、新职能、新要求而调整领导班子,违背了国务院(国发〔2013〕18 号)文件"关于严禁在体制改革过程中超职数配备领导干部"的要求。东湖区、青山湖区、青云谱区等也存在类似情况,形式上进行了改革,而实际上职能并未有效融合,客观上再次延长了改革的过渡期。

(4) 履行监管职能的条件比较差,且在改革后一个时期内恐怕也难以有实质性的改善。在调查中发现,改革之前,南昌市的一些县(区)的食品药品监管部门基本的办公条件也难以保障。比如,新建县人口 66 万多,土地 2300 平方公里,各类食品药品生产经营企业达到 1200 多家,但自 2010 年起到 2015 年,财政安排的办公经费、日常监管工作经费一直是 36 万元,无法满足不断提高的食品药品监管工作的新要求。青山湖区的食品药品监管局与监管所一起办公,自 2010 年以来一直租借在区文化馆内办公,而且工作经费相当的困难。东湖区食品药品监管局也没有办公场所,也是通过租借解决,同样日常经费非常困难。其他的保障条件,诸如执法车辆、技术手段更是普遍缺乏,以至于一些县(区)食品药品监管局负责人坦言,在自己的辖区内农村食品药品监管几乎是盲区,处于空白状态。从改革实施的初步情况来判断,已经或正在进行改革的县(区)履行监管职能的条件并未得到有效改造,这一状况在未来一个时期内恐怕也难以有实际性的改善。

(5) 改革时间过长,影响了基层监管队伍的人心稳定与精神风貌。国务院(国发〔2013〕18 号)要求"省、市、县三级食品药品监督管理机构的改革,原则上分别于 2013 年上半年、9 月底和年底前完成"。江西省政府(赣府发〔2013〕18 号)也要求"设区市、县级食品药品监督管理机构的改革"执行中央要求的时间表。但调查发现,截止到 2015 年 3 月,九江市、景德镇市尚未下发机构改革的"三定方案";而在全省 100 个县(市、区)中,只有 43 个县(市、区)出台了"三定方案",还有 57 个县(市、区)的食品药品监管体制改革尚处于等待"三定方案"出台的阶段。虽然在全国范围内有相当一部分省区并未全面按照国务院文件要求的改革时间表,但江西全省改革的时序进度恐怕尤为滞后。本《报告》研究团队在调查中体会到,由于江西食品药品监管体制改革的过渡期比较长,基层监管人员普遍觉得工作压力大、积极性不高、对改革前景悲观、精神状态普遍不佳,大量工作甚至是日常监管工作被搁置甚至陷入混乱状态。

三、食品安全监管体制改革存在的突出问题与主要成因

纵观全国的改革状况,应该肯定的是,2013 年启动的新一轮食品药品监管体制改革,我国食品监管能力有了新的提升,食品安全监管的统一权威性有了新的加强,特别是对解决长期以来一直存在的食品安全"多头管理""权责不清"的顽症具有积极的价值。然而,必须引起高度重视的是,改革后食品安全监管体制仍存在若干问题有待解决,尤其是基层监管力量仍十分薄弱,"重心下移、力量下沉、保障下倾"仍有待于进一步落实。而且在此次新的改革过程中,尤其是"二次改革"推进的"三合一"试点改革,在一些突出性矛盾和深层次问题仍未得到解决的同时,又带来了一系列新的问题和较为尖锐的矛盾。而这些问题的形成,存在着复杂而又深刻的原因。

(一) 当前食品安全监管体制改革存在的突出问题

从总体上看,我国食品药品安全监管体系已初步健全完善,但同时还要清醒看到,我国食品安全基础仍然薄弱,仍然处于食品安全风险的高发期,面临的监管形势复杂而多变,当前食品安全监管存在主要问题容易诱发食品安全事件。

1. 监管体制仍不健全,统一权威的监管机构尚未真正建立

随着经济和产业的发展和监管环境的变化,加之频繁而迭替的机构改革和职能调整凸显出许多监管体制历史遗漏的问题,"统一"的食品安全监管体制尚未真正建立,主要体现在:

(1) 各地改革步伐不一、快慢不一,不利于"统一"监管体系的形成。2013 年改革以来,各地实际情况不一,部分省市未能按照要求在规定时间内完成机构改革。"十八大"以来,各地食品药品监管改革又开始新尝试,各地做法不一。虽然改革尝试具有一定的探索性和前瞻性,但食品安全监管职能不断调整和统一的过程中,机构的改革和整合做法不一,不利于监管工作的上下衔接以及监管的连续性;频繁的改革过程中,使得监管职能模糊,监管措施不一致,监管工作效率低下,监管协调无法对接,削弱了食品药品监管的统一性和权威性。

（2）职权分散的问题依旧存在，监管职能的统一协调仍有缺失。虽然本轮机构改革进一步集中了食品安全监管职能，但也仅仅是初步解决了食品的分段监管问题，职权分散的问题仍然存在。一是食品安全监管集中的职能与有限的职权之间的矛盾较为突出。食品安全风险监测、评估和标准制定职责及技术支撑力量目前不属于食药监总局，而使得食品安全标准不能及时调整，甚至食品安全标准与监管实际存在脱离，使得风险监控与监管其他环节如检验监测、应急管理、风险预警和信息发布分离，不能及时、有效衔接，加大了系统性风险的可能性。二是食品安全监管的专业性被淡化。由于食品的特殊属性，存在高度信息不对称，使得其相关的研发、生产和经营、使用环节的政策的制定具有高度专业性，也密切关系到监管目标的达成。因此，在相关政策、上游产品政策的制定应与食品安全紧密衔接。然而当前尽管食药监部门在其中的许多领域如初级农产品标准等方面却缺乏相应的职权或不能参与其中，削弱了其专业性和权威性。三是地方的综合协调体制建设还比较滞后。食品生产经营活动具有连续性，但各监管部门可能出于部门利益的考虑，导致出台的政策和规范之间不相匹配和不可协调，造成监管成本加大，甚至无法监管，削弱了食品安全监管的统一性和权威性。

（3）属地管理模式存在监管弊端。食品安全监管系统自从垂直管理模式向属地管理模式实施以来，总体来说，属地管理模式在地方协调合作、权利监督、风险防范等方面存在着优势。在协调合作上，属地管理模式有利于解决行政机构与地方政府之间的矛盾；在内部监督上，属地管理较垂直管理更有利于强化权利监督机制，有利于防范权力滥用和腐败风险；在风险防范上，属地管理模式有利于调动地方政府参与系统性风险防控。但是，属地管理模式同样存在不容忽视的监管弊端，不利于统一权威的食品安全监管体系的构建。首先，食品安全监管政令上下不通、不顺、不达，相关政策执行难度较大。地方政府鉴于各自省情地情，对中央政策理解存在偏差，使得食品安全监管政策执行常显乏力，容易"各自为政"，不利于监管的统一性。其次，地方食品监管部门地位弱化，监管效能难以有效发挥。实行属地管理的初衷本是强化地方政府对食品安全所承担的责任，但在当今以GDP作为考察地方政府和官员政绩主要指标的背景下，地方食品安全监管部门往往要承担地方政府发展本地经济和解决就业等方面的工作任务，造成监管职能错位，甚至放任不良食品企业的违法行为，牺牲其在食品监管上的责任，难以充分发挥其监管效能，监管权威性大打折扣。再次，容易造成区域合作困难。实行属地管理后，由于各地食品安全监管机构"分封而治"，再加上地方政府出于自身利益考虑，使得区域间食品安全监管部门合作十分困难，资源重复与过度消耗，行政效率低下。

2. 全过程监管尚未形成

当前,我国食品安全监管体系尚未形成一个成熟的全过程监管制度,仍存在诸多问题:

(1) 全过程监管制度仍有缺失。各环节之间不能有效贯通,相互衔接,造成监管信息不畅,制度缺失,甚至造成监管措施自相矛盾,影响监管的统一性和权威性。如在应急处置环节,相关的食品应急处置制度还不完善,相应的食品应急处置能力还比较薄弱;在维护消费者群体利益上,相关的惩罚性赔偿制度如强制保险制度和损害救助制度仍然缺失。

(2) 上市前环节,源头监管存在空白。食品分段管理机制下,食品源头管理存在跨部门协调不畅,甚至存在监管空白的问题,例如,对于食品源头企业的监管,相当一部分食品企业既是食品原料生产企业,又是食品加工生产企业,既形成监管交叉,又形成监管空白,造成监管漏洞。

(3) 生产与加工环节,监管机制有待完善。专项整治相关配套仍有欠缺。目前,食品的专项整治行动虽呈现常态化趋势,但其相关配套政策和措施仍有待完善和明晰。专项整治工作的定位仍较模糊,专项整治行动内容多与日常监督交叉,限制专项整治行动的针对性。过分强调专项整治行动的作用以及成效,也会一定程度上松懈甚至忽视日常监督。在依法行政的工作机制上仍存在行刑衔接问题,执法尺度各地有所偏差,协作机制不完善,缺乏行之有效的统一的执法成效评估体系。

(4) 流通和使用监管环节监管亟待建立健全。食品安全的追溯体系建设尚未完整,未建立由源头到消费者之间的双向追溯机制。虽然食品监管系统经过近几年的不断改革和调整,监管机构设置体系和职能职权划分越来越清晰,但仍有部分监管职能分散在其他部门,如农产品监管、食品相关标准制定、进出口监管、广告审查与监管等职能,目前食品监管与各部门之间还没有形成一种长效且高效的监管协作机制,甚至在合作协作方面出于本部门的利益还有所弱化,间接影响食品全过程监管的成效。

3. 监管执法能力仍严重不足

食品安全执法能力虽然有所加强,但相对于当前日益复杂的食品安全风险形势,仍严重不足,基层监管执法力量更是非常薄弱。主要表现在:

(1) 监管执法职能缺失。目前,我国食品药品监督管理稽查局只有行政执法权而缺乏刑事强制权,所以在执法过程中常常因为在协调各相关执法部门而不能及时快速地开展食品药品执法工作。如在 2014 年 7 月发生的"上海福喜"事件中,食品监管执法人员被该企业百般阻挠,拒绝执法人员进入,直至公安部门介入,才得以执法,耽误了宝贵的证据收集时间。食品监管执法职能的缺失,降低食品监管部门的权威性。

（2）食品药品监管执法力量薄弱。新一轮机构改革后，工作职能的增幅远远大于监管机构人员编制的增幅，导致工作疲于应付。如，山东省某县实现了"三合一"，在该县的经济开发区市场监管所，核定编制10人，实有在岗人员5人，需要负责监管辖区内1500家企业、2000多户个体工商户等监督检查，监管人员与企业户数比达到1：700。此外，5名工作人员还承担着工商业户登记、特种设备监管乃至文明城市创建、森林防火等当地政府交办的其他任务。

（3）监管执法人员专业素质有待提高。对于监管执法专业性要求较高的部门来说，监管执法人员专业素质与当前的监管要求有差距，特别是在基层监管部门，在整合了原食品药品监管部门、工商行政管理部门、质量技术监督部门的食品安全监管职能，执法人员大都由上述部门及乡镇政府的工作人员划转过来，食品监管执法素质普遍较低，要在短时间内学习掌握食品监管方面的法律、法规、规章、制度以及各项业务知识，存在较大现实困难。

（4）食品监管执法配置亟待改善。由于机构改革的原因，划转入工商、质检部分机构与人员，食品执法办公工作环境有所下降。食药监部门划归地方后，地方政府投入普遍不足，在食品监管执法装备、执法服装、执法车辆等配备，办公经费等方面支持投入和保障力度较小，甚至连执法记录仪、快速检验检测设备等基本装备都普遍没有配备，一线执法人员仍主要靠"眼看、鼻闻、手摸"等落后手段开展执法检查。

4. 食品药品监管技术支撑力量仍然薄弱

食品行业覆盖面广、专业性强，我国食品安全监管工作起步晚、监管力量不足，技术支撑乏力，资源条件有限，薄弱的监管能力与繁重的监管任务存在的矛盾日益突出。相比较美国FDA，其三分之二的资源均投放在"技术监管"层面，而我国则主要投放在"行政监管"层面，食品监管技术支撑力量的薄弱制约着食品监管的统一性和权威性。

（1）检验检测技术支撑力量不足。我国现有检验检测机构仪器设备条件、检测能力有待强化，检测队伍管理有待加强，人员素质有待提高，特别是基层监测机构运行和能力不足。检验检测机构和人员的数量有所增加，但总体的素质不高。

（2）食品药品风险监测支撑薄弱。现有国家食品安全风险监测计划的框架下，相关部门根据各自职责和工作需要，分别组织开展食品安全风险监测工作。卫计委负责制定食品安全风险监测计划、食品安全标准以及管理国家食品安全风险评估中心，食药监部门负责组织开展食品安全风险预警和风险交流。风险监测的职能分离，使得风险监测、评估和预警工作存在分离，不利于监管部门对发现的问题及时组织核查处理，化解风险。

(3) 食品药品监管信息化建设缺乏统筹。食品监管信息化建设仍未达到预期的效果,缺乏统一指导,缺乏运用统一的食品监管平台来协调国家与地方工作。各地方监管信息标准不统一,现有数据库的数据源不全、省级(含)以下监管基础数据库数据存储方式和格式多样等问题,影响食品监管数据的信息统一发布和数据权威。各监管信息库不能有效利用,数据分割严重,对于已经初步建设的国家和地方信息系统,也未能做到数据互通,资源共享以及深度挖掘分析,更好地指导监管工作,例如电子监管系统、风险监测和预警、检验抽验数据体系、应急管理、产品追溯系统以及市场监测数据,不能贯通研究,挖掘内在监管风险。

(4) 食品监管人才队伍专业水平仍有待提高。在数量方面,专业人才在机构改革后总数有所增加,但相对于增加的食品监管职责来说,专业人才队伍数量存在不足。人才队伍专业性方面,专业性人才比例在机构改革后明显降低;我国尚未形成一支专业、专职的检查员队伍。在专业化监管队伍的建设制度方面,仍然存在漏洞。如在基层稽查队伍中,有相当一部分人员为事业编制,不享有转移支付财政支持,对稽查工作产生一定程度的不利影响。

5. 食品安全监管政策保障普遍不到位

缺乏相关食品监管政策的支撑保障,会给食品正常的安全监管工作增大了难度。主要表现在:

(1) 食品安全监管法律、标准体系有待完善。虽然我国已经建立起相对完善的食品监管法律法规体系,但随着社会和经济发展,仍然存在一些监管法律空白和模糊区,法律依据不充分,尤其是地方配套性法规标准相对滞后。

(2) 食品安全监管投入稳定增长机制亟待建立。缺乏长效投入机制,经费不足或下达较晚、重点项目未能立项是建设食品安全监管能力遇到的较为普遍的问题。如属地管理的地方食品监管工作经费难以得到有效保障,特别是机构改革后,监管任务加重,经费需要加大,监管任务更加难以保障。这在经济欠发达地区尤其明显。另外,虽然当前实行的是属地管理,由地方负责经费保障,但是地方不少政府重视不够,食品安全监管往往被认为是"非主流部门",对其支持力度不够,食药监部门地位弱化、边缘化,减少食品药品监管投入,进一步削弱食品药品的政策保障能力。

6. 基层监管执法工作亟须规范

机构改革后,基层尤其是乡镇监管执法工作迫切需要规范,主要表现在食品安全监管方面的法律法规、规章规范和标准等滞后于职能转变,使得在监管工作中有无法可依的困惑。

(1) 监管法律法规亟须统一规范。新一轮监管体制改革完成后,新组建的食品药品监管部门除了执行统一的《食品安全法》及其实施条例等法律法规以外,还执行有商务部、质检总局、工商总局、食药总局等部委局制定的部门规章规范和标准等,监管执法人员的主体资格的变化未得到相关法律法规的及时调整跟进,难免与依法执法和依法行政产生矛盾冲突,主要表现在基层监管行政处罚和行政许可工作方面,管理相对人的不理解、不支持、不配合,使基层监管执法工作陷入尴尬无奈的局面,因此修改和制定统一规范的监管法律法规、规章规范、安全标准,特别是尽快制定出台《基层食品(药品)监管所工作条例》等法律规章,明确基层食品药品监管所的法律地位和权利义务以及主体责任范围,赋予基层食品药品监管人员执法和许可主体资格。

(2) 执法办案程序和文书应统一规范。 目前基层食品药品监管所涉及食品生产经营和药品、医疗器械以及化妆品的监管执法,原国家食品药品监督管理局制定了《药品监督行政处罚程序规定》和文书规范,但是在食品生产经营和医疗器械以及化妆品监管执法中没有明确行政处罚程序规定和统一的文书规范,因此,国家食品药品监督管理总局在食品、药品、医疗器械、化妆品监管执法中应统一行政处罚程序和文书,避免各自为政,制作烦琐复杂的执法文书和日常监管表册等,让基层食品药品监管执法简化程序、规范文书、科学行政、提高效率。

(3) 执法装备和交通工具应统一规范。 基层食品药品监管部门不但存在着人手少,监管点多、面广、量大,同时存在办公场地等设施设备不完备和执法交通工具、检验检测设备十分欠缺等问题,如不及时得到解决,势必会严重影响对基层特别是广大农村地区的食品药品安全实施科学、有效、无缝监管,食品药品监管体制改革就是一纸空文,根本达不到其宗旨和目的。因此建议国家食品药品监督管理总局和相关部门想方设法应尽快解决和落实基层镇乡食品药品监管所的办公场地和执法车辆、检验检测等装备,以便进一步提高食品药品监管能力水平,构筑起基层食品药品安全巨大"防火墙"。

(3) 执法人员业务培训应统一规范。 新成立的基层食品药品监管执法人员基本来自于工商和原食品药监部门,熟悉食品流通监管法律法规和业务的人员不熟悉餐饮服务和药品医疗器械监管法律法规和相关业务知识,监管工作中存在偏差,执法人员需要时间学习法律法规和业务知识,但要全面熟悉掌握新法规和新知识不是一蹴而就的事情,这就要求制定学习和培训计划并及时付诸实施,定期和分期分批的培训基层食品药品监管执法人员,并进行考核考试和继续教育等工作,培养出一批食品药品安全监管综合性执法人员,以适应食品药品监管工作新特点、新形势的迫切需要。

(二) 食品安全监管体制改革出现问题的主要原因

当前食品安全监管体制改革中出现严重滞后、职能整合与监管力量配置不尽合理,并且在不同程度上弱化了监管专业性,主要原因是:

1. 对食品安全监管体制改革的重要性认识不足

食品药品监管体制改革是党的十八大后最先推进的重大改革措施之一,是中央推进国家治理体系和治理能力现代化总体布局的重要组成部分。但一些地方政府对中央决策的理解并不十分深刻,对食品安全监管体制改革的意义存在短视行为,导致行动迟缓,支持力度不够,经费投入与人员编制不足。

2. 在理解严控财政供养人员的认识上有偏差

地方政府可能机械、教条地理解了国务院关于严控财政供养人员的精神,不同程度地曲解了中央的改革意图,导致在改革过程中没有从强化基层力量与食药专业性的角度通盘配置监管力量。实际上,在机构改革后基层普遍的情况是,职能的增幅大于机构人员编制的增幅。即使核定增加的编制,也在较长时期内会存在到岗率低、人员结构不合理的状况。如在山东的调研发现,列入山东省首批食品安全先进县创建试点的日照市五莲县,乡镇监管所普遍核定 3—5 人编制,但目前到岗人员均只有 2 人。2015 年拟每所招录 1 人。由于现有人员普遍年龄偏大、退休人员较多,可能较长时期内也难以保证补足现有编制。

3. 对食品安全监管体系的专业性认识不足

很多地方政府通过组建市场监管局,采用普通产品监管的方法来对待食品,较为普遍的做法是,以工商局为班底,整合相关机构,将工商部门惯用的排查、索证索票等管理方式监管市场,难以承担食品领域的专业监管。事实上,即使在成熟的市场化国家,尽管各国实践不同,但都将食品作为特殊商品进行监管。例如,美国政府同时设有监管一般市场秩序的联邦贸易委员会与专门监管健康产品的食药监管局。

四、深化食品安全监管体制改革的政策建议

基于目前食品安全监管体制改革的进展状况与存在的主要问题,在深化与完善我国食品安全监管体制改革过程中,应该按照习近平总书记关于食品安全"四个最严"的重要指示,以推进食品安全治理体系与治理能力现代化为主线,以构建食品安全社会共治格局为目标,着力做好如下方面的工作。

(一) 构建统一权威的食品安全监管体系,强化监管机构的统一性与专业性

1. 巩固食品监管体制改革成果,健全食品安全监管机构

在国家、省、市、县四级政府设立食品药品监督管理机构,作为本级政府组成部门;突出基层监管能力建设,在乡镇或区域设立食品药品监管派出机构,在村庄(社区)建立食品安全协管员队伍。各级食品安全监管机构通过分工负责和统一协调相结合,理顺相关职能职权关系,逐步实现"职能清晰、精简高效、主辅分明",构建完善的食品药品监管体系。科学合理划分食品安全监管体系内部以及食品

安全监管部门和其他部门之间的事权,既要形成行之有效的内部协作机制,避免推诿扯皮和行政效率低下,也要将各部委各自承担的食品安全监管职能在法律中予以体现,保证各部门之间没有重复管辖权,科学细化多部门协作机制和最终决策权机制,避免现实中虽各有职权但常出现推诿扯皮现象的窘境。

2. 强化监管机构的统一性

在鼓励地方从实际出发,创新监管模式,切实提高监管效能的同时,必须严肃机构改革"保证上下协调联动,防范系统性安全风险"的纪律要求。地方政府不应教条地理解中央严控政府机关编制的精神,应尊重监管的专业规律,通盘考虑与配置监管机关的编制。凡是自行其是,导致专业性力量配置不足,一旦发生影响恶劣的食品药品安全事件,必须严肃追究审批机构改革方案的地方政府"一把手"的责任。

3. 提升监管队伍专业化水平

从实际出发,结合区域性食品风险的基本特征,重点对原在质检、工商或乡镇(街道)普通岗位而现在从事食品安全监管岗位的人员展开系统性培训。培训以案例剖析、实战演练为导向,以实际执法监管操作为中心,适当兼顾专业理论性。应该以省区为单位,制定培训计划,对不同岗位、不同年龄、不同专业层次的监管人员实施全面培训,并将培训任务列入正在制定的"十三五"食品药品安全规划。

(二) 深刻理解与把握改革内涵,加强食品安全风险治理能力尤其是基层能力建设

1. 探索地方政府负总责的能力建设规范

地方政府对食品安全风险负总责,这是食品安全风险治理不可动摇的基本原则。郡县治,天下安。考虑到县级政府在食品安全风险治理中的特殊地位,建议国家食品药品监督管理总局分类对县级政府机构改革后现实的食品安全风险治理能力作出评估,从机构设置、市场环境监管、产地环境监测、评估与预警、技术装备、经费支持等方面,提出并颁布实施《县级政府食品安全风险治理体系与能力建设规范》,用规范的形式保障监管力量的重心下移。

2. 加强基层监管队伍建设

无论采用何种体制安排,都必须进一步强化食药监基层队伍,保证食药监队伍的适当规模与合理结构。应该考虑建立县(区)乡镇(街道)监管人员配备的刚性标准,明确人员补充计划,优化食药监管队伍的年龄与专业结构,着重充实一线执法力量,形成"小局大所"的合理布局。在县(区)局应保证食药监职能科室与人员配备齐整,食药稽查执法大队人员不低于15—20人;乡镇(街道)监督管理站应按照监管对象情况,制定编制核定标准,每所食药监专职人员不应低于5人。行政村、城镇社区建立的协管员队伍,必须尽快建立完善的考评制度与有效的激励机制。

3. 改善基层监管部门执法装备条件

推动地方政府在财政预算中落实专项资金,改善食药监部门执法装备条件,在办公条件、执法车辆、检测设备等方面,切实保障基层食药安全的监管能力。尤其是当前应尽快统一执法装备标识,落实能满足基本监管需要的执法交通、取证、快检等执法装备。尽快结合各地实际,落实国家总局提出的《全国食品药品监督管理机构执法基本装备配备指导标准》,指导基层政府部门根据轻重缓急分步骤改善当地食药监部门执法装备条件。

4. 加强技术支撑体系建设

食品药品风险防范与监管能力的提升必须依靠技术支撑体系。按照"省级检测机构为龙头,市级检测机构为骨干,县级检测机构为基层,第三方检测力量为补充"规划思路,尽可能地加大投入,尽快形成技术支撑能力。要打破传统的区域模式,彻底解决各自为战、各管一摊、封闭僵化的模式,在一些技术支撑能力与财政能力比较薄弱的县(区),可以地级市为依托,2—3 个县(区)合作建设区域性的技术支撑机构。同时,在技术支撑体系建设中要积极发挥市场机制的作用,重点引入第三方技术支撑资源,既弥补现有技术能力的不足,又能形成竞争局面,提高政府建设的技术支撑机构的活力。

(三)构建多方力量参与的社会共治体系

以实现食品安全风险治理现代化为中心,在指导地方在完善政府监管体系的同时,加快推进市场力量、社会组织与公众参与监管的体系建设,尤其是鼓励地方政府加快探索食品药品行业内部知情人举报的奖励与保护制度、公众利用信息网络与新型移动终端参与监督与举报的制度等,加快改革食品药品安全专业性社会组织,实现治理力量的优化组合,形成各具有地方特色的食品药品安全风险社会共治体系。重点应该做好以下四个方面的工作:

1. 充分发挥市场机制作用

在食品安全风险治理体系中积极发挥市场机制的作用,重点引入第三方技术支撑资源,既弥补现有技术能力的不足,又能形成竞争局面,提高政府建设的技术支撑机构的活力。

2. 鼓励社会组织参与食品安全治理

建议各地食品监管部门会同民政部门,出台鼓励发展食品行业组织的政策,通过 2—3 年的努力,在主要的食品行业建设一批法律地位明确、公益属性强的社会组织,发挥其专业性、自治性等优势,推进风险治理力量的增量改革,实现风险治理体系的重构。

3. 健全投诉举报体系

进一步建立健全以"信件、电话、网络"三位一体的投诉举报体系,扩大投诉、举报的当事人的奖励范围、丰富奖励形式,形成富有特色的举报者保护和奖励机制。

4. 积极发挥社会监督作用

支持和鼓励舆论监督,加强与新闻媒体、新型媒体平台的合作,鼓励和支持新闻媒体和媒体平台参与到食品舆论监督,建立与媒体事前执法沟通机制和事后处理结果通报机制,推动媒体和舆论形成共同治理食品安全的格局。通过发挥市场与社会力量的积极作用,弥补政府监管失灵,促进实现由传统的政府主导型治理向"政府主导、社会协同,公众参与"的协同型治理的转变。

第九章　政府食品安全信息公开状况报告

信息不对称是诱发食品安全风险的主要原因。我国公众对食品安全问题的焦虑乃至恐慌，与其获取、了解的食品安全信息的状况密不可分①。在我国发生的许多食品安全事件中，掌握巨大公共食品安全信息资源的政府没有在第一时间发布信息和进行信息交流，从而导致公众心理恐慌。我国正在构建食品安全风险国家治理体系，在这一新的历史阶段，衡量食品安全是否由"监管"迈向"治理"的一个重要标志，是政府能否及时、有效地发布食品安全信息。本章是本《报告》研究团队对食品安全政府公开信息的持续性的研究成果，主要研究我国政府对食品安全信息公开的整体状况、评价、分析及未来展望。基于以往的研究思路，本章将重点评价在 2014 年 6 月至 2015 年 7 月间政府食品安全监管部门主动公开的食品安全信息状况与相关制度，并以 2014 年 7 月上海发生的福喜事件为切入点，对其后各级政府食品安全监管机构针对公众需求和企业生产监管信息公开的状况进行评判，以探讨未来政府食品安全信息公开的努力方向与结合"互联网＋"的建设重点。

一、政府食品安全信息公开取得的新进展

与发达国家相比较，分析我国发生的一系列食品安全事件的案例，不难发现，相关政府监管部门在食品安全的信息公开方面不同程度地存在着滞后公开、公布渠道不畅通、不公开甚至有些政府监管机构有意隐瞒等问题，延误对食品安全事件真相的及时报道，引发社会舆情的公众猜测，甚至引发公众食品安全消费的恐慌，造成严重的社会影响。食品安全信息公开尤其是政府信息的公开成为衡量国家食品安全风险治理水平的重要因素。因此，国家层面对此作出了进一步的要求。2015 年 4 月 3 日，国务院办公厅印发《2015 年政府信息公开工作要点》（国办发〔2015〕22 号），进一步强调做好食品重大监管政策信息、产生重大影响的食品典型案件，以及食品安全监督抽检等信息公开工作。2015 年 4 月 24 日颁布的《食

---

① 《我国缺少有公信力的食品安全信息平台》，载《中国青年报》，2015-3-11〔2015-3-25〕，http://zqb.cyol.com/html/2015-03/11/nw.D110000zgqnb_20150311_1-T03.htm。

品安全法》更是用法律的形式确定了食品安全信息公开的重要地位,要求国家建立统一的食品安全信息平台,实行食品安全信息统一公布制度;明确国家食品安全总体情况、食品安全风险警示信息、重大食品安全事故及其调查处理信息和国务院确定需要统一公布的其他信息由国务院食品监督管理部门统一公布。应该指出的是,近年来,随着食品安全信息公开的社会呼声日益高涨,政府监管部门不断加大食品安全信息的公开力度,并取得了新的进展。

(一) 中央政府相关监管机构层面

国家食品药品监督管理总局、农业部、国家卫生和计划生育委员会是我国食品安全的主要监管部门,承担了食品安全信息公开的主要责任。

1. 国家食品药品监督管理总局

2013 年 3 月起,新组建的国家食药品监督管理总局正式成为我国重大食品安全信息的发布主体。《国家食品监督管理总局政府信息公开指南》(以下简称《指南》)中明确指出,其公开的政府信息的范围包括机构职能、政策法规、行政许可、基础数据、公告通告、公众服务、监管统计、专题专栏、动态信息、人事信息、规划财务以及包括法律、法规、规章规定应当公开的其他食品安全监管工作信息,其政府信息公开形式主要通过国家食品监督管理总局政府网站(www. cf-da. gov. cn)以及新闻发布会、报刊、广播、电视等便于公众知晓的载体和形式予以主动公开。

截至 2015 年 7 月,国家食品监督管理总局政府网站的信息公开设置了图片新闻、最新动态、政府信息公开、法规文件、征求意见、公告通告、人事信息、规划财务、食药监统计、数据查询和专题专栏等栏目,无论在信息公开的规范性和接受社会监督信息方面都较之前有很大进步。而针对公众服务方面,总局政府网站上还设置了曝光台、动态信息、公告通报、产品召回、警示信息、食品抽检信息、食品安全风险预警交流、公众查询、在线信访、纪检举报、投诉举报、公众留言等个性化信息服务。其专题专栏不仅涉及食品抽检信息,还包括农村食品市场“四打击四规范”专题整治行动、食品安全风险预警交流等信息公开。

表 9-1 中为 2014 年 6 月—2015 年 7 月间,总局政府网站有代表性的主要食品安全信息公开情况,包括机构职能、政策法规、行政许可、基础数据、公告通告、公众服务、监管统计、专题专栏、动态信息、人事信息、规划财务以及其他信息,信息公开内容较为丰富。

表 9-1 国家食品监督管理总局的主要食品安全信息公开情况

信息公开内容	信息名称	发布时间
政策法规	《食品监督管理统计管理办法》(国家食品监督管理总局令第 10 号)	2014-12-19
	《食品安全抽样检验管理办法》(国家食品监督管理总局令第 11 号)	2014-12-31
	《食品召回管理办法》(国家食品监督管理总局令第 12 号)	2015-03-11
公告通告	食品监管总局关于印发食品行政处罚文书规范的通知	2014-06-03
	食品监管总局关于发布食品监管信息系统运行维护管理规范的通知	2014-06-09
	关于加强食品安全标准宣传和实施工作的通知	2014-06-16
	食品监管总局关于印发重大食品安全违法案件督办办法的通知	2014-07-10
	国务院食品安全办关于深入开展肉及肉制品检查执法工作的通知	2014-07-15
	关于《食品召回和停止经营监督管理办法(征求意见稿)》公开征求意见的通知	2014-08-06
	食品监管总局关于开展儿童食品和校园及其周边食品安全专项整治工作的通知	2014-08-07
	食品监管总局办公厅公开征求《婴幼儿配方乳粉生产企业食品安全信用档案管理规定(征求意见稿)》意见	2014-08-08
	食品监管总局办公厅关于加强 2014 年中秋国庆节日期间食品安全监管工作的通知	2014-08-22
	食品监管总局办公厅关于食品用香精等标准有关问题的通知	2014-09-17
	食品监管总局办公厅关于含何首乌保健食品变更工作有关事宜的通知	2014-09-30
	食品监管总局关于加强北京亚太经济合作组织领导人非正式会议等重大活动期间食品安全监管工作的通知	2014-10-17
	食品监管总局关于养殖梅花鹿及其产品作为保健食品原料有关规定的通知	2014-10-24
	食品监管总局办公厅关于遴选河北省疾病预防控制中心等 5 家单位为国家食品监督管理总局保健食品注册检验机构的通知	2014-11-17
	食品监管总局办公厅关于增设网上发放保健食品技术审评意见通知书的通知	2014-11-24
	食品监管总局办公厅关于国家保健食品监督抽检结果的通报	2014-12-31
	食品监管总局办公厅关于开展 2015 年元旦春节期间食品经营领域专项监督抽检工作的通知	2014-12-16
	国家食品监督管理总局关于《食品投诉举报管理办法(征求意见稿)》公开征求意见的通知	2014-12-17

（续表）

信息公开内容	信息名称	发布时间
公告通告	食品监管总局办公厅关于开展食品监管总局本级保健食品监督抽检和风险监测承检机构遴选工作的通知	2015-01-20
	食品监管总局关于进一步加强白酒小作坊和散装白酒生产经营监督管理的通知	2015-02-06
	食品监管总局办公厅关于进一步加强春节期间食品安全监管工作的通知	2015-02-15
专题专栏	国务院食品安全办、食品监管总局、工商总局关于开展农村食品市场"四打击四规范"专项整治行动的通知	2014-08-26
	中秋节月饼安全消费提示	2014-09-01
	食品监管总局办公厅关于同意江苏省食品检验所变更保健食品注册检验单位名称的通知	2014-09-16
	春节期间食品生产经营风险防范提示	2015-02-06
行政许可	关于《食品行政处罚程序规定》的说明	2014-06-18
	食品监管总局办公厅关于同意河北省食品质量监督检验研究院作为醋酸酯淀粉等食品添加剂生产许可检验机构的复函	2014-09-12
	关于转发液态奶产品标签标示有关问题的函	2014-10-21
	关于转发国家卫生计生委食品司关于预包装食品标签标示有关问题回复的函	2014-10-21
	食品监管总局办公厅关于麦芽糊精生产许可有关问题的复函	2014-10-24
	食品监管总局办公厅关于同意变更食品添加剂生产许可检验机构名称的复函	2014-10-24
	关于征求优化保健食品注册检验和受理工作流程有关规定意见的函	2014-12-17
动态信息	夏季食品安全消费提示	2014-07-26
	食品监管总局:提升食品安全治理能力	2015-01-07
	食品监管总局食品安全国家标准查询平台开通	2015-03-01
	食品监管总局约谈部分火锅连锁企业	2015-03-24
监管统计	食品监管总局发婴幼儿配方乳粉质量监管情况	2014-06-01
	2014 年第二阶段食品安全监督抽检情况通报发布	2014-12-07
	食品监管总局 2014 年政府信息公开工作情况	2014-12-23
	食品监管总局公布 2015 年第一期食品安全监督抽检情况	2015-02-16
	食品监管总局官网开通"食品抽检信息"专栏	2015-02-11

资料来源:根据网络资料由作者整理形成。

2. 农业部

2014 年,农业部信息公开工作取得了一定的成效,全年主动公开按时公开率和依申请公开按时答复率保持 100%。其中,农业部网站信息公开专栏共主动公开信息 708 条,政务版网站群共发布信息 18.2 万条。而政务版主网站发布信息 16.6 万条,较去年同期增长 13.6%,浏览量累积达 21 亿次,基本做到应公开尽公开;收到信息公开申请 311 件,全部按时予以答复;收到信息公开行政复议 5 件,均未被撤销或责令重新办理;没有因信息公开而被提起行政诉讼。

而在食用农产品质量安全的信息公开方面,农业部组织开展了 4 次农产品质量安全例行监测工作,监测结果已经及时向社会公开发布。农业部还修订并颁布了《农产品质量安全突发事件应急预案》,印发了《农业行政处罚案件信息公开办法》,颁布实施了《食品中农药最大残留限量》国家标准(GB2763-2014)等 250 余项农业标准。并且加大行政审批信息公开力度,如推进行政审批信息化建设,积极扩大网上审批范围,推动农药、兽药、种子、饲料、肥料等农业投入品行政审批数据库建设,开发运行了农业部行政许可综合信息查询平台,进一步丰富了核心审批结果数据,方便企业和农民群众。还建立了农业科研项目管理信息公开制度,除涉密及法律法规另有规定外,向社会和单位内部公开农业科研项目的立项信息、研究成果、资金安排情况等。2014 年 6 月到 2015 年 7 月期间,农业部主要食用农产品安全信息公开情况见表 9-2。可以发现,该时段农业部食用农产品安全信息公开主要集中在公告通知方面,有关安全标准的信息较少且较为分散。

表 9-2　农业部主要食用农产品安全信息公开情况

信息公开内容	信息名称	发布时间
安全标准	农业部办公厅关于征求百菌清等 11 种农药以及苯线磷等 24 种禁限用农药最大残留限量标准(征求意见稿)意见的函(农办质函[2014]43 号)	2014-06-11
	农业部办公厅关于征求《食品安全国家标准 食品中苯线磷等 24 种农药最大残留限量》(征求意见稿)意见的函(农办质函[2014]44 号)	2014-06-11
公告通告	农业部关于加强农产品质量安全检验检测体系建设与管理的意见(农质发[2014]11 号)	2014-06-11
	农业部办公厅关于做好 2014 年生猪定点屠宰质量安全监管工作的通知(农办医[2014]32 号)	2014-06-20
	中华人民共和国农业部公告第 2133 号	2014-07-24
	中华人民共和国农业部公告第 2134 号	2014-07-24
	农业部办公厅关于加快推进畜禽屠宰监管职责调整工作的通知(农办医[2014]47 号)	2014-09-25
	农业部关于组织开展生猪屠宰质量安全专项整治活动保障市场肉品质量安全的通知(农医发[2014]30 号)	2014-09-30

（续表）

信息公开内容	信息名称	发布时间
公告通告	农业部 食品药品监管总局关于加强食用农产品质量安全监督管理工作的意见（农质发［2014］14 号）	2014-11-18
	农业部办公厅关于征集《农产品质量安全法》修改意见的函（农办质函［2014］93 号）	2014-11-28
	农业部关于印发《国家农产品质量安全县创建活动方案》和《国家农产品质量安全县考核办法》的通知（农质发［2014］15 号）	2014-11-28
	韩长赋部长在贯彻落实《国务院办公厅关于建立病死畜禽无害化处理机制的意见》电视电话会议上的讲话（农业部情况通报第 42 期）	2014-12-10
	北京、山东、重庆、湖北畜禽屠宰监管工作经验交流	2014-12-17
	强化畜禽屠宰监管 确保人民"舌尖上的安全"——于康震副部长在全国畜禽屠宰监管暨生猪屠宰专项整治工作会议上的讲话	2014-12-17
	积极防控动物疫病风险 严格动物源性食品安全监管	2014-12-23
	农业部关于加快推进农产品质量安全信用体系建设的指导意见（农质发［2014］16 号）	2014-12-25
	农业部办公厅关于印发《2015 年兽医工作要点》的通知（农办医［2015］1 号）	2015-01-21
	农业部关于做好 2015 年畜禽屠宰行业管理工作的通知（农医发［2015］2 号）	2015-02-02
	农业部办公厅关于印发 2015 年农产品质量安全监管工作要点的通知（农办质［2015］7 号）	2015-02-15
	农业部办公厅关于进一步加强动物卫生监督执法工作的紧急通知（农办医［2015］10 号）	2015-03-19
	农业部办公厅关于印发《2015 年农作物病虫专业化统防统治与绿色防控融合推进试点方案》的通知（农办农［2015］13 号）	2015-03-23
	农业部办公厅关于扎实推进主食加工业提升行动的通知（农办加［2015］8 号）	2015-04-07
	农业部办公厅关于开展农资打假"夏季百日行动"的通知（农医发［2015］11 号）	2015-05-19
	农业部办公厅关于印发《农业部贯彻落实党中央国务院有关"三农"重点工作实施方案》的通知（农办办［2015］22 号）	2015-06-03
	农业部办公厅关于征求《农业部关于决定禁止在食品动物中使用洛美沙星等 4 种原料药的各种盐、脂及其各种制剂的公告（征求意见稿）》意见的函（农办医函［2015］37 号）	2015-06-11

（续表）

信息公开内容	信息名称	发布时间
政策措施	韩长赋部长在贯彻落实《国务院办公厅关于建立病死畜禽无害化处理机制的意见》电视电话会议上的讲话(农业部情况通报第42期)	2014-12-10
	北京、山东、重庆、湖北畜禽屠宰监管工作经验交流	2014-12-17
	强化畜禽屠宰监管　确保人民"舌尖上的安全"——于康震副部长在全国畜禽屠宰监管暨生猪屠宰专项整治工作会议上的讲话	2014-12-17
	积极防控动物疫病风险　严格动物源性食品安全监管	2014-12-23
	2015年国家深化农村改革、发展现代农业、促进农民增收政策措施	2015-04-30
	全国食品安全宣传周农业部主题日活动在北京市房山区举办	2015-06-18
	农业部管理干部学院组织开展新食品安全法专题培训	2015-06-19

资料来源：根据网络资料由作者整理形成。

3. 国家卫生和计划生育委员会

2013年新组建的国家卫生和计划生育委员会主要负责食品安全风险评价和食品安全标准制定，在食品安全信息领域的职责相对单一，其内设机构"食品安全标准与检测评价司"专司与食品安全信息公开的相关工作。表9-3为2014年6月至2015年7月间国家卫生和计划生育委员会公开的主要食品安全信息的相关情况，其内容主要涉及食品安全标准和公告通告两个方面。同样，也是基本集中在公告通告方面，而关于食品安全标准的信息公开相对较少。

表9-3　国家卫生和计划生育委员会的主要食品安全信息公开情况

信息公开内容	信息名称	发布时间
食品安全标准	国家卫生计生委发布《食品安全地方标准制定及备案指南》	2014-10-09
	关于公开征集2015年度食品安全国家标准立项建议的公告(2014年第22号)	2015-01-06
	关于发布《食品安全国家标准食品中镉的测定》(GB5009.15-2014)等13项食品安全国家标准的公告(2015年第2号)	2015-02-11
公告通告	卫生计生系统2014年食品安全工作进展及2015年重点工作任务图解	2015-01-29
	卫生部办公厅关于进一步加强卫生监督与食品安全工作的通知	2014-08-30
	国家卫生计生委、教育部联合发文，要求加强学校食源性疾病监测和饮用水卫生管理	2014-10-16
	国家卫生计生委办公厅关于2014年全国食物中毒事件情况的通报(国卫办应急发[2015]9号)	2015-02-15

（续表）

信息公开内容	信息名称	发布时间
公告通告	国家卫生计生委办公厅关于 2014 年食品安全风险监测督查工作情况的通报（国卫办食品函[2015]289 号）	2015-04-16
	创建卫生城市　打造健康江苏	2015-04-28
	浙江省积极推进食品安全风险监测工作	2015-04-30
	辽宁省扎实做好食源性疾病监测工作	2015-04-30
	湖南省疾控中心食品安全风险监测工作取得新成效	2015-04-30
	李克强：以"零容忍"的举措惩治食品安全违法犯罪	2015-06-12
	第九届海峡两岸食品安全专家会议在广西召开	2015-06-19
	践行"三严三实"　共谋建设发展——食品评估中心与中国科学院科技促进局共商科技合作	2015-06-23
	国新办《中国居民营养与慢性病状况报告（2015）》新闻发布会文字实录	2015-06-30

资料来源：根据网络资料由作者整理形成。

（二）省级政府相关监管机构层面

目前大部分省、自治区与直辖市食品安全监督管理机构的政府网站普遍发布了本地区本部门的相关政策法规、政府文件、职能介绍、审批事项、工作动态、人事信息、招商项目、便民服务等信息，总体而言，省市级政府网站的食品安全信息公开比以前有了极大的改进。梳理相关省级政府层面食品监管机构和卫生计生机构有关食品安全信息公开情况可以看出，这些机构的信息公开重点仍主要在制度体系的构建、食品安全标准的设置、食品安全监测能力的提升等方面。

2015 年 4 月 24 日，第十二届全国人大常委会第十四次会议审议通过的《中华人民共和国食品安全法》将于 2015 年 10 月 1 日起施行，对政府食品安全信息公开的要求越来越高。但就目前来看，中央政府层面的食品安全监管机构对食品安全信息的公开较为深入，并积累了一定的经验。而一些省份从 2014 年 7 月开始启动的市县层面的食药监管体制改革，并没有参照国务院的机构改革模式成立食品药品监管机构，反而采用市场局模式，即将工商、质监等市场监管部门合并成一个部门，借此统一市场监管。目前深圳、浙江、天津、辽宁、吉林、上海浦东新区、重庆两江新区、武汉东湖新区等地都相继实施了市场局模式的改革。这一改革成为省市级政府既能控制机构数，又能平衡利益的手段。但值得重视的是，反而忽视了中央要求加强食品安全监管的初衷，并且已经直接影响到省市各级政府的食品安全信息公开工作。尤其在公众参与方面，以公众比较关心的食品行政处罚案例的信息公开为例，食品安全信息的政府公开力度并不大，公开范围并不广，公开速度并不快。进入"互联网＋"时代，公众参与的政府食品安全信息公开，更应该让群众看得到、听得懂、能监督,把过去孤立的、被动型的信息公开制度更及时地向上游公众公开和向下游更深入地为公众解读延伸,进而盘活整个政府信息资源。当然,也只有通过更细致地评价各级政府食品安全监管机构所取得的成绩与不足,有针对性地采取措施逐步实施信息公开,才能真正建立消费者对政府的信任,构建新常态下食品安全社会共治的中国格局。

(三) 政府食品安全信息公开的新进展

上述内容主要以中央政府与省级政府相关食品监管机构网站为考察重点,研究了2014年6月—2015年7月间政府食品安全信息主导公开的状况,应该说,政府食品安全信息公开工作取得了新的进展,主要表现在以下七个方面。

1. 相关监管机构各自的信息公开平台基本形成

中央政府与省级政府相关食品监管机构根据各自职能,均建立了相应的食品安全信息公开平台,在其门户网站上设置了专门的食品安全信息公开栏目或食品安全信息公开专网,集中发布相关信息,其信息公开栏目设置了包括公开依据、政府食品安全信息公开目录、政府食品安全信息公开指南、依申请公开和政府食品安全信息公开工作年度报告等在内的全部子栏目。

2. 行政审批信息透明度逐步提高

政府的食品安全监管机构在其门户网站上公开了本部门行政审批事项清单,提供了审批依据、申报条件、审批流程信息等内容。地方政府则普遍在门户网站或者政务服务中心网站公示了行政审批事项清单,一般以行政服务中心网站、专门的行政审批网站或政府网站在线办事栏目等形式,为行政审批食品安全信息公开提供网络平台。这些平台的建设使得政府有关食品安全监管机构的行政审批事项、权限及审批权运行的信息更加透明,方便了公众参与企业生产监督,推动食品安全社会共治。

3. 行政处罚的食品安全信息公开取得新进展

公开行政处罚的食品安全信息不仅仅是对行政机关依法行政的监督,也有助于督促市场、生产企业等社会主体自觉守法,构建诚信的食品安全消费的市场环境。除不具备食品安全问题行政处罚权限的部门外,政府食品安全监管机构都在其门户网站上公开了全部或者部分类别的行政处罚食品安全案件的信息。

4. 食品安全信息公开工作年度报告规范化程度不断提升

按照《政府信息公开条例》规定,上一年的年度报告应于每年3月31日前对社会发布,接受社会的检验和监督。据对中央政府与省级政府相关食品监管机构网站核查发现,绝大部分监管机构能在规定的时间内发布食品安全信息公开的年度报告,且多数年度报告内容较为翔实,列出了主动公开政府信息、依申请公开政府信息的情况及相关行政复议和行政诉讼的情况。

5. 政府食品安全信息公开申请渠道较为畅通

2014年10月起,本《报告》陆续以研究者的身份,以邮政特快专递、在线申请的方式,向中央政府与省级政府相关的一些食品安全监管机构提出了信息公开申请。按照《政府信息公开条例》规定,结合邮政特快专递签收时间、在线申请发送时间,预留了合理的时间,验证其答复的时间情况。在邮寄申请渠道方面,各级政府食品安全监管机构都在规定时限内做出了回复;在线申请方面,各级政府食品安全监管机构也都在规定时限内做出了回复,大多数部门的依申请公开渠道较为畅通。

6. 能够及时解读食品安全监管的重大政策法规

将近70%的食品安全监管机构的政府门户网站设置了专门的政策法规解读栏目,其中卫生计生委在2014年全年解读政策法规数量超过30部。观察结果显示,不少食品安全监管的行政机关能够及时发布、解读本部门、本区域出台的重大食品安全政策法规。

7. 回应社会关切主动性逐步增强

积极主动地回应社会关切问题,做好政策等解释说明,消除人民群众的各种疑虑,是新形势下做好信息公开工作、掌握舆论主导权和话语权、维护社会稳定的重要举措。本《报告》的观察显示,政府食品安全监管机构越来越主动地回应社会关切问题,进一步提升了各级政府的公信力,并正在成为新常态,具备了将企业、公众共同纳入食品安全社会共治的基础条件。

二、政府食品安全信息公开状况存在的问题

为更科学、更准确、更合理地评估政府食品安全信息公开存在的问题,2014年7月起,本《报告》的研究开始陆续邀请并征求了部分中央政府机关、地方政府以及相关领域专家的意见,经过多次论证后,构建了相应评价指标体系,分别对中央政府和省级政府、省会城市政府层面上食品安全监管机构的信息公开等展开初步评价,并在2014年12月完成整体评估工作。

(一)评价对象、指标及方法

本次评价的对象为中央政府食品安全监管机构、31个省级政府食品监管机构,以及24个省会城市政府食品监管机构。评价主要坚持以结果为导向,以公众视角为重点,分析各被评价对象的实际公开效果,从外部观察政府相关信息是否依法公开、是否方便公众获取;评价的主要内容分为主动公开、依申请公开、政策解读回应三个方面,并依据专家意见建立评价指标体系。评价的主要方法是,通过观测评价对象门户网站、实际验证等方式,对上述政府食品安全监管机构依法、准确、全面、及时公开政府信息的情况进行测评,总结政府食品安全信息公开工作

中取得的成就,并分析其当前存在的问题。

通过对上述监管机构的政府网站等渠道信息公开情况的初步评价,可以发现,政府食品安全信息公开虽然取得了一定进步,但问题仍然很多,仍有相当大的努力空间。

(二) 政府食品安全信息公开工作尚需解决的问题:公众参与的视角

本《报告》评估的重要目的之一就是考察公众在政府食品安全信息公开工作中的参与情况。评估结果发现,目前我国政府食品信息公开工作,与公众最大限度获取信息的需求,与打造法治政府、服务型政府的要求,与构建食品安全社会共治格局的总体规划之间,均存在一定差距,需要找准问题,逐步予以解决。

1. 管理机制仍不完善

政府食品安全信息公开工作是一项专业性极强的工作,不但要处理好公开与不公开的关系,还要处理好何时公开、对谁公开、如何公开等问题。因此,必须有专门的内设机构和专门人员负责针对公众需求的政府信息公开工作。但评估发现,由于政府食品监管机构的改革尚未全面完成,政府信息公开机构的建设尚未完全到位,食品安全信息公开的工作并未归口到位。比如,有的政府食品安全监管机构的信息公开由办公厅(室)负责,门户网站则由信息中心管理,热点回应则为舆情监测部门;一些地方政府食品安全监管机构的门户网站与食品安全信息公开管理机构分离,甚至有些地方政府建立的多个微信平台分属不同的部门管理。多头管理、各自为政,非但没有提升公众参与政府食品安全信息公开的程度,往往还会导致信息公开工作的内耗、对公众公开的信息口径不一、前后矛盾,不仅使政府的公信力受到影响,还制约了公众参与各级政府机构的食品安全信息公开工作的有序推进。

2. 一些重要的食品安全信息未能及时发布

"瘦肉精"抽检合格率是衡量我国食用农产品安全风险的重要指标,但农业部并未公开 2014 年度"瘦肉精"抽检合格率相关数据。农业部发布的农产品质量安全监测数据等信息,不仅缺乏监测地区(城市)分布,监测的主要农产品品种、主要的监测参数,监测的主要不合格的农产品品种等信息,而且缺乏以省、自治区、直辖市为单位,各个年度监测的农产品的抽检合格率,农产品质量安全监测、监督检查能力建设等数据内容。国家卫生和计划生育委员会没有公布化学污染物和有害因素、微生物的监测数据,包括采样单位、检测单位、数据上报单位、完成样本数、监测数据量等,没有公布以省、自治区、直辖市为单位,分城市、农村为单元的化学污染物和有害因素、微生物的监测数据,也没有公布饮用水经常性卫生监测合格率数据。国家食品药品监督管理总局没有公布 2014 年流通环节食品抽检合格率的数据。国家质检总局标准法规中心过去一直定期发布的《国外扣留(召回)

我国出口产品情况分析报告》(源自"技术性贸易措施网")。但目前该网站已停止使用且无法找到相应的数据。虽然已新建立了"技术性贸易措施网"(http://www. tbtsps. cn/page/tradez/IndexTrade. action),并有一些相关的数据,但数据不全,至本《报告》截稿,都没有完整地发布2009年以后各年度的我国出口产品受阻情况分析报告。

3. 食品安全信息公开栏目建设有待完善

评估中发现,一些政府食品安全监管机构食品安全信息公开栏目建设还不够规范。表9-4可以看出,包括长春、武汉、广东、海南、四川、杭州、合肥、济南、郑州、西安和河北等省与相关省会城市政府食品安全监管机构网站的食品信息公开目录仍不齐全。另外,有的政府机构未提供信息公开依据,信息公开目录和依申请公开栏目链接无效;相关的新闻发布制度还未常态化、监管机构全年未召开过发布会;规范性文件放置位置不当,不少政府食品安全监管机构在门户网站上设置了多个专门发布食品安全规范性文件的栏目,但有的规范性文件被放置在"公示公告"栏目中,有的则位于"要闻通告"栏目,放置比较随意,公众难以查找;食品安全行政处罚信息公开力度不大,且相关信息公开主要集中在餐饮环节,而公众比较关心的、有较多食品安全事件发生的企业生产环节的信息则相对公开较少。

表9-4　有关省级与省会城市政府网站政府食品安全信息公开基本情况调查

政府信息公开目录	政府网站
无具体内容,但能够提供各部门网站的链接	长春、武汉
无具体内容,只有公开类别、形式、时限等	广东、海南、四川
只有"机构职能"等常规信息	杭州、合肥、济南、郑州、西安、河北

资料来源:根据相关调研数据由作者整理形成。

4. 面对公众的依法申请公开说明不规范

评估时,本《报告》从公众对食品安全信息需求的角度,先通过政府食品安全监管机构信息公开指南查找申请条件及流程说明的信息,如果指南中没有该信息,则在依法申请公开栏目下的申请说明中查找。通过上述方法,仍然发现有些政府食品安全监管机构的门户网站尚没有公开指南或者申请说明。部分政府食品安全监管机构,尤其是省市级食品安全监管机构存在对公众依法申请公开的规定说明不详或欠缺,且提供的申请方式较为单一,对申请方式的说明与实际并不相符,有的网站甚至还存在公众在线申请渠道不畅通等现象。各级政府的食品安全监管机构对于公众依法申请公开的食品安全信息工作说明名目繁多,且并不规范。

5. 针对公众需求的重大政策文件的解读不到位

部分地方政府食品安全监管机构的政策解读栏目转载了大量国家相关部门

的政策解读,但对本地政府政策解读信息较为有限,而且对相关政策的解读质量还有待提升。多数政府食品安全监管机构发布的解读内容多来源于当地新闻媒体不同角度的报道,缺乏政府主导下的全面性解读,而且多数解读只是把制定有关法规、规章及规范性文件的说明以及媒体报道照搬到网上,不仅形式呆板,针对公众需求的信息量也十分有限。

6. 回应公众关切的食品安全热点问题的水平仍较低

虽然不少政府食品安全监管机构日益重视对于公众关切的食品安全热点问题的回应,主动性和及时性都有所增强,在一定程度上满足了人民群众的信息需求。但与此同时,一些问题也在逐渐暴露。由于各级政府之间的食品安全信息呈现分散化格局,平台之间各自为政,相互之间并无信息交流与归口管理,直接造成针对公众需求的回应模式化、回应缺乏实质内容等现象。这使得针对公众的回应不仅没有起到正面的效果,反而引发了更多的质疑与不信任,降低了政府的公信力。这也说明,政府机关在回应公众关切的食品安全问题时,最重要的还是应在推动各个政府平台之间食品安全信息归口合并的基础上,找准公众真正的关切点,逐步提升回应水平。

三、福喜事件发生后政府食品安全信息公开的考察

本《报告》的评价结果显示,虽然政府食品安全监管机构的食品安全信息公开取得了一些进步,但同时也存在一些迫切需要解决的问题。2014年7月在上海爆发的福喜事件,对如何实现食品供应链的全程透明化,公开政府监管食品企业的信息、回应公众食品安全信息的关切,形成政府、企业、工作良好互信的关系,构建食品安全风险社会共治格局提出了新的更高的要求。

(一) 福喜事件后政府针对企业、公众参与食品安全信息公开考察

在福喜事件爆发后,在2014年8—12月间本《报告》的研究小组重点观察了31个省级与24个省会城市政府食品监管机构的政府网站,重点观察与分析在福喜事件发生后相关政府监管机构回应公众关切、监督食品生产企业的政府信息公开情况。采用的主要方式是观察政府食品监管机构回应公众的食品安全信息公开申请,包括申请渠道畅通与申请答复的规范程度等,以及考察监管机构对食品生产企业监管信息的公开状况。表9-5是各级政府网站有关食品安全信息公开的规范性、接受社会监督的总体情况,以及政府监管机构满足公众需求个性化食品安全信息供给情况。图9-1显示,各地政府食品安全监管机构对公众依法申请食品安全信息公开的回应情况具有明显的差异性,新疆、青海、西藏、云南、河南、湖南和江西等省级政府食品监管机构对公众公开信息的请求并无回应。

表9-5　研究观察期省级与相关省会城市政府信息公开基本情况

类别	规范性				接受社会监督的信息									
	公开规定	公开目录	申请公开	概况信息	计划规划	法规公文	工作动态	人事信息	资金信息	应急管理	统计信息	专题专栏	政府公报	新闻发布会
省级网站	6	10	3	31	24	31	31	30	28	21	20	31	27	4
市级网站	9	9	5	24	16	24	24	4	25	7	19	22	16	5

资料来源:根据报告相关调研数据整理形成。

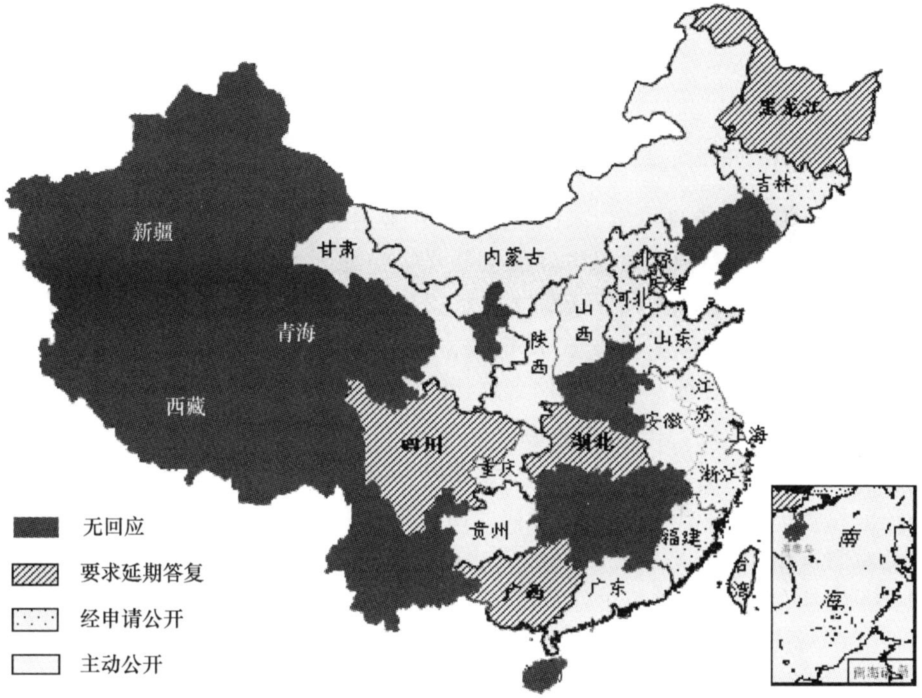

图9-1　省级食品监管机构回应公众依法申请的食品安全信息公开情况
资料来源:根据报告相关调研数据整理形成。

表9-6显示,2014年8月—2014年12月期间,政府相关食品安全监管机构的信息公开中有关面向社会服务的信息(办事指南)占比达到76.4%,而面向公众提供网站内信息检索的个性服务达到89.1%。与此相对应的是,提供文件查询(数据库)个性服务的省级网站有2个,省会城市网站有5个,占所有调查的55个政府食品监管机构网站的12.7%,该比例也明显低于这些政府网站提供的信息订阅个性服务27.3%的比例。显然,这些政府网站仍主要集中于网站内简单的信息检索以满足公众日益增长的个性化需求,而针对提供公众信息订阅和文件查询服务等可以更灵活地满足公众需求的服务,显然远不够重视,尤其是提供数据库、文件查

询的服务,可以多角度地满足公众个性化需求,却占比最低。这也充分表明,现实情况与食品安全社会共治的总体目标,即最大程度地实现公众参与的食品安全信息共享尚有较大差距。

表 9-6　研究观察期内政府网站提供个性服务情况

类　别	面向社会服务的信息（办事指南）		提供信息订阅（RSS）	提供网站内信息检索	提供文件查询（数据库）
	面向个人	面向企业			
省级网站	26	26	12	26	2
省会城市网站	16	16	3	23	5
合计	42	42	15	49	7
占比%	76.4	76.4	27.3	89.1	12.7

资料来源:根据报告相关调研数据整理形成。

就在上海福喜事件发生后不久的 2014 年 8 月 11 日,国家食品药品监督管理总局曾经颁布《食品行政处罚案件信息公开实施细则(试行)》(食药监稽〔2014〕166 号,以下简称《细则》)中明确将"食品行政处罚案件信息公开"纳入县级以上食品药品监管机构"应主动公开"的范畴,主动公开的内容包括"被处罚的自然人姓名、被处罚的企业或其他组织的名称、组织机构代码、法定代表人姓名、违反法律、法规或规章的主要事实"等。但观察显示,可能由于各地推行食品药品监管体制改革,未完成改革的省市无法正常公布食品安全信息,而已完成改革省市的食品药品监管机构的处罚信息的公开职能由于散落在不同的内设部门,没有归口整理与及时发布。而且即使已经完成机构改革的地方食品药品监管所承担的职能包含了生产、流通和餐饮三个环节,但公开的食品行政处罚案件中,基本均为中小企业,其中餐饮环节占据了 44.3%,流通环节是 38.7%,而生产环节仅有 17%。可见,各地政府监管机构针对大型食品企业生产环节监管的食品安全信息公开,并没有在福喜事件后有较大改善。

事实上,与公众利益紧密相关的针对食品行政处罚案件的信息公开,也是公众监督政府提供企业生产信息,参与食品安全社会共治的重要信息来源。本次观察也显示,福喜事件发生后各级政府食品安全监管机构应按照 2014 年 8 月 11 日国家食品药品监督管理总局颁布的《食品行政处罚案件信息公开实施细则(试行)》,即"县级以上食品监督管理部门,应当指定专门机构负责本部门行政处罚案件信息公开日常工作"展开相关工作。但事实上,即使发生了福喜事件,如图 9-2 显示,各地食品药品监管机构负责行政处罚案件信息公开的机构尚有 9.5% 是多部门合作,33.80% 没有明确的机构,也就是在所调查的 55 个政府食品药品监管机构中,有 43.3% 的政府监管机构没有落实国家食品药品监督管理总局所提出的由专门机构"负责本部门行政处罚案件信息公开日常工作"的要求。由此表明,各地政府食品药品监管机构并没有因为福喜事件的发生而高度重视对食品生产企业监管信息的发布。

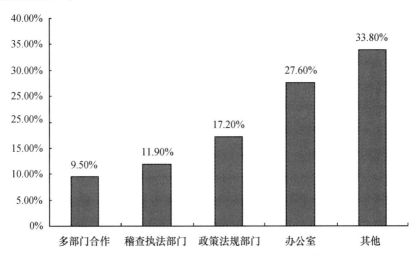

图9-2　各地食品药品监督管理局的食品安全行政处罚案件的信息公开机构
资料来源:根据报告相关调研数据整理形成。

　　食品安全信息公开在《食品安全法》及其实施条例等相关法律法规中均有明确规定,也符合《政府信息公开条例》中应予主动公开的信息的范畴。但从上海福喜事件所引发的风波来看,在食品安全社会共治格局的构建中,我国食品安全信息向公众公开的表达与实践之间仍存在较大背离。在我国,由于供应链食品安全监管特有的"先发展、后治理"的特征,经济新常态的发展过程将不可避免地伴随着较为严重的环境污染和食品安全问题。此时,通过政府食品安全信息公开,从根本上建立健全的供应链透明体系,推动政府、企业、消费者形成良好互信的关系显得尤为重要。

(二) 基于福喜事件的考察:政府食品安全信息公开的努力方向

　　上述观察结果表明,今后政府食品安全信息公开的努力方向在于:

　　第一,必须对不同类型的食品企业合理配置监管资源,并及时公开监管信息。上海福喜食品有限公司作为2014年上海"食品安全先进单位",事件发生前三年间政府相关监管机构对其进行了7次检查,均未发现问题。可见,这类食品企业一直不是政府食品安全监管机构监管与食品安全信息公开的重点。这就引出了一个重要的话题,如何对大型且"信誉良好"的食品企业实施监管与公开食品安全监管信息,即如何基于企业信用和风险分级,合理安排政府监管力度和食品安全信息公开强度。这个话题实际上就是如何有效配置相对有限的监管资源才是最科学的选择。无论是食品生产的"小作坊"式企业,还是大中型食品企业,政府均应该合理分配监管资源,适时适度地开展食品生产监管与公开食品安全信息。

第二,必须适时引导公众,合理使用依法申请公开相关信息的手段。福喜事件已经证实,上海福喜食品有限公司实质开展的是"有组织的实施违法生产经营",企业想方设法地逃避监管和检查,这其实已经不是食品监管部门和食品企业之间的工作关系,而是执法者和违法分子之间的较量。此时正常的政府监管手段可能显得无力应对,而公众对我国食品安全和食品供应体系的信心必然受到重挫。如果适时引入类似"吹哨人"制度,提示和引导公众可以通过依法申请公开的手段要求公开企业生产的相关信息,倒逼食品药品监管机构加大行政处罚和信息公开力度,加快形成"自下而上"的食品安全社会共治格局。

最为重要的是,福喜事件后对各级政府食品安全信息公开的观察结果表明,要推动建立健全全程透明的食品供应链体系,形成政府、企业、公众的良性互动,政府培养大数据思维的服务意识是其中的重中之重(图9-3)。只有在"互联网+"的背景下,抓住"大数据思维"中"海量、开放、共享、实时"等主要特征,才能推动政府各级监管机构改变传统思维模式,积极抓取实时信息,整合多部门形成信息资源聚合,及时便捷地通过互联网、手机 APP 等多种方式依据公众个性化需求,有针对性地开放分类数据资源,可以充分实现数据的价值。

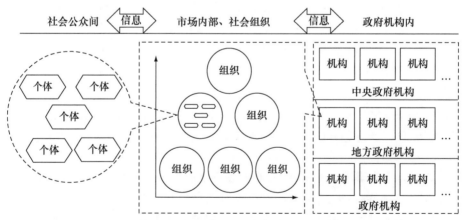

图9-3　食品安全社会共治中的政府食品安全信息公开

四、"互联网+"与政府食品安全信息公开的建设重点

在我国信息化建设的进程中,由于缺少了国家层面的、全局性的总体设计与协调,更缺少可执行的标准,数据的采集、信息的处理与组织受限于特定目的和客观条件,往往各为为战。食品安全监管机构改革进度不一,缺乏顶层体系的支持,

导致政府机构间相互协调与沟通不充分,这些也是共同造成各类食品安全信息参照不一致、不规范、不协调等缺陷和不足的根本原因。而由于"互联网+"正是把互联网的创新成果与经济社会各领域深度融合,推动技术进步、效率提升和组织变革,提升实体经济创新力和生产力,可以形成更广泛的以互联网为基础设施和创新要素的经济社会发展新形态。最为关键的是,将"互联网+"与食品安全政府信息公开相融合,显然对主动适应我国经济发展新常态,形成食品安全社会共治的新动能具有重要意义。目前的现实路径是,与我国信息化建设的总体规划相互融合,在"互联网+"的背景下,应逐步消除目前政府各级食品安全监管机构由"路径依赖"造成的"路径闭锁",以及由体制分割和信息壁垒为食品安全社会共治格局带来的藩篱和障碍,解决数据相互割裂,信息难以集成利用等问题,真正将企业、公众纳入食品安全社会共治的信息交流路径中,"互联网+"中的政府、企业、公众互动的食品安全信息公开应成为建设重点。

(一) 解决生产企业食品安全信息的供给动力不足

本《报告》的调查显示,生产企业的食品安全信息供给明显不足既包括食品安全信息的数量匮乏,也包括安全信息的可信度不够高。生产企业自己提供的食品安全信息可信度不足,而政府机构提供的相关食品安全监测数据则表现为数量匮乏。在这种环境下,公众作为消费者无法做出食品安全状况的正确判定。此外,即使作为大型企业,由于企业的隐瞒与缺乏社会责任,很多有关食品安全的健康隐患的信息不会及时公开,只有公众长期食用才会暴露出危害,企业信息供给严重滞后于公众需求,也加大了政府食品安全监管难度。因此,各级政府监管机构应推动信息汇总整合,并及时向社会、向公众公开有关针对企业生产情况的监管数据、法定检验监测数据、违法失信数据、投诉举报数据和企业依法依规应公开的数据。在市场监管和公共服务过程中,同等条件下,对诚实守信的生产企业可以实行优先办理、简化程序等"绿色通道"支持激励政策。在财政资金补助等方面优先选择信用状况较好的市场主体,鼓励和引导企业自愿公示更多生产经营数据、销售物流数据等,构建大数据监管模型,进行关联分析,及时掌握企业主体经营行为、规律与特征,主动发现违法违规现象,提高政府科学决策和风险预判能力,加强对市场主体的事中事后监管。对企业商业轨迹进行整理和分析,全面、客观地评估企业经营状况和信用等级,实现有效监管。最终建立行政执法与司法、金融等信息共享平台,可以最大程度增强食品安全信息供给。

(二) 解决政府监管食品生产环节的缺位

正是因为政府对食品生产环节的监督与信息供给不足,造成了公众对于食品安全的追求无法通过消费决策有效表现出来,也不可能产生市场影响力,导致了公众对食品安全信息需求的安全弹性低,价格弹性反而高,进一步影响生产者的行为选择,诱使其降低食品安全生产标准,压低成本,突出食品价格的低廉,隐藏不安全的食品特征,造成食品供应的劣币驱逐良币的市场趋势。政府食品生产经营许可证等市场准入监管虽然能对企业生产资质做出一种认定,但对食品安全动态监管和生产环节信息供给并不充分,获得证照的经营者不一定会守法经营,而政府在这种情况下的缺位,反映出简单的市场准入式监管面临的普遍困境。因此,首先必须解决的是,积极推进政府内部信息交换共享,打破信息的地区封锁和部门分割,着力推动信息共享和整合。此后,一方面可以考虑建立健全企业信用承诺制度。全面建立生产企业市场准入前的信用承诺制度,要求市场主体以规范格式向社会作出公开承诺,违法失信经营后将自愿接受约束和惩戒。将信用承诺纳入企业信用记录,接受社会监督,并作为事中事后监管的参考。另一方面建立健全企业失信联合惩戒机制。各级政府机构应将企业信用信息和信用报告嵌入食品安全的各领域、各环节,建立跨部门联动响应和失信约束机制,对违法失信主体依法予以限制或禁入。建立各行业"黑名单"制度和市场退出机制。推动将申请人良好的信用状况作为各类行政许可的必备条件。利用市场的力量,最大程度地弥补政府在生产环节食品安全监管和信息公开的缺位。

(三) 推动公众参与的食品安全信息显性化的供给

解决食品安全问题的关键在于公众参与的食品安全信息供给与需求的对接,即提供充足的、专业的、可信的安全信息,满足公众对食品安全信息需求,将公众对食品安全的敏感性转化为实际的消费行为,从而影响并改变生产者的生产行为。一方面鼓励政府各级部门利用网站和微博、微信等新兴媒体,紧密结合公众需求,整合相关信息、企业生产信息,立足为社会公众提供有关食品安全的基础性、公共性的企业信用记录查询服务。另一方面可以通过加强跨部门数据关联比对分析等加工服务,充分挖掘相关数据的价值。充分运用大数据技术,及时向公众发布相关信息,合理引导市场预期和需求,强化公众参与的食品安全信息的显性化供给。

总之,在"互联网+"时代,食品安全社会共治思路应该是基于互联网经济的特点,以安全信息供给为着力点来进行制度设计,在食品安全信息的供给、收集与反馈方面,通过政府、企业、公众的协同合作确保提供充足的、专业的、可信的质量安全信息。可以通过三项基本工作实现:第一,提供专业化的食品检验检测信息,及时向公众公开;第二,提供食品安全信用担保,确保在出现食品质量问题时由担保机构承担相应的责任;第三,提供企业安全生产规范化的信息,企业必须接受外部监督。唯有如此,才能达到社会共治的效果;即生产企业能够根据监测的标准进行规范管理和流程再造,不断提高食品质量安全;消费者能够及时获得食品安全信息;监管部门对经营者、第三方交易平台及社会组织提供的安全信息提出基本要求,保证食品安全信息公开、及时、充分,并定期审查其真实性与有效性,教育消费者与生产者更多地关注食品安全,在市场准入式监管的基础上加强基于公众参与监督的食品生产环节监管和信息工具,共同建设一个供给和需求实现安全、有序、良性互动的食品安全信息市场。

第十章　国家食品安全风险监测评估预警工作进展

归纳本《报告》前述主要章节的研究内容，可以认为，近年来我国食品安全治理面临着新的挑战：一是食品安全风险沿食品链前移，原料污染成第一大风险，环境污染风险来源的复杂化和源头安全预警监测的高难度，使得源头污染问题在短期内难以有效化解；二是违法添加非食用物质和滥用食品添加剂事件仍然形势严峻，食品造假欺诈加重了食品安全的危机，导致产生食品安全风险的动因更加复杂；三是随着我国食品进口量的大幅上升，进口食品来源愈加复杂化，进口食品安全风险监控难度加大；四是快速发展的网络购物，使得食品安全风险防控面临新问题，需要不断探索适宜的网络风险防范新机制；五是风险交流与公众科普的力度依然薄弱。恢复与提振食品安全消费信心需要有新的手段，公众食品安全消费知识的科普任务艰巨。在上述新背景下，2014年我国食品安全风险监测评估预警工作，在提高风险监测水平、强化风险预警能力等方面进行了新的探索，呈现出一系列新的发展态势。

一、食品安全风险监测体系的持续优化

食品安全风险监测是一项系统、持续收集食品安全数据和信息，并进行及时分析和报告的科学活动，目的是掌握总体食品安全状况，追踪主要污染物水平变化趋势，为风险评估提供数据，为政府食品安全监管提供科学依据。2014年是国家实施风险监测计划的第5年，在不断健全和完善国家食品安全风险监测体系的过程中，各级风险监测技术机构能力得到很大提升，为食品安全监管提供了有力的科学技术支撑，为保障人民群众的饮食安全发挥了重要作用[1]。

（一）不断完善的风险监测网络四级架构

国家食品安全风险监测网络自2010年初步建成以来，由国家、省级、地市级和县（区）级四层架构形成的立体化监测网络不断优化。自2010年监测网络实现

---

[1] 《国家卫生计生委食品司召开食品安全风险监测工作经验交流会》，国家卫生和计划生育委员会，2014-09-02［2015-05-10］），http://www.nhfpc.gov.cn/sps/s5854/201409/c0bd911533ea4927b3baf676ddcfc84d.shtml。

首次覆盖全国 31 个省(自治区、直辖市)以来,地市级和县(区)级的监测点覆盖成为网络建构的重要建设内容,地市级监测点覆盖以平均年增长 30% 的速度发展,并在 2013 年实现了 100% 的全覆盖,基本完成了国家、省级和市级的网络监测点建设。而食品安全风险监测网络建设最艰难的县级监测点覆盖,在逐年增加的年度目标规划指导下,2014 年以 30% 的年增长速率,实现了全国 80% 县级区域监测点的覆盖。河北、黑龙江、辽宁等部分省、自治区、直辖市已经率先实现了监测点的县级区域全覆盖。可以预见的是,实现国家食品安全风险监测网络四层架构体系的建设目标指日可待。

2014 年全国共设置监测点 2489 个,食源性疾病哨点医院 1956 家,监测样品29.2 万件;接报食源性疾病暴发事件 1480 起,监测食源性疾病 16 万人次,报告事件数和监测病例数较 2013 年分别增长 47.9% 和 103%①。近五年来,已对共三十类近 600 种食品进行了风险监测,获得了 547 多万个监测数据;食源性疾病分子溯源网络目前分布在 30 家省级技术中心,并正在向地市级疾控中心扩展。

2014 年中国已建成全球规模最大的法定传染病疫情和突发公共卫生事件网络直报系统,100% 的县级以上疾病预防控制机构、98% 的县级以上医疗机构、94% 的基层医疗卫生机构实现了法定传染病实时网络直报,平均报告时间由直报前的 5 天缩短为目前的 4 个小时②。2014 年西部地区的风险监测效果显著,例如四川省仁寿县承担了 681 个监测项目,完成监测样品 208 份,监测了 11 类食品123 份样品③。青海省食品安全风险监测点由 21 个扩大到 35 个,覆盖 76% 的县区,食源性疾病监测哨点由 30 家扩大到 60 家,覆盖全部县区④。中部地区的湖北省宜昌市 9 个县市区的风险监测采样点,可以覆盖总人数的 75% 以上,并且增加了与本地区食品安全风险密切相关的镍、铬、二氧化硫、荧光增白剂等 10 个项目。宜昌市承担监测任务的化学污染物及其有害因素监测项目共 46 项,样品种类包括谷物及其制品、蔬菜、水果、肉与肉制品、蛋及蛋制品等 12 类,共计监测 7268 项次⑤。华东地区的江苏食品污染物和有害因素已覆盖 92% 的县级行政区域,共设

①　《国家卫生计生委员会办公厅关于 2014 年食品安全风险监测督查工作情况的通报(国卫办食品函〔2015〕289 号)》,国家卫生和计划生育委员会,2015-04-16〔2015-05-10〕,http://www. moh. gov. cn/sps/s7892/201504/0b5b49026a9f44d794699d84df81a5cc. shtml。

②　《中国疾病预防控制工作进展(2015 年)》,国家卫生和计划生育委员会,2015-04-15〔2015-05-10〕,http://www. nhfpc. gov. cn/jkj/s7915v/201504/d5f3f871e02e4d6e912def7ced719353. shtml。

③　《仁寿县疾控圆满完成 2014 年食品风险监测任务》,四川新闻网,2015-12-25〔2015-02-10〕,http://ms. newssc. org/system/20141225/001561571. html。

④　《食品安全风险监测点实现全覆盖》,青海新闻网,2015-04-05〔2015-04-10〕,http://www. qhnews. com/ index/system/2015/04/05/011679995. shtml。

⑤　《湖北宜昌今年食品安全风险监测点扩增》,《三峡日报》2014-12-17〔2015-01-10〕,http://www. cnhubei. com/xwzt/2014/spa q/fxjc/201412/t3126965. shtml。

置食源性疾病哨点医院 107 家,疑似食源性异常病例/异常健康事件监测医院覆盖了所有二级以上医院,食源性疾病报告系统基本实现全覆盖①。

（二）2014 年食品安全风险监测取得新发展

2014 年国家食品安全风险监测在对有毒有害物质的风险监测基础上,对餐饮食品、食品添加剂和主要食品种类的风险进行连续监测,监测的基本情况如下。

1. 有毒有害成分的风险监测

（1）禁用药物风险监测。2013 年监测发现,肝脏和肾脏中"瘦肉精"的残留高于畜肉,淡水鱼中氯霉素、硝基呋喃代谢物、孔雀石绿及隐性孔雀石绿检出现象较为普遍,因此在 2014 年的监测中,针对上述污染物及食品类别制定了更为详细和针对性更强的监测计划。通过监测发现,2014 年禁用药物的检出现象与以往监测结果基本保持一致,部分食品中禁用药物的检出率与往年相比有所下降,但多数禁用药物的检出率仍呈现一种上升趋势,并且还陆续发现新的食品安全隐患,例如牛、羊肉及肝脏中 β-受体激动剂类药物检出增多。以往监测的重点是猪肉,但 2014 年通过增加对牛、羊肉以及肝脏的监测发现,β-受体激动剂类药物的检出率均高于猪肉中检出率。对于检出的 β-受体激动剂类药物,也不再局限于克伦特罗,莱克多巴胺、沙丁胺醇和特布他林均有一定检出。

（2）荧光增白剂风险监测。近年来,食品生产者为了增加白度、掩盖缺陷、降低成本,在纸质食品包装材料中非法添加了荧光增白剂。荧光增白剂可能来源主要有生产过程中的添加、采用回收含有 DSD-FWAs 的废纸生产纸质包装材料,或者将其他用途纸张用于食品包装。为了掌握荧光增白剂的使用状况,2014 年国家食品安全风险监测计划要求在全国开展纸质食品包装材料中荧光增白剂的监测。监测结果显示,大部分纸质包装材料普遍存在非法添加 DSD-FWAs 的情况,纸袋问题最为严重,其次为纸质食品包装盒,碗、桶和食品包装纸的问题较为突出,而纸杯和其他纸制品情况稍好,没有标签的散装样品问题比定型包装的更严重;网店、学校周边小卖店和农贸市场等薄弱环节问题更突出。

（3）有害元素风险监测。对有害元素进行风险监测,并对食用农产品中有害元素开展溯源分析,不仅可以了解我国食品中有害元素的污染水平和趋势,确定污染可能的分布范围和来源,及时发现食品中有害元素污染隐患,还能为风险评估、风险预警、标准制修订提供科学依据。铅、镉、汞、砷、镍、铬作为重金属监测的常规监测项目,是在前几年监测的基础上,重点开展的持续监测项目,目的是为获得多年有害元素水平数据,进行趋势分析。硼、铜和稀土元素是食品安全风险评

---

① 《江苏省:扎实推进食品安全风险监测工作》,《人口导报》（济南）,2014-12-15［2015-04-11］,http://news.163.com/14/1215/12/ADGMFKM400014Q4P.html。

估的优先项目,目的是为风险评估搜集基础数据。监测结果表明,2010 年至 2014 年叶菜类、甘蓝类和茎类蔬菜中铅的超标率总体呈下降趋势,但仍有部分重点地区的蔬菜存在铅污染。从蔬菜的类别分析,鳞茎类蔬菜污染问题最为突出,其次是茎类蔬菜。小麦粉、玉米面和大米中重金属含量总体良好,但传统污染区大米镉污染仍未见好转,污染分布呈现明显的地域性。生乳中重金属含量均未见明显异常。畜禽肉类中重金属水平较低,但畜类肾脏中呈现地域性的镉污染,总体污染未见改善趋势。2009 年至 2014 年的连续监测结果显示,畜类肾脏中镉的超标率基本一致,未见下降趋势。2014 年监测肉与肉制品中铅、汞和砷的超标率显著低于 2012 年。监测的鲜蛋、咸蛋和皮蛋样品未见明显的镉和汞的污染,皮蛋中铅的污染水平在 2010 年的基础上进一步降低,但仍旧存在部分铅严重超标的样品。甲壳类尤其是海蟹中镉的污染状况仍未得到改善。甲壳类水产品镉的超标样品主要来自海蟹,2012 年至 2014 年的连续监测结果表明,海蟹中镉污染持续存在,且污染趋势未见好转。茶叶中稀土元素含量依旧处于较高水平,且存在较高的铝本底含量。婴幼儿配方食品和辅助食品中镍和铝本底含量处于较低水平。

(4) 生物毒素风险监测。2014 年继续开展食品中生物毒素的监测。通过对粮食及其制品、食用植物油、豆类及其制品、调味品、水产品及其制品和特殊膳食用食品中真菌毒素的监测,可以得到代表性数据,掌握污染状况,为标准的制订和修订提供基础数据;对水产品及其制品中海洋毒素进行监测的目的是为了发现该类食品中存在的食品安全隐患。2014 年监测中,首次发现婴幼儿谷类辅助食品脱氧雪腐镰刀菌烯醇污染问题。部分地区烤鱼片和织纹螺中仍检出河鲀毒素,问题样品仍主要来源于农贸市场和网店。部分地区散装花生油中黄曲霉毒素超标率高,同时首次发现玉米油中玉米赤霉烯酮检出率和检出均值高。

(5) 农药残留风险监测。2014 年常规监测主要开展蔬菜中禁用农药和当前使用量大的重点农药品种的监测,专项监测主要是针对重点食品和重点项目开展探索性隐患排除监测,豆芽中植物生长调节剂的监测是首次开展。监测结果表明,部分蔬菜品种中毒死蜱、氧乐果、甲基对硫磷、甲胺磷、克百威和氟氯氰菊酯等农药残留超标率较高,包括土豆中甲胺磷、氯唑磷和氟氯氰菊酯;小白菜和韭菜中毒死蜱;芹菜中甲基对硫磷;绿菜花和韭菜中氧乐果;豇豆和芹菜中克百威以及苦瓜中氯氟氰菊酯,超标率均大于 2%。其中包括禁用的高毒农药,连续多年监测结果表明克百威、毒死蜱、氧乐果等违规使用现象一直存在。豆芽中部分植物生长调节剂检出现象普遍存在,个别样品检出值大于 40 mg/kg,而吲哚乙酸含量超过本底值的样品则主要以绿豆芽为主,问题样品多为农贸市场销售的本地产品。

(6) 有机污染物风险监测。《2014 年国家食品污染和有害因素风险监测计划》将双酚 A、壬基酚、二噁英及其类似物和指示性多氯联苯列入国家监测项目,其中二噁英及其类似物和指示性多氯联苯作为重点专项监测开展。监测发现，我国食用植物油中双酚 A、壬基酚含量水平较低；海水鱼和鲜蛋中指示性多氯联苯污染的本底水平较低；而我国牛肉、猪肉、液态乳、婴幼儿配方食品和淡水鱼均存在二噁英及其类似物的污染，其中广东监测的样品的整体污染水平较浙江和湖北的高；婴幼儿配方食品中的壬基酚污染问题也较为突出；婴幼儿罐装辅助食品中双酚 A 含量较高。

2. 餐饮食品专项监测

餐饮食品是比较难监管的食品，也是近年来监管的重点，通过分析目前在餐饮环节中可能存在的食品安全问题，可以掌握我国餐饮食品安全现状，及时发现风险隐患，并为食品安全监管提供线索，因此，在《2014 年国家食品安全风险监测计划》中特别制定了针对餐饮食品的专项监测。监测结果表明，餐饮店和饮品店中自制饮料存在铅污染的隐患，采自小型餐饮店和街头摊点的样品铅含量高于大型饭店，自制饮料和食用冰存在的主要问题是自制饮料中甜味剂的超限量使用问题。流动街头餐饮肉制品存在的主要问题为红 2G 的检出，无论是检出样品数量，还是检测最小值、最大值、平均值上，红 2G 均高于其他各类工业染料。红 2G 是近两年通过监测新发现的可能存在食品安全隐患的工业染料，需要引起关注。蔬菜及其制品的农药残留监测结果显示，甲基对硫磷、久效磷、氯唑磷和氧乐果未见检出，咸菜、土豆丝和其他蔬菜制品检出农药品种均大于 10 种，生菜检出农药品种为 9 种，主要为拟除虫菊酯类农药。

3. 主要食品种类的风险监测

（1）巴氏杀菌乳风险监测。2014 年我国首次开展巴氏杀菌乳的风险监测，监测结果表明，预包装和散装巴氏杀菌乳中蜡样芽孢杆菌的不满意率、三类不同采样地点蜡样芽孢杆菌相比差异无统计学意义。城市巴氏杀菌乳中蜡样芽孢杆菌的不满意率分别为 1.04%（9/866），未从 15 份农村样品中检出蜡样芽孢杆菌不满意样品。第二季度、第三季度不满意率相比较有统计学差异，第三季度不满意率显著高于第二季度。巴氏杀菌乳中金黄色葡萄球菌检出率较低，未检出葡萄球菌肠毒素。

（2）淡水动物性水产品养殖和销售加工专项监测。为了了解淡水动物性水产品中副溶血性弧菌污染的来源，2014 年开展了淡水动物性水产品养殖和销售加工过程的专项监测。监测结果表明，不同内陆监测点，淡水养殖场的水体、水底沉积物及淡水鱼中均发现存在副溶血性弧菌、创伤弧菌和溶藻弧菌等嗜盐性弧菌的污染，且流通环节污染严重。海水中常见嗜盐性弧菌，已在内陆淡水养殖、流通和餐饮各环节检出。淡水鱼养殖环节霍乱弧菌的检出率较高，污染率远高于各种嗜盐性弧菌。淡水鱼养殖、流通和餐饮环节霍乱弧菌的检出率均高于海水鱼。

（3）经饮水机的桶装饮用水和直饮水微生物监测。2013年对未开封使用的桶装饮用水进行微生物监测，卫生状况不容乐观，由于桶装饮用水通常要经饮水机后饮用，经饮水机水样与直接采纳桶内的水样相比其卫生状况会有差异。为掌握当前桶装饮用水经饮水机冷水出口样品和直饮水卫生状况，保障消费者食用安全，2014年国家食品安全风险评估中心首次在全国开展桶装饮用水经饮水机冷水出口样品和直饮水监测。

监测结果表明，桶装饮用水经饮水机冷水出口样品和直饮水的整体卫生状况较差，其中桶装饮用水经饮水机冷水出口样品的卫生状况更差。从采样地点类型上分析，采自学校和其他公共场所（如生活小区、公园、广场等）的饮用水卫生状况相对较好。而采自家庭的样品中虽然直饮水所占比例较高，但卫生状况差于直饮水卫生状况的平均水平，值得关注。行政事业单位和企业的监测样品显示，采自办事大厅（如行政服务中心、社区服务中心、银行营业厅、移动/联通营业厅等）的饮用水卫生状况与采自其他办公区域（如办公室）的样品相比更差。

（4）皮蛋（松花蛋）微生物监测。近年来，皮蛋中检测出沙门氏菌的状况比较普遍，2014年首次对皮蛋开展风险监测，不仅为食品安全风险评估提供基础数据，而且可以全面了解全国各地的皮蛋中沙门氏菌的污染情况。监测结果表明，皮蛋沙门氏菌食品安全状况较好，在不同包装形式、不同采样地点、城市和农村、不同季度之间，沙门氏菌检出率均无统计学差异。检出率虽然低，但沙门氏菌致病性较强，皮蛋作为即食食品，其安全问题理应受到重视和关注。

（5）肉及肉制品的微生物监测。肉制品的微生物监测作为传统监测项目，近年越来越受到公众的关注。2014年首次在全国开展了调理肉制品、冷冻肉糜制品和生食肉类产品微生物及其致病因子的污染水平监测。监测结果表明，调理肉制品的不同包装类型中，单核细胞增生李斯特氏菌在预包装样品中的检出率明显高于散装食品。禽肉中沙门氏菌检出率明显高于畜肉。冷冻肉糜制品其微生物污染程度好于调理肉制品、生食肉类产品。单核细胞增生李斯特氏菌、金黄色葡萄球菌在不同食品类别之间、不同采样地点、不同包装形式、不同季度的检出率差异无统计学意义。生食肉类产品卫生状况差，食源性致病菌污染程度较高，风险较大。大型餐馆单核细胞增生李斯特氏菌的不合格率明显高于中型餐馆和小型餐馆。

（6）水产及其制品的微生物监测。2014年首次在全国开展冷冻鱼糜制品和冷冻挂浆制品监测，解冷冻鱼糜制品和冷冻挂浆制品味道鲜美、食用方便备受消费者青睐，富含高蛋白，易受到微生物污染。监测结果显示，多份冷冻鱼糜制品中检出单核细胞增生李斯特氏菌、副溶血性弧菌和沙门氏菌；冷冻挂浆制品中未检出沙门氏菌阳性样品，单核细胞增生李斯特氏菌和副溶血性弧菌的检出率较高，说明冷冻鱼糜制品和冷冻挂浆制品中存在一定程度食源性致病菌的污染。冷冻鱼糜制品和冷冻挂浆制品中存在一定程度的食源性致病菌污染。散装产品的卫生状况差于预包装产品。餐饮环节冷冻鱼糜制品和冷冻挂浆制品中致病菌的检出率普遍高于零售环节。

熟制动物性水产品整体卫生状况较好,但仍有个别样品检出副溶血性弧菌超限量,具有一定的食品安全风险。从包装类型上分析,散装产品的卫生状况明显差于定型包装产品。从样品种类上分析,通常认为不存在副溶血性弧菌污染的淡水贝类中检出副溶血性弧菌阳性样品,因此此问题同样应得到重视。与生食动物性水产品相比,熟制动物性水产品中副溶血性弧菌的检出率明显降低,但也表明,食品经过加热熟化后仍可能存在副溶血性弧菌污染,可能与食品加热不彻底或交叉污染有关。

2011 年以来我国对生食贝类水产品进行了连续 3 年的微生物监测,副溶血性弧菌和诺如病毒的污染情况呈上升趋势,2014 年继续在贝类水产品消费量较大的省(自治区、直辖市)开展生食贝类水产品中副溶血性弧菌和诺如病毒的监测。2011—2014 年间,生食贝类水产品中副溶血性弧菌的污染持续存在并呈上升趋势。另外,副溶血性弧菌为嗜盐菌,通常认为淡水贝类中不存在副溶血性弧菌污染,从监测结果来看淡水贝类中副溶血性弧菌污染状况值得关注。生食贝类水产品中诺如病毒污染被低估。从全年的监测结果来看,第一季度生食贝类水产品中诺如病毒的污染率较高,该结果与诺如病毒的生物学特征和发病情况一致。

(7) 调味酱的微生物监测。《食品安全国家标准 食品中致病菌限量》(GB29921-2013)中增加了及时调味酱和坚果及籽类的泥(酱)中沙门氏菌的限量,为进行该项限量的跟踪评价,2014 年国家食品安全风险监测计划对即食调味酱和坚果及籽类的泥(酱)中的菌落总数、大肠菌群以及沙门氏菌开展监测。监测发现,我国调味酱的总体食品安全状况较好,但也存在部分样品卫生状况不佳,或受沙门氏菌污染。因调味酱属于即食食品,沙门氏菌污染后引起食源性疾病的可能性较大,因此还需引起关注。

(8) 外卖配送餐的微生物监测。随着外卖配送餐消费模式的普及,相应的风险隐患也逐渐显现。2014 年国家食品安全风险评估中心首次在全国开展外卖配送餐专项监测。监测结果表明,外卖配送餐整体卫生状况较差,约有四分之一的监测样品中卫生指示菌指标不令人满意。其中以下几类食品的卫生状况明显较差:凉拌类米面制品(如凉皮、凉面、干拌面等)、夹心类米面制品(如肉夹馍、驴肉火烧、鸡蛋卷饼等)、凉拌菜、蛋制品(茶叶蛋、卤蛋、水煮蛋等)。食源性致病菌的监测结果显示,3.16% 的样品具有一定的致病风险,凉拌菜中食源性致病菌的污染问题尤为突出,多份凉拌菜样品中同时存在 2 种不同致病菌污染,致病风险较大,应加强监督管理,着力改善该类食品的卫生状况。

（9）学生餐专项监测。为保障学生用餐安全,2014 年国家食品安全风险评估中心首次在全国开展学生餐专项监测工作。监测结果表明,多个学校的多份学生餐中检出致病性较强的食源性致病菌,包括金黄色葡萄球菌、蜡样芽孢杆菌、沙门氏菌、单核细胞增生李斯特氏菌和致泻大肠埃希氏菌,提示学生餐存在一定的食品安全风险。学生餐中,凉拌菜、凉拌的米面制品等部分食品微生物污染较严重。不同采样地点的监测结果显示,采自学校内部店铺的学生餐卫生状况相对较好,其次为集体食堂,学校周边小商铺卫生状况最差,问题食品的检出率最高,各类学校集体食堂中,大学集体食堂的问题食品检出率最高,高于中学、小学和幼儿园等食堂对应的结果。

（10）婴儿配方乳粉加工过程专项监测。2013 年在国内数家大、中型婴儿配方乳粉生产企业开展生产加工过程中阪崎肠杆菌监测,有效降低了该菌的检出率。为持续监测上述企业生产加工过程中阪崎肠杆菌的控制效果,同时进一步控制终产品中蜡样芽孢杆菌的污染源,评价现有控制措施的有效性,2014 年我国延续并深入开展婴儿配方乳粉加工过程中阪崎肠杆菌和蜡样芽孢杆菌的专项监测。2014 年从原料进厂到罐装整个加工过程中,阪崎肠杆菌的检出率远低于 2013 年的监测结果,仅从原料、中间产品和环境中检出,2013 年在人员、设备和终产品中也检出阳性样品。蜡样芽孢杆菌的污染是婴儿配方乳粉生产企业普遍存在的问题,监测结果显示蜡样芽孢杆菌可控制在标准范围之内。原料是企业加工过程中存在该菌污染源,个别原料计数结果很高,后期杀菌过程难以消除,造成了婴儿配方乳粉的食品安全隐患。肠杆菌科在婴儿配方乳粉加工过程污染比较严重,各个环节均有不同程度的检出。从生产加工过程上分析,干法工艺的设备、环境、人员、工具等相关样品中肠杆菌检出率均低于湿法工艺;从终产品上分析,干法工艺终产品中肠杆菌检出率要远低于湿法工艺。

（11）婴幼儿配方食品的微生物监测。2010 年到 2012 年,我国婴幼儿配方食品中主要食源性致病菌的污染状况一直未见明显下降,2013 年和 2014 年分别开展婴儿配方食品中阪崎肠杆菌、蜡样芽孢杆菌的过程监测。2007—2012 年间婴幼儿配方食品中阪崎肠杆菌的检出率一直在 2.00% 左右,2013—2014 年的监测结果有明显下降。监测结果表明,婴幼儿配方食品中阪崎肠杆菌总体控制良好,但仍有检出。不同来源婴幼儿配方食品阪崎肠杆菌的总体污染情况无差异。婴幼儿配方食品中蜡样芽孢杆菌的污染持续存在,未见好转。惠氏、雅培和雀巢等国际奶业巨头蜡样芽孢杆菌的平均检出率低于国产品牌。

（12）自制饮料、冷冻饮品的专项监测。随着自制饮料、冷冻饮品消费量逐年上升,为了确定其中主要污染物及有害因素污染水平,2014 年我国首次对自制饮料、冷冻饮品开展了专项监测。监测结果表明,自制饮料的卫生学状况差于冷冻饮品。不同采样地点中,采样于饭店中饮料、冷冻饮品菌落总数超标率、金黄色葡萄球菌检出率、大肠菌群 > 100/g 的率均显著高于快餐店、饮品店。预包装的自制饮料、冷冻饮品中大肠菌群 > 100/g 的率显著高于散装样品。2014 年冷冻饮品菌落总数超标率显著高于 2013 年监测结果,但每年监测计划中对冷冻饮品的采样要求不同,结果仅供参考。

4. 食品添加剂的风险监测

2014 年食品添加剂的风险监测计划要求在全国范围内监测 3 大类食品,共5800 份样品。其中将酒类和熟肉制品 2 个大类食品中的防腐剂、甜味剂、着色剂、护色剂和漂白剂共计 15 种食品添加剂列入常规监测,将玉米粉、小米及小米粉中可能添加的柠檬黄和日落黄列入专项监测。从监测结果来看,葡萄酒和果酒中都存在超范围使用防腐剂、甜味剂和着色剂的问题,果酒检出率高于葡萄酒。葡萄酒和果酒中 6 中着色剂均有检出,其中苋菜红检出率最高。熟肉制品中亚硝酸钠存在超限量问题,农贸市场采集的样品中亚硝酸钠检出率和超标率均高于商店,采集的散装样品超标率高于定型包装样品。玉米粉、小米粉和小米存在超范围使用着色剂的问题,其中柠檬黄检出率高于日落黄。

(三) 风险监测体系的纵深发展

主要体现在以下两个方面:

1. 体制和机制建设

随着我国食品安全风险监测工作量的增大和要求的不断深入,近年来食品安全风险监测工作的机构建设不断完善,人员专业素养不断提升,配套设施资金不断增强。截至 2014 年底,22 个省级卫生计生行政部门组建了食品专门处室;12 个省(区、市)在市(地、州)疾控机构加挂了食品安全风险监测市(地、州)中心的牌子①。江苏南通、浙江衢州、广东广州、广西南宁等地通过编办增加了疾控机构人员编制。

在国家食品安全风险监测能力建设(设备配置)项目实施和配套资金投入支持下,部分市(地、州)疾控机构的监测能力得到了较大提升,例如浙江、广东等省利用哨点医院信息系统(HIS 系统)整合食源性疾病信息采集,以提高监测效率与报告质量。广东江门市疾控中心通过能力建设,成为国家食品安全风险监测广东中心的 8 家合作实验室之一。

---

① 《国家卫生计生委员会办公厅关于 2014 年食品安全风险监测督查工作情况的通报(国卫办食品函〔2015〕289 号)》,国家卫生和计划生育委员会,2015-04-16〔2015-05-10〕,http://www.moh.gov.cn/sps/s7892/201504/0b5b49026a9f44d794699d84df81a5cc.shtml。

2014 年风险监测报告与通报机制更加完善。在国家层面的食品安全风险监测报告制度建设基础上,地方食品安全监管部门对食品安全风险监测结果的交流和通报更加重视,已经初步形成了有效的机制。例如浙江、湖南、广东等省以专报、季报和"白皮书"等形式,将风险监测结果及时报告至省级政府和省食品安全委员会,并且实现食品安全监管相关部门之间的通报;江西建立风险监测结果系列报告流程,从最基础的检测机构直到省级政府,全程规范报告,及时通报。通报和报告制度的建立和完善,为各级政府依据风险监测的科学数据进行风险防控提供了重要的技术支撑。

一些地方政府也将食品安全风险监测纳入政府责任考核内容,例如浙江、云南、甘肃等的食品安全风险监测被列入省级政府的责任目标。浙江在《关于加强食品安全基层责任网络建设的意见》中规定,乡镇(街道)、村(社区)等基层责任单位有协助风险监测样品采集和食源性疾病调查等工作的义务。吉林省对食源性疾病监测的奖惩机制进行了探索性实验,山西省开始按照监测指标质控确认程序进行监督和查办。

在食品安全标准与风险监测的体系融合创新实验中,湖北省卫生和计划生育委员会与仙桃市政府共建,并于 2014 年 8 月 26 日签订合作协议,成为湖北省第一个省市共建食品安全标准与风险监测体系的试点,使得试点区域的食品安全标准制定与风险监测工作跨出通常的以职能为主的限制,更有利于这一工作获得政府的政策支持和财政投入①。

2. 风险监测突出地域特色

在国家食品安全风险监测年度计划的规范、科学和连续性基础上,各地同时结合地域特点加强相关风险监测,在软件和硬件方面不断拓展,取得可喜成效。例如 2014 年珠海市政府把安装校园食品安全监控系统、实现校园食品风险测评、食品消费溯源列入十大民生实事之中,通过北理工珠海学院、容闳国际幼稚园等14 家中小学校及幼儿园的试点,开展"阳光厨房"进校园活动,试点校园安装视频监控系统、农产品快速检测系统、食堂主要食材原料及食品添加剂开展电子追溯管理等,同时建立校园食谱数据库、风险评估数据库等,建立起校园食品安全实时动态电子化的现代管理模式②。

同时,地方风险监测计划中的监测重点特点鲜明。例如四川省开展餐饮从业人员带菌状况监测;上海市开展在校学生腹泻缺课监测;北京市开展单增李斯特

---

① 《全省首个食品安全标准与风险监测体系仙桃开建》,湖北日报,2014-08-27［2015-05-10］,http://hbrb.cnhubei.com/html/hbrb/20140827/hbrb2423983.html。

② 《走在幸福的路上系列报道之九打造校园"阳光厨房"加强食品安全风险监测》,珠海电视台,2014-12-27［2015-04-10］,http://www.n21.cc/xw/zh/2014-12-27/content_105131.shtml。

菌专项监测等,可以说,这些做法为建立地方性食源性疾病的溯源管理积累了数据。湖南、广东等省探索对辖区食品安全风险隐患进行分级管理,突出了监管工作重点。云南省将监测结果运用于鲜米线地方标准制定,为地方食品安全监管提供了技术依据。

二、食品安全风险评估与预警工作有序稳步开展

在我国食品安全风险监测体系持续优化的基础上,2014 年国家食品安全风险评估项目对食用农产品与食品安全风险展开了有重点、有优先性的评估,并取得了新成效。同时,食品安全风险预警的体系化建设正在稳步推进,国家食品药品监管总局在项目管理中纳入了预警体系建设,探索建设预警技术支撑技术、预警工作规范、技术规范等制度和机制等。

(一) 食品安全风险评估的新进展

在过去风险监测的基础上,2014 的国家食品安全风险评估项目继续卓有成效地展开。当年 2 月国家食品安全风险评估专家委员会审议了铅和邻苯二甲酸乙酯类物质的风险评估技术报告,听取了"酒类氨基甲酸乙酯风险评估"等 9 个优先评估项目的进展汇报,讨论了 2014 年优先评估项目建议、委员会建设、全国风险评估工作体系的建设等内容[①];3 月份我国主要植物性食品及食品原料中铝本底含量调查项目中期工作会[②]、2013 年优先评估项目《即食食品中单增李斯特菌定量风险评估》工作研讨会[③];4 月份中国居民膳食铜营养状况风险评估、水产品中硼的本底调查工作方案研讨会[④]、我国零售鸡肉中弯曲菌风险评估结果研讨会[⑤];5 月份中国居民膳食脱氧雪腐镰刀菌烯醇(DON)暴露风险评估项目和中国居民膳

---

① 《国家食品安全风险评估专家委员会第八次全体会议召开》,国家食品安全风险评估中心,2014-02-25[2015-04-13],http://www.cfsa.net.cn/Article/News.aspx? id = D34CD05E22C2C7D77C4721CEAF6F6FDF14297AE57CF08FB9。

② 《我国主要植物性食品及食品原料中铝本底含量调查中期工作会议在广州召开》,国家食品安全风险评估中心,2014-03-27[2015-04-13],http://www.cfsa.net.cn/Article/News.aspx? id =86C0A11C145D5C4E03424EE52DAF660AF6B32B254125C9CB。

③ 《单增李斯特菌定量风险评估工作研讨会在京召开》,国家食品安全风险评估中心,2014-04-01[2015-04-13],http://www.cfsa.net.cn/Article/News.aspx? id =3AD251AAF436C5CB882FFB347FB845991FD31F83029502D5。

④ 《中国居民膳食铜营养状况风险评估和水产品中硼的本底调查工作方案研讨会召开》,国家食品安全风险评估中心,2014-4-23[2015-4-13],http://www.cfsa.net.cn/Article/News.aspx? id =8E3140135F4F5D62D44F7EF3968907D6。

⑤ 《我国零售鸡肉中弯曲菌风险评估结果研讨会在京召开》,国家食品安全风险评估中心,2014-04-30[2015-04-13],http://www.cfsa.net.cn/Article/News.aspx? id = E3B67015ADED8690F92AAF58F3621A3D3FA46D760CF34D89。

食稀土元素暴露风险评估项目的实施方案研讨会①②、6月发布了中国居民膳食铝暴露风险评估报告③、公布了白酒产品中塑化剂风险评估结果。另外,有关食品微生物风险评估指南的相关文件也在编制之中④。截至2014年底,国家已经正式发布了5部食品安全风险评估报告,如表10-1所示。

表10-1　已经发布的国家食品安全风险评估报告

发布时间	评估报告	发布者
2014年6月23日	中国居民膳食铝暴露风险评估	国家食品安全风险评估专家委员会
2013年11月12日	中国居民反式脂肪酸膳食摄入水平及其风险评估	国家食品安全风险评估专家委员会
2012年3月15日	中国食盐加碘和居民碘营养状况的风险评估	国家食品安全风险评估专家委员会
2012年3月15日	苏丹红的危险性评估报告	国家食品安全风险评估专家委员会
2012年3月15日	食品中丙烯酰胺的危险性评估	国家食品安全风险评估专家委员会

资料来源:由作者根据相关资料整理形成。

(二) 农产品风险评估的新成效

农产品质量安全风险的评估以“菜篮子”“米袋子”等大宗农产品为主,主要针对的是例行监测、行业普查工作中发现的隐患大、问题多的品种、危害因子、重点地区和主要环节展开。根据不同侧重点,农产品质量安全风险评估通过专项评估、应急评估、验证评估和跟踪评估等四种形式来实现。

2014年,农产品质量安全风险评估范围覆盖全国31个省(自治区、直辖市),评估的危害因子包括农药300余项、生物毒素20项、抗生素28项、重金属和稀土等元素11项、持久性有机污染物24项、激素37项、病原微生物13项、塑化剂21项、营养质量因子4项。共获取样本53744份,获得有效评估数据约103万个,提出标准制修订建议80余项,形成食品安全风险管控指南和技术规范30余项。

(三) 食品安全预警工作的新努力

随着食品安全风险监测评估体系的建设,在食品安全监管体制改革和职能转

---

① 《中国居民膳食脱氧雪腐镰刀菌烯醇暴露风险评估项目方案研讨会在京召开》,国家食品安全风险评估中心,2014-05-05[2015-04-13],http://www.cfsa.net.cn/Article/News.aspx? id=8CDBC0EC63306CCA49C6233F80C16F2B3B6BD1363BB798F9。

② 《中国居民膳食稀土元素暴露风险评估项目实施方案研讨会在京召开》,国家食品安全风险评估中心2014-05-21[2015-04-13],http://www.cfsa.net.cn/Article/News.aspx? id=1CECFCFB38CA0886F0A8BBE130E8C918B18EADB1209FF50B。

③ 《评估报告——中国居民膳食铝暴露风险评估》,国家食品安全风险评估中心,2014-06-23[2015-05-10],http://www.cfsa.net.cn/Article/News.aspx? id=D451A0282DBC8B2F0793BC071555E677EF79259692C58165。

④ 《食品微生物风险评估指南等相关文件研讨会在牡丹江召开》,国家食品安全风险评估中心,2014-07-18[2015-05-10],http://www.cfsa.net.cn/Article/News.aspx? id=7B6AB26A0594A8DE6D3CCE89C6A1AB4D。

变的新背景下,2014 年国家食品药品监督管理总局官方网站设立了食品安全风险预警交流专栏,下设"食品安全风险解析""食品安全消费提示"两个子栏目。"食品安全风险解析"子栏目中共发布了 20 条信息,主要是关于新食品标准、食品安全事件相关知识的解读;"食品安全消费提示"子栏目主要针对的是特殊时节食品安全风险警示,2014 年发布了四条消费提示,分别是"预防野生毒蘑菇中毒消费提示""端午节粽子安全消费提示""夏季食品安全消费提示"和"中秋节月饼安全消费提示"。

风险预警的体系化建设稳步推动。2014 年国家食品药品监管总局在项目管理中纳入了预警体系建设,探索建设预警技术体系及其支撑技术、预警工作规范、技术规范等制度和机制。

进出口食品安全的风险预警继续由国家质检总局承担,具体职能在质监总局的进出口食品安全局。10 多年来,进出口食品安全风险预警基本形成了规范化,信息公开程度较高。在此基础上,2014 年依然对进出口食品安全的风险预警分析方法、数据监测等进行了重新评估,审视研讨风险的新变化,科学论证风险防控的新途径,进一步优化现有体系,以提高进出口食品的风险监管水平。在风险预警分类管理中主要有进出口食品安全风险预警通告、进境食品风险预警两大类,其中,进出口食品安全风险预警通告分为进口和出口两类通告,进口食品安全风险预警通告分为进口商、境外生产企业和境外出口商三个小门类,使得通告类型更为细化,便于查询。进境食品风险预警信息则按月发布,并发布郑重声明:进口不合格食品信息仅指所列批次食品,不合格问题是入境口岸检验检疫机构实施检验检疫时发现并已依法做退货、销毁或改作他用处理,且这些不合格批次的食品未在国内市场销售。例如,2014 年 8 月美国冻太平洋鳕,被处罚"改为他用";日本的冰鲜虾夷扇贝检测到无机砷超标,被处以"召回";9 月进口马来西亚果冻因检出苯甲酸超标被"退货"等;11 月进口韩国的金枪鱼镉超标;12 月进口印度的花生仁因规格不符合合同而被降级使用,黄曲霉毒素 B1 超标则处罚"销毁"等。2014 年 6 月至 12 月国家质监总局的进出口食品安全局共发布了 2255 批次不合格食品的预警信息,如表 10-2 所示。

表 10-2　2014 年 6—12 月进境不合格食品的预警信息

信息发布时间	月份	批次数	处理措施分类				
			退货	销毁	召回	改他用	降级使用
2015-01-30	12	355	72	282	0	0	1
2015-01-08	11	434	51	382	0	1	0
2014-11-27	10	287	85	291	1	1	0
2014-11-05	9	345	163	182	0	0	0

（续表）

信息发布时间	月份	批次数	处理措施分类				
			退货	销毁	召回	改他用	降级使用
2014-09-29	8	261	124	136	0	1	0
2014-09-10	7	424	158	265	0	1	0
2014-08-08	6	149	65	84	0	0	0
小计		2255	718	162	1	3	1

资料来源：国家质量监督检验检疫总局进出口食品安全局。

三、食品安全风险交流进展与挑战

2014 年国家食品安全风险交流进展取得了一些新的进展，但仍面临一系列新的问题。

（一）技术培训常规化

国家的风险监测水平代表着我国食品安全风险管理能力的高低，随着我国科技文化水平的不断提升，技术从业人员数量也与日俱增。技术人员的专业素养一方面决定了我国风险评估水平，另一方面也是国家宏观调控的重要工具。2014 年由国家食品安全风险评估中心举办的专业技术培训就有九场，例如国家食品安全风险监测农药残留检测技术培训[①]、食品包装材料中荧光增白剂检测技术培训[②]、有机物检测技术培训[③]、2014 年全国食品微生物监测技术培训班等[④]。与此同时，地方性培训逐渐系统化。为提高风险监测的专业水平，各地区根据本地的风险检测水平和监管特色，也在积极举办不同规模不同主题的培训活动。例如江苏省2014 年编制印发了食源性致病菌监测工作手册等系列技术文件，编制食品安全风险监测工作标准操作规程，详细规定食品安全风险监测工作环节的工作要求，举办各类技术培训班 13 次，培训基层工作人员 877 人次，有效指导基层工作人员规范开展工作。江苏省疾控中心以及南京等 10 个市级疾控中心建立了食源性致病

[①] 《2014 年国家食品安全风险监测农药残留检测技术培训班在杭州举办》，国家食品安全风险评估中心，2014-03-18［2015-04-12］，http：//www.cfsa.net.cn/Article/News.aspx？id＝1DDA8A2EC32045615CAA9FBB406A92F3。

[②] 《2014 年国家食品安全风险监测荧光增白剂检测技术培训班在福州举办》，国家食品安全风险评估中心，2014-05-20［2015-04-12］，http：//www.cfsa.net.cn/Article/News.aspx？id＝F7128C4F32DED5B29B60CF9877DC475193C5BF1063B9E083。

[③] 《2014 年国家食品安全风险监测有机污染物检测技术培训班在武汉举办》，国家食品安全风险评估中心，2014-06-30［2015-04-12］，http：//www.cfsa.net.cn/Article/News.aspx？id＝1129E96C6E0B4C3CA5B5D361DFC84A26959B670D530EB451。

[④] 《2014 年全国食品微生物监测技术培训班在青海西宁举办》，国家食品安全风险评估中心，2014-08-18［2015-04-12］，http：//www.cfsa.net.cn/Article/News.aspx？id＝6162DE580B19B17ED181C5FF942689D8712C369486DFD04F。

菌分子分型网络实验室。

（二）开放日活动常态化与规模化

自 2012 年国家风险评估中心举办开放日活动以来,吸引了广大消费者参与,受到了参与者的一致好评。2014 年的开放日活动主题继续秉持着专业知识传授通俗化,最新制度解读简易化的思路,详细解读了国家卫生与计划生育委员会公布的《特殊医学用途配方食品通则》(GB29922-2013)、《特殊医学用途配方食品良好生产规范》(GB29923-2013)、《预包装特殊膳食用食品标签》(GB13432-2013)和《食品中致病菌限量》(GB29921-2013)4 项新食品安全国家标准[①]。2014 年 4 月的专家在线访谈,与网友进行了互动交流[②]。2014 年 6 月份针对国家卫生计生委等五部门联合发文调整含铝食品添加剂的使用政策,国家食品安全风险评估中心举办了"控铝促健康"为主题的开放日,及时帮助消费者和生产者了解最新政策及其变化[③]。

国家风险交流策略的目标之一,是提升公众食品消费信心,提高公众对政府、企业控制风险能力的信任。2005 年欧盟启动消费者对食品供应链中风险认知的研究计划,研究结果为欧洲食品安全局(EFSA)的风险交流提供依据,并对风险交流效果进行评估,也支持了 2010 年发布的 EFSA 形象报告。

（三）食品安全风险交流面临的挑战

中国的食品安全风险交流工作刚刚起步,尚缺乏公众食品安全风险的感知特征,尤其是新媒体的快速发展,使得食品安全不仅成为网络新媒体重要的传播信息议题,而曝光的食品安全问题极易引发社会公众的高度关注,舆情作用也加剧了人们对食品安全问题的担忧,甚至影响到消费行为,使得风险交流面临新的问题。例如 2008 年发生的三聚氰胺配方奶粉事件,由于媒体的曝光效应,致使消费者几乎丧失了对整个行业的信心,即便政府对违法犯罪行为进行了严厉的打击,且相关事件已过去了 6 年,但是至今国产奶粉依然面临信心重塑过程,甚至在声明国产奶品质并不低于进口奶的明确表态情境下,消费者依然不买账。显然,消费者感受到的风险并未达到减小和消除的预期。在信息不对称的传播模式下,公众如果接受夸大的风险,从而放大了感知到的风险,不仅导致自身消费行为变化,

---

① 《我中心举办第九期开放日活动》,国家食品安全风险评估中心,2014-02-19[2015-04-12],http://www.cfsa.net.cn/Article/News.aspx? id=74B330BF2EEB73FDB994AB18FDEDA22E778C4E3425BA9F19。

② 《我中心专家参加国家卫生计生委在线访谈解答公众关注的食品安全标准相关问题》,国家食品安全风险评估中心,2014-04-01[2015-04-12],http://www.cfsa.net.cn/Article/News.aspx? id=0C08DBB8FC59617EDC188CB7D772759D30A41B3965A38C53。

③ 《我中心"控铝促健康"开放日活动,国家食品安全风险评估中心》,国家食品安全风险评估中心,2014-06-16[2015-04-12]。http://www.cfsa.net.cn/Article/News.aspx? id=61E3CFC52AB1B1F406323266E8708921D6A4B9322E5F0FFC。

更有可能导致消费信心下降,甚至导致负面情绪激化,出现恐慌性社会问题。因此,如何消除当下老百姓普遍的食品安全消费恐慌心理,就成为我国食品安全风险交流面临的主要挑战。

四、食品安全风险交流与公众风险感知特征

目前食品安全信息传播对公众影响最便捷、最有效的渠道是网络。因此,研究公众对网络食品安全信息的感知特征及其影响,可以为网络舆情引导机制提供数据依据,为有效开展风险交流提供实际参考。

现有的研究认为,食品安全网络舆情主要体现在食品安全信息和网络表达两个方面,参考相关已有定义,食品安全网络信息的内涵可以界定为:社会各个主体依法利用互联网平台,发表和传播职责规定、自己关注或与自身利益紧密相关的食品安全事务的规制、意见、态度、认知、情感、意愿的综合。那么,依据风险和感知的内涵,可以初步界定食品安全网络信息的风险感知,即通过网络传播的食品安全信息,判断食品危害发生的可能性,以及对健康影响的严重性程度。由于风险判断是人的主观感觉,消费者对风险的感受会因人而异,因此,只有在大样本量的情况下,可以客观反映消费者对问题风险的感知程度,而网络信息的传播特性,例如信息的真实性、信息发布主体的受信任程度等,都会影响消费者的风险感受。为此,本《报告》在 2014 年 3—5 月间对北京、广州、上海、杭州、太原、石家庄的城区专门进行了公众随机问卷调查,获得 1083 份有效问卷,研究了食品安全风险交流与公众风险感知特征,重点分析了公众对网络食品安全信息的风险感知①。

(一) 公众对网络信息的关注与信任

1. 对网络信息真实性的认可度较高

公众对网络媒体信息真实性的信任情况调查结果如图 10-1 所示。认为网络信息非常真实、比较真实、真实的受访者分别占 7.11%、41.37%、30.66%,共计 79.14%。而认为网络信息不真实和完全不真实的受访者分别占 17.82% 和 3.05%。由此可见,受访者对网络信息真实性的认可度较高。

2. 网络媒体信息的关注度比较高

调查结果如图 10-2 所示。对媒体曝光食品安全事件非常关注、比较关注、一般关注、不关注、完全不关注的受访者分别占 17.45%、38.23%、27.15%、13.85%、3.32%。可见,总体而言公众对媒体曝光食品安全事件的关注度较高,而且通过对"完全不关注"选项的统计发现,在北京、广州和上海这样的大城市,几

---

① 唐晓纯、赵建睿、刘文等:《消费者对网络食品安全信息的风险感知与影响研究》,《中国食品卫生杂志》2015 年第 7 期。

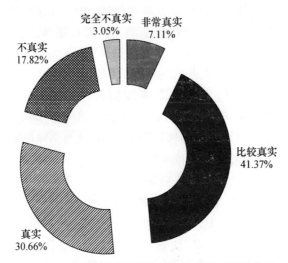

图 10-1　受访者对网络媒体信息真实性的信任情况

乎没有受访者完全不关注媒体曝光的食品安全事件,因此关注度与城市的经济发展呈正相关性。

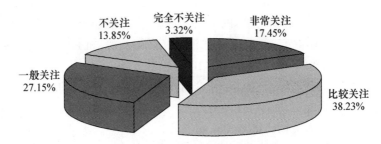

图 10-2　消费者对媒体曝光食品安全事件的关注程度

进一步调查公众最新一次关注到网络报道的食品安全事件的时间,结果如图10-3 所示。最近关注时间在一个月以内的受访者占比最高,为 24.86%。其余调查结果的占比分布较均匀,最近关注网络报道食品安全事件的时间在“一周内”“三个月”“半年”“一年及以上”“从来没有”的受访者占比分别为 14.64%、13.67%、13.81%、13.26%、12.71%。

3. 关注网络信息的途径主要是微博和门户网站

从被选择频率的高低顺序看,受访者关注食品安全网络信息的途径依次为,微博(39.61%)、新浪等门户网站(37.86%)、微信(36.38%)、部门官网(35.36%)、政府网站(31.58%)、论坛或 BBS(22.07%)、企业网站(14.04%)、博客(11.08%),如图 10-4 所示。可见,受访者主要通过微博和门户网站关注网络

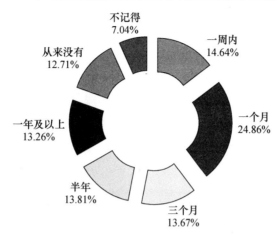

图 10-3 受访者关注网络媒体的时间间隔比较

报道的食品安全信息。

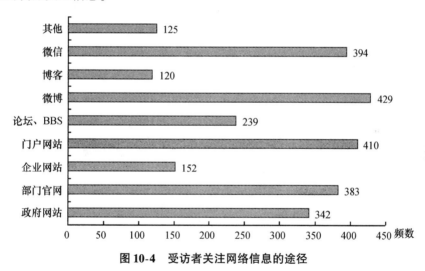

图 10-4 受访者关注网络信息的途径

4. 主要运用手机、电脑传播信息

调查结果如图 10-5 所示。分别有 59.28%、55.31%、45.43%、21.98%、17.64% 的受访者选择使用手机、电脑、电视、报纸杂志、广播等媒介来传播信息。这一结果反映出受访者对手机、电脑等新型传播媒介的偏好,这与近年来互联网的飞速发展以及手机网民规模的迅速增加有密切的关联。而与之相对应的是,受访者对报纸杂志和广播等传统的信息传播媒介的偏好则比较低。

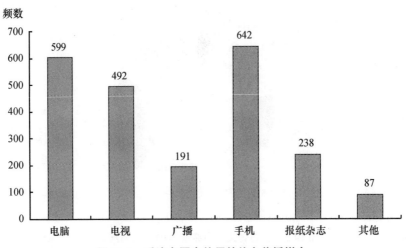

图 10-5 受访者愿意使用的信息传播媒介

5. 对政府网站的信任度最高

随着网络信息传播形式的演变，出现了越来越多的企业和个人信息发布平台，在使得信息传播更加便捷的同时也让公众对网络信息难辨真假。调查数据由5 分量表的均值反映信息途径的信任差异，均值越小，信任越高，如图 10-6 所示。因此，受访者在关注食品安全信息时，对不同信息传播途径的信任情况可分为三

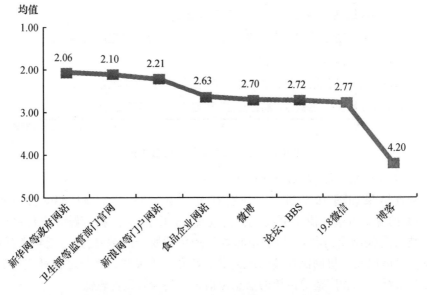

图 10-6 受访者对不同信息传播途径信任的均值比较

注:5 分量表,分值越小表示影响越高。

个层次,排在第一层次,即受访者信任度较高的依次是新华网等政府网站、卫生部等监管部门官网、新浪网等知名的门户网站;排在第二层次,即受访者信任度适中的依次为食品企业网站、微博、论坛或 BBS、微信;排在第三层次,即受访者信任度最低的是博客。可见,受访者对政府网站、主流网站的信任度明显偏高。

6. 最信任政府发布的食品安全信息

发布的食品安全信息的主体越来越多,本次调查列举了政府、生产经营企业、媒体、专家学者等 13 类主体,调查公众对不同主体的信任度。图 10-7 的结果表明,政府和消费者保护机构是受访者比较信任的食品安全信息发布主体,其次是媒体和专家学者;而对意见领袖、名人和食品生产经营者发布的食品安全信息的信任程度则比较低。

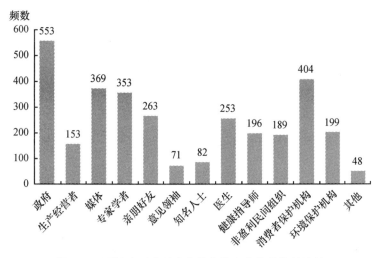

图 10-7　受访者对食品安全信息发布主体的信任比较

7. 网络信息对企业与公众的影响均较大

调查结果如图 10-8 所示。分别有 37.30% 、40.26% 、15.42% 、5.26% 、1.75% 的受访者认为网络媒体的曝光对食品企业及相关行业的影响非常大、很大、一般、很小、完全没有。可见大部分受访者认为网络媒体曝光食品安全事件对食品企业及相关行业具有较大的影响。

网络媒体曝光食品安全事件对公众同样具有不可忽视的影响。统计结果表明,当媒体曝光食品安全事件后,受访者的选择依次为,尽快获得更具体准确的相关信息、尽量减少购买被曝光产品的次数和数量、短期不购买被曝光的问题产品、购买代替品、选择信任的其他品牌的此类食品、长期拒绝该品牌食品、选择信任的场所购买此类食品。而受访者对"完全不受影响"的选择最低。相关排序统计结果见

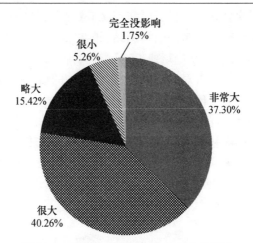

图 10-8　网络媒体曝光对食品企业的影响

图 10-9。可见大部分受访者有较高的食品安全风险感知,以及规避风险的意识。

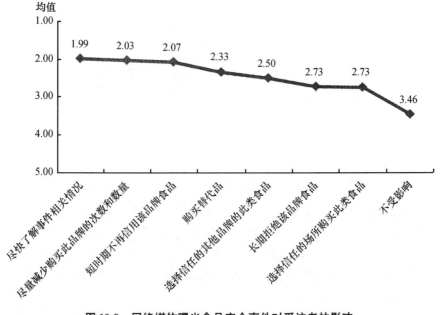

图 10-9　网络媒体曝光食品安全事件对受访者的影响
注:5 分量表,分值越小表示影响越高。

8. 对网络曝光事件的情绪反应途径主要为电话、短信和微信

调查结果如图 10-10 所示。当网络曝光食品安全事件后,受访者主要选择用电话、短信和微信这些最便捷的通信工具来告诉亲朋好友自己的观点,进而成为

消费者情绪反应的主要载体。而极少的受访者选择在媒体上公开自己的观点,可见大多数受访者对此持审慎态度。

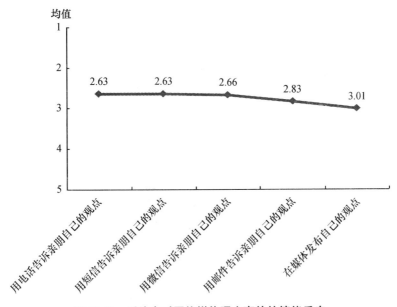

图 10-10　受访者对网络媒体曝光事件的情绪反应
注:5 分量表,分值越小表示影响越高。

(二) 公众对食品安全风险的感知与影响因素

1. 食品安全风险感知水平

风险通常是以发生的可能性和严重性作为内涵的两个方面,本次调查针对食品安全风险的可能性和严重性,分别设计议题"认为被动消费到不安全食品的可能性"和"因为食用不安全食品而对健康产生影响",进行调查与统计。

统计结果表明,认为自己可能会被动消费到"不安全食品"的受访者高达 76.10% ,统计均值为 2.99(标准差 1.190, $N = 1081$),说明受访者的总体担忧程度处于中等偏上水平①;而对食用不安全食品对健康产生影响的统计发现,99.82% 的受访者认为食用不安全食品会影响健康,其中超过 4 成的人表示影响很大,统计均值为 2.25(标准差 0.789, $N = 1083$),说明对食用不安全食品会影响健康的认可度较高②。

2. 风险感知的影响要素

主要运用结构方程模型分析影响公众食品安全风险感知的主要因素,模型分析中涉及的变量与赋值如表 10-3 所示。

① 统计的均值是 6 分量表,1 分最高,6 分最低,对应风险等级为非常高、较高、中等、较低、非常低、无。
② 统计均值采用 5 分量表,1 分最高,5 分最低,对应等级为非常高、较高、中等、较低、非常低。

表 10-3　变量及赋值

	变量名称	符号	变量赋值	均值	标准差
内生变量	可能性	Y1	1=极大;2=很大;3=较大;4=略大;5=很小;6=无影响	2.72	1.178
	严重性	Y2	1=极大;2=很大;3=较大;4=略大;5=很小;6=无影响	2.99	1.190
	性别	X1	0=男;1=女	0.62	0.49
	年龄	X2	1=18岁以下;2=18—29;3=30—39;4=40—49;5=50—59;6=60岁以上		
	学历	X3	1=小学及以下;2=初中;3=高/中专;4=大专;5=本科;6=硕士及以上		
	职业	X4	1=文教卫生;2=公务员;3=企业员工;4=学生;5=农民;6=其他		
	家庭月收入（元）	X5	1=2千以下;2=2—5千;3=5—1万;4=1—5万;5=5—10万;6=10万以上		
	自我健康评价	X6	1=非常健康;2=比较健康;3=一般;4=较差;5=非常差	2.25	0.789
	不合格率担忧程度	X7	1=非常担心;2=比较担心;3=一般;4=不担心;5=完全不担心	3.22	1.179
	食品安全状况满意度	X8	1=非常满意;2=比较满意;3=满意;4=不满意;5=非常不满意	3.17	1.101
	国内事件报道的影响	X9	1=影响非常大;2=影响较大;3=一般;4=影响小;5=完全没影响	2.50	0.954
	国外事件报道的影响	X10	1=影响非常大;2=影响较大;3=一般;4=影响小;5=完全没影响	3.05	1.080
外生变量	对网络信息真实性的信任	X11	1=非常信任;2=比较信任;3=一般;4=不信任;5=完全不信任	2.68	0.941
	对网络信息的关注度	X12	1=非常关注;2=比较关注;3=一般;4=不关注;5=完全不关注	2.47	1.032
	对新华网等政府门户网站的信任	X13	1=非常信任;2=比较信任;3=一般;4=不信任;5=完全不信任	2.06	0.879
	对卫生部等政府监管部门户网站的信任	X14	1=非常信任;2=比较信任;3=一般;4=不信任;5=完全不信任	2.10	0.924
	对新浪网、凤凰网等门户网站的信任	X15	1=非常信任;2=比较信任;3=一般;4=不信任;5=完全不信任	2.21	0.805
	对食品企业网站的信任	X16	1=非常信任;2=比较信任;3=一般;4=不信任;5=完全不信任	2.63	0.984
	对论坛、BBS的信任	X17	1=非常信任;2=比较信任;3=一般;4=不信任;5=完全不信任	2.72	0.871
	对微博的信任	X18	1=非常信任;2=比较信任;3=一般;4=不信任;5=完全不信任	2.70	0.862
	对博客的信任	X19	1=非常信任;2=比较信任;3=一般;4=不信任;5=完全不信任	2.82	0.835
	对微信的信任	X20	1=非常信任;2=比较信任;3=一般;4=不信任;5=完全不信任	2.77	0.886
	对食品企业影响	X21	1=影响非常大;2=影响较大;3=一般;4=影响小;5=完全没影响	1.94	0.944
	媒体监管起到推动食品安全治理的作用	X22	1=非常同意;2=比较同意;3=同意;4=不同意;5=完全不同意	2.39	0.934

　　应用 SPSS19.0 对变量进行信度检验,结果显示,克伦巴赫系数 α(Cronbach's Alpha)和折半信度系数(Guttman Split-Half)分别为 0.731 和 0.529[①],表明样本数据内部一致性较高。因子分析适当性检验结果,KMO 度量系数为 0.799[②],样本分布 Bartlett 球形检验卡方值为 6962.146,P 值为 0,显著性水平小于 0.01,说明数据具有相关性,适合因子分析。

　　采取主成分分析法提取公因子,根据特征值大于 1 准则和碎石图检验标准,抽取到 5 个公因子,累积可解释总方差的 65.184%。通过最大方差法进行正交旋转,并选择载荷值大于 0.5,归纳出 5 个公因子相应的解释变量,用加粗字体显示,如表 10-4 所示。对因子分析法抽取的公因子分别命名为,自媒体的信任、门户网站的信任、网络信息态度、事件报道影响、媒体监管影响,以这 5 个维度为潜变量,得到图 10-11 的路径。

表 10-4　旋转后的因子载荷矩阵分析结果

可测变量名称	成分				
	1	2	3	4	5
对博客的信任	**0.893**	0.147	0.027	0.041	0.072
对微博的信任	**0.884**	0.149	0.025	0.073	0.040
对微信的信任	**0.863**	0.069	0.075	0.020	0.071
对论坛、BBS 的信任	**0.750**	0.270	−0.046	0.061	0.045
对食药监等政府监管主体官网的信任	0.054	**0.891**	−0.033	−0.011	0.083
对新华网等政府门户网站的信任	0.092	**0.867**	−0.018	0.048	0.151
对新浪网等门户网站的信任	0.361	**0.712**	0.099	0.050	0.018
对食品企业网站的信任	0.403	**0.626**	−0.108	0.094	0.047
网络信息关注度	0.016	0.036	**0.830**	0.064	0.056
网络信息真实性的信任	0.032	0.060	**0.806**	0.014	0.178
不合格率的担忧	0.011	−0.041	**0.633**	0.123	0.073
食品安全状况满意度	−0.001	0.170	**−0.593**	0.229	0.301
国外事件报道影响	0.055	−0.003	−0.079	**0.890**	0.001
国内事件报道影响	0.110	0.128	0.208	**0.825**	−0.022
媒体监管推动了食品安全治理	0.107	0.135	0.140	−0.124	**0.628**
自我健康评价	0.014	−0.100	−0.267	0.250	**0.627**
网络曝光对食品企业影响	0.057	0.172	0.237	−0.061	**0.502**

　　注:利用 Kaiser 标准化的正交旋转,5 次迭代后收敛。

　　运用 AMOS17.0 分析软件对结构方程的路径图进行拟合,绝对拟合指数的卡

---

① 克伦巴赫系数 α 小于 0.35 属低信度,需删除,大于 0.7 为高信度;需符合大于 0.5 标准。
② KMO 越接近于 1,越适合做因子分析。

方值 80.456,$P=0.730$,GFI、RMR 和 RMSEA 值分别为 0.992、0.018 和 0.000,考虑到 AMOS 以卡方统计量进行检验时,$P>0.05$ 即表明模型具有良好的拟合度,但是卡方统计量容易受到样本大小影响,样本量较大时,卡方值会相应增高。所以除卡方统计量外,还需同时参考其他拟合度指标。综合增值拟合度指标、配适指标、精简拟合度指标的假设模型整体拟合结果显示,各个评价指标均达到理想程度,模型整体拟合性较好,建立的模型与实际调查结果拟合,模型有效。表 10-5 为得到的 SEM 变量间回归权重表。

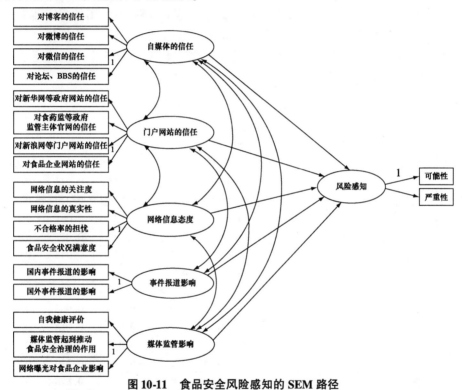

图 10-11　食品安全风险感知的 SEM 路径

（1）结构模型的影响路径分析。由表 10-8 可见,网络信息态度、事件报道影响对"风险感知"的标准化系数分别为 −0.636、0.147,并在 0.001 水平上,网络信息态度具有显著负相关性,事件报道影响具有显著正相关性。自媒体的信任、媒体监管影响对"风险感知"的标准化系数为 0.090、−0.223,并在 0.05 水平上,自媒体的信任具有显著正相关性,媒体监管影响具有显著负相关性。门户网站的信任对"风险感知"的正相关性未通过显著性检验。

（2）测量模型的因子载荷分析。载荷系数反映了可测变量对潜变量的影响程度,模型的拟合结果显示,在 0.001 显著性水平下,共有 11 个可测变量对 5 个潜

表 10-5　SEM 模型回归结果

	路径		参数估计值	标准误	临界比	标准化路径系数	P 值
结构模型	风险感知	← 自媒体的信任	0.087	0.044	1.998	0.090	*
	风险感知	← 门户网站的信任	0.021	0.069	0.312	0.022	0.447
	风险感知	← 网络信息态度	-0.853	0.138	-6.205	-0.636	***
	风险感知	← 媒体监管影响	-0.383	0.247	-1.549	-0.223	*
	风险感知	← 事件报道影响	0.197	0.037	5.263	0.147	***
测量模型	对论坛及 BBS 的信任	← 自媒体的信任	1.000			0.716	
	对微信的信任	← 自媒体的信任	1.195	0.050	24.131	0.841	***
	对博客的信任	← 自媒体的信任	1.203	0.044	27.317	0.896	***
	对微博的信任	← 自媒体的信任	1.191	0.045	26.583	0.862	***
	对食品企业网站的信任	← 门户网站的信任	1.000			0.622	
	对新浪网等门户网站的信任	← 门户网站的信任	0.849	0.048	17.654	0.644	***
	对新华网等政府网站的信任	← 门户网站的信任	1.314	0.069	19.086	0.910	***
	对食药监管等政府监管主体官网的信任	← 门户网站的信任	1.256	0.071	17.668	0.828	***
	食品安全状况满意度	← 网络信息态度	1.000			0.410	
	不合格率的担忧	← 网络信息态度	-1.283	0.122	-10.534	-0.490	***
	网络信息的真实性	← 网络信息态度	-1.603	0.128	-12.531	-0.768	***
	网络信息的关注度	← 网络信息态度	-1.888	0.151	-12.506	-0.824	***
	网络曝光对食品企业影响	← 媒体监管影响	1.000			0.374	
	媒体监管起到推动食品安全治理的作用	← 媒体监管影响	0.967	0.156	6.212	0.365	***
	自我健康评价	← 媒体监管影响	0.063	0.095	0.664	0.028	0.506
	国外事件报道影响	← 事件报道影响	1.000			0.416	
	国内事件报道影响	← 事件报道影响	1.916	0.853	2.418	0.877	***

注：* 表示 P 值小于 0.05，拟合结果显著；** 表示 P 值小于 0.01，拟合结果显著；*** 表示 P 值小于 0.001，拟合结果显著；临界比之绝对值大于 2.58，则参数估计值达到 0.01 显著性水平。
当 t 检验值，如果此比值比之绝对值大于 1.96，则参数估计值达到 0.05 显著性水平。

变量具有显著性影响。① 对微信的信任、对博客的信任、对微博的信任与"自媒体的信任"的标准化系数分别为 0.841、0.896、0.862，且显著正相关；② 对新浪等门户网站的信任、对新华网等政府门户网站的信任、对食药监等政府监管主体官网的信任与"门户网站的信任"标准化系数分别为 0.644、0.910、0.828，且显著正相关；③ 不合格率担忧程度、对网络信息真实性的信任、对网络信息的关注度与"网络信息态度"的标准化系数分别为 -0.490、-0.768、-0.824，且为显著负相关；④ 媒体监管起到了推动食品安全治理的作用与"媒体监管影响"的标准化系数为 0.365，显著正相关；⑤ 国内事件报道的影响与"事件报道影响"标准化系数为 0.877，显著正相关。

（3）外生潜变量交互作用分析。交互作用估计如表 10-6，其中，显著性水平为 0.001 时，有四条潜变量的交互作用路径，分别为：①"自媒体的信任"与"门户网站的信任"；②"自媒体的信任"与"媒体监管影响"；③"门户网站的信任"与"媒体监管影响"；④"网络信息态度"与"媒体监管影响"，在显著性水平为 0.01 时，潜变量交互作用路径增加了一条，为⑤"自媒体的信任"与"事件报道影响"。当显著性水平为 0.05 时，另外两条路径也变得显著，分别为：⑥"自媒体的信任"与"网络信息态度"和⑦"门户网站的信任"与"事件报道影响"。

表 10-6　外生潜变量交互作用估计结果

	路径		参数估计值	标准误	临界比	标准化路径系数	P 值
自媒体的信任	↔	门户网站的信任	0.118	0.017	7.121	0.316	***
门户网站的信任	↔	网络信息态度	-0.012	0.009	-1.335	-0.013	0.182
自媒体的信任	↔	媒体监管影响	0.078	0.015	5.290	0.365	***
自媒体的信任	↔	网络信息的度	-0.024	0.009	-2.701	-0.072	*
门户网站的信任	↔	媒体监管影响	0.101	0.016	6.125	0.499	***
网络信息态度	↔	媒体监管影响	-0.073	0.013	-5.619	-0.497	***
自媒体的信任	↔	事件报道影响	0.029	0.011	2.617	0.107	**
门户网站的信任	↔	事件报道影响	0.028	0.011	2.580	0.105	*

注：* 表示 P 值小于 0.05；** 表示 P 值小于 0.01；*** 表示 P 值小于 0.001。临界值相当于 t 检验值，如果此比值的绝对值大于 1.96，则参数估计值达到 0.05 显著性水平，临界比之绝对值大于 2.58，则参数估计值达到 0.01 显著性水平。

另外"门户网站的信任"与"网络信息态度"的交互作用未能通过显著性检验。原因可能是态度包括真实性和关注度，网络信息的真实性与多种因素有关，虽然与信息途径的信任有关联，但更多的受信息发布主体的影响；关注度更多的与食品安全风险的特性有关，对曝光的重大食品安全事件，网民关注度会很高，因而关注度与信息途径信任之间的关联性就不显著。

（4）个体特征对风险感知的影响。进一步将个体特征与因变量 Y_1 = 被动消费到不安全食品的可能性、Y_2 = 食用到不安全食品对自己的健康危害有多大进行回归分析，结果如表 10-7。

表 10-7　个人禀赋对风险感知的影响

自变量	回归结果	因变量	
		Y_1	Y_2
性别	Beta/R^2	0.04/0	0.010/0
年龄	Beta/R^2	− 0.11 ** /0.053	− 0.013/0
学历	Beta/R^2	− 0.179 *** /0.034	− 0.025/0
职业	Beta/R^2	− 0.013/0	− 0.035/0
家庭月收入	Beta/R^2	− 0.099 ** /0.045	− 0.105 ** /0.009

由回归结果可知，个体特征中，学历、年龄显著影响"被动消费不安全食品的可能性"，且学历在 99% 水平上显著，年龄在 95% 水平上显著，均为负向。说明学历越高、年龄越大的受访者感知消费到不安全食品的风险可能性越小。受访者受教育程度越高，则食品安全风险的基本认知和理解知识的能力越强，对风险的判断越有信心，因此风险感知程度会降低。年龄越大，经历和经验也会给自信加分，因此，认为被动消费到不安全食品的风险感知也会降低。

家庭月收入对食用到不安全食品的可能性和影响健康的严重性，均在 95% 水平上显著，且为负方向。说明家庭月收入越高的消费者，认为消费食品时具有更大的选择空间，更有能力追求高品质食品，因此认为被动食用到不安全食品及其对健康影响的可能性均较小。此外，职业和性别这两个个体特征变量对受访者的食品安全风险感知没有显著影响。

由上述风险感知影响因素的路径分析可知，提高和维护网络信息的真实性和关注度，加强媒体监管力度，使信息公开透明常态化，更有利于公众准确感知风险。由于自媒体对事件报道的影响，在食品安全社会共治中，媒体推动公众关注食品安全的作用明显，但是负面信息的激惹，以及媒体人科学素养的制约，反而可能放大公众对食品安全风险的感知。尤其是新媒体时代，食品安全风险交流面临新的机遇和挑战，因此，既要鼓励媒体积极参与治理，曝光事件，推动监管水平不断提高，也要创建新媒体时代相应的法治环境，使媒体依法参与，并正向引导舆情。

五、未来食品安全风险监测评估预警体系的建设重点

2014 年国家风险监测评估预警工作在新的体制下，保持了国家风险监测计划

的连续性和地方计划的重点突出性,风险评估项目在规范化、高水平的有序稳步推动下,预警体系开始进入分阶段、可实施的建设进程。随着新的《食品安全法》实施,在法制与体制建设的新形势下,国家食品安全风险监测评估预警体系建设将更加完善,更有成效的发挥保障食品安全的作用。但是,由于提升基层风险监测点的质量不是短期内能够完成的,风险评估的常规项目和应急项目量多、难度大,而风险预警的建设,几乎还在初始阶段,风险预警能力远远落后于国家对食品安全风险治理的需求。未来我国食品安全风险监测评估预警体系的建设必须抓住以下四个重点:

(一) 提高风险监测点的质量

以提升食品安全风险监测点质量为重点,建立连续科学可靠的大数据库是食品安全风险监测评估预警体系的重要任务。当前我国的食品安全风险监测点已经基本实现全覆盖,但是不同地区经济发展的差异性,导致基层监测点的质量不一,尤其是县级监测点,技术能力在人、财、物三方面都欠缺,随着网络食品风险的突显,风险监测的难度也在加大,因此,提升食品安全风险监测点的能力和水平,是一项长期的建设任务。而进出口食品安全风险监测在 10 多年体系化、规范化建设的基础上,已经初步形成了现代信息技术的数据库。随着农产品的风险监测的启动,三大风险监测数据的数据共享建设,应该提到议事日程,早谋划、大统一,才能减少重复投入、数据打假问题,为实现国家食品质量安全风险防控的信息化,提供大数据支持。

(二) 展开具有中国人群特色的风险评估项目

食品安全风险评估的项目实施,目的是为风险预警提供科学研究,面对环境污染严重的现状,应在食品、农产品、环境的大部委交叉职能下,对风险前移、人为风险、网络风险等新的风险,各有侧重、共同谋划,建立风险评估项目,更有针对性地开展中国人群的风险评估项目,加快国家层面的风险评估项目成果的产出,提高项目成效。

(三) 建立国家食品安全风险交流计划

纳入大样本量的国家和地区的消费者风险感知数据库,并开展我国公民食品安全风险感知特征的研究,在 5—10 年内建成中国公民食品安全风险感知特征图谱。可以由政府委托有资质的第三方机构,进行年度跟踪或一定间隔期的研究评估,以逐渐了解和基本掌握我国主要城市、城乡之间消费者的风险感知差异及其变化,为制定和实施有效的风险交流策略,提供科学依据。

(四) 形成更多元化的预警举措

食品安全风险预警要在现有季节性食物消费安全提醒的基础上,有更多元化的预警举措。首先是政府监管职能部门的预警职责要制度化,人、财、物匹配要实质兑现,要创新风险预防和控制的监管手段,例如建立企业不安全食品召回信息通告制度,主动进行公示,接受公众对政府监管能力的监督;主动对违法企业黑名单进行媒体曝光,建立相应的处罚,直至终生行业禁入;食品行业协会对潜规则应该零容忍,推动食品行业协会在食品安全治理中的内在动力和积极作用。适应新常态,加强食品安全风险检查、评估预警能力的建设,为保障食品安全护航。

第十一章　农产品冷链运输与物流
技术研究进展

　　虽然在我国食品安全事件大多数为人源性因素所致,而且由生物性、化学性、物理性因素等引发的食源性疾病依然是我国最大的食品安全问题。但无论在过去、现在还是将来,食品科学技术始终是保障食用农产品与食品数量供应与质量安全水平的基本工具。因此,从我国的实际出发,组织研发并实施食用农产品与食品安全的关键共性技术体系,加快完善具有中国特色的标准体系,构建食品安全技术保障体系,是提升食品安全风险治理能力的重要组成部分。我国瓜蔬类农产品从田间采摘到餐桌享用,损失率高达 25%—30% ,而发达国家损失率则控制在 5% 以下。目前,欧洲、美国、日本等发达国家、地区有 80%—90% 的农产品采用冷藏运输,东欧国家约 50% 的农产品采用冷藏运输,而我国不到 20% 的农产品采用冷藏运输[①],我国农产品冷藏运输率亟须提高。相关研究资料表明,我国各类农产品冷链物流市场快速发展,需求量年增长率在 8% 以上,但是我国冷链产品的物流成本较高,冷链产品的物流成本已超过产品总成本的 70% ,而国际标准要求农产品物流成本最高不超过产品总成本的 50%[②]。因此,我国农产品冷链物流发展的空间广阔、潜力巨大,提升农产品冷链运输与物流技术的总体水平意义重大。本章重点以农产品冷链运输与物流技术为案例展开分析。

一、农产品冷链运输技术

　　运输是物流中非常重要的功能要素,也是物流的核心环节,物流的发展离不开运输[③]。农产品冷链物流的服务对象是果蔬、肉类、水产品、奶制品等各种冷产品。这些产品受温度、时间等环境因素影响较大。为了保证产品的质量,物流过程中需冷藏技术和设备。农产品冷藏运输技术是通过运输工具在特别的运输条

---

　　① 谢晶:《我国水产品冷藏链的现状和发展趋势》,《制冷技术》2010 年第 3 期;朱则刚:《用现代科技打造冷链物流》,《交通与运输》2008 年第 6 期。
　　② 卜梅:《国内外农产品冷链物流发展比较研究》,《物流工程与管理》2011 年第 11 期。
　　③ 贾腾飞:《生鲜农产品冷链配送质量控制研究》,石家庄铁道大学硕士学位论文,2014 年 1 月,第 9 页。

件下将农产品从一个地方迅速完好地运送到另一个地方的专门技术。科学的农产品冷藏运输对农产品的开发利用,提高农产品产、运、销效率,增加农产品产业的经济效益,改善和提高人民健康与生活水平具有重要意义。

(一) 冷链技术分类

冷链技术中按冷藏运输工具可以分为公路冷藏运输、铁路冷藏运输、水路冷藏运输、航空冷藏运输。其中,公路冷藏运输包含卡车和拖车,卡车一般是指一体式的卡车,其制冷箱体固定在底盘上。也有一些多功能面包车,其车厢后部与驾驶室分开,并进行绝热处理以保持货物温度。拖头牵引的制冷拖车是另外一种运输方式。与卡车上的独立式制冷系统相比,安装在拖车车厢上的拖车机组尺寸更大,拥有更大制冷量。目前公路冷链运输中应用最普遍的制冷系统为蒸汽压缩式制冷系统,蒸汽压缩循环机械制冷的压缩机有多种驱动方式,分别为车辆交流发电机、车辆引擎皮带传动、辅助交流发电机和辅助柴油机装置[1]。铁路冷藏运输包含铁路冷藏集装箱和铁路冷藏车厢。铁路冷藏列车可以分为加冰冷藏车、机械冷藏车、冷冻板式冷藏车、无冷源保温车、液氮和干冰冷藏车等类型[2]。水上冷藏运输主要有两大类:冷藏集装箱和冷藏船。航空冷藏运输成本高,但通常运输某些高附加值的易腐货物时,运输公司还是选择航空冷藏运输作为一种快速的运输手段。我国现有冷藏运输方式主要以公路及铁路为主,尤其是公路运输已成为冷藏运输最重要方式。公路冷藏运输车辆的未来发展方向:(1) 专门用于短途配送的冷藏运输车辆;(2) 用于远距离配送的冷藏运输车辆。铁路冷藏运输的未来发展方向:(1) 发展短途城际配送且能够与客车连接的快速冷藏运输车辆;(2) 发展用于长距离、适用不同种类商品、大容量的铁路冷藏集装箱;(3) 发展小批量的气调冷藏车。

冷链技术中冷藏运输按冷却方式可以分为加冰冷藏、机械冷藏、冷藏集装箱及冷板冷藏[3]。加冰冷藏车已基本被淘汰,机械冷藏车将逐步增多[4]。冷链技术中冷藏集装箱和冷板冷藏是未来冷藏运输发展的重点,国外冷藏集装箱运输于20

---

① S. A. Tassou, G. De-Lille, Y. T. Ge, "Food Transport Refrigeration-approaches to Reduce Energy Consumption and Environmental Impacts of Road Transport", *Applied Thermal Engineering*, Vol. 29, No. 4, 2009, pp. 1467-1477.

② 谢晶、邱伟强:《我国食品冷藏链的现状及展望》,《中国食品学报》2013 年第 3 期。

③ 刘国丰、欧阳仲志:《冷藏运输市场现状及发展》,《制冷》2007 年第 2 期;S. A. Tassou, G. De-Lille, Y. T. Ge, "Food Transport Refrigeration-approaches to Reduce Energy Consumption and Environmental Impacts of Road Transport", *Applied Thermal Engineering*, Vol. 29, No. 4, 2009, pp. 1467—1477; S. J. James, C. James, J. A. Evans, "Modelling of Food Transportation Systems-a Review", *International Journal of Refrigeration*, Vol. 29, No. 6, 2006, pp. 947—957.

④ 卢士勋:《我国铁路、水路及集装箱冷藏运输的发展概况》,《中国食品冷藏链新设备、新技术论坛论文集》2003 年第 11 期。

世纪80年代兴起,而我国冷藏集装箱制造业的发展是从1995年开始,先进的冷藏集装箱运输技术迫使传统的三大运输工具(冷藏列车、冷藏汽车和冷藏船)向冷藏集装箱运输方式集中[1],冷藏集装箱运输易实现冷链过程的"无缝化",保证产品的质量[2]。冷板冷藏车结构简单,造价低,无盐水腐蚀,使用期长,运输成本低,制冷费用低且仅占运输成本的15.1%,是加冰冷藏车制冷费的33.2%[3],制冷过程中无机械运动,制冷无噪音,而且与制冷剂系统相比,不存在对大气臭氧层的破坏,因此,冷板冷藏车是我国冷藏运输未来发展的方向,而冷板的高效换热是研究的重点。

(二) 冷链贮藏和制冷技术

冰温贮藏是将农产品贮藏在0℃以下至各自的冻结点范围内,属于非冻结保存。冰温技术作为新一代物理保鲜技术,起源于20世纪70年代的日本,在我国也越来越受重视。食品在此温度带保存,可克服冻结食品因冰结晶带来的蛋白质变性、组织结构损伤、液汁流失等现象,与冷藏相比其贮藏期能得到显著延长。

气调贮藏是调节气体贮藏的简称,它指将农产品存放在一个相对密闭的贮藏环境中,通过改变、调节贮藏环境中的 O_2、CO_2 和 N_2 等气体成分比例,以抑制果蔬呼吸,减缓果蔬衰老来贮藏产品的一种方法[4]。国内常见的气调贮藏大致可分为两类:人工气调和自发气调。采用低温气调贮藏运输可有效延长产品的贮藏期。目前,国外开始研究膜分离技术在气调集装箱领域的应用[5],其工作原理为:利用半透膜作为选择障碍层,允许 O_2、CO_2 等透过而保留混合物中的 N_2,从而达到分离的目的。国内对于农产品的气调冷藏研究较多[6],且目前已有应用,但气调保鲜车仍处于完善阶段。气调保鲜车是制冷,气调和加湿等系统的集成,因此各系统的集成和协调控制是研究的关键,制冷装置和气调装置应尽量小型化,以提高气调保鲜车的贮藏率,同时需进一步提高远程故障检测和诊断能力,保证果蔬保鲜运输更安全。

气流组织对于水果和蔬菜的运输极为重要,目前应用较多是上送下回方式,且整个货仓仅一处蒸发器盘管[7]。为了满足运输多种农产品的目的,可按贮藏温

① 黄健、杜恩杰、石文星:《国内外食品冷藏链行业的现状与发展》,《食品科学》2004年第11期。

② A. Dellacasa, "Refrigerated Transport by Sea", *International Journal of Refrigeration*, Vol. 10, No. 6, 1987, pp. 349-352.

③ 张君瑛、章学来:《蓄冷式冷藏运输》,《能源技术》2005年第3期。

④ 刘芳、周水洪、余峰等:《AFAM + 果蔬长途冷藏运输新技术》,《食品安全导刊》2010年第1期。

⑤ 张庆丰、韩伯领、张晓东:《制冷新技术对于我国发展铁路冷藏运输的启示》,《铁道货运》2008第4期。

⑥ 王则金、林启训、苏大庆等:《气调冷藏对龙眼保鲜品质的影响》,《中国农学通报》2005年第6期。

⑦ 张庆丰、韩伯领、张晓东:《制冷新技术对于我国发展铁路冷藏运输的启示》,《铁道货运》2008第4期。

度不同将货仓分成多个隔间,然后在各隔间分别安装蒸发器盘管。部分农产品的冷冻或冷藏环境温度范围较宽,并且要求制冷系统长期在 −30℃ 以下运行①,可采用空气制冷系统满足该要求。

气流组织中应用计算流体力学(CFD)的模拟研究较多,并取得了较好的效果。合理的气体流场才能保证冷库温度场的均匀,这对库内货物的降温速率和贮藏质量起着重要作用,而常规设计方法很难得到合理的气体流场。谢晶等以实验冷库为对象进行数值模拟,模拟研究揭示了整个冷库的流场存在一个中心大回流区、流场主流贴附边界流动、流场在拐角处速度减小②。在此基础上,还对可能影响冷藏库内气流组织的多个设计参数(冷风机出口风速,拐角挡板,货物等)进行了模拟研究,研究表明这些参数对冷藏库内流场和温度场都有巨大的影响,进一步说明 CFD 工具在冷藏库设计和优化设计过程中的作用和意义。张娅妮等利用CFD 软件 Fluent 对机械式冷藏汽车厢体内部气流组织进行了数值模拟,研究得到采用贴附射流及较大的送风速度时,气流能够达到更远的射程。货物与侧壁之间间隙越大,温度分布越均匀,模拟结果为机械式冷藏汽车实际运行中的送风速度和货物堆码位置提供参考③。申江等利用计算流体力学(ANSYS)软件,对冷藏运输车内流场进行了数值模拟,得到送风速度较大时,库内的温度会在短期内均匀,但过大的送风速度会风干冷藏运输车内的食品,因此冷藏运输车内送风速度大小需合适④。安毓辉等建立了冷藏集装箱的货舱内计算模型,对货舱的送风和抽风两种通风模式下气流组织、排热效率和通风阻力等进行了模拟计算,为货舱通风系统的优化设计提供依据,以使通风空调系统节能⑤。

冷库是农产品冷链中的重要环节,为农产品提供低温贮藏。为了运送货物,库门需经常开启,引起冷库外高温高湿空气渗入库内,造成库温升高,从而引起库温波动,同时增加冷库能耗。因此,可在冷库入口处安装空气幕机,利用空气幕阻隔冷库内外温差引起的气体流动,减少热质交换,维持库内温度基本稳定,从而达到节能的效果。南晓红等以冷库为研究对象,建立了包含冷库内部对流、冷库门空气幕射流及室外环境风场流动在内的三维整体耦合求解数值模型,研究表明,对于某个具体的冷库,存在最优的空气幕出口射流速度和最优的喷射角度,使得

---

① 张庆丰、韩伯领、张晓东:《制冷新技术对于我国发展铁路冷藏运输的启示》,《铁道货运》2008 第 4 期。

② 谢晶、瞿晓华、徐世琼:《冷藏库内气体流场数值模拟与验证》,《农业工程学报》2005 年第 2 期。

③ 张娅妮、陈洁、陈蕴光等:《机械式冷藏汽车厢体内部气流组织模拟研究》,《制冷空调与电力机械》2007 第 2 期。

④ 申江、李超、苗惠等:《冷藏运输车内气体流场的数值模拟及分析》,《低温与超导》2010 年第 11 期。

⑤ 安毓辉、连之伟、施鼎岳:《装运冷藏集装箱的货舱内气流组织模拟与分析》,《中国造船》2008 年第 3 期。

冷库门空气幕的性能最优,效率最大①。空气幕的出口喷射宽度并非越宽越好。此外,谢晶等利用CFD数值模拟软件对冷库空气幕流场进行非稳态数值模拟,并对冷库温度场进行了试验测量②,研究结果与南晓红等基本一致③。

在运输过程中,喷射随车携带的低温冷藏系统容器内低温流体(液氮和二氧化碳),流体快速蒸发而降低货仓温度。而车用制冷系统和一般制冷系统相比具有小型化的特点,因此制冷装置需结构紧凑。从换热器角度来讲,把具有环境友好型的低温流体(液氮和二氧化碳)与微通道换热器相结合,可以很好地解决车用制冷装置较大的难题,制冷空调行业中微通道换热器已广泛使用。微通道换热器存在压降大的缺点,但液氮和二氧化碳有较小的液体粘性和较大的液汽密度比,有效克服了压降难题,因此,微通道换热器在低温流体(液氮和二氧化碳)系统中的应用具有较大的发展潜力。低温冷藏系统的优势为快速制冷和无噪声,但远距离运输时,其费用较高,因此可将低温冷藏系统和蒸汽压缩式制冷系统相结合。

热电装置可将电能转化为温度梯度,可利用热电装置的冷量进行冷链冷藏,其优势是稳定、无噪声和无须维护,运行中不需制冷剂,因此装置体积小、重量轻④,缺点为热电冷藏的COP(制冷效率)比传统机械驱动蒸汽压缩式制冷系统低。在冷藏运输中还可利用吸收式制冷系统替代传统蒸汽压缩式制冷系统,将车辆的排气送入发生器,可明显地提高制冷系统的COP。Garde等提出基于燃料电池的替代制冷系统⑤,该系统高效、低费用,且不依赖柴油价格的波动。目前,对于冷链冷藏制冷系统的研究较为活跃,新技术不断出现,但新技术的应用还需继续探讨。

综上所述,冷链贮藏过程中应减少通过冷藏门的热湿空气侵入,制冷装置需采用高COP的制冷系统。未来还需研发和制造适用于不同种类农产品的冷藏机械和设备,开发使用液体二氧化碳、液氮喷淋设备,解决低温液体运输、储存和供应问题。

(三) 预冷技术

预冷是冷链物流的第一步,如果预冷环节出现问题,整个冷链过程将无法有效开展。预冷是利用低温处理方法将采摘后果蔬的温度迅速降到工艺要求温度范围的过程。果蔬采后就地预冷能去除田间热、减缓失水率、降低呼吸率、抑制病

---

① 南晓红、何媛、刘立军:《冷库门空气幕性能的影响因素》,《农业工程学报》2011年第10期。

② 谢晶、缪晨、杜子峥等:《冷库空气幕性能数值模拟与参数优化》,《农业机械学报》2014年第7期。

③ 南晓红、何媛、刘立军:《冷库门空气幕性能的影响因素》,《农业工程学报》2011年第10期。

④ S. Chatterjee, K. G. Pandey, "Thermoelectric Cold-chain Chests for Storing/Transporting Vaccines in Remote Regions", *Applied Energy*, Vol. 76, No. 4, 2003, pp. 415-433.

⑤ R. Garde, F. Jiménez, T. Larriba, et al., "Development of a Fuel Cell-based System for Refrigerated Transport", *Energy Procedia*, Vol. 29, No. 4, 2012, pp. 201-207.

原菌繁殖、防止乙烯造成不良的影响,从而延长果蔬冷藏保鲜时间[①]。农产品常用的预冷方式有冷库预冷(按冷风循环方式分为冷库内空气预冷、强制通风预冷和差压通风预冷)、真空预冷、冷水预冷和加冰预冷等,各预冷方式的优缺点见表11-1。

表 11-1 各预冷方式的优缺点

预冷方式	优点	缺点
冷库预冷	造价便宜,适宜各种蔬菜预冷。	冷却速度较慢,预冷的时间一般在24小时以上,冷却均匀性差。
真空预冷	冷却速度快且均匀,一般真空冷却的时间为20—30 min,最适宜叶菜类蔬菜的冷却,相同数量的叶菜冷却处理能力,真空冷却是强制通风冷却的3—4倍。	真空预冷设备造价非常高;必须配套果蔬恒温贮藏库;不适宜表面积较小的果菜类和根菜类蔬菜冷却。
冷水预冷	水作为冷却介质传热性好、冷却速度快,预冷时间一般在20—60 min,设备价格较真空冷却设备低廉。	易造成污染,浸过水的蔬菜不利于保鲜,必须配套恒温贮藏库。
加冰预冷	适宜与冰接触不会发生伤害的产品或需要在田间立即进行预冷的产品。	不适宜易受冻害的果蔬;降低品温度和保持品质的作用有限。
压差预冷	冷却速度比强制通风冷却要快2—10倍,冷却较均匀,适宜各种蔬菜的预冷。	压差预冷库的收容能力比强制通风库要低,码垛时间比强制通风冷却要长。

农产品预冷设施多为固定建筑物的预冷库,目前国内大部分蔬菜产区采用冷库预冷蔬菜。预冷库和冷藏库最大的区别在于制冷系统的制冷能力不同,预冷库制冷系统的制冷能力是冷藏库的5—8倍。农产品采摘后到预冷的时间间隔越长,农产品维持新鲜度和营养成分的时间就越短,固定预冷库对远距离产地的农产品起不到理想的预冷效果,此外,由于鲜活农产品季节性强,因而移动式预冷装置更加适用,可以克服固定预冷库不能方便移动的不足,同时还能提高设备的使用效率,缩短投资回收期,未来移动预冷装置可结合现有太阳能技术,发展太阳能移动预冷保鲜装置。

我国农产品在产地具有预冷设施的很少,预冷环节较为薄弱,预冷保鲜率仅为30%,远低于欧美发达国家的80%。而且预冷技术较落后,常用的预冷方法有自然通风降温和冷库预冷方式,以上两方法的缺点是预冷耗时较长,效果较差。而加冰预冷、水预冷和真空预冷等预冷方法在我国使用率较低。

---

① 高恩元:《冷链物流中番茄压差预冷能耗及品质的研究》,哈尔滨商业大学硕士学位论文,2014年6月,第10页。

预冷对农产品品质保持有积极作用,研究表明进行预冷比未进行预冷的李子具有更大硬度、更低呼吸率、更好口感及更长货架期①。因此,国内学者对农产品预冷开展了大量研究,池霞蔚等对苹果田间预冷方式进行了优化,并得到通风较好的竹筐、塑料筐预冷效果比果堆预冷效果好②。刘美玉等研究了鲜鸡蛋放入冷藏库前采用强制通风预冷时冷风温度、通风速度、鸡蛋质量等参数对鸡蛋预冷效果的影响③。此外,付艳武等综述了冷库预冷、水预冷、真空预冷、差压预冷等预冷技术的研究现状及其相应适宜的蔬菜预冷参数,并提出我国冷链物流需解决的技术问题,问题可概括为:(1) 冷水预冷后如何去除蔬菜表面残留的水分;(2) 开发适应少量、多品种处理的预冷装置;(3) 提高出入库操作自动化程度;(4) 预冷设备节能④。

(四) 冷链制冷剂

农产品冷链要走可持续发展的道路,就必须重视环境保护。就制冷剂而言,先前运输制冷行业最主要的制冷剂为 R22,R22 作为催化剂对大气臭氧层具有破坏作用,而它自身并不消耗,将会在大气平流层长期存在。此外制冷剂泄漏严重,给人类的生存环境带来了较大威胁,因此制冷剂 R22 已逐渐被淘汰。目前,冷藏运输制冷装置上,R134a 制冷剂得到广泛应用,但在 -30℃ 或 -30℃ 以下更低温度,R134a 则无能为力,需使用另一种环保制冷剂 R404A。由于 R404A 是混合工质,其中沸点低的工质可能先泄漏,剩下比例不正常的制冷剂会影响制冷装置的工作状态⑤。因此,制冷剂有关研究有待加强,研究中需更多地关注非氯化烃类环保制冷剂。

(五) 冷链蓄冷技术

蓄冷技术在冷链领域广泛应用,如蓄冷板技术在冷藏集装箱、冷藏车、冷藏船的应用。由于蓄冷板制冷节能、运用方便,因此蓄冷板得到世界各国高度重视。近年来,各国学者对蓄冷板表面结霜和蓄冷板冷藏汽车内的气流组织和温度分布

---

① D. Martínez-Romero, S. Castillo, D. Valero, "Forced-air Cooling Applied Before Fruit Handing to Prevent Mechanical Damage of Plums(Prunus Salicina Lindl.)", *Postharvest Biology and Technology*, Vol. 28, No. 1, 2003, pp. 135-142.

② 池霞蔚、陈德蓉、郭玉蓉等:《苹果田间预冷方式、入库时间及冷藏库贮藏条件的优化》,《陕西农业科学》2012 年第 4 期。

③ 刘美玉、崔建云、任发政等:《鸡蛋强制通风预冷工艺研究》,《农业机械学报》2012 年第 8 期。

④ 付艳武、高丽朴、王清等:《蔬菜预冷技术的研究现状》,《保鲜与加工》2015 年第 1 期。

⑤ 谢如鹤:《国外冷藏运输技术发展现状与趋势(二)》,《制冷与空调》2013 年第 10 期。

进行了深入研究①。

与传统的冷库相比，蓄冷剂应用于农产品预冷处理的优势为蓄冷剂对入库农产品的初冷速率快，物料温度迅速降低，大大降低了高温对物料的不利影响。相变蓄冷剂在冷库中的运用，可以大幅减少因库温波动而导致的农产品品质下降带来的损失，增强冷藏效果。相变蓄冷剂作为易腐农产品冷链最后一公里的唯一冷源，将直接影响整个冷链的效用。低温贮藏农产品从超市或商店运提回消费者家庭的过程中加入适量的小包装相变蓄冷剂袋，可有效缓解农产品品质下降。而且在冰箱中放入适宜相变蓄冷剂，可以防止高温拉闸断电而导致的冰箱温度迅速升高带来的冷冻食品变质现象②。蓄冷技术逐渐成熟以后，蓄冷保温箱在冷链运输中占有极大优势，其节能环保、保温性能好等优点特别适合于中短途农产品的运输。

蓄冷技术的发展要求人们去研究开发新型蓄冷材料③，李晓燕等针对蓄冷板冷藏车对相变蓄冷材料的要求，提出了一种 A 级冷藏车用的新型相变蓄冷材料④，该介质的相变温度为 $-6.9℃$。郭蔼等利用 $Al_2O_3—H_2O$ 纳米流体进行蓄冷相变研究，发现纳米蓄冷材料比冰蓄冷更节省蓄冷时间，有效提高能源利用效率⑤。不论开发何种相变材料，都必须要求有合适的相变温度，较大的相变潜热，较好的相变可逆性、较小的过冷度，性能稳定、经久耐用，导热性好，相变速度快。

此外，可利用化学吸附技术蓄冷，上海交通大学设计的以 MnCl2 和 NH4Cl 的复合固化吸附剂作为工质，通过盐与氨之间的可逆化学反应来产生制冷效果⑥。相变蓄能制冷可解决能源在时间、空间上的供需矛盾，Shafiei 等提出带有相变材

①　A. P. Simard, M. Laeriox, "Study of the Thermal Behavior of a Latent Heat Cold Storage Unit Operating Under Frosting Conditions", *Energy Conversion & Management*, Vol. 44, No. 5, 2003, pp. 1605—1624; J. Moureh, N. Menia, D. FlieK, "Numerical and Experimental Study of Airflow in a Typical Refrigerated Truck Configuration Loaded with Pallets", *Computers and Electronics in Agriculture*, Vol. 34, No. 1, 2002, pp. 25-42; J. Moureh, E. Derens, "Numerical Modeling of the Temperature Increase in Frozen Food Packaged in Pallets in the Distribution Chain", *International Journal of Refrigeration*, Vol. 23, No. 5, 2000, pp. 540-552.

②　朱冰清:《农产品冷链专用相变蓄冷剂研制与初步应用》,浙江大学硕士学位论文,2015 年 1 月,第 8 页。

③　刘国丰:《蓄冷式冷藏运输装备的应用研究》,中南大学硕士学位论文,2007 年 11 月,第 29 页。

④　李晓燕、高宇航、杨舒婷:《冷藏车用新型相变蓄冷材料的研究》,《哈尔滨商业大学学报(自然科学版)》2010 年第 1 期。

⑤　郭蔼、邸倩倩、刘斌等:《冷藏运输用 $Al_2O_3—H_2O$ 纳米流体蓄冷相变时间分析》,《应用化工》2014 年第 12 期。

⑥　谢如鹤:《国外冷藏运输技术发展现状与趋势(三)》,《制冷与空调》2014 年第 1 期。

料储能的混合运输制冷系统①,可显著节能。

在冷藏运输的保温方面,可利用分散的微胶囊密封相变材料来改变聚氨酯泡沫塑料,以开发低热导率和具有潜热储存的微复合保温材料②。

我国现有的冷链系统中,冷贮藏技术发展成熟,实现了冷链系统的必要条件,但是预冷和冷藏运输手段则略显落后,没有形成完全意义上的冷链系统③,因此急需发展预冷和冷藏运输先进技术。为了提高农产品冷链运输的技术水平,应大力研发、制造各种冷藏运输车和冷藏集装箱,并努力实现托盘运输和包装尺寸标准化。

二、农产品冷链物流现状

农产品物流是指为了满足消费者需求,将农产品的物质实体和农产品的相关信息在生产者和消费者之间实现物理性流动,是物流业的一个分支④。农产品的物流根据不同的标准有不同的分类⑤,农产品物流的分类如图 11-1。

农产品冷链物流是指农产品在从生产到消费过程中的各个环节上始终都处于低温环境中,以保证农产品的质量,减少农产品的损耗,防止农产品的变质和污染的一项系统工程。国外普遍称其为易腐食品冷藏链(Perishable Food Cold Chain)⑥。农产品冷链物流过程包括采摘、分级预冷、包装加工、冷藏、流通运输和批发零售等。对应各环节的主要设备有:预冷设备、冷藏库、冷藏运输设备、冷冻冷藏陈列柜、家用冰柜、电冰箱等。我国农产品冷链物流发展从宏观上来看呈现一体化、链条化、信息化、规模化、网络化和高效化的趋势⑦,但目前农产品冷链物流行业仍处于成长期⑧,具有很高的提升潜力,随着冷藏产品市场的发展而日渐受到重视。

---

① S. E. Shafiei, A. Alleyne, "Model Predictive Control of Hybrid Thermal Energy Systems in Transport Refrigeration", *Applied Thermal Engineering*, Vol. 82, No. 2, 2015, pp. 264-280.

② A. Tinti, A. Tarzia, A. Passaro, et al. , "Thermographic Analysis of Polyurethane Foams Integrated with Phase Change Materials Designed for Dynamic Thermal Insulation in Refrigerated Transport", *Applied Thermal Engineering*, Vol. 70, No. 6, 2014, pp. 201-210.

③ 申江、刘斌:《冷藏链现状及进展》,《制冷学报》2009 年第 6 期。

④ 张琳、庞燕:《农产品冷链物流模式比较研究》,《物流工程与管理》2010 年第 10 期。

⑤ 张倩:《陕西省生鲜农产品冷链物流网络优化研究》,陕西科技大学硕士学位论文,2013 年 6 月,第 38 页。

⑥ 詹帅、霍红:《农产品冷藏链国内外研究现状分析》,《物流技术》2013 年第 4 期。

⑦ 洪涛:《我国农产品冷链物流呈现新趋势》,《中国合作经济》2012 年第 9 期。

⑧ 纪志坚、杨萍、吕志家等:《低温冷链物流技术发展的探析》,《第九届全国食品冷藏链大会论文集》,2014 年,第 165—169 页。

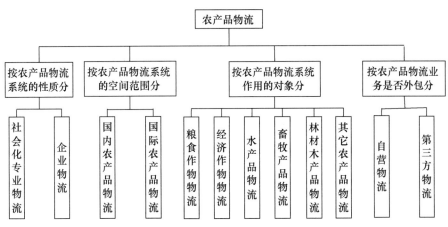

图 11-1　农产品物流的分类

（一）农产品冷链物流模式

根据产地和消费地的跨度不同,生鲜农产品冷链物流模式分为区域内和跨区域生鲜农产品冷链物流。区域内的生鲜农产品物流分为三层:生产、集散和销售。区域内的物流运作以自给物流为主,运输距离较短,一般不采用冷藏运输;部分农产品需要初级加工,则采用冷藏运输。跨区域生鲜农产品物流需进行冷藏运输,但贮存和运输作业环节中冷藏运输率偏低。

农产品冷链物流强调农产品从生产到消费的整个流通过程都必须不间断地在规定的低温状态下进行[①],即从收获(捕获、宰杀)、加工处理、储存、运输配送、销售直到消费者手中都处于低温环境,组成一个低温条件下生产流通的连续不间断体系,以保证农产品的质量,具体见图 11-2。

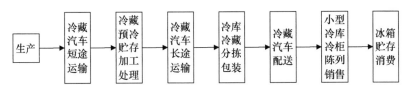

图 11-2　农产品冷链物流过程

最近几年,在全国范围内推行"农超对接"的冷链物流模式,该模式缩短了冷链运输距离,提高了冷链物流效率。我国农产品生产分散,既有产业化生产基地,又有单体农户,且后者占的比重较大,研究表明,开展"农超对接""农社对接",由

---

①　赵英霞:《中国农产品冷链物流发展对策探讨》,《哈尔滨商业大学学报(社会科学版)》2010 年第 2 期。

农户向社区的消费者直供农产品,更符合单体农户利益要求①。因此,我国农产品冷链物流模式需根据生产特点,可因地制宜地采用"农超对接""农社对接""农校对接"和"农厂对接"并行的发展模式。

（二）国内农产品冷链物流发展问题与方向

1. 国内农产品冷链物流发展问题

（1）农产品冷链物流基础设施能力不足。国内冷链物流仓储设施不足且分布不均匀,其冷冻、冷藏农产品量仅占客户需求的 20% 左右,现有公路和铁路冷藏车以及冷藏船数量不足②,且产品技术较落后。农产品冷链比常温物流的投资建设成本高,我国许多地方限于资金及视野等原因,其基础设施欠账较多。

（2）冷链物流信息化控制体系匮乏。我国仅有约 39% 的农产品物流企业采用冷链物流信息系统③,大多数企业间缺乏农产品质量安全全程监控系统平台。同时,我国尚缺乏区域性各类农产品冷链物流的公共信息平台,无法做到数据交换和信息共享,冷链物流资源的优化配置受到限制,有限的冷链资源得不到充分利用。信息技术落后,缺少完善的冷链信息系统,且低温物流服务系统未能有效地同产地农民相结合,缺乏准确及时的沟通,损耗较高。

（3）农产品冷链运输率偏低。我国冷藏保温汽车数量较少,仅占货运汽车的 0.35% 左右,而美国为 0.8%—1%,英国为 2.5%—2.8%④。此外,我国冷藏保温汽车的品种还不能满足市场需求。目前,欧、美、日发达国家、地区冷链运输率约为 80%—90%,中国不足 20%,相距甚远。

（4）冷链物流行业标准欠规范。法规和标准对冷链物流的关注不够,目前没有统一的国家和行业标准可遵循,国家或行业的专项标准较少,一些大型加工企业制定的企业标准没有强制执行力,管理处于无序状态。生鲜农产品进入市场后的安全控制主要集中在事后检验检测环节,从农产品物流角度控制农产品安全风险的体系还没有真正建立起来。

（5）冷链物流人才缺乏。冷链物流的运作管理涉及多门类学科知识,我国大部分高校也只在近年才纷纷开设物流管理技术本科专业,冷链物流人才培养的经费更是捉襟见肘,因而,社会上比较缺乏训练有素的农产品物流供应链人才,达不到冷链物流产品快速操作及标准供应要求,严重影响低温冷链物流行业的发展。

（6）冷链物流经营理念滞后。国内多数冷藏企业缺乏对物流配送业务的认

---

① 李丽娟、王国利:《鲜活农产品移动预冷保鲜装置的研究综述》,《第八届全国食品冷藏链大会论文集》,2012 年。

② 王会云、甘明、姜玉宏:《冷链物流发展现状及对策研究》,《中国储运》2011 年第 11 期。

③ 孙春华:《我国生鲜农产品冷链物流现状及发展对策分析》,《江苏农业科学》2013 年第 1 期。

④ 谢晶:《我国水产品冷藏链的现状和发展趋势》,《制冷技术》2010 年第 3 期。

知,还没有从单纯的贮藏型角色转换过来,经营理念滞后,使物流系统在某些环节的发展中出现配送延时、供应失衡的现象。由于经营理念滞后,企业不能集中精力提高服务水平和市场竞争力,因而产品物流成本难以降低。

(7)冷链物流保鲜技术和第三方物流合作方发展缓慢。中国冷链技术仍处于一个比较落后的阶段,主要表现在:农产品冷链中冷冻冷藏专业技术不完善,冷链成本高、损耗大。部分高端装置,如低温制冷机等仍依赖进口。农产品冷链的第三方物流发展十分滞后,不完善的服务网络及信息系统,大大影响了食品尤其是农产品物流的在途质量、准确性和及时性,因此,如不及时解决这一问题,将会造成行业运营现状混乱,同时也造成了较大的产品损耗和较高的成本。

(8)冷链时有断链现象。农产品采摘后没有及时进行预冷;冷库贮藏管理不善引起冷库开停中断;运输车内温度不稳定;装卸环节过程一般在露天月台进行,造成农产品温度波动;配送环节效率低下,没有及时进入冷藏;销售环节冷藏温度不合适;消费者环节冷链意识薄弱等,均会引起农产品断链现象。

2. 国内农产品冷链物流发展方向

建立完善的农产品冷链,以适应生鲜农产品发展的需要。使用多种冷链物流保鲜技术,使农产品从采摘到消费的各个环节处于低温状态之下,以保证农产品质量,减少农产品的损耗。加快第三方物流发展,转变冷链物流经营理念,注重培养冷链物流人才,开辟陆路、水路和航空绿色农产品运输特殊通道,在全国范围内建成高效、畅通、低成本的绿色运输网络系统。整个物流体系中配备严格的食品卫生安全措施和实行计算机信息化管理,以保障农产品质量安全。

规范冷链物流各环节的操作规程,加快农产品冷链物流标准化体系的构建,建立农产品低温物流安全保障体系。通过政府与食品和物流行业协会合作,共同建立和完善农产品冷藏链相关的行业标准,使得农产品冷链物流朝着健康方向发展。

(三) 冷链物流技术现状

在冷链物流的技术方面,国外主要研究方向是冷藏冷冻各项技术的实现方法,国内主要研究 RIFD、GPS 温控管理系统等先进技术在冷链物流方面的运用[1]。

在美国、日本、德国和其他发达国家,运输过程中冷藏车或者冷藏集装箱都配备了电子数据交换系统、GPS 等先进信息技术[2]。此外,国外还研究了无线传感网络,监控牛奶在运输过程中的温度[3],利用 RFID(无线射频识别)温度标签检测鲜

---

[1] 王亚辉:《农产品冷链物流状态监控信息系统》,吉林大学硕士学位论文,2013 年 11 月,第 8 页。

[2] 陈磊、段雅丽、海峰等:《国内外农副产品冷链物流现状分析》,《物流技术》2012 年第 2 期。

[3] A. Carullo, S. Corbellini, M. Parvis, et al., "A Wireless Sensor Network for Cold Chain Monitoring", *IEEE Transactions on Instrumentation and Measurement*, Vol. 55, No. 5, 2009, pp. 1405-1411.

鱼在物流过程中的状态①。冷链管理可以有效解决消费者末端的新鲜度和安全最优问题。通过收集冷藏和冷冻食品供应链的数据建立基于冷链全过程(加工,配送,销售,消费)温度数据的网络平台—FRISBEE 欧洲项目,利用数据库的冷链预测软件,可根据存在或用户定义活跃的数据计算产品在不同的冷链阶段的货架状态。这种工具有效地提高了冷链管理水平②。Gwanpua 等介绍了 FRISBEE 专用软件的构架,并分析了制冷技术对优化食品冷冻质量、能源利用、全球变暖的影响③。Kuo 等提出基于多温度联合分配系统的食品冷链物流服务模型,给出服务模型的推进革新对易腐品船运和温度敏感产品的热防护竞争优势④。Bosona 等对2000—2013 年公开发表的食品追溯技术相关文献进行了综述,给出了食品追溯系统相关的新概念、新定义⑤。

在我国,受技术限制,目前一些物流公司采用人工确认温度方法进行温度管理,缺少运输环节的连续性温控数据。有些物流公司在运输过程中使用传统的温度记录仪,但传统的温度记录仪无法对单个箱体进行测温,无法自动识别产品信息,并需要有线连接和人工干预才能导出数据。因此,有关学者介绍了基于完整货架期决策系统设计的无线传感器网络(WSN)对易腐食品冷链进行管理,它不仅可以为整个冷链系统提供"无缝"的信息,而且可帮助冷链企业预测易腐食品货架期,减小品质和经济损失⑥。冷链物流配送中心为防止食品腐损而扮演了一个重要角色,Zhu 等利用 Flexsim 软件对冷链物流配送中心三维运行过程进行了模拟⑦。此外,张莹开展了采用 HACCP(危害分析与关键点控制)的监测手段来确定

---

① E. Abad, F. Palacio, M. Nuin, et al., "RFID Smart Tag for Traceability and Cold Chain Monitoring of Foods: Demonstration in an Intercontinental Fresh Fish Logistic Chain", *Journal of Food Engineering*, Vol. 93, No. 4, 2009, pp. 394-399.

② E. Gogou, G. Katsaros, E. Derens, et al., "Cold Chain Database Development and Application as a Tool for the Cold Chain Management and Food Quality Evaluation", *International Journal of Refrigeration*, Vol. 52, No. 6, 2015, pp. 109-121.

③ S. G. Gwanpua, P. Verboven, D. Leducq, et al., "The FRISBEE Tool, a Software for Optimising the Trade-off Between Food Quality, Energy Use, and Global Warming Impact of Cold Chains", *Journal of Food Engineering*, Vol. 148, No. 2, 2015, pp. 2-12.

④ J. C. Kuo, M. C. Chen, "Developing an Advanced Multi-Temperature Joint Distribution System for the Food Cold Chain", *Food Control*, Vol. 21, No. 6, 2010, pp. 559-566.

⑤ T. Bosona, G. Gebresenbet, "Food Traceability as an Integral Part of Logistics Management in Food and Agricultural Supply Chain", *Food Control*, Vol. 33, No. 1, 2013, pp. 32-48.

⑥ L. Qi, M. Xu, Z. T. Fu, et al., "C2SLDS: A WSN-based Perishable Food Shelf-life Prediction and LSFO Strategy Decision Support System in Cold Chain Logistics", *Food Control*, Vol. 38, No. 4, 2014, pp. 19-29.

⑦ X. Zhu, R. Zhang, F. Chu, et al., "A Flexsim-based Optimization for the Operation Process of Cold-Chain Logistics Distribution Centre", *Journal of Applied Research and Technology*, Vol. 12, No. 6, 2014, pp. 270-278.

关键控制点,提高冷链物流关于质量安全研究①。张学龙等利用 RFID 和 ZigBee(无线网络数据通信技术)组网,并结合远程网络传输技术,设计了食品冷链物流的温度无线实时监控系统②。其中,RFID(无线射频识别)技术是个体识别的一种新技术,未来发展潜力很大。

完善我国的冷链系统,还需要发展农产品冷链物流监管与追溯技术③④⑤⑥。冷链物流追溯系统数据包括整个物流全过程,要求对所有的节点做详细的数据记录,同时应加强整个过程的监控管理。目前,在物流领域已借助现代信息技术对冷链物流进行控制,从而保证食品品质。

三、冷链物流对农产品品质的影响

(一)冷藏对农产品品质的影响

随着农产品冷链物流的蓬勃发展,冷链配送下农产品质量与安全问题也日渐凸显。果蔬、水产品、肉类等农产品由于自身的特性在流通过程中容易受到温度或湿度的影响而发生品质的改变,从而对消费者身体健康产生危害,如贮藏温度控制不达标,配送车辆制冷设备不到位,配送过程中"断链"现象等,都会影响到农产品的品质。

农产品冷藏技术可延长农产品的保质期,适当低温(10℃以下)环境可以抑制一般的腐败菌和病原菌的发育;适当低温(如杨梅需要0—3℃)可以抑制生鲜农产品的呼吸作用和蒸腾作用,减少营养成分的消耗和水分蒸发,延缓衰老变质过程,但温度过低则会产生生理病害甚至冻死,如香蕉在12℃以下会冻伤变黑⑦。对速冻肉制品而言,在 −18℃下冻藏时,贮藏期可达半年至一年⑧。但配送过程中"断链"容易引起冻藏温度变化,冻藏温度的变化会给冻品的品质带来很大的影响,由

---

① 张莹:《基于 HACCP 检测的冷链物流》,《物流技术》2006 年第 1 期。

② 张学龙、李超、陈奇特等:《基于 ZigBee 和 RFID 技术的冷链无线监控系统》,《微计算机信息》2012 年第 3 期。

③ 姜利红、晏绍庆、谢晶等:《猪肉安全生产全程可追溯系统设计》,《食品工业科技》2008 年第 6 期。

④ 王波、王顺喜、李军国:《农产品和食品领域可追溯系统的研究现状》,《中国安全科学学报》2007 年第 10 期。

⑤ G. C. Smith, J. D. Tatum, K. E. Belk, et al. , "Traceability from a US Perspective", *Meat Science*, Vol. 71, No. 2, 2005, pp. 178-179.

⑥ 王家敏、王凤丽、张建喜:《山东省农产品冷链物流监管与追溯公共服务平台的构建》,《中国农机化学报》2013 年第 2 期。

⑦ 孙春华:《我国生鲜农产品冷链物流现状及发展对策分析》,《江苏农业科学》2013 年第 1 期。

⑧ 王欣、刘宝林、李丽丽等:《速冻羊肉冷藏链中断后的品质变化模拟实验及保藏期预测》,《食品工业科技》2006 年第 12 期。

此导致的食品中毒甚至致死的事件仍在世界各地不断发生。杨胜平等[1]模拟冷链物流过程中环境温度为0℃的搬运、运输、配送三个环节的断链情况,断链流通中反映带鱼新鲜程度的理化指标均高于同期2℃冷链流通下的带鱼,且在随后4℃铺冰上销售的货架期比2℃冷链流通带鱼短2—3天。因此,冷藏温度需根据冷藏农产品的特性进行确定,同时尽量减少农产品冷链物流过程中"断链"。

此外,曾名勇等研究了黄瓜、菠菜、青椒在1℃、5℃、9℃的冷藏温度下贮藏品质变化,发现在以上温度下贮藏时其品质变化均较慢[2]。杨军等研究发现冷链运输对甜瓜可溶性固形物含量的变化影响较小,延缓果实硬度的下降。各成熟度甜瓜,采用冷链运输商品率较对照高40%,货架期商品率高30%。甜瓜成熟度过高,运输及货架期商品率低,腐烂率高[3]。谢如鹤等利用冷藏运输综合模拟试验台,对香蕉运输品质进行跟踪试验,得到冷藏运输对香蕉品质起到保护作用[4]。黄欣以典型易腐农产品为例,对其常温运输和冷藏运输进行比对试验,分析其运输品质的变化情况。为考虑不同品类的差异性,分别对猪肉、鲜奶、水果(荔枝、香蕉)、蔬菜(生菜、小白菜、菜豆、黄瓜、胡萝卜、辣椒)等展开试验分析。得到适当的冷藏运输环境对农产品品质起到了良好的保护作用,虽然制冷会使得能耗增加,但由于其大大减少农产品腐损,在提高运输总体经济效益上是有益的[5]。高恩元研究了三种运输方式(EPS保温箱运输、蓄冷保温箱运输和5℃冷链运输)对番茄品温、失重率、可溶性蛋白质含量、可滴定酸含量、番茄Vc含量、可溶性固形物含量、硬度和感官评价的影响,发现EPS保温箱适合短距离运输,蓄冷保温箱适合中短距离运输,5℃冷链运输适合长距离运输[6]。

在国外,Duret等报道火腿在家用冰箱存放超过13天后有4.5%的产品成为危险产品(每克产品中含有大于100个李斯特单核细胞增生菌),产品在直冷式冰

---

① 杨胜平、谢晶、高志立等:《冷链物流过程中温度和时间对冰鲜带鱼品质的影响》,《农业工程学报》2013年第24期。

② 曾名勇、曹立民、徐玮:《几种蔬菜在冷藏过程中的品质变化》,《食品与机械》2001年第3期。

③ 杨军、廖新福、沙勇龙等:《冷链运输对哈密瓜品质及腐烂率的影响》,《新疆农业科学》2011年第7期。

④ 谢如鹤、刘广海:《香蕉冷藏运输品质及能耗综合试验研究》,《中国制冷学会冷藏运输专业委员会学术年会论文集》,2007年。

⑤ 黄欣:《冷藏链中易腐食品冷藏运输品质安全与能耗分析》,中南大学博士学位论文,2011年5月,第52页。

⑥ 高恩元:《冷链物流中番茄压差预冷能耗及品质的研究》,哈尔滨商业大学硕士学位论文,2014年6月,第1页。

箱的位置对此危险影响较小①。环境温度对放置在开式展览柜前部的产品影响显著②,主要原因是存在环境空气的渗透。由于环境空气渗透的影响,频繁开门会造成冷藏运输车内食品温度不恒定,冷藏运输车内温度分布变化对食品影响较大③。Hoang 等提出一个通用的方法来预测整个冷链过程中农产品的演变,并以温度、含水率和微生物负荷等状态来描述其演变过程,利用蒙特卡洛法求解模型方程,并用该方法对冷链的后 3 个过程(展览柜、购物筐和家用冰箱)进行了研究④。

(二) 预冷和包装技术对农产品品质的影响

预冷是冷链物流的第一步,是保持农产品品质的重要环节。康孟利等以小白菜"五号菜"为试材,选择 5℃预冷终温,研究了常规、加水及不同预冷量在真空预冷过程中"五号菜"温度、能耗随预冷时间的变化规律以及贮藏过程中"五号菜"维生素 C 的变化规律。得到加水及不同预冷量对"五号菜"品质的影响差异显著,真空预冷能够很好地起到保鲜的作用⑤。李秋月等发现荔枝采后预冷且低温条件下运输能够较好地维持荔枝贮藏期间的果实品质⑥,该方法明显降低了荔枝果实的腐烂率、褐变指数和相对电导率,较好地维持了果实中的可溶性固形物和可滴定酸的含量,该研究结果为荔枝冷链物流技术的应用和改进提供理论依据。

冷链运输中农产品的包装方式对自身品质及保鲜时间有影响⑦。赵晓芳等比较了桃在网套 + 礼品盒包装、包装纸 + 纸箱包装和未包装情况下,先冷藏 15℃后回温 3℃的腐烂率和失重率,发现网套 + 礼品盒包装的腐烂率和失重率均最低。

① S. Duret, L. Guillier, H. M. Hoang, et al. ,"Identification of Significant Parameters in Food Safety by Global Sensitivity Analysis and Accept/Reject Algorithm: Application to the Ham Cold Chain", *International Journal of Microbiol*, Vol. 180, No. 4, 2014, pp. 39-48.

② O. Laguerre, M. H. Hoang, D. Flick, "Heat transfer modeling in a Refrigerated Display Cabinet: the Influence of Operating Conditions", *Journal of Food Engineering*, Vol. 108, No. 6, 2012, pp. 353-364.

③ S. J. James, C. James, "The Food Cold-chain and Climate Change", *Food Research International*, Vol. 43, No. 6, 2010, pp. 1944-1956.

④ D. Flick, H. M. Hoang, G. Alvarez, et al. , "Combined Deterministic and Stochastic Approaches for Modeling the Evolution of Food Products Along the Cold Chain. Part I: Methodology", *International Journal of Refrigeration*, Vol. 35, No. 6, 2012, pp. 907-914; H. M. Hoang, D. Flick, E. Derens, et al. , "Combined Deterministic and Stochastic Approaches for Modeling the Evolution of Food Products Along the Cold Chain. Part II: A Case Study", *International Journal of Refrigeration*, Vol. 35, No. 3, 2012, pp. 915-926.

⑤ 康孟利、凌建刚、林旭东等:《真空预冷对"五号菜"贮运效果影响研究》,《北方园艺》2014 年第 10 期。

⑥ 李秋月、龙桂英、巴良杰等:《不同物流条件对荔枝采后贮藏期间果实品质的影响》,《广东农业科学》2014 年第 16 期。

⑦ J. Kreyenschmidt, H. Christiansen, A. Hübner, et al. ,"A Novel Photochromic Time-temperature Indicator to Support Cold Chain Management", *International Journal of Food Science & Technology*, Vol. 45, No. 2, 2010, pp. 208-215.

桃采摘后至预冷的时间越短,其贮藏品质越好[1]。

农产品在采摘后表皮往往带软腐病菌、细菌等大量微生物,在包装预冷前及时对农产品进行杀菌消毒,能很好地避免贮运过程中由致病菌引起的腐烂。因此,农产品从采摘至上市销售的各个环节都有可能对产品品质造成危害,直接影响农产品的商品价值。农产品商品化处理及冷链运输过程的品质控制需按以下六点进行:(1)验收采摘农产品,按照企业原料质量标准进行验收;(2)验收后农产品杀菌,杀菌中控制杀菌剂浓度,防止微生物污染;(3)包装,注意农产品外包装及包装箱规格;(4)预冷,采摘农产品需及时预冷到所需温度,采用方形码垛;(5)冷链运输,冷藏温度保持稳定和均匀;(6)销售,维持销售冷藏温度,保持货架清洁度,防止病害果实与健康果实的交叉感染。

因此,农产品冷链运输过程中农产品质量主要与农产品种类以及贮藏、包装和运输条件有关,其影响机理及规律较复杂,未来需进行更深入的研究与求证。

四、农产品冷链运输与物流技术未来发展方向

农产品冷链物流主要涉及农产品冷链运输技术及物流技术,冷链运输技术中首先按应该冷藏运输工具和制冷冷却方式对冷链技术进行科学分类,基于国际发展方向与我国实际,凝练出我国冷藏运输技术未来发展的重要方向与重点。要重点关注冷板的高效换热技术,冷链贮藏、预冷、冷链制冷剂和蓄冷的新技术,在冷链运输技术的发展过程中在考虑延长农产品贮藏期和保护农产品品质的同时,还需重视环境保护,提高能源利用效率。在物流技术的发展中,应该考虑优先发展根据生产特点采用"农超对接""农社对接""农校对接"和"农厂对接"并行的技术模式,重点关注冷链物流技术中RFID(无线射频识别)技术。此外,我国还需要发展农产品冷链物流监管与追溯技术。当务之急是要发展农产品商品化处理及冷链运输过程的品质控制方法,提高低农产品冷藏运输率亟,提升农产品品质,降低冷链产品的物流成本。

---

① 赵晓芳、王贵禧、梁丽松等:《不同包装及延时预冷处理对模拟冷链贮运及货架期期间桃果实品质的影响》,《食品科学》2009年第6期。

第十二章　食品安全国际前沿研究的分析报告

前已指出,科学技术始终是保障食品安全的重要手段。从 1986 年英国发现首例疯牛病至今,此种牛瘟疫一直呈蔓延之势,先后在比利时、荷兰、法国、西班牙、意大利等 13 个欧洲国家确诊出疯牛病。仅在 2000 年,英国共发现疯牛病 1277 例,法国 112 例,葡萄牙 114 例。进入 2001 年以后,疯牛病又在多个欧盟成员国蔓延。就连自信本国牛绝对安全的德国,于 2001 年 1 月初也确诊出疯牛病,现已发现 14 头病牛。15 年来,在全欧盟已发现病牛 18 万多头,已屠宰 321 万头病牛和与病牛同栏饲养的牛。为遏止和整治这场灾难,欧盟已经和将要花费数十亿欧元的资金,经济损失惨重①。面对这场灾难,科学家们以更加冷静和长远的态度审视该病对人类健康构成的多途径、潜伏性和积累性威胁,并展开了大量卓有成效的研究,在一些关键技术上取得了重大进展。全球面临的食品安全问题越来越复杂,也越来越难管。一种食品出了问题,全球都会受到连带影响。因此,在全球化背景下,任何一个国家的食品安全问题都难以独善其身。把握食品安全国际前沿研究问题,对于提升我国的食品科学技术水平具有重要价值。本章节基于 Essential Science Indicators(ESI)数据库,对食品安全科研文献和引文数据进行多角度、全方位的定量分析,探索食品安全领域研究的热点前沿和新兴前沿,为我国从事食品安全科技领域研究的学者们了解目前食品安全国际前沿研究的热点提供参考。

一、科研文献、引文数据与热点前沿

食品安全研究是各学科交叉研究的焦点,而交叉学科领域是公认的诞生新发现的沃土。引文分析提供了一种独特的视角,通过分析关键文献间的引用关系,建立某个研究领域的结构图,而这幅结构图会随着时间的推移发生变化,通过研究这种不断变化的结构图有助于跟踪科学的进展,以及评估各专业领域的相互关

---

① 《世界各国著名的食品安全事件和造成的影响》,搜狐社区网,2008-09-17［2015-07-20］, http:// club. news. sohu. com/minjian/thread/！b71e3bc23b956871/p1。

系。Garfield 等研究认为,引文数据是找到建立和描绘真实科学结构和地貌的最好材料[1]。Price 观察到研究前沿是建立在新近发表的文献上,而这些文献之间存在紧密的联系网络,并在"Networks of scientific papers"一文中赋予了"research front"(研究前沿)特定的含义[2]:一组在年度分布和相互引用关联网络方面显示出发表密集度和时间动态特征的文章。Small 在 1973 年发表的一篇题为"Co-citation in the scientific literature:A new measure of relationship between two documents"(科学文献中的共引,一种新的度量两篇文献间关系的方法)的共被引分析论文中,开创了描绘科学特别结构的新纪元[3]。Small 用两篇文章的共被引频次来度量其相近程度,发现共被引分析既是一种揭示某个专业领域的人际和知识间联系结构的客观方法,又能用来揭示科学知识演进的潜力。这些科学计量学先驱们创建的引文分析工作,推动了目前汤森路透社创立的基本科学指标数据库(ESI)平台上的研究前沿分析成果。

ESI 数据库是由美国科技信息所(The Institute for Scientific Information,ISI)于 2001 年推出衡量科学研究绩效、跟踪科学发展趋势的文献评价分析工具,是基于汤森路透 Web of Science(SCIE/SSCI)所收录的全球 11000 多种学术期刊的 1000 多万条文献记录而建立的计量分析数据库。ESI 数据库覆盖范围为最新十年的滚动数据,每 2 个月更新一次,对各年度论文按被引频次的高低确定出衡量研究绩效的阈值,分别排出居世界前 1% 的研究机构、科学家、研究论文,居世界前 50% 的国家(地区)和居前 0.1% 的热点论文与前沿论文。另外,还按照 22 个学科对所有期刊进行分类标引(22 个学科包括农业科学、生物学与生物化学、化学、临床医学、计算机科学、经济与贸易、工程学、环境科学/生态学、地球科学、免疫学、材料科学、数学、微生物学、分子生物学与遗传学、多学科、神经与行为科学、药理与毒理学、物理学、植物与动物学、精神病学与心理学、综合性社会科学、空间科学等)。目前,在国内外各种学科竞争力评价体系中,ESI 越来越成为评价学科自主创新能力和国际学术影响力的重要指标。

汤森路透连续在 2013 年和 2014 年发表了"2013 研究前沿——自然科学和社

---

[1] Eugene Garfield, Irving H. Sher, Richard J. Torpie, "The Useof Citation Data in Writing the History of Science", *Philadelphia:Institute For Scientific Information*, Vol. 8, No. 22, 1964, pp. 185-190.

[2] Derek J. de Solla Price, "Networks of Scientific Papers:the Pattern of Bibliographic References Indicates the Nature of the Scientific Research Front", *Science*, Vol. 3683, No. 149, 1965, pp. 510-515.

[3] Henry Small, "Co-citation in Scientific literature:A Newmeasure of the Relationship Between two Documents", *Journal of the American Society for Information Science*, Vol. 24, No. 4, 1973, pp. 265-269.

会科学的前 100 个探索领域"和"2014 研究前沿"的两份报告[①][②],报告根据 ESI 数据库中对学科的分类,遴选出了排名最前的 100 个热点前沿和新兴前沿,为研究者和管理者辨析研究趋势而后识别战略性投资机会提供了一个独特的视角。汤森路透在报告中将"研究前沿"(Research Front)归纳为,数据揭示了不同研究者在探究相关的科学问题时会产生一定的关联,尽管这些研究人员的专业背景不同或来自不同的学科领域。而食品安全是一个涉及农业、生物、化学、环境、微生物、分子生物学、法律、管理等多门学科的跨学科研究,正好符合汤森路透中研究前沿分析样本的选择。因此,本章基于 ESI 数据库,对食品安全科研文献和引文数据进行多角度、全方位的定量分析,探索食品安全领域研究的热点前沿和新兴前沿,有助于食品安全管理者和政府部门对食品安全的科研绩效和长期发展趋势进行客观评价;有助于食品安全研究者洞悉该领域的世界最前沿研究成果及其影响力;有助于确定食品安全领域学术研究的高产国家、机构、论文和出版物的影响力和科研实力排名;有助于评估潜在的合作机构,促进食品安全研究的合作与交流。

二、数据来源与研究方法

(一) 数据来源

选取美国科技信息所的 SCI 数据库(科学引文索引数据库扩展版)和 ESI 数据库为检索源,检索时间为 2015 年 6 月 9 日,覆盖了 2005 年 1 月 1 日至 2015 年 2 月 28 日共 10 年 2 个月的数据,登录 ISI Web of Science-SCIE 数据库平台,选择 "Essential Science Indicators SM"分析工具,点击 Citation Analysis 模块的"Research Fronts",进入研究前沿检索页面,使用 BY NAME = food safe * or food security 检索式,共检索得到食品安全领域的 8 个研究前沿。由于食品安全是一个复杂的跨学科研究,为避免漏检扩大检索范围,调整检索式 BY NAME = food * ,检索结果显示为 71 个研究前沿,对这 71 个研究前沿内容进行仔细辨别并咨询相关食品安全研究专家,最后保留了食品安全研究领域的 20 个研究前沿作为本章节的基本研究对象。

(二) 研究方法

结合利用 ESI 和 SCI 数据库强大的信息挖掘和分析功能,探讨食品安全领域的研究前沿。每个研究前沿涉及两组文章:高被引的核心文献和对这组核心文献作频繁共引的施引文献。研究前沿里的核心文献都是被引频次排名在前 1% (与

---

① 《自然科学和社会科学的 2013 研究前沿》,汤森路透报告,2013-09-09[2015-07-20],http://wenku. baidu.com/link? url。

② 《2014 研究前沿》,汤森路透报告,2014-07-12[2015-07-20],http://wenku. baidu. com/view/a1fe69e3cc22bcd126ff0c85. html。

同领域和同出版年的文献相比）的文献,通过考察这些核心文献,有助于考察在食品安全研究领域做出重要贡献的国家和机构,有影响力的论文和重要出版物信息。另一方面,通过分析施引文献,有助于掌握食品安全研究中高被引核心文献的技术和理念等研究的发展脉络和研究前景。参考汤森路透"2014 研究前沿"报告中遴选热点前沿和新兴前沿的方法,对食品安全研究前沿进行遴选,即:

1. 热点前沿的遴选

根据核心文献总被引频次进行排序,寻找食品安全研究中最大或最具影响力的研究前沿,再基于核心论文出版年的平均值重新排序,找出"最年轻"的研究前沿论文。通过上述两个步骤选出食品安全研究领域的前 10 个热点前沿。

2. 新兴前沿的遴选

具有较多新近核心论文的一个研究前沿,通常提示其是一个快速发展的专业研究方向。优先考虑核心文献的时效性,赋予研究前沿中核心论文的出版年更多的权重或优先权,只有平均核心论文出版年在 2013 年之后的研究前沿才被考虑,然后再按被引频次从高到低排列。

本章基于 ESI 数据库,从高被引的核心文献和施引文献两个方面来分析近十年来食品安全领域的热点前沿和新兴前沿,从而探索食品安全领域各前沿的科研影响力和科研创新力,为我国广大的科研工作者把握该领域的研究热点与难点提供资料参考,为管理者和政府战略决策者提供数据支持。

三、食品安全的研究前沿

研究前沿（Research Fronts）是一组高被引论文,通过聚类分析确定的核心论文。论文之间的共被引关系表明这些论文具有一定的相关性,通过聚类分析方法测度高被引论文之间的共被引关系而形成高被引论文的聚类,再通过对聚类中论文题目的分析形成相应的研究前沿。在本章的研究中,研究前沿的命名不仅参考了核心论文标题中出现的高频词和高频词组,还对施引文献作了仔细的人工考察,从而提高命名的准确度。

引用次数是一种广泛的被用来评估研究者或出版物在学科内影响力的评价方法。一篇论文的被引用次数越高,表示这篇论文的学术影响力越大,质量也就越高,论文引用次数与论文的价值大体成正比[1]。高被引频次的论文在一定程度上显示其在学术交流中影响力和地位较高,受到同行学者关注认可度高,是未来进一步研究和发展的重要参考。另外需要特别说明的是,ESI 数据库不对论文的第一作者和非第一作者的贡献进行区分,机构发表论文的统计是基于论文全部作

---

① 袁军鹏:《科学计量学高级教程》,北京:科学技术文献出版社 2010 年版。

者的所属机构,即论文中只要有一位作者是某机构,那么统计该机构发表论文数量和被引频次时就计入一次。由于分析数据是基于 2005—2014 年的论文,核心论文平均出版年份会在 2005—2014 年之间摆动。如,显示的平均出版年为 2013.5,表示其平均出版年为 2013 年 6 月。

表 12-1　食品安全领域的 20 个研究前沿

排名	研究前沿	核心论文	被引频次	核心论文平均出版年
1	人口增长与食品供给安全	2	1236	2010.5
2	食品消费环境对人体健康的影响	17	1029	2010.4
3	智能化手机食品安全快速检测系统开发	9	354	2013
4	农业生物多样性	2	316	2011.5
5	蜡样芽孢杆菌的污染及其防治	2	311	2009
6	壳聚糖在食品保鲜中的应用	2	311	2009.5
7	食品纳米技术及其风险研究	2	309	2008.5
8	细菌生物膜的形成机制及其控制研究	4	288	2011
9	气候变化与粮食安全	4	282	2010
10	隐蔽型真菌毒素污染及毒理学研究	5	253	2011.6
11	纳米食品包装材料研究	3	196	2012
12	植物病虫害与粮食安全	2	172	2010
13	益生菌与食品安全	2	168	2009.5
14	食源性病原体损伤与恢复	2	149	2008.5
15	单核细胞增多性李斯特氏菌	3	130	2012
16	乳制品消费与人体健康风险	2	99	2012
17	生态农业	2	58	2012
18	食源性致病菌快速检测的新型生物传感方法	2	32	2013
19	功能性食品的开发	2	29	2013
20	食品安全公共政策研究	2	17	2013.5

表 12-1 按照核心论文的被引频次对食品安全领域的 20 个研究前沿进行了排序,依次为:"人口增长与食品供给安全""食品消费环境对人体健康的影响""智能化手机食品安全快速检测系统开发""农业生物多样性""蜡样芽孢杆菌的污染及其防治""壳聚糖在食品保鲜中的应用""食品纳米技术及其风险研究""细菌生物膜的形成机制及其控制研究""气候变化与粮食安全""隐蔽型真菌毒素污染及毒理学研究""纳米食品包装材料研究""植物病虫害与粮食安全""益生菌与食品安全""食源性病原体损伤与恢复""单核细胞增多性李斯特氏菌""乳制品消费与人体健康风险""生态农业""食源性致病菌快速检测的新型生物传感方法""功能性食品的开发"和"食品安全公共政策研究"。其中,"人口增长与食品供给安全"研究前沿的 2 篇核心文献的被引频次最高,共计达到 1236 次,说明这 2 篇文献在

食品安全领域中影响力很大,是该领域的经典文献。其次是"食品消费环境对人体健康的影响"研究前沿,共有17篇核心文献被引频次达到1029次。参考汤森路透"2014研究前沿"报告中遴选热点前沿和新兴前沿的方法,探讨近十年间食品安全领域的热点前沿和新兴研究前沿的核心论文和施引论文的影响力、发展力和创新力,全面系统衡量各个国家/地区的科研水平、机构学术声誉、科学家学术影响力以及期刊学术水平。

(一) 食品安全研究的热点前沿

表12-2展示了当今食品安全研究领域的前十热点前沿,包括智能化手机食品安全快速检测系统开发、隐蔽型真菌毒素污染及毒理学研究、农业生物多样性、细菌生物膜的形成机制及其控制研究、人口增长与食品供给安全、食品消费环境对人体健康的影响、气候变化与粮食安全、壳聚糖在食品保鲜中的应用、蜡样芽孢杆菌的污染及其防治、食品纳米技术及其风险研究等。

表12-2　食品安全研究领域的前十热点前沿

排名	研究前沿	核心论文	被引频次	核心论文平均出版年
1	智能化手机食品安全快速检测系统开发	9	354	2013
2	隐蔽型真菌毒素污染及毒理学研究	5	253	2011.6
3	农业生物多样性	2	316	2011.5
4	细菌生物膜的形成机制及其控制研究	4	288	2011
5	人口增长与食品供给安全	2	1236	2010.5
6	食品消费环境对人体健康的影响	17	1029	2010.4
7	气候变化与粮食安全	4	282	2010
8	壳聚糖在食品保鲜中的应用	2	311	2009.5
9	蜡样芽孢杆菌的污染及其防治	2	311	2009
10	食品纳米技术及其风险研究	2	309	2008.5

1. 智能化手机食品安全快速检测系统开发

通过对食品安全的20个研究前沿分析,"智能化手机食品安全快速检测系统开发"研究前沿不仅是具有重要影响力的热点前沿,而且还是近两年来食品安全领域研究的新兴前沿。根据中国食品工业协会的数据,2012年我国食品工业总产值突破9万亿元,仅次于石化工业位居第二,而农药、化肥、饲料、食品添加剂等与食品安全直接相关的产值超过1万亿元。目前我国拥有各级农产品检验检疫站、疾病控制中心站、产品质量监督检验所(站)、进出口商品检验检疫局、各类环境监测站等监测机构达 23000 多个,食品加工企业达到 40 多万家①。我国仅食品安全监测领域分析仪器的潜在市场即在 7450 亿元以上,检测耗材年市场容量超过 500 亿元。由此可以看出,我国在食品检测的力度、网点的设置、仪器的配备上还有很大的发展空间。

食品检验检测贯穿于食品生产、流通的各个环节,是产品质量的重要保障,国外发达国家除建立对市场源头进行追溯检测的系统外,还建立了全社会的检测体系,即在生产、物流乃至终端等中、大型超市、农贸市场设置检测仪器、提供检测方法,随时对有关食品主要质量参数进行检测。"2013 年度华人经济领袖——台湾 IT 产业论坛"上泛锶科艺创办人赵伟忠表示未来智能界时代最有潜力的发展方向是食品检测,将消费主体从实验室扩展到消费者,设备和快速监测仪做到最简化②。由表 12-3 可以看出,加利福尼亚大学洛杉矶分校和康奈尔大学的研究者已经敏锐地捕捉到了这一研究前沿,研究者基于智能手机开发了检测跟踪汞污染水样、食品过敏源测试、病毒的快速诊断、血液胆固醇测试和手机数码显微镜等快速检测平台。他们在 *Lab On A Chip* 和 *Acs Nano* 杂志上发表了 9 篇高被引频次的核心文献,其中,加利福尼亚大学洛杉矶分校的研究者 Ozcan A 表现尤为突出,共发表了 7 篇高被引文献,为该领域的发展做出了重要贡献。

表 12-3 "智能化手机食品安全快速检测系统开发"研究前沿高被引核心文献情况

引用次数	作者	题目/来源	机构
111	Tseng d; Mudanyali o; Oztoprak c; Isikman So; Sencan i; Yaglidere o; Ozcan a	"Lensfree Microscopy on a Cellphone", *Lab on a Chip*, 2010, 10(14): 1787-1792	Univ Calif Los Angeles
66	Mudanyali o; Dimitrov s; Sikora u; Padmanabhan s; Navruz i; Ozcan a	"Integrated Rapid-Diagnostic-Test Reader Platform on a Cellphone", *Lab on a Chip*, 2012, 12(15): 2678-2686	Univ Calif Los Angeles
38	Zhu hy; Sencan i; Wong j; Dimitrov s; Tseng d; Nagashima k; Ozcan a	"Cost-Effective and Rapid Blood Analysis on a Cell-Phone", *Lab on a Chip*, 2013, 13(7): 1282-1288	Univ Calif Los Angeles

① 《2012 年我国食品工业总产值突破 9 万亿元》,物联中国,2013-06-17〔2015-07-23〕,http://www. 50cnnet. com/show-66-51386-1. html。

② 赵伟忠:《食品检测将是未来智能界发展的潜力所在》,凤凰网,2013-09-29〔2015-07-23〕,http://finance. ifeng. com/a/20130929/10779441_0. shtml。

（续表）

引用次数	作者	题目/来源	机构
37	Wei Qs; Qi hf; Luo w; Tseng d; Ki sj; Wan a; Gorocs z; Bentolila La; Wu Tt; Sun r; Ozcan a	"Fluorescent Imaging of Single Nanoparticles and Viruses on a Smart Phone", *Acs Nano*, 2013,7(10):9147-9155	Univ Calif Los Angeles
37	Coskun af; Wong j; Khodadadi d; Nagi r; Tey a; Ozcan a	"A Personalized Food Allergen Testing Platform on a Cellphone", *Lab on a Chip*,2013, 13(4): 636-640	Univ Calif Los Angeles
23	Wei Qs; Nagi r; Sadeghi k; Feng s; Yan e; Ki Sj; Caire r; Tseng d; Ozcan a	"Detection and Spatial Mapping of Mercury Contamination in Water Samples Using a Smart-Phone", *Acs Nano*, 2014, 8 (2): 1121-1129	Univ Calif Los Angeles
16	Oncescu v; Mancuso m; Erickson d	"Cholesterol Testing on a Smartphone", *Lab on a Chip*,2014,14(4):759-763	Cornell Univ
15	Feng s; Caire r; Cortazar b; Turan m; Wong a; Ozcan a	"Immunochromatographic Diagnostic Test Analysis Using Google Glass", *Acs Nano*, 2014,8(3): 3069-3079	Univ Calif Los Angeles
11	Ozcan a	"Mobile Phones Democratize and Cultivate Next-Generation Imaging, Diagnostics and Measurement Tools", *Lab on a Chip*,2014,14 (17):3187-3194	Univ Calif Los Angeles

　　对该研究前沿的施引文献进行分析,能够发现该热点前沿的发展脉络和研究前景。如表 12-4 所示,可以发现美国在该领域的研究处于世界领先水平,排名前 10 的 14 所施引文献来源机构中有 11 所来源于美国,包括 8 所高校、2 所研究机构和 1 个政府监管部门,这说明美国的高校是智能化手机食品安全快速检测系统开发研究的主力军。其中美国加州大学洛杉矶分校对该领域的影响力最大,其余依次分别是哈佛大学、亚利桑那大学、斯坦福大学、康奈尔大学、美国国立卫生研究院、伊利诺伊大学厄巴纳香槟分校、波士顿大学、美国国家癌症研究所、美国食品药品监督管理局、马里兰大学帕克分校。在前期的国内食品安全研究中,快速检测就以其在食品安全监测中简便、快速、高效、经济的特点引起了我国专家学者的注意,成为国内的研究热点,在本次 ESI 平台的统计中,我国在施引文献来源国中排名第 2 位,其中浙江大学进入施引文献来源机构的第 9 名,这与我国政府当前鼓励加强产、学、研、用相结合,努力促进科学检测仪器设备向自主创新方向发展的政策密切相关。而围绕着保障食品安全需求,大力推进检测设备专用化、小型化和便携化研发,也将成为我国食品安全领域快速检测仪器的发展方向,吸引更多

的学者朝着国际研究前沿的方向迈进。加拿大和德国在施引文献来源国中排名第3位,其中德国的弗莱堡大学和乌尔姆大学在来源机构中排名第9位。韩国和澳大利亚在施引文献来源国中排名第4位,澳大利亚的拉筹伯大学在施引文献来源机构中排在第7位。

对施引文献的来源期刊进行分析,将为我国学者了解该领域研究进展及掌握投稿信息提供有效的情报源。研究发现,*Lab On A Chip*、*Acs Nano*、*Proceedings of Spie* 等杂志是该研究领域科研人员成果发表、学术思想交流的主要期刊,其中英国的 *Lab On A Chip* 期刊以刊载85篇施引文献位居首位,经 *SCI* 检索发现,该刊收录美国作者的文献最多,其次是韩国、德国、日本、加拿大和中国等国家的作者文献。美国期刊 *Acs Nano* 和 *analytical Chemistry*、*Proceedings of Spie* 均以刊载27篇施引文献位居第二位,其中,期刊 *Acs Nano* 和 *analytical Chemistry* 收录美国作者的文献最多,其次是我国作者发表的文献。*Proceedings of Spie* 是 *Sci* 数据库于2015年刚开始收录的一种以丛书形式出版的会议论文集,在该出版物中我国作者发表的文献数排名第2位。英国期刊 *Analyst* 和瑞士期刊 *Sensors And Actuators B Chemical* 均以刊载19篇施引文献位居第3位,经 *Sci* 和 *Jcr* 统计发现这两种期刊近五年的平均影响因子分别为4.140和4.286,它们收录我国作者发表的文献数排名均为第一位。另外,据学者万跃华(万跃华,2012)[①]统计 *Plos One* 是2012年 *SCI* 收录中国学者发文量最多的期刊,笔者经 *SCI* 检索发现,近五年我国学者在 *Plos One* 杂志上发表的文章数迅猛增加,是我国学者比较偏好的国外学术期刊之一。

表12-4　"智能化手机食品安全快速检测系统开发"研究前沿施引文献情况

排名	施引文献来源国	施引文献来源机构	施引文献来源期刊
1	USA(287)	University Of California Los Angeles(135)	*Lab On A Chip*(85)
2	Peoples R China (43)	Harvard University(17)	*Acs Nano*（27）；*Analytical Chemistry*（27）；*Proceedings Of Spie*(27)
3	Canada（19）, Germany(19)	University Of Arizona(16)	*Analyst*(19)；*Sensors And Actuators B Chemical*(19)

---

① 万跃华:《中国学者 SCI 发文最偏好期刊》,SCI 茶社,2013-01-03 [2015-01-10] http://blog.sciencenet.cn/blog-57081-658988.html。

（续表）

排名	施引文献来源国	施引文献来源机构	施引文献来源期刊
4	South Korea（18）, Australia（18）	Stanford University（14）	*Biosensors Bioelectronics*（17）; *Optics And Biophotonics In Low Resource Settings*（17）
5	England（13）, Switzerland（13）	Cornell University（13）	*Scientific Reports*（16）
6	Ireland（12）	La Trobe University（12）; National Institutes Of Health Nih Usa（12）	*Plos One*（15）
7	India（11）, Italy（11）, Sweden（11）	University Of Illinois Urbana Champaign（11）	*Analytica Chimica Acta*（10）
8	Spain（10）	Boston University（10）; Nih National Cancer Institute Nci（10）; Us Food Drug Administration Fda（10）	*Analytical And Bioanalytical Chemistry*（9）; *Optical Diagnostics and Sensing Xv Toward Point of Care Diagnostics*（9）
9	France（9）	University Of Freiburg（9）; University Of Ulm（9）; Zhejiang University（9）	*Rsc Advances*（8）
10	Netherlands（8）, Turkey（8）	University Of Maryland College Park（8）	*Acs Applied Materials Interfaces*（7）; *Jala*（7）

2. 隐蔽型真菌毒素污染及毒理学研究

真菌毒素广泛分布于霉变的或受霉菌污染的粮食、谷物、饲料中,对人类和家畜健康造成严重威胁。隐蔽型真菌毒素是真菌毒素与谷物基质成分或其他食品组分结合形成的一类强极性结合态真菌毒素,此类毒素在常规的分析方法中检测不到,人和动物摄入后在肠道内水解为毒素单体而发挥毒性作用[1][2]。该热点前沿共包括 5 篇核心文献,被引频次为 253 次,核心论文平均出版年为 2011.6,即 2011 年 6 月。其中,有 3 篇文献是由奥地利自然资源与生命科学大学 Franz Berthiller 教授以第一作者身份发表的,由此可见,学者 Franz Berthiller 为该领域做出了重大贡献,在该领域的影响力较大。另外 2 篇由比利时根特大学和意大利帕尔马大学

---

[1]　王彦苏、周佳宇、谢星光等:《隐蔽型真菌毒素的形成及降解方法的研究进展》,《食品科学》2014 年第 21 期。

[2]　张慧杰、王步军:《谷物及其制品中隐蔽型真菌毒素的污染及检测技术研究进展》,《现代农业科技》2013 年第 13 期。

学者发表。

表 12-5 "隐蔽型真菌毒素污染及毒理学研究"研究前沿施引文献情况

排名	施引文献来源国	施引文献来源机构	施引文献来源期刊
1	Austria(70)	University of Bodenkultur Wien (57)	*World Mycotoxin Journal*(40)
2	Belgium(49)	Ghent University(45)	*Food Control*(25)
3	Italy(48)	United States Department of Agriculture Usda(18)	*Journal of Agricultural and Food Chemistry*(23)
4	USA(37)	University of Parma(16)	*Toxins*(22)
5	Peoples r China(31)	Vienna University of Technology (15)	*Toxicology Letters*(17)
6	Germany(28)	Consiglio Nazionale Delle Ricerche Cnr(13)	*Food Additives And Contaminants Part A Chemistry Analysis Control Exposure Risk Assessment* (14)
7	Spain(22)	National Agricultural Research Center Japan(11)	*Analytical And Bioanalytical Chemistry*(12)
8	Japan(19)	Biomin Res Ctr (10); National Institute of Health Sciences Japan (10)	*Food and Chemical Toxicology* (6); *Food Chemistry*(6); *Innovative Food Science Emerging Technologies* (6); *International Journal of Food Microbiology* (6); *Journal of Chromatography A*(6)
9	Czech Republic (17); England(17)	Institut National De La Recherche Agronomique (9); National Food Research Institute Japan (9); University of Chemistry and Technology Prague (9); Wageningen University Research Center(9)	*Journal of Chromatography B Analytical Technologies in the Biomedical and Life Sciences* (5); *Molecular Plant Microbe Interactions*(5)
10	France(13)	Nanjing Agricultural University (8); Saratov State University (8); Universitat De Lleida(8)	*Applied and Environmental Microbiology*(4); *Archives of Toxicology* (4); *Fems Microbiology Letters* (4); *Food Analytical Methods*(4); *Molecular Nutrition Food Research*(4)

对该热点前沿的施引文献分析,奥地利在施引文献来源国中居于首位,其余依次为:比利时、意大利、美国、中国、德国、西班牙、日本、捷克和英国。奥地利的维也纳农业大学在施引文献来源机构中排名第一,比利时根特大学排名第二,美国农业部排在第三位。值得一提的是,南京农业大学以发表 8 篇施引文献排在第十位,说明我国学者在该领域的研究已在朝着世界前沿的方向迈进。施引文献来源期刊中,2008 年创刊的季刊 *World Mycotoxin Journal* 居于首位,其次是 *Food Control*,*Journal of Agricultural And Food Chemistry* 排在第三位。据 SCI 检索,这三种期刊中美国作者发表的文献量均为最多排在第一位,我国学者的发文量分别排在第 14 位、第 4 位和第 3 位。

3. 农业生物多样性

农业生物多样性对保障全球粮食安全和农业可持续发展具有重要意义,随着人口数量和人类经济活动的增加,环境污染、外来物种入侵、土地利用变化(城市化和农业活动)等日益加剧,农产品的原产地生态环境正面临着严峻的考验,国内外学者针对生物多样性丧失的原因开展了大量的研究工作。本热点前沿有 2 篇核心文献,分别由英国剑桥大学和德国哥廷根大学发表在期刊 *Science* 和 *Biol Conserv* 上,总被引频次达到 316 次,平均出版年为 2011 年 6 月。

表 12-6 "农业生物多样性"研究前沿施引文献情况

排名	施引文献来源国	施引文献来源期刊	施引文献学科类别
1	USA(110)	*Plos One*(24)	Ecology(161)
2	England(89)	*Journal of Applied Ecology*(21)	Environmental Sciences(124)
3	Germany(80)	*Agriculture Ecosystems Environment*(19); *Biological Conservation*(19)	Biodiversity Conservation(77)
4	Australia(55)	*Conservation Letters*(12)	Multidisciplinary Sciences(47)
5	Netherlands(38)	*Proceedings of The National Academy of Sciences of The United States of America*(11)	Agriculture Multidisciplinary(33)
6	France(35)	*Biodiversity and Conservation*(10); *Current Opinion In Environmental Sustainability*(10)	Environmental Studies(18)
7	Sweden(30)	*Global Environmental Change Human and Policy Dimensions*(8); *Trends In Ecology Evolution*(8)	Evolutionary Biology(16)

（续表）

排名	施引文献来源国	施引文献来源期刊	施引文献学科类别
8	Switzerland(24)	*Conservation Biology*(7)	Forestry(14)
9	Canada(19)	*Diversity and Distributions* (6)；*Frontiers In Ecology and The Environment*(6)；*Global Change Biology* (6)；*Landscape Ecology* (6)；*Proceedings of The Royal Society B Biological*(6)	Agronomy(13)
10	Italy(18)	*Basic and Applied Ecology* (5)；*Environmental Research Letters* (5)；*Science*(5)	Biology(12)

由表 12-6 的施引文献分析可知,美国居于来源国的首位,其次是英国,德国排在第三位。法国农业科学研究院在施引文献来源机构中居首位,其次是詹姆斯库克大学,英国剑桥大学和德国哥廷根大学不仅是该领域重要的研究产出机构,也是具有影响力的消费机构。*Plos One* 是该领域发表施引文献最多的刊物,其次是 *Journal of Applied Ecology*,期刊 *Agriculture Ecosystems Environment* 和 *Biological Conservation* 排在第三位。施引文献学科类别中,生态学、环境科学和生物多样性保护这三个学科的学者在该领域的研究文献最多。

4. 细菌生物膜的形成机制及其控制研究

自 1999 年现代细菌生物膜之父 Costerton JW 在 Science 杂志撰文提出细菌生物膜是引起细菌感染持续的常见致病机制后,众多学者就开始积极探索细菌生物膜感染的控制措施。但由于生物膜的耐药性和难清除,成为食品行业的一个顽固的食品污染源,如何快速有效地检测和控制生物膜的形成和耐药性,已成为各国学者关注的重大难题。

表 12-7 "细菌生物膜的形成机制及其控制研究"研究前沿核心文献情况

引用次数	作者	题目/来源	机构
165	Simoes M, Simoes LC, Vieira MJ	"A Review of Current and Emergent Biofilm Control Strategies", *Lwt-Food Sci Technol*, 2010, 43 (4): 573-583	Univ Porto；Univ Minho

（续表）

引用次数	作者	题目/来源	机构
78	Shi Xm, Zhu Xn	"Biofilm Formation and Food Safety In Food Industries", *Trends Food Sci Technol*, 2009, 20(9): 407-413	Shanghai Jiao Tong Univ; Shanghai Engn Res Ctr Food Safety
28	Steenackers H; Hermans K, Vanderleyden J, De Keersmaecker Scj	"Salmonella Biofilms: An Overview on Occurrence, Structure, Regulation and Eradication", *Food Res Int*, 2012, 45 (2): 502-531	Katholieke Univ Leuven
17	Srey S, Jahid Ik, Ha Sd	"Biofilm Formation In Food Industries: A Food Safety Concern", *Food Control*, 2013, 31 (2): 572-585	Chung Ang Univ

由表 12-7 可以看出,葡萄牙波尔图大学和米尼奥大学学者 2010 年合作发表的核心文献被引用了 165 次,我国上海交通大学和上海食品安全工程技术研究中心学者 2009 年合作发表的核心文献被引用了 78 次,比利时鲁汶大学的学者发表在 *Food Res Int* 上的核心文献被引用论文 28 次,韩国中央大学的学者发表在 *Food Control* 上的核心文献被引用了 17 次,这 4 篇文献是该领域的经典文献,引起了国内外学者的关注。对核心文献的来源期刊检索,*Lwt-food Sci Technol* 和 *Food Res Int* 均位于 SCI 数据库的一区,近 5 年的平均影响因子分别达到 3.095 和 3.440,我国学者在其上的发文量排名均为第 3 名,是该研究领域我国学者比较偏好发文的期刊之一。

表 12-8 "细菌生物膜的形成机制及其控制研究"研究前沿施引文献情况

排名	施引文献来源国	施引文献来源机构	施引文献来源期刊
1	USA(51)	Universidade do Porto(16)	*International Journal of Food Microbiology*(24)
2	Brazil(42)	Chung Ang University(12)	*Food Control*(23)
3	Peoples R China (32)	Institut National de La Recherche Agronomique Inra(12)	*Food Microbiology*(14)
4	Portugal(25)	Nanjing Agricultural University (12)	*Applied and Environmental Microbiology*(10)

（续表）

排名	施引文献来源国	施引文献来源机构	施引文献来源期刊
5	South Korea(25)	Universidade De Sao Paulo(12)	*Biofouling*(9)
6	Spain(24)	Universidade Estadual De Campinas(11)	*Journal of Food Protection*(9)
7	France(18)	Universidade Federal De Vicosa(8)	*Comprehensive Reviews In Food Science and Food Safety*(7)
8	Italy(18)	Complutense University of Madrid(7)	*Journal of Food Science*(7)
9	India(16)	Ku Leuven(7)	*Annals of Microbiology*(6); *Applied*
10	Belgium(12); Japan(12)	Universidade Federal Do Rio Grande Do Sul(7)	*Microbiology and Biotechnology*(6); *European Food Research and Technology*(6); *Plos One*(6)

对该研究前沿的施引文献分析,如表 12-8 所示,美国在施引文献来源国中居于首位,其次是巴西,我国排在第三位。葡萄牙波尔图大学和韩国的中央大学为该领域的发展做出了较大的贡献,在核心文献和施引文献的研究机构中都比较突出。另外,我国的南京农业大学对该领域的研究也投入了较大的关注,在施引文献来源机构中与韩国中央大学、法国农业科学研究院和巴西圣保罗大学排名并列第 2。International Journal of Food Microbiology 以发表了 24 篇施引文献居于首位,*Food Control* 和 *Food Microbiology* 分别发表了 23 和 14 篇该领域的施引文献排在第 2 和第 3 位。SCI 检索发现,美国和西班牙学者在这 3 种期刊上发文率较高,我国学者在其上的发文分别排在第 12、4 和 19 位。

5. 人口增长与食品供给安全

据联合国发布的《世界人口展望:2012 年修订版》报告指出,在未来 12 年中,全球人口预计将从现在的 72 亿增加到 81 亿,2050 年时达 96 亿[①]。但伴随着土地、水资源等的过度开采,食品保障成为巨大的挑战。此研究前沿有 2 篇核心文献,论文平均出版年为 2010 年 6 月,被引频次达到 1236 次,是食品安全研究领域20 个研究前沿中被引频次最高的。

---

① 《2050 年世界人口有多少?》,人民网,2013-06-15[2015-07-20],http://paper.people.com.cn/rmrbhwb/html/2013-06/15/content_1254880.htm。

表 12-9 "人口增长与食品供给安全"研究前沿核心文献情况

引用次数	作者	题目/来源	机构
761	Godfray Hcj; Beddington JR; Crute IR; et al	"Food Security: The Challenge of Feeding 9 Billion People", *Science*,2010,327(5967): 812-818	Univ Oxford; Univ Sussex; UK Govt Off Sci
475	Foley JA; Ramankutty N; Brauman Ka; et al	"Solutions For A Cultivated Planet", *Nature*, 2011, 478(7369): 337-342	Univ Minnesota; McGill Univ; Univ Calif Santa Barbara; Univ Wisconsin

由表 12-9 可见,这二篇核心论文都是研究者跨单位协作的研究成果,其中一篇文献由牛津大学和萨塞克斯大学等单位的学者合著发表在国际知名期刊 *Science* 上,另一篇则由美国明尼苏达大学和加拿大麦吉尔大学等单位学者跨国合作发表在 *Nature* 上。这二个期刊是国际上非常知名的刊物,发表在其上的论文一般都具有较大的影响力和创新性,说明通过学者间的合作创新,有利于碰撞出思想火花,结出更丰硕的学术成果,这二篇文献是指导该领域学者们研究的经典文献。

表 12-10 "人口增长与食品供给安全"研究前沿施引文献情况

排名	施引文献来源国	施引文献来源机构	施引文献来源期刊
1	USA(488)	Wageningen University Research Center(68)	*Environmental Research Letters*(60)
2	England(250)	Commonwealth Scientific Industrial Research Organisation Csiro(62)	*Plos One*(60)
3	Germany(216)	University of Minnesota Twin Cities(56)	*Proceedings of The National Academy of Sciences of The United States of America*(48)
4	Peoples R China(189)	Chinese Academy of Sciences(55)	*Food Security*(34)
5	Australia(168)	Institut National De La Recherche Agronomique Inra(54)	*Agriculture Ecosystems Environment*(28)
6	Netherlands(130)	United States Department of Agriculture Usda(54)	*Global Environmental Change Human and Policy Dimensions*(27)
7	France(106)	Humboldt University of Berlin(38)	*Current Opinion In Environmental Sustainability*(26)

（续表）

排名	施引文献来源国	施引文献来源机构	施引文献来源期刊
8	Canada（100）	Nerc Natural Environment Research Council（37）	*Global Change Biology*（25）
9	Italy（75）	University of Oxford（36）	*Science*（25）
10	Sweden（71）	Chinese Academy of Agricultural Sciences（34）	*Nature*（21）

对施引文献分析,如表 12-10 所示,美国居于施引文献来源国的首位,其次是英国、德国、中国、澳大利亚、荷兰、法国、加拿大、意大利和瑞典等国。其中,荷兰的瓦赫宁根大学研究中心、澳大利亚联邦科学与工业研究组织、美国明尼苏达大学、中国科学院等科研机构在该领域做出了较大的贡献。值得一提的是,我国除了中国科学院排名第四外,还有中国农业科学院进入前十的施引文献来源机构。期刊 *Environmental Research Letters* 和 *Plos One* 均以刊载 60 篇该领域的施引文献成为该领域研究者比较偏好发表论文的学术刊物,我国学者在这二种刊物上的发文量分别排在第 5 和第 2 位。

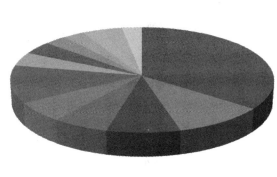

- Environ Mental Sciences
- Ecology
- Multidisciplinary
- Sciences Plant Sciences
- Agriculture
- Multidisciplinary Agronomy
- Environmental Studies
- Meteorology
- Atmospheric Sciences Food Science
- Technology Biodiversity
- Conservation Biotechnology Applied
- Microbiology Engineering
- Environmental Geosciences
- Multidisciplinary Water Resources
- Biology

图 12-1　"人口增长与食品供给安全"施引文献学科分析

　　从施引文献的学科类别(图 12-1)可以看出,该前沿引起了环境科学、生态学、植物科学和农业多学科等领域学者们的注意,并对其进行了跨学科的研究。

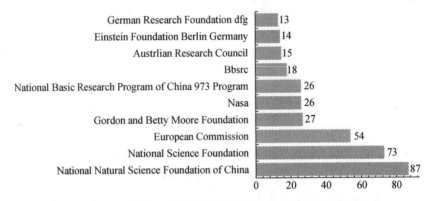

图 12-2 "人口增长与食品供给安全"施引文献基金资助机构分析

　　在排名前十的施引文献基金资助机构中(如图 12-2 所示),我国的国家自然科学基金是该领域研究的主要资助单位,其次是美国的国家科学基金,欧洲联盟基金排在第三位,另外,我国的国家重点基础研究发展计划(973 计划)对该领域的研究支持力度也较大。我国是人口大国,国家政府机构对该领域的研究比较关注,投入力度也比较大,我国学者应当紧跟世界研究前沿,各学科研究者应当加强对该领域的跨学科研究力度,形成更丰硕的研究成果,为政府战略决策者提供资料参考。

　　6. 食品消费环境对人体健康的影响

　　该研究前沿共包括 17 篇高被引的核心文献,是食品安全研究 20 个研究前沿中核心文献进入 ESI 平台最多的,总被引频次达到 1029 次排名第二,说明该研究前沿吸引了国外众多学者的关注。对 17 篇高被引核心文献的内容进行分析发现,国外学者在此研究领域进行了多角度的探讨,包括:社区超市生鲜食品的消费、低收入或少数民族居民集中社区的食品消费环境、农村和城市食品零售商店食品消费环境及其地理空间位置、农村地区食品环境、基于 GIS 的食品环境、学校附近快餐店和便利店对青少年身体健康的影响等。从这 17 篇核心文献的产出国可以看出,美国在该研究前沿领域居于遥遥领先地位,在排名 Top10 的 13 所核心文献产出机构中共有八所高校、三所研究机构和一家公司为本前沿的研究做出了贡献,排在首位的是哈佛大学,其余依次是伊利诺伊大学、南卡罗来纳大学、明尼苏达大学、肯塔基大学、德克萨斯农工大学健康科学中心、达纳法伯癌症研究所、兰德公司、北卡罗来纳大学、阿兹塞太平洋大学、加利福尼亚公共政策研究所和美国国家癌症研究院,法国的巴黎大学在核心文献产出机构中排名第四位。对这 17

篇核心文献的作者分析发现，哈佛大学的学者 CASPI CE 以通讯作者的身份于 2012 年在 *Health Place* 和 *Soc Sci Med* 学术期刊上发表 2 篇该前沿的高被引核心论文，为该领域的研究做出了重大贡献。

表 12-11　"食品消费环境对人体健康的影响"研究前沿中核心及施引论文情况

排名	核心文献 产出国	核心文献 产出机构	施引文献 产出国	施引文献 产出机构
1	USA（16）	Harvard Univ（6）	USA（546）	University of North Carolina Chapel Hill（92）
2	France（1）	Univ Illinois（5）	CANADA（96）	University of Michigan（86）
3		Univ S Carolina（3），Univ Minnesota（3）	ENGLAND（81）	Harvard University（42）
4		Univ Kentucky（2），Texa A&M Hlth Sci Ctr（2），Dana Farber Canc Inst（2），Univ Paris（2）	AUSTRALIA（43）	National Institutes of Health Nih Usa（39）
5		RAND Corp（1）；Univ N Carolina（1），Azusa Pacific Univ（1），Publ Policy Inst Calif（1），NCI（1）	New Zealand（23）	University of Washington Seattle（36）
6			FRANCE（19）	University of Illinois Chicago Hospital（33）
7			Scotland（13）	University of Minnesota Twin Cities（29）；Texas A M Health Science Center（29）；East Carolina University（29）
8			Brazil（12）	Pennsylvania Commonwealth System of Higher Education Pcshe（28）
9			Netherlands（11），Peoples R China（11），Denmark（11）	University of California Berkeley（27）
10			Fiji（10）	Oregon Health Science University（26）

表 12-11 左侧总结了该研究前沿产出核心文献的国家与机构,反映了高影响力的基础文献,右侧则对施引文献分析,反映领域研究的最新进展。可以看出,二者的分布存在相似之处,美国的施引论文产出量最大,远超过其他国家,哈佛大学在产出核心文献和施引文献上都居于领先地位,研究成果较好,在国际上影响力较大。加拿大、英国、澳大利亚、新西兰、苏格兰、巴西、荷兰、中国、丹麦和斐济的学者已开始关注该研究前沿,并已拥有了一定数量的研究成果,成为该领域知识的主要消费者。我国在施引文献产出国中排名第九位,说明我国学者的研究已开始逐步与国际接轨。究其原因,一方面随着我国房地产事业的兴旺发展,城镇居民的居住环境得到了大幅提升,许多社区都规划了配套的学校、超市、饮食店等设施,检索 CNKI 数据库发现已开始有学者针对社区食品消费环境和食品安全监管问题进行研究;另一方面,农村既是许多食品原材料的种植地,也是我国约 6.7 亿农村人口[①]的食品消费的重要区域,近年来我国政府高度重视农村食品市场监管工作,积极维护农村食品市场秩序,坚持农村食品市场社会共治,努力营造安全放心的农村食品消费环境。

对该研究前沿的 17 篇高被引核心文献的来源出版物和 1029 篇施引文献的来源出版物比较分析,有五种期刊在排名前十的核心文献和施引文献的来源期刊中都有分布,说明这五种期刊是该领域学者发表文献的主要刊物,分别是:期刊 *Health Place*、*Amer J Prev Med*、*Public Health Nutr*、*Soc Sci Med* 和 *amer J Public Health*,其中期刊 *Health Place* 居于首位,共发表了四篇该前沿的核心文献和 90 篇施引文献,其次是期刊 *American Journal of Preventive Medicine*,共发表了 3 篇核心文献和 73 篇施引文献,经 SCI 平台检索,我国学者在这二种期刊上发表的文献数分别排在第 12 位和第九位。另外期刊《PLOS ONE》也是该领域研究者比较偏好的期刊,共发表 14 篇施引文献。

7. 气候变化与粮食安全

气候是自然生态系统的重要组成部分,是人类赖以生存和发展的基础条件,也是经济社会可持续发展的重要资源。气候变化将直接导致局部地区农业气候灾害和农业病虫害频度与强度加剧,农业作物种植制度和生产结构发生相应的变化,导致粮食产量波动变化,甚至影响到国家粮食安全,成为国际社会面临的宏大共同挑战,国内外学者围绕气候变化对农业和粮食安全的影响开展了很多研究。该研究前沿有四篇核心文献,被引频次为 282 次,平均出版年为 2010 年。其中有二篇文献都发表在了期刊 *Food Research International* 上。

---

① 《2010 年第六次全国人口普查主要数据公报》,中华人民共和国中央人民政府网,2012-04-20[2015-07-20],http://www.gov.cn/test/2012-04/20/content_2118413.htm。

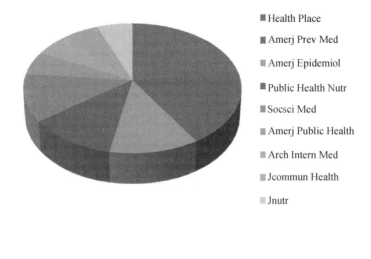

Health Place

Amerj Prev Med

Amerj Epidemiol

Public Health Nutr

Socsci Med

Amerj Public Health

Arch Intern Med

Jcommun Health

Jnutr

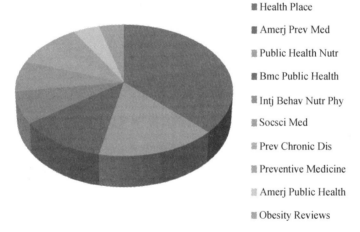

Health Place

Amerj Prev Med

Public Health Nutr

Bmc Public Health

Intj Behav Nutr Phy

Socsci Med

Prev Chronic Dis

Preventive Medicine

Amerj Public Health

Obesity Reviews

图 12-3　"食品消费环境对人体健康的影响"研究前沿中核心与施引论文来源期刊

　　对施引文献分析,荷兰居于该领域施引文献来源国首位,其次是英国,美国排在第三位,我国在该领域排在第 11 位。荷兰的瓦赫宁根大学居于施引文献产出机构的首位,其次是比利时的根特大学。期刊 *Food Research International* 不仅是核心文献发表的重要期刊,也是施引文献发表最多的期刊,共发表了 45 篇该领域的施引文献,其次是 *Food Additives and Contaminants Part a Chemistry Analysis Control Exposure Risk Assessment*、*Plant Pathology* 等期刊,我国学者在这三种期刊上的发文量分别排在全球第三、一和七位。对施引文献的学科分析,如图 12-4 所示,食品科学技术学科的学者在该领域研究最多,其次是毒理学和应用化学领域。

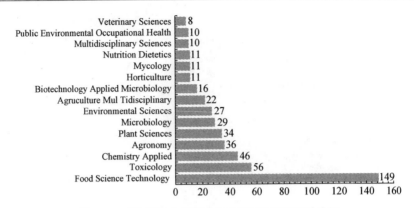

图 12-4　"气候变化与粮食安全"施引文献学科分析

8. 壳聚糖在食品保鲜中的应用

壳聚糖是迄今为止自然界中发现的唯一碱性多糖,具有可再生、无毒、可降解以及天然抗菌抗氧化等优良特性,成为食品保鲜与防腐研究的热点,受到国内外专家学者的广泛关注。该研究前沿有二篇核心文献,被引频次为 311 次。其中,一篇由印度国立尼赫鲁大学学者 2009 年发表在期刊 *Food Chem* 上的文献被引了 229 次,另外一篇由加拿大拉瓦尔大学的学者 2010 年发表在期刊 *Lwt-Food Sci Technol* 上的论文,被引了 82 次,这 2 篇文献成为该领域研究的经典文献。

表 12-12　"壳聚糖在食品保鲜中的应用"研究前沿施引文献情况

排名	施引文献来源国	施引文献来源机构	施引文献来源期刊
1	PEOPLES R CHINA (78)	Motilal Nehru National Institute of Technology(17)	*Carbohydrate Polymers*(31)
2	India(41)	Consejo Nacional De Investigaciones Cientificas Y Tecnicas Conicet(10)	*Food Hydrocolloids*(17)
3	Spain(28)	Wuhan University(8)	*International Journal of Food Science and Technology*(16)
4	Brazil(25)	National University of Mar Del Plata(7)	*Lwt Food Science and Technology*(16)
5	France(24)	Universidade Do Minho(7)	*Food Chemistry*(15)
6	USA(23)	Universitat Politecnica De Valencia(7)	*International Journal of Biological Macromolecules*(15)
7	Canada(18)	University of Quebec(7)	*Food and Bioprocess Technology* (12)

（续表）

排名	施引文献来源国	施引文献来源机构	施引文献来源期刊
8	Italy（18）	Laval University（6）	*Journal of Food Engineering*（12）
9	Portugal（16）	South China University of Technology（5）	*Journal Of Applied Polymer Science*（11）
10	Argentina（14），Mexico（14）	Tarbiat Modares University（5），Technical University of Berlin（5），Universidade De Sao Paulo（5），University College Cork（5），University of Basque Country（5）	*Postharvest Biology and Technology*（8）

由表12-12可见,中国居于施引文献来源国的首位,其次是印度和西班牙等国家。在排名前十的施引文献来源机构中,尼赫鲁国立技术学院居于首位,我国的武汉大学排在第三位,华南理工大学以发表了五篇施引文献被排在第九位。对施引文献的基金资助机构分析,我国国家自然科学基金的支持力度最大,其次是欧盟基金的支持,这说明我国学者对该热点前研比较关注,国家政府机构的支持力度也较大,并逐渐结出了科研成果,科研基金投入与产出相一致。期刊 *Carbohydrate Polymers* 以刊载31篇施引文献居于首位,其次是 *Food Hydrocolloids* 和 *International Journal of Food Science and Technology* 等刊物,经 SCI 检索统计,这3种期刊上我国学者的发文量均居于首位,是我国学者发表该领域研究成果的主要学术期刊。

9. 蜡样芽孢杆菌的污染及其防治

蜡样芽孢杆菌分布广泛,常见于土壤、灰尘和污水中,植物性食品和许多生熟食品中也常见。通过产生腹泻毒素和呕吐毒素导致食物中毒,是一种常见的食源性致病菌,对食品卫生安全构成极大的威胁。目前,国内外学者对于蜡样芽孢杆菌在食品中的污染及其防治展开了大量的研究。此热点前沿有二篇核心论文,被引频次达到311次,其中一篇由挪威兽医学校学者于2008年发表在期刊 *Fems Microbiol Rev* 上的研究文献,被引频次为197次,另一篇为美国西奈山医学院和纽约医学院学者于2010年发表在 *Clin Microbiol Rev* 上的文献,被引频次为114次。

表 12-13 "蜡样芽孢杆菌的污染及其防治"研究前沿施引文献情况

排名	施引文献来源国	施引文献来源机构	施引文献基金资助机构
1	France(67)	Institut National De La Recherche Agronomique Inra(50)	Norwegian Research Council (13)
2	Usa(55)	Centre National De La Recherche Scientifique Cnrs(21)	Fei Forschungskreis Der Ernahrungsindustrie E V Bonn(11)
3	Germany(33)	Universite D Avignon Et Des Pays De Vaucluse(21)	German Ministry of Economics And Technology Via Aif(10)
4	Netherlands(32)	Wageningen University Research Center(20)	National Institutes of Health Nih (8)
5	Norway(32)	Norwegian Sch Vet Sci(15)	Research Council of Norway(7)
6	South Korea(23)	Institut Pasteur Paris(14)	Conicet(6)
7	England(19)	Le Reseau International Des Instituts Pasteur Riip(14)	Facultad De Ciencias Exactas Universidad Nacional De La Plata Argentina(6)
8	Peoples R China (17)	University of Oslo(14)	National Natural Science Foundation of China(6)
9	Japan(14)	Institut National De La Sante Et De La Recherche Medicale Inserm(13)	National Science Foundation(6)
10	Spain(13)	University of Veterinary Medicine Vienna(12)	Universidad Nacional De La Plata(6) Universidad Nacional De La Plata(6)

对施引文献分析,法国居于该研究领域施引文献来源国的首位,其次是美国和德国,我国排在第 8 位。法国农业科学院是该领域影响力最大的机构,其次是法国国家科学院和阿维尼翁大学。*Plos One* 是该领域研究者发文量最多的期刊,其次是 *International Journal of Food Microbiology* 和 *Applied and Environmental Microbiology* 等刊物。

10. **食品纳米技术及其风险研究**

纳米技术是一门研究纳米材料的特性及其应用的新学科,已经迅速发展成为 21 世纪三大支柱科学领域之一。直至 2003 年 9 月,纳米技术在农业与食品工业上的应用才由美国农业部第一次提出,并且预言纳米技术将会改变食品的生产、加工、包装、运输和消费的传统方式,进而改变整个食品工业[1]。纳米技术目前在食品上的应用主要集中在纳米食品加工技术、纳米营养素制备技术、纳米食品包装、纳米检测技术等领域。纳米技术犹如一把双刃剑,在促进食品行业快速发展的同时对人体健康及环境也构成了潜在的风险,引起了国内外学者的广泛关注。该研究前沿有 2 篇核心论文,被引频次达到 309 次,平均出版年为 2008 年 6 月。其中一篇于 2008 年发表在期刊 *Food Addit Contam Part A-Ch* 上,被引频次为 198 次,另一篇于 2010 年发表在 *Regul Toxicol Pharmacol* 上,被引频次为 111 次。

表 12-14 "食品纳米技术及其风险研究"研究前沿施引文献情况

排名	施引文献来源国	施引文献来源机构	施引文献来源刊物
1	USA(66)	Wageningen University Research Center(21)	*Trends in Food Science Technology*(14)
2	Spain(30)	University of Massachusetts Amherst(12)	*Journal of Nanoparticle Research*(12)
3	England(29)	Technical University of Denmark(9)	*Nanotoxicology*(12)
4	Germany(28)	Consejo Superior De Investigaciones Cientificas Csic(8)	*Food Additives and Contaminants Part A Chemistry Analysis Control Exposure Risk Assessment*(11)
5	Netherlands(26)	Us Food Drug Administration Fda(8)	*Food and Chemical Toxicology*(8)
6	India(22)	Islamic Azad University(7)	*Analytical and Bioanalytical Chemistry*(7)
7	Italy(19)	University of Plymouth(7)	*Journal of Food Science*(7)
8	Brazil(18)	Commiss European Communities(6)	Acs Nano(6)
9	Iran(18)	Food Environm Res Agcy(6)	*Food and Bioprocess Technology*(6)

---

[1] Norman Scott, Hongda Chen, "Nanoscale Science and Engineering for Agriculture and Food Systems", *National Planning Workshop*, Vol. 11, No. 2, 2003, pp. 18-19.

（续表）

排名	施引文献来源国	施引文献来源机构	施引文献来源刊物
10	Peoples R China (18)	Heinrich Heine University Dusseldorf(6) Universidade Federal De Vicosa (6) University of Sevilla(6) University of Vienna(6)	*Food Research International*(6) *Journal of Agricultural And Food Chemistry*(6) *Trac Trends In Analytical Chemistry*(6)

对施引文献分析,美国居于该研究领域施引文献来源国的首位,其次是西班牙和英国,我国排在并列第八位。荷兰瓦赫宁根大学不仅发表了一篇核心文献,而且在施引文献机构中居于首位,是该领域研究的重要机构。期刊 *Trends In Food Science Technology* 居于施引文献来源刊物首位,其次是 *Journal of Nanoparticle Research* 和 *Nanotoxicology*,经 SCI 检索,我国学者在这三种期刊上的发文量分别排在第 12、2 和 6 位。对施引文献的基金资助机构统计,欧盟对该领域的支持力度最大,其次是美国的国家科学基金会的支持,我国的国家自然科学基金对该领域的支持力度也较大,并列排第七位。

（二）食品安全研究的新兴前沿

对 20 个食品安全研究前沿的核心论文平均出版年进行排序分析,发现近两年该领域共出现了四个新兴前沿(表 12-15 所示),分别是"食品安全政策研究""智能化手机食品安全快速检测系统开发""食源性致病菌快速检测的新型生物传感方法"和"功能性食品的开发"。其中"智能化手机食品安全快速检测系统开发"也是食品安全领域研究的热点前沿,在第一部分已作分析,这里主要针对另外三个新兴前沿展开探讨。

表 12-15　食品安全领域的新兴前沿

排名	研究前沿	核心论文	被引频次	核心论文平均出版年
1	食品安全公共政策研究	2	17	2013.5
2	智能化手机食品安全快速检测	9	354	2013
3	食源性致病菌快速检测的新型生物传感方法	2	32	2013
4	功能性食品的开发	2	29	2013

1. 食品安全公共政策研究

由表 12-15 所示,"食品安全公共政策研究"新兴前沿的核心论文平均出版年是 2013 年 6 月。该前沿主要有二篇核心论文,这两篇核心论文虽然发表时间比较短,却引起了学者们的关注,取得了较高的被引频次。另外由表 12-16 可以看出,这二篇高被引核心论文均是由著者跨国界协作完成的研究成果,这说明著者间通过跨学科跨区域协作科研能够以新的方式和思路寻找研究领域的创新点和交叉点,形成更丰硕的科研硕果,应当鼓励我国食品安全领域的科研工作者打破学科间的传统界限,寻找合适的合作机构和研究者,提高跨学科科研协作水平。

表 12-16　"食品安全公共政策研究"前沿核心文献

作者	题名	来源出版物	机构
Anderson K, Rausser G, Swinnen J	Political Economy of Public Policies: Insights From Distortions To Agricultural And Food Markets	J Econ Lit	Univ Adelaide; Australian Natl Univ; Univ Calif Berkeley; Katholieke Univ Leuven; Stanford Univ
Olper A, Falkowski J, Swinnen J	Political Reforms and Public Policy: Evidence From Agricultural and Food Policies	World Bank Econ Rev	Univ Milan; LICOS; Univ Warsaw; Univ Leuven

　　该前沿的二篇核心文献从文献内容上探讨了政治体制改革对农业和食品政策的影响,这恰好与当前我国农村食品安全环境亟待解决的问题相符。我国是一个农业大国,政府对"三农"问题的重视,以及一系列政策措施的出台和实施,促使农民生产方式和生存环境发生了深刻的变化,农村成为打响食品安全保卫战的重要阵地,农民既是食品安全生产的生产者,又是消费者,政府机构如何制定政策、执行政策,实现从"食品安全生产(生产者)—食品安全经营(经营者)—食品安全消费(消费者)—食品安全监管(政府)"[①]的全程控制模式,提高农民对农村公共政策的认知水平,减少食品安全隐患,构筑食品安全新防线,已将食品安全的民生问题上升为国家政治层面面临的一个公共政策问题。

　　对该研究前沿的施引文献分析发现,施引文献来源国中美国居于首位,其次是比利时,英国排在第三位,中国、德国、荷兰和瑞典排在并列第四位,另外中国台湾地区也有一篇施引文献引用了核心文献。比利时的鲁汶大学在施引文献来源机构中排名第一,荷兰瓦赫宁根大学、英国牛津大学、瑞典斯德哥尔摩大学、德国多特蒙德工业大学、中国华南农业大学和暨南大学等单位并列排在第二位。期刊 *Annual Review of Resource Economics*(《经济学年评》)上共发表了六篇施引文献,居

---

① 盛慧娟:《从公共政策的角度分析我国食品安全问题》,《经营管理者》2012 年第 14 卷。

于施引文献来源刊物首位，它是 SSCI 数据库于 2014 年新收录的经济学学科期刊；英国期刊 *Food Policy*（《粮食政策》）和捷克期刊 *Agricultural Economics Zemedelska Ekonomika* 都是 SCI 和 SSCI 数据库共同收录的农业经济学科类的期刊，我国学者在这 2 种期刊上发表论文的数量分别排名第 12 位和第 3 位；期刊 *Applied Economic Perspectives And Policy*《应用经济学展望与政策》是 2014 年 SCI 和 SSCI 数据库共同收录的 40 种经济学学科期刊之一。

表 12-17　"食品安全公共政策研究"前沿施引文献情况

排名	施引文献来源国	施引文献来源机构	施引文献来源期刊	施引文献基金资助机构
1	USA(6)	Ku Leuven(4)	*Annual Review of Resource Economics*(6)	Fundamental Research Funds For The Central Universities(2)
2	Belgium(4)	Wageningen University Research Center(2)	*Food Policy*(5)	Fwo(2)
3	England(3)	University of Oxford(2)	*Agricultural Economics Zemedelska Ekonomika*(2)	Guangdong Social Science Foundation(2)
4	Peoples R China(2)	Stockholm University(2)	*Applied Economic Perspectives and Policy*(2)	Ku Leuven Methusalem Program(2)
5	Germany(2)	South China Agricultural University(2)		National Natural Science Foundation of Prc(2)
6	Netherlands(2)	Res Fdn Flanders(2)		Vlir Uos Vladoc(2)
7	Sweden(2)	Jinan University(2)		
8		Dortmund University of Technology(2)		

对基金资助机构分析，可以确定科学基金的使用效率，对评估科学基金的绩效和基金资助机构的进一步投入提供了数据支持。值得一提的是，在"食品安全公共政策研究"领域的施引文献基金资助机构中，我国国家自然科学基金、中央高校基本科研基金和广东社会科学基金的支持力度较大。这说明我国高校食品安全领域的研究者和政府机构已经意识到了该研究前沿的重要性和紧迫性。

2. 食源性致病菌快速检测的新型生物传感方法

对该研究前沿的二篇核心文献分析，一篇文献是由美国普渡大学的学者 Bhunia,Arun K(通讯作者)发表在期刊 *Food Microbiol* 上,另一篇文献则由中国浙江大学的应义斌教授(通讯作者)发表在期刊 *Food Chem* 上。这两篇文献分别报道了采用光纤生物传感和表面等离子体共振的生物传感方法检测食源性致病菌。在 ESI 平台上对我国学者应义斌检索发现,2008—2014 年间该学者共有四篇文章被 ESI 平台排为居世界前1%的前沿论文,这说明应义斌教授为该领域的研究做出了巨大的贡献。

表 12-18 "食源性致病菌快速检测的新型生物传感方法"前沿核心文献

作者	题名	来源出版物	机构
Ohk Sh, Bhunia Ak	Multiplex Fiber Optic Biosensor For Detection of Listeria Monocytogenes, Escherichia Coli O157: H7 and Salmonella Enterica From Ready-To-Eat Meat Samples	*Food Microbiol*	Purdue Univ
Wang Yx, Ye Zz; Si Cy, Ying Yb	Monitoring of Escherichia Coli O157:H7 In Food Samples Using Lectin Based Surface Plasmon Resonance Biosensor	*Food Chem*	Zhejiang Univ

对该前沿的施引文献进行分析,结果表明中国在该领域位于施引文献来源国的首位,其次是西班牙和美国,德国排在第三位。我国军事医学科学院微生物流行病研究所在施引文献来源机构中居于首位,其次是清华大学,西班牙巴塞罗那自治大学、西班牙马德里康普顿斯大学、德黑兰沙希德贝赫什提大学、我国第三军医大学和英国利兹大学排在第三位。

表 12-19 "食源性致病菌快速检测的新型生物传感方法"研究前沿施引文献情况

排名	施引文献来源国	施引文献来源机构	施引文献来源期刊	施引文献基金资助机构
1	Peoples R China(15)	Beijing Inst Microbiol Epidemiol(4)	*Biosensors Bioelectronics*(5)	National Natural Science Foundation of China(9)
2	Spain(4)	Tsinghua University (3)	*Analytica Chimica Acta* (3)	Major National Science and Technology Programs of China(3)
3	USA(4)	Autonomous University of Barcelona(2)	*Analytical Methods*(3)	Bowel Disease Research Foundation(2)
4	Germany(3)	Complutense University of Madrid(2)	*Analytical Chemistry* (2)	European Union(2)

（续表）

排名	施引文献来源国	施引文献来源机构	施引文献来源期刊	施引文献基金资助机构
5	England（2）	Shahid Beheshti University Medical Sciences（2）	*Chemical Journal of Chinese Universities Chinese*（2）	Leeds Teaching Hospitals Nhs Trust Charitable Foundation（2）
6	Iran（2）	Third Military Medical University（2）	*Clinical Microbiology Reviews*（2）	Program For Changjiang Scholars and Innovative Research Team In University（2）
7	South Korea（2）	University of Leeds（2）	*Journal of Photochemistry and Photobiology B Biology*（2）	Spanish Ministerio De Economia Y Competitividad（2）
8			*Plos One*（2）	University of Leeds Fully Funded International Research Scholarship Firs（2）
9			*Sensors and Actuators B Chemical*（2）	

　　施引文献来源刊中 *Biosensors Bioelectronics* 发表该领域的文献最多,其次是 *Analytica Chimica Acta* 和 *Analytical Methods*,经 SCI 平台检索,这三种期刊上我国学者发表的论文数均为第一,另外期刊 *Chemical Journal of Chinese Universities Chinese*(《高等学校化学学报》)是由我国创办的一家期刊,也是我国学者在该领域比较偏好的学术期刊之一。我国国家自然科学基金是该领域施引文献基金资助机构中最活跃的,其次是国家重点科技攻关项目,长江学者和创新研究团队发展计划项目也为该新兴前沿的研究注入了活力,说明我国学者和基金资助机构对该领域的研究比较关注。

　　3. 功能性食品的开发

　　随着人们生活水平的不断提高,生物技术和食品工程技术的不断创新,食品健康化和功能化已经成为世界食品制造行业的大趋势。我国定义功能食品是指具有营养功能、感觉功能和调节生理活动功能的食品。伴随着我人口老龄化进程的加快,消费者健康意识的增强,国内外具有营养保健性能的功能性食品受到消费者的青睐。如何加强对功能性食品安全的监管工作成为食品安全研究领域的一个新兴研究热点。

　　对由意大利帕尔马大学与圣马力诺大学、新西兰梅西大学的学者在 2013 年发表于期刊 *Trends Food Sci Technol* 上的二篇高被引核心文献的分析发现,探讨功能性食品的开发是食品行业创新的趋势和机遇。对施引文献进行分析,美国居于施引文献来源国首位,其次是巴西、英国、爱尔兰和波兰并列第 2 位,比利时、法国和德国并列第 3。*Trends Food Sci Technol* 以发表 6 篇相关文献位于施引文献来源刊的首位,其次是期刊 *Comprehensive Reviews In Food Science And Food Safety*,据 Sci 检索统计我国学者在这 2 种期刊上的发文量分别位居第 12 位和第 7 位。

四、我国在食品安全热点与新兴前沿中的研究状况

　　本章基于 SCI 和 ESI 数据库,从引文分析角度对近十年来食品安全领域热点前沿和新兴前沿的高被引核心文献和施引文献进行分析,探索食品安全领域各前沿的科研影响力和科研创新力,为我国广大科研工作者把握该领域的研究热点、难点及其科研发展脉络提供资料参考,为科研管理者和政府战略决策者提供数据支持。参考汤森路透"2014 研究前沿"报告中遴选热点前沿和新兴前沿的方法,食品安全研究领域的前十热点前沿依次是:智能化手机食品安全快速检测系统开发、隐蔽型真菌毒素污染及毒理学研究、农业生物多样性、细菌生物膜的形成机制及其控制研究、人口增长与食品供给安全、食品消费环境对人体健康的影响、气候变化与粮食安全、壳聚糖在食品保鲜中的应用、蜡样芽孢杆菌的污染及其防治、食品纳米技术及其风险研究;排名前四位新兴前沿依次是:食品安全政策研究、智能化手机食品安全快速检测系统开发、食源性致病菌快速检测的新型生物传感方法和功能性食品的开发。其中"智能化手机食品安全快速检测系统开发"既是热点前沿,又是新兴前沿,该研究领域的科研影响力和创新力最大。美国在该领域的研究处于世界领先水平,美国高校尤其是加利福尼亚大学洛杉矶分校和康奈尔大学是该领域研究的主力军,加利福尼亚大学洛杉矶分校的研究者 OZCAN A 表现尤为突出,共发表了七篇高被引文献,为该领域的发展做出了重要贡献。我国在该领域具有很大的潜在发展空间,经 ESI 平台统计,我国在该领域施引文献来源国中排名第二位,其中浙江大学排在施引文献来源机构的第九名,说明我国学者已意识到该领域研究的重要性,正在朝着国际研究前沿的方向迈进。对基金资助机构分析后发现,美国对该领域的研究资助力度很大,而我国资助力度比较薄弱,科研管理和基金资助部门应当加强对该领域的研究支持,从而鼓励我国学者在该领域创造更多的研究成果。

　　对食品安全领域的十个热点前沿和四个新兴前沿进行深入分析,我国相关食

品安全的研究单位与基金资助机构已进入世界前列。

1. 热点前沿"智能化手机食品安全快速检测系统开发",我国在该领域施引文献来源国中排名第二位,其中浙江大学排在施引文献来源机构的第九位。

2. 热点前沿"隐蔽型真菌毒素污染及毒理学研究",南京农业大学以发表八篇施引文献排在第十位。

3. 热点前沿"细菌生物膜的形成机制及其控制研究"中,我国上海交通大学和上海食品安全工程技术研究中心学者 2009 年合作发表的核心文献被引用了 78 次,位于四篇核心文献中的第二名。另外在施引文献来源国中我国排名第三,南京农业大学在施引文献来源机构中排在并列第二位。

4. 热点前沿"人口增长与食品供给安全",我国在施引文献来源国中排名第4,中国科学院和中国农业科学院在施引文献来源机构中排名第四和十位。我国的国家自然科学基金在施引文献基金资助机构中居于首位,国家重点基础研究发展计划(973 计划)排在并列第五位。

5. 热点前沿"食品消费环境对人体健康的影响",我国在施引文献产出国中排名第九。

6. 热点前沿"壳聚糖在食品保鲜中的应用",我国居于施引文献来源国的首位,武汉大学和华南理工大学在施引文献来源机构中排在第三和九位。施引文献基金资助机构中我国国家自然科学基金的支持力度最大。

7. 热点前沿"蜡样芽孢杆菌的污染及其防治",我国居于施引文献来源国的第八位。

8. 热点前沿"食品纳米技术及其风险研究",我国居于施引文献来源国的第八位。

9. 新兴前沿"食品安全公共政策研究",我国居于施引文献来源国的并列第四位,华南农业大学和暨南大学在施引文献来源机构中并列排在第二位,我国国家自然科学基金、中央高校基本科研基金和广东社会科学基金对该领域的研究支持力度较大。

10. 新兴前沿"食源性致病菌快速检测的新型生物传感方法",我国浙江大学的应义斌教授(通讯作者)发表了一篇核心文献在期刊 *Food Chem* 上,我国在该领域位于施引文献来源国的首位,其中军事医学科学院微生物流行病研究所在施引文献来源机构中居于首位,清华大学排在第二位。

综上,我国已在八个热点前沿和三个新兴前沿中的核心文献和施引文献的来源国、来源机构、基金资助机构中进入世界前十,这说明我国科研工作者、科研管理者和政府机构已经意识到了各前沿研究的重要性和紧迫性,紧跟世界研究前沿,并逐渐形成科研成果,但影响力有待于进一步提高。应当鼓励我国食品安全领域的科研工作者打破学科间的传统界限,跨国界跨学科协作科研,以新的方式和思路寻找研究领域的创新点和交叉点,形成更丰硕的科研硕果,提高学术影响力。另外,值得注意的是热点前沿"食品消费环境对人体健康的影响"共包括17篇高被引的核心文献,是食品安全研究20个研究前沿中核心文献进入ESI平台最多的,吸引了国外众多学者的关注。美国在该研究前沿领域居于遥遥领先地位,在排名前十位的13所核心文献产出机构中共有八所高校、三所研究机构和兰德公司为本前沿的研究做出了贡献,其中,哈佛大学在产出核心文献和施引文献上都居于领先地位,具有较好的研究成果。我国在施引文献产出国中排名第九,但基金支持力度较小。随着我国居民生活条件的不断改善和农村食品消费环境重要性的凸显,科研工作者、政府机构及基金资助单位应当重视该领域的研究和支持力度,紧跟世界研究的前沿。

下编　年度关注：
食品安全风险社会
共治

2015

第十三章　食品安全风险评估、公众食品安全状况关注度与农村居民对食品安全状况的评价

　　食品安全问题是现阶段我国面临的重大公共安全问题之一。在全社会的共同努力下,我国食品安全的基本状况是"总体稳定、趋势向好"。本《报告》前述各章就此问题展开了讨论。虽然"总体稳定、趋势向好"是我国食品安全的基本态势,但食品安全的风险处于什么区间? 国内公众对食品安全状况的关注度如何? 这些问题是迫切需要回答的现实问题。本章延续前三个食品安全年度发展报告的风格,主要基于国家宏观层面,从管理学的角度,在充分考虑数据的可得性与科学性的基础上,评估我国食品安全风险的现实状态,同时分析国内公众对食品安全的满意度,并继续关注农村食品安全问题。实际上,在农村面貌得到很大改善、农民群众得到很大实惠,农业发展实现了历史性跨越,迎来了又一个黄金机遇期的新历史背景下,现阶段农村食品安全治理再次成为社会各界普遍关注的焦点。我国农村地区地域广阔、人口众多,是巨大的食品消费市场,是食品供应网络的最基础、最重要组成部分。如果不能保障农村地区食品消费安全,我国的食品安全就完全有可能在最薄弱处引发"整体性失守"。因此,相比较而言,现实与未来我国食品安全治理的重点是农村,难点也是农村。本《报告》自 2012 年以来,始终关注农村食品安全消费等相关问题,连续与动态地展开了相关调查。在 2013 年开展了对全国 20 个省(区)90 个县市的 299 个行政村的 3943 个农村居民调查的基础上,2014 年 7—8 月间再次组织专门力量,就相关问题再次调查了 10 个省(区)59 个县市的 92 个行政村的 3984 个农村居民。本章节在研究 2008—2012 年间农村食品消费结构演化的基础上,借助调查数据展开分析讨论,力求真实、动态、较大范围地描述农村居民对食品安全状况的评价,努力刻画农村食品安全消费的现实状况,为深入研究农村食品安全治理奠定基础。

一、基于熵权 Fuzzy-AHP 法的食品安全风险评估

　　《中国食品安全发展报告》(2012、2013、2014)三个食品安全年度报告,在充分考虑数据的可得性与科学性的基础上,主要基于管理学的视角,应用突变模型对

2006—2013 年间食品安全风险区间进行评判与量化分析,由此分析我国食品安全风险的现实状态,本章的研究则基于熵权 Fuzzy-AHP 法,对我国食品安全风险的现实状态进行评估,以验证方法的科学性、结论的新颖性。

(一) 研究方法

党的十八大报告提出,要提高人民健康水平,改革和完善食品药品安全监管体制机制。构建具有中国特色的社会共治的国家食品安全风险治理体系的基础是如何科学评估食品安全风险。虽然目前我国对食品安全风险评估的研究还处于起步阶段,但学者们在宏观性和操作性两个层面上对食品安全风险评估模型进行了研究,设计出不同的评价指标体系以及模型。李哲敏等将食品安全指标体系分割成若干独立的指标群,然后再组合成整体的食品安全指标体系[1]。许宇飞根据各污染物的限量标准对食品安全状态逐级评价,对多污染物的综合评价主要是主观比较判断[2],但是缺乏量化比较。傅泽强等通过构建食物安全可持续性综合指数模型,对我国食物数量安全进行因子评价[3]。周泽义等利用模糊综合评判对北京市主要蔬菜,水果和肉类中的重金属,农药等调查结果进行评价[4]。刘华楠等将食品质量安全与信用管理相结合,通过模糊层次综合评估模型对肉类食品安全进行信用评价[5]。类似方法还被用于上海市进口红酒的安全状况进行了评价[6],武力从食品供应链上建立食品安全风险评价指标体系进行风险评价[7]。李肠等提出在综合评价指数法检测基础上,运用质量指数评分法划分了食品安全等级[8]。刘放勋将层次分析和灰度关联分析相结合,提出食品安全综合评价指标体系计算模型,并通过实例验证了模型的可行性[9]。刘清裙等提出以风险可能性与风险损失度为二维矩阵的食品安全风险监测模型进行综合评估[10]。李为相等将扩展粗集理论引入食品安全评价中,并对 2006 年酱菜的安全状况进行了综合评价[11]。

① 李哲敏:《食品安全内涵及评价指标体系研究》,《北京农业职业学院学报》2004 年第 1 期。
② 许宇飞:《沈阳市主要农产品污染调查下防治与预警研究》,《农业环境保护》1996 年第 1 期。
③ 傅泽强、蔡运龙、杨友孝:《中国食物安全基础的定量评估》,《地理研究》2001 年第 5 期。
④ 周泽义、樊耀波、王敏健:《食品污染综合评价的模糊数学方法》,《环境科学》2000 年第 3 期。
⑤ 刘华楠、徐锋:《肉类食品安全信用评价指标体系与方法》,《决策参考》2006 年第 5 期。
⑥ 杜树新、韩绍甫:《基于模糊综合评价方法的食品安全状态综合评价》,《中国食品学报》2006 年第 6 期。
⑦ 武力:《"从农田到餐桌"的食品安全风险评价研究》,《食品工业科技》2010 年第 9 期。
⑧ 李肠、吴国栋、高宁:《智能计算在食品安全质量综合评价中的应用研究》,《农业网络信息》2006 年第 4 期。
⑨ 刘补勋:《食品安全综合评价指标体系的层次与灰色分析》,《河南工业大学学报(自然科学版)》2007 年第 5 期。
⑩ 刘清裙、陈婷、张经华等:《基于于风险矩阵的食品安全风险监测模型》,《食品科学》2010 年第 5 期。
⑪ 李为相、程明、李郑义:《粗集理论在食品安全综合评价中的应用》,《食品研究与开发》2008 年第 2 期。

上述方法取得了一定效果,从不同角度对食品安全风险进行了评估,丰富与发展了食品安全风险的评估方法,但完整地研究食品安全风险的整体状况评价理论研究较少,特别是在食品供应链上风险的不确定性影响因素研究更少。需要指出的是,按照食品工业"十二五"发展规划的口径,目前我国的食品工业形成了4大类、22个中类、57个小类共计数万种食品。如果对品种极其繁多的食品一个一个地抽查检测,并公布合格率固然非常重要,但是在信息网络非常发达的背景下,新闻媒体不断报道的食品安全事件在网络传播的巨大推动下,将进一步放大老百姓的食品安全恐慌心理。因此,必须科学合理地评估食品安全的总体状况,从宏观层次上来回答中国食品安全总体情况与食品安全的风险走势,逐步消除消费者的担忧,同时可为政府的食品安全监管提供决策依据。本章的研究主要是在传统的层次分析法的基础上,通过引入熵权和三角模糊数,建立熵权Fuzzy-AHP方法,较好实现食品安全风险的定性与定量分析,为在宏观层面上科学评估食品安全风险提供科学的理论依据。

(二) 食品安全风险评价指标体系

与《中国食品安全发展报告》(2012、2013、2014)三个食品安全年度报告相类似,构建食品安全风险评价指标体系。

1. 食品安全风险指标的选择

根据我国《食品安全法》第二十条中的相关规定,在食品安全供应链上衡量食品安全风险的程度,主要内容包括食品以及食品相关产品中危害人体健康的物质包括致病性微生物、农药残留、兽药残留、重金属、污染物质以及其他危害人体健康的物质。另外,食品安全风险的产生既涉及技术问题,也涉及管理问题和消费者自身问题;风险的发生既可能是自然因素、经济环境,又可能是人源性因素等等。上述错综复杂的问题,并且贯彻于整个食品供应链体系,因此,如何构建客观、准确的食品安全风险评价指标体系,对当前的食品安全风险评估起着至关重要的作用。因此,分别从生产经营者的生产行为,政府监管力度以及消费者出现食品安全风险的事件程度等角度,构造了如图13-1所示的我国食品安全风险评估研究的指标体系。

本章构建的食品安全风险评价指标体系体现了生产经营者、政府、消费者三个最基本的主体在整个食品安全体系的作用,从指标数据的构成来说具有如下特点:第一,可得性。数据绝大多数来源于国家相关部门发布的统计数据。第二,权威性。由于这些数据均来自于国家有关食品安全监管部门,相对具有权威性。第三,合理性。比如,原来使用食品卫生监测总体合格率、食品化学残留检测合格率、食品微生物合格率、食品生产经营单位经常性卫生监督合格率来衡量流通环节的食品安全风险,虽有一定的价值,但不如使用流通环节中的食品质量国家监督抽查合格率、饮用水经常性卫生监测合格率、流通环节食品抽检合格率等指标，后者更具普遍性。

2. 食品安全风险指标体系的层次结构图

为了较为直观地体现目前我国食品安全风险，本文将食品供应链简化为生产加工、流通和消费(餐饮)三个环节，通过分析食品供应链上这三个主要环节的风险来完整地评估全程供应链体系的食品安全风险。具体指标如下：

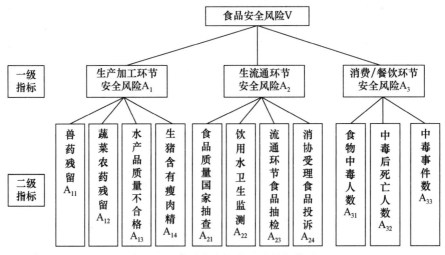

图 13-1   食品安全风险评价指标体系

(1) 生产加工环节(A_1)风险中的兽药残留(A_{11})主要是指使用兽药后蓄积或存留于畜禽机体或产品中的原型药物或其代谢产物，包括与兽药有关的杂质的残留。蔬菜农药残留(A_{12})主要是指随着农药在农业生产中广泛使用而产生造成食物污染，危害人体健康；水产品不合格(A_{13})主要指使用水产品在生产加工过程中使用劣质或非食用物质作为原料作食品，使用违禁添加物或其他有毒有害物质等以及加工环境不卫生不符合卫生标准，加工程序不当等风险，导致食品中微生物超标，菌落数超标，有异物等风险。考虑到猪肉是我国最大众化的食品，因此将生猪含有瘦肉精(A_{14})列入其中。

(2) 流通环节(A_2)风险主要通过食品质量国家监督抽查合格率(A_{21})、饮用水经常性卫生监测合格率(A_{22})、流通环节食品抽检合格率(A_{23})以及全国消协受理食品投诉件数 (A_{24})等四方面来反映流通环节的食品安全风险程度。

(3) 消费/餐饮环节(A_3)的风险主要是通过食物中毒人数(A_{31})、中毒后死亡人数(A_{32})以及中毒事件数(A_{33})等三方面来反映消费/餐饮环节的食品安全风险程度。

（三）基于熵权 Fuzzy-AHP 基本理论及步骤

1. 熵权

熵（Entropy）是系统状态不确定性的一种度量，主要被用于度量评价指标体系中指标数据所蕴含的信息量。对于非模糊矩阵 A，即：

$$
A = \begin{bmatrix}
a_{11} & a_{12} & \cdots & a_{1n} \\
a_{21} & a_{22} & \cdots & a_{2n} \\
\vdots & \vdots & \cdots & \vdots \\
a_{n1} & a_{n2} & \cdots & a_{nn}
\end{bmatrix}
$$

若令 $s_i = \sum_{i=1}^{n} a_{ij} (j = 1,2,\cdots,n)$ 为第 i 行元素之和，若定义 $P_{ij} = \dfrac{a_{ij}}{s_i}$ 表示矩阵中的元素 a_{ij} 在第 i 行出现的概率。则由概率矩阵（1）可求得熵（2）

$$
P = \begin{bmatrix}
P_{11} & P_{12} & \cdots & P_{1n} \\
P_{21} & P_{22} & \cdots & P_{2n} \\
\vdots & \vdots & \cdots & \vdots \\
P_{n1} & P_{n2} & \cdots & P_{nn}
\end{bmatrix}
\tag{1}
$$

$$
H_i = - \sum_{j=1}^{n} P_{ij} \log_2(P_{ij}) \quad (i = 1,2,\cdots,n)
\tag{2}
$$

2. 三角模糊数的定义及运算规则[①]

如果 M 为一实数集合，F 代表三角模糊数，且 $F \rightarrow [0,1]$，则可以简单记为 $M = (1,m,u)$，则其隶属函数 $V(x)$ 表示为：

$$
V(x) = \begin{cases}
0 & x < a \\
\dfrac{x-a}{m-a} & a \leq x \leq m \\
\dfrac{b-x}{b-m} & m \leq x \leq b \\
0 & x > b
\end{cases}
\tag{3}
$$

对于隶属函数 $V(x)$，$1 \leq m \leq u$，其中，三角模糊数 M 的承集下界、上界分别是 a 和 b。对于 M（三角模糊数），若定义 $M_1 = (1_1, m_1, u_1)$，$M_2 = (1_2, m_2, u_2)$ 是隶属函数 $V(x)$ 的两个模糊数，满足 $M_1 \oplus M_2 = (1_1 + 1_2, m_1 + m_2, u_1 + u_2)$ 和 $M_1 \otimes M_2 = (1_1 1_2, m_1 m_2, u_1 u_2)$，并且对于任意 λ，有 $\lambda M = \lambda(1,m,u) = (\lambda 1, \lambda m, \lambda u)$。

假设截集 $\beta \in [0,1]$，运用模糊数 $\tilde{1}, \tilde{3}, \tilde{5}, \tilde{7}, \tilde{9}$，其特征参数及置信区间见表

---

① 李明、刘桔林：《基于模糊层次分析法的小额贷款公司风险评价》，《统计与决策》2013 年第 23 期。

13-1。

表 13-1　模糊数的特征参数及置信区间

模糊数	特征参数	置信区间
$\tilde{1}$	$(1,1,3)$	$[1,3-2\beta]$
$\tilde{3}$	$(1,3,5)$	$[1+2\beta,5-2\beta]$
$\tilde{5}$	$(3,5,7)$	$[3+2\beta,7-2\beta]$
$\tilde{7}$	$(5,7,9)$	$[5+2\beta,9-2\beta]$
$\tilde{9}$	$(7,9,11)$	$[7+2\beta,11-2\beta]$

3. 基于熵权 Fuzzy-AHP 的决策步骤

一是构建层次分析模型。通过对性能指标分值的比较,用模糊数 $\tilde{1}$, $\tilde{3}$, $\tilde{5}$, $\tilde{7}$, $\tilde{9}$ 来表示同一层次体系或判断矩阵中元素的相对强度,分析系统中各因素之间的关系,确定模糊权重向量 $\tilde{w}$ 和模糊判断矩阵 $\tilde{X}$,根据层次分析法的基本原理和步骤,构建总模糊判断矩阵 $\tilde{A}$:用各准则层的模糊 $\tilde{w}$ 乘以模糊判断矩阵 $\tilde{X}$。

$$\tilde{A} = \begin{bmatrix} w_{11}a_{11} & w_{12}a_{12} & \cdots & w_{1n}a_{1n} \\ w_{21}a_{21} & w_{22}a_{22} & \cdots & w_{2n}a_{2n} \\ \vdots & \vdots & \cdots & \vdots \\ w_{n1}a_{n1} & w_{n2}a_{n2} & \cdots & w_{nn}a_{nn} \end{bmatrix} \tag{4}$$

二是总模糊判断矩阵矩阵化 $\tilde{A}$。根据给定水平截集 β,将 $\tilde{A}$ 用区间形式表示:

$$\tilde{A}_\beta = \begin{bmatrix} [a_{11l}^\beta, a_{11r}^\beta] & [a_{12l}^\beta, a_{12r}^\beta] & \cdots & [a_{1nl}^\beta, a_{1nr}^\beta] \\ [a_{21l}^\beta, a_{21r}^\beta] & [a_{22l}^\beta, a_{22r}^\beta] & \cdots & [a_{2nl}^\beta, a_{2nr}^\beta] \\ \vdots & \vdots & \cdots & \vdots \\ [a_{n1l}^\beta, a_{n1r}^\beta] & [a_{n2l}^\beta, a_{n2r}^\beta] & \cdots & [a_{nnl}^\beta, a_{nnr}^\beta] \end{bmatrix} \tag{5}$$

其中 $a_{ijl}^\beta = w_{il}^\beta \times x_{ijl}^\beta$, $a_{ijr}^\beta = w_{ir}^\beta \times x_{ijr}^\beta$。

(step3)在 β 水平一定的情况下,用乐观指标 λ 来判断矩阵 $\tilde{A}_\beta$ 的满意度,λ 代表了决策者的乐观程度,λ 值越大,乐观程度越大。用 λ 把 $\tilde{A}_\beta$ 转化成非模糊矩阵 $\tilde{\tilde{A}}$:

$$\tilde{\tilde{A}} = \begin{bmatrix} \tilde{a}_{11} & \tilde{a}_{12} & \cdots & \tilde{a}_{1n} \\ \tilde{a}_{21} & \tilde{a}_{22} & \cdots & \tilde{a}_{2n} \\ \vdots & \vdots & \cdots & \vdots \\ \tilde{a}_{n1} & \tilde{a}_{n2} & \cdots & \tilde{a}_{nn} \end{bmatrix} \qquad (6)$$

其中 $\tilde{a}_{ij} = \lambda a_{ijr}^{\beta} + (1-\lambda) a_{ijt}^{\beta}$。

根据式(2)，求得 $H_i(i=1,2,\cdots,n)$，通过对 $H_1, H_2, \cdots, H_n$ 的归一化，则得到第 i 个因素熵权为

$$w_H^i = \frac{1 - H_i}{\sum_{i=1}^{n} (1 - H_i)} \qquad (7)$$

熵权 $w_H^i(i=1,2,\cdots,n)$ 可以反映食品供应链上各个环节以及不同年份食品安全风险发生的程度。

(四) 风险评估及结果分析

1. 数据来源与处理

本文数据主要来源于《中国卫生统计年鉴》《中国统计年鉴》《中国食品工业年鉴》《中国食品安全发展报告 2012》《中国食品安全发展报告 2013》等。其中2012 年饮用水经常性卫生监测合格率无法查到，这里采用了 2011 年的数据；2006年、2010 年、2011 年流通环节食品抽检合格率也采用近似的方法，即 2006 年采用2007 年的数据，2010 年、2011 年则均采用 2009 年的数据。有关消协组织受理食品投诉件的数据，均来源于全国消费者协会发布的《全国消费者协会组织受理投诉情况》。2013 年数据来源于网路报道。具体数据见表 13-2。进一步将表 13-2中的数据转化为模糊数值来对应表示不同年份的食品安全危险程度。具体方法是将表 13-2 按行求极值，将极值除以 5，对表 13-2 中原始数值落在不同区间的数值按照模糊权重数进行模糊赋值，具体数据见表 13-3。然后再对每年的各项分值进行加权平均，得到 2006 年至 2013 年对三个环节的食品安全风险评估的模糊判断值，具体见表 13-4。

表 13-2　2006—2013 年食品安全风险评估指标值

环节	指标	2006	2007	2008	2009	2010	2011	2012	2013
生产/加工环节	兽药残留抽检合格率(%)	75.0	79.2	81.7	99.5	99.6	99.6	99.7	99.7
	蔬菜农残抽检合格率(%)	93.0	95.3	96.3	96.4	96.8	97.4	97.9	96.6
	水产品抽检合格率(%)	98.8	99.8	94.7	96.7	96.7	96.8	96.9	94.4
	生猪(瘦肉精)抽检合格率(%)	98.5	98.4	98.6	99.1	99.3	99.5	99.7	99.7
流通环节	食品质量国家监督抽查合格率(%)	80.8	83.1	87.3	91.3	94.6	95.1	95.4	96.5
	饮用水经常性卫生监测合格率(%)	87.7	88.6	88.6	87.4	88.1	92.1	92.1	93.4
	流通环节食品抽检合格率(%)	80.2	80.2	93.0	93.0	93.0	93.0	93.1	94.1
	全国消协受理食品投诉件数(万件)	4.2	3.7	4.6	3.7	3.5	3.9	2.9	4.3
消费/餐饮环节	食物中毒人数(人)	18063	13280	13095	11007	7383	8324	6685	5559
	中毒后死亡人数(人)	196	258	154	181	184	137	146	109
	中毒事件数(件)	596	506	431	271	220	189	174	152

表 13-3　各指标模糊化区间及对应模糊值

环节	最小值	模糊值		模糊值		模糊值		模糊值		模糊值	最大值
生产加工环节	75.0	$\tilde{9}$	79.9	$\tilde{7}$	84.9	$\tilde{5}$	89.8	$\tilde{3}$	94.8	$\tilde{1}$	99.7
	93.0	$\tilde{9}$	94.0	$\tilde{7}$	95.0	$\tilde{5}$	95.9	$\tilde{3}$	96.9	$\tilde{1}$	97.9
	94.4	$\tilde{9}$	95.5	$\tilde{7}$	96.6	$\tilde{5}$	97.6	$\tilde{3}$	98.7	$\tilde{1}$	99.8
	98.4	$\tilde{9}$	98.7	$\tilde{7}$	98.9	$\tilde{5}$	99.2	$\tilde{3}$	99.4	$\tilde{1}$	99.7
流通环节	80.8	$\tilde{9}$	83.9	$\tilde{7}$	87.1	$\tilde{5}$	90.2	$\tilde{3}$	93.4	$\tilde{1}$	96.5
	87.4	$\tilde{9}$	88.6	$\tilde{7}$	89.8	$\tilde{5}$	91.0	$\tilde{3}$	92.2	$\tilde{1}$	93.4
	80.2	$\tilde{9}$	83.0	$\tilde{7}$	85.8	$\tilde{5}$	88.5	$\tilde{3}$	91.3	$\tilde{1}$	94.1
	2.9	$\tilde{1}$	3.3	$\tilde{3}$	3.6	$\tilde{5}$	3.9	$\tilde{7}$	4.3	$\tilde{9}$	4.6
消费/餐饮环节	5559	$\tilde{1}$	8059	$\tilde{3}$	10560	$\tilde{5}$	13061	$\tilde{7}$	15562	$\tilde{9}$	18063
	109.0	$\tilde{1}$	138.8	$\tilde{3}$	168.6	$\tilde{5}$	198.4	$\tilde{7}$	228.2	$\tilde{9}$	258.0
	152.0	$\tilde{1}$	240.8	$\tilde{3}$	329.6	$\tilde{5}$	418.4	$\tilde{7}$	507.2	$\tilde{9}$	596.0

表 13-4　2006—2013 年食品安全风险评估指标的模糊值

环节	2006	2007	2008	2009	2010	2011	2012	2013
生产加工环节	$\tilde{7}$	$\tilde{7}$	$\tilde{7}$	$\tilde{3}$	$\tilde{3}$	$\tilde{1}$	$\tilde{1}$	$\tilde{3}$
流通环节	$\tilde{9}$	$\tilde{9}$	$\tilde{7}$	$\tilde{5}$	$\tilde{3}$	$\tilde{3}$	$\tilde{1}$	$\tilde{3}$
消费/餐饮环节	$\tilde{9}$	$\tilde{9}$	$\tilde{7}$	$\tilde{5}$	$\tilde{3}$	$\tilde{1}$	$\tilde{1}$	$\tilde{1}$

2. 构建模糊权重向量及计算总判断矩阵

食品安全风险因素在整个食品供应链上层出不穷,并且相互交叉影响,因此,为了真实反映食品供应链上每一个环节对食品安全的影响,运用德尔菲法,选取有关专家和有经验人员,根据上述数据对一级指标和二级指标进行两两比较,对各评价指标的重要程度采用模糊数进行打分,按构建模糊权重向量 $\tilde{w}$ 和模糊判断矩阵 $\tilde{x}$ 。

$$\tilde{w} = \begin{bmatrix} A_1 & A_2 & A_3 \\ \tilde{7} & \tilde{5} & \tilde{3} \end{bmatrix} \tag{8}$$

$$\tilde{x} = \begin{matrix} & \begin{bmatrix} 2006 & 2007 & 2008 & 2009 & 2010 & 2011 & 2012 & 2013 \\ \end{bmatrix} \\ A_1 \\ A_2 \\ A_3 \end{matrix} \begin{bmatrix} \tilde{7} & \tilde{7} & \tilde{7} & \tilde{3} & \tilde{3} & \tilde{1} & \tilde{3} & \tilde{3} \\ \tilde{9} & \tilde{9} & \tilde{7} & \tilde{5} & \tilde{3} & \tilde{3} & \tilde{3} & \tilde{3} \\ \tilde{9} & \tilde{9} & \tilde{7} & \tilde{5} & \tilde{3} & \tilde{1} & \tilde{1} & \tilde{1} \end{bmatrix} \tag{9}$$

总判断矩阵为:

$$\tilde{A} = \begin{bmatrix} 2006 & 2007 & 2008 & 2009 & 2010 & 2011 & 2012 & 2013 \\ \tilde{7}\times\tilde{7} & \tilde{7}\times\tilde{7} & \tilde{7}\times\tilde{7} & \tilde{7}\times\tilde{3} & \tilde{7}\times\tilde{3} & \tilde{7}\times\tilde{1} & \tilde{7}\times\tilde{3} & \tilde{7}\times\tilde{3} \\ \tilde{5}\times\tilde{9} & \tilde{5}\times\tilde{9} & \tilde{5}\times\tilde{7} & \tilde{5}\times\tilde{5} & \tilde{5}\times\tilde{3} & \tilde{5}\times\tilde{3} & \tilde{5}\times\tilde{3} & \tilde{5}\times\tilde{3} \\ \tilde{3}\times\tilde{9} & \tilde{3}\times\tilde{9} & \tilde{3}\times\tilde{7} & \tilde{3}\times\tilde{5} & \tilde{3}\times\tilde{3} & \tilde{3}\times\tilde{1} & \tilde{3}\times\tilde{1} & \tilde{3}\times\tilde{1} \end{bmatrix}$$

假设给定水平截集 $\beta = 0.5$,将 $\tilde{A}$ 用区间形式表示:

$$\tilde{A}_\beta = \begin{bmatrix} [36,64] & [36,64] & [36,64] & [12,32] & [12,32] & [6,16] & [12,32] & [12,32] \\ [32,60] & [32,60] & [24,48] & [16,36] & [8,24] & [8,24] & [8,24] & [8,24] \\ [16,40] & [16,40] & [12,32] & [8,24] & [4,16] & [2,8] & [2,8] & [2,8] \end{bmatrix}$$

3. 计算非模糊判断矩阵及熵权

取 $\lambda = 0.6$,得到非模糊判断矩阵:

$$\tilde{\tilde{A}} = \begin{bmatrix} 47.2 & 47.2 & 47.2 & 22.4 & 20 & 10 & 20 & 24.8 \\ 43.2 & 43.2 & 33.6 & 27.2 & 14.4 & 14.4 & 14.4 & 18.24 \\ 25.6 & 25.6 & 20 & 16 & 8.8 & 4.4 & 4.4 & 5.84 \end{bmatrix}$$

利用公式(1)将非模糊判断矩阵转化为概率矩阵:

$$H = \begin{bmatrix} 0.407 & 0.407 & 0.468 & 0.341 & 0.463 & 0.347 & 0.515 & 0.507 \\ 0.372 & 0.372 & 0.333 & 0.415 & 0.333 & 0.5 & 0.371 & 0.373 \\ 0.221 & 0.221 & 0.198 & 0.244 & 0.204 & 0.153 & 0.113 & 0.119 \end{bmatrix}$$

再利用公式(2)求得 $H_i(i=1,2,\cdots,8)$,通过对 $H_1,H_2,\cdots,H_n$ 的归一化,则得到各年对应熵权,见表13-5。

表 13-5　各年对应的食品安全风险熵权值

年份	2006	2007	2008	2009	2010	2011	2012	2013
熵权	1.540	1.540	1.504	1.552	1.510	1.444	1.380	1.394
归一化熵权	0.140	0.140	0.130	0.143	0.132	0.115	0.098	0.100

（五）基本结论

依据熵权值画出 2006—2013 年间我国食品安全风险度的变化趋势如图 13-2 所示，对 2013 年数据进行重新修正，重新计算模糊值后，画出食品安全生产加工、流通、消费（餐饮）三个环节的食品安全风险的相对变化趋势如图 13-3 所示。

1. 食品安全风险的总体特征

从图 13-2 的变化趋势已清楚地表明，2006—2013 年我国食品安全风险一路下行的趋势非常明显，2011 年食品安全风险熵权值达到最低为 0.098，达到历史最低点，而 2013 年略有反弹，略高于 2012 食品安全风险熵权值为 0.100。主要的原因是 2013 年的兽药残留抽检合格率、生猪（瘦肉精）抽检合格率与 2012 年持平，并且其他 6 个指标好于 2012 年，但 2013 年的检测数据蔬菜农残抽检合格率、水产品抽检合格率均比 2012 年有较大幅度的下降，而且全国消协组织受理食品投诉件数大幅上扬，增长了 47.26%，故直接导致 2013 年食品安全风险熵权值的小幅上升（幅度为 0.002）。就总体而言，从 2012 年开始我国的食品安全风险仍处于相对安全的区间，并没有逆转我国食品安全保障水平"总体稳定，逐步向好"的基本格局。

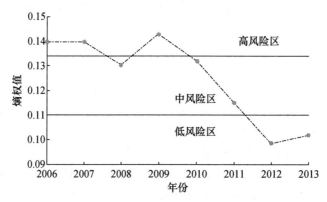

图 13-2　2006—2013 年食品安全风险趋势图

2. 供应链上各环节的风险特征

从图 13-3 的变化趋势可以发现，2006—2013 年我国食品生产加工、流通和消费（餐饮）三个环节食品安全风险变化也呈现出较明显的规律：从生产环节上看，2006—2008 年这一时段时期生产环节的风险值一直处在最高点，到 2013 年达到最低点,但总体趋势持续下降,主要归因于兽药、农残、瘦肉精等指标抽检合格率的明显提高;从流通环节上分析,由于 2009 年饮用水抽查的不合格率较高,使得流通环节的风险首次超过了生产加工环节的风险,但流通风险整体是下降的;消费(餐饮)环节的风险值明显低于前两个环节,因为与生产、流通环节的情形不同,衡量消费环节危险程度的食物中毒人数、中毒后死亡人数中毒事件数 2006—2013 间下降比例达到 69.22% 以上,故消费(餐饮)环节食品安全风险下降趋势更加显著。

综上所述,在 2006—2013 年间食品生产、流通与消费三个环节的食品安全风险相比较而言,生产环节的风险大于消费环节,消费环节的风险大于流通环节。因此,生产环节的食品安全是政府监管部门的重点。当然,这是从宏观层次上的结论,不同的区域、不同的食品情况不一,应该从实际出发加以监管。

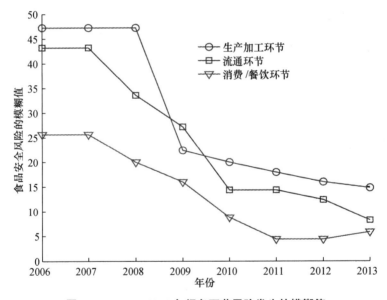

图 13-3　2006—2013 年间各环节风险发生的模糊值

近年来,尽管食品安全风险量化的工具和方法都有了较大发展,但其在具体应用中对风险量化的理论和技术可操作性不强,方法的适用性也是受到很大局限。本文结合三角模糊数和层次分析法,提出了一种基于 fuzzy-AHP 的食品安全风险量化方法。该方法引入 AHP 对风险因素进行分层,通过三角模糊数来判断食品安全危险程度,同时利用熵权实现对不同时间上食品安全风险程度的排序。因此,运用本文提出的方法可对食品安全风险进行量化评估,增加了食品安全评估的可操作性。

二、国内公众对食品安全状况的关注

尽管我国的食品安全水平稳中有升,趋势向好[①],但目前一个不可否认的事实是,食品安全风险与由此引发的安全事件已成为我国最大的社会风险之一[②]。

(一) 国内公众关注状况分析

在此,在两个时间段层次来展开分析。

1. 2008—2013 年国内关注状况

本《报告》的研究团队基于相关资料对 2008 以来公众对食品安全关注情况的有关典型调查数据进行了初步的汇总(表 13-6)。图 13-4 是国家信息中心网络政府研究中心分析提供的 2013 年网民对食品安全等相关民生问题的关注度。结合表 13-6 与图 13-4 的数据,足以说明人们对当前食品安全问题的焦虑,无奈乃至极度的不满意。目前现实生活中的人们或已发出了"到底还能吃什么"的巨大呐喊。

表 13-6　食品安全关注度的典型性调查数据

序号	发布时间	调查数据	数据来源
1	2008 年	分别有 20.20% 和 18.30% 的城市消费者以及 45.30% 和 36.60% 的农村消费者认为食品安全令人失望和政府监管不力,相对应的分别有 95.80% 和 94.50% 的消费者关注食品质量安全。	中国商务部发布的《2008 年流通领域食品安全调查报告》
2	2009 年	约有 86.02% 的消费者认为其所在城市的食品安全问题非常严重、比较严重或有安全问题。	吴林海等:《食品安全:风险感知和消费者行为》,《消费经济》2009 年第 2 期
3	2010 年	中国受访者最担心的是地震,第二是不安全食品配料和水供应(调查时间在青海玉树发生地震后不久,是中国居民将地震风险排在第一位的主要原因)。	英国 RSA 保险集团发布的全球风险调查报告《风险 300 年:过去、现在和未来》
4	2011 年	有近七成受访者对中国的食品安全状况感到"没有安全感"。其中 52.30% 的受访者心理状态是"比较不安",另有 15.60% 受访者的表示"特别没有安全感"。	中国全面小康研究中心等发布的《2010—2011 消费者食品安全信心报告》
5	2012 年	80.4% 的受访民众认为食品没有安全感,超过 50% 的受访民众认为 2011 年的食品安全状况比以往更糟糕。	《小康》杂志与清华大学发布的《2011—2012 中国饮食安全报告》
6	2013 年	全国 35 个城市居民对食品安全满意度指数为 41.61%	中国经济实验研究院城市生活质量研究中心的调查数据

数据来源:由作者根据资料整理形成。

---

① 吴林海、尹世久、王建华:《中国食品安全发展报告(2014)》,北京大学出版社 2014 年版,第 40 页。
② 《一英国公司调查称中国人最担忧地震与食品安全》,人民网,2010-10-19[2015-06-12],http://www.cb.com.cn/hots/2010_1019/157665.html。

对此,十一届全国人大常委会在 2011 年 6 月 29 日召开的第二十一次会议上建议把食品安全与金融安全、粮食安全、能源安全、生态安全等共同纳入"国家安全"体系,这足以说明食品安全风险已在国家层面上成为一个极其严峻、非常严肃的重大问题。

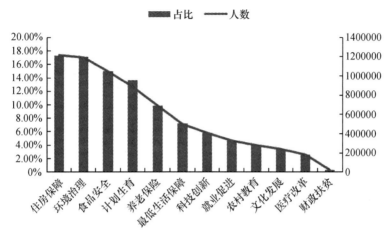

图 13-4　2013 年网民对民生问题的关注度

数据来源:国家信息中心网络政府研究中心分析提供。

2. 2014 年以来的国内关注状况

国内主流媒体与网站对 2014 年公众就食品安全的关注与评价展开了多方面的报道。典型的是:

(1)武汉大学的研究。从 2012 年开始,武汉大学质量发展战略研究院和宏观质量管理湖北省协同创新中心连续三年组织"宏观质量观测"问卷调查,在全国 31个省(市、自治区)的 150 多个城市收集消费者对我国产品质量、民生领域服务水平的评价大数据,平均每年有效样本数量超过 5000 个,采集数据总量近 100 万条。2014 年观测中,消费者对本地区食品总体安全性的评价最低,仅为 57.97 分,不仅与排名前列的家用电器、电脑的质量安全性评分相差近 10 分,更滑落到 60 分的及格线以下,低于 2013 年的 61.37 分。在消费者对 15 类产品的质量满意度评价中,对本地区食品质量的总体满意度仅有 59.23 分,对乳制品、食用油和肉类等食品细类的评分也分别只有 61.18、59.90 和 59.46,紧贴及格线上下。2013 年,消费者对本地区食品总体安全性和满意度评价分数也都排在调查 15 类产品的末位,得分只有 61.37 和 61.44 分,同样与消费者评价排名前列的产品差距甚大①。这一

① 《2014 年度民生消费与服务质量观测分析》,光明网,2015-03-11〔2015-06-12〕,http://news. gmw. cn/2015-03/11/content_15060705. htm。

结果与 2012 年有超过 88.32% 的消费者认为食品是质量安全风险最高产品领域的评价基本一致。可见,三年来,消费者对我国食品质量的评价始终最低,对食品安全的不信任至今未见解除。

(2)央视新闻客户端的报道。在 2015 年全国"两会"前夕,央视新闻客户端通过大数据技术,对网民搜索浏览,发表了《2014 年网友关注食品安全热度呈下降趋势》①。央视新闻客户端发布的报告指出,2014 年食品安全的搜索热度居然在"降温"。根据 2013 年与 2014 年的曲线图对比发现,从搜索的最高点来看,2014年比 2013 年几乎低了近三分之二。大数据公司亿赞普的海量数据分析,2014 年,人们对食品安全的平均关注指数为 34,比 2013 年也低了 14%。食品安全甚至远远落后于人们对于汽车质量、住房、教育、养老和空气污染的关注度。而且大数据通过抓取各国网民的浏览痕迹也发现,国际上对于我国食品安全的关注,也只停留在地沟油和过期肉这两个话题上,关注量比 2013 年减少了一半。亿赞普大数据发现,不管是 2013 年还是 2014 年,排在食品安全搜索热度第一位始终是《食品安全法》。而且 2014 年还比 2013 年(93)高了 7 个点,达到了 100 的峰值。同样在百度热搜词榜单上,它的日均搜索数量从 2013 年的第 3 名提高到了2014 年的第二名。由此可见,过去人们更关注三聚氰胺、苏丹红和地沟油这类食品安全事件本身的危害,而现在则把目光从治标转向了治本,也就是监管和立法。

(3)《中国青年报》的报道。在今年全国"两会"期间,《中国青年报》通过益派咨询对 1917 人进行的一项网络调查显示,36.7% 的受访者认为食品安全问题"宁可信其有,不可信其无";37.5% 的受访者对食品安全问题表示关注,他们认为食品安全领域确实存在一些问题,但没有想象中那么严重;约 25% 左右的受访者对此感到无奈,认为"人总要吃东西,再怎么焦虑都没有用"。对食品安全问题,公众各有各的应对措施:66.9% 的受访者选择"尽量购买有机、绿色或无公害食品",61.3% 的受访者选择"买知名品牌或价格更高的食品",59.9% 的受访者"抵制曾经发生过食品安全事故的企业",27.8% 的受访者选择"自己种菜和制作食品",11.4% 的受访者未采取任何措施②。

(4)不同地区对食品安全关注度不一。老百姓在新的一年有哪些新期待?2015 年 3 月 2 日中央电视台的报道显示,不同地区有着不同的答案。东部地区,

① 《2014 年网友关注食品安全热度呈下降趋势》,新华网,2015-03-05［2015-06-12］,http://news.xin-huanet.com/food/2015/03/05/c_1114535327.htm。

② 《我国缺少有公信力的食品安全信息平台》,《中国食品安全报》,2015-04-03［2015-06-12］,http://mp.weixin.qq.com/s?__biz＝MzA3MzYxMDUyNQ＝＝&mid＝204355594&idx＝1&sn＝430e0812b4f16085272eb9d02081d865#rd。

老百姓最期待解决的是"环境治理""食品安全"和"住房保障"。中部地区,老百姓最渴望的是"简政放权""产业转型"和"经济发展";西部地区,老百姓最想要的是"经济发展""社会保障""农村建设"和"交通基础设施建设"①。

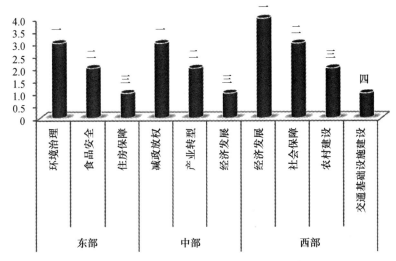

图 13-5　2014 年不同地区居民最期待解决的问题

数据来源:《数字两会:国家忙碌这一年　百姓怎么看》,中新网,2015-03-02［2015-06-12］,http://www.chinanews.com/shipin/2015/03-02/news551167.shtml

三、2008—2012 年间农村食品消费结构演化研究

消费结构是指人们在生活消费过程中所耗费的各种消费对象的比例关系及协调程度②。农村居民食品消费结构不仅可以反映居民生活水平的波动和水准提高的程度,而且能反映食品消费的现状与趋势③。本节主要通过对农村居民主要食品消费量以及消费结构变化的研究,分析我国农村居民对食品消费需求的变化与发展趋势,把握农村居民对食品安全评价与选择的深层次原因。

(一) 农村居民生活总体上处于小康水平

从表 13-7 和图 13-6 均可以看出,2008—2013 年间我国农村居民人均可支配收入、人均消费支出以及人均食品消费支出总量均呈现上升态势。人均可支配收

①　《数字两会:国家忙碌这一年　百姓怎么看》,中新网,2015-03-02［2015-06-12］,http://www.chinanews.com/shipin/2015/03-02/news551167.shtml.

②　李芳林、蔡晶晶:《城镇居民消费结构演变及其优化策略研究——以江苏省为例》,《战略研究》2014年第 28 期。

③　王静怡、陈珏颖、刘合光:《城镇化对中国农产品消费结构的影响》,《农业展望》2014 年第 2 期。

入从 2008 年的 15780.8 元上升至 2013 年的 26955.1 元,年均增长率为 11.32%。人均消费支出从 3660.7 元上升至 6625.5 元,年均增长率为 12.65%。人均食品消费支出从 1598.8 元上升至 2495.5 元,年均增长率为 9.42%。恩格尔系数是指食品支出总额占个人消费支出总额的比重,是用来衡量一个国家或地区居民生活水平状况的重要指标,一个国家或家庭生活越贫穷,恩格尔系数就越大,反之生活越富裕,恩格尔系数就越小[①]。从图 13-6 中恩格尔系数的变化可以看出,虽然 2008—2013 年间我国农村居民人均食品消费支出总量长逐年增加,但是农村居民食品消费支出占总支出的比例总体上呈现下滑趋势,说明农村居民的生活水平正在逐年提高。联合国根据恩格尔系数的大小,对世界各国的生活水平有一个划分标准,即一个国家平均家庭恩格尔系数大于 60% 为贫穷;60%—50% 为温饱,50%—40% 为小康,40%—30% 属于富裕,30%—20% 为相对富裕,20% 以下为极其富裕。因此,从 2008—2011 年间恩格尔系数在 40.4%—43.7% 之间判断,我国农村居民生活总体上处于小康水平,而 2012—2013 年恩格尔系数在 37.7%—39.3% 区间,说明我国农村居民生活正在逐步迈向富裕阶段。

表 13-7　2008—2013 年间我国农村居民人均消费水平变化

年份	人均可支配收入 (元)	人均消费支出 (元)	人均食品消费支出 (元)	恩格尔系数 (%)
2008	15780.8	3660.7	1598.8	43.7
2009	17174.7	3993.5	1636.0	41.0
2010	19109.4	4,381.8	1800.7	41.1
2011	21809.8	5221.1	2107.3	40.4
2012	24564.7	5908.0	2323.9	39.3
2013	26955.1	6625.5	2495.5	37.7

资料来源:2008—2013 年中国统计年鉴整理形成。

(二) 食品消费结构优化且呈营养多元化的态势

从表 13-8 和图 13-7 可以看出,2008—2012 年间我国农村居民消费的主要食品按每年度人均消费量高低次为粮食、蔬菜、肉禽及其制品等,并且在 2008—2012 年间农村居民人均粮食以及蔬菜的消费量逐年降低,而肉禽以及蛋奶等副食品的消费量均呈现小幅上升的态势。进一步分析,2008—2012 年间我国农村居民人均粮食的消费量从 2008 年的 199.1 千克下降为 2012 年的 164.3 千克,年均下降幅度为 4.69%,人均蔬菜消费量的年均下降幅度为 3.98%。消费结构变化中最为显著的是人均牛肉消费量的增长,从 2008 年的人均 0.6 千克到 2012 年的人均 1 千

---

① 高觉民:《城乡消费二元结构及其加剧的原因分析》,《消费经济》2005 年第 1 期。

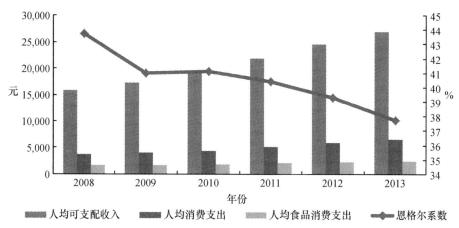

图 13-6　2008—2012 年间我国农村居民人均消费水平变化

资料来源：2008—2013 年中国统计年鉴整理形成。

克，年均增长率为 16.67%，奶及奶制品的年均增长率为 13.06%，坚果及其制品的年均增长率为 10.37%，其他农产品的年均增长率均在 0.84%—6.60% 之间。农产品消费结构发生了明显的变化，反映了近年来农村居民生活水平的改善、营养水平不断提高。粮食消费比例的降低，可能是因为粮食是生活必需品，其需求的收入弹性小于 1，随着收入的增加，粮食消费量增加但增加幅度小于收入的增加幅度，同时因为其他农产品种类如猪肉、牛羊肉和水产品等产量增加，可供居民消费的农产品日益丰富，粮食的替代品增多①。这同时也反映了随着生活水平的提高，我国农村居民对饮食营养消费需求的不断提高，越来越重视营养的均衡，增加了对非主粮产品的需求。

表 13-8　2008—2012 年间我国农村居民人均每年主要食品消费数量

（单位：千克）

年份 食品类别	2008	2009	2010	2011	2012
粮食	199.1	189.3	181.4	170.7	164.3
蔬菜	99.7	98.4	93.3	89.4	84.7
食用油	6.3	6.3	6.3	7.5	7.8
食用植物油	5.4	5.4	5.5	6.6	6.9
肉禽及其制品	20.2	21.5	22.2	23.3	23.5

① 王静怡、陈珏颖、刘合光：《城镇化对中国农产品消费结构的影响》，《农业展望》2014 年第 2 期。

（续表）

食品类别＼年份	2008	2009	2010	2011	2012
猪牛羊肉	13.9	15.3	15.8	16.3	16.4
猪肉	12.7	14.0	14.4	14.4	14.4
牛肉	0.6	0.6	0.6	1.0	1.0
羊肉	0.7	0.8	0.8	0.9	0.9
禽类	4.4	4.3	4.2	4.5	4.5
蛋及蛋制品	5.4	5.3	5.1	5.4	5.9
奶及奶制品	3.4	3.6	3.6	5.2	5.3
水产品	5.2	5.3	5.2	5.4	5.4
食糖	1.1	1.1	1.0	1.0	1.2
酒	9.7	10.1	9.7	10.2	10.0
瓜果及其制品	19.4	20.5	19.6	21.3	22.8
坚果及其制品	0.9	1.1	1.0	1.2	1.3

资料来源:2008—2012 年中国统计年鉴整理形成。

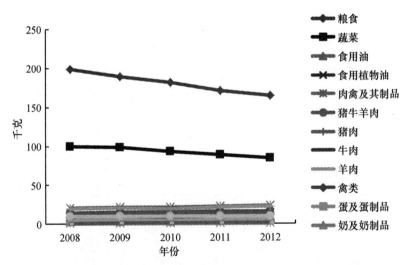

图 13-7　2008—2012 年间我国农村居民人均每年主要食品消费数量变化
资料来源:2008—2012 年中国统计年鉴整理形成。

（三）不同收入家庭人均食品消费支出状况有所差异

表 13-9 和图 13-8 中均可以看出,2012 年将农村家庭按收入进行五等分,高收入户家庭平均每人食品消费支出占总支出的比例最低,低收入户消费支出占总支出的比例最高。从低收入户到高收入户,平均每人消费支出以及人均食品消费支

出总值均增加,而平均每人食品消费支出占总支出的比例下降。并且收入越高的家庭食品消费支出占总支出的比值越低。其中低收入家庭人均食品占总消费支出的比例为43.30%,中等偏下家庭为42.62%,中等收入家庭为40.47%,中等偏上家庭和高收入家庭分别为38.60%和35.26%。

表 13-9　2012 年按收入五等份分农村居民家庭平均每人消费支出

指标	低收入户 (20%)	中等偏下户 (20%)	中等收入户 (20%)	中等偏上户 (20%)	高收入户 (20%)
消费支出	3742.25	4464.34	5430.32	6924.19	10275.30
食品	1620.32	1902.73	2197.42	2672.60	3622.70
现金消费支出	3262.10	3946.12	4912.65	6421.32	9836.16
食品	1173.21	1415.99	1712.19	2203.09	3217.42

资料来源:2012 年中国统计年鉴整理形成。

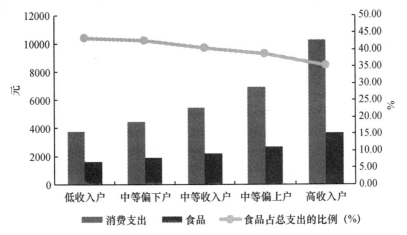

图 13-8　2012 年按收入五等份分农村居民家庭平均每人消费支出
资料来源:2012 年中国统计年鉴整理形成。

(四) 不同区域居民主要食品消费量有一定的差异性

从表 13-10、图 13-9 以及图 13-10 中可以看出,2012 年度全国农村居民家庭平均食品消费量最多的是粮食与蔬菜。从主要食品消费总量来看,相比于其他地区,2012 年度西南地区农村居民人均主要食品消费量最大为 322.07 千克,其中人均粮食消费量以及猪牛羊肉消费量也最大,分别为 181.95 千克和 23.71 千克;东北地区农村居民对蔬菜、食用油以及酒的人均消费量最高分别为 99.48 千克、10.11 千克和 19.57 千克。从各个地区农村居民对不同种类食品消费占总食品消费量的比率来看,全国平均粮食消费占主要食品总消费量的比例为 54.73%,西北地区平均粮食占主要食品消费量的比例最大为 66.86%,其次是西南地区平均比

表 13-10 2012 年分地区的农村居民家庭平均每人主要食品消费量

（单位：千克）

地区		粮食	蔬菜	食用油	猪牛羊肉	禽类	蛋类及其制品	水产品	食糖	酒
	全国	164.27	84.72	7.83	16.36	4.49	5.87	5.36	1.19	10.04
华北地区	北京	101.13	100.47	9.80	19.13	3.96	11.05	5.33	1.15	16.15
	天津	163.42	76.63	11.60	14.87	1.84	12.84	10.17	1.09	11.37
	河北	156.90	71.80	8.84	10.18	1.28	10.42	3.31	1.06	12.05
	山西	155.99	69.30	7.40	6.89	1.14	7.82	0.94	0.98	4.80
	内蒙古	181.27	68.74	5.20	26.18	3.52	6.45	2.06	0.92	13.90
	平均值	151.74	77.39	8.57	15.45	2.35	9.72	4.36	1.04	11.65
东北地区	辽宁	160.45	103.09	9.27	15.88	1.48	8.48	5.21	0.68	15.35
	吉林	170.49	127.72	9.09	13.75	4.31	7.90	4.06	0.73	19.28
	黑龙江	138.32	67.64	11.98	10.91	3.44	6.33	3.96	1.00	24.07
	平均值	156.42	99.48	10.11	13.51	3.08	7.57	4.41	0.80	19.57
华东地区	上海	140.58	72.23	10.36	21.71	9.46	8.92	18.43	1.77	18.02
	江苏	135.41	92.95	7.69	14.91	5.70	6.96	10.32	1.02	10.58
	浙江	128.87	68.04	8.16	16.93	6.10	5.56	15.97	1.25	19.84
	安徽	150.02	68.98	8.08	11.60	6.05	7.23	6.20	4.36	12.24
	福建	154.14	83.98	7.80	19.57	7.87	5.32	17.42	1.70	15.58
	江西	179.79	105.61	9.01	13.90	3.66	4.22	5.44	0.79	11.86
	山东	154.13	70.88	7.95	9.45	3.30	12.32	4.84	0.79	11.89
	平均值	148.99	80.38	8.44	15.44	6.02	7.22	11.23	1.67	14.29

（续表）

地区		粮食	蔬菜	食用油	猪牛羊肉	禽类	蛋类及其制品	水产品	食糖	酒
中南地区	河南	142.88	70.46	6.91	6.93	2.27	9.06	1.74	0.79	6.14
	湖北	150.58	119.33	10.39	18.17	2.94	5.02	8.54	0.62	11.12
	湖南	198.15	121.79	8.34	18.16	6.08	4.92	6.23	1.05	6.05
	广东	175.35	99.53	7.09	26.35	13.16	3.39	15.88	1.37	4.00
	广西	171.91	86.43	5.59	16.21	10.71	2.22	3.83	0.94	8.97
	海南	115.20	60.65	6.07	18.34	14.02	2.43	20.92	0.88	7.37
	平均值	159.01	93.03	7.40	17.36	8.20	4.51	9.52	0.94	7.28
西南地区	重庆	156.72	125.37	7.50	23.17	3.67	5.18	3.57	1.96	12.91
	四川	160.14	116.40	6.94	26.11	5.88	4.87	2.55	1.17	9.51
	贵州	146.68	97.43	4.80	21.19	2.05	2.35	0.53	0.70	7.75
	云南	178.97	96.94	5.01	27.12	5.59	2.82	1.89	0.92	8.19
	西藏	276.56	14.03	7.73	20.95	0.02	0.56	0.00	2.51	3.43
	平均值	183.81	90.03	6.40	23.71	3.44	3.16	1.71	1.45	8.36
西北地区	陕西	143.72	48.54	7.75	7.56	0.86	3.91	0.53	0.59	4.35
	甘肃	187.87	44.39	6.40	12.14	1.48	3.93	0.54	1.11	8.86
	青海	170.41	40.80	3.80	23.25	1.37	1.58	0.56	1.22	3.80
	宁夏	180.23	69.95	8.60	11.64	5.98	3.40	0.74	1.06	3.20
	新疆	227.53	77.14	12.85	17.41	3.00	3.62	0.59	0.52	1.91
	平均值	181.95	56.16	7.88	14.40	2.54	3.29	0.59	0.90	4.42

资料来源：2012 年中国统计年鉴整理形成。

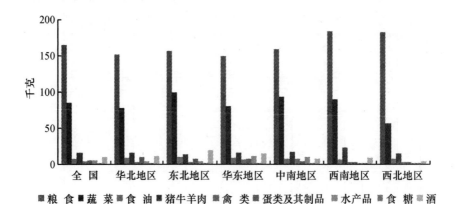

图 13-9　2012 年分地区农村居民家庭平均每人主要食品消费量
资料来源:2012 年中国统计年鉴整理形成。

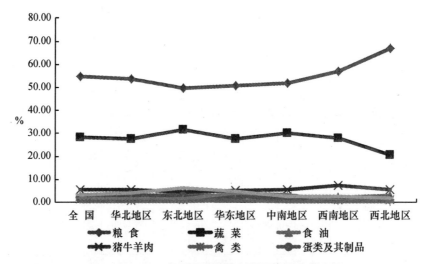

图 13-10　2012 年不同地区农村居民食品消费比例
　资料来源:2012 年中国统计年鉴整理形成。

例 57.07%,西北地区、西南地区食消费占主要食品总消费量的比例均高于全国平均
水平,而东北地区粮食占主要食品消费量的比例最小为 49.67%,低于全国平均水
平。东北地区蔬菜消费占主要食品消费量的比例最高为 31.59%,其次是中南地区
为 30.28%,均高于全国平均水平 28.23%,西北地区蔬菜消费量占比最低为
20.64%。与其他地区相比,东北地区农村居民对食用油和酒的消费量占主要食品总
消费量的比例最大,分别为 3.21% 和 6.21%;西南地区对猪牛羊肉的消费量占主要
食品消费量的比值最大为 7.36%,中南地区农村居民对禽类的消费量占主要食品消

费量的比例最高为 2.67%，而华北地区农村居民对蛋类及制品的消费比例最高为
3.44%。华东地区农村居民对水产品和食糖消费量的占比最高，分别为 3.82% 和
0.57%。总体来看，各地区农村居民在主要食品消费中主要是对粮食和蔬菜的消费，
并且依据地区的不同对食用油、禽类等食品的消费比率基本一致，差异性不大。

四、调查组织与受访者特征分析

我国大陆 31 个省、自治区、直辖市（以下简称省区），由于研究条件的限制，在
短期内设置覆盖大陆所有省份的调查点，在全国范围建立科学合理、分布均衡、动
态有序的调查网络至少在现阶段难以完全实现。为了动态地展开研究，便于长期
性比较研究与建立农村食品安全治理数据库，本《报告》延续过去几年的方法，力
求选择代表性的调查点，最大程度地通过代表性调查点的数据研究农村居民对食
品安全的客观评价，以近似地反映与描述全国性的整体状况。

（一）调查样本地区的选择

作为专项性的问卷调查，要近似地反映与描述我国广大农村居民对食品安全
评价，需要以分布较广的调查点和每个调查点上一定数量的样本为基础，即要求
样本的抽取具有广泛的代表性和真实性，以确保总体中的每一个样本均具有同等
的被调查概率。因此，为全面、真实地获取数据，本《报告》在研究过程中主要采取
了随机抽样的方法，在全国范围内选取了 10 个省（区）59 个县市的 92 个行政村进
行了实地的问卷调查。本次调查的设计与调查方案等相关情况如下。

1. 抽样设计的原则

本次抽样调查遵循的基本原则是科学、效率、便利。整体方案的设计严格按
照概率抽样方法，要求样本在条件可能的情况下基本能够涵盖全国典型省区，确
保样本具有代表性；在此基础上要求抽样方案的设计强调在相同样本量的条件下
尽可能提高调查的精确度，确保目标量估计的抽样误差尽可能小。同时，设计方
案注重可行性与可操作性，不仅要便于抽样调查的具体组织实施，也要便于后期
的数据处理与分析。

2. 随机抽样方法

考虑到不同农村地区存在的差异性，本次调查主要采取了分层抽样的方法，
以期获得理想、客观、真实的调查结果。分层抽样是先将总体中的所有单位按照
某种特征或标志（如性别、年龄、职业或地域等）划分成若干类型或层次，然后再在
各个类型或层次中采用简单随机抽样的办法抽取一个子样本。具体抽样方法为，
在已确定的 10 个省（区）的 59 个县市中随机抽取近 100 个样本村（见表 13-5），平
均各村随机抽取 40 到 45 个样本农户，以此来组成调查样本。本次调查总计发放
问卷 4000 份，剔除缺失关键变量以及填写的无效问卷，最终获得有效问卷 3984

份,有效回收率为 99.60% 。

3. 调查的地区

依据上述方案,最终调查的地区[省区、市(县)、乡镇(街道)、村]等情况见表 13-11 。

4. 具体调查的组织

为了确保调查质量,在实施调查之前对调查人员进行了专门培训,要求其在实际调查过程中严格采用设定的调查方案,并采取一对一调查的方式,在现场针对相关问题进行半结构式访谈,协助被调查的农村居民(以下简称受访者)完成问卷的填写,以提高数据的质量。由于篇幅的限制,调查的有关细节不具体叙述。

(二) 受访者基本特征

如表 13-12 所示,2014 年被调查的 3984 位受访者具有如下的基本特征。

1. 男性略多于女性

在 3984 位受访者中,男性略多于女性,比例分别为 50.78% 和 49.22% 。

2. 26—45 岁年龄段的受访者比例最高

26—45 岁年龄段的受访者比例最高,为 35.97% ;年龄在 18—25 岁和 46—60 岁的受访者比例基本相同,分别为 25.23% 和 25.60% 。受访者年龄在 61 岁及以上、18 岁以下的比例较低,分别为 7.48% 和 5.72% 。总体而言,受访者样本的年龄结构比较合理。

3. 已婚的受访者占绝大多数

76.15% 的受访者为已婚,所占比例超过四分之三,未婚的受访者比例为 23.85% 。

4. 家庭人口数为 4 人的受访者比例较高

38.28% 的受访者家庭人口数为 4 人;家庭人口数为 3 人、5 人及以上的受访者比例基本相同,分别占比为 29.42% 和 26.75% ;此外,家庭人口数为 1—2 人的比重较低,仅为 5.55% 。

5. 受访者学历层次整体较低,其中学历为初中的受访者最多

有 38.25% 的受访者学历为初中,占比最高;其次为高中(包括中等职业),所占比例为 24.25% ,接近四分之一。此外,有 18.50% 的受访者学历为小学及以下;学历为本科及以上、大专的受访者比例相对较低,仅分别为 10.29% 和 8.71% ,这部分的受访者可能以假期中的学生与当地政府公务员居多。

6. 具有城市打工经历的比例相对较高

在 3984 位受访者中,具有城市打工经历的受访者比例为 61.80% ,占绝大多数;而无城市打工经历的受访者比例为 38.20% 。

表 13-11　2014 年典型地区农村食品消费安全状况调查的地区分布

序号	省、直辖市	地级市	县、区、县级市	镇、乡、街道办	村、居委会
1	江苏省	盐城市、淮安市、南京市、南通市、宿迁市、常州市、扬州市、连云港市、苏州市	阜宁县、涟水县、六合县、海安县、如皋县、海州区、门市、沭阳县、宿城区、武进区、句容市、邗江区、海州区、宝应县、丰县、射阳县、盱眙县、常熟市、相城市	陈良镇、益林镇、麻埠乡、瓜埠镇、雅周镇、曲塘镇、袁桥镇、三星镇、七雄镇、洋河镇、天目湖镇、夏溪镇、天王镇、李典镇、宁海乡、新坝镇	成侯村、涂桥村、三烈村、六合县街道办、扬子14村居委会、春华村、王码村、钱庄村、曲塘村、野马村、八角井村、东夏村、益民村、道口村、西关村、戈罗村、毛尖村委山南村、巷上村、蔡巷村、新坝长生村、杨场村、孙庄村
2	四川省	内江市、绵阳市、巴中市、达州	微远县、北川姜族自治县、平昌县、大竹县	观音滩镇、严陵镇、山王镇、坝底乡、土兴镇、二郎乡	龟形村、一碗水村、白沙村、罗家村、尖家沟、叶家坝
3	重庆市		酉阳县、涪陵区、云阳县	钟多镇、两汇乡、开平乡、宝坪镇、龙角镇	十字村、游江村、开平村、枣树村、石峡子、张家村
4	山东省	临沂市、莱芜市、淄博市	沂南县、莱城区、钢城区、莱城区、周村区、博山区	蒲汪镇、大王庄镇、颜庄镇、周村乡、大王庄镇、北博山镇	龙角村、大沟村、屈左联村、孤山村、下崮村、前张街村、东上崮村、龙尾村、复宁街村、周村、孤山村、北博山村
5	河北省	沧州市、承德市、保定市、邯郸市	泊头市、隆化县、庞口县、永年县	泊镇、王武镇、韩麻营镇、南沿口镇、南沿村镇、广府镇	马庄村、苏屯村、曹司务营村、安家庄、田堡村、南桥村

（续表）

序号	省、直辖市	地级市	县、区、县级市	镇、乡、街道办	村、居委会
6	浙江省	湖州市、杭州市、宁波市、温州市、金华市	安吉县、萧山区、慈溪市、苍南县、永康市、东阳市	梅溪镇、北干街道、观海卫镇、巴曹社区、花街镇、江北街道、吴宁镇、歌山镇	石子洞村、城北村、卫南村、城南村、秦堰村、马堰村、东埠头村、师东村、淡底村、倪宅村、西范村、花溪村、亭塘村、石潭村、李宅村
7	安徽省	六安市、安庆市、阜阳市	金寨县、桐城市、临泉县、裕安区	燕子河镇、青草镇、关庙镇、韩摆渡镇	文家店村、夏星村、朝阳村、里仁村、王大庄村、韩摆渡村
8	河南省	邓州市、焦作市、鹤壁市、新乡市	邓州市、武陟县、温县、浚县、卫辉市	孟楼镇、大虹桥乡、嘉应观乡、小河镇、后河镇	玉皇村、后阳城村、南贾村、北村、朱原村、南村、后河村
9	湖北省	襄阳市、咸宁市、黄冈市	保康县、嘉鱼县、英山县、咸安区	寺坪镇、牌洲湾镇、方家咀乡、埠桥镇	城上村、庄屋村、段家坳村、小泉村
10	吉林省	通化市、通化市、长春市、四平市	梅河口县、二道江区、农安县、双辽市	李炉乡、铁厂镇、杨树林乡、新立乡	李炉沟村、一心村、西白令村、刘家村、新立村、新胜村

7. 个人年收入整体较低

在3984个受访者中，个人年收入在1万元以下的比例最高，为33.76%，超过三分之一；个人年收入在1—2万元之间和2—3万元之间的比例基本相同，分别为26.05%和21.96%；个人年收入在3万元以下的受访者比例为81.77%。个人年收入在3—4万元之间、4—5万元之间、5万元以上的受访者比例仅分别为8.01%、4.69%和5.53%。调查结果表明绝大部分受访者收入较低。

8. 家庭年收入以3—6万元区间居多

在家庭年收入方面，家庭年收入为3—6万元之间的受访者比例最高，为46.34%；家庭年收入在3万元及以下和6—10万元之间的受访者比例分别为21.03%和23.82%；而家庭年收入在10万元以上的受访者比例仅为8.81%。

9. 家中有18岁以下小孩的受访者比例超过一半

56.25%的受访者家中有18岁以下的小孩，家中没有18岁以下小孩的比例为43.75%。

表13-12　2014年受访者基本特征的统计性描述

特征描述	具体特征	频数	有效比例(%)
性别	男	2023	50.78
	女	1961	49.22
年龄	18岁以下	228	5.72
	18—25岁	1005	25.23
	26—45岁	1433	35.97
	46—60岁	1020	25.60
	61岁及以上	298	7.48
婚姻状况	未婚	950	23.85
	已婚	3034	76.15
家庭人口数	1—2人	221	5.55
	3人	1172	29.42
	4人	1525	38.28
	5人及以上	1066	26.75
受教育程度	小学及以下	737	18.50
	初中	1524	38.25
	高中(包括中等职业)	966	24.25
	大专	347	8.71
	本科及以上	410	10.29
是否有城市打工经历	无	1522	38.20
	有	2462	61.80

（续表）

特征描述	具体特征	频数	有效比例(%)
个人年收入	1 万元以下	1345	33.76
	1—2 万元之间	1038	26.05
	2—3 万元之间	875	21.96
	3—4 万元之间	319	8.01
	4—5 万元之间	187	4.69
	5 万元以上	220	5.53
家庭年收入	3 万元及以下	838	21.03
	3—6 万元之间	1846	46.34
	6—10 万元之间	949	23.82
	10 万元以上	351	8.81
家中是否有 18 岁以下的小孩	有	2241	56.25
	没有	1743	43.75

上述受访者的总体特征与《中国食品安全发展报告 2012》《中国食品安全发展报告 2014》的状况基本吻合，同时由于调查区域也没有太多的变化，这为连续性的比较研究奠定了基础。

五、对食品安全状况评价与未来信心的分析

此章节主要从农户对食品安全状况的评价、担忧的主要食品安全问题、对常用食品质量安全的评价等方面，探讨农村受访者对食品安全状况的评价与未来信心，并与 2013 年相关调查进行比较。

（一）对农村地区食品安全总体状况的评价有较大提高

调查结果如图 13-11 所示，认为食品安全总体水平有明显改善或有所改善的受访者比例从 2013 年的 48.34% 提高至 2014 年的 64.94%；而认为改善不大、有所下降、明显下降的受访者比例则分别从 2013 年的 28.91%、12.25%、10.50% 下降到 2014 年的 22.11%、5.72% 和 7.23%。可见，大部分受访者认为农村地区食品安全总体状况明显改善或有所改善，反映出农村地区食品安全总体水平呈改善趋势。

（二）有害物质残留超标成为最担忧的食品安全问题

图 13-12 显示了受访者所担忧的食品安全问题，其中受访者对"化肥、农药、兽药等有害物质残留超标"问题的担忧程度最高，且受访者的选择比例由 2013 年的 68.89% 提高到了 2014 年的 81.58%；选择担忧"农产品种植土壤中重金属超标"、

图 13-11　2013 年和 2014 年受访者对食品安全状况改善评价的比较

"转基因食品"安全性、"食品添加剂与滥用非食品用的化学物质"、"假冒伪劣、过期食品等"问题的受访者比例分别由 2013 年的 19.79%、14.80%、59.00%、57.94%调整为 2014 年的 36.80%、22.39%、37.37%、35.07%。农村受访者对不同食品安全问题担忧程度的变化可能与近年来媒体报道的一些重大食品安全事件有着密切的关系,比如,农村受访者对农产品种植土壤中重金属超标与转基因食品安全性的关注迅速上升。

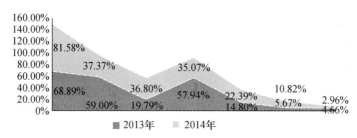

图 13-12　2013 年和 2014 年受访者所担忧的食品安全问题的比较

(三) 仍普遍担忧常用食品的安全状况

在 2013 年和 2014 年的调查中,分别有 81.42%和 80.90%的受访者表示对日常食用的食品的安全状况较为担忧,仅分别有 18.58%和 19.10%的受访者表示不担心日常食用的食品安全状况,表明农村受访者仍普遍担忧日常食品的安全状况。

(四) 对常用食品的质量安全评价有不同程度的提高

一般而言,农村消费者日常的食品主要是主食米面、肉禽副食、蔬菜瓜果、乳制品和蛋类、调味品等。表 13-13 的调查结果显示,对主食米面、肉禽副食、蔬菜瓜果、乳制品和蛋类、调味品的质量安全表示不放心的受访者比例分别从 2013 年的

19.33%、42.93%、26.56%、33.92%和 21.03%下降到 2014 年的 11.62%、30.25%、18.77%、22.92%和 18.98%。受访者不放心的比例全线下降。但是，2013 年与 2014 年的调查均表明，受访者对市场上的肉禽副食的放心程度最低。随着农村生活水平的不断提高，农村消费者食品消费结构逐步优化，对肉禽、蔬果、蛋奶等副食品的需求不断增加。但近年来我国肉禽类食品安全事件频发，比如 2013 年爆发的黄浦江死猪事件和后续发生的多起特大制售病死猪案件等，可能引起了农村受访者的担忧，也突显了在农村加强生猪、家禽生产监管的紧迫性与重要性。

表 13-13　2013 年和 2014 年受访者对常用食品安全性评价的比较

购买的食品	是否放心	2013 年所占比例（%）	2014 年所占比例（%）
主食米面	放心	28.75	29.92
	比较放心	51.92	58.46
	不放心	19.33	11.62
肉禽副食	放心	15.37	18.90
	比较放心	41.70	50.85
	不放心	42.93	30.25
蔬菜瓜果	放心	25.12	25.18
	比较放心	48.32	56.05
	不放心	26.56	18.77
乳制品和蛋类	放心	20.49	22.64
	比较放心	45.59	54.44
	不放心	33.92	22.92
调味品	放心	30.24	29.99
	比较放心	48.73	51.03
	不放心	21.03	18.98

（五）大部分受访者遭遇过食品安全问题

2014 年的调查结果表明，高达 69.45%的受访者表示曾经遇到过食品安全问题，仅 30.55%的受访者表示没有遇到过食品安全问题。在受访者遭遇过的食品安全问题中，过期食品问题、食品包装上没有标签或标签不完整问题、食品假冒伪劣问题、食品不卫生问题的占比分别为 56.15%、40.49%、31.73%、34.14%。可见农村市场上的食品安全形势依然严峻，消费者极易受到过期食品和标签不完整食品、假冒伪劣食品的侵害。可见，政府食品安全监管部门在农村食品安全问题的监督执法过程中，应加大对过期食品和标签不完整食品的检查与惩罚力度。

（六）受访者对"地沟油"和"瘦肉精"事件的认知度较高

2014 年的调查结果显示，分别有 86.60%、71.36%、41.59%、32.86%、28.92%的受访者了解"地沟油""瘦肉精""染色馒头""毒豆芽""黄金大米"等事件。可见，受访者对油类和肉制品类所发生的食品安全事件认知度较高。原因就在于，油类和肉制品类是农村居民最常用的食品，同时"地沟油"与"瘦肉精"事件在我国连续发生，影响面较大，并且与媒体对"地沟油"与"瘦肉精"事件的宣传报道决不留情有关。

（七）对未来食品安全状况改善的信心小幅提高但仍然信心不足

图 13-13 显示，认为"农村地区未来食品安全状况将逐步改善"的受访者比例从 2013 年的 43.99%增加到 2014 年的 48.29%，而认为"未来农村食品安全问题太多、难以在短时期改善"以及"无所谓"的受访者比例则分别从 2013 年的 47.64%和 8.37%下降到 2014 年的 46.76%和 4.95%。由此可见，农村受访者虽然对未来食品安全状况改善的信心正逐步提高，但信心仍然不足，仍然有 46.76%的受访者认为"未来农村食品安全问题太多、难以在短时期改善"。

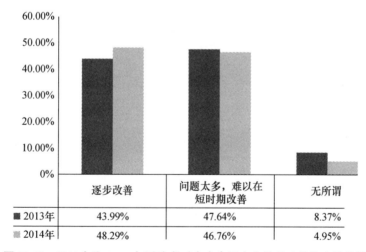

	逐步改善	问题太多，难以在短时期改善	无所谓
■2013年	43.99%	47.64%	8.37%
▨2014年	48.29%	46.76%	4.95%

图 13-13　2013 年和 2014 年受访者对未来食品安全状况改善信心的比较

（八）改善本地区食品质量安全状况的愿望较强烈

如图 13-14 所示，在 2014 年的调查中，分别有 53.16%、30.50%和 16.34%受访者对改善本地区食品质量安全状况的愿望为"强烈""说不清"和"并不强烈"。可以看出，超过一半的受访者强烈希望改善本地区食品的安全质量状况。

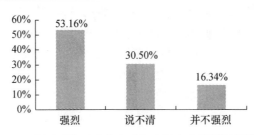

图 13-14　2014 年受访者对改善本地区食品安全质量愿望的强烈程度

六、农村食品安全问题的成因与初步对策

农村地区的食品安全表现出诸多问题,本章节主要深入剖析其背后最基本的成因,以期探讨改善农村食品安全生产状况的对策。

(一) 最关键的两个成因

1. 食品安全问题最主要成因是生产者盲目追求利润

在当前生产者与经营者高度分散,消费者自身又无法分辨农产品的风险特征(如农药、激素的残留量等)的情况下,由于生产农户社会责任意识薄弱,盲目追求利润最大化,便出现"一家两制"、私屠乱宰等现象,进而引发食品安全风险。2013年与 2014 年的调查结果也证实,受访者认为"食品生产者以赚钱为目的,不择手段"以及"农民对食品安全知识了解不多"是造成目前农村地区食品安全问题的两大主要原因(见表 13-14)。

表 13-14　2013 年和 2014 年农村地区食品安全问题主要成因的比较

主要原因	2013 年	2014 年
食品生产者以赚钱为目的,不择手段	57.50%	59.21%
农民对食品安全知识了解不多	57.86%	57.08%
农民收入普遍比较低,不安全的食品有人购买	39.33%	53.24%
政府管理不善甚至没有部门管理	49.19%	37.75%
其他	7.34%	7.28%

2. 农产品安全监管与违法行为惩罚力度仍有待加强

由于我国农户众多且分散,而政府食品安全监管部门又普遍存在人员不足、装备滞后、检测能力较低等问题,因此难以对使用高毒农药、私屠滥宰、一家两制、流动小商小贩等影响食品安全的行为实行全面和无缝的监管,农产品安全风险发生在源头的概率依然很高,直接影响到整个食品供应链的安全。2014 年的调查结果也显示(见图 13-15),分别有 76.91% 和 68.79% 的受访者表示"强化政府的监管"和"对违法者予以重罚"是提高农村农产品安全生产水平的有效途径。另有

34.39% 和 37.42% 的受访者表示通过"曝光典型案件"和"普及科学知识,提高鉴别能力"可以提高农村地区农产品安全生产水平。由此说明,政府对农产品安全的监管力度与对违法行为的惩罚力度仍有待加强。

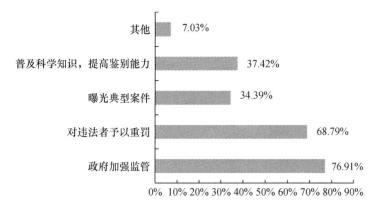

图 13-15　2014 年受访者认为提高农村农产品安全生产水平最需要的措施

(二) 基于调查结论的思考与初步的对策

归纳前文农村居民对食品安全评价、农村食品消费结构的变化与农村农产品质量和生产状况的调查与分析,可以发现,2014 年与 2013 年的调查情况既有类似之处也有差异之处。基于调查结论以及对农村食品安全问题成因的探讨,本章节的研究认为改善农村食品安全状况、提升农村居民食品安全消费信心,当务之急是要在以下五个方面下功夫。

1. 加强监管能力建设,夯实监管工作基础

加强农村地区食品安全治理,必须提升监管部门的食品安全治理能力,夯实监管工作基础。具体而言,一是加强培训,增强监管技能。通过举行面对基层的食品安全治理知识培训,提升监管队伍的整体素质和监管人员的实际监管能力,努力打造工作作风扎实、专业知识完备、精通业务、善于监管的职业化、专业化的食品安全治理队伍。二是加大考核力度。加强对食品安全治理工作的督查考核,建立严格的奖惩制度,实现督查检查经常化、随机化,并明确考核工作要点、标准、要求和时间,实现考核定期化、制度化,严格落实食品安全治理责任制度。三是强化食品检验的能力建设。统一规划、协调实施,加强不同类型检测机构在功能上的相互衔接与配合,减少重复建设和资源浪费,充分发挥检测体系的整体效能。同时,要加大快速检测的科技投入和经费保障,加强快速检测箱以及检测试剂、辅助用品等的配备和使用管理。

2. 完善食品安全治理体系,提高食品安全保障水平

提升我国农村地区食品安全水平,必须继续完善我国现有的食品安全治理体

系。一是加快食品安全法律建设和法制管理。补充目前法律没有明确规定而实践又迫切需要的一些具体制度,如风险评估制度、风险预警制度、危机处理制度和责任追究制度等。二是完善食品安全标准体系。进一步提高食品安全国家标准的通用性、科学性和实用性,建立基本符合我国国情的、与产业发展和食品安全治理工作相适应的食品安全国家标准体系。并且,清理整合现行食品标准,解决现行标准交叉、重复、矛盾和过时的问题。

3. 加强对农民的科普和政策宣传教育,提升农民科学素质

农民既是食品安全源头的生产者、监督者又是食品消费者,其科学素质的高低极大的影响食品安全的提升进程。基层相关部门应充分发挥各自科普资源的优势,整合资源搭建平台,深入开展法律、法规和科普宣传活动,全面提升农民科学素质和职业道德诚信水平。不仅需要加强对农户的食品生产技能培训,使其掌握标准化的操作方法达到生产合格产品的目的,还应提高其对食品安全风险的认知,提升其安全生产与消费的意识,在生产中能够自觉减少有害食品安全的行为,同时对其他农民生产活动中的不利于食品安全的行为能够积极地进行监督举报,进而从根源上抑制食品安全问题的产生。

4. 培育新型农业主体,发展适度规模经营

在种植方面,土地的集中会降低交易成本和监管成本,有利于统一监管。但我国现有农民的素质和土地的规模化种植比例还有待提高。政府部门需要提高种地集约经营、规模经营、社会化服务水平,增加农民务农收入,鼓励发展、大力扶持家庭农场、专业大户、农民合作社、产业化龙头企业等新型主体,通过培育发展新型主体促进适度规模经营。在养殖方面,应当推动养殖由散户向规模户集中,促进养殖方式升级,加快生猪标准化规模养殖场建设,合理规划,并以规模化带动标准化,提高生猪效益和猪肉产品质量。

第十四章　我国的食源性疾病与
食品安全风险防范

我国食品安全风险治理,首先要关注的是食源性疾病的问题。根据世界卫生组织的定义,食源性疾病是指病原物质通过食物进入人体引发的中毒性或感染性疾病,常见的主要包括食物中毒、肠道传染病、人畜共患病、寄生虫病等。而食源性疾患的发病率居各类疾病总发病率的前列,与化学性污染和非法添加的危害相比,微生物性食源性疾病是更严重的食品安全问题,据调查,全球98.5%的食源性疾病是由微生物性致病因素引起的。微生物性食源性疾病是当前全球也是我国最突出的公共卫生问题,在我国平均每6.5人中就有1人次因摄入食源性致病菌污染食品而罹患疾病[①]。当然,因摄入受到化学性和生物毒素污染的食品也可能感染而导致食源性疾病。因此,防范与公众自身健康最紧密、危险最大的食源性疾病应该成为食品安全风险社会共治中最重要、最基本的议题。本章将重点就食源性疾病与食品安全风险防范等相关问题展开讨论。

一、食源性疾病引发食品安全问题的总体状况

我国的食品安全问题一直以来受到社会各界的广泛关注。无论在国内还是国际范畴,一个基本共识就是食源性疾病才是食品安全的头号杀手。食源性疾病通常是指食品中致病因素进入人体引起的感染性、中毒性等疾病。由于致病因素是通过消化食物进入体内的,因此每个人都存在罹患食源性疾病风险,最终发病甚至可能导致死亡。食品安全问题引起的食源性疾病,不仅增加公众医疗费用支出、降低全社会福利,而且影响食品工业的可持续发展。

(一) 2001—2013 年间我国食源性疾病的基本状况

农业生产中化肥、农药的大量施用,食品加工过程中采用化学添加剂和新技术,甚至公众外出就餐、家庭烹调等环节,都可能产生食品污染而导致食源性疾病,成为食品安全问题不断涌现的主要原因。包括我国在内的众多发展中国家,

---

[①]　徐方旭、刘诗扬、兰桃芳等:《食源性致病菌污染状况及其应对策略》,《食品研究与开发》2014 年第1 期。

每年约有 207 亿人次罹患食源性疾病,并约有 240 万的 5 岁以下儿童因食源性疾病死亡。但事实上,据世界卫生组织(World Health Organization,WHO)的估计,发达国家食源性疾病的漏报率其实在 90% 以上,而发展中国家则高于 95%。可见,目前世界范围内的食源性疾病与由此引发的食品安全问题被严重低估[①]。

2004 年原国家卫生部(现国家卫生和计划生育委员会)建立了突发公共卫生事件网络直报系统,截至 2011 年底,全国 100% 的疾病预防控制中心、98% 的县级以上医院、94% 的乡镇卫生院实现了突发公共卫生事件网络直报[②],并由国家卫生部负责发布我国食源性疾病事件数据。与此同时,国家卫生部门已经在全国 31 个省(区、市)和新疆生产建设兵团进行食品安全风险监测,监测内容涉及食品中化学污染物和有害因素监测、食源性致病菌监测及食源性疾病监测等;并在全国范围内建设 465 家县级以上试点医院,作为疑似食源性疾病异常病例/异常健康事件的监测点,主动监测食源性疾病,构建国家食源性疾病主动监测网络。目前国家卫生与计划委员会已经会同国家食品安全评估中心等单位,结合食源性疾病主动监测,初步建立了食源性疾病溯源体系,通过食物中毒报告体系形成监测网络,以及建立我国食源性异常病例、健康实践等四个监测体系,以推进食源性疾病的主动监测工作[③]。我国食源性疾病暴发监测与报告系统公布的食源性疾病发生情况的统计数据显示,2001—2013 年间食源性疾病累计暴发事件共 7748 个,累计发病 182250 人次。其中,2013 年发生的食源性疾病暴发事件数最多,为 1001 个;2006 年食源性疾病暴发涉及的发病人数则最多,为 18063 人(见图 14-1)。与此同时,仅在 2011—2012 年间食源性疾病暴发事件数与患者人数显示出反向变化趋势,亦即 2012 年食源性疾病暴发事件数比 2011 年增加的同时,患者人数则小幅下降。表明我国食源性疾病暴发监测与报告系统的敏感度提高,有助于进一步预防食源性疾病[④][⑤]。

---

① 陈君石:《中国的食源性疾病到底有多严重?》,每日食品网,2015-04-22 [2015-06-22],http://www.foodily.com/industry/show.php? itemid=6351。

② Information Office of the State Council. Medical and Health Services in China. Foreign Languages Press. 2012.

③ 《中国的食品安全应高度关注微生物引起的食源性疾病—2012 年中国国际微生物食品安全研讨会在厦门召开》,中国食品科学技术学会,2012-10-22 [2015-06-22],http://www.cifst.org.cn/NewsIn.aspx? id=7325。

④ 徐君飞、张居作:《2001—2010 年中国食源性疾病暴发情况分析》,《中国农学通报》2012 第 27 期。

⑤ 国家卫生计生委办公厅:《中国卫生和计划生育统计年鉴》(2013—2014 年)。

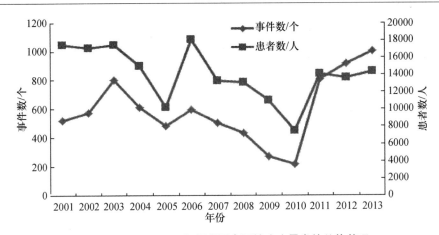

图 14-1　2001—2013 年间我国食源性疾病暴发的总体状况

资料来源:徐君飞、张居作:《2001—2010 年中国食源性疾病暴发情况分析》,《中国农学通报》2012 年第 27 期,第 313—316 页;《中国卫生和计划生育统计年鉴》(2013—2014 年)。

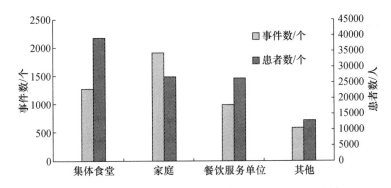

图 14-2　2006—2013 年间我国不同场所食源性疾病暴发情况

资料来源:庞璐、张哲、徐进:《2006—2010 年我国食源性疾病暴发简介》,《中国食品卫生杂志》2011 年第 6 期,第 560—563 页;《中国卫生和计划生育统计年鉴》(2013—2014 年)。

图 14-2 显示,2006—2013 年间我国食源性疾病暴发事件数最多的就餐场所为家庭,共计 1913 个事件数,而造成患者数最多的就餐场所则在集体食堂,总计达到了 39009 人次。可见,家庭和集体食堂成为我国食源性疾病暴发的主要场所。由于 2011—2013 年间国家卫生部门在食源性疾病统计口径中将学校和单位集体食堂纳入了餐饮服务单位的统计范围,故在 2014 年我国食源性疾病暴发的事件中,显示出发生在餐饮服务单位的事件数最多,占总数的 55.4%,而暴发场所

为家庭的事件数则占总数的 40.0%[①]。

（二）2014 年我国食源性疾病事件分析：基于食物中毒的视角

食物中毒（Food Poisoning）报告是反映食品安全问题与食源性疾病暴发的一个重要方面，指健康人经口摄入正常数量、可食状态的"有毒食物"（指被致病菌及其毒素、化学毒物污染或含有毒素的动植物食物）后所引起的以急性感染或中毒为主要临床特征的疾病，也是食源性疾病的一个重要组成部分。需要指出的是，目前除了我国和日本还部分沿用食物中毒的概念外，包括 WHO 等国际组织和欧美等发达国家、地区在内，都已统一采用食源性疾病的表述。我国在《中国卫生和计划生育统计年鉴（2013）》中也开始采用食源性疾病的术语，而在此之前统一采用的是食物中毒的表述，且 2012 年之前的我国食源性疾病相关数据均采用的食物中毒报告数据。可见，相较于食源性疾病报告，我国食物中毒报告的数据应更为全面，也更易描述我国食源性疾病引发的食品安全问题的总体状况。

我国自 2012 年开始在国家、省、地（市）和县的共 2854 个疾控机构实施了食物中毒报告工作，并通过突发公共卫生事件网络直报系统，由省（自治区、直辖市）向国家卫生与计划委员会上报的食物中毒类突发公共卫生事件报告。以食物中毒报告分析我国食源性疾病引发的食品安全问题可以发现，2014 年我国食物中毒事件报告 160 起（包括 74 起食物中毒较大事件、86 起一般事件，当年无重大级别的食物中毒事件报告），中毒 5657 人（较大事件中 842 人食物中毒，一般事件中 4815 中毒），其中死亡 110 人。与 2013 年同期数据相比，报告起数、中毒人数和死亡人数分别增加了 5.3%、1.8% 和 0.9%。可见，仅从食物中毒报告情况分析，2014 年我国食源性疾病暴发事件数较 2013 年有小幅上升。

2014 年我国食物中毒事件报告起数、中毒人数和死亡人数以第三季度（7—9 月）为最高，分别占全年总数的 43.1%、44.4% 和 38.2%。食物中毒事件报告起数和中毒人数最多的月份是 9 月，分别占全年总数的 17.5% 和 24.3%；死亡人数最多的月份则在 6 月，占食物中毒事件死亡总人数的 29.1%。这也指出了食源性疾病以第三季度发生起数最高，第二季度次之，第一和第四季度最低的现实情况，表明了食源性疾病的暴发具有明显的季节性特征[②]。

---

① 《国家卫生计生委办公厅关于 2014 年食品安全风险监测督查工作情况的通报》，国家卫生计生委办公厅，2015-04-16 ［2015-06-22］，http://www.moh.gov.cn/sps/s7892/201504/0b5b49026a9f44d794699d84df81a5cc.shtml。

② 根据 WHO 定义，食源性疾病暴发是指由于食用相同食品而引起的两例或两例以上有类似表现的食源性疾病病例。

二、我国食源性疾病的致病因素与食品安全

食源性疾病的致病因素主要包括食品中微生物、寄生虫、化学性污染物和生物毒素等,摄入食源性致病因素将引发食品安全问题①。由细菌、真菌、病菌等微生物、寄生虫引起的微生物性食源性疾病,是国际公认的最主要的食品安全和公共卫生问题。该类食源性疾病一般潜伏期短、来势急剧,短时间内会造成大规模爆发,引发食品安全事件。而由农药、兽药、添加剂、重金属等化学污染物经食物引起的疾病统称为化学性食源性疾病。近几年来,由化学性致病因素诱发的食源性疾病有所上升,公众也开始更关注污染食品中化学物质可能对人体健康造成的食品安全风险。

(一) 我国食源性疾病的主要致病因素

对 2001—2013 年间引发食源性疾病主要致病因素的分析可以发现(图 14-3),微生物造成食源性疾病事件数和涉及患病人数是首位的,分别占总数的 36.67% 和 53.97%。这充分表明了微生物性病原是对我国公众健康构成威胁的主要食源性疾病致病因素,微生物性食源性疾病也是我国食品安全所面临的主要问题。因此,控制微生物性食源性疾病将有效降低食源性疾病暴发起数、发病人数,保障食品安全。当然,由于化学性、动植物及毒蘑菇两类致病因素引发食源性疾病的死亡威胁较大,加强这两类食源性疾病的监管,可显著减少重大食品安全问题的威胁,降低因食源性疾病导致死亡的社会负担。

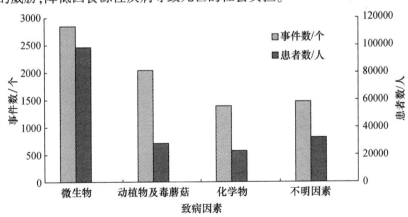

图 14-3　2001—2013 年间我国食源性疾病主要致病因素

资料来源:徐君飞、张居作:《2001—2010 年中国食源性疾病暴发情况分析》,《中国农学通报》2012 年第 27 期,第 313—316 页;《中国卫生和计划生育统计年鉴》(2013—2014 年)。

---

① 沈莹:《食源性疾病的现状与控制策略》,《中国卫生检验杂志》2008 年第 10 期。

　　根据我国 2014 年食物中毒事件报告进一步分析,微生物性食物中毒事件起数和中毒人数最多,分别占食物中毒事件总起数和中毒总人数的 42.5% 和 67.7%;而有毒动植物及毒蘑菇引起的食物中毒事件死亡人数最多,占食物中毒事件死亡总人数的 70.0%。对我国微生物性食源性疾病现状的分析表明,由肠道致病菌污染食品而引起的食物中毒以及疾病散发已经成为直接造成人体健康损害的主要食源性疾病危害,引起诸多食品安全问题(表 14-1)。

表 14-1　2014 年我国食物中毒统计数据

中毒原因	报告起数	中毒人数	死亡人数
微生物	68	3831	11
化学性	14	237	16
有毒动植物及毒蘑菇	61	780	77
不明原因	17	809	6
合计	160	5657	110

　　资料来源:中华人民共和国国家卫生和计划生育委员会.国家卫生计生委办公厅关于 2014 年全国食物中毒事件情况的通报[EB/OL],http://www.nhfpc.gov.cn/yjb/s35 85/201502/91fa4b 047e984d3a89c16194722ee9f2.shtml,2015-02-15。

　　1. 微生物性致病因素的构成与来源

　　鉴于微生物性病原中细菌性微生物是我国食源性疾病暴发的主要致病因素,我国食源性疾病监测网也主要针对食品供应链污染中的沙门氏菌、单增李斯特菌、副溶血性弧菌、金黄色葡萄球菌、弯曲杆菌及大肠埃希氏菌 O157:H7 等展开动态监测。相关监测数据显示,我国动物性食品中常见的食源性疾病致病因素主要包括沙门氏菌、金黄色葡萄球菌、产气荚膜梭菌、肉毒梭菌等;与鱼贝类食品中毒有关的主要致病因素多为副溶血性弧菌;另外奶及奶制品、蛋和蛋制品则是沙门氏菌病暴发的重要媒介[①]。值得一提的是,在我国食源性沙门氏菌发病的总人数中,因食用畜禽肉而引起的发病人数已经占到了 54%,其次是烘烤类,占 28%,其他食物均处于低水平状态[②]。

　　监测数据还表明,我国非动物源性食品的食源性疾病暴发事件中,主要涉及谷类、豆类和含淀粉较高的植物性食品,它们是导致包括志贺菌、腊样芽孢杆菌、大肠埃希菌食物中毒不可忽视的因素。另外,霉变甘蔗、自制酵米面和臭豆腐都是导致我国微生物性食源性疾病的常见食品。

---

　　①　李泰然:《中国食源性疾病现状及管理建议》,《中华流行病学杂志》2003 年第 8 期。
　　②　毛雪丹:《2003—2008 年我国细菌性食源性疾病流行病学特征及疾病负担研究》,中国疾病预防控制中心博士学位论文,2010 年。

2. 微生物性致病因素的温度范围

显然,微生物性致病菌的危害是食品安全的一个重要方面,在食品卫生控制方面也有着重要的意义。温度为5℃—46℃是食源性致病菌生长的危险范围(表14-2)。而由于我国食源性疾病的高发季节一般都在气温较高的6—9月,根据表14-2,该时间阶段比较适合各类微生物的生长繁殖,一旦食品加工、贮存、食用不当,极易引起微生物性食源性疾病。

表14-2　主要食源性致病菌生长温度范围

致病菌	沙门氏菌	大肠杆菌O157:H7	金黄色葡萄球菌	单增李斯特菌	副溶血性弧菌
生长范围/℃	5—46	7—49	7—50	0.3—45	5—44

资料来源:徐方旭、刘诗扬、兰桃芳等:《食源性致病菌污染状况及其应对策略》,《食品研究与开发》2014年第1期,第98—101页。

3. 微生物性致病因素的监测力度

需要强调的是,虽然我国目前已经展开针对微生物性致病因素的食源性疾病监测,但是现实情况表明,我国对于化学性致病因素的重视程度仍远超微生物性致病因素。从我国2010—2013年间食品安全国家标准制定公布情况来看,在此四年间颁布的411个国家标准中,与化学性致病因素有关的食品添加剂标准就达到271个,约占65.9%,而与微生物致病因素有关的食品生产经营规范标准仅有4个。更重要的是,我国对化学性致病因素的监测力度要远高于微生物性致病因素的监测力度,2013年化学性致病因素采样涉及1318个区县,而微生物性致病因素仅涉及936个区县[1]。与此相对应的是,2014年我国针对化学性致病因素的监测数据量有近167万个,而微生物性致病因素的监测数据量仅有4万个左右[2]。另外,我国针对食品的监测力度也超过对可能罹患食源性疾病人群的监测力度。以上这些因素共同造成了我国微生物性食源性疾病数据被严重低估。

(二) 食源性疾病的致病因素与食品安全问题:基于供应链污染的视角

确定食品供应链中可能受到的污染,分析由此引发的食品安全问题与影响人体健康的食源性疾病之间的内在联系,业已引起世界各国的高度关注。而与"健康中国"目标一致,我国食品安全社会共治也将进入更健康、更灵活的新常态,这对如何科学、精准、动态地识别包括食品供应链的各个环节中可能由于农兽药残留物、食品添加剂、病菌、环境毒素等诱发的食源性疾病的致病因素提出了更为严

---

[1]　国家卫生和计划生育委员会:《中国卫生和计划生育统计年鉴2014》,中国协和医科大学出版社2014版。

[2]　依申请公开数据。

苛的要求(图 14-4)。

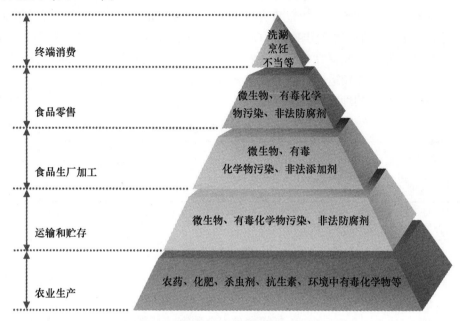

图 14-4 食品供应链可能受到的食品污染

资料来源：H. M. Lam, J. Remais, M. C. Fung, et al., "Food supply and food safety issues in China", *Lancet*, Vol. 381, No. 9882, 2013, pp. 2044-2053.

可以认为,食源性疾病涵盖范围涉及"从农场到餐桌"的整个食物链,其中任何一个环节都可能发生因水、土壤、空气等环境污染而产生的食品安全问题,人体可能因摄入这些不安全食品而诱发疾病、损害人体健康。图 14-4 显示,食品从农业生产、运输贮存、食品加工、零售直到消费的各个环节,都存在可能受到包括农药、化肥、抗生素、微生物、有毒化学物质污染等影响而产生食品安全问题,也成为诱发食源性疾病的重要因素。目前已知有 200 多种疾病可以通过食物传播,而已报道的通过食物传播的食源性疾病致病因素多达 250 种。其中大部分为细菌、病毒和寄生虫,其他为毒素、金属污染物、农药等有毒化学物质。值得一提的是,肠道致病菌(约 10 种)是食源性疾病中最常见的生物致病因素,感染后可引起细菌性食物中毒和多种感染性腹泻。

分析图 14-5 中食品生产过程中可能引发交叉污染的潜在来源①,可以发现,食品供应链的交叉污染可能引发的食品安全问题较为严重。因此,必须通过对各

---

① 根据 WHO 定义,交叉污染是指通过接触其他生食品、以前烧熟的食品、接触不洁表面或食品操作者不卫生的手,将生物、物理或化学性有害因素传递到其他食品。

类食品安全问题中的食源性疾病致病因素进行逐一划分,以准确识别、治理和防范食源性疾病。2014 年监测到的食源性疾病暴发事件中,已明确由食品加工不当等引发的事件有 1118 起,占总数的 75.5%[①]。其中,缺乏卫生知识人员的不规范操作或有意使用低劣的加工原料等不当行为造成食物中毒的危害尤其巨大。纵观近年来暴发的数起食源性疾病事件,究其根源,主要都是与食品生产加工环节中的人为不法行为或对基本卫生要求的缺失有关。如近年来发生的多起用工业酒精兑制白酒造成甲醇中毒事件,使用病猪肉加工肉制品引起的食物中毒案例,以及学生饮用豆奶食物中毒事故等。因此,强调食品生产企业采用危害分析与关键控制点体系(HACCP),可以为食品安全管理方案的有效实施提供重要保障,其中基本清洁和消毒就是该体系中的重要内容,目的就是实现对食品微生物的管理。

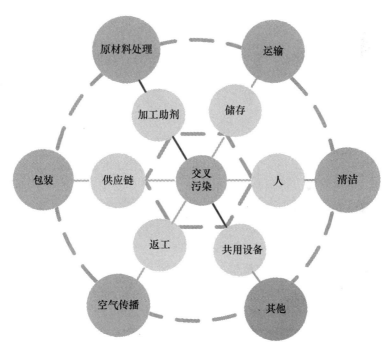

图 14-5　食品生产过程中可能引发交叉污染的潜在来源
资料来源:根据相关资料由作者整理形成。

---

① 国家卫生计生委办公厅:《国家卫生计生委办公厅关于 2014 年食品安全风险监测督查工作情况的通报》,国家卫生计生委食品安全标准与检测评估司,2015-04-16〔2015-06-22〕,http://www.mo h.gov.cn/sps/s78 92/201504/0b5b49026a9f44d794699d84df81a5c c.sht ml。

（三）食品供应链中引发食品安全问题的食源性疾病致病因素

从食品供应链各环节可能受到的污染来看,食源性疾病的病原微生物可分为生物性(细菌、真菌、病毒、寄生虫)、化学性和物理性三类。生物性病原物包括污染食物的微生物(细菌及其毒素、真菌及其毒素、病毒)、寄生虫及其卵,都可引起人类食源性疾病;化学性病原物主要包括农药残留、兽药(抗生素)残留、环境污染物(二噁英、生物毒素、氯丙醇、氯化联苯)及雌激素和重金属等,均可通过植物或动物进入食物链,并引起人类的疾病或健康问题;物理性病原物为主要来源于放射性物质的开采、冶炼,在国防、生产活动和科学实验中使用放射性核素时,其废物的不合理排放及意外性的泄露所引起的食品污染[①]。

根据 WHO 的《食源性疾病暴发调查和控制指南》,进一步将食源性疾病的致病因素主要归类为:细菌(17 种)、病毒(5 种)、原虫(5 种)、吸虫(6 种)、绦虫(3种)、线虫(4 种)、生物毒素(7 种)、化学性(9 种)。而我国因摄入污染食物的致病因素而诱发食源性疾病的人数也在大幅上升。其中包括长期食用被农药污染的菜,可引起慢性中毒和诱发各种疾病。另外,化肥对人体健康的危害也不可忽视,比如过量施氮肥,很可能引发高铁血红蛋白症。加上工业三废中含有二氧化硫、氟化物、氯、汞、镉、铅、铬、砷等对人体有害的物质,有的直接污染蔬菜瓜果,更多的则是首先污染土壤和江河湖泊,随后间接污染粮食作物。还需要指出的是,生物污染食品的途径也较多,如通过施用人粪尿、厩肥和灌溉等方式污染蔬菜瓜果,以及在加工、运输过程中污染食品。此外,食品吸附外来放射性元素造成的食品放射性污染,也可引起人体损害。天然或人为造成食物中存在各种有毒物质如河豚中毒,鱼类引起的组胺中毒,食用牡蛎等贝类引起的神经麻痹以及毒蘑蕈中毒,花生和饲料的黄曲霉素中毒等。

1. 农药污染的致病因素与食品安全问题

我国是世界上农药生产和消费较高的国家。由于多施和不按规定要求滥用农药,我国每年因农药引起的食物中毒事件屡屡发生,特别是蔬菜中有机磷农药中毒。尽管最近几年,我国相继出台了一系列关于农药生产、销售和使用的规定,加大了对农药的监管力度;但是,由农药大量使用产生的农药污染所引发的食品安全问题,目前仍然没有得到有效遏制。

2. 化肥污染的致病因素与食品安全问题

我国每年大量、超量或不合理的施用化肥于农作物上,使化肥在土壤中的残留越来越严重。肥料施用不当、滥用化肥下生产的植物性食物对人类健康造成的威胁,并不亚于农药残留。滥用化肥引起的硝酸盐、亚硝胺的反应产物带来的食

---

① 李泰然:《中国食源性疾病现状及管理建议》,《中华流行病学杂志》2003 年第 8 期。

品安全问题,给人体带来巨大的危害,因此已引起人们越来越多的关注。

3. 激素类和抗生素类化学药物污染的致病因素与食品安全问题

为了预防和治疗因家畜和水产品患病而大量投入抗生素,如磺胺类等化学药物,往往造成药物残留于动物组织中。国内外发生的因兽药残留不安全引起的消费者中毒事件,增加了消费者对食用畜产品的担心和关注。

4. 重金属污染的致病因素与食品安全问题

重金属污染对食品安全的影响非常重大,属于化学物质污染的重要内容之一。据分析,重金属污染以镉最为严重,以粮食作物多见;其次是汞、铅等;非金属砷的污染也不可忽视。大多数重金属在体内有蓄积性,半衰期较长,能产生急性和慢性中毒反应,可能还会有致畸、致癌和致突变的潜在危害。

5. 食品添加剂使用不当的致病因素与食品安全问题

近年来发生的多起涉及食品添加剂的食品安全事故,问题不在于食品添加剂本身,而在于食品生产加工过程中超限量使用食品添加剂、超范围使用食品添加剂。个别食品生产企业为了使产品颜色鲜艳,超量使用发色剂或滥加化学合成色素。此外,方便面、饮料、酱油、蚝油等调味品中,一般均程度不同的含有多种防腐剂,主要有山梨酸、山梨酸钾、苯甲酸、植物杀菌素、亚硝酸盐等。其中亚硝酸盐侵入人体后会发生亚硝化反应,生成致癌物亚硝胺,使肝脏、食管等器官发生癌变。

6. 毒素等致病因素与食品安全问题

毒素是目前人们极为重视的安全问题,主要表现为自然毒素,如贝类毒素和真菌毒素等。贝类毒素与真菌毒素不易被加热破坏,所以其危害性是相当大的。真菌存在于大多数农产品中,真菌毒素直接或间接进入食物链,导致动物食品受到毒素污染。在众多的真菌毒素中,黄曲霉素是众所周知的最危险的毒素之一,属于一种强致癌物。

7. 人为恶意导致的致病因素与食品安全问题

不法分子为谋取利益,用病死变质禽畜加工成的熟食,含有大量病毒、细菌和致癌物质。用福尔马林炮制的水产品,人食用后轻则出现消化不良、反胃、呕吐等反应,重则诱发肝炎、肾炎和酸中毒。人为非法添加非食用物质到食品中,造成了许多起影响恶劣的食品安全事件,如"三聚氰胺""瘦肉精""苏丹红""吊白块"事件。此外,用非食用色素制成的蛋糕、粉条、饮料、果冻,被人体摄入后会导致中毒和引起多种疾病,成为影响人体健康的"隐形杀手"。

8. 食品贮存不当的致病因素与食品安全问题

有一些食源性致病因素与食品安全问题,是在对食品进行冷藏、密封保存等贮存过程中产生的。冰箱(柜)是以低温方式保存食物的,如果不经除菌(如洗净、加热等)就直接食用冰箱中暴露存放的食物是十分危险的。长久存放的食物被污染风险增大,如长时间保存的罐头、腊肉和发酵的豆制品上会寄生一种肉毒菌,其芽孢对高温高压和强酸的耐力很强,并极易通过胃肠黏膜进入人体,仅数小时或一两天就会引起中毒。又如过久盛放的食糖,不但容易结块、变色、串味,而且在湿热的条件下易被螨虫侵入,损害人体肠膜而形成溃疡,引起腹痛、腹泻、恶心、呕吐等症状,还可能因螨虫侵入泌尿道可引起感染,导致尿急、尿频、尿痛、血尿等症状。而食品包装容器、工具、管道等食品贮存和运输材料如果选择不当,其中存在的有害物质如金属铅、锌及橡胶、塑料制品中的防老剂和增塑剂等,也极易引发食品安全问题,损害人体健康。

9. 餐饮器洗涮不彻底的致病因素与食品安全问题

有的餐饮店用工业级洗洁精洗涮餐具,有的餐饮店使用的餐具不能达到人次消毒,食品安全失去了必要的保证。同时也由于餐饮器具不消毒或消毒不彻底,这种潜在的致病因素必将促使类似乙肝这种消化道传染病的肆虐传播。

10. 烹制不当的致病因素与食品安全问题

烹制不当引起的致病因素与食品安全问题,主要包括以下几方面:腌制食品可使其亚硝酸盐的含量增加,亚硝酸盐与胺类结合可形成致癌的亚硝胺类化合物。不少食物经过熏烤、煎炸后,形成热裂解产物,如致癌物苯并芘和环芳烃,其具有较强的致癌性。制作不当的油条、油饼、羊肉串等快食小吃也对人的健康构成潜在的威胁,如油条中常加入的明矾在人体内积蓄,会使骨骼变松,并使记忆力减退、甚至痴呆。

三、我国食源性疾病暴发的空间布局

现有数据已经证实,无论在发达国家还是发展中国家,由于食品污染引发的食源性疾病,是食品安全面临的最主要的问题。而食源性疾病暴发除了与各个食品污染的致病因素、季节性有关以外,与各个地区的地域特色及其背景也有着比较紧密的关系。本节将重点展开我国食源性疾病空间布局的分析。

(一)我国食源性疾病监测空间布局

由于食源性疾病暴发更多是以跨地区"集中发生,分散发现"的形式出现,发病形式更加隐蔽且难于识别,传统的被动报告系统很难做到早期发现和预警。在借鉴发达国家经验的基础上,我国于2011年开始着手建设食源性疾病主动监测体系,采取"主动出击"的方式搜索相关病例和识别暴发,将监测关口前移,最终将联合现有的被动监测体系一起,实现"以疾病找食品"和"以食品找食品"双管齐下的溯源防控。因此,在不同的监测地区,国家卫生与计划生育委员会设置了相应的哨点医院和疾病预防控制中心,进一步加强了对食源性疾病的动态监测。2014年我国食源性疾病的监测工作在31个省(区、市)和新疆生产建设兵团全面展开,共设置了 3502 家监测机构,包括 1965 家哨点医院和 1537 家省、市、县级疾病预防控制中心。不断进行调整后,2014 年我国不同监测地区食源性疾病监测机构空间分布见图 14-6①。

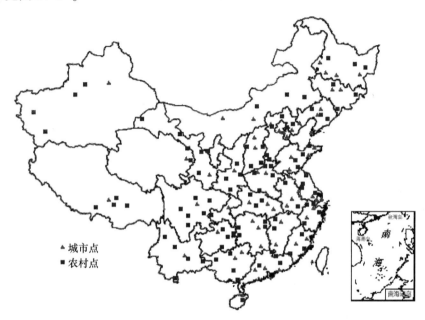

图 14-6　2014 年我国不同监测地区食源性疾病监测点空间分布

资料来源:江南大学江苏省食品安全研究基地于 2015 年 5 月向国家卫生和计划生育委员会依法申请获得的数据。

(二) 监测地区的食源性疾病状况

根据我国不同地区的食源性疾病监控机构设置可以发现,监测点主要分布在农村,且主要位于我国中、东部地区。但从各个地区暴发的事件数和患病人数分析,西部地区无疑是我国食源性疾病暴发的重点区域。2011—2013 年间,西部地区无论是食源性疾病暴发事件数,还是患病人数均位列我国首位,其中食源性疾病事件数达到 1251 个,占全国总数的 36.08%,患病人数为 18408 人,占全国患病人数的 43.67%。而同时期我国中部地区食源性疾病暴发数,是我国东、中、西部监测地区中最少的,具体监测到 492 个食源性疾病事件数(占全国总数的 18.04%)及 9017 个患病人数(占全国总数的 21.29%)(见图 14-7)。

---

① 江南大学江苏省食品安全研究基地于 2015 年 5 月向国家卫生和计划生育委员会依法申请获得的数据。

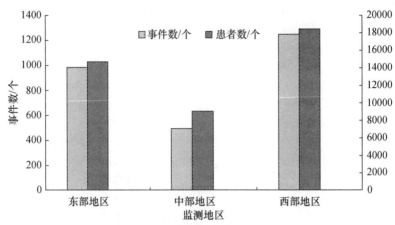

图 14-7　2011—2013 年间我国各监测地区的食源性疾病暴发
资料来源：《中国卫生和计划生育统计年鉴》（2012—2014）。

（三）2011—2013 年间我国食源性疾病暴发的空间格局

将 2013 年和 2014 年《中国卫生和计划生育统计年鉴》，以及卫生部办公厅 2007—2010 年间全国食品中毒情况的通报，再与国家人口与健康科学数据共享平台的相关数据相结合，有关 2011 年、2012 年和 2013 年我国食源性疾病暴发的空间格局分别见图 14-8、图 14-9 和图 14-10。

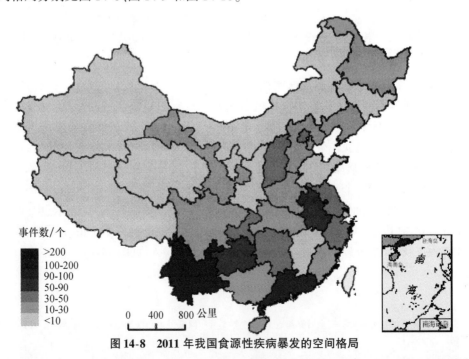

图 14-8　2011 年我国食源性疾病暴发的空间格局

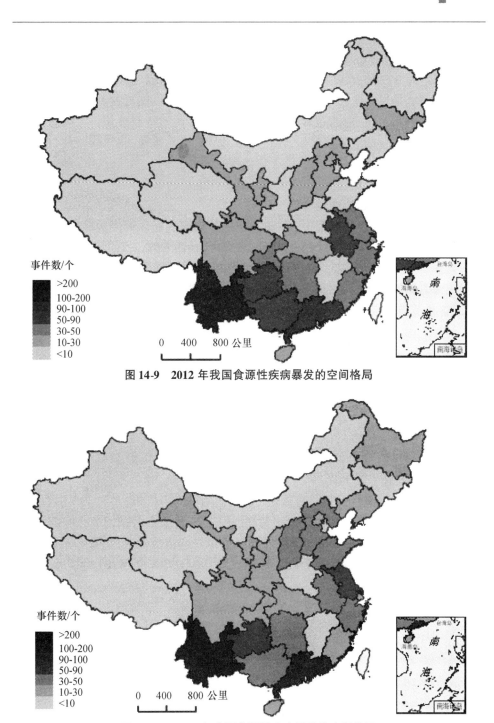

图 14-9　2012 年我国食源性疾病暴发的空间格局

图 14-10　2013 年我国食源性疾病暴发的空间格局

可以发现,2011—2013 年间,我国食源性疾病暴发的空间格局总体变化并不大,主要集中于我国上海市、云南省、广东省、贵州省和广西壮族自治区等地,而在我国东部沿海省份的食源性疾病暴发事件数也相对较高。这也进一步证实了我国食源性疾病暴发具有较为典型的地域特色。当然,这可能与食源性疾病暴发本身的季节性特征,且一般通过受污染的食品和水传播的特点有关。可以看出,我国食源性疾病暴发的主要省份如云南、广东、贵州、广西等地,其气候条件、自然灾害,尤其是水灾发生状况,是非常利于食源性疾病暴发的。当然,这些区域公众的消费习惯、饮食文化背景也强烈地影响到食源性疾病的暴发。

(四) 食源性疾病的空间防范

需要指出的是,食源性疾病暴发也会由于致病因素的区域传播而呈现跨区域暴发的态势。如 2013 年 9 月 26—29 日,北京房山、怀柔的 3 所学校发生疑似食源性疾病暴发,发病学生共 89 例,分布在 7 家医院。通过溯源调查,查明事件为肠炎沙门氏菌引起的跨区暴发,问题食品为北京市大兴区某公司生产的麦辣鸡腿汉堡,而食品污染源则为辽宁省大连市某公司生产的鸡肉原料。而在剩下的汉堡和病人的粪便中,通过分子生物学的方式查到了共同的食源性疾病的病源为肠炎沙门氏菌[1]。因此,在我国乃至世界范围内,如何通过跨区域的合作,将"自上而下"与"自下而上"相结合,实现食源性疾病防范及食品安全社会共治应成为未来的工作重点。

四、我国食品安全风险的防范:公众参与家庭食源性疾病防范的视角

食品安全是公共卫生的重要组成部分,直接关系公众健康和生活质量。因此,从食源性疾病引发的食品安全问题来看,食源性疾病的风险防范与相应的食品安全治理应成为全社会共同的目标。从我国的情况来分析,大约 40% 的食源性疾病都发生在家庭中[2]。为了吃得更健康、更安全,需要有关部门、行业和社会组织以及广大公众携起手来,但更多地需要从每位公众自身做起,从每个家庭做起。提倡"从农场到餐桌的食品安全人人有责"已经成为 2015 年 WHO 为世界卫生日选定的主题。

事实上,国内外的研究已经证实,很多食源性疾病的发生是由于食品消费者公众的错误认知和做法造成的。比如我国农村地区的公众,正是因认知能力不高而去通过非正常渠道获得非食用的亚硝酸盐,从而造成家庭化学性食物中毒,这

---

① 陈君石:《中国的食源性疾病到底有多严重?》,"每日食品",2015-04-22 [2015-06-22],http://www.foodaily.com/industry/show.php? itemid =6351。

② 《健康卫生频道,约 40% 食源性疾病发生在家中》,人民网,2015-04-10 [2015-06-22],http://www.cq.xinhuan et.com/2015-04/10/c_1114926738.htm。

样的案例在我国农村地区具有代表性和普遍性①。我国城市有些地区近四年来家庭聚餐型细菌性食物中毒平均每起有 60 人进食,中毒 27 人,中毒发病率 45.8%,病死率为 2.5%,使得家庭细菌性食物中毒成为食源性疾病防治的重点之一②。而家庭厨房没有做到生熟分开是国际上公认的导致沙门氏菌中毒的主要原因。此外,由于消费者生活方式的改变,其所谓健康生活方式中食用的新鲜果汁、蔬菜等其实都是大肠杆菌、单增李斯特菌和沙门氏菌的载体③。显然,只有从家庭出发,加强对其食品卫生监督管理,以及推动包括农村及社区在内的家庭食品卫生宣传教育,提倡科学卫生的生活习惯,是防止类似事件发生的有效措施。

当然,调查还显示,食品卫生和安全问题已得到我国城乡家庭的广泛关注,希望获得食品营养知识、食品安全知识和相关法规、辨别优劣食品知识意识较强,但在掌握食品安全知识和相关卫生行为实施上还有较大欠缺④。因此,目前研究达成的基本共识是,可以通过让公众参照良好家庭操作规范(Good Housekeeping Practice)的教育材料,引导公众正确的食品操作而集中减少食源性疾病的发生,只有具备食品安全意识的公众才能成为食品安全社会共治的真正活跃者⑤。根据国家食品安全风险评估中心 2011—2013 年间对我国 6 个省的市售生鸡肉中沙门氏菌污染情况的调查数据显示,我国零售生鸡肉中大约 40% 存在沙门氏菌污染,与其他国家水平接近;我国居民使用菜板生熟分开的比例不足 1/3。据测算,如果做到菜板生熟分开,我国每年的沙门氏菌食物中毒人数可减少 200 万人次⑥。

(一) 锁定造成家庭污染的高风险人群

研究证实,引起家庭污染高风险人群的特征有:低收入团体、居无定所的人、老年人、年轻人和母亲。与其低劣的烹饪与清洁设备、食品安全知识的缺乏、经济拮据等因素紧密相关⑦。在印度,食源性疾病也是儿童腹泻死亡的重要原因,由于食源性疾病主要源于家庭,因此母亲是儿童健康的最后一道防线⑧。当然,潜在的

---

① 任萍:《3 起家庭化学性食物中毒事件调查》,《海峡预防医学杂志》2011 年第 1 期。

② 唐振柱、陈兴乐、黄林等:《50 起家庭细菌性食物中毒流行病学调查分析》,《广西预防医学》2004 年第 4 期。

③ 刘秀英:《全球食源性疾病现状》,《国外医学(卫生学分册)》,2003 年第 4 期。

④ 李建富、邢广杰、贾建平等:《城乡居民食品安全知信行为对比研究》,《医药论坛杂志》2011 年第 20 期。

⑤ A. E. I. De Jong, L. Verhoeff-Bakkenes, M. J. Nauta, et al., "Cross-Contamination in the Kitchen: Effect of Hygiene measures", *Applied Microbiology*, Vol. 105, No. 5, 2008, pp. 615-624.

⑥ 《我国每年沙门氏菌食物中毒达 300 万人次》,中央政府门户网站,2015-02-04 [2015-06-22],http:// www. gov. cn/xinwen/2015/02/04/content_2814121. htm。

⑦ E. Karabudak, M. Bas, G. Kiziltan, "Food safety in the Home Consumption of Meat in Turkey", *Food Control*, Vol. 19, No. 6, 2008, pp. 320-327.

⑧ R. V. Sudershan, G. M. S. Rao, P. Rao, et al., "Food Safety Related Perceptions and Practices of Mothers-A case Study in Hyderabad", *India Food Control*, Vol. 19, No. 3, 2008, pp. 506-513.

高风险人群可能包括学校里的儿童、青少年、学生、低收入群体、男性和没有过家庭烹饪培训的人们[1]。针对这些可能造成家庭污染,引发食源性疾病的高风险人群,学者们认为可以根据他们的食品安全知识和行为,识别出高风险人群的不同特征,并将其逐一分类[2]。我国应充分借鉴国际经验,并结合中国基本国情,建立符合中国特色的食品安全风险防范体系。

(二) 推断造成公众家庭污染的主要原因

部分学者提出造成家庭污染的原因之一就是较为年轻的公众,其食品安全知识水平很低,且其食物烹饪行为并不正确[3]。家庭环境下的公众能否正确地处理、准备和烹饪食物的行为,不仅会影响家庭中孩子的身体健康,更重要的是影响孩子以后的生活习惯。研究证实,过去的不良的习惯让作为消费者的公众背离正确的家庭环境下的食品安全准备、处理和烹饪行为,并认为感知行为控制是制约公众正确处理家庭食品行为的关键性因素[4]。然而,公众家庭也会出现有时候过分强调食物和营养,可能因营养的教育和对食品的信念而忽视了收入作为决定性的减少家庭污染、保证食品安全的方法[5]。

(三) 公众的家庭烹饪行为与家庭污染

新西兰的相关研究表明,41%的家庭中使用刀具的方式可能导致发生食物交叉污染[6],而只有37%的公众把生熟食品分别储存在冰箱冷藏室的不同层格[7],而且很多家庭的清洗方式并不能充分避免交叉污染[8]。另外,威尔士和英格兰的家庭中,32%的食物中毒事件也是由于家庭储存食品不当、26%是由于烹调不彻底、

---

[1] M. Brennan, M. Mccarthy, C. Ritson, "Why do Consumers Deviate From Best Microbiological Food Safety advice? An Examination of High-risk Consumers on the Island of Ireland", *Appetite*, Vol. 49, No. 2, 2007, pp. 405-418.

[2] J. Kennedy, V. Jackson, C. Cowan et al., "Consumer Food Safety Knowledge", *British Food Journal*, Vol. 107 No. 7, 2005, pp. 441-452.

[3] N. sanlier, "The Knowledge and Practice of Food Safety by Young and Adult Consumers", *Food Control*, Vol. 25, No. 5, 2009, pp. 538-542.

[4] A. Wilcock, M. Pun, J. Khanona, et al., "Consumer Attitudes, Knowledge and Behavior. A Review of Food Safety Issues", *Trends in Food Science and Technology*, Vol. 15, No. 2, 2004, pp. 56-66.

[5] Lynn L. McIntyre, K. Rondeau, S. Kirkpatrick, et al., "Food Provisioning Experiences of Ultra Poor Female Heads of Household Living in Bangladesh", *Social Science & Medicine*, Vol. 72, No. 1, 2011, pp. 969-976.

[6] W. J. Smerdon, G. K. Adak, S. J. O'Brien, et al., "General Outbreaks of Infectious Intestinal Disease linked with red Meat, England and Wales, 1992—1999", *Communicable Disease and Public Health*, Vol. 04, No. 5, 2001, pp. 259-267.

[7] J. A. Lopes, S. Jorge, F. C. Neves, et al., "Acute Renal Failure in Severely Burned Patients", *Resuscitation*, Vol. 73, No. 2, 2007, pp. 318-318.

[8] M. J. R. Nout, Y. Motarjemi, "Assessment of Fermentation as a Household Technology for Improving Food Safety: a Joint FAO/WHO Workshop", *Food Control*, Vol. 5, No. 5, 2011, pp. 516-523.

25%是由于交叉污染而造成的①。因此,在家庭环境下,彻底烹调食品是控制微生物性致病因素最有效的方式,是家庭食物处理链条中保障食品安全的最后的一道"关卡"。当然,需要指出的是,家庭烹饪中采用的乳酸发酵方式并不能消除所有的相关食品安全的食源性疾病风险,因此,发酵方式的家庭烹饪行为不应该算作公众遵守食品卫生条例的要求②。

(四) 分析公众的家庭食品安全操作的主要影响因素

家庭食品烹饪操作者的性别、对食品安全操作的认知、态度、获取知识的意愿及家庭人均收入对操作者如何操作有显著性影响。比如具有专业与健康科学有关背景的公众经常自己挑选食物,还认为自己有优秀的或者很棒的食品安全知识、在餐馆吃饭少于三次且以前食物中毒过的公众更容易通过食物安全知识问卷。而通过对城乡居民食品安全知识知晓率、影响食品安全的主要原因态度、食品安全行为方式、厨房交叉污染情况等四个方面的比较,发现区域经济发展水平与公众家庭食品安全操作水平有一定关系③。

由于家庭食品安全操作行为是保障全食物链安全的核心环节,而肉类作为城市公众家庭的高风险食物之一④,肉类食物的不当处理,也使得家庭成为微生物致病菌感染的多发场所⑤。在新西兰,很多家庭的肉类清洗方式不能彻底地避免交叉污染,在家庭中交叉污染的危害性远高于烹饪的不彻底。因而家庭中配备单独用于处理生肉的切菜板、处理完生肉后用热水和洗涤剂彻底洗手非常重要。而且,不同国家家庭中的肉处理行为体现出了很大的差异性。新西兰在室温下解冻生肉的公众比例46.2%,爱尔兰是56%,而土耳其则是66.9%,这种差异性表明了针对公众的家庭食品安全操作必须针对不同区域特点展开。

(五) 减少家庭污染造成的食源性疾病的主要途径

不同地域、文化背景和自身特点的公众食品安全知识有着不同的维度,因此,针对公众减少家庭污染的教育应该集中在如何减少食源性疾病,家庭食品储藏行

---

① W. J. Smerdon, G. D. Adak, S. J. O'Brien, et al., "General Outbreaks of Infectious Intestinal Disease linked with red meat, England and Wales, 1992—1999", *Communicable Disease and Public Health*, Vol. 04, No. 3, 2001, pp. 259-267.

② V. Jackson, I. S. Blair, D. A. McDowell, et al., "The Incidence of Significant Food-borne Pathogens in Domestic Refrigerators", *Food Control*, Vol. 18, No. 1, 2007, pp. 346-351.

③ 叶蔚云、曾美玲、林洁如:《广州市家庭食品安全操作及影响因素分析》,《中国公共卫生》2012 年第3 期。

④ 巩顺龙、白丽、陈磊等:《我国城市居民家庭食品安全消费行为实证研究》,《消费经济》2011 年第3期。

⑤ 白丽、巩顺龙、赵岸松:《食品安全管理问题研究进展》,《中国公共卫生》2008 年第12 期。

为指南等方面①。通过开展有效针对性的健康促进与健康教育,提高农村家庭防范和甄别肉类、谷类及制品等食品原料污染和变质意识和能力,改变贮存时间过长、聚餐食品制作和一餐多次使用不良饮食习惯是防治家庭细菌性食物中毒的关键措施,同时要把农村食品安全纳入农村公共卫生的范畴,加大政府的监督力度②。可见,改变家庭的食物供应可能导致饮食质量和整体健康发生重大变化,重视家庭食物环境特别重要。由于父母进行健康饮食的行为会鼓励孩子选择健康的食品并养成良好的习惯。进一步研究发现,引导父母的食品购买习惯和家庭食品安全操作环境非常重要,这能够建立营养交流并促进健康干预,帮助重塑家庭食品供给进入日益营养的适宜健康③。大学生具有较强的健康饮食意识,有接受更多知识的意愿,有助于改正不良的饮食行为。应采取多种形式对大学生加强健康营养教育,引导合理膳食行为的形成④。因此,改善学生关于食物安全知识是一个应该重视的问题,尤为需要普及关键的食品安全知识的食品安全教育项目。学校和大学的教育将会是一个教育和推广公众减少家庭污染,实现食品安全社会共治的有效途径⑤。

(六)全面推广家庭"食品安全五要点"

为解决家庭污染造成的食源性疾病,面对不同家庭的"食品安全五要点"无疑是行之有效的食品安全措施,对规范食品生产经营、指导家庭烹制食物具有重要意义。

食品安全五要点(Food Safety Five Keys)是由 WHO 提出的、在各国公认有效且普遍实施的食品安全风险防范措施,对规范食品生产经营、指导家庭烹制食物具有重要意义。五要点主要包括:保持清洁、生熟分开、做熟食物、保持食物的安全温度、使用安全的水和原材料。其中生熟分开是老生常谈的话题,但仍是发生家庭食物中毒的主要原因。普通百姓常常忽略制作生食与熟食的器具分开使用的观念,处理生食的器皿如果再拿来处理熟食,生食的细菌会通过器皿污染熟食。

---

① M. Jevsnik, V. Hlebec, P. Raspor, "Consumers' Awareness of Food Safety From Shopping to Eating", *Food Control*, Vol. 19, No. 5, 2008, pp. 737-745.

② 唐振柱、陈兴乐、黄林等:《50 起家庭细菌性食物中毒流行病学调查分析》,《广西预防医学》2004 年第 4 期。

③ C. Byrd-Bredbenner, J. M. Abbot, E. Cussler., "Nutrient Profile of Household Food Supplies of Families with Young Children", *American Dietetic Association*, Vol. 109, No. 2, 2009, pp. 12-15.

④ 叶蔚云、高永清、尹章汉等:《广州市大学生营养与食品安全知识态度行为调查》,《中国学校卫生》2006 年第 11 期。

⑤ T. M. Osaili, B. A. Obeidat, D. O. Abu Jamous, et al., "Food Safety Knowledge and Practices Among College Female Students in North of Jordan", *Food Control*, Vol. 22, No. 2, 2011, pp. 269-276.

应使用两套不同的器具分别处理生食和熟食,以避免交互污染①。而且,吃生的贝类及其他未加工食品在较富裕的公众家庭越来越普遍。某些家庭偏好的货架保质期长、无防腐剂、低盐、低糖的粗加工食品,即使在冷藏温度下也极易使病原体繁殖到危险水平,无疑增加了食品污染和中毒的机会。另外,建议各家庭不生吃黄瓜、西红柿以及通常用来做色拉的生菜等带叶蔬菜;进食前将肉类和蔬菜在70摄氏度以上加热约10分钟;勤洗手;不要将食品储藏在可能被家畜粪便污染的圈棚中;告诫孩子不要到可能被动物粪便污染的水域戏水。重要的是,如果手触摸到生肉或是肉品包装,也必须彻底清洗。只要严格执行防范措施,特别是勤洗手和不生吃可疑蔬菜,病菌传播是可以得到控制的。

针对公众家庭污染防范还需要重点强调的是,食源性疾病范围很广,如细菌性微生物引起的主要表现有腹痛、呕吐、腹泻等,而化学性污染引起的食源性疾病的症状差别很大,公众只要怀疑有感染症状,必须及时就医,同时尽量把吃剩的食物留下,以便后期检验。而在食源性疾病治疗的过程中,必须慎用抗生素,因为抗生素对肾脏的损伤严重,可能导致急性肾功能衰竭等严重后果。显然,食品安全治理非常需要全社会的参与,当公众怀疑食品存在污染问题时,应多一些投诉或报告,有助于在更广泛的范围内及时发现食源性疾病隐患。

五、食源性疾病与食品安全风险的防范

从以上针对食品安全问题与食源性疾病暴发的分析,可以认为,必须围绕着"从农田到餐桌"的整个食品供应链,在锁定各个环节可能造成的食品安全问题的基础上,制订以预防为核心,全面采用现代检测技术和先进的食品质量控制理念,从公共健康和食品安全相结合的角度,加强各个典型区域,尤其是个别西部省份的食源性疾病的监测、预警和快速反应网络的建设,目的是将监管关口"前移",从源头上控制与防范食源性疾病引发的食品安全风险,预期可取得较显著的成效。

(一)"自上而下"的政府推动

政府部门要从政策、法律上为食源性疾病的控制提供保障。牵头成立一个高层次、强有力的食品安全机构,协调各部门之间的工作,形成各部门齐抓共管的局面;加速和完善相关的法律法规和食品安全标准,加强食品安全的综合监督管理,保证食品安全和预防食源性疾病的发生;采取行政强制措施,要求各食品生产企业规范自身管理,提高安全生产的水平。同时逐步建立国家、省、市、区四级食品

① 《公众食品安全意识薄弱我国食源性疾病高发》,《中国医药报》2013-08-21［2015-06-22］,http://www.kaixian.tv/R2/n2531496c19.shtml。

安全监管体系,着重对农产品、畜产品、食品加工和流通等环节的监管;逐步建立食品风险监测制度,逐步扩大监测覆盖面、增加监测频次,将食品安全事件发生概率降到最低;加快地方食品安全标准出台,制定相关食品安全法律法规。

如可能,也可加强国际食源性疾病暴发事件的监测和预警的合作。如欧盟在开展实验室沙门菌氏分型监测(Salm-net)的原基础上,建立了以肠道病原菌为主的食源性疾病国际监测协作网(Enter-net)。发生食源性疾病暴发事件的国家可将信息输入网络以确定暴发是否仅限于本国或是跨国界发展,使国际食源性疾病暴发的识别和调查得以简化。

(二) 中介媒体的宣传教育

目前一些新媒体或者自媒体如微信等,已经成为谣言和不实信息的放大器,对经济社会产生的危害远超过所谓的食品安全风险对公众健康的损害。食品安全相关的虚假或不实信息,不仅造成产品销售下降而影响经济,还造成了严重的政治社会压力,使政府管理成本提高、老百姓的信任度下降。因此,2015年新的《食品安全法》中已经强调"新闻媒体应当开展食品安全法律、法规以及食品安全标准和知识的公益宣传",这是中介媒体的首要职责,而媒体在风险交流方面的第二个职责是"对食品安全违法行为进行舆论监督",两大职责非常明确。因此,必须充分利用各个中介媒体,加强食品卫生知识宣传教育。通过电视、报纸、广播等传播媒介,以及运用网络、手机等快捷的信息平台,加强人民群众的食品安全知识普及工作,实现风险交流的顺畅推进。加强对从食品从业人员到消费者的食品安全教育培训,增加生产经营者的食品安全教育培训,为食品安全生产和销售提供保障,提高消费者的食品安全意识,增强自我保护能力。

(三) "自下而上"的家庭防范措施

食品安全信息的透明必须与有效的食品安全风险交流结合起来以保证消费者的信任,以食品安全社会共治最终构筑全球食品保护共同体,促进全球的食品安全工作。因此,针对消费者的食品安全以及食物准备教育必须具有针对性。而随着我国家庭肉消费量的增长及烹调与饮食习惯的改变,家庭已经成为我国食物中毒爆发的首要场所,在全面推广"食品安全五要点"的同时,也需要针对不同地域文化背景和消费习惯,立足每个家庭单元,积极宣传和推广预防食源性疾病的家庭小建议①。主要包括:(1) 不买不食腐败变质、污秽不洁及其他含有害物质的食品;(2) 不购买无厂名厂址和保质期等标识不全的定型食品;(3) 不光顾无证

---

① 《食品安全知识宣传资料(二):预防食源性疾病的十项建议》,中国台湾网,2015-04-24[2015-06-20],http://health.xinmin.cn/jkzx/2015/04/24/27480016.html。

无照的流动摊档和卫生条件不佳的饮食店；(4) 不食用在室温条件下放置超过2小时的熟食和剩余食品；(5) 不私自采食瓜果蔬菜和野生食物；(6) 不食用来历不明的食品；(7) 不饮用不洁净的水或者未经煮沸的自来水；(8) 直接食用的瓜果应用洁净的水彻底清洗后尽可能去皮；(9) 进食前或便后应将双手洗净；(10) 在进食的过程中如发现或感觉食物感官性状异常,应立即停止进食。

第十五章 2005—2014 年间我国发生的食品安全事件的研究报告

《中国食品安全发展报告》(2012、2013、2014)三个食品安全年度报告均用突变模型科学计算了近年来我国食品安全风险所处的区间。本《报告》的第十三章通过引入熵权和三角模糊数,建立熵权 Fuzzy-AHP 方法,计算了近年来我国食品安全风险所处的区间,再次证明了目前我国食品安全的基本状况是"总体稳定、趋势向好"。在此背景下,为什么国内公众仍然高度关注食品安全?为什么公众食品安全满意度持续低迷,这可能与食品安全事件持续发生且被媒体不断曝光高度相关。最近十年间,我国到底发生了多少食品安全事件、所涉及的主要食品种类是什么、发生的食品安全事件主要分布在哪些省区,回答这些问题,对于科学防范食品安全风险具有十分重要的现实意义。本章主要运用大数据挖掘工具,就上述一系列问题展开讨论。

一、概念界定与相关说明

回答最近十年间我国到底发生了多少食品安全事件等一系列问题,首先必须准确界定食品安全事件等概念,这是本章研究的逻辑起点。

(一) 概念界定

1. 食品安全事件

世界卫生组织对食品安全的定义为,食品中有毒、有害物质对人体健康影响的公共卫生问题[1]。虽然 WHO 并未界定食品安全事件的概念,但基于其对食品安全的定义,可以认为,食品中含有的某些有毒、有害物质(可以是内生的,也可以是外部入侵的,或者两者兼而有之)超过一定限度而影响到人体健康所产生的公共卫生事件就属于食品安全事件。因此,根据 WTO 对食品安全的定义来衡量,目前媒体报道中的食品事件大多数并不属于食品安全事件[2]。而厉曙光认为,食品安全事件是与食品或食品接触材料有关,涉及食品或食品接触材料有毒或有害,或

---

① 转引自沈红:《食品安全的现状分析》,《食品工业》2011 年第 5 期。
② 《食品安全社会共治对话会在京举行 媒体发表倡议书》,中国新闻,2014-11-19 [2015-3-24],http://finance.chinanews.com/jk/2014/11-19/6793537.shtml。

食品不符合应当有的营养要求,对人体健康已经或可能造成任何急性、亚急性或者慢性危害的事件①。实际上,在可观察到的国内外研究文献中,鲜见对食品安全事件的界定,而且近年来中国发生的影响人体健康的食品安全事件往往是由媒体首先曝光,故在目前国内已有的研究文献中,学者们较多地选取媒体报道的与食品安全相关的事件进行研究。由于中国饮食文化形态丰富,食物种类繁多,食品加工集中度低,媒体报道的食品安全事件虽然并非完全如 WHO 对食品安全的严格定义界定为食品安全事件,但同样能够反映我国现实与潜在的食品安全风险,并对消费者、生产者产生不同程度的影响。更加之中国目前处于急剧的社会转型中,人们在生活水平提高的同时,对食品安全消费产生了巨大的需求。虽然媒体发布的与食品安全相关的报道所反映的相当数量的食品安全事件对人体健康的影响程度尚待进一步考证,或者可能并不足以危及人体健康,但在现代信息快速传播的背景下,大量曝光的食品安全事件引发了人们的担忧,由此对人们脆弱的心理产生了伤害②,而对人们心理所造成的伤害对处于深度转型的中国而言,在某种意义上而言更可怕。因此,基于中国的现实,本《报告》的研究将从狭义、广义两个层次上来界定食品安全事件。狭义的食品安全事件是指食源性疾病、食品污染等源于食品、对人体健康存在危害或者可能存在危害的事件,与新版的《食品安全法》所指的"食品安全事故"完全一致;广义的食品安全事件既包含狭义的食品安全事件,同时也包含社会舆情报道的且对消费者食品安全消费心理产生负面影响的事件。除特别说明外,本《报告》研究中所述的食品安全事件均使用广义的概念。基于新版的《食品安全法》将"食品中毒"纳入到食源性疾病,本《报告》的研究中食品安全事件也将"食品中毒"排除在外。

2. 食品安全事件数量与食品安全事件集中度

本《报告》的研究通过大数据挖掘工具抓取涵盖政府网站、食品行业网站、新闻报刊等主流媒体(包括网络媒体)报道的食品安全事件。在抓取过程中,所确定的食品安全事件必须同时具备明确的发生时间、清楚的发生地点、清晰的事件过程等"三个要素"。凡是缺少其中任何一个要素,由社会舆情报道的与食品安全问题相关的事件均不统计在内。本报告所指的食品安全事件与事件发生的数量是指按照上述方法统计,并以省、自治区、直辖市(以下统一简称为省区)或食品类别为基本单元,在统计时间区间内发生的食品安全事件及其数量,若食品安全事件涉及 N 个省区或 N 个食品种类,相对应的食品安全事件数则分别记为 N 次。本

---

① 厉曙光、陈莉莉、陈波:《我国 2004—2012 年媒体曝光食品安全事件分析》,《中国食品学报》2014 年第 3 期。

② 吴林海、钟颖琦、洪巍、吴治海:《基于随机 n 价实验拍卖的消费者食品安全风险感知与补偿意愿研究》,《中国农村观察》2014 年第 2 期。

《报告》研究中所指的食品安全事件集中度是指某省区发生的食品安全事件数占全国食品安全事件总数的百分比。

（二）食品种类的分类方法

本《报告》研究中食品种类的分类方法在食品质量安全市场准入 28 大类食品分类表的基础上,去除其他类别,选取明确分类的前 27 类食品种类。同时,为弥补食品质量安全市场准入制度食品分类体系中缺少日常消费较多的生鲜食品的缺陷,在二级分类中增加生鲜肉类、食用菌、新鲜蔬菜、水果、鲜蛋、生鲜水产品,并将相对应的一级分类修改为肉与肉制品、蔬菜与蔬菜制品、水果与水果制品、蛋与蛋制品、水产与水产制品(表 15-1),以提高食品安全事件中食品类别的效度。

表 15-1　食品种类的分类方法

序号	一级分类	二级分类
1	粮食加工品	小麦粉
		大米
		挂面
		其他粮食加工品
2	食用油、油脂及其制品	食用植物油
		食用油脂制品
		食用动物油脂
3	调味品	酱油
		食醋
		味精
		鸡精调味料
		酱类
		调味料产品
4	肉与肉制品	肉制品
		生鲜肉类
5	乳制品	乳制品
		婴幼儿配方乳粉
6	饮料	饮料
7	方便食品	方便食品
8	饼干	饼干
9	罐头	罐头
10	冷冻饮品	冷冻饮品
11	速冻食品	速冻食品

（续表）

序号	一级分类	二级分类
12	薯类和膨化食品	膨化食品
		薯类食品
13	糖果制品（含巧克力及制品）	糖果制品
		果冻
14	茶叶及相关制品	茶叶
		含茶制品和代用茶
15	酒类	白酒
		葡萄酒及果酒
		啤酒
		黄酒
		其他酒
16	蔬菜与蔬菜制品	蔬菜制品
		食用菌
		新鲜蔬菜
17	水果与水果制品	蜜饯
		水果制品
		水果
18	炒货食品及坚果制品	炒货食品及坚果制品
19	蛋与蛋制品	蛋制品
		鲜蛋
20	可可及焙炒咖啡产品	可可制品
		焙炒咖啡
21	食糖	糖
22	水产与水产制品	水产加工品
		其他水产加工品
		生鲜水产品
23	淀粉及淀粉制品	淀粉及淀粉制品
		淀粉糖
24	糕点	糕点食品
25	豆制品	豆制品
26	蜂产品	蜂产品
27	特殊膳食食品	婴幼儿及其他配方谷粉产品

资料来源：《食品质量安全市场准入 28 大类食品分类表》，食品伙伴网，2015-02-06［2015-03-24］，http://bbs.foodmate.net/thread-831098-1-1.html，并由作者根据本《报告》所确定的相关定义修改形成。

(三) 数据来源与研究范围

1. 数据来源

关于现阶段对发生的食品安全事件的数据收集与筛选,国内学者们较多地选取媒体发布的,与食品安全相关的新闻事件作为食品安全事件,即本《报告》所定义的广义食品安全事件,来源主要为主流媒体(包括网络媒体)网站报道。基于现有的研究报道,具有代表性且有较明确食品安全事件数据来源的研究成果如表15-2 所示。

表 15-2　食品安全事件数据来源

论文作者	数据来源	数据量
莫鸣、安玉发、何忠伟、罗兰	中国农业大学课题组所收集的"2002—2012 年中国食品安全事件集"	2002 年 1 月 1 日至 2012 年 12 月 31 日 4302 起食品安全事件,其中超市 359 起①②
张红霞、安玉发、张文胜	选择政府行业网站、食品行业专业网站和新闻媒体 3 类共 40 个网站,搜集并进行重复性和有效性筛选	2010 年 1 月 1 日至 2012 年 12 月 31 日 628 起涉及生产企业的食品安全事件③。2004 年至 2012 年 3300 起食品安全事件④
厉曙光、陈莉莉、陈波	收集纸媒、各大门户网络、新闻网站及政府舆情专报,并进行整理	2004 年 1 月 1 日至 2012 年 12 月 31 日 2489 起食品安全事件⑤
王常伟、顾海英,Yang Liu, Feiyan Liu, Jiangfang Zhang	"掷出窗外网站"(http://www.zccw.info) 食品安全事件数据库,前期发布(2004—2012 年) 和网友后期补充(2013—2014 年)	2004 年至 2012 年 2173 起食品安全事件⑥。2004 年 1 月 1 日至 2013 年 8 月 1 日 295 起发生在北京的食品安全事件⑦

---

① 莫鸣、安玉发、何忠伟:《超市食品安全的关键监管点与控制对策——基于 359 个超市食品安全事件的分析》,《财经理论与实践》2014 年第 1 期。

② 罗兰、安玉发、古川、李阳:《我国食品安全风险来源与监管策略研究》,《食品科学技术学报》2013 年第 2 期。

③ 张红霞、安玉发:《食品生产企业食品安全风险来源及防范策略—基于食品安全事件的内容分析》,《经济问题》2013 年第 5 期。

④ 张红霞、安玉发、张文胜:《我国食品安全风险识别、评估与管理—基于食品安全事件的实证分析》,《经济问题探索》2013 年第 6 期。

⑤ 厉曙光、陈莉莉、陈波:《我国 2004—2012 年媒体曝光食品安全事件分析》,《中国食品学报》2014 年第 3 期。

⑥ 王常伟、顾海英:《我国食品安全态势与政策启示—基于事件统计、监测与消费者认知的对比分析》,《社会科学》2013 年第 7 期。

⑦ Y. Liu, F. Liu, J. Zhang, J. Gao, "Insights into the Nature of Food Safety Issues in Beijing Through Content Analysis of an Internet Database of Food Safety Incidents in China", *Food Control*, Vol. 51, 2015, pp. 206-211.

（续表）

论文作者	数据来源	数据量
李强、刘文、王菁	选择 43 个我国主要网站以及与食品相关的网站，网络扒虫自行抓扒，并人工筛选	2009 年 1 月 1 日至 2009 年 6 月 30 日 5000 起食品安全事件①
文晓巍、刘妙玲	随机选取国家食品安全信息中心、中国食品安全资源信息库、医源世界网的"安全快报"等权威报道，并进行筛选	2002 年 1 月至 2011 年 12 月 1001 起食品安全事件②

资料来源：由作者根据相关资料整理形成。

由于目前国内对食品安全事件的分析尚没有成熟的大数据挖掘工具，故现在的研究文献中有关食品安全事件的数据主要来源于学者们根据各自研究需要而进行的专门收集，收集的范围主要是门户网站、新闻网站、食品行业网站等，收集网站的数量一般约在 40 个左右，收集的方法大多为人工搜索或网络扒虫，收集后再人工进行重复性和有效性筛选。部分学者直接选取"掷出窗外网站"（http://www.zccw.info）食品安全事件数据库。该网站 2012 年之前数据系统性较高，2012 年后采用网友补充的方式，新增数据的重复性较高，可靠性明显下降。目前，学者们研究的食品安全事件发生的时间区间大多在 2002—2013 年间，总量约在 5000 起以内，而且在目前的研究文献中，学者们并没有明确指出食品安全事件数量等数据的具体来源，不同数据库得出的结论不尽相同甚至差异很大，故食品安全事件数量的准确性、可靠性难以进行有效性考证。

江南大学江苏省食品安全研究基地与江苏厚生信息科技有限公司联合开发了食品安全事件大数据监测平台 Data Base V1.0 版本。这是目前在国内食品安全治理研究中最为先进的食品安全事件分析的大数据挖掘平台。平台的 Data Base V1.0 版本的系统框架如图 15-1 所示。该系统采用了 laravel 最新的开发框架，整体的系统采用模型—视图—控制器（Model View Controller，MVC）三层的结构来设计。目前使用的食品安全事件大数据监测平台 Data Base V1.0 版本包括原始数据、清理数据、规则制定、标签管理和地区管理模块、数据导出等功能模块。针对大数据数据量大、结构复杂的特点，在系统运行中，采用异步的模式，提高系统运行效率。同时，采用 Task 任务模式，把后台拆解成短小的任务集，进行多线程处理，进一步提升系统性能。系统自动更新数据，并将网络上获取的非结构化数据进行结构化处理，按照设定的标准进行清洗、分类识别，将分类识别后的有效数据

---

① 李强、刘文、王菁、戴岳：《内容分析法在食品安全事件分析中的应用》，《食品与发酵工业》2010 年第 1 期。

② 文晓巍、刘妙玲：《食品安全的诱因、窘境与监管：2002—2011 年》，《改革》2012 年第 9 期。

根据系统设定的使用权限提供给研究者,可根据研究者的需求,实现实时统计、数据导出、数据分析、可视化展现等功能。

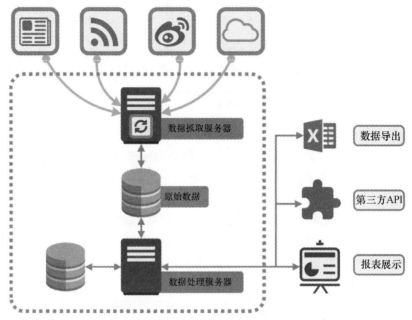

图 15-1　食品安全事件大数据监测平台 Data Base V1.0 版本系统框架

2. 统计时间与研究范围

本《报告》研究的时间段是 2005 年 1 月 1 日—2014 年 12 月 31 日间,研究的是在此时段内发生的食品安全事件。需要指出的是,本《报告》研究所指的食品安全事件数量、区域分布等,均指发生在我国大陆境内的 31 个省、自治区、直辖市,并不包括我国的台湾、香港与澳门地区。

二、2005—2014 年间发生的食品安全事件的总体状况

采用江南大学江苏省食品安全研究基地自主研发的食品安全事件大数据监测平台 Data Base V1.0 版本进行数据抓取并建立数据库,剔除事件发生的时间、地点、过程不详与相同或相似的食品安全事件,最终由大数据挖掘工具自动筛选确定在 2005 年 1 月 1 日—2014 年 12 月 31 日期间发生的具备明确的发生时间、清楚的发生地点、清晰的事件过程等"三个要素"的 184867 起食品安全事件(以下简称事件)。以省、自治区、直辖市作为统计的基本单元进行分类统计,对于同时发生在两个或两个以上省区的事件,每个省区发生的事件计为一次,约有 15.6% 的食品安全事件涉及两个或两个以上的省区,由此确定在 2005—2014 年间全国 31 个

省区共发生 227386 起食品安全事件。

在 2005—2014 年间发生的食品安全事件总体状况的分析,主要是利用大数据挖掘工具所收集的数据,从食品安全事件发生的时间分布、发生的主要环节、风险因子分布等三个方面来展开说明。

(一) 时间分布

如图 15-2 和表 15-3 所示,基于上述统计口径,2005—2014 年间中国发生了 227386 起食品安全事件,平均全国每天发生约 62.3 起食品安全事件。

从时间序列上分析,在 2005—2011 年间食品安全事件发生的数量呈逐年上升趋势且在 2011 年达到峰值(当年发生了 38513 起)。以 2011 年为拐点,从 2012 年食品安全事件发生量开始下降且趋势较为明显,2013 年下降至 18190 起,但 2014 年出现反弹,事件发生数上升到 25006 起。在 2005—2014 年间食品安全事件发生的数量,除 2010 年、2012 年、2013 年同比下降外,其余年份均不同程度地增长。其中,同比增长最快的年份为 2007 年,增长 100.12 %,同比下降最快的年份则是 2013 年,下降 52.21 %。

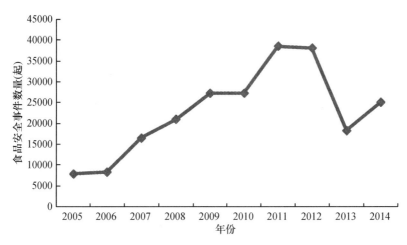

图 15-2 2005—2014 年间全国发生的食品安全事件数的时序分布

表 15-3 2005—2014 年间全国发生的食品安全事件数量

年份	2005	2006	2007	2008	2009	2010	2011	2012	2013	2014	年均增长率
数量	7755	8189	16389	20926	27167	27187	38513	38064	18190	25006	13.89%

(二) 主要环节分布

食品供应链体系可以分为生产源头、加工与制造、运输与流通、销售与消费等主要环节,计算可获得在 2005—2014 年间发生的食品安全事件在供应链各个主要环节的数量分布。表 15-4 显示,食品安全事件主要集中发生在加工与制造环节,约占总量比例的 60.16%,其次分别是销售与消费、生产源头、运输与流通环节,事件发生的数量占总量的比例分别为 25.06%、9.37%、5.42%。

其中,销售与消费环节以餐饮消费的事件最多,占事件总量的比例达到了 12.57%。生产源头环节中发生在养殖环节的食品安全事件数量大于种植环节,说明我国畜牧业产品的生产源头问题值得重视。运输与流通环节中,运输过程发生的食品安全事件数量大于仓储环节的发生数,主要反映出食品运输过程中缺少冷链技术,并且物流系统的管理水平有待提升。

表 15-4 2005—2014 年间食品安全事件在主要环节的分布与占比

环节	关键词	频数(起)	占比(%)
生产源头环节	种植	11715	3.93
	养殖	16205	5.44
加工与制造环节	生产	116079	38.94
	加工	63125	21.18
	包装	119	0.04
运输与流通环节	仓储	2294	0.77
	运输	13865	4.65
销售与消费环节	批发	24797	8.32
	零售	12417	4.17
	餐饮	37482	12.57
	总计	298097	100
食品安全事件总计		227386	—

注:同一食品安全事件可以反生在两个或多个环节,因此频数总和大于食品安全事件发生数量。

(三) 风险因子分布

食品安全事件中风险因子主要是指包括微生物种类或数量指标不合格、农兽药残留、重金属超标、物理性异物等具有自然特征的食品安全风险因子,以及违规使用(含非法或超量使用)食品添加剂、非法添加违禁物、生产经营假冒伪劣食品等具有人为特征的食品安全风险因子。在 2005—2014 年间发生的食品安全事件中,由于违规使用食品添加剂、生产或经营假冒伪劣产品与使用过期原料或出售过期产品等人为特征因素造成的食品安全事件占事件总数的比例为 75.50%。相对而言,自然特征的食品安全风险因子导致产生的食品安全事件相对较少,占事件总数的比例为 24.50%。图 15-3 所示,在具有人为特征的食品安全风险因子中违规使用添加剂导致的食品安全事件数量较多,占事件总数的 31.24%,其他依次为违规生产或经营假冒伪劣食品(20.09%)、使用过期原料或出售过期食品(10.28%)、无证无照生产或经营食品(9.62%)、非法添加违禁物(4.27%)等。在具有自然特征的食品安全风险因子中,微生物种类或数量指标不合格产生的食品安全事件最多,占事件总数的 8.95%,其余依次为农药兽药残留超标(8.03%)、重金属超标(5.42%)、物理性异物(2.10%)等。

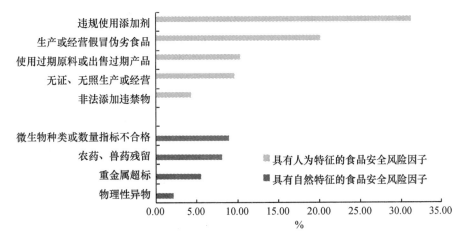

图 15-3　2005—2014 年间发生的食品安全事件的风险因子分布与占比

由此可见,在 2005—2014 年间我国发生的重大食品安全事件,虽然也有技术不足、环境污染等方面的原因,但更多的是生产经营主体不当行为、不执行或不严格执行已有的食品技术规范与标准体系等违规违法行为、具有人为特征的人源性因素造成的。人源性风险占主体的这一基本特征将在未来一个很长历史时期继续存在,难以在短时期内发生根本性改变,由此决定了我国食品安全风险防控的长期性与艰巨性。

三、2005—2014 年间发生的食品安全事件的食品种类与数量

依据前述的食品种类的分类方法,分别对 27 类食品类别在 2005—2014 年间发生的食品安全事件进行大数据挖掘、数据清洗,可以分析各类食品发生的事件数量。

(一) 主要食品种类

2005—2014 年间中国发生的食品安全事件所涉及的食品种类排名见图 15-4,排名前六位的食品种类(该类食品安全事件数量,该类食品安全事件数量占所有食品安全事件数量的百分比)分别为肉与肉制品(20428 起,8.98%)、蔬菜与蔬菜制品(19710 起,8.67%)、酒类(18615 起,8.19%)、水果与水果制品(16926 起,

7.44%)、饮料(16519 起,7.26%)、乳制品(16242 起,7.14%);排名最后六位的食品种类分别为蛋与蛋制品(565 起,0.25%)、食糖(1098 起,0.48%)、冷冻饮品(1205 起,0.53%)、可可及焙烤咖啡产品(1518 起,0.67%)、罐头(2425 起,1.07%)、速冻食品(2442 起,1.07%)。

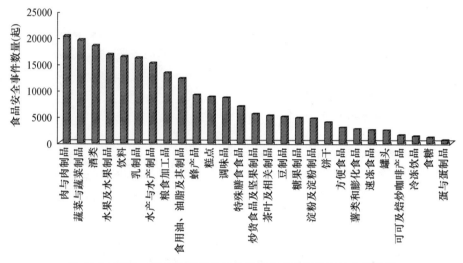

图 15-4　2005—2014 年间发生的食品安全事件所涉及的食品种类

(二) 不同食品类别发生的安全事件数量

基于大数据挖掘工具,根据表 15-1 的食品种类的分类方法,可以对 2005—2014 年间所有食品种类发生的安全事件的时间分布与数量进行分析。按照食品质量安全市场准入制度食品分类表中食品种类的顺序,各种类食品发生的安全事件数量与时间分别分析如下。

1. 粮食加工品

2005—2014 年间发生的此类别的食品安全事件数量见图 15-5 所示,发生数量最多的年份为 2011 年,达到 2256 起;而增长幅度最大的年份为 2007 年,同比增长 96.82%,降低幅度最大的年份则为 2013 年,同比下降 44.27%。

2. 特殊膳食食品

2005—2014 年间发生的特殊膳食类食品安全事件数量见图 15-6 所示,发生数量最多的年份为 2012 年,达到 1193 起;而增长幅度最大的年份为 2008 年,同比增长 172.22%,降低幅度最大的年份则为 2013 年,同比下降 34.78%。

图 15-5　2005—2014 年间发生的粮食加工品安全事件数量与比例

图 15-6　2005—2014 年间发生的特殊膳食食品安全事件数量与比例

3. 蜂产品

2005—2014 年间发生的此类别的食品安全事件数量见图 15-7 所示,发生数量最多的年份为 2012 年,达到 1764 起;而增长幅度最大的年份为 2007 年,同比增长 97.93%,降低幅度最大的年份则为 2013 年,同比下降 60.98%。

4. 豆制品

2005—2014 年间发生的此类别的食品安全事件数量见图 15-8 所示,发生数量最多的年份为 2011 年,达到 939 起;而增长幅度最大的年份为 2014 年,同比增长 101.69%,降低幅度最大的年份则为 2013 年,同比下降 65.40%。

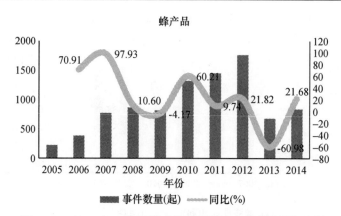

图 15-7　2005—2014 年间发生的蜂产品安全事件数量与比例

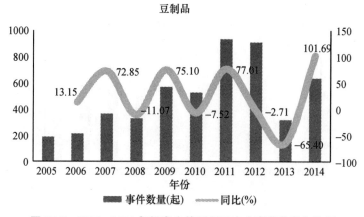

图 15-8　2005—2014 年间发生的豆制品安全事件数量与比例

5. 糕点

2005—2014 年间发生的此类别的食品安全事件数量见图 15-9 所示,发生数量最多的年份为 2012 年,达到 1553 起;而增长幅度最大的年份为 2009 年,同比增长 86.95%,降低幅度最大的年份则为 2013 年,同比下降 56.49%。

6. 淀粉及淀粉制品

2005—2014 年间发生的此类别的食品安全事件数量见图 15-10 所示,发生数量最多的年份为 2011 年,达到 907 起;而增长幅度最大的年份为 2011 年,同比增长 87.63%,降低幅度最大的年份则为 2013 年,同比下降 46.12%。

图 15-9　2005—2014 年间发生的糕点安全事件数量与比例

图 15-10　2005—2014 年间发生的淀粉及淀粉制品安全事件数量与比例

7. 水产与水产制品

2005—2014 年间发生的此类别的食品安全事件数量见图 15-11 所示,发生数量最多的年份为 2011 年,达到 2506 起;而增长幅度最大的年份为 2007 年,同比增长 67.64%;降低幅度最大的年份则为 2013 年,同比下降 43.52%。

8. 饼干

2005—2014 年间发生的此类别的食品安全事件数量见图 15-12 所示,发生数量最多的年份为 2012 年,达到 554 起;而增长幅度最大的年份为 2007 年,同比增长 225.49%,降低幅度最大的年份则为 2013 年,同比下降 37.45%。

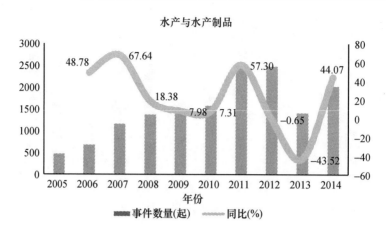

图 15-11　2005—2014 年间发生的水产与水产制品安全事件数量与比例

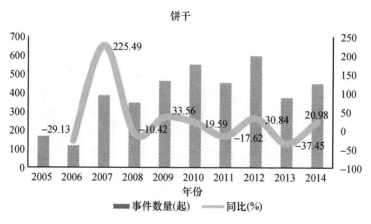

图 15-12　2005—2014 年间发生的饼干安全事件数量与比例

9. 食用油、油脂及其制品

2005—2014 年间发生的此类别的食品安全事件数量见图 15-13 所示,发生数量最多的年份为 2011 年,达到 2890 起;而增长幅度最大的年份为 2007 年,同比增长 122.25%,降低幅度最大的年份则为 2013 年,同比下降 63.57%。

10. 食糖

2005—2014 年间发生的此类别的食品安全事件数量见图 15-14 所示,发生数量最多的年份为 2011 年,达到 211 起;而增长幅度最大的年份为 2011 年,同比增长 87.67%,降低幅度最大的年份则为 2013 年,同比下降 41.82%。

图 15-13　2005—2014 年间发生的食用油、油脂及其制品安全事件数量与比例

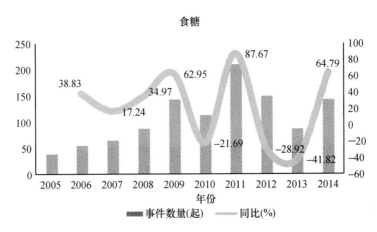

图 15-14　2005—2014 年间发生的食糖安全事件数量与比例

11. 可可及焙炒咖啡产品

2005—2014 年间发生的此类别的食品安全事件数量见图 15-15 所示,发生数量最多的年份为 2014 年,达到 257 起;而增长幅度最大的年份为 2008 年,同比增长 74.08%,降低幅度最大的年份则为 2006 年,同比下降 35.79%。

12. 调味品

2005—2014 年间发生的此类别的食品安全事件数量见图 15-16 所示,发生数量最多的年份为 2012 年,达到 1708 起;而增长幅度最大的年份为 2011 年,同比增长 98.02%,降低幅度最大的年份则为 2013 年,同比下降 65.28%。

图 15-15　2005—2014 年间发生的可可及焙炒咖啡产品安全事件数量与比例

图 15-16　2005—2014 年间发生的调味品安全事件数量与比例

13. 蛋与蛋制品

2005—2014 年间发生的此类别的食品安全事件数量见图 15-17 所示,发生数量最多的年份为 2012 年,达到 91 起;而增长幅度最大的年份为 2011 年,同比增长 104.79%,降低幅度最大的年份则为 2010 年,同比下降 42.51%。

14. 炒货食品及坚果制品

2005—2014 年间发生的此类别的食品安全事件数量见图 15-18 所示,发生数量最多的年份为 2012 年,达到 1027 起;而增长幅度最大的年份为 2007 年,同比增长 84.14%,降低幅度最大的年份则为 2013 年,同比下降 41.35%。

图 15-17 2005—2014 年间发生的蛋与蛋制品安全事件数量与比例

图 15-18 2005—2014 年间发生的炒货食品及坚果制品安全事件数量与比例

15. 水果及水果制品

2005—2014 年间发生的此类别的食品安全事件数量见图 15-19 所示,发生数量最多的年份为 2012 年,达到 2983 起;而增长幅度最大的年份为 2007 年,同比增长 106.22%,降低幅度最大的年份则为 2013 年,同比下降 54.82%。

16. 肉与肉制品

2005—2014 年间发生的此类别的食品安全事件数量见图 15-20 所示,发生数量最多的年份为 2011 年,达到 4046 起;而增长幅度最大的年份为 2007 年,同比增长 155.24%,降低幅度最大的年份则为 2013 年,同比下降 48.10%。

图 15-19 2005—2014 年间发生的水果与水果制品安全事件数量与比例

图 15-20 2005—2014 年间发生的肉与肉制品安全事件数量与比例

17. 蔬菜与蔬菜制品

2005—2014 年间发生的此类别的食品安全事件数量见图 15-21 所示,发生数量最多的年份为 2011 年,达到 3469 起;而增长幅度最大的年份为 2007 年,同比增长 89.53%,降低幅度最大的年份则为 2013 年,同比下降 60.41%。

18. 乳制品

2005—2014 年间发生的此类别的食品安全事件数量见图 15-22 所示,发生数量最多的年份为 2011 年,达到 2471 起;而增长幅度最大的年份为 2008 年,同比增长 162.27%,降低幅度最大的年份则为 2013 年,同比下降 38.39%。

图 15-21　2005—2014 年间发生的蔬菜与蔬菜制品安全事件数量与比例

图 15-22　2005—2014 年间发生的乳制品安全事件数量与比例

19. 饮料

2005—2014 年间发生的此类别的食品安全事件数量见图 15-23 所示,发生数量最多的年份为 2012 年,达到 2650 起;而增长幅度最大的年份为 2007 年,同比增长 92.33%,降低幅度最大的年份则为 2013 年,同比下降 47.18%。

20. 方便食品

2005—2014 年间发生的此类别的食品安全事件数量见图 15-24 所示,发生数量最多的年份为 2012 年,达到 475 起;而增长幅度最大的年份为 2007 年,同比增长 148.02%,降低幅度最大的年份则为 2013 年,同比下降 51.77%。

图 15-23　2005—2014 年间发生的饮料安全事件数量与比例

图 15-24　2005—2014 年间发生的方便食品安全事件数量与比例

21. 罐头食品

2005—2014 年间发生的此类别的食品安全事件数量见图 15-25 所示,发生数量最多的年份为 2012 年,达到 420 起;而增长幅度最大的年份为 2007 年,同比增长 153.99%,降低幅度最大的年份则为 2013 年,同比下降 60.87%。

22. 冷冻饮品

2005—2014 年间发生的此类别的食品安全事件数量见图 15-26 所示,发生数量最多的年份为 2012 年,达到 214 起;而增长幅度最大的年份为 2014 年,同比增长 159.34%,降低幅度最大的年份则为 2013 年,同比下降 69.56%。

图 15-25　2005—2014 年间发生的罐头食品安全事件数量与比例

图 15-26　2005—2014 年间发生的冷冻饮品安全事件数量与比例

23．速冻食品

2005—2014 年间发生的此类别的食品安全事件数量见图 15-27 所示,发生数量最多的年份为 2011 年,达到 487 起;而增长幅度最大的年份为 2007 年,同比增长 246.85%,降低幅度最大的年份则为 2013 年,同比下降 59.33%。

24．薯类和膨化食品

2005—2014 年间发生的此类别的食品安全事件数量见图 15-28 所示,发生数量最多的年份为 2012 年,达到 515 起;而增长幅度最大的年份为 2009 年,同比增长 58.68%,降低幅度最大的年份则为 2013 年,同比下降 58.95%。

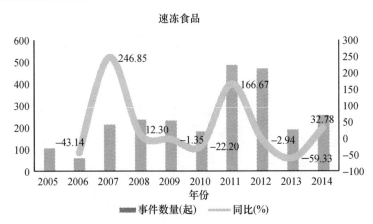

图 15-27　2005—2014 年间发生的速冻食品安全事件数量与比例

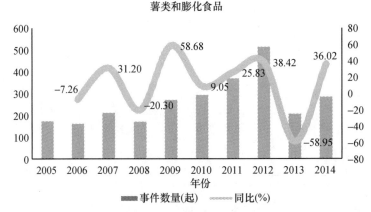

图 15-28　2005—2014 年间发生的薯类和膨化食品安全事件数量与比例

25. 酒类

2005—2014 年间发生的此类别的食品安全事件数量见图 15-29 所示,发生数量最多的年份为 2012 年,达到 3327 起;而增长幅度最大的年份为 2007 年,同比增长 102.04%,降低幅度最大的年份则为 2013 年,同比下降 54.71%。

26. 糖果制品(含巧克力及制品)

2005—2014 年间发生的此类别的食品安全事件数量见图 15-30 所示,发生数量最多的年份为 2012 年,达到 862 起;而增长幅度最大的年份为 2007 年,同比增长 127.89%,降低幅度最大的年份则为 2013 年,同比下降 53.45%。

27. 茶叶及相关制品

2005—2014 年间发生的此类别的食品安全事件数量见图 15-31 所示,发生数量最多的年份为 2012 年,达到 1024 起;而增长幅度最大的年份为 2007 年,同比增

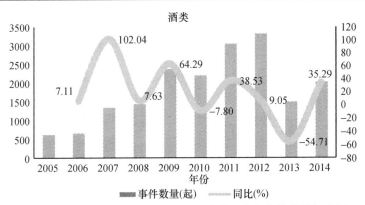

图 15-29 2005—2014 年间发生的酒类食品安全事件数量与比例

图 15-30 2005—2014 年间发生的糖果制品(含巧克力及制品)
安全事件数量与比例

长 139.20%,降低幅度最大的年份则为 2013 年,同比下降 60.21%。

图 15-31 2005—2014 年间发生的茶叶及相关制品安全事件数量与比例

四、2005—2014 年间发生食品安全事件的省区分布

利用大数据挖掘工具所收集的数据,可以对在 2005—2014 年间发生的食品安全事件在各省区的空间分布、各省区食品安全事件的主要特点等展开比较分析。

(一) 在省区间的总体分布

在 2005—2014 年间全国 31 个省、自治区、直辖市均不同程度地发生了食品安全事件,数量的分布见图 15-32。图 15-32 显示,事件发生数量排名前五位的省区分别为北京(27810 起,12.23%)[①]、广东(20613 起,9.07%)、上海(17708 起,7.79%)、山东(15483 起,6.81%)、浙江(11300 起,4.97%);排名最后五位的省区分别为西藏(646 起,0.28%)、青海(1888 起,0.83%)、宁夏(2205 起,0.97%)、新疆(2412 起,1.06%)、贵州(3364 起,1.48%)。北京、上海、广东、浙江、山东等经济发达地区发生的食品安全事件数量远远高于经济相对欠发达的省区。主要的原因可能是,一方面前者人口密度远高于后者,另一方面可能是前者的食品资源、涉及的供应链环节比后者多,因此发生食品安全事件的概率相对较高。但更重要的原因是,发达省区的食品安全信息公开状况相对较好,也为国内主流媒体所关注,媒体报道的食品安全事件更多。

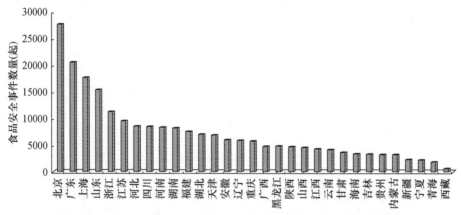

图 15-32 2005—2014 年间发生的食品安全事件数在省级行政区的分布

(二) 集中度的空间分布

通过 ArcGIS 工具自动采用自然间断法,计算获得的我国在 2005—2014 年间发生的食品安全事件集中度通过分级色彩的方法体现在图 15-33 中。图 15-33 的可视化展现的结果表明,色彩区间及对应的食品安全集中度范围为 I 级区间(蓝

---

① 括号中的数据分别为发生在该省区食品安全事件数量占全国事件总量的比例(下同)。

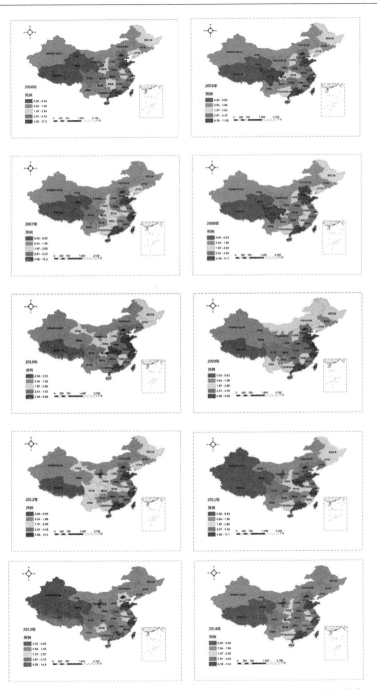

图 15-33　2005—2014 年间我国发生的食品安全事件集中度的空间分布

色区域）：0—0.83%，Ⅱ级区间（青色区域）：0.84%—1.96%，Ⅲ级区间（黄色区域）：1.97%—2.80%，Ⅳ级区间（橙色区域）：2.81%—4.55%，Ⅴ级区间（红色区域）：>4.56%。分析发现，按照各省区发生的食品安全事件集中度的整体数值从高到低进行排序，2005—2014 年间食品安全事件集中发生的区域是，广东（Ⅴ-10）①、山东（Ⅴ-10）、浙江（Ⅴ-8，Ⅳ-2）、江苏（Ⅴ-2，Ⅳ-8）、四川（Ⅴ-2，Ⅳ-7，Ⅲ-1）、河南（Ⅴ-1，Ⅳ-9）、北京（Ⅴ-1，Ⅳ-8，Ⅲ-1）、河北（Ⅴ-1，Ⅳ-8，Ⅲ-1）、湖北（Ⅴ-1，Ⅳ-4，Ⅲ-4，Ⅱ-1）等省区。

（三）各省区食品安全事件发生数量与主要特点

按照 2005—2014 年间各省区发生的食品安全事件数量由高到低的顺序，各省区历年来发生的食品安全事件数量与主要特点分析如下。

1. 北京

2005—2014 年间北京市发生的食品安全事件数量高于全国平均数，如图 15-34 所示，食品安全事件发生数量最多的年份为 2011 年，达到 4496 起。全市发生的食品安全事件中，发生比例最高的前六位的食品类别见图 15-35 所示，分别为肉与肉制品（8.76%）、蔬菜与蔬菜制品（8.68%）、乳制品（8.09%）、水果与水果制品（7.54%）、饮料（7.52%）、酒类（7.52%）。

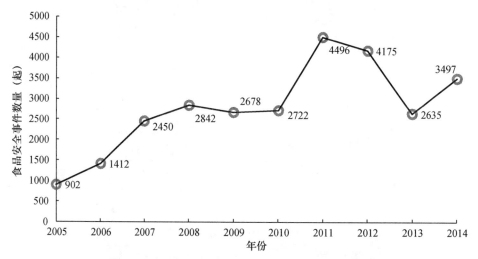

图 15-34　2005—2014 年间北京发生的食品安全事件数量

---

① Ⅴ-10：Ⅴ指的是食品安全事件空间分布区间范围，10指的是该地区处于Ⅴ区间的年份数。

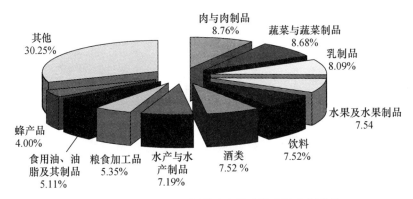

图 15-35　2005—2014 年间北京发生的食品安全事件
所涉及的主要食品种类与比例

2. 广东

2005—2014 年间广东省发生的食品安全事件数量高于全国平均数,如图 15-36 所示,食品安全事件发生数量最多的年份为 2012 年,达到 3298 起。全省发生的食品安全事件中,发生比例最高的前六位的食品类别见图 15-37 所示,分别为肉与肉制品(8.30%)、饮料(7.59%)、水果与水果制品(7.58%)、水产与水产制品(7.50%)、乳制品(7.43%)、酒类(7.24%)。

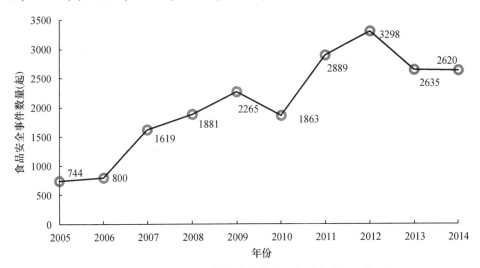

图 15-36　2005—2014 年间广东发生的食品安全事件数量

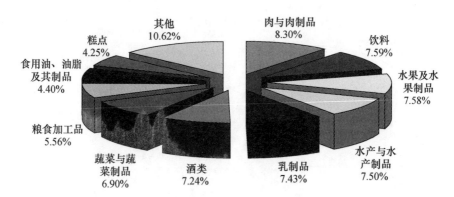

图 15-37　2005—2014 年间广东发生的食品安全事件所涉及
的主要食品种类与比例

3. 上海

2005—2014 年间上海市发生的食品安全事件数量高于全国平均数,如图 15-38 所示,食品安全事件发生数量最多的年份为 2011 年,达到 3131 起。全市发生的食品安全事件中,发生比例最高的前六位的食品类别见图 15-39 所示,分别为肉与肉制品(9.07%)、乳制品(8.90%)、水产与水产制品(7.96%)、蔬菜与蔬菜制品(7.63%)、酒类(7.19%)、水果与水果制品(7.17%)。

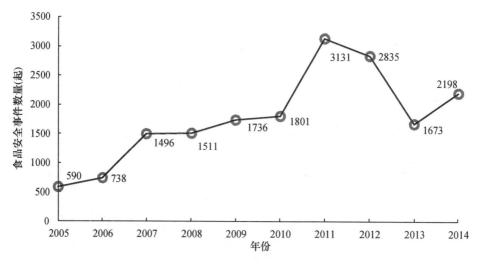

图 15-38　2005—2014 年间上海发生的食品安全事件数量

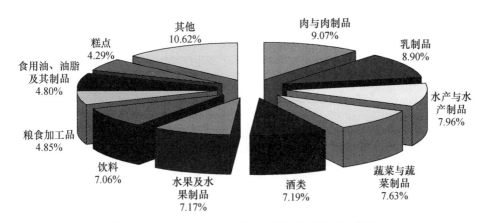

图 15-39 2005—2014 年间上海发生的食品安全事件
所涉及的主要食品种类与比例

4. 山东

2005—2014 年间山东省发生的食品安全事件数量高于全国平均数,如图 15-40 所示,食品安全事件发生数量最多的年份为 2012 年,达到 3441 起。全省发生的食品安全事件中,发生比例最高的前六位的食品类别见图 15-41 所示,分别为蔬菜与蔬菜制品(9.90%)、肉与肉制品(8.94%)、酒类(8.22%)、水果与水果制品(8.07%)、水产与水产制品(6.91%)、饮料(6.49%)。

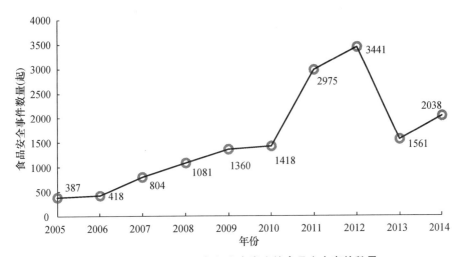

图 15-40 2005—2014 年间山东发生的食品安全事件数量

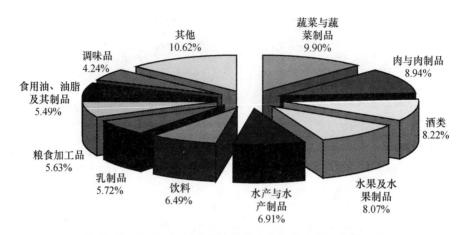

图 15-41　2005—2014 年间山东发生的食品安全事件所涉及
的主要食品种类与比例

5. 浙江

2005—2014 年间浙江省发生的食品安全事件数量高于全国平均数,如图 15-42 所示,食品安全事件发生数量最多的年份为 2012 年,达到 1986 起。全省发生的食品安全事件中,发生比例最高的前六位的食品类别见图 15-43 所示,分别为肉与肉制品(8.78%)、蔬菜与蔬菜制品(8.50%)、饮料(8.29%)、酒类(8.13%)、水产与水产制品(7.77%)、水果与水果制品(7.19%)。

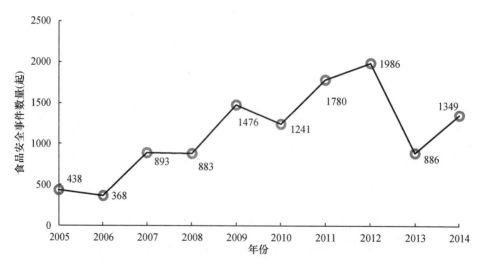

图 15-42　2005—2014 年间浙江发生的食品安全事件数量

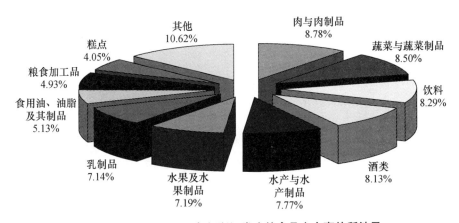

图 15-43　2005—2014 年间浙江发生的食品安全事件所涉及
的主要食品种类与比例

6. 江苏

2005—2014 年间江苏省发生的食品安全事件数量高于全国平均数,如图 15-44 所示,食品安全事件发生数量最多的年份为 2011 年,达到 1746 起。全省发生的食品安全事件中,发生比例最高的前六位的食品类别见图 15-45 所示,分别为肉与肉制品(9.93%)、蔬菜与蔬菜制品(9.14%)、酒类(8.08%)、水产与水产制品(7.70%)、饮料(7.22%)、水果与水果制品(7.07%)。

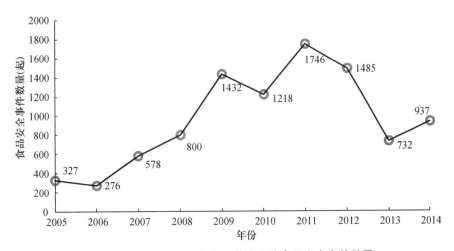

图 15-44　2005—2014 年间江苏发生的食品安全事件数量

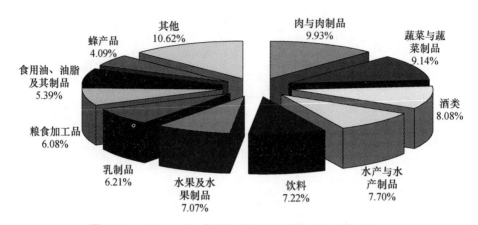

图 15-45　2005—2014 年间江苏发生的食品安全事件所涉及
的主要食品种类与比例

7．河北

2005—2014 年间河北省发生的食品安全事件数量高于全国平均数,如图
15-46 所示,食品安全事件发生数量最多的年份为 2011 年,达到 1577 起。全省发
生的食品安全事件中,发生比例最高的前六位的食品类别见图 15-47 所示,分别为
乳制品(8.93%)、蔬菜与蔬菜制品(8.85%)、肉与肉制品(8.51%)、酒类
(7.97%)、水果与水果制品(7.27%)、饮料(7.24%)。

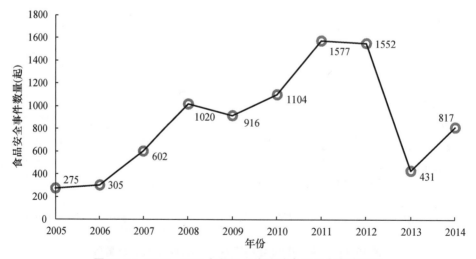

图 15-46　2005—2014 年间河北发生的食品安全事件数量

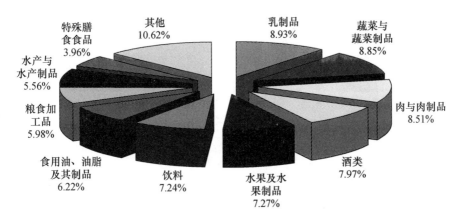

**图15-47　2005—2014年间河北发生的食品安全事件所涉及
的主要食品种类与比例**

8. 四川

2005—2014年间四川省发生的食品安全事件数量高于全国平均数,如图15-48所示,食品安全事件发生数量最多的年份为2011年,达到1320起。全省发生的食品安全事件中,发生比例最高的前六位的食品类别见图15-49所示,分别为酒类(10.18%)、肉与肉制品(9.46%)、蔬菜与蔬菜制品(8.83%)、水果与水果制品(7.14%)、饮料(6.89%)、粮食加工品(5.84%)。

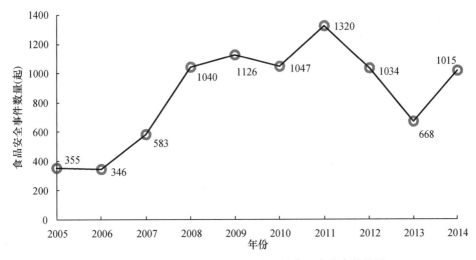

图15-48　2005—2014年间四川发生的食品安全事件数量

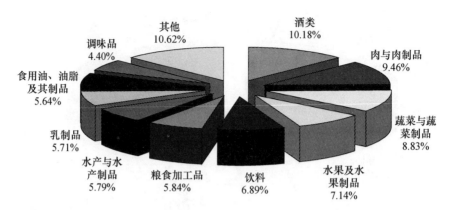

图 15-49 2005—2014 年间四川发生的食品安全事件所涉及
的主要食品种类与比例

9. 河南

2005—2014 年间河南省发生的食品安全事件数量略高于全国平均数,如图 15-50 所示,食品安全事件发生数量最多的年份为 2011 年,达到 1829 起。全省发生的食品安全事件中,发生比例最高的前六位的食品类别见图 15-51 所示,分别为肉与肉制品(11.95%)、蔬菜与蔬菜制品(8.83%)、酒类(7.41%)、粮食加工品(6.91%)、饮料(6.63%)、水果与水果制品(6.57%)。

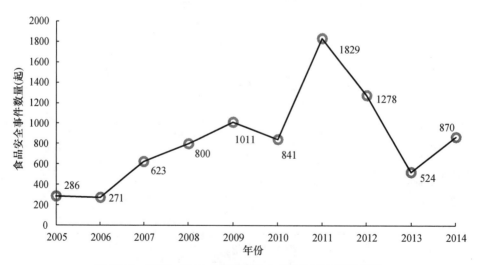

图 15-50 2005—2014 年间河南发生的食品安全事件数量

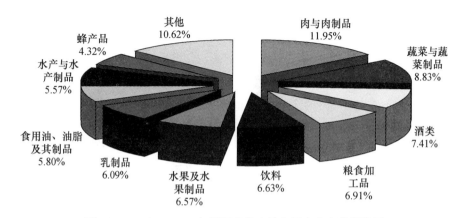

图 15-51 2005—2014 年间河南发生的食品安全事件所涉及
的主要食品种类与比例

10. 湖南

2005—2014 年间湖南省发生的食品安全事件数量略高于全国平均数,如图
15-52 所示,食品安全事件发生数量最多的年份为 2012 年,达到 1706 起。全省发
生的食品安全事件中,发生比例最高的前六位的食品类别见图 15-53 所示,分别为
肉与肉制品(9.24%)、酒类(8.70%)、蔬菜与蔬菜制品(8.29%)、粮食加工品
(7.31%)、饮料(7.30%)、水产与水产制品(6.97%)。

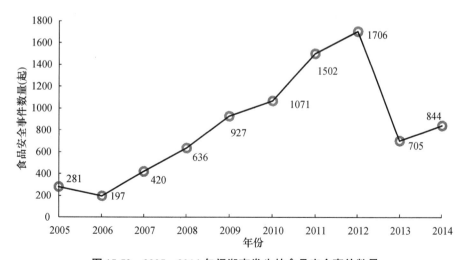

图 15-52 2005—2014 年间湖南发生的食品安全事件数量

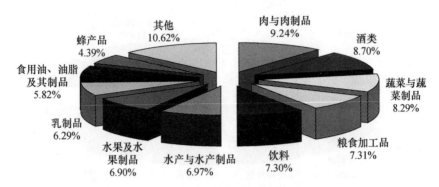

图 15-53　2005—2014 年间湖南发生的食品安全事件所涉及的主要食品种类与比例

11. 福建

2005—2014 年间福建省发生的食品安全事件数量持平于全国平均数,如图 15-54 所示,食品安全事件发生数量最多的年份为 2012 年,达到 1230 起。全省发生的食品安全事件中,发生比例最高的前六位的食品类别见图 15-55 所示,分别为肉与肉制品(8.08%)、蔬菜与蔬菜制品(7.95%)、水果与水果制品(7.81%)、水产与水产制品(7.74%)、饮料(7.25%)、酒类(7.18%)。

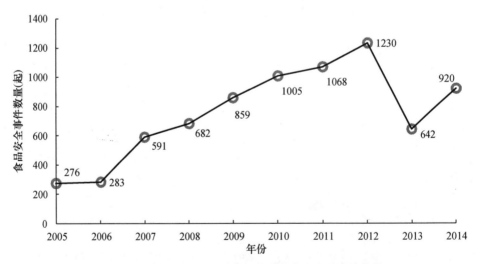

图 15-54　2005—2014 年间福建发生的食品安全事件数量

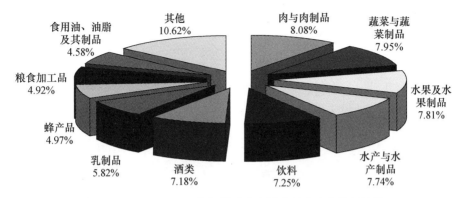

图 15-55 2005—2014 年间福建发生的食品安全事件所涉及的主要食品种类与比例

12. 湖北

2005—2014 年间湖北省发生的食品安全事件数量略高于全国平均数,如图 15-56 所示,食品安全事件发生数量最多的年份为 2010 年,达到 1369 起。全省发生的食品安全事件中,发生比例最高的前六位的食品类别见图 15-57 所示,分别为蔬菜与蔬菜制品(9.22%)、酒类(8.84%)、肉与肉制品(8.77%)、饮料(7.53%)、水果与水果制品(7.23%)、粮食加工品(7.02%)。

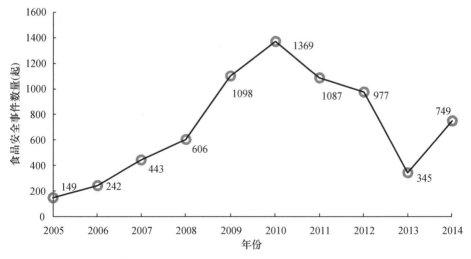

图 15-56 2005—2014 年间湖北发生的食品安全事件数量

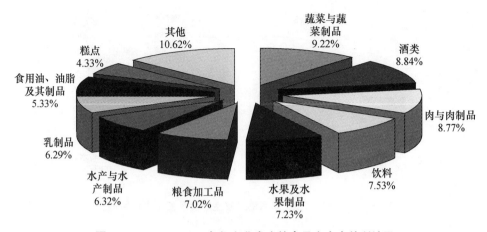

图 15-57 2005—2014 年间湖北发生的食品安全事件所涉及的主要食品种类与比例

13. 天津

2005—2014 年间天津市发生的食品安全事件数量持平于全国平均数,如图15-58 所示,食品安全事件发生数量最多的年份为 2012 年,达到 1225 起。全市发生的食品安全事件中,发生比例最高的前六位的食品类别见图 15-59 所示,分别为蔬菜与蔬菜制品(8.82%)、水果与水果制品(7.41%)、肉与肉制品(8.08%)、酒类(6.76%)、饮料(6.67%)、乳制品(6.36%)。

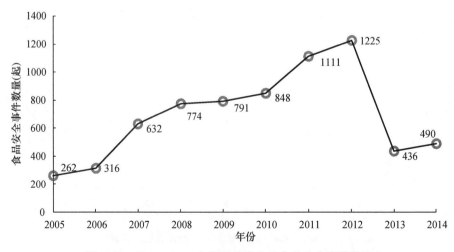

图 15-58 2005—2014 年间天津发生的食品安全事件数量

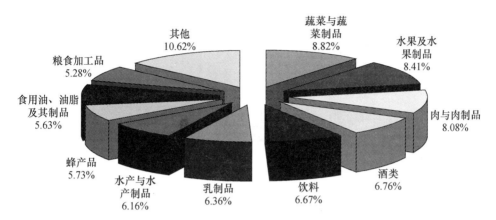

图 15-59　2005—2014 年间天津发生的食品安全事件所涉及的主要食品种类与比例

14. 安徽

2005—2014 年间安徽省发生的食品安全事件数量略低于全国平均数,如图 15-60 所示,食品安全事件发生数量最多的年份为 2012 年,达到 955 起。全省发生的食品安全事件中,发生比例最高的前六位的食品类别见图 15-61 所示,分别为肉与肉制品(9.43%)、酒类(8.97%)、蔬菜与蔬菜制品(8.78%)、饮料(7.01%)、水果与水果制品(6.99%)、粮食加工品(6.81%)。

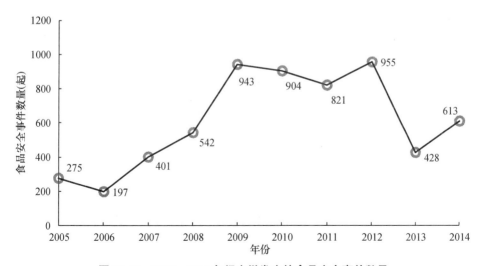

图 15-60　2005—2014 年间安徽发生的食品安全事件数量

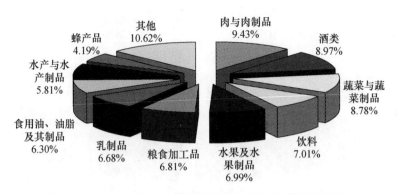

**图 15-61　2005—2014 年间安徽发生的食品安全事件所涉及
的主要食品种类与比例**

15. 辽宁

2005—2014 年间辽宁省发生的食品安全事件数量持平于全国平均数,如图 15-62 所示,食品安全事件发生数量最多的年份为 2011 年,达到 1242 起。全省发生的食品安全事件中,发生比例最高的前六位的食品类别见图 15-63 所示,分别为蔬菜与蔬菜制品(10.01%)、肉与肉制品(9.24%)、酒类(8.27%)、水果与水果制品(7.98%)、水产与水产制品(7.03%)、饮料(6.98%)。

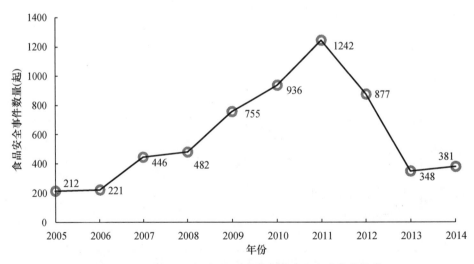

图 15-62　2005—2014 年间辽宁发生的食品安全事件数量

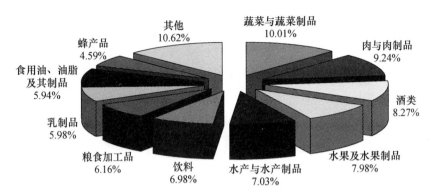

图 15-63 2005—2014 年间辽宁发生的食品安全事件所涉及
的主要食品种类与比例

16. 重庆

2005—2014 年间重庆市发生的食品安全事件数量略低于全国平均数,如图
15-64 所示,食品安全事件发生数量最多的年份为 2011 年,达到 1449 起。全市发
生的食品安全事件中,发生比例最高的前六位的食品类别见图 15-65 所示,分别为
肉与肉制品(10.89%)、蔬菜与蔬菜制品(9.15%)、酒类(8.26%)、食用油、油脂
及其制品(6.86%)、饮料(6.77%)、水果与水果制品(6.73%)。

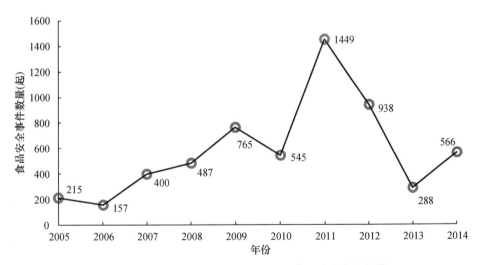

图 15-64 2005—2014 年间重庆发生的食品安全事件数量

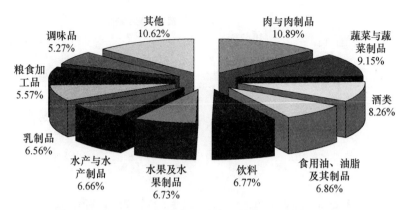

**图 15-65　2005—2014 年间重庆发生的食品安全事件所涉及
的主要食品种类与比例**

17. 广西

2005—2014 年间广西壮族自治区发生的食品安全事件数量低于全国平均数,如图 15-66 所示,食品安全事件发生数量最多的年份为 2012 年,达到 897 起。全区发生的食品安全事件中,发生比例最高的前六位的食品类别见图 15-67 所示,分别为蔬菜与蔬菜制品(9.30%)、肉与肉制品(9.00%)、酒类(8.13%)、饮料(7.72%)、粮食加工品(7.57%)、水果与水果制品(7.54%)。

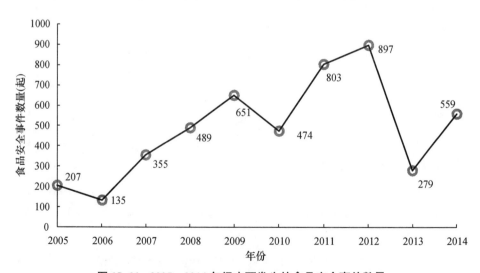

图 15-66　2005—2014 年间广西发生的食品安全事件数量

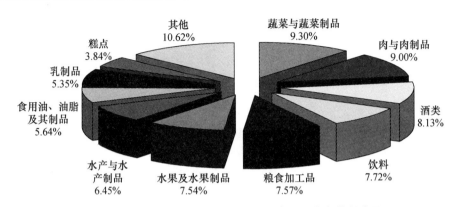

图 15-67 2005—2014 年间广西发生的食品安全事件所涉及的主要食品种类与比例

18. 黑龙江

2005—2014 年间黑龙江省发生的食品安全事件数量低于全国平均数,如图 15-68 所示,食品安全事件发生数量最多的年份为 2011 年,达到 873 起。全省发生的食品安全事件中,发生比例最高的前六位的食品类别见图 15-69 所示,分别为乳制品(9.41%)、蔬菜与蔬菜制品(8.86%)、粮食加工品(8.51%)、酒类(8.07%)、肉与肉制品(7.66%)、水果与水果制品(7.63%)。

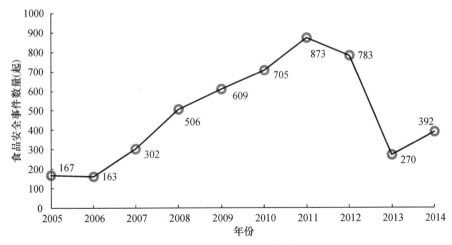

图 15-68 2005—2014 年间黑龙江发生的食品安全事件数量

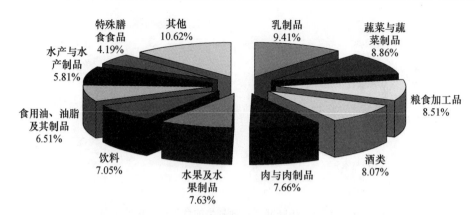

图 15-69 2005—2014 年间黑龙江发生的食品安全事件所涉及的主要食品种类与比例

19. 陕西

2005—2014 年间陕西省发生的食品安全事件数量低于全国平均数，如图 15-70 所示，食品安全事件发生数量最多的年份为 2011 年，达到 887 起。全省发生的食品安全事件中，发生比例最高的前六位的食品类别见图 15-71 所示，分别为乳制品（9.11%）、蔬菜与蔬菜制品（8.87%）、肉与肉制品（8.74%）、酒类（7.81%）、水果与水果制品（7.62%）、饮料（6.50%）。

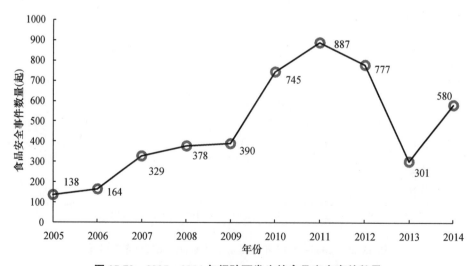

图 15-70 2005—2014 年间陕西发生的食品安全事件数量

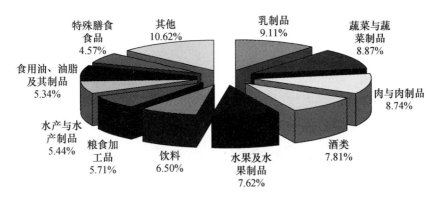

图 15-71　2005—2014 年间陕西发生的食品安全事件所涉及的主要食品种类与比例

20. 山西

2005—2014 年间山西省发生的食品安全事件数量低于全国平均数,如图 15-72 所示,食品安全事件发生数量最多的年份为 2012 年,达到 831 起。全省发生的食品安全事件中,发生比例最高的前六位的食品类别见图 15-73 所示,分别为酒类(10.11%)、肉与肉制品(8.78%)、蔬菜与蔬菜制品(8.56%)、饮料(7.69%)、水果与水果制品(7.30%)、乳制品(7.14%)。

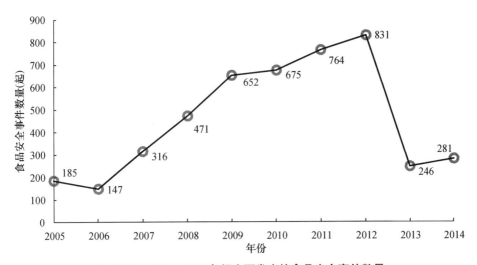

图 15-72　2005—2014 年间山西发生的食品安全事件数量

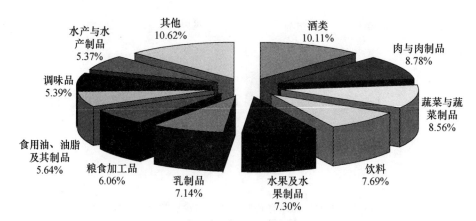

图 15-73 2005—2014 年间山西发生的食品安全事件所涉及的主要食品种类与比例

21. 江西

2005—2014 年间江西省发生的食品安全事件数量低于全国平均数,如图 15-74 所示,食品安全事件发生数量最多的年份为 2011 年,达到 660 起。全省发生的食品安全事件中,发生比例最高的前六位的食品类别见图 15-75 所示,分别为肉与肉制品(9.83%)、蔬菜与蔬菜制品(8.68%)、酒类(7.83%)、粮食加工品(7.60%)、水果与水果制品(7.43%)、饮料(6.79%)。

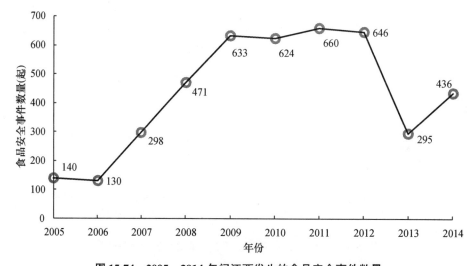

图 15-74 2005—2014 年间江西发生的食品安全事件数量

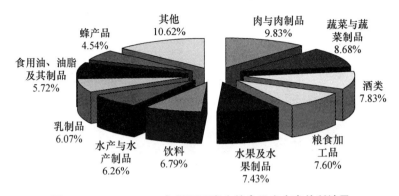

图 15-75　2005—2014 年间江西发生的食品安全事件所涉及
的主要食品种类与比例

22. 云南

2005—2014 年间云南省发生的食品安全事件数量低于全国平均数,如图 15-76 所示,食品安全事件发生数量最多的年份为 2012 年,达到 857 起。全省发生的食品安全事件中,发生比例最高的前六位的食品类别见图 15-77 所示,分别为蔬菜与蔬菜制品(9.97%)、肉与肉制品(9.10%)、酒类(8.59%)、饮料(7.66%)、食用油、油脂及其制品(6.68%)、粮食加工品(6.67%)。

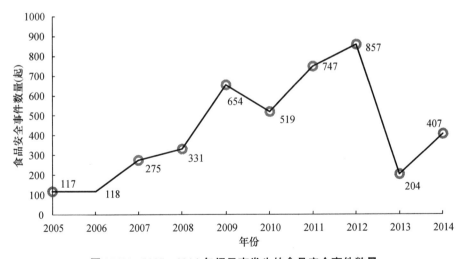

图 15-76　2005—2014 年间云南发生的食品安全事件数量

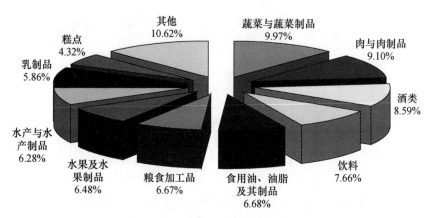

图 15-77　2005—2014 年间云南发生的食品安全事件所涉及
的主要食品种类与比例

23. 甘肃

2005—2014 年间甘肃省发生的食品安全事件数量低于全国平均数,如图
15-78 所示,食品安全事件发生数量最多的年份为 2012 年,达到 924 起。全省发
生的食品安全事件中,发生比例最高的前六位的食品类别见图 15-79 所示,分别为
肉与肉制品(9.24%)、蔬菜与蔬菜制品(8.29%)、乳制品(7.93%)、水果与水果
制品(7.77%)、饮料(7.51%)、酒类(7.04%)。

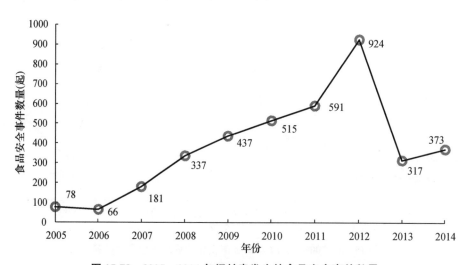

图 15-78　2005—2014 年间甘肃发生的食品安全事件数量

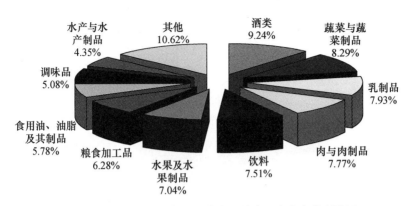

图 15-79 2005—2014 年间甘肃发生的食品安全事件所涉及的主要食品种类与比例

24. 海南

2005—2014 年间海南省发生的食品安全事件数量低于全国平均数,如图 15-80 所示,食品安全发生事件数量最多的年份为 2010 年,达到 598 起。全省发生的食品安全事件中,发生比例最高的前六位的食品类别见图 15-81 所示,分别为蔬菜与蔬菜制品(11.51%)、水果与水果制品(9.81%)、酒类(8.24%)、肉与肉制品(8.13%)、饮料(7.97%)、水产与水产制品(7.28%)。

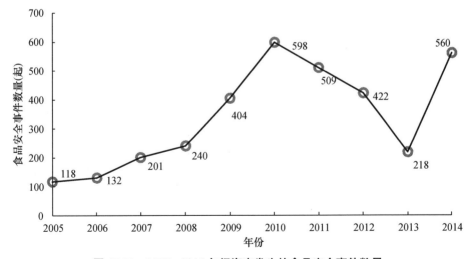

图 15-80 2005—2014 年间海南发生的食品安全事件数量

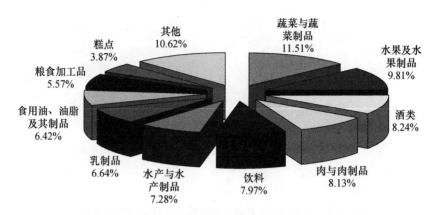

图15-81　2005—2014 年间海南发生的食品安全事件所涉及
的主要食品种类与比例

25. 吉林

2005—2014 年间吉林省发生的食品安全事件数量低于全国平均数,如图 15-82 所示,食品安全事件发生数量最多的年份为 2011 年,达到 807 起。全省发生的食品安全事件中,发生比例最高的前六位的食品类别见图 15-83 所示,分别为酒类(9.67%)、肉与肉制品(9.52%)、水果与水果制品(8.91%)、蔬菜与蔬菜制品(8.47%)、粮食加工品(7.64%)、饮料(7.14%)。

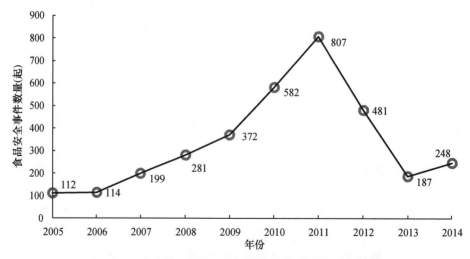

图15-82　2005—2014 年间吉林发生的食品安全事件数量

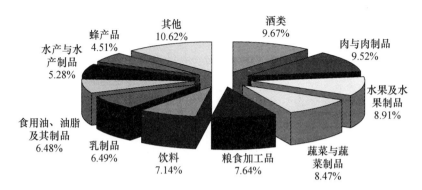

图 15-83　2005—2014 年间吉林发生的食品安全事件所涉及的主要食品种类与比例

26. 贵州

2005—2014 年间贵州省发生的食品安全事件数量低于全国平均数,如图 15-84 所示,食品安全事件发生数量最多的年份为 2012 年,达到 683 起。全省发生的食品安全事件中,发生比例最高的前六位的食品类别见图 15-85 所示,分别为酒类(17.16%)、饮料(8.56%)、蔬菜与蔬菜制品(7.97%)、肉与肉制品(7.77%)、水果与水果制品(6.94%)、粮食加工品(5.66%)。

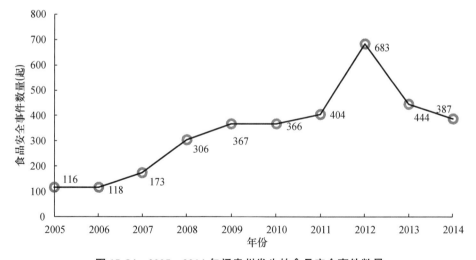

图 15-84　2005—2014 年间贵州发生的食品安全事件数量

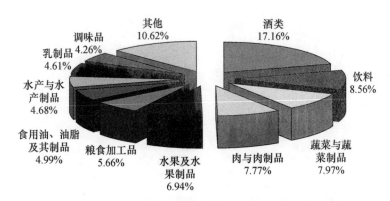

图 15-85　2005—2014 年间贵州发生的食品安全事件所涉及的主要食品种类与比例

27. 内蒙古

2005—2014 年间内蒙古自治区发生的食品安全事件数量低于全国平均数,如图 15-86 所示,食品安全事件发生数量最多的年份为 2009 年,达到 573 起。全区发生的食品安全事件中,发生比例最高的前六位的食品类别见图 15-87 所示,分别为乳制品(12.43%)、肉与肉制品(9.49%)、蔬菜与蔬菜制品(8.23%)、酒类(8.17%)、饮料(6.96%)、粮食加工品(6.43%)。

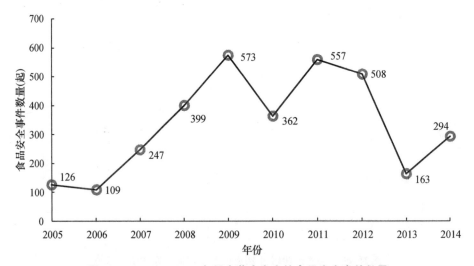

图 15-86　2005—2014 年间内蒙古发生的食品安全事件数量

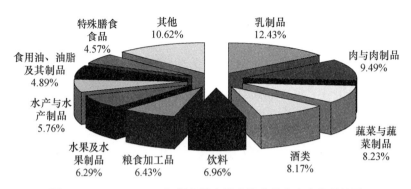

图 15-87 2005—2014 年间内蒙古发生的食品安全事件所涉及
的主要食品种类与比例

28. 新疆

2005—2014 年间新疆维吾尔自治区发生的食品安全事件数量低于全国平均数,如图 15-88 所示,食品安全事件发生数量最多的年份为 2009 年,达到 452 起。全区发生的食品安全事件中,发生比例最高的前六位的食品类别见图 15-89 所示,分别为水果与水果制品(9.79%)、蔬菜与蔬菜制品(9.70%)、肉与肉制品(8.86%)、酒类(8.79%)、乳制品(7.49%)、饮料(7.25%)。

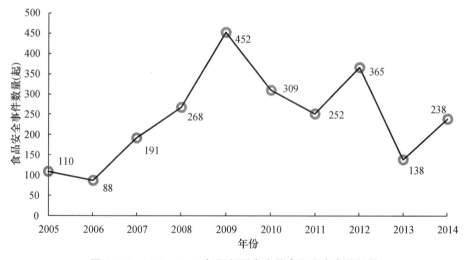

图 15-88 2005—2014 年间新疆发生的食品安全事件数量

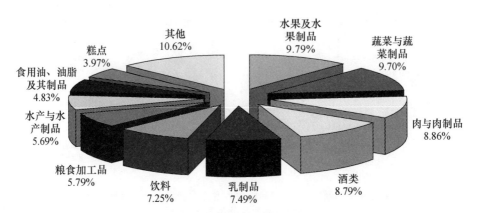

图 15-89　2005—2014 年间新疆发生的食品安全事件所涉及
的主要食品种类与比例

29. 宁夏

2005—2014 年间宁夏回族自治区发生的食品安全事件数量低于全国平均数，
如图 15-90 所示，食品安全事件发生数量最多的年份为 2010 年，达到 434 起。全
区发生的食品安全事件中，发生比例最高的前六位的食品类别见图 15-91 所示，分
别为蔬菜与蔬菜制品（10.67%）、肉与肉制品（9.29%）、酒类（8.72%）、乳制品
（8.09%）、水果与水果制品（7.61%）、饮料（7.45%）。

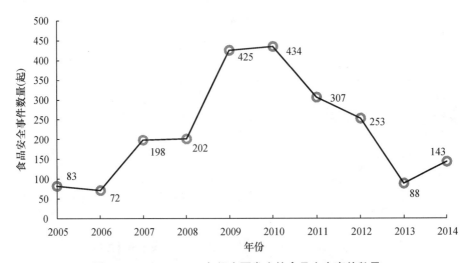

图 15-90　2005—2014 年间宁夏发生的食品安全事件数量

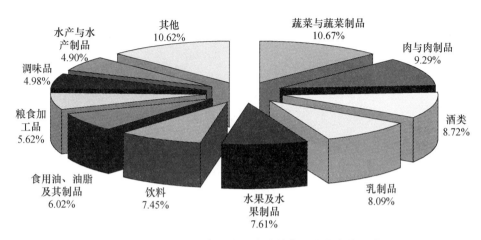

图 15-91 2005—2014 年间宁夏发生的食品安全事件所涉及的主要食品种类与比例

30. 青海

2005—2014 年间青海省发生的食品安全事件数量低于全国平均数,如图 15-92 所示,食品安全事件发生数量最多的年份为 2012 年,达到 568 起。全省发生的食品安全事件中,发生比例最高的前六位的食品类别见图 15-93 所示,分别为酒类(9. 03%)、蔬菜与蔬菜制品(8. 82%)、乳制品(8. 61%)、肉与肉制品(7. 18%)、饮料(6. 93%)、水果与水果制品(6. 65%)。

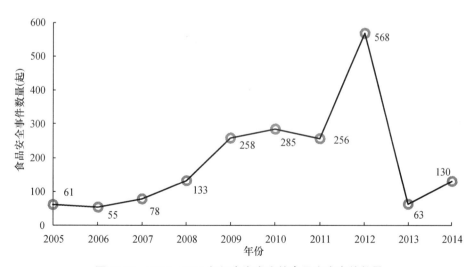

图 15-92 2005—2014 年间青海发生的食品安全事件数量

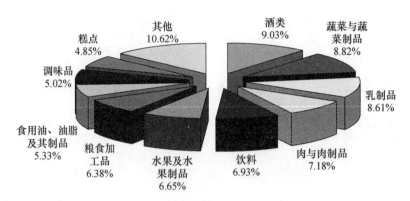

**图 15-93 2005—2014 年间青海发生的食品安全事件所涉及
的主要食品种类与比例**

31. 西藏

2005—2014 年间西藏自治区发生的食品安全事件数量低于全国平均数,如图
15-94 所示,食品安全事件发生数量最多的年份为 2009 年,达到 155 起。全区发生
的食品安全事件中,发生比例最高的前六位的食品类别见图 15-95 所示,分别为饮
料(10.34%)、肉与肉制品(9.84%)、酒类(9.74%)、蔬菜与蔬菜制品(8.49%)、
水果与水果制品(7.30%)、乳制品(6.80%)。

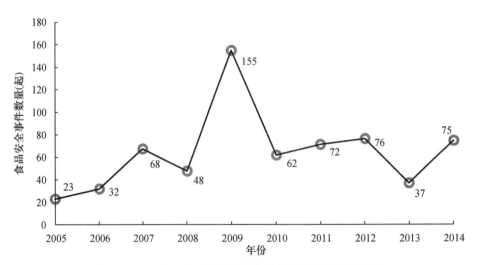

图 15-94 2005—2014 年间西藏发生的食品安全事件数量

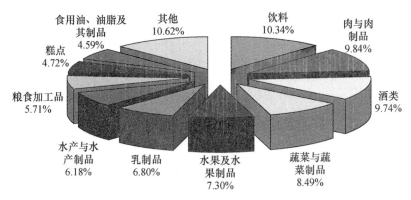

图 15-95 2005—2014 年间西藏发生的食品安全事件所涉及
的主要食品种类与比例

第十六章　食品生产行为与安全事件持续爆发的原因研究:食用农产品为案例的分析

本《报告》第十五章通过大数据挖掘工具,深度研究了在 2005—2014 年间我国发生的食品安全事件。在我国食品安全法制环境不断完善,治理体系改革不断深化、治理能力逐步提升的背景下,食品安全事件为何不断爆发? 为了深入剖析这个长期困扰人们的难题,本章重点分析食品生产者行为与食品安全事件持续发生的原因,并以食用农产品的生产行为(农户生产行为)为主。数据来源则继续采用本《报告》第十三章所进行的调查。同时考虑到我国食品品种繁多,而肉类与肉类制品是发生安全事件最多的食品种类之一(参见第十五章),故对食品安全事件持续爆发原因的相关研究,则主要以病死猪流入市场为案例展开分析。

一、食用农产品生产行为与质量的自我评价

本《报告》第十三章对调查样本等基本情况作了较为完整的说明。需要再次说明的是,所调查的受访者本身也是农业生产者,直接从事或从事过农业与农产品的生产。本《报告》的研究专门设置了食用农产品生产行为有关问题,了解受访者自身农产品生产的产地环境、生产行为与自产农产品质量评价等问题。

(一) 农产品生产的产地环境

2013 年与 2014 年的调查结果显示(图 16-1),认为自己种植或养殖场所附近"有化工、电镀、冶炼等工厂""有屠宰场、污水河"的受访者比例分别从 2013 年的31.71%、16.04%变化为 2014 年的 33.71%、24.70%;而认为自己种植或养殖场所附近没有污染源的受访者比例则从 2013 年的52.25%下降到 2014 年 41.59%。可见,至少在 2013 年、2014 年所调查的区域内农产品生产的产地环境的污染情况具有相似性,也就是环境污染状况严峻,农产品的质量安全在短时期难以实现根本性好转。

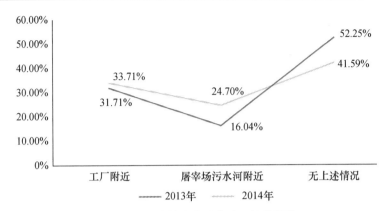

图 16-1 自产的农产品产地环境的评价

（二）自产农产品安全质量的评价

2013 年与 2014 年的调查结果表明，与市场上同类产品相比较，认为自种或自养的农产品、畜产品"比市场上更安全""差不多""安全性比市场上的差"的受访者比例从 2013 年的 68.19%、27.18%、4.63% 调整为 2014 年的 60.59%、34.91%、4.5%。可见，大部分受访者更信任自己种植或养殖的产品。

（三）农产品产量与生产规模

2014 年的调查结果显示，43.07% 的受访者所在的农村有种田大户（家庭农场），56.93% 的受访者所在农村并没有种田大户（家庭农场）（图 16-2）。针对有种田大户所在村的受访者的进一步调查发现，认为种田大户生产的农产品比一般散户生产的农产品的质量"高出很多""高一些"和"差不多"的受访者比例分别为 20.98%、20.98% 和 58.04%（图 16-3）。可见，种田大户（家庭农场）生产的农产品质量更高。

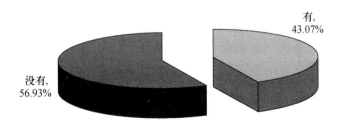

图 16-2 种田大户（家庭农场）的情况

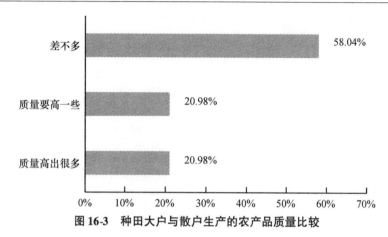

图 16-3　种田大户与散户生产的农产品质量比较

(四) 农产品"一家两制"的生产行为

为降低成本、实现追求利润最大化,生产农户可能对面向市场销售的农产品超量使用化肥、农药、激素及添加剂,而其自身同时又是消费者,为确保自食农产品的安全,农户将单独为家庭自留一块地,对自己食用的农产品少用或不用化肥、农药、激素及添加剂,这便是农业生产中的"一家两制"行为。在 2013 年和 2014 年的调查中,分别有 38.34% 和 32.83% 的受访者将自己食用的农产品与市场出售农产品采取分开种植的方式,以确保自用农产品的安全。说明农村"一家两制"的农业生产行为确实存在且比例不低于 30%。2014 年的进一步调查发现,当受访者回答"感觉生产的农产品不安全,通常会如何处理"时,分别有 36.45%、36.34% 和 27.21% 的受访者选择"自用不出售""一部分自用,一部分出售"和"在市场上出售给其他消费者"(图 16-4)。可见,超过 60% 的受访者会将生产的可能存在安全隐患的农产品出售到市场上。因此,为消除"一家两制"的农业生产行为,加大对农民的培训与教育,提升其生产安全农产品的责任理念和道德观念,才是"治本"之道。

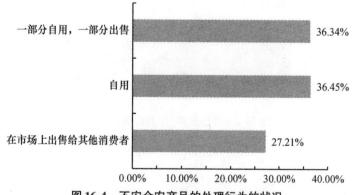

图 16-4　不安全农产品的处理行为的状况

（五）食品加工小企业与小作坊的状况

2014 年的调查结果显示，对"自己所在的村庄是否存在食品加工小企业、小作坊"的问题，分别有 47.99%、39.91%、12.10% 的受访者选择"存在""不存在""说不清"。说明食品加工小企业、小作坊在广大的农村至少在所调查的农村地区还较为普遍地存在。在回答"食品加工小企业、小作坊是否有政府批准的卫生许可证"，分别有 43.93%、11.88%、44.19% 的受访者选择"大部分有""大部分没有""说不清"，如图 16-5 所示。可见，相当一部分受访者对所在村的食品加工小企业、小作坊的卫生许可状况并不了解。

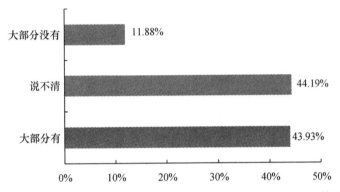

图 16-5　食品加工小企业、小作坊是否持有政府批准的卫生许可证的调查

（六）食品制假售假窝点的状况

2014 年的调查结果如图 16-6 所示，对"所在村是否发现过制假售假窝点"问题，分别有 48.07% 和 39.48% 的受访者表示没有和说不清，而分别有 11.35% 和 1.10% 的受访者表示曾发现过制假售假窝点并不多和比较多。

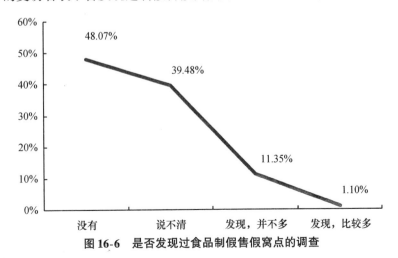

图 16-6　是否发现过食品制假售假窝点的调查

二、养殖户病死猪处理行为的调查

本《报告》通过调查所在村是否有将病死猪乱扔现象、乡镇政府对病死猪无害化处理的要求与补贴、农户是否私自屠宰病死猪等问题来了解农村有关病死猪的处理行为。

(一) 病死猪无公害处理行为

病死猪肉主要存在三大危害,包括生物性危害、药物残留危害、有毒有害物质危害。病死猪体内可能潜伏多种病原微生物,特别是人畜共患病原,一旦乱扔乱抛或流入市场将危及生态环境、人体健康。为此,农业部发布《农业部关于进一步加强病死动物无害化处理监管工作的通知》(农医发〔2012〕12号)和《建立病死猪无害化处理长效机制试点方案》(农医发〔2013〕31号)等相关规章政策,要求养殖户采用无害化方式(深埋、焚烧、高温高压化制、生物技术等)处理病死猪。2014年的调查结果显示,对于所在村病死猪的处理方式,分别有23.17%、10.62%、39.33%的受访者选择"大多丢弃""大多食用,很少扔弃""不清楚"(图16-7)。仅26.88%的受访者认为对病死猪进行无公害处理。可见,政府部门急需对农民加大宣传教育,督促其采取正确的方式处理病死猪。

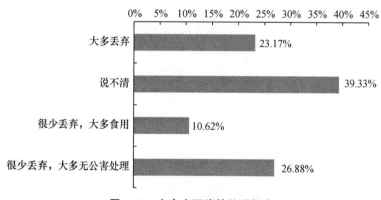

图16-7　农户病死猪的处理行为

(二) 病死猪无害化处理政策的落实状况

2014年的调查结果如图16-8所示。在回答"所在乡镇、村是否要求农户对病死猪进行无害化处理"这一问题,分别有47.64%和26.71%的受访者选择"说不清"和"没有",只有25.65%的受访者表示所在村要求进行无公害处理。由此可见,国家发布的要求病死猪无害化处理政策浮于表面,养殖户知之不多。进一步调查"政府是否对农户病死猪无害化处理行为进行补贴"时,分别有25.05%、22.9%和52.05%的受访者表示"政府有补贴""政府没有补贴"和"说不清"。按照相关规定,养殖户病死猪无害化处理,政府应该发放补贴。而本次调查则说明在基层农村病死猪无害化补贴政策未能严格落实到位,大多数农户未能享受到该项补贴。

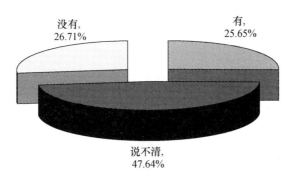

图 16-8 关于病死猪无害化处理政策了解状况的调查

(三) 私自屠宰病死猪的状况

在 2014 年的调查中,当受访者被问及"过去是否有发现农户私自屠宰病死猪现象"时,分别有41.26%、20.16%和38.58%的受访者选择有、没有和不清楚。说明农村私自屠宰病死猪的行为确实存在,急需监管部门加强约束与管理。

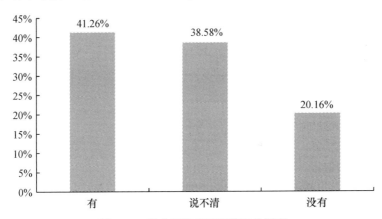

图 16-9 私自屠宰病死猪情况的调查

(四) 基层政府对生猪屠宰场规范性管理的状况

2014 年的调查结果如图 16-10 所示。当回答"所在村或周围村是否有生猪屠宰场"问题时,分别有38.76%、36.57%和24.67%的受访者表示"有生猪屠宰场""没有生猪屠宰场"和"说不清"。回答"生猪屠宰场是否经政府批准"问题时,分别有34.97%、10.11%、54.92%的受访者表示"是政府批准的""不是政府批准的""不清楚"。

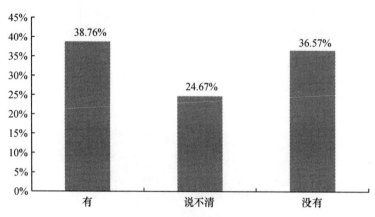

图 16-10　是否有生猪屠宰场的调查

三、养殖户病死猪处理行为选择模拟：基于仿真实验的方法

病死猪是生猪养殖过程中的一个主要的废物流。必须基于环境保护、公共卫生安全，并充分估计可能潜在的微生物威胁科学处置病死动物尸体①②，任何处理方法均不应该导致病死猪的疾病传播与产生环境污染③④。为了科学处置病死猪，我国农业部颁布了一系列的规定，要求生猪养殖户对病死猪采取无害化的处理技术。生猪养殖户病死猪处理行为属于农户行为选择的范畴。大量的研究表明，农户的选择行为不仅受基本特征⑤的影响⑥⑦⑧，客观上也受社会经济、制度环境等外

①　R. Freedman, R. Fleming, *Water Quality Impacts of Burying Livestock Mortalities*, Livestock Mortality Recycling Project Steering Committee, Ridgetown, Ontario, Canada, 2003.

②　A. C. B. Berge, T. D. Glanville, P. D. Millner, et al., "Methods and Microbial Risks Associated with Composting of Animal Carcasses in the United States", *Journal of the American Veterinary Medical Association*, Vol. 234, No. 1, 2009, pp. 47-56.

③　R. Jones, L. Kelly, N. French, et al., "Quantitative Estimates of the Risk of New Outbreaks of Foot-and-Mouth Disease as a Result of Burning Pyres", *The Veterinary Record*, Vol. 154, No. 6, 2004, pp. 161-165.

④　K. Stanford, B. Sexton, "On-Farm Carcass Disposal Options for Dairies", *Adv. Dairy Technol*, Vol. 18, 2006, pp. 295-302.

⑤　基于现有的研究文献，以及作者基于调查对此问题的理解，在此所指的生猪养殖户基本特征主要是指生猪养殖户的个体特征、家庭特征、生产经营特征以及认知特征等。

⑥　M. Genius, C. J. Pantzios, V. Tzouvelekas, "Information Acquisition and Adoption of Organic Farming Practices", *Journal of Agricultural & Resource Economics*, Vol. 31, No. 1, 2006, pp. 93-113.

⑦　S. Hynes, E. Garvey, "Modelling Farmers' Participation in an Agri-Environmental Scheme Using Panel Data: An Application to the Rural Environment Protection Scheme In Ireland", *Journal of Agricultural Economics*, Vol. 60, No. 3, 2009, pp. 546-562.

⑧　D. Läpple, "Adoption and Abandonment of Organic Farming: An Empirical Investigation of the Irish Drystock Sector", *Journal of Agricultural Economics*, Vol. 61, No. 3, 2010, pp. 697-714.

部因素的影响①②。因此,在考虑生猪养殖户基本特征在其病死猪处理行为选择过程中发挥基本作用的同时,将外部环境因素对养殖户病死猪处理行为选择的影响纳入研究框架,并据此探讨政府监管生猪养殖户病死猪处理行为的现实路径。这是促进生猪产业健康发展,确保猪肉市场安全与保护生态环境难以回避的重大现实问题。这就是研究的主要意义之所在。

（一）数据来源与变量设置

1. 样本选择

基于研究需要及可操作性,主要采用问卷调查的形式收集生猪养殖户的基本信息和病死猪处理行为等相关数据。本章的研究以江苏省阜宁县为案例展开调查。调查问卷主要基于现有的文献来设计,并采用封闭式题型设置具体问题。之所以以阜宁县为案例,主要是因为阜宁是全国闻名的生猪养殖大县,连续15年卫冕江苏省"生猪第一县",素有"全国苗猪之乡"之称。2011年、2012年该县生猪出栏量分别为157.66万头、166.16万头,生猪养殖是当地农户家庭经济收入的重要来源。

对江苏省阜宁县的调查于2014年1—3月陆续进行。调查之前对该县下辖的罗桥镇、三灶镇的龙窝村、双联村、新联村、王集村等四个村的不同规模的生猪养殖户展开了预调查,通过预调查发现问题并修改后最终确定调查问卷。调查面向阜宁县辖区内所有的13个乡镇,在每个乡镇选择一个农户收入中等水平的村,在每个村由当地村民委员会随机安排一个村民小组。在13个乡镇共调查13个村民小组(每个村民小组的村民家庭数量不等,以40—60户为主),共调查了690户生猪养殖户,获得有效样本654户,样本有效比例为94.78%。在有效调查的654个养殖户中,生猪的养殖规模在1—1000头之间不等。在实际调查中,考虑到面对面的调查方式能有效地避免受访者对所调查问题可能存在的认识上的偏误且问卷反馈率较高③④,本调查安排经过训练的调查员对生猪养殖户进行面对面的访谈式调查。

---

① M. J. Mariano, R. A. Villano, E. Fleming, "Factors Influencing Farmers' Adoption of Modern Rice Technologies and Good Management Practices in the Philippines", *Agricultural Systems*, Vol. 110, 2012, pp. 41-53.

② M. K. Hendrickson, H. S. James, "The Ethics of Constrained Choice: How the Industrialization of agriculture Impacts Farming and Farmer Behavior", *Journal of Agricultural and Environmental Ethics*, Vol. 18, No. 3, 2005, pp. 269-291.

③ S. Boccaletti, M. Nardella, "Consumer Willingness to Pay for Pesticide-Free Fresh Fruit and Vegetables in Italy", *The International Food and Agribusiness Management Review*, Vol. 3, No. 3, 2000, pp. 297-310.

④ 吴林海、徐玲玲、王晓莉:《影响消费者对可追溯食品额外价格支付意愿与支付水平的主要因素——基于logistic、Interval Censored 的回归分析》,《中国农村经济》2010年第4期。

2. 统计分析

从有效样本来分析,受访的生猪养殖户(简称受访者)具有如下的基本统计特征:男性的比例高于女性,占样本总量的 59.2%;年龄以 45—64 岁为主;受访者多为小学及以下的文化水平;家庭成员结构以 5 人及以上之家为主,占比为 51.4%;66.1% 的受访者表示养猪收入占家庭总收入的比重为 30% 及以下。

表 16-1 显示,在受访的 654 位养殖户中,生猪养殖年限在 10 年以上的占比为67.0%,且 73.9% 的受访者的养殖规模低于 50 头;占样本总量 58.3% 和 62.8%的受访者表示对政府政策与相关法律法规、生猪疫情与防疫非常不了解,显示出较低的认知水平。

表 16-1   影响养殖户的基本特征描述

统计特征	分类指标	样本数(人)	有效比例(%)	病死猪负面行为处理比例(%)
养殖年限	1 年以下	0	0.0	0.0
	1—3 年	87	13.3	13.8
	4—6 年	42	6.4	14.3
	7—10 年	87	13.3	20.7
	10 年以上	447	67.0	28.1
养殖规模	50 头以下	483	73.8	30.4
	50—100 头	102	15.6	11.8
	101—500 头	54	8.3	0.0
	501—1000 头	15	2.3	0.0
	1000 头以上	0	0.0	0.0
政府政策与相关法律法规认知程度	非常不了解	381	58.3	35.4
	不了解	135	20.6	11.1
	一般	33	5.0	9.1
	比较了解	96	14.7	6.3
	非常了解	9	1.4	0.0
生猪疫情及防疫认知	非常不了解	411	62.8	34.3
	不了解	51	7.8	23.5
	一般	147	22.5	4.1
	比较了解	30	4.6	0.0
	非常了解	15	2.3	0.0

表 16-2 反映的是受访者的病死猪处理行为。在养殖过程中遭遇病死猪时,24.3% 的受访者并没有采用无害化的方式处理,成本原因是养殖户不采用无害化方式处理病死猪的主要原因。这一调查结果佐证了生猪养殖户是经济理性行为

人,与现有文献报道相似①②。

表 16-2　生猪养殖户病死猪处理行为描述

统计特征	分类指标	样本数(人)	有效比例(%)
是否无害化处理病死猪	是	495	75.7
	否	159	24.3
不进行无害化处理的原因	怕麻烦	33	20.8
	考虑成本	93	58.5
	无相关设施	30	18.9
	其他	3	1.8

3. 变量设置

影响生猪养殖户病死猪处理行为的因素众多,除调查的因素外,病死猪的体重、无害化处理设施的健全性与便捷性、无害化处理补贴的发放效率以及负面处理病死猪的便利性等因素均在不同程度上影响养殖户对预期收益的评估,导致生猪养殖户对相同的病死猪处理行为的预期收益产生很大的偏差。但对阜宁地区养殖户的调查发现,当地绝大多数生猪养殖户几乎没有无害化处理设备,病死猪采用深埋的方式处理,且深埋地点大多为养殖户自家的田地;养殖户无害化处理补贴均通过防疫站发放,且受访者表示补贴发放相对及时。当地的养殖模式为养殖户出售病死猪提供了机会。为了简化研究问题,本章的研究仅基于孙绍荣等归纳的影响人们对行为选择预期收益评价的因素主要为路径状态造成的成本差异与认知偏差,最终选取了养殖年限、养殖规模、政府政策与相关法律法规认知与生猪疫情及防疫认知四个因素③。事实上,对阜宁县的调查结果也证实这四个因素不同程度地影响养殖户病死猪的处理行为。

表 16-1 显示,养殖年限越长,养殖户负面处理病死猪行为的比例越大。这一结果与张跃华、邬小撑④和虞祎等⑤的研究结论相类似;养殖规模越大,养殖户负面

① J. A. Rosenheim, "Costs of Lygus Herbivory on Cotton Associated with Farmer Decision-Making: An Ecoinformatics Approach", *Journal of Economic Entomology*, Vol. 106, No. 3, 2013, pp. 1286-1293.

② 徐勇:《农民理性的扩张:"中国奇迹"的创造主体分析——对既有理论的挑战及新的分析进路的提出》,《中国社会科学》2010 年第 1 期。

③ 孙绍荣、焦玥、刘春霞:《行为概率的数学模型》,《系统工程理论与实践》2007 年第 11 期。

④ 张跃华、邬小撑:《食品安全及其管制与养猪户微观行为——基于养猪户出售病死猪及疫情报告的问卷调查》,《中国农村经济》2012 年第 7 期。

⑤ 虞祎、张晖、胡浩:《排污补贴视角下的养殖户环保投资影响因素研究——基于沪、苏、浙生猪养殖户的调查分析》,《中国人口资源与环境》2012 第 2 期。

处理病死猪行为的比例越小,这与 Kafle[①] 和 Ithika 等[②]关于养殖规模是影响农户行为选择因素的研究结论相吻合;政府政策与相关法律法规的认知和生猪疫情与防疫的认知影响养殖户病死猪处理行为的选择,表现为认知程度越大,养殖户采用负面处理病死猪的可能性越小。这一调查结果与周力等[③]、张贵新等[④]、Vignola等[⑤]和 Launio 等[⑥]关于农户认知水平与其行为选择之间具有相关性的研究结论一致。事实上,除生猪养殖户对政府政策的认知外,实际的政策环境对将养殖户的行为选择产生重要影响。已有研究已表明,政府的补贴因素、政府监管力度及处罚力度均显著影响生产者的行为选择[⑦]。

(二)生猪养殖户行为选择的理论模型的构建

1. 基本假设

养殖户处理病死猪的方式众多,但研究影响因素在生猪养殖户病死猪处理行为选择过程中作用的发挥是重点,故为简化起见,在此将生猪养殖户病死猪的诸多处理行为简单划分为无害化处理行为(正面行为)与负面行为两大类[⑧],并作出如下的基本假设。

(1)假设生猪养殖户对病死猪的无害化处理行为(a_1)和负面处理行为(a_2)不存在选择时间的先后问题,生猪养殖户对病死猪处理方式在同一时空点上能且仅能选择一种行为。

(2)假设生猪养殖户遵循"成本—收益"的逻辑处理病死猪。

(3)根据机会成本的概念,假设生猪养殖户处理病死猪的负面行为主要指非法出售病死猪。

① B. Kafle, "Diffusion of Uncertified Organic Vegetable Farming Among Small Farmers in Chitwan District, Nepal: A Case of Phoolbari Village", *International Journal of Agriculture: Research and Review*, Vol. 1, No. 4, 2011, pp. 157-163.

② C. S. Ithika, S. P. Singh, G. Gautam, "Adoption of Scientific Poultry Farming Practices by the Broiler Farmers in Haryana, India", *Iranian Journal of Applied Animal Science*, Vol. 3, No. 2, 2013, pp. 417-422.

③ 周力、薛荦绮:《基于纵向协作关系的农户清洁生产行为研究——以生猪养殖为例》,《南京农业大学学报(社会科学版)》2014 年第 3 期。

④ 张桂新、张淑霞:《动物疫情风险下养殖户防控行为影响因素分析》,《农村经济》2013 年第 2 期。

⑤ R. Vignola, T. Koellner, R. W. Scholz, et al., "Decision-Making by Farmers Regarding Ecosystem Services: Factors Affecting Soil Conservation Efforts in Costa Rica", *Land Use Policy*, Vol. 27, No. 4, 2010, pp. 1132-1142.

⑥ C. C. Launio, C. A. Asis, R. G. Manalili, et al., "What Factors Influence Choice of Waste Management Practice? Evidence from Rice Straw Management in the Philippines", *Waste Management & Research*, Vol. 32, No. 2, 2014, pp. 140-148.

⑦ G. Danso, P. Drechsel, S. Fialor, et al., "Estimating the Demand for Municipal Waste Compost Via Farmers' Willingness-To-Pay in Ghana", *Waste Management*, Vol. 26, No. 12, 2006, pp. 1400-1409.

⑧ 本章所指的负面行为是指生猪养殖户向江、河、湖泊乱扔乱抛病死猪,以及将病死猪出售给中间商或自己直接加工后进入市场的行为。

（4）假设生猪养殖户的负面行为不具备隐藏性。

2. 养殖户行为选择的原理

病死猪处理行为的预期收益是由生猪养殖户基于自身的判断而获得。虽然研究假定生猪养殖户是理性行为人，但并不是所有的生猪养殖户均能清晰地权衡期望收益与其行为之间的关系[①]。因此，对病死猪相同处理行为的期望收益，不同养殖户的估算结果不同，因而影响其行为选择。与此同时，生猪养殖户的行为选择不仅受内部经济压力的影响[②]，而且道德和社会因素也影响对其行为决策[③④]。在外部环境中，政府监管力度是影响养殖户行为的关键因素之一[⑤]。文中采用对生猪养殖户的抽查比率来反映政府的监管力度。无害化处理与负面处理两类行为的预期收益公式分别为：

$$u(a_1) = I_1 + P - C_w \tag{1}$$

$$u(a_2) = (1 - b)I_2 + b * (I_2 - C_g - C_s) \tag{2}$$

在（1）、（2）式中，$u(a_1)$、$u(a_2)$分别为生猪养殖户对病死猪无害化处理行为、出售病死猪的负面行为的收益；I_1、I_2分别为无害化处理病死猪后所获得的正常收益、出售病死猪所得到的收益与节约的处理成本；P为生猪养殖户做出无害化处理行为时受到社会的赞扬与自己道德、良心的精神收益；C_w、C_g、C_s分别为生猪养殖户无害化处理病死猪的成本、病死猪负面处理行为被发现后的处罚与付出的社会成本（名誉的损失、社会舆论的压力以及良心的谴责），b为政府的抽查比例。

3. 变量属性描述

养殖年限实际反映的是生猪养殖户的从业经验[⑥]，养殖户的养殖年限越长，则从业经验越丰富，从而对相同病死猪处理行为的成本和收益的判断越精准；生猪养殖户病死猪处理行为存在规模边际效应，故小规模养殖户选择无害化行为处理

①　M. Mendola, "Farm Household Production Theories: A Review of 'Institutional' and 'Behavioral' Responses", *Asian Development Review*, Vol. 24, No. 1, 2007, p. 49.

②　H. S. James, M. K. Hendrickson, "Perceived Economic Pressures and Farmer Ethics", *Agricultural Economics*, Vol. 38, No. 3, 2008, 349-361.

③　D. Rigby, T. Young, M. Burton, "The Development of and Prospects for Organic Farming in the UK", *Food Policy*, Vol. 26, No. 6, 2001, pp. 599-613.

④　F. Carlsson, P. K. Nam, M. Linde-Rahr, et al, "Are Vietnamese Farmers Concerned with Their Relative Position in Society", *The Journal of Development Studies*, Vol. 43, No. 7, 2007, pp. 1177-1188.

⑤　L. Wu, Q. Zhang, L. Shan, et al., "Identifying Critical Factors Influencing the Use of Additives by Food Enterprises in China", *Food Control*, Vol. 31, No. 2, 2013, pp. 425-432.

⑥　Y. S. Tey, M. Brindal, "Factors Influencing the Adoption of Precision Agricultural Technologies: A Review for Policy Implications", *Precision Agriculture*, Vol. 13, No. 6, 2012, pp. 713-730.

病死猪的成本高于大规模的养殖户[①];生猪养殖户对相关法律法规与政策、对生猪疫情与防疫普遍缺乏认知时,会导致其认为选择的负面行为完全符合自身利益[②]。可见,养殖年限、养殖规模、政府政策与相关法律法规认知、生猪疫情与防疫认知均影响养殖户对病死猪处理行为的预期收益判断。因此,在行为概率模型中引入变量 β_{i1}、β_{i2}、β_{i3}、β_{i4} 分别表示生猪养殖户的养殖年限、养殖规模、生猪养殖户对政府政策与相关法律法规认知程度以及对生猪疫情与防疫认知程度。

4. 行为概率模型的构建

关于行为期望收益和行为概率之间关系,学者们进行了先驱性的研究[③④⑤]。因此,根据基本假设及变量的设置,构建如下的生猪养殖户病死猪处理行为的概率模型。

$$\begin{cases} p_i(a_+) = \dfrac{e^{\{\beta_{i0}+(\beta_{i1}+\beta_{i2}+\beta_{i3}+\beta_{i4})u_i(a_1)-(\beta_{i5}+\beta_{i6}+\beta_{i7}+\beta_{i8})u_i(a_2)\}}}{1+e^{\{\beta_{i0}+(\beta_{i1}+\beta_{i2}+\beta_{i3}+\beta_{i4})u_i(a_1)-(\beta_{i5}+\beta_{i6}+\beta_{i7}+\beta_{i8})u_i(a_2)\}}} \\ p_i(a_-) = 1 - p_i(a_+) \end{cases} \tag{3}$$

在(3)的行为概率模型中,β_{ij} 是回归系数,$i \in [1,2,\cdots,N]$,其中 N 为样本总量,由于影响生猪养殖户对相同病死猪处理行为期望回报评估的因素个数等于4,故 $j \in [1,2,\cdots,8]$;$\beta_{i0} \in (-\infty, +\infty)$ 且 $\beta_{i1},\beta_{i2},\cdots,\beta_{ij},\cdots,\beta_{i8}$ 均大于0,故在行为概率模型中 $u_i(a_2)$ 前面的符号为负,表示 $p_i(a_1)$ 随着 $u_i(a_2)$ 的增加而降低。这是因为资源是稀缺的,生猪养殖户选择任何一种病死猪处理行为均存在机会成本。

β_{i0} 的意义在于当生猪养殖户对两种行为期望收益的估算均为零时,即当 $u_i(a_1) = u_i(a_2) = 0$ 时,生猪养殖户选择某种行为的概率。此时养殖户的行为选择没有任何利益的驱动,是完全自发产生的。

(三) 研究方法

采用计算仿真实验的方法,检验养殖户的基本特征与病死猪处理行为选择之间是否为表 16-1 所示的关系。通过改变养殖年限(β_{i1})、养殖规模(β_{i2})、政府政策

① J. H. L. Goodwin, R. Shiptsova, "Changes in Market Equilibria Resulting from Food Safety Regulation in the Meat and Poultry Industries", *The International Food and Agribusiness Management Review*, Vol. 5, No. 1, 2002, pp. 61-74.

② H. S. James, "*The Ethical Challenges in Farming: A Report on Conversations with Missouri Corn and Soybean Producers*", Journal of Agricultural Safety and Health, Vol. 11, No. 2, 2005, pp. 239—248.

③ U. Konerding, "Theory and Methods for Analyzing Relations Between Behavioral Intentions, Behavioral Expectations, and Behavioral Probabilities", *Methods of Psychological Research Online*, Vol. 6, No. 1, 2001, pp. 21-66.

④ 单红梅、熊新正、胡恩华等:《科研人员个体特征对其诚信行为的影响》,《科学学与科学技术管理》2014 年第 2 期。

⑤ 孙绍荣、焦玥、刘春霞:《行为概率的数学模型》,《系统工程理论与实践》2007 年第 11 期。

与相关法律法规认知(β_{i3})、生猪疫情与防疫认知(β_{i4})等参数的不同取值，来模拟养殖户在不同条件下对病死猪处理行为的选择。实验参数与相关规则如下：

（1）假定生猪养殖户分布在一个 20 * 20 的正方形区域内，且区域内已事先存在一些环境参数（见表 16-3）。

表 16-3　计算仿真的实验参数

模型参数	参数值
模拟界面范围	20 * 20
生猪养殖户的样本总量	100
无害化处理的生猪养殖户	1
负面行为处理的生猪养殖户	−1
没有生猪养殖户	0

（2）计算仿真实验开始前，生猪养殖户的位置是随机分布在界面之中。

（3）生猪养殖户的"视力"值。已有研究显示，农户的行为决策受制于周围群体的影响[1][2]。因此，在计算仿真中需要考虑与环境的交互作用。"视力"是生猪养殖户获取周围资源信息的能力。仿真开始时设定所有生猪养殖户的"视力"值均为 2，即表示每个养殖户均拥有获取前后左右 2×4 个方格内的"邻居"状态的能力。根据其"视力"范围内"邻居"的状态而不断调整自身的行为选择。如果养殖户本身选择负面处理病死猪行为，当"视力"范围内参数值的和 ≤0 时，则保持自身原来的行为选择（如果自身本来选择的是无害化处理行为，则相应改变选择）；当其"视力"范围内参数值的和 >0 时，则改变自身行为（如果自身本来选择的是无害化处理行为，则保持自身原来的选择）。

（4）生猪养殖户的期望收益。由公式（1）（2）可计算生猪养殖户在某一时刻其行为的期望收益。我国农业部规定病死猪无害化处理后可获得政府补贴，基于阜宁访谈的结果，I_1 的值取为 0.8—1.8 之间的任意值（单位百元）；现阶段生猪无害化处理（深埋）所需的实际成本约为 120 元[3]，由于养殖规模对处理成本有直接影响，故 C_w 取值为 1.2/β_{i2}（单位百元）。前文所述，病死猪的体重影响出售病死猪的收益，参考我国目前市场上病死猪的收购价格，养殖户出售病死猪的收益在300—500 元之间[4]，加上无需深埋节约的成本，所以 I_2 是在 4.2—6.2 区间均匀分

①　N. Mzoughi, "Farmers Adoption of Integrated Crop Protection and Organic Farming: Do Moral and Social Concerns Matter", *Ecological Economics*, Vol. 70, No. 8, 2011, pp. 1536-1545.

②　马彦丽、施轶坤：《农户加入农民专业合作社的意愿、行为及其转化》，《农业技术经济》2012 年第 6 期。

③　王长彬：《病死动物无害化处理》，《中国畜牧兽医文摘》2013 年第 3 期。

④　李海峰：《猪场病死猪处理之我见》，《畜禽业》2013 年第 9 期。

布(单位百元);P 为生猪养殖户做出无害化处理行为时受到社会的赞扬与自己道德、良心的精神收益,为了计算方便,P 取值为 $\alpha \times I_1$;养殖规模大的生猪养殖户更加注重声誉,因此,α 的取值与 β_{i2} 有关。为了确保 α 取值为整,令 $\alpha = \beta_{i2}$;我国《动物防疫法》规定,选择负面行为处理病死猪的养殖户将予以 3000 元以下的处罚,为便于计算 C_g 的初始值取 25(单位百元);C_s 为社会成本与 P 相对,即 $P = C_s$;根据调查,政府对生猪养殖户抽查的力度大约为一年 2 次,即 b 的初始值取 0.2。

(5) 生猪养殖户的基本特征。参考表 16-1 的 5 分制量表,假定 β_{i1},β_{i2},β_{i3},β_{i4} 的取值区间为 $[1,5]$,"1"代表"养殖年限为 1 年以下","5"代表"养殖年限为 10 年以上";同理养殖规模的大小、政府政策与相关法律法规认知程度和生猪疫情与防疫认知程度也用 1—5 的整数来表示。由于无害化处理和负面行为处理是相互独立的行为,故 β_{i5},β_{i6},β_{i7},β_{i8} 与 β_{i1},β_{i2},β_{i3},β_{i4} 之间存在如下的关系:

$$\begin{cases} \beta_{i1} + \beta_{i5} = 5 \\ \beta_{i2} + \beta_{i6} = 5 \\ \beta_{i3} + \beta_{i7} = 5 \\ \beta_{i4} + \beta_{i8} = 5 \end{cases} \tag{4}$$

(6) β_{i0},β_{i1},β_{i2},β_{i3},β_{i4} 的初始值。根据 β_{i0} 的意义与生猪养殖户正直善良的本性[1],并考虑公式(4),β_{i0} 的取值为 10,β_{i1},β_{i2},β_{i3},β_{i4} 则按照表 16-1 中占受访者比重较大的基本特征取作初始值,即 β_{i1},β_{i2},β_{i3},β_{i4} 分别取 5,1,1 和 1。

依据表 16-3 的实验参数,运行规则,通过计算公式(1)(2)和(3)编写计算仿真程序的基础上,代入参数初始值。运行程序,检验仿真程序及各参数值设置的合理性后,开始仿真实验。在仿真结果图中,黑色线条表示养殖户选择出售病死猪的比例,灰色线条表示无害化行为发生的比例。

当 β_{i0},β_{i1},β_{i2},β_{i3},β_{i4} 分别取 10,5,1,1,1 时,模拟结果显示,选择出售病死猪的比例约为 30%,这一结果略高于表 2 中的 24.3%,与表 16-1 中的 28.1%、30.4%、35.4%、34.3%均接近,表明仿真的结果是可信的。仿真结果与调查结果之间的差异主要是因为 β_{i1},β_{i2},β_{i3},β_{i4} 的模拟取值与被调查的生猪养殖户的真实基本特征存在一定差异,还有一部分的原因是生猪养殖户利益诉求所造成的。

(四) 仿真结果分析

1. 养殖年限对养殖户病死猪处理行为的影响

由于样本中没有养殖年限低于 1 年的养殖户,所以在仿真中排除了当 $\beta_{i1} = 1$

---

① C. B. Struthers, J. L. Bokemeier, "Myths and Realities of Raising Children and Creating Family Life in a Rural County", *Journal of Family Issues*, Vol. 21, No. 1, 2000, pp. 17-46.

时的情景，即模拟 β_{i1} 分别取 2、3、4 和 5 时，生猪养殖户病死猪处理的行为选择，并将模拟结果与表 16-1 中对应的数据进行比较。对比图 16-11 中的（a）（b）（c）和（d）发现，生猪养殖户选择出售病死猪的比例分别约为 15%、18%、25%、33%，此模拟结果与表 16-1 中的 13.8%、14.3%、20.7%、28.1% 较为接近，趋势也较为吻合。表明养殖年限对养殖户选择无害化处理病死猪具有正向影响，即养殖年限越长的养殖户越倾向于选择出售病死猪。这一结果与张跃华和邬小撑[①]研究得出的结论相似。

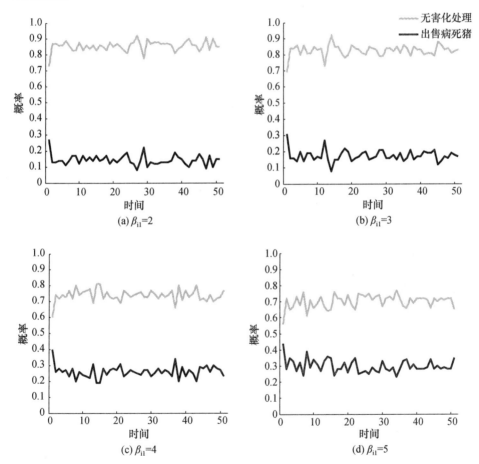

图 16-11　养殖户在不同养殖年限条件下其病死猪处理行为的变化过程

①　张跃华、邬小撑：《食品安全及其管制与养猪户微观行为——基于养猪户出售病死猪及疫情报告的问卷调查》，《中国农村经济》2012 年第 7 期。

2. 无害化处理政府补贴政策对养殖户病死猪处理行为选择的影响

我国农业部为鼓励养殖户无害化处理而制定了相关补贴政策,规定养殖规模在 50 头以上者无害化处理病死猪后即可获得当地政府 80 元的补贴。但模拟结果显示,政府未发放补贴固然是影响养殖户采取负面行为的原因,但并非是关键因素,因为有无补贴对养殖户无害化处理病死猪的行为选择影响不显著。基于此,对养殖户选择负面行为处理病死猪的研究不能从单个因素来分析,需要综合全面的考虑。由此可见,在 2013 年"黄浦江死猪"事件爆发时,媒体与相关研究学者将深层原因归结为政府未发放无害化处理补贴,并非完全准确。

3. 养殖规模对养殖户病死猪处理行为的影响

与养殖年限类似,样本中没有养殖规模大于 1000 头的养殖户,故排除 $\beta_{i2} = 5$ 的情景。β_{i2} 分别取值为 1、2、3 和 4 时,选择出售病死猪的比例分别约为 35%、15%、0%、0%,此结果与表 16-1 中的 30.4%、11.8%、0.0%、0.0% 大致相当。2(a) 和 2(b) 显示了当 β_{i2} 从 1 提高到 2 时,养殖户对病死猪处理行为选择的变化情况。对比 2(a) 与 2(b) 发现,养殖规模从低于 50 头发展到小规模(50—100 头),养殖户选择无害化处理病死猪行为的人数显著增加。图 16-12(a)、图 16-12(b) 和图 16-12(c) 比较显示,养殖规模对养殖户选择无害化处理行为具有正向关系。这一结论与张雅燕[1]研究得出的结论一致。但对比图 16-12(c) 和图 16-12(d) 发现如下的规律,提高养殖规模并非总能增加选择无害化病死猪处理行为的养殖户数量,当养殖规模发展至一定程度($\beta_{i2} \geq 3$)时,养殖户均将选择无害化的行为方式处理病死猪;如果再继续扩大养殖规模($\beta_{i2} = 4$),养殖户选择无害化处理行为的概率不再发生变化,即养殖规模对养殖户选择无害化处理病死猪行为不仅具有正向影响关系,而且具有临界线性相关性。此结果出现的原因是养殖规模达到一定程度后,养殖户均注重声誉与名声且负面行为易被发现,故其病死猪处理行为选择趋于无害化。此外,也有一部分的原因是,在行为概率模型中,养殖户病死猪处理行为选择并不只受养殖规模这单个因素的影响。显然,本章研究得出的养殖规模对养殖户病死猪处理行为影响的研究结论较张雅燕等相关文献的更合理。

4. 政府政策与相关法律法规认知对养殖户病死猪处理行为的影响

由于 β_{i3} 取值 3、4 时,曲线图对比很不明显,且表 16-1 中养殖户对政府政策与相关法律法规有一般了解($\beta_{i3} = 3$)和比较了解($\beta_{i3} = 4$)时,病死猪负面行为处理比例之间差异仅为 2.8%,故排除 β_{i3} 等于 4 时的情况,模拟 β_{i3} 分别为 1、2、3 和 5

---

[1] 张雅燕:《养猪户病死猪无害化处理行为影响因素实证研究——基于江西养猪大县的调查》,《生态经济(学术版)》2013 年第 2 期。

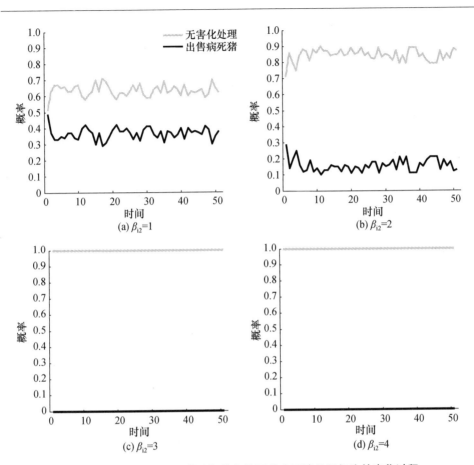

图 16-12　养殖户在不同养殖规模条件下其病死猪处理行为的变化过程

时,养殖户病死猪处理行为选择。比较图 16-13(a)、图 16-13(b)、图 16-13(c)和图 16-13(d)发现,政府政策与相关法律法规的认知对养殖户选择无害化处理病死猪是呈正向关系,即养殖户对政府政策与相关法律法规认知程度越大,其越倾向于采用无害化的方式处理病死猪。这与王瑜、应瑞瑶和黄琴等对相关内容研究得出的结论较为相似[1][2],也与实际调查结果相吻合。

①　王瑜、应瑞瑶:《养猪户的药物添加剂使用行为及其影响因素分析——基于垂直协作方式的比较研究》,《南京农业大学学报:社会科学版》2008 年第 2 期。
②　黄琴、徐剑敏:《"黄浦江上游水域漂浮死猪事件"引发的思考》,《中国动物检疫》2013 年第 7 期。

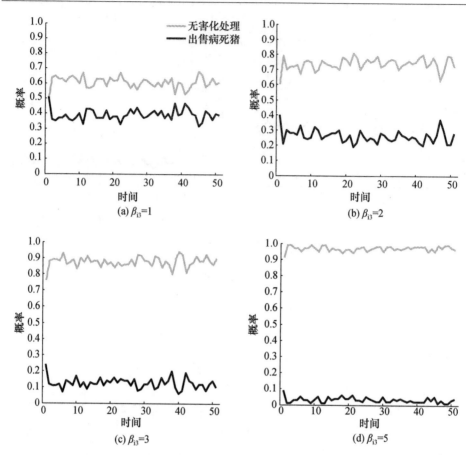

图16-13 养殖户在不同政府政策与相关法律法规认知条件下其病死猪处理行为的变化过程

图16-13（a）显示了当养殖户对政府政策与相关法律法规非常不了解（$\beta_{i3}=1$）时，选择出售病死猪养殖户的比例约为38%，这与表16-1中的35.4%较为接近；图16-13（b）显示了当β_{i3}为2时，即养殖户对政府政策与相关法律法规不了解时，选择出售病死猪养殖户的比例约为25%，这个结果远大于表16-1中的11.1%的统计性数据，但接近养殖户对生猪疫情与防疫一般了解时的23.5%；当养殖户一般了解法律法规（$\beta_{i3}=3$）时，选择出售病死猪养殖户的比例约为12%，与表16-1中的9.1%又较为接近。故出现$\beta_{i3}=2$时的结果偏差很可能是：当$\beta_{i3}=2$时，各个参数值较真实生猪养殖户的基本特征存在较大的误差，但此仿真的结果也是比较符合实际的。

5. 生猪疫情与防疫认知对养殖户病死猪处理行为的影响

图16-14显示了随着养殖户对生猪疫情及防疫认知程度的提高，其病死猪处

理行为选择的变化情况,比较图 16-14(a)、图 16-14(b)和图 16-14(c)发现,生猪疫情与防疫认知对养殖户选择无害化处理病死猪是呈正向关系,这一结果与闫振宇等①对相关研究主题得出的结论较为一致。对比图 16-14(c)和图 16-14(d)发现,生猪疫情与防疫认知提高并不能总是增加养殖户无害化处理的比例,当养殖户对生猪疫情与防疫比较了解($\beta_{i4}=4$)时,养殖户均将选择无害化处理病死猪,这可能是当养殖户对生猪疫情的危害及防疫重要性有较高认知时,养殖户将不再顾忌眼前的利益,选择与自身长远利益相符的行为。且再进一步提高认知,行为选择也不发生改变,即生猪疫情与防疫认知对养殖户病死猪处理行为具有临界线性关系。

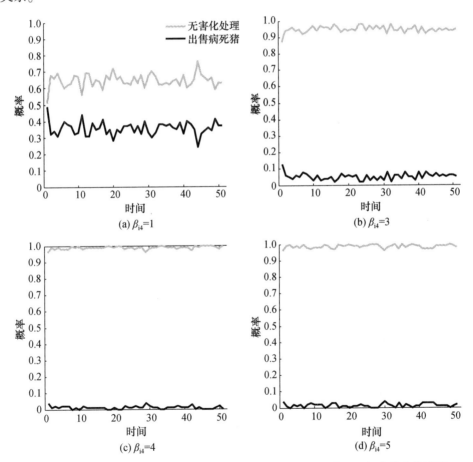

图 16-14　养殖户在不同生猪疫情及防疫认知条件下其病死猪处理行为的变化过程

---

① 闫振宇、陶建平、徐家鹏:《养殖农户报告动物疫情行为意愿及影响因素分析——以湖北地区养殖农户为例》,《中国农业大学学报》2012 年第 3 期。

6. 政府监管力度和处罚力度对养殖户病死猪处理行为选择的影响

基于基本假设和调查数据,成本和收益影响养殖户病死猪处理行为选择。由于政府监管力度(b)和处罚力度(C_g)的变化均影响养殖户负面病死猪处理行为的期望收益,故模拟监管力度(b)和处罚力度(C_g)不同情况下,生猪养殖户病死猪处理行为选择的变化。图16-15(a)和图16-15(b)显示出,在处罚力度相同的条件下,政府监管力度 b 从0.2增强至0.25时,选择出售病死猪的养殖户数量显著减少,这与 Wu 等[1]研究得出的政府监管力度影响生产者的负面行为的结论较为吻合。比较图16-15(a)和图16-15(c)发现,在政府监管力度相同的条件下,处罚力度(C_g)从25增加至30,选择出售病死猪的养殖户数量明显减少,图16-15(b)和

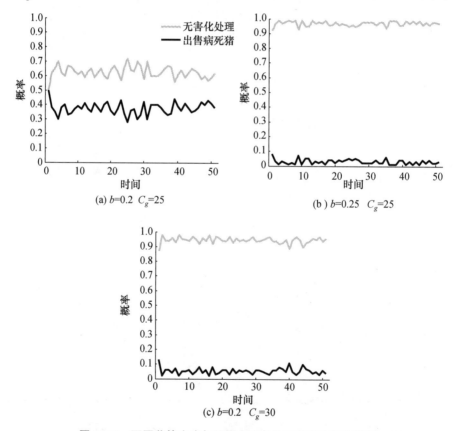

图16-15　不同监管力度与处罚力度条件下养殖户行为选择

①　L. Wu, Q. Zhang, L. Shan, et al., "Identifying Critical Factors Influencing the Use of Additives by Food Enterprises in China", *Food Control*, Vol. 31, No. 2, 2013, pp. 425-432.

图 16-15(c)的结果显示,处罚力度与监管力度对养殖户病死猪处理行为具有相同的作用。这一结果与现实情况相符,政府对养殖户监管力度越大,则养殖户负面行为被发现的概率越大,付出成本的概率也越大;处罚力度越大,则养殖户负面行为付出的成本越大。因此,在此情景下,生猪养殖户的行为越趋向于采用无害化的处理方式处理病死猪。

四、2000—2014 年间病死猪总量估算

　　2013 年 3 月初发生的"黄浦江死猪事件",引发了上海市民对水质安全的广泛恐慌和国际人士对中国食品安全的犀利嘲讽①。2014 年 12 月底新闻媒体又爆出江西省高安市病死猪肉销往广东、湖南、重庆、河南、安徽、江苏、山东等七省市的特别重大事件。江西省高安市病死猪肉年销售量高达 2000 多万元,且部分病死猪体内含有被世界卫生组织列为 A 类烈性传染病的"5 号病"(口蹄疫),更令人惊讶的是,高安市病死猪流入市场的规模由小到大达到如此的规模竟潜伏了长达 20 多年而未被发现。2015 年 6 月 15 日媒体又曝出日均 7 千斤病死猪肉在广州、佛山、肇庆一带销售的惊人报道。就法治层面而言,为保障猪肉质量安全,我国已颁布与实施了多项法律法规,如《中华人民共和国动物防疫法》和《中华人民共和国农产品质量安全法》就明确规定,有害于人体健康的猪肉产品将不得流入市场。《中华人民共和国动物检疫管理办法》规定,出售或者运输的动物、动物产品经所在地县级动物卫生监督机构的官方兽医检疫合格,并取得《动物检疫合格证明》后方可离开产地。与此同时,《生猪屠宰管理条例》也规定,未经定点,任何单位和个人不得从事生猪屠宰活动(农村地区个人自宰自食除外)。然而,令人费解的是,随着法律法规的陆续出台与实施,在我国病死猪流入市场等事件却屡禁不止,甚至一些地区的猪肉市场处于严重的无序状态。表 16-4 是中国近年来爆发的与病死猪乱扔乱抛或流入猪肉市场相关的典型案例。

表 16-4　近年来爆发或发现的病死猪不当处理行为的案例

发生时间	地点	原因
2009 年 7 月	四川省绵竹市孝德镇高兴村	屠宰经营 600 余公斤病死猪肉及相关制品
2010 年 6 月	广西贵港市平南县浔江河段(珠江上游)	死猪漂浮事件
2010 年 1—10 月	浙江钱塘江中游河段富春江流域	富春江流域累计打捞病死猪 2000 余头

---

　　① 吴林海、王淑娴、徐玲玲:《可追溯食品市场消费需求研究——以可追溯猪肉为例》,《公共管理学报》2013 年第 3 期。

（续表）

发生时间	地点	原因
2010 年 11 月	云南昆明	9625 公斤利用病死猪和未经检验检疫的猪肉加工的半成品且将部分病死猪肉出售给昆明理工大学的食堂
2012 年 5 月	山东省临沂市莒南县筵宾镇大文家山后村	小河以及草丛中,漂浮着被丢弃的 30 多头病死猪
2012 年 8 月	福建省龙岩市上杭县古田镇	病死猪肉加工 14000 多公斤的猪肥肉、猪瘦肉、猪排骨等
2013 年 3 月	上海黄浦江	截至 2013 年 3 月 20 日上海相关水域内打捞起漂浮死猪累计已达 10395 头
2013 年 9 月	广东深圳平湖海吉星农贸批发市场	销售广东茂名"黑工厂"加工的病死猪肉
2013 年 11 月	长江宜昌段流域	8 个月出现 3 次"猪漂流"现象
2013 年 12 月	江西瑞金市	低价收购病死猪肉制作香肠
2014 年 1 月	江西南昌青山湖区罗家镇枫下村	现场查获 2 吨病死猪肉
2014 年 1 月	广西南宁良凤江高岭村	江面上漂有十几个装有死猪的麻包袋
2014 年 1 月	湖南长沙县	2 万吨病死猪被货运客车运入市场

资料来源:作者基于新闻媒体报道的整理。

在正常状态下,我国生猪养殖每年因各类疾病而导致的死亡率约在 8%—12%之间[1],且生猪的正常死亡率也因不同的养殖方式而具有差异性,规模化养殖的成年生猪的死亡率约为 3%,未成年生猪的正常死亡率在 5%—7%之间,而散户养殖的生猪正常死亡率则可能高达 10%[2]。国家统计局的数据显示(图 16-16),2012 年我国肉猪的出栏量为 69789.50 万头[3],以成年生猪最低的正常死亡率 3%计算,2012 年我国的生猪正常死亡量已高达 2158.44 万头,2000—2012 年间全国病死猪总量累计不低于 24870.75 万头,这是一个保守估算的数字但确实也是非常惊人的数据。然而,相关调查显示,包括生猪在内的畜禽病死后尸体被埋的比例不足 20%,按照规范进行无害化处理的比例则更小[4]。也就是说,至少 80%的病死猪被乱扔乱抛或被屠宰加工后流入了猪肉市场。虽然病死猪是生猪养殖过程中的必然产物,但是由于病死猪体内含有危害微生物,且病死猪在生前大多经过抗生素治疗,体内含有高浓度的抗生素或其代谢物,以及其他可能的细菌毒素、霉

① 王兴平:《病死动物尸体处理的技术与政策探讨》,《甘肃畜牧兽医》2011 年第 6 期。
② 邬兰娅、齐振宏、张董敏等:《养猪业环境外部性内部化的治理对策研究——以死猪漂浮事件为例》,《农业现代化研究》2013 年 6 期。
③ 中华人民共和国国家统计局,http://www.stats.gov.cn/tjsj/ndsj/2014/indexch.htm。
④ 薛瑞芳:《病死畜禽无害化处理的公共卫生学意义》,《畜禽业》2012 年第 11 期。

菌毒素等,如处理不当,尤其是病死猪流入市场被食用极易对公众健康产生潜在威胁。

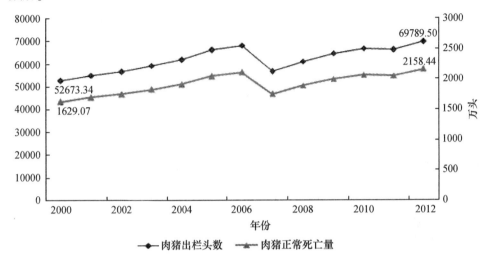

图 16-16　2000—2012 年间我国肉猪出栏量和死亡量

资料来源:肉猪出栏头数源于国家统计数据库(http://219.235.129.58/reportYearQuery.do?id=1400&r=0.43901071841247474.),而图中肉猪正常死亡量则是作者按照以成年生猪最低的正常死亡率3%计算获得。

中国是世界上最大的猪肉消费国,2012 年中国人均猪肉消费量为 38.7 公斤,占全球猪肉消费总量的 50.2%[1]。猪肉在中国既是最普通的食品,也是城乡居民在牛肉、羊肉、禽类与水产品等动物类制品中最偏好的肉类食品,猪肉的质量安全对中国本土的食品安全具有重要的意义。因此,最大程度地遏制病死猪流入市场就成为防范中国食品安全风险最基本的问题之一。为此,学者们进行了先驱性的研究。朱昌俊的研究认为,病死猪流入市场事件的发生显然不是偶然性的监管失范与少数不法商贩的无良,而是折射出中国监管部门失灵的问题[2]。Ortega 等的研究指出,类似于病死猪流入市场等中国食品安全事件本质上是由于松散的监管方式与执法不严而导致。总之,最大程度地遏制病死猪流入市场,政府负有极其重要的责任[3]。本《报告》的研究主要是基于新闻媒体的报道,甄选了在 2009—2014 年间发生的 101 起病死猪流入市场的主要事件,并在分析基本特点的基础上,基于破窗理论,构建了病死猪流入市场的运行逻辑分析框架,据此评析了其中

---

①　吴林海、王建华、朱淀:《中国食品安全发展报告 2013》,北京大学出版社 2013 年版。

②　朱昌俊:《执法不严是病死猪产业链的"病灶"》,《中国食品安全报》2015 年第 1 期。

③　D. L. Ortega, H. H. Wang, O. Widmar, et al., "Chinese Producer Behavior: Aquaculture Farmers in Southern China", *China Economic Review*, Vol.28, No.3, 2014, pp.17-24.

的 9 个典型案例,由此提出了治理病死猪流入市场的若干思考。

五、病死猪流入市场的事件来源与基本特点

(一)事件来源

改革开放以来,由于极其复杂的原因导致病死猪流入市场的食品安全事件的具体数量难以一一查实考证。但一个客观事实是,近年来病死猪流入市场的食品安全事件屡禁不止,并在信息不断公开的背景下,相关媒体报道逐渐增多。考虑到数据的可得性,借鉴刘畅等[1]、易成非和姜福洋[2]、粟勤等[3]研究视角,为准确、全面地收集病死猪流入市场的食品安全事件,本《报告》主要基于"掷出窗外"食品安全数据库(http://www.zccw.info/index)和食品伙伴网(http://www.foodmate.net/),专门收集了 2009 年以来媒体报道的病死猪流入市场的主要事件。需要指出的是,"掷出窗外"是一个专门收集各种主要媒体报道的食品安全事件的数据库,且所有的报道均有明确的来源,包括事发地、食品名、来源、日期、网址链接等关键词;食品伙伴网是以关注食品安全为宗旨的网上信息交互平台,发布的食品安全的信息均来源于新华网、新浪网、人民网等主流门户网站,具有权威性和可靠性。虽然其他各种相关媒体也有病死猪流入市场的报道,但为确保真实性与可靠性,本《报告》仅对掷出窗外食品安全数据库和食品伙伴网的相关报道加以整理分析,其他渠道的新闻报道一概没有考虑,故就完整性而言,本《报告》在此方面所收集整理的事件难免有遗漏。

基于《中华人民共和国动物防疫法》《生猪屠宰管理条件》和《中华人民共和国食品安全法》是规范病死猪处理的主要法律法规,分别自 2008 年 1 月 1 日、2008 年 8 月 1 日和 2009 年 6 月 1 日实施,且考虑到 2008 年及以前各类媒体很少报道病死猪流入市场的事件,故本《报告》也仅基于掷出窗外食品安全数据库与食品伙伴网的资料,收集、汇总与分析 2009—2014 年间发生的病死猪流入市场的事件,在剔除重复报道的事件且经过最终反复筛选与仔细甄别后获得 101 个事件。

(二)基本特点

考察 2009—2014 年间发生的 101 个病死猪流入市场的事件,可以归纳如下的五个基本特点。

---

① 刘畅、张浩、安玉发:《中国食品质量安全薄弱环节、本质原因及关键控制点研究——基于 1460 个食品质量安全事件的实证分析》,《农业经济问题》2011 年第 1 期。

② 易成非、姜福洋:《潜规则与明规则在中国场景下的共生——基于非法拆迁的经验研究》,《公共管理学报》2014 年第 4 期。

③ 粟勤、刘晓娜、尹朝亮:《基于媒体报道的中国银行业消费者权益受损事件研究》,《国际金融研究》2014 年第 2 期。

1. 曝光数量逐年上升

2009—2014 年间我国病死猪流入市场事件的媒体曝光数量如图 16-17 所示。图 16-17 显示,2009—2010 的两年间病死猪流入市场事件的曝光数累计仅 6 起,而 2011 年、2012 年、2013 年分别为 10 起、25 起、27 起,2014 年则更是达到 33 起的历史新高,病死猪流入市场事件的媒体曝光数量逐年不断上升。

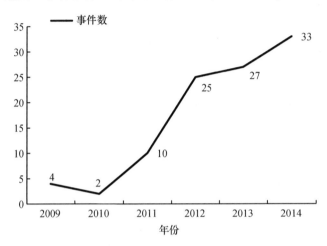

16-17　2009—2014 年间病死猪流入市场事件的媒体曝光数
资料来源:作者根据媒体报道而整理形成。

2. 曝光地区以生猪主产区与经济发达地区为主

图 16-18 显示,广东、福建、湖南、山东、江苏、浙江等是 2009—2014 年间病死猪流入市场事件媒体曝光数最多的六个省份,分别发生 23 起、13 起、9 起、9 起、8 起和 7 起,占媒体全部曝光数的 68.32%,显示了较高的集中度。进一步分析,广东、湖南、山东也是我国生猪的主产区,2013 年生猪出栏量分别达到 3744.8 万头、5902.3 万头和 4797.7 万头[①],而福建、江苏和浙江则是我国经济较为发达的三个省份,2014 年城镇人均可支配收入分别为 30722 元、34346 元和 40393 元,在全国大陆 31 省区市中排名前七位[②]。

3. 犯罪参与主体呈多元化

在 101 起曝光事件中,有 86 起事件是私屠乱宰或黑作坊加工病死猪肉案,占曝光事件数的 85.15%。在这 86 起事件中有两个及以上犯罪主体(包括养殖户、猪贩子、屠宰商、加工商、运销商等)或者团伙犯罪的事件高达 71 起。2012 年 3 月

①　《中国统计年鉴—2014》,http://www.stats.gov.cn/tjsj/ndsj/2014/indexch.htm。
②　《2014 年全国大陆 31 省区市城镇居民人均可支配收入对比表》,中研网,2015-03-06［2015-06-06］,http://www.chinairn.com/news/20150306/104133860.shtml。

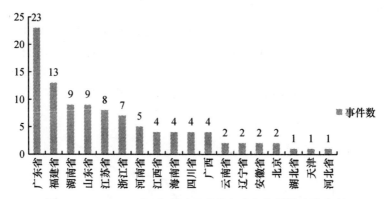

图16-18　2009—2014 年间病死猪流入市场事件的地域分布
资料来源:作者根据媒体报道而整理形成。

在福建省发生的制销病死猪肉的事件中,共有福州、泉州、莆田、厦门、龙岩、南平、漳州七个地市的 6 个不同的团伙参与,涉案人数 51 人[①],犯罪团伙在病死猪收购、屠宰、贩卖、加工、销售等各个环节中分工明确,是本《报告》所分析的 101 个事件中涉及的犯罪团伙数量和犯罪主体数量最多的事件。

4. 跨区域犯罪可能成为常态

与此同时,在 101 起病死猪流入市场的事件中,有 68 起事件为多主体协同参与跨区域犯罪,占媒体全部曝光数的 67.33%。前述的发生于 2012 年 3 月的福建省制销病死猪肉事件就是一个典型的案例。图 16-19 的数据显示,病死猪流入市场的跨地界、跨省区事件在 2009 年没有发生一起,而在 2014 年则达到了 13 起。且图 16-19 的走势还显示,跨地界、跨省区的多主体协同作案犯罪而导致病死猪流入市场的犯罪事件,正在代替过去主要由病死猪发生地一地简单作案的做法,并将有可能逐步成为病死猪流入市场事件的常态。

5. 监管部门失职渎职导致发生的事件占较大比重

在 101 起病死猪流入市场的事件中,监管部门不仅失职渎职导致病死猪流入市场的事件时有发生,且在养殖环节、屠宰环节、加工环节及销售环节均有表现。更为可怕的是,政府公职人员参与其中成为犯罪的重要主体。统计数据显示,在曝光的 101 起病死猪流入市场的事件中由政府公职人员参与的事件有 11 起,占全部事件的 10.89%。最为典型的是发生在 2014 年 12 月的江西高安病死猪肉流入七省市的事件中,政府监管部门在各个环节上均有失职渎职的行为,病死猪屠宰场七证齐全且有来源真实的检验检疫票据,猪贩子、生猪保险查勘员、猪肉市场管

---

① 《福建病死猪肉案细节　死猪肉流向全省做成腊肠》,泉州网,2012-03-27［2015-06-06］,http://www.qzwb.com/gb/content/2012-03/27/content_3940575.htm。

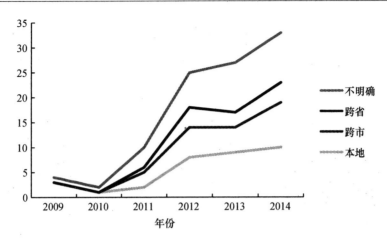

图16-19　2009—2014年间病死猪流入市场事件的犯罪区域
资料来源：作者根据媒体报道而整理形成。

理员相互勾结，甚至不惜行贿收买公安部门①。

六、病死猪流入市场的运行逻辑：基于破窗理论

2009年及以后，病死猪流入市场的事件为何屡禁不止且愈演愈烈？基于破窗理论，本《报告》在此试图构建病死猪流入市场的运行逻辑的分析框架，努力为案例分析提供理论支撑。

追根溯源，破窗理论（Broken Windows Theory）的思想最早是在1967年由美国学者彼得曼（Biderman）在研究犯罪心理学时提出。彼得曼认为，行为不检、扰乱公共秩序的行为与重大犯罪一样，都会在心理上给一般大众造成被害恐惧②。1969年美国心理学家詹巴斗（Philip Zimbardo）进行了著名的"偷车试验"，由此证明非正常行为与特定的诱导性环境之间具有关联性③。1982年美国学者威尔逊（James Q. Wilson）和凯林（George L. Kelling）在《"破窗"——警察与邻里安全》一文中首次提出了破窗理论。破窗理论认为，在社区中出现的扰乱公共秩序、轻微犯罪等现象就像被打破而未被修理的窗户，容易给人造成社区治安无人关心的印象，如果不加干预而任其发展，可能会导致日益严重的犯罪④。破窗理论的核心思

① 《江西高安病死猪流入7省市　部分携带口蹄疫病毒》，《京华时报》2014年12月28日。
② 同春芬、刘韦钰：《破窗理论研究述评》，《知识经济》2012年第23期。
③ P. G. Zimbardo, "The Human Choice: Individuation, Reason, and Order Versus Deindividuation, Impulse, and Chaos", *Nebraska Symposium On Motivation*. University Of Nebraska Press, 1969.
④ J. Q. Wilson, G. L. Kelling, "Broken Windows: The Police and Neighborhood Safety", *Atlantic Monthly*, Vol. 249, No. 3, 1982, pp. 29-38.

想是,第一,无序与犯罪之间存在相关性,无序的环境会导致该环境中的人们对犯罪产生恐惧感,进而致使该区域的社会控制力削弱,最终导致严重违法犯罪的产生;第二,大量的、集中的和被忽视的无序更容易引发犯罪,一个或少量无序的社会现象并不会轻易引起犯罪,但如果无序状态达到一定规模或无序活动十分频繁时,犯罪等社会现象就会出现;执法机关通过实施规则性干预措施可以有效预防和减少区域中的无序[①]。

基于破窗理论,可以发现,病死猪流入市场的犯罪行为与破窗行为具有以下三个共同特征:

1. 根据破窗理论,在某种不良因素的诱导下,人们会采取不良或犯罪行为由此打碎"第一块玻璃",破坏正常秩序。病死猪是生猪养殖过程中不可避免的产物,但生猪养殖户的理性相对有限,提高养殖的收益水平,成为养殖户尤其是落后与欠发达农村地区养殖户的最高目标。出于生猪养殖成本与收益的考虑,如果有外在的且能够获得预期利益的诱惑(因素),养殖户不可能采取无害化处理病死猪的行为,且在病死猪肉具有市场需求的外部环境的诱惑下,选择具有更高收益的行为方式就成为养殖户的主要选项之一,即将病死猪非法出售甚至自行加工病死猪,并由此打碎猪肉市场的"第一块玻璃"。

2. 破窗理论指出,在"第一块玻璃"打碎后,"警察"若不及时采取修复措施,就可能会导致无序状态的逐步蔓延。破窗理论中所阐述的"警察"并非是简单意义上的警务人员,而是指政府执法人员。"警察"这一角色在破窗理论中具有重要的地位,遏制破窗效应要求"警察"及时修补。就本《报告》的研究而言,"警察"是指农村中监管生猪养殖的执法人员。为确保猪肉安全与市场秩序,我国乡镇政府均设立了承担畜牧检疫、商务、质检、工商、卫生、食品监督等职能的相关部门,共同负责养殖、屠宰、加工、流通、销售、消费等猪肉供应链体系相关环节的监管,在生猪养殖户打破"第一块玻璃"时,要求各个监管部门各司其职采取最严厉的措施,及时修复,以防范猪肉市场失序状态的蔓延。

3. 破窗理论认为,大量的无序状态对犯罪行为具有强烈的"暗示性"。在生猪养殖户打破"第一块玻璃"后,"警察"如果没有及时采取措施修复,将致使生猪养殖户非法出售甚至自行加工病死猪等行为迅速扩散与放大,众多的养殖户将采取不同的方式模仿,导致病死猪不断地被屠宰、加工并流入市场,持续增加猪肉市场的无序状态与安全风险,使得猪肉市场的无序状态达到一定的规模。

基于破窗理论,结合2009—2014年间病死猪流入市场基本特点的分析,可以归纳图16-20所示意的病死猪流入市场的运行逻辑。

① 李本森:《破窗理论与美国的犯罪控制》,《中国社会科学》2010年第5期。

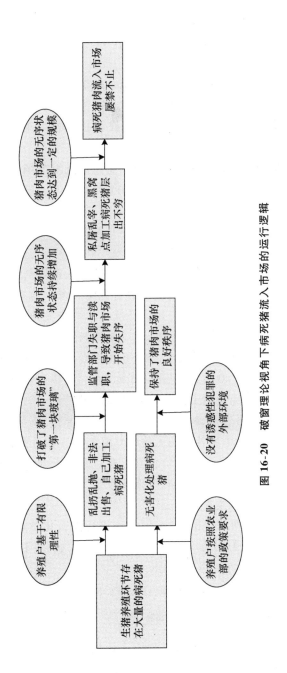

图 16-20 破窗理论视角下病死猪流入市场的运行逻辑

七、病死猪流入市场的典型案例分析

基于破窗理论的病死猪流入市场运行逻辑,从2009—2014年间发生的101个事件中选择9个案例展开如下的分析。

(一)养殖户病死猪的负面处理行为打破了"第一块玻璃"

负面处理行为是指生猪养殖户(养殖场的饲养员等)在生猪死亡后,未按规定进行无害化处理,而是将病死猪非法出售给商贩或者由自己私自加工后流入市场[①]。

案例1　养殖户非法销售病死猪并由不法加工商销往批发市场和食堂[②]。王某是山东省烟台市福山区的一名生猪养殖户,从2011年起从事生猪养殖业,出于经济利益的考虑,王某将养殖过程中出现的病死猪非法销售给郑某,从2011年至2014年间,王某共卖了七八头病死猪给郑某,最终这些病死猪被郑某加工,并向烟台市芝罘区的批发市场和一些工地食堂销售。

案例2　养殖户直接销售病死猪给猪贩子并经加工流入市场[③]。古力晨是山东省寿光市一家牧业公司的老板,主要从事生猪的繁育与自养。随着经营规模的不断扩大,养殖的生猪几乎每天都有死亡,如何降低成本并有效地处理病死猪成为古某的一块心病。由于贪利,古某委托牧业公司下属的养殖场场长沈某具体负责销售处理病死猪。从2009年至2013年间,古、沈合伙先后卖出400余头病死猪给猪贩子李某和屠宰商王某。最终这400余头病死猪被加工成猪肉掺进好肉中售卖。

案例3　养殖户将病死猪出售给上门收购的屠宰加工户[④]。在广东省佛山市高明区杨和镇杨梅一带,有很多生猪养殖场。一名业内人士称,屠宰加工户们一般直接到高明区等地,以一头几十元甚至几元的价格直接向生猪养殖场或散户处收购病死猪。生猪养殖户考虑病死猪没有价值且出售后还能获益,一般很乐意地出售病死猪,最终导致应该无害化处理的病死猪被宰杀,其中被宰杀后一部分病死猪肉销售给卤肉店、烧烤店、食堂等终端。

病死猪是生猪养殖环节不可避免的产物,但必须进行无害化处理。以上三个案例均描述了由于生猪养殖户采用负面行为处理病死猪,打破猪肉市场的"第一

---

① 生猪养殖户病死猪处理的负面行为多种多样,比如乱扔、乱抛,本《报告》仅指经屠宰加工后流入市场的行为。

② 苑菲菲:《批发病死猪销往市场和食堂 烟台4人被提起公诉》,《齐鲁晚报》,2014-12-16[2015-06-06],http://www.qlwb.com.cn/2014/1216/274837.shtml。

③ 《黑心商贩往好肉里面掺病死猪肉 3个月卖1.5万斤》,中国新闻网,2014-04-23[2014-06-06],http://www.chinanews.com/fz/2013/04-23/4756188.shtml。

④ 《业内人士爆料:6成死猪送往卤肉店烧烤店》,凤凰网,2012-05-24[2015-06-06],http://gz.ifeng.com/zaobanche/detail_2012_05/24/206891_0.shtml。

块玻璃"，破坏了猪肉市场的正常秩序。就生猪养殖户而言，病死猪死亡对其经济收益造成了直接的损失。虽然在2011年7月农业部和财政部办公厅联合出台了病死猪无害化处理补助政策，对年出栏量50头以上生猪规模养殖场无害化处理的病死猪给予每头80元的无害化处理补助经费，但根据作者对江苏省的调查，实际生猪养殖户能够获得的补贴不足80元，不足以支付病死猪无害化的处理成本。而且现行政策对年出栏规模低于50头的生猪养殖户处理病死猪不给予补贴。故在此现实情景下，养殖户基于有限理性，将病死猪非法出售给猪贩子甚至自己加工再向市场出售将成为本能的选择。与此同时，在生猪养殖户打破"第一块玻璃"时并没有受到监管部门的处罚，入睡的"警察"没有及时修复猪肉的养殖、屠宰加工与消费市场秩序。

（二）监管部门的失职渎职导致不法商贩有恃无恐

从目前现实情况来分析，在养殖、屠宰、加工、流通、销售、消费等完整的猪肉供应链体系中所涉及的政府监管部门包括畜牧检疫、商务、质检、工商、卫生、食品监督、城管等多个部门，而且还包括保险理赔、畜牧兽医等负责病死猪无害化处理相关监管单位。

案例1　江西高安病死猪流入市场长达二十多年竟未被发现[①]。2014年12月媒体曝光，作为一名收购病死猪贩子的陈某，在江西省高安市与保险查勘员合伙收购病死猪长达10年之久，并将到处收购的病死猪销往丰城市梅林镇的一家证照齐全的屠宰场，该屠宰场把病死猪加工成70多种有检疫合格证明的产品，销往广东、湖南、重庆、河南、安徽、江苏、山东等七个省份。而且由于屠宰病死猪，屠宰场周围的环境污染严重，周围居民不断举报投诉，但因为这家屠宰场行贿了公安部门，多年来居然安然无恙。此外，陈某还将收购的病死猪出售给高安市城郊的一个黑窝点，由该黑窝点将病死猪宰杀后在高安市农贸市场销售，并长达二十多年。

案例2　兽医站工作人员失职渎职导致病死猪肉在"放心肉"店出售[②]。2012年3月，山东省日照市莒县库山乡的一名生猪养殖户，把一头患有蓝耳病的生猪送到库山乡兽医站后，兽医站工作人员并未对这头病猪进行检疫，而是让养殖户直接把这头病猪送往当地的生猪定点屠宰场进行加工。屠宰场的工作人员得知这头病猪是兽医站介绍的，便直接将病猪拖进屠宰间进行屠宰，最终这头病死猪与其他健康的生猪头掺杂在一起，在镇上的一家放心肉店售卖。

---

① 《江西高安病死猪流入7省市　部分携带口蹄疫病毒》，《京华时报》，2014-12-28［2015-06-06］，http://epaper.jinghua.cn/html/2014/12/28/content_158150.htm。

② 《山东病死猪未经检疫流向餐桌 在"放心肉"店加工售卖》，中国广播网，2012-03-28［2015-06-06］，http://china.cnr.cn/xwwgf/201203/t20120328_509343800.shtml。

案例3　官商勾结孕育日产病死猪肉8000斤的屠宰场①。2008年6月,广东茂名钟某在光明新区光明街道木墩村经营病死猪屠宰生意,从2008年6月至2012年4月间,其屠宰病死猪的营业额达百万余元,日产约8000斤病死猪肉,且这些病死猪肉大部分都流向了菜市场、小饭馆、工厂饭堂等,还有一些制成腊肉在深圳周边地区等销售。在四年的经营中,钟某的私宰点多次被人举报,却次次"化险为夷",并越做越大。案发后查实,光明新区光明执法队的执法人员潘某、张某、卜某等人经常向钟某通风报信。在2010年11月至2011年11月间,潘某共收受钟某9000元的"关照费"、张某也收受了"好处费"。2011年11月后,卜某接替张某的工作后每月也收受了2000元的"好处费"。

实际上,上述三个案例具有内在的共同特征,主要是政府监管部门对病死猪的监管存在着严重的失职渎职行为。为了保障猪肉安全,政府设立了多个部门对猪肉供应链体系实施监管,要求无害化处理病死猪,坚决杜绝病死猪流入市场,但以上三个案例均体现了病死猪肉逃离了多个监管部门设立的关卡而出现在百姓的餐桌上。进一步分析,这三个案例又展现了不同的特点。案例1展示了病死猪流入市场的整个黑色利益链条。保险查勘员与病死猪贩子勾结,致使病死猪被收购;猪贩子与屠宰场勾结,致使病死猪被屠宰、加工;屠宰场与卫生检验检疫人员勾结,致使屠宰的病死猪肉产品有检疫合格证明,同时也与公安执法人员勾结,逃避查处,在利益的作用下,致使病死猪肉进入菜市场,流向百姓的餐桌。而案例2突出反映的是在屠宰环节中相关监管人员的渎职行为。《生猪屠宰管理条例》第十条明确规定,生猪定点屠宰厂(场)屠宰的生猪,应当依法经动物卫生监督机构检疫合格,并附有检疫证明,但在案例2中的畜牧检验人员并没有对病死猪进行检疫,定点屠宰场在没有检验证明的情况下就将病死猪屠宰了。案例3则展现了执法人员的渎职行为。目前,我国私屠乱宰、黑作坊加工病死猪的情况层出不穷,身为执法人员应该打击病死猪肉加工的黑窝点,取缔私屠乱宰场,而不应该贪图小利,协助无良商贩逃避查处。

(三) 病死猪肉的市场需求与监管不力形成共振加剧了市场的无序状态

在生猪养殖户选择负面行为处理病死猪,打破猪肉市场的正常秩序时,如果监管部门存在失职渎职行为,则将直接导致非法出售与私屠乱宰病死猪、黑窝点销售病死猪肉等行为的蔓延,加剧猪肉市场的无序状态。

案例1　吉林省长春市发生的病死猪犯罪网络案②。2009年10月媒体曝光,

---

① 《深圳黑屠宰窝点私宰病死猪 用甲醛保鲜盈利百万》,《南方日报》,2012-08-07[2015-06-06],http://epaper.southcn.com/nfdaily/html/2012-08/07/content_7111328.htm。

② 《暗访病死猪私宰运销:死猪肉做羊肉卷》,《环球时报》,2009-11-30[2015-06-06],http://society.huanqiu.com/roll/2009-11/645987.html。

在吉林省长春市农安县有一个集购买、运输、分销等为一体的病死猪犯罪网络，每天向长春及周边地区的一些农贸批发市场输送 500 多公斤的病死猪肉，且当地的一些定点生猪屠宰场也参与其中。在该地区一头病死猪卖给私宰场的价格是 50 元到 200 元不等，屠宰加工后，病死猪肉的市场价格则上涨 10 倍多。由于这些病死猪肉的售价依然以低于正常猪肉价格而被消费者青睐。

案例 2　浙江省温岭市发生的特大制售病死猪案①。2012 年 8 月 2 日警方破获浙江温岭的一起特大制售病死猪案，抓获 65 名犯罪嫌疑人，捣毁窝点 42 个。警方查实，张某等人为首的犯罪团伙长期从温岭太平、泽国、温峤、坞根、石桥头等各地的生猪养殖场收购病死猪，然后运至牧东村一垃圾场附近的窝点进行非法屠宰、加工，再销售给温岭牧屿、泽国、横峰、大溪、台州路桥区等地的菜场、饭馆、厂矿企业等买家，其中有一半以上买家将病死猪肉再加工制成香肠、腊肉等销售，获取高额利润。(《新华网》,2012 年 8 月 2 日)

案例 3　广东省肇庆市发生的特大贩卖病死猪团伙案②。2014 年 12 月 17 日，广东省肇庆市高要警方破获一起特大贩卖病死猪案，打掉 5 个犯罪团伙，抓获犯罪嫌疑人 34 人，查扣病死猪肉 24.5 吨。警方查实，黄某和马某等人经常从当地的一些生猪养殖场收购病死猪，病死猪的售价一般在每斤 0.5 元左右，收购后再以每斤 1.7 元至 2.0 元的价格卖给老主顾郭某和黄某等人，郭某等买进病死猪并经初步处理、冷冻后，以每斤 4.2 元至 4.5 元的价钱卖给钟某等人，钟某团伙将病死猪肉深加工后运到东莞、佛山、江门、中山、广州、番禺等地，以每斤 17 元左右的价钱卖给当地商户或腊味厂。(《新华网》,2014 年 12 月 17 日)

以上三个案例进一步显示了，由于犯罪主体出于利益的考量，更由于执法监管不力，分工合作的病死猪肉制销团伙犯罪网络愈演愈烈，涉案团伙数量与主体数量在不断攀升，猪肉市场的无序状态在一些地区不断扩大，病死猪流入市场甚至达到了相当规模。同时以上三个案例还显示，病死猪流入市场事件屡禁不止的一个重要原因就在于病死猪肉有一定的市场需求，可能的原因是，第一，病死猪源源不断，且生猪养殖户均愿意出售病死猪；第二，监管部门存在监管的疲软未及时从源头上切断病死猪流入市场，使得猪肉市场具有无序的外部环境；第三，由于信息的不对称，更由于真假难分，且消费者受收入水平的影响，可能会选择购买价格较低的病死猪肉或者病死猪肉制品，使得病死猪肉有一定的市场需求。在猪肉市场无序的外部环境下，犯罪主体参与病死猪肉制销的利益链的分工与合作就理所

---

① 《浙江温岭涉 46 人特大产销病死猪肉案一审宣判》，中国台州网，2013-03-13［2015-06-06］，http://www.taizhou.com.cn/news/2013-03/13/content_1005784.htm。

② 《广东肇庆打掉贩卖病死猪团伙 查扣病死猪 25.4 吨》，新华网，2014-12-18［2015-06-06］，http://www.sc.xinhuanet.com/content/2014-12/18/c_1113682817.htm。

当然。

八、主要结论与原因思考

本《报告》的研究内容比较多,但实际上归纳起来主要是研究了两个问题。一是以江苏省阜宁县 654 位生猪养殖户为案例,基于仿真实验的方法,模拟了生猪养殖户病死猪处理行为选择过程。本《报告》的调查发现,养殖年限、养殖规模、政府政策与相关法律法规认知、生猪疫情与防疫认知等生猪养殖户四个基本特征,均以不同的方式影响其病死猪处理行为的选择。基于此,本《报告》将生猪养殖户的基本特征因素纳入行为概率模型中,运用计算仿真实验的方法,模拟生猪养殖户病死猪处理行为选择的变化过程,检验了调查中发现的影响病死猪处理行为的生猪养殖户基本特征因素在其行为选择过程中作用发挥的程度。研究发现,计算仿真实验的结果与实证调查结果基本一致,养殖年限对生猪养殖户选择负面行为处理病死猪具有正向影响。养殖规模与养殖户病死猪处理行为选择之间并非为简单的线性关系,当生猪养殖户的养殖规模在 1—500 头的区间内,养殖规模越大,生猪养殖户选择负面行为处理病死猪的概率就越小;当养殖规模大于 500 头,养殖规模对养殖户病死猪处理行为的影响有限,甚至不再影响且其处理行为均选择无害化处理。养殖户选择病死猪无害化处理行为的概率随着其对政府政策与相关法律法规认知程度的提高而增加。生猪疫情及防疫认知对养殖户选择无害化处理行为不仅具有正向影响,且存在临界点,临界点为养殖户对生猪疫情与防疫认知比较了解,养殖户在此点后均选择无害化的处理方式。政府病死猪无害化处理的补贴政策、政府监管力度和处罚力度对养殖户处理行为选择均有影响,但政府的监管与处罚力度更奏效。

第二个问题是,本《报告》基于媒体的报道,利用数据挖掘工具,依据可靠性、真实性的原则,汇总、甄别并最终获得了 2009—2014 年间病死猪流入市场的 101 个事件,发现在客观现实中病死猪流入市场的事件逐年上升,生猪主产区与经济发达区是病死猪流入市场集中度较高的地区,参与犯罪的主体呈多元化,跨区域犯罪将愈演愈烈且可能成为常态;养殖户对经济利益的追求与猪肉市场无序的外部环境,监管部门失职渎职、病死猪无害化政策的缺失是导致病死猪流入市场事件的重要原因。据此,本《报告》的研究认为,要杜绝病死猪流入市场必须实施经济、法律与行政手段相结合的治理措施,具体是:

(一) 必须完善政策

追求期望收益是生猪养殖户选择负面行为处理病死猪最直接、最主要的原因。要全面梳理并逐一落实生猪养殖中有关病死猪无害化处理的补贴政策,取消一切不合理的收费,奖优罚劣,保障无害化处理病死猪的养殖户的正常收益,修改对年出栏规模低于50头的生猪养殖户处理病死猪不给予补贴的现行政策。参照能繁母猪保险办法,建立无害化处理与保险联动的机制,建议生猪养殖密集的地区开展生猪保险试点,保险保费可由政府和养殖场(户)共同承担,通过提供病死猪无害化处理的补偿标准,化解养殖户风险,提高病死猪无害化处理率。

(二) 必须严格执法

由于养殖户追求利益最大化是病死猪流入市场的关键动因,基层政府依据相关的法律法规持续强化对养殖户病死猪处理行为的监管力度,特别是要提高经济处罚力度,提高养殖户违法违规处理病死猪行为的成本,从源头上遏制养殖户的负面处理行为。与此同时,更要严厉打击出售病死猪与病死猪收购、宰杀、加工、运输、销售的犯罪活动。

(三) 必须努力落实地方政府负总责的要求

地方政府应该从实际出发,推广猪肉可追溯体系建设,尤其是要在正在推进的食品监管体制中,有机整合畜牧兽医与检疫、商务、工商、卫生、食品监督、城管、保险等多个部门的资源,实实在在地加强基层监管力量,努力确保执法的重心下移,努力杜绝基层"疲于应付",监管"有量无质",并以"零容忍"的态度,彻底解决执法人员不作为、乱作为的行为。

(四) 必须形成社会共治的格局

由于养殖户病死猪负面处理行为十分隐蔽,且病死猪屠宰加工点往往设立在较为偏远的地区,可逐步推广实施村委会自治监管与养殖户自律参与病死猪处理行为监管的治理方式,并加大奖励举报的力度,通过大众的力量构建天罗地网,形成强大的举报力量,通过严厉依法处置犯罪案件,从根本上遏制病死猪流入市场。

上述四个方面的对策,说起来较为容易,但实际操作非常困难。事实上,可以总结的思考是,要杜绝病死猪流入市场内在地取决于生猪养殖户对政府政策与相关法律法规与生猪疫情及防疫的认知,以及环境保护意识的水平。而提高生猪养殖户的认知与意识将是一个长期的过程。与此同时,还取决于政府病死猪无害化处理的补贴政策、监管力度和处罚力度,努力解决政府政策与生猪养殖户间最后"一公里"现象。然而,杜绝病死猪流入市场在农村基层政府的工作全局中难以放在重要的议事日程,而且在目前的国情下,农村基层政府的执行力也是一个问题,更严重的问题是,农村基层政府有限的监管力量相对于无限的监管对象,实施监管的难度相当的大。这就是食用农产品安全事件为什么屡禁不止的真正原因。

九、食品安全风险与社会共治

猪肉市场安全的源头在养殖户,必须用最严谨的标准、最严格的监管、最严厉的处罚、最严肃的问责管控病死猪流入市场,以确保广大人民群众"舌尖上的安全"。因此,建立健全病死猪无害化处理长效机制,应成为相关地区农村基层组织的重要任务。但是,进一步分析,扩大到整个食品安全风险治理层面,不仅是食源性疾病严重威胁人们的身体健康,而且食品安全事件特别是造假屡禁不止,给人们的身体与心理健康带来了巨大影响。目前我国食品安全所面临的风险与所处的经济与社会发展阶段有着密切的关系。食品生产与加工过程中"无污染"既不科学,也不客观。用作食品原料的农产品从一开始就很难"零污染",生产加工不可能全部在真空环境中完成。现代食品工业不仅是农业的延伸,而且在"从田间到餐桌"完整的食品产业链中占据了主导地位,已从单纯富余农产品生产加工发展成市场营销、工厂加工制造、基地化原料有机结合、环环相扣的系统,客观要求以大型化、现代化、集约化为基本生产经营方式。但食品产业链很长,种植、养殖、加工、初加工、深加工、运输、储存,直到销售、餐饮有很长的环节,这就导致食品安全薄弱环节多、食品企业数量多,但产业集中度较低、工业化程度低、科技自主创新能力低。因此,现代食品供应链体系的高要求与我国现实的以"一长两多三低"为基本特征的低层次之间的矛盾客观存在。客观上管理不善的非故意因素难以避免,并与追求经济利益的故意性因素交织共振,必然导致食品安全造假事件频繁发生。

更深层次地分析,现阶段我国食品安全事件尤其是造假事件为何屡禁不止,更深层次的原因还取决于食品安全风险的国家治理体系。食品事件尤其是造假事件屡禁不止,虽然这是一个非常难以回答的问题,但实际上,政府、生产者(企业、农户等)、社会、消费者都有不可推卸的责任。在我国社会管理向社会治理的不断转型中,食品安全的监管模式并没有发生根本性变化,仍然实施以政府为主导的单一风险防控模式,没有有效地发挥市场作用,优质食品难以在市场上实现优价。社会组织也没有成为食品安全风险治理力量的有效增量。长期以来,法律地位不明确,资金不足,发育不良,在经历痛苦与失败后,社会组织自愿"堕落"。而由于消费者食品安全科学素养的缺失而产生的市场需求,为掺假造假的食品提供了市场空间,消费者也有不可推卸的责任。因此,必须借鉴国际经验、总结国内实践,把握世界食品安全治理发展演化的共性规律,从中国的实际出发,正确处理政府、市场、企业与社会等方面的关系,构建具有中国特色的"食品安全风险国家治理体系",实施真正意义上的社会共治,才能够从根本上防范食品安全风险。总之,能否圆满地回答习近平总书记指出的"能不能在食品安全上给老百姓一个满意的交代,是对我们执政能力的重大考验"的提问,内在地取决于食品安全风险社会共治体系形成与治理能力能否逐步实现现代化。本《报告》的第十七章将重点研究食品安全风险社会共治的理论分析框架。

第十七章　食品安全风险社会共治
的理论分析框架

本《报告》第十六章的研究指出,必须借鉴国际经验、总结国内实践,把握世界食品安全治理发展演化的共性规律,从中国的实际出发,正确处理政府、市场、企业与社会等方面的关系,构建具有中国特色的"食品安全风险国家治理体系",实施真正意义上的社会共治,才能够从根本上防范食品安全风险。然而,食品安全风险社会共治在我国是一个全新的概念,国内在此方面的实践刚刚起步,在理论层面上的研究更是空白。近年来,国内学者虽然发表了一定数量的研究文献,但就基于社会共治的本质内涵来考量,目前在此领域的研究存在明显的缺失,不仅研究的水平与国外具有相当的差距,而且更由于国内实践的不足,难以真正认识社会共治。如何在借鉴西方理论研究成果的基础上,根据中国的国情,全面总结研究食品安全风险社会共治实践中的"中央自上而下推进,基层自下而上推动,相关地方与部门连接上下促进"的共性经验,提出具有中国特色的食品安全风险社会共治的理论分析框架,并以指导实践,在实践中升华理论。这是时代向学者们提出的重大而紧迫的任务。本章的研究主要尝试提出食品安全风险社会共治的理论分析框架。

一、基于全球视角的食品安全风险社会共治的产生背景

从经济学的视角来考量,食品信息不对称是食品安全问题产生的根源,同时也是政府在食品安全治理领域进行行政干预的根本原因[①]。因此,大多数发达国家的食品安全规制集中在利用强制性标准规范食品的生产方式或安全水平上。但1996年爆发的源自于英国且引起全世界恐慌的疯牛病(Bovine Spongiform Enceohalopathy, BSE)与其他后续发生的一系列恶性食品安全事件,严重打击了公众

---

① J. M. Antle, "Effcient Food Safety Regulation in the Food Manufacturing Sector", *American Journal of Agricultural Economics*, Vol. 78, 1996, pp. 1242-1247.

对政府食品安全治理能力的信心①②。政府亟须寻找新的、更有效的食品安全治理方法以应对公众的期盼和媒体舆论的压力③。因此,从 20 世纪末期开始,发达国家的政府开始对食品安全规制的治理结构等进行改革④⑤⑥。作为一种更透明、更有效地团结社会力量参与的治理方式,食品安全风险社会共治(Food Safety Risk Co-goverance,FSRC)应运而生并不断发展⑦⑧⑨。

国际上大量的社会实践业已证明,在公共治理领域将部分公共治理功能外包可以有效地避免政府财政预算紧张和治理资源有限的问题⑩⑪。在食品生产技术快速发展、供应链日趋国际化的背景下,企业、行业协会等非政府力量在食品生产技术与管理等方面具有的独一无二的优势⑫,可以成为政府食品安全治理力量的有效补充,在保障食品安全上发挥重要作用⑬。与传统的治理方式相比较,社会共治能以更低的成本、更有效的资源配置方式保障食品安全⑭。食品安全风险的社

① M. Cantley, "How Should Public Policy Respond to the Challenges of Modern Biotechnology", *Current Opinion in Biotechnology*, Vol. 15, No. 3, 2004, pp. 258-263.

② B. Halkier, L. Holm, "Shifting Responsibilities for Food Safety in Europe: An Introduction", *Appetite*, Vol. 47, No. 2, 2006, pp. 127-133.

③ L. Caduff, T. Bernauer, "Managing Risk and Regulation in European Food Safety Governance", *Review of Policy Research*, Vol. 23, No. 1, 2006, pp. 153-168.

④ S. Henson and J. Caswell, "Food Safety Regulation: An Overview of Contemporaryissues", *Food Policy*, Vol. 24, No. 6, 1999, pp. 589-603.

⑤ S. Henson, N. Hooker, "Private Sector Management of Food Safety: Public Regulation and the Role of Private Controls", *International Food and Agribusiness management Review*, Vol. 4, No. 1, 2001, pp. 7-17.

⑥ J. M. Codron, M. Fares, E. Rouvière, "From Public to Private Safety Regulation? The Case of Negotiated Agreements in the French Fresh Produce Import Industry", *International Journal of Agricultural Resources Governance and Ecology*, Vol. 6, No. 3, 2007, pp. 415-427.

⑦ C. Ansell, D. Vogel, *The Contested Governance of European Food Safety Regulation. In what's the Beef: The Contested Governance of European Food Safety Regulation*, Cambridge, Mass: Mit Press, 2006.

⑧ A. Flynn, L. Carson, R. Lee, et al., *The Food Standards Agency: Making A Difference*, Cardiff: The Centre For Business Relationships, Accountability, Sustainability And Society (Brass), Cardiff University, 2004.

⑨ E. Vos, "EU Food Safety Regulation in the Aftermath of the BES Crisis", *Journal of Consumer Policy*, Vol. 23, No. 3, 2000, pp. 227-255.

⑩ D. Osborne, T. Gaebler, *Reinventing Government: How the Entrepreneurial Spirit is Transforming the Public Sector*, Reading, Ma: Addison-Wesley, 1992.

⑪ C. Scott, "Analysing Regulatory Space: Fragmented Resources and Institutional Design", *Public Law Summer*, Vol. 1, 2001, pp. 229-352.

⑫ Gunningham, Sinclair, *Discussing the "Assumption that Industry Knows Best how to Abate its Own Environmental Problems"*, Supra Note 17, 2007.

⑬ S. Henson, J. Humphrey, *The Impacts of Private Food Safety Standards on the Food Chain and on Public Standard-Setting Processes*, Rome: Joint FAO/WHO Food Standards Programme, Codex Alimentarius Commission, Alinorm 09/32/9d-Part Ii Fao Headquarters.

⑭ G. M. Marian, A. Fearneb, J. A. Caswellc et al., "Co-Regulation as A Possible Model for Food Safety Governance: Opportunities for Public-Private Partnerships", *Food Policy*, Vol. 32, No. 3, 2007, pp. 299-314.

会共治已是大势所趋。然而,在我国,社会共治还是一个新概念。学术界、政府和社会等对食品安全风险社会共治的概念界定、基本内涵、内在逻辑等重大理论问题的研究处于起步阶段,尚没有形成统一的认识。这非常不利于正确认识食品安全风险社会共治的重大意义,并将其应用于治理实践。鉴于此,基于近年来国外文献,本章从食品安全风险社会共治的内涵、运行逻辑、各方主体的边界等若干个视角,全面回顾与梳理食品安全风险社会共治的相关理论问题的演进脉络,并基于中国现实,初步提出食品安全风险社会共治的理论分析框架,旨在为学者们深入展开研究提供借鉴。

二、食品安全风险社会共治的内涵

国际上食品安全风险社会共治概念的提出至今,至少已有十多年的历史了,其内涵随着实践的不断发展而日益丰富。

(一) 社会治理

20 世纪后期,西方福利国家的政府"超级保姆"的角色定位产生出职能扩张、机构臃肿、效率低下的积弊,在环境保护、市场垄断、食品安全等问题的治理上力不从心,引起公众的不满。与此同时,非政府组织和公民群体力量等的崛起可以有效弥补政府和市场在社会事务处理上的缺陷。到 20 世纪末,强调多元的分散主体达成多边互动的合作网络的社会治理理论开始兴起[1],形成了内涵丰富且具有弹性的社会治理概念。

社会共治是社会共同治理的简称。而无论对社会共治还是社会治理而言,治理都是最重要的关键词。目前,基于角度不同,学术界对治理的认识也有所区别。总体来看,学者们对治理概念的认识的差异主要是考虑问题角度与背景的不同所致。

1. 基于治理目标

Mueller 把治理定义为关注制度的内在本质和目标,推动社会整合和认同,强调组织的适用性、延续性及服务性职能,包括掌控战略方向、协调社会经济和文化环境、有效利用资源、防止外部性、以服务顾客为宗旨等内容[2]。Mueller 的定义突出了治理的目标,对治理的参与主体没有较多的阐述。

2. 基于治理主体

全球治理委员会(Commission on Global Governance,CGG)对治理的定义则弥补了 Mueller 的缺陷,强调了治理的主体构成。CGG 认为,治理是各种公共或私人机构

---

[1] Commission on Global Governance, *Our Global Neighbourhood*: *The Report of the Commission on Global Governance*, London: Oxford University Press, 1995.

[2] R. K. Mueller, "Changes in the Wind in Corporate Governance", *Journal of Business Strategy*, Vol. 1, No. 4, 1981, pp. 8-14.

与个人管理其共同事务的诸多方式的总和,是使相互冲突的或不同的利益得以调和并采取联合行动的持续的过程,既包括正式的制度安排也包括非正式制度安排①。

3. 基于治理模式

Bressersh 进一步细化治理的形式、主体和内容,认为治理包括法治、德治、自治、共治,是政府、社会组织、企事业单位、社区以及个人等,通过平等的合作型伙伴关系,依法对社会事务、社会组织和社会生活进行规范和管理,最终实现公共利益最大化的过程②。

在总结各国学者们治理概念与相关理论研究的基础上,Stoker 阐述了治理的内涵,认为治理的内涵应包含五个主要方面,分别是:(1) 治理意味着一系列来自政府但又不限于政府的社会公共机构和行为者;(2) 治理意味着在为社会和经济问题寻求解决方案的过程中存在着界限和责任方面的模糊性;(3) 治理明确肯定了在涉及集体行为的各个社会公共机构之间存在着权力依赖;(4) 治理意味着参与者最终将形成一个自主的网络;(5) 治理意味着办好事情的能力并不仅限于政府的权力,不限于政府的发号施令或运用权威③。

从学者们的研究来看,治理内涵的界定是一个多角度、多层次的论辩过程。总体来说,治理的主体包括政府、社会组织、企事业单位、社区以及社会个人等;治理的目标包括掌控战略方向、协调社会经济和文化环境、协调不同群体的利益冲突、有效利用资源、防止外部性、服务顾客,并最终实现社会利益的最大化;治理的形式包括法治、德治、自治、共治等。值得注意的是,治理中各主体之间是平等的合作型伙伴关系,这与自上而下的纵向的、垂直的、单向的政府管理活动不同。

(二) 社会共治

作为治理众多形式中的一种,社会共治是在社会治理理论的基础上提出的,是对社会治理理论的细化④。目前,学者们主要从如下两个角度来定义社会共治。

1. 治理方式角度

Ayres & Braithwaite 将社会共治定义为政府监管下的社会自治⑤,Gunningham & Rees 认为社会共治是传统政府监管和社会自治的结合⑥,Coglianese & Lazer 认

① Commission on Global Governance, *Our Global Neighbourhood: The Report of the Commission on Global Governance*, London: Oxford University Press, 1995.

② T. A. Bressersh, *The Choice of Policy Instruments in Policy Networks*, Worcester: Edward Elgar, 1998.

③ G. Stoker, "Governance as Theory: Five Propositions", *International Social Science Journal*, Vol. 155, No. 50, 1998, pp. 17-28.

④ T. A. Bressersh, *The Choice of Policy Instruments in Policy Networks*, Worcester: Edward Elgar, 1998.

⑤ I. Ayres, J. Braithwaite, *Responsive Regulation. Transcending the Deregulation Debate*, New York: Oxford University Press, 1992.

⑥ N. Gunningham, J. Rees, "Industry Self Regulation. An Institutional Perspective", *Law and Policy*, Vol. 19, No. 4, 1997, pp. 363-414.

为社会共治是以政府监管为基础的社会自治①,而 Fairman & Yapp 则认为社会共治是有外界力量(政府)监管的社会自治②。可见,尽管表述有所不同,但学者们对社会共治定义趋于一致。归纳起来,就是认为社会共治是将传统的政府监管与无政府监管的社会自治相结合的第三条道路。在此基础上,Sinclair 认为,因政府监管与社会自治的结合程度具有多样性,所以社会共治的形式也必将千差万别③。

2. 治理主体的角度

20 世纪 90 年代初,荷兰政府认为在法律的准备阶段和框架制定阶段,政府与包括公民、社会组织在内的社会力量之间的协调合作对提高立法质量非常重要。因此,在出台的旨在提高立法质量的 Zicht op wetgeving 白皮书中明确提出了辅助性原则④。这是社会共治在政府文件中的早期形式。2000 年,英国政府在《通信法案 2003》(Communications Act 2003)中明确纳入了社会共治的内容,并将其看作社会各方积极参与以确保达成一个有效的、可接受的方案的过程⑤。这实际上就是把社会共治视作社会治理中政府机构和企业之间合作的一种模式⑥。在这种合作模式中,治理的责任由政府和企业共同承担的⑦。Eijlander 从法律的角度进一步完善了社会共治的定义,认为社会共治是在治理过程中政府和非政府力量之间协调合作来解决特定问题的混合方法。这种协调合作可能产生各种各样的治理结果,如协议、公约,甚至是法律⑧。Rouvière & Caswell 则进一步完善了社会共治的参与主体,认为社会共治就是企业、消费者、选民、非政府组织和其他利益相关者共同制定法律或治理规则的过程⑨。

与此同时,学者们进一步将社会共治的概念扩展到食品安全领域。Fearne &

---

① C. Coglianese, D. Lazer, "Management-Based Regulation: Prescribing Private Management to Achieve Public Goals", *Law & Society Review*, Vol. 37, 2003, pp. 691-730.

② R. Fairman, C. Yapp, "Enforced Self-Regulation, Prescription, and Conceptions of Compliance within Small Businesses: The Impact of Enforcement", *Law & Policy*, Vol. 27, No. 4, 2005, pp. 491-519.

③ D. Sinclair, "Self-Regulation Versus Command and Control? Beyond False Dichotomies", *Law & Policy*, Vol. 19, No. 4, 1997, pp. 527-559.

④ 参见 Kamerstukken Ii, 1990/1991, 22 008, Nos. 1-2.

⑤ Department for Trade and Industry and Department for Culture, Media and Sport, *A New Future for Telecommunications*, London: The Stationery Office Cm 5010, 2000.

⑥ I. Bartle, P. Vass, *Self-Regulation and the Regulatory State: A Survey of Policy and Practices*, Research Report, University Of Bath, 2005.

⑦ Organisation for Economic Cooperation and Development (OECD), *Regulatory Policies in OECD Countries, from Interventionism to Regulatory Governance*, Report OECD, 2002.

⑧ P. Eijlander, "Possibilities and Constraints in the Use of Self-Regulation and Coregulation in Legislative Policy: Experience in the Netherlands-Lessons to be Learned for the EU", *Electronic Journal of Comparative Law*, Vol. 9, No. 1, 2005, pp. 1-8.

⑨ E. Rouvière, J. A. Caswell, "From Punishment to Prevention: A French Case Study of the Introduction of Co-Regulation in Enforcing Food Safety", *Food Policy*, Vol. 37, No. 3, 2012, pp. 246-25.

Martinez 将食品安全风险社会共治定义为在确保食品供应链中所有的相关方(从生产者到消费者)都能从治理效率的提高中获益的前提下,政府和企业一起合作构建有效的食品系统,以保障最优的食品安全并确保消费者免受食源性疾病等风险的伤害①。Marian 等认为食品安全风险社会共治是指政府部门和社会力量在食品安全的标准制定、进程实现、标准执行、实时监测等四个阶段中展开合作,以较低的治理成本提供更安全的食品②。

(三) 法案中社会共治的补充条款

1. 补充条款的提出

基于社会共治的丰富实践,虽然学者们或一些国家的政府从多个方面阐述了社会共治的概念与定义,但仍然难以涵盖其全部内涵。为此,欧盟的相关法案在定义社会共治的同时,增加了补充条款作为对社会共治定义的重要补充。2001年,欧盟的"更好的规制"(Better Regulation)将社会共治的概念应用到整个欧盟层面,指出社会共治是政府和社会共同参与的、用来解决特定问题的混合方法,其实施有两个附加条件:(1) 在法律框架下确定参与主体的基本权利和义务,并通过后续立法和自治工作来补充相关信息;(2) 在参与共治的过程中,要保证社会力量做出的承诺具有约束力③。

2. 补充条款的拓展

2002 年,欧盟的《简化和改善监管环境法案》(Simplifying and Improving the Regulatory Environment)法案进一步扩展了社会共治的补充条款:(1) 社会共治可以作为立法工作的基础框架;(2) 社会共治的工作机制必须代表整个社会的利益;(3) 社会共治的实施范围必须由法律确定;(4) 社会共治框架下的相关利益方(企业、社会工作者、非政府组织、有组织的团体) 的行为必须受法律的约束;(5) 如果某一领域的社会共治失败,保留恢复传统治理方式的权利;(6) 社会共治必须保证透明性原则,各主体之间达成的协定和措施必须向社会公布;(7) 参与的主体必须具有代表性,并且组织有序、能承担相应的责任④。

2003 年,欧盟的《加强立法的跨机构协议》(The Inter-institutional Agreement on Better Law-Making) 第 18 条款将社会共治定义为在法律的框架下,社会中的相关利益团体(如企业、社会参与者、非政府组织或团体)与政府共同完成特定目标的

---

① A. Fearne, M. G. Martinez, "Opportunities for the Coregulation of Food Safety: Insights from the United Kingdom", *Choices: The Magazine of Food, Farm and Resource Issues*, Vol. 20, No. 2, 2005, pp. 109-116.

② G. M. Marian, F. Andrew, A. C. Julie, H. Spencer, "Co-Regulation as A Possible Model for Food Safety Governance: Opportunities for Public-Private Partnerships", *Food Policy*, Vol. 32, No. 3, 2007, pp. 299-314.

③ 参见 White Paper On European Governance, Work Area No. 2, Handling The Process Of Producing And Implementing Community Rules, Group 2c, May 2001.

④ 参见 Com(2002) 278 Final.

机制。该协议的第 17 条款补充认为：(1) 社会共治必须在法律的框架下实行；(2) 满足透明性原则(尤其是协议的公开)；(3) 相关的参与主体要有代表性；(4) 必须能为公众的利益带来附加价值；(5) 社会共治不能以破坏公民的基本权利或政治选择为前提；(6) 保证治理的迅速和灵活，但社会共治不能影响内部市场的竞争和统一①。

(四) 食品安全风险社会共治内涵的标识

综合国际学界对社会治理、社会共治、食品安全风险社会共治的定义与法案中社会共治的补充条款的论述，以及发达国家的具体实践，本《报告》的研究认为，食品安全风险社会共治是指在平衡政府、企业和社会(社会组织、个人)等各方主体利益与责任的前提下，各方主体在法律的框架下平等地参与标准制定、进程实现、标准执行、实时监测等阶段的食品安全风险的协调管理，运用政府监管、市场激励、社会监督等手段，以较低的治理成本和公开、透明、灵活的方式来保障最优的食品安全水平，实现社会利益的最大化。国际上对食品安全风险社会共治的内涵界定可用图 17-1 来直观体现。政府、企业、社会等主要参与主体在食品安全风险社会共治中的作用等，将在本章后续的研究中作进一步的阐述。

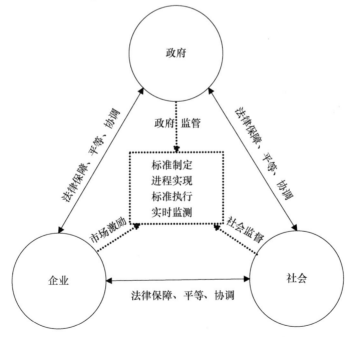

图 17-1　食品安全风险社会共治内涵框架示意图

---

① 参见 Oj 2003, C 321/01.

三、食品安全风险社会共治的运行逻辑

20世纪90年代以来,公共治理理论发展迅速,并成为社会科学来源的研究热点。与传统社会管理理论相比较,公共治理理论成功地突破了传统的政府和市场两分法的简单思维界限,认为"政府失灵"和"市场失灵"已客观存在,甚至在某些领域同时存在政府和市场均失灵的问题,必须引入第三部门(The Third Sector,又称"第三只手")参与公共事务的治理,且主张政府、市场与第三部门应处于平等的地位,并通过形成协调有效的网络,才能更有效地分配社会利益,确保社会福利的最大化。基于公共治理的理论,食品安全具有效用的不可分割性,消费的非竞争性和收益的非排他性,因此,食品安全具有公共物品属性[1][2],一旦食品发生质量安全事件,将给公众带来身体健康的损害,也对食品产业的健康发展带来重大影响,甚至给社会与政治稳定造成巨大的威胁,故食品安全风险属于社会公共危机[3][4],因而防范食品安全风险,确保食品安全是政府的责任。但是食品也是普通商品,应该依靠市场的力量,运用市场机制来解决全社会的食品生产与供应。然而,由于食品具有搜寻品(Search Goods)、经验品(Experience Goods)、信任品(Credence Goods)等多种属性,而其中的信任品属性是购买一段时间后甚至永远都不能被消费者发现的,如蔬菜中的农药残留、火锅中的用油等,但生产者对此却往往比较清楚[5]。生产者和消费者之间的食品安全信息的不对称导致"市场失灵"[6],因此需要政府监管介入以有效解决"市场失灵"。传统的食品安全风险治理的理论与实践主要以"改善政府监管"为基本范式,从食品安全风险治理制度的变迁过程来看,西方发达国家一开始也主要采取政府监管为主导的模式。然而,随着经济社会的不断发展,西方发达国家逐渐认识到,单一的政府监管为主导的模式也存在

---

① M. Edwards, "Participatory Governance into the Future: Roles of the Government and Community Sectors", *Australian Journal of Public Administration*, Vol. 60, No. 3, 2001, pp. 78-88.

② Skelcher, Mathur, *Governance Arrangements And Public Sectorperformance: Reviewing and Reformulating the Research Agenda*, 2004, pp. 23-24.

③ H. Christian, J. Klaus, V. Axel, "Better Regulation by New Governance Hybrids? Governance Styles and the Reform of European Chemicals Policy", *Journal of Cleaner Production*, Vol. 15, No. 18, 2007, pp. 1859-1874.

④ W. Krueathep, "Collaborative Network Activities of Thai Subnational Governments: Current Practices and Future Challenges", *International Public Management Review*, Vol. 9, No. 2, 2008, pp. 251-276.

⑤ J. Tirole, *The Theory of Industrial Organization*, The Mit Press, 1988.

⑥ J. M. Antle, "Efficient Food Safety Regulation in the Food Manufacturing Sector", *American Journal of Agricultural Economics*, Vol. 78, No. 5, 1996, pp. 1242-1247.

"政府失灵"现象①。由于食品安全问题具有复杂性、多样性、技术性和社会性,单纯依靠政府部门无法完全应对食品安全风险治理。所以,食品安全风险治理必须引进消费者、非政府组织等社会力量的参与,引导全社会共同治理②③。

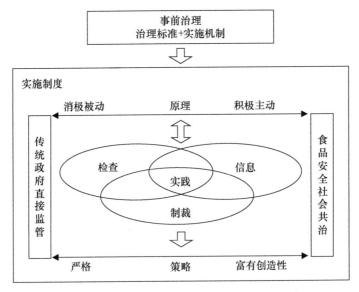

图 17-2　食品安全风险社会共治实施机制的分析框架

资料来源:Rouvière and Caswell(2012)。

作为一种新的监管方式,食品安全风险社会共治的出现彻底改变了人们对食品风险事后治理方式的认识,弥补了传统政府监管模式的缺陷④。Rouvière & Caswell⑤根据 May & Burby⑥ 的研究成果,构建了如图 17-2 所示的食品安全风险社会共治实施机制的分析框架(A framework for Analyzing Co-regulation in Enforcement

①　A. W. Burton, L. A. Ralph, E. B. Robert, et al. , "Thomas, Disease and Economic Development: The Impact of Parasitic Diseases in St. Luci", *International Journal of Social Economics*, Vol. 1, No. 1, 1974, pp. 111-117.

②　J. L. Cohen, A. Arato, *Civil Society and Political Theory*, Cambridge, Ma: Mit Press, 1992.

③　A. Mutshewa, "The Use of Information by Environmental Planners: A Qualitative Study Using Grounded Theory Methodology", *Information Processing and Management: An International Journal*, Vol. 46, No. 2, 2010, pp. 212-232.

④　J. Black, "Decentring Regulation: Understanding the Role of Regulation and Self Regulation in A 'Post-Regulatory' World", *Current Legal Problems*, Vol. 54, 2001, pp. 103-147.

⑤　E. Rouvière, J. A. Caswell, "From Punishment to Prevention: A French Case Study of the Introduction of Co-Regulation in Enforcing Food Safety", *Food Policy*, Vol. 37, No. 3, 2012, pp. 246-275.

⑥　P. May, R. Burby, "Making Sense out of Regulatory Enforcement", *Law and Policy*, Vol. 20, No. 2, 1998, pp. 157-182.

Regimes）。无论是从治理原理还是从治理策略的角度，食品安全风险社会共治的方法更具积极性、主动性和创造性。例如，传统政府直接监管的方式主要是通过随机的检查发现违规的食品企业，然后对其进行严厉的处罚。而食品安全风险社会共治则是将各种力量聚合起来，通过教育、培训等一系列手段预防食品企业违法，并通过有目的性的检查和市场激励促使企业遵法守法。因此，社会共治使更多的参与主体加入到食品安全治理的过程中，提高了治理方式的灵活性，增加了政策的适用程度，节省了公共成本①②。

学者们根据国际上尤其是发达国家食品安全风险社会共治的实践，从理论上凝练了如图 17-2 的食品安全风险社会共治的实施机制或运行逻辑框架。实践证明，在发达国家食品安全风险的社会共治对食品安全风险治理产生了显著的变化。基于文献可以将这些显著的变化归纳为三个层面。

（一）治理力量实现了新组合且实现了质变式的倍增

与有限的政府治理资源相比，食品安全风险社会共治能够吸纳企业、社会组织和个人等非政府力量的加入。这极大地扩展了治理的主体，丰富了治理的力量③。社会力量在提供更高质量、更安全食品方面发挥着重要作用，其所采用和实施的治理方法都是对政府治理行为的补充④。食品的行业组织和食品生产厂商通常对食品的质量更了解，而政府能够产生以信誉为基础的激励来监控食品质量，则政府治理和企业、社会治理之间具有很强的互补性⑤。因此，社会共治能够结合各治理主体的力量，充分发挥其各自的优势⑥，其效用比传统的治理方法都要强⑦⑧。如在欧盟食品卫生法案的框架下，政府、企业、社会组织、公民等积极参与

① I. Ayres, J. Braithwaite, *Responsive Regulation: Transcending the Deregulation Debate*, New York, Ny: Oxford University Press, 1992.

② C. Coglianese, D. Lazer, "Management-Based Regulation: Prescribing Private Management to Achieve Public Goals", *Law and Society Review*, Vol. 37, No. 4, 2003, pp. 691-730.

③ G. M. Marian, F. Andrew, A. C. Julie, et al., "Co-Regulation as A Possible Model for Food Safety Governance: Opportunities for Public-Private Partnerships", *Food Policy*, Vol. 32, No. 3, 2007, pp. 299-314.

④ E. Rouvière, J. A. Caswell, "From Punishment to Prevention: A French Case Study of the Introduction of Co-Regulation in Enforcing Food Safety", *Food Policy*; Vol. 37, No. 3, 2012, pp. 246-25.

⑤ J. Nuñez, "A Model of Selfregulation", *Economics Letters*, Vol. 74, No. 1, 2001, pp. 91-97.

⑥ Commission of the European Communities, *European Governance*, *A White Paper*, Com (2001) 428, http://Eur-Lex. Europa. Eu/Lexuriserv/Site/En/Com/2001/Com2001_0428en01. Pdf, 2001-04-28.

⑦ S. Henson, J. Caswell, "Food Safety Regulation: An Overview of Contemporary Issues", *Food Policy*, Vol. 24, No. 6, 1999, pp. 589-603.

⑧ P. Eijlander, Possibilities, "Constraints in the Use of Self-Regulation and Co-Regulation in Legislative Policy. Experiences in the Netherlands-Lessons to be Learned for the EU", *Electronic Journal of Comparative Law*, Vol. 9, No. 1, 2005, pp. 1-8.

食品安全的治理,已经在保障食品安全方面发挥了重要作用①。

(二) 法律标准的严谨性与可操作性实现新提高

食品安全风险社会共治能够提高法律标准的严谨性与可操作性。一方面,对食品质量安全专业知识的了解是制定优秀法律的基础②。企业、行业组织等非政府力量在这方面具有独特优势,将其纳入食品安全法律标准的制定中有助于使制定的法律标准更加严谨③。另一方面,政府也会将企业或行业组织等制定的非政府的标准直接升格为整个国家的法律标准④。由于这些标准是以食品行业专业知识为基础的,因此就能相对完美地适用于食品工业,被认为是最充分和最有效的⑤⑥。而且,因为食品企业自身参与到法律标准的制定中,因而食品企业对新的法律标准有归属感和拥有感⑦,也更容易理解和遵守⑧。也就是说,由食品企业参与制定的法律标准更容易被企业遵守⑨。在欧盟,食品安全法律标准已经实现了政府标准与行业标准、企业标准等标准间的融合⑩⑪。法国于 2006 年 1 月 1 日生效的 Hygiene Package 法案便是这种模式,在保障食品从"农田到餐桌"安全方面具有的良好表现,成为保证产品质量、指导实践的典范⑫。

(三) 治理效率与治理成本实现了新变化

食品安全风险社会共治能够减轻政府和企业的食品安全治理的负担,提高治

① Commission of the European Communities, *Report from the Commission to the Council and the European Parliament on the Experience Gained from the Application of the Hygiene Regulations (Ec) No 852/2004, (Ec) No 853/2004 and (Ec) No 854/2004 of the European Parliament and of the Council of 29 April 2004*, Sec(2009) 1079, Brussels, 2009.

② D. Sinclair, "Self-Regulation Versus Command and Control? Beyond False Dichotomies", *Law and Policy*, Vol. 19, No. 4, 1997, pp. 529-559.

③ Gunningham, Sinclair, *Discussing the "Assumption that Industry Knows Best how to Abate its Own Environmental Problems"*, Supra Note 17, 2007.

④ A. Fearne, M. G. Martinez, "Opportunities for the Coregulation of Food Safety: Insights from the United Kingdom, Choices: The Magazine of Food", *Farm and Resource Issues*, Vol. 20, No. 2, 2005, pp. 109-116.

⑤ D. Kerwer, "Rules that Many Use: Standards and Global Regulation", *Governance*, Vol. 18, No. 4, 2005, pp. 611-632.

⑥ D. Demortain, "Standardising through Concepts, the Power of Scientific Experts in International Standard-Setting", *Science and Public Policy*, Vol. 35, No. 6, 2008, pp. 391-402.

⑦ Freeman, *Collaborative Governance*, Supra Note 17, 2013.

⑧ R. Baldwin, M. Cave, *Understanding Regulation: Theory, Strategy, and Practice*, Oxford: Oxford University Press, 1999.

⑨ Commission of the European Communities, European Governance' (White Paper) Com (2001) 428, 2001-07-25.

⑩ C. K. Ansell, D. Vogel, *What's the Beef? The Contested Governance of European Food Safety*, Cambridge, Ma: Mit Press, 2006.

⑪ Marsden, T. R. Lee, A. Flynn, *The New Regulation and Governance of Food. Beyond the Food Crisis*, New York and London: Routledge, 2010.

⑫ N. Brunsson, B. Jacobsson, *A World of Standards*, Oxford: Oxford University Press, 2000.

理效率,节约治理成本。多主体的加入有助于制定出符合企业或行业实际情况的决策,因而使得治理决策更具可操作性,并减轻了各方的负担①。与此同时,食品安全风险社会共治能区分高风险企业和低风险企业,使政府能够集中力量有针对性地展开检查。高风险企业由此压力增加,而遵守法律的企业的负担将会减轻②。在英国,政府对参与农场保险体系的农场的平均检测率为2%,而对非体系成员的农场的平均检测率为25%。这可以使参与保险体系的农场每年减少57.1万英镑的成本,同时会使当地的政府机构减少200万英镑的费用③。

可见,与传统的政府监管模式相比,食品安全风险社会共治的运行更加灵活、高效。在食品安全风险社会共治的运行逻辑下,食品安全治理的模式实现了从传统型的惩罚导向向现代化的预防导向的转变④。

四、政府与食品安全风险社会共治

传统的食品安全风险治理的理论研究以"改善政府监管"为主流范式,解决办法是强调严惩重典。20世纪90年代,在恶性食品安全事件频发所引致的民众压力下,西方发达国家政府基于"严惩、重典"的思路,加强了对食品安全的监管力度,主要措施包括事前的法规制定和事后的直接干预⑤。然而,食品安全风险治理集复杂性、多样性、技术性和社会性交织于一体,千头万绪。在治理实践中,西方发达国家政府逐渐认识到,单纯依靠行政部门应对食品安全风险治理存在很多问题。如,Cragg⑥的研究发现,单纯政府监管在保障消费者食品安全要求的同时,也可能会破坏市场机制的正常运行;Colin等⑦的研究认为,政府监管机构在组织和形式上的碎片化,导致其治理能力被显著耗散和弱化,甚至会发生政府寻租、设租的行为,出现行政腐化。

尽管在传统食品安全风险治理中政府自身也存在诸多问题,甚至由于组织形

---

① M. M. Garcia, P. Verbruggen, A. Fearne, "Risk-Based Approaches to Food Safety Regulation: What Role For Co-Regulation", *Journal of Risk Research*, Vol. 16, No. 9, 2013, pp. 1101-1121.

② P. Hampton, *Reducing Administrative Burdens: Effective Inspection and Enforcement*, London: HM Treasury, 2005.

③ Food Standards Agency, *Safe Food and Healthy Eating for All*, Annual Report 2007/08, London: The Food Standards Agency, 2008. .

④ E. Rouvière, J. A. Caswell, "From Punishment to Prevention: A French Case Study of the Introduction of Co-Regulation in Enforcing Food Safety", *Food Policy*, Vol. 37, No. 3, 2012, pp. 246-25.

⑤ S. Henson, J. Caswell, "Food Safety Regulation: An Overview of Contemporary Issues", *Food Policy*, Vol. 24, No. 6, 1999, pp. 589-603.

⑥ R. D. Cragg, *Food Scares and Food Safety Regulation: Qualitative Research on Current Public Perceptions* (*Report Prepared For Coi and Food Standards Agency*), London: Cragg Ross Dawson Qualitative Research, 2005.

⑦ M. Colin, K. Adam, L. Kelley, et al., "Framing Global Health: The Governance Challenge", *Global Public Health*, Vol. 7, No. 2, 2012, pp. 83-94.

式上的碎片化产生负面影响,但在新的食品安全风险社会共治框架中,政府仍然
具有不可取代的作用①。实际上,对政府而言,明确其在食品安全风险社会共治中
的职能定位和治理边界至关重要。David 等提出政府的职能是掌舵而不是划桨,
是授权而不是服务②。Janet & Robert 则主张政府的职责是服务,而不是掌舵,政府
要尽量满足公民个性化的需求,而不是替民做主③。具体到食品安全问题,Better
Regulation Task Force 的研究认为,对于任意给定的食品安全问题,政府的干预水
平可以从什么都不做、让市场自己找到解决办法,到直接管制④。Garcia 等根据政
府在食品安全治理中的介入程度,进一步将政府治理划分为无政府干预、企业自
治、社会共治、信息与教育、市场激励机制、政府直接命令和管控等六个阶段⑤,如
表 17-2 所示。社会共治作为其中的第三阶段,政府在其中的功能与作用是具体而
明确的。

表 17-1　政府在食品安全治理中的介入程度

阶段	介入程度	具体描述
阶段一	无政府干预	不作为
阶段二	企业自治	自愿的行为规范 农场管理体系 企业的质量管理体系
阶段三	社会共治	依法管理 依靠政府的政策和管理措施治理
阶段四	信息与教育	向社会发布食品安全监管相关信息 对消费者提供信息和指导 对违规企业实名公示
阶段五	市场激励机制	奖励安全生产的企业 为食品安全投资创造市场激励
阶段六	政府直接命令和管控	直接规制 执法与检测 对违规企业制裁与惩罚

资料来源:Garcia et al(2007)。

---

① B. M. Hutter, *The Role of Non State Actors in Regulation*, London: The Centre for Analysis of Risk and Regulation (Carr), London School Of Economics And Political Science, 2006.

② O. David, G. Ted, *Reinventing Government*, Penguin, 1993.

③ V. D. Janet, B. D. Robert, *The New Public Service: Serving, Not Steering*, M. E. Sharpe, 2002.

④ Better Regulation Task Force, *Imaginative Thinking For Better Regulation*, Http://www. brtf. gov. uk/docs/pdf/imaginativeregulation. pdf, 2003.

⑤ G. M. Marian, F. Andrew, A. C. Julie, et al., "Co-Regulation as A Possible Model for Food Safety Governance: Opportunities for Public-Private Partnerships", *Food Policy*, Vol. 32, No. 3, 2007, pp. 299-314.

进一步分析,政府在食品安全社会共治中的基本功能是:

(一) 构建保障市场与社会秩序的制度环境

在食品安全风险社会共治的框架下,作为引导者,政府最重要的责任是构建保障市场与社会秩序的制度环境[①]。政府有责任对企业的生产过程进行监管,确保企业按照法律标准生产食品[②]。同时,政府有责任建立有效的惩罚机制,在法律的框架下对违规企业进行处罚,这有利于建立消费者对食品安全治理的信心[③]。然而,如何确定政府监管和惩罚的程度,既可以促使企业自愿实施类似于危害分析和关键控制点(Hazard Analysis and Critical Control Point,HACCP)的质量保证系统,又不损害企业的生产积极性和自主生产行为决策的灵活性,是对政府的一大挑战[④]。

(二) 构建紧密、灵活的治理结构

食品安全治理的效果取决于治理结构的水平,分散的、不灵活的治理结构会严重限制治理各方主体有效应对不断变化的食品安全风险的能力[⑤][⑥]。因此,政府需要根据本国的实际情况,运用不同的政策工具组合来构建最优的社会共治结构,实现治理结构的紧密性和灵活性[⑦][⑧]。考虑到食品供应链体系中主体间的诚信缺失会严重影响各个主体间的进一步合作[⑨][⑩],信息交流的制度与法规建设应成为

① A. Hadjigeorgiou, E. S. Soteriades, A. Gikas, "Establishment of A National Food Safety Authority for Cyprus: A Comparative Proposal Based on the European Paradigm", *Food Control*, Vol. 30, No. 2, 2013, pp. 727-736.

② E. Rouvière, J. A. Caswell, "From Punishment to Prevention: A French Case Study of the Introduction of Co-Regulation in Enforcing Food Safety", *Food Policy*, Vol. 37, No. 3, 2012, pp. 246-25.

③ R. D. Cragg, *Food Scares and Food Safety Regulation: Qualitative Research on Current Public Perceptions (Report Prepared For Coi and Food Standards Agency)*, London: Cragg Ross Dawson Qualitative Research, 2005.

④ C. Coglianese, D. Lazer, "Management-Based Regulation: Prescribing Private Management to Achieve Public Goals", *Law and Society Review*, Vol. 37, No. 4, 2003, pp. 691-730.

⑤ L. J. Dyckman, *The Current State of Play: Federal and State Expenditures on Food Safety*, Washington, DC: Resource For The Future, 2005.

⑥ R. A. Merrill, *The Centennial of Us Food Safety Law: A Legal and Administrative History*, Washington, Dc: Resource For The Future Press, 2005.

⑦ B. Dordeck-Jung, M. J. G. O. Vrielink, J. V. Hoof, et al., "Contested Hybridization of Regulation: Failure of the Dutch Regulatory System to Protect Minors from Harmful Media", *Regulation & Governance*, Vol. 4, No. 2, 2010, pp. 154-174.

⑧ F. Saurwein, "Regulatory Choice for Alternative Modes of Regulation: How Context Matters", *Law & Policy*, Vol. 33, No. 3, 2011, 334-366.

⑨ A. Fearne, M. G. Martinez, "Opportunities for the Coregulation of Food Safety: Insights from the United Kingdom, Choices: The Magazine of Food", *Farm and Resource Issues*, Vol. 20, No. 2, 2005, pp. 109-116.

⑩ G. M. Marian, F. Andrew, A. C. Julie, et al., "Co-Regulation as A Possible Model for Food Safety Governance: Opportunities for Public-Private Partnerships", *Food Policy*, Vol. 32, No. 3, 2007, pp. 299-314.

治理结构的重要组成部分,通过信息的公开、交流来解决治理结构中的不信任问题①。

(三) 构建与企业、社会的友好合作的伙伴关系

作为公共治理领域的主要部门,政府应发挥自身优势,不断加强与企业、社会组织、个人等治理主体在食品安全治理领域的友好合作,成为团结企业、社会的重要力量②。在食品安全风险治理的过程中,政府应广泛吸收多方力量的参与,在公民、厂商、社会组织与政府之间构建一种相互信任、合作有序的伙伴关系,以便有效抑制治理主体的部门本位主义,减少部门间的扯皮推诿现象,提高治理政策的有效性和公平性③。同时,为了更好地与企业、社会展开合作,政府应开诚布公地公开自身信息,增进其他主体对自己的信任,构建和谐有序的社会共治环境④。除此之外,为食品企业及时提供信息和教育培训可以改善政府和企业之间的关系⑤⑥。

五、企业与食品安全风险社会共治

企业是食品生产的主体,其生产行为直接或间接决定着食品的质量安全。食品安全风险社会共治要求食品企业承担更多的食品安全责任⑦。然而,企业的最终目的是获取经济收益,食品生产者和经营者会根据生产和销售过程中的成本与收益来决定是否遵守食品安全法规,其行动的范围包括完全遵守到完全不遵守⑧。食品企业还会评估其内部(资源)激励和外部(声誉、处罚)激励的成本与收益,根据预算额度的限制、销售策略和市场结构决定相应的保障措施来达到一定的食品

①　C. Jia, D. Jukes, "The National Food Safety Control System of China-Systematic Review", *Food Control*, Vol. 32, No. 1, 2013, pp. 236-245.

②　P. Eijlander, "Possibilities and Constraints in the Use of Self-Regulation and Co-Regulation in Legislative Policy: Experience in the Netherlands—Lessons to be Learned for the EU", *Electronic Journal of Comparative Law*, Vol. 9, No. 1, 2005, pp. 1-8.

③　D. Hall, "Food with A Visible Face: Traceability and the Public Promotion of Private Governance in the Japanese Food System", *Geoforum*, Vol. 41, No. 5, 2010, pp. 826-835.

④　A. P. J. Mol, "Governing China's Food Quality through Transparency: A Review", *Food Control*, Vol. 43, 2014, pp. 49-56.

⑤　R. Fairman, C. Yapp, "Enforced Self-Regulation, Prescription, and Conceptions of Compliance within Small Businesses: The Impact of Enforcement", *Law & Policy*, Vol. 27, No. 4, 2005, pp. 491-519.

⑥　A. Fearne, M. M. Garcia, M. Bourlakis, *Review of the Economics of Food Safety and Food Standards*, *Document Prepared for the Food Safety Agency*, London: Imperial College London, 2004.

⑦　E. Rouvière, J. A. Caswell, "From Punishment to Prevention: A French Case Study of the Introduction of Co-Regulation in Enforcing Food Safety", *Food Policy*, Vol. 37, No. 3, 2012, pp. 246-25.

⑧　S. Henson, M. Heasman, "Food Safety Regulation and the Firm: Understanding the Compliance Process", *Food Policy*, Vol. 23, No. 1, 1998, pp. 9-23.

安全水平①。因此,要运用市场机制实现企业在食品安全风险社会共治中的主体责任。

(一) 加强企业自律与自我管理

对于企业而言,较高的食品质量不仅可以保证企业免受政府的惩罚,还可以形成良好的声誉并获取收益,加强企业自律与自我管理是保证食品质量的重要环节②。企业的自我管理意味着风险分析与控制。鉴于此,在欧盟和美国的很多食品企业采纳的 HACCP 管理体系是国际上公认度最高的食品安全治理工具之一③。食品质量和销量的激励能促进企业实施 HACCP 管理体系,但食品企业规模会限制企业实施该体系的能力④。由于缺少资金和技术,占食品企业绝大多数的中小企业很难实施类似的管理体系,需要根据企业的实际情况来实现自我管理⑤⑥。

(二) 通过契约机制保障食品质量

西方发达国家的食品企业往往通过纵向契约激励来实现食品产出和交易的质量安全,食品供应链体系中下游厂商的作用尤为明显。为了更好地控制产品质量,食品供应链体系中农户、加工企业、运输企业和零售企业之间的契约激励将会越来越普遍。当出售产品的特征容易被识别时,契约条款会更多地关注财务激励;而当出售产品的特征很难被识别时,契约条款会更加细化具体的投入和行为要求⑦。下游企业可以通过提高检测系统的精度来保障购入食品的质量安全,并在出现食品质量问题后通过契约机制获得上游企业的赔偿。这促使上游企业采取措施保障生产食品的质量安全⑧。所以,食品供应链体系中的参与者能够通过

① R. Loader, J. Hobbs, "Strategic Responses to Food Safety Legislation", *Food Policy*, Vol. 24, No. 6, 1999, pp. 685-706.

② A. Fearne, M. G. Martinez, "Opportunities for the Coregulation of Food Safety: Insights from the United Kingdom, Choices: The Magazine of Food", *Farm and Resource Issues*, Vol. 20, No. 2, 2005, pp. 109-116.

③ S. L. Jones, S. M. Parry, S. J. O'Brien, et al., "Are Staff Management Practices and Inspection Risk Ratings Associated with Foodborne Disease Outbreaks in the Catering Industry in England and Wales", *Journal of Food Protection*, Vol. 71, No. 3, 2008, pp. 550-557.

④ P. K. Dimitrios, L. P. Evangelos, D. K. Panagiotis, "Measuring the Effectiveness of the HACCP Food Safety Management System", *Food Control*, Vol. 33, No. 2, 2013, pp. 505-513.

⑤ R. Fairman, C. Yapp, "Enforced Self-Regulation, Prescription, and Conceptions of Compliance within Small Businesses: The Impact of Enforcement", *Law and Policy*, Vol. 27, No. 4, 2005, pp. 491-519.

⑥ L. M. Fielding, L. Ellis, C. Beveridge, et al., "An Evaluation of HACCP Implementation Status In UK SME's in Food Manufacturing", *International Journal of Environmental Health Research*, Vol. 15, No. 2, 2005, pp. 117-126.

⑦ L. Wu, D. Zhu, *Food Safety in China: A Comprehensive Review*, CRC Press, 2014.

⑧ S. A. Starbird, V. Amanor-Boadu, "Contract Selectivity, Food Safety, and Traceability", *Journal of Agricultural & Food Industrial Organization*, Vol. 5, No. 1, 2007, pp. 1-23.

有效的契约条款控制最终到达消费者手中产品的质量①。

(三) 向消费者传递安全信息

食品企业可以通过标识认证、可追溯系统等工具向消费者传递安全信息,解决食品安全信息不对称问题。标识认证方面,除了国际认证标准和政府认证标准,国外的标识认证还有地方、私有组织或者农场层面的认证体系以及零售企业制定的质量安全标准②。例如,在遵循反托拉斯法(Anti-trust Act)的前提下,欧洲零售商组织(Euro-Retailer Produce Working Group, EUREP)制定了 EUREP GAP (Good Agricultural Practice)标准,包括综合农场保证、综合水产养殖保证、茶叶、花卉和咖啡的技术规范等③。这些技术规范体现在设备标准、生产方式、包装过程、质量管理等诸多方面,有时甚至比相关法律规范更为严格④。可追溯系统方面,企业实施可追溯系统能够提高食品供应链管理效率,使具有安全信任属性的食品差异化,提高食品质量安全水平,降低因食品安全风险而引发的成本,满足消费市场需求,最终获得净收益⑤。

六、社会力量与食品安全风险社会共治

社会力量是食品安全风险社会共治的重要组成部分,是对政府治理、企业自律的有力补充,决定着公共政策的成败⑥⑦⑧。社会力量是指能够参与并作用于社会发展的基本单元。作为相对独立于政府、市场的"第三领域",社会力量主要由

① D. Ajay, R. Handfield, C. Bozarth, *Profiles in Supply Chain Management: An Empirical Examination*, 33rd Annual meeting of the Decision Sciences Institute, 2002.

② J. A. Caswell, E. M. Mojduszka, "Using Information Labeling to Influence the Market for Quality in Food Products", *American Journal of Agricultural Economics*, Vol. 78, No. 5, 1996, pp. 1248-1253.

③ E. Roth, H. Rosenthal, "Fisheries and Aquaculture Industries Involvement to Control Product Health and Quality Safety to Satisfy Consumer-Driven Objectives on Retail Markets in Europe", *Marine Pollution Bulletin*, Vol. 53, No. 10, 2006, pp. 599-605.

④ C. Grazia, A. Hammoudi, "Food Safety Management by Private Actors: Rationale and Impact on Supply Chain Stakeholders", *Rivista Di Studi Sulla Sostenibilita'*, Vol. 2, No. 2, 2012, pp. 111-143.

⑤ L. Wu, H. Wang, D. Zhu, "Analysis of Consumer Demand for Traceable Pork in China Based on a Real Choice Experiment", *China Agricultural Economic Review*, Vol. 7, No. 2, 2015, pp. 303-321.

⑥ E. Bardach, *The Implementation Game: What Happens after A Bill Becomes A Law*, Cambridge, Ma: The Mit, 1978.

⑦ J. L. Pressman, A. Wildavsky, *Implementation: How Great Expectations in Washington are Dashed in Oakland 3rd Edn*, Los Angeles, Ca: University Of California Press, 1984.

⑧ M. Lipsky, *Street-Level Bureaucracy: Dilemmas of the Individual in Public Services*, New York: Russell Sage Foundation, 2010.

公民与各类社会组织等构成①②。社会组织主要包括有成员资格要求的社团、俱乐部、医疗保健组织、教育机构、社会服务机构、倡议性团体、基金会、自助团体等③。作为联系国家—社会与公—私领域的纽带,社会组织有利于产生高度合作、信任以及互惠性行为,降低治理政策的不确定性,是对"政府失灵"和"市场失灵"的积极反应和有力制衡④。一方面,社会组织可以监督政府行为,通过自身力量迫使政府改正不当行为,起到弥补"政府失灵"的作用⑤;另一方面,在市场面临契约失灵困境时,不以营利为目的的社会组织可以有效制约生产者的机会主义,从而补救"市场失灵",以满足公众对社会公共物品的需求⑥。美国、欧盟等西方国家的社会组织常常通过组织化和群体化的示威、抗议、宣传、联合抵制等社会活动进行监管⑦⑧。

个人是其自己行为的最佳法官⑨,因此,每一个社会公民都是食品安全的最佳监管者。社会公民可以通过各种各样的途径随时随地地参与食品安全监管,如公众可以通过网络参与食品安全的治理,网络的便捷性可以让公众轻松地监管食品安全⑩。然而,食品安全科技知识相对不足限制了公众参与食品安全治理的实际水平。提高食品安全系统的透明度和可溯源性能显著增强消费者的监管能力⑪。以转基因食品为例,对转基因食品安全性的担忧促使公民强烈要求根据科技知识和自身偏好进行食品消费决策,并要求政府提供快畅的信息、企业贴示转基因标

---

① S. Maynard-Moody, M. Musheno, *Cops, Teachers, Counsellors: Stories from the Frontlines of Public Services*, Ann Arbor, Mi: University Of Michigan Press, 2003.

② G. Jeannot, "Les Fonctionnaires Travaillent-Ils De Plus En Plus? Un Double Inventaire Des Recherches Sur L'Activité Des Agents Publics", *Revue Française De Science Politique*, Vol. 58, No. 1, 2008, pp. 123-140.

③ M. S. Lester, S. W. Sokolowski, *Global Civil Society: Dimensions of the Nonprofit Sector*, Johns Hopkins Center For Civil Society Studies, 1999.

④ R. D. Putnam, *Making Democracy Work: Civic Traditions in Modern Italy*, Princeton: Princeton University Press, 1993.

⑤ A. P. Bailey, C. Garforth, "An Industry Viewpoint on the Role of Farm Assurance in Delivering Food Safety to the Consumer: The Case of the Dairy Sector of England and Wales", *Food Policy*, Vol. 45, 2014, pp. 14-24.

⑥ J. M. Green, A. K. Draper, E. A. Dowler, "Short Cuts to Safety: Risk and Rules of Thumb in Accounts of Food Choice", *Health, Risk and Society*, Vol. 5, No. 1, 2003, pp. 33-52.

⑦ G. F. Davis, D. Mcadam, W. R. Scott, *Social Movements and Organization Theory*, Cambridge: Cambridge University Press, 2005.

⑧ B. G. King, K. G. Bentele, S. A. Soule, "Protest and Policymaking: Explaining Fluctuation in Congressional Attention to Rights Issues", *Social Forces*, Vol. 86, No. 1, 2007, pp. 137-163.

⑨ A. P. Richard, *Economic Analysis of Law*, Aspen, 2010.

⑩ G. G. Corradof, "Food Safety Issues: From Enlightened Elitism towards Deliberative Democracy? An Overview of Efsa's Public Consultation Instrument", *Food Policy*, Vol. 37, No. 4, 2012, pp. 427-438.

⑪ F. V. Meijboom, F. Brom, "From Trust to Trustworthiness: Why Information is not Enough in the Food Sector", *Journal of Agricultural and Environmental Ethics*, Vol. 19, No. 5, 2006, pp. 427-442.

签等方式保障其知情权,维护自身权益①。

七、理论分析框架构建思路与主要内容

对食品安全风险社会共治相关外文文献进行梳理归纳的研究发现,国外现有的研究已较为深入地探讨了食品安全风险社会共治的概念内涵、运行逻辑、主体定位与边界,从理论和实证的角度分析了食品安全风险社会共治的理论框架。但国外的研究也有诸多的缺失,主要是目前的研究仅仅从治理方式和治理主体两个层面上定义食品安全风险社会共治,尚难以清楚地阐述食品安全风险社会共治的丰富内涵;单纯聚焦食品安全风险社会共治体系中各个主要主体的定位与边界,尚难以科学反映食品安全风险社会共治框架下各个主要主体之间的内在联系。而且由于政治制度、经济发展阶段、社会治理结构与食品工业发展水平等存在差异,国外现有的理论研究成果与社会共治的实践难以完全适合中国的现实。但食品安全风险社会共治具有世界性的共同规律,国际上对食品安全风险社会共治的理论研究和不同实践对构建具有中国特色的食品安全风险社会共治的理论分析框架具有重要的借鉴价值。

(一)理论框架构建所面临的主要问题

中国食品安全风险社会共治理论分析框架构建所面临的主要问题,可以归纳为以下三个层面。

1. 实践层面上的研究不足

主要表现在:对中国食品安全风险社会共治所面临的重大现实问题的把握缺乏有力、有深度、全面与系统的洞察。公共社会问题基本特征的研究应该是当代国家实践研究的一个重要领域与基础性主题。然而,学界并未深入研究现阶段我国食品安全风险的本质特征——风险类型与风险危害,引发风险的主要因素、基本矛盾,以及由此产生的社会问题,由此导致展开食品安全风险社会共治实践基础的缺乏;我国食品安全风险的现实危害与危害程度、未来挑战是什么,对基于危害程度、监管资源、主体职能来展开多层次、多形态、多形式组合治理的现实研究不足,由此导致理论研究成为水中之镜,可看难用;对于众多食品供应链主要生产经营主体(农业生产者、生产加工商、物流配送商、经销商与餐饮商、消费者等)现阶段的行为逻辑没有进行深入刻画,这使得食品安全社会共治理论的研究缺乏微观的实践基础;政府目前对食品安全风险的治理还主要依靠"运动式"的方法,如何与社会力量组合形成新的治理工具,新的治理工具的效果如何,未见来自实践

---

① Todto, "Consumer Attitudes and the Governance of Food Safety", *Public Understanding of Science*, Vol. 18, No. 1, 2009, pp. 103-114.

总结的文献；中央政府与地方政府之间的关系在理论上是清楚的，而且业已明确地方政府对食品安全负总责，但与负总责相配套的职能、治理工具、治理能力，几乎没有完整的实践研究；食品安全风险治理中对社会组织专业化有特殊的要求，治理的现实中缺少哪些社会组织，如何提升社会组织的治理能力，未见系统的调查研究文献；公民参与食品安全风险治理的路径与效率如何，如何保障公民权利，尤其是实现最广泛的信息共享，也难见对实践系统的归纳与提炼。

2. 理论研究的不足

实践研究的不足直接导致理论研究的苍白，难以发挥对实践强大的理论指导作用。中国食品安全风险社会共治所面临的重大现实问题迫切需要理论上回答如下问题：(1) 食品安全风险社会共治中主体的基本功能与相互关系。政府、市场、社会这三个最关键主体在食品安全风险共治中的基本职能、相互关系、运行机制与保障主体间有效协同的法治体系是什么？(2) 如何从我国"点多、面广、量大"的食品生产经营主体构成的复杂性出发，着眼于食品安全风险危害程度的分类，基于不同的风险类别，政府、市场与社会实施不同方式的组合治理？(3) 治理体系与治理能力相辅相成。现代社会治理理论对食品安全风险治理提出了新要求，治理工具或政策工具的探索与应用是关键环节。政府、市场与社会实施不同方式的组合治理，应该采取哪些适当的治理工具、这些治理工具如何组合、工具的治理效率如何评估？(4) 就政府治理的理论研究而言，学者们深入研究了我国食品安全监管体制的改革发展的轨迹，对如何改革政府监管提出了诸多建设性的建议，但学界的研究更侧重于"监管"职能，缺乏从优化视角对政府治理职能整合与体系设计的深入研究，以及从整体性治理(Holistic Governance)的视角对食品安全风险社会共治理论的系统研究。(5) 就市场治理的理论研究而言，国内的研究大多停留在揭示食品安全单纯政府治理困境的阶段，而对于市场治理如何能有效弥补政府治理空白的理论研究尚未充分展开；对于食品安全市场治理手段和工具的理论相对零散，缺乏基于供应链整体视角来系统设计符合我国国情的市场治理机制的理论思考。(6) 就社会力量参与治理的理论研究而言，虽然以制度建设保障社会力量的食品安全风险治理职能已成为学界共识，但基于社会力量在食品安全风险治理中基本职能、作用边界与治理效率理论，国内学界并未展开有价值、有深度的社会组织参与治理的理论研究。

3. 研究方法上的不足

研究方法决定理论与实践研究结论的科学性。与国外学界相比较，目前国内学者的研究方法上存在的不足，也亟须改进。具体表现在：由于对历史发展的轨迹把握不深，对中国特殊的国情理解不透，往往将中国食品安全风险治理中的表面现象视作根本性问题。食品供应链体系中主体的经济行动，既不是单纯地由成本与收益的理性计算决定的,也不是简单地由制度自动决定的,而是由基于过去、面向发展的"惯例"在市场选择过程中的遗传和变异所决定的。准确的研究视角是,把"非均衡"看作是常态,以历史的眼光关注于在竞争中实现变化和进步、重组和创新的市场过程,将竞争视为一种"甄别机制"或"选择机制",强调"路径依赖""自然选择""适应性学习"等对经济行为的演化作用,拒绝普遍存在于新古典分析中的非现实观念,聚焦于研究变革与技术、社会、组织、经济、制度变迁之间复杂的相互作用。与此同时,现有国内学界对食品安全风险治理的研究单学科的视角多,交叉性研究的思维少,缺少食品科学、社会学、管理学的深度结合,把风险简单视为危害,危害的研究不分层次,理论研究误导了现实监管资源的配置。这是缺乏交叉思维研究而产生的理论成果脱离现实的典型案例。另外,现有研究多为定性分析,停留在通过文献梳理的方式分析食品安全风险治理的理论问题,而少有的定量研究也大多停留在通过传统的回归分析方法等对问卷调查数据进行简单处理等方面。比如,在社会力量参与治理的研究中,没有把相对前沿的决策实验的网络层次分析法(DEMATEL-based ANP,DANP)、多群组结构方程模型(Multiple Group Structural Equation Model,MGSEM)、多变量 Probit(Multi-variate Probit,MVP)模型等应用于社会力量的食品安全治理理论与实践中的相关研究中,难以为现实社会力量参与治理提供有力的理论支撑等。

(二) 理论框架构建的研究视角

由阿什比(Ashby)揭示的"必要的多样性定律"为代表的公共治理学理论的精华是,管理者在寻求解决复杂的社会公共问题的路径时,必须适应所治理对象(系统)的复杂性,把握其最本质的特征。当代国内外学者较为一致的观点是,公共社会问题基本特征的研究应该是当代国家治理理论与实践研究的一个重要领域与基础性主题。因此,考察国内外"社会管理"到"社会治理"演变的历史轨迹,并基于社会学理论尤其是新公共治理理论来研究中国的食品安全风险社会共治体系,应该达成的一个最基本的共识是,必须首先深入研究食品安全风险这一公共社会问题的本质特征。现实的食品安全风险公共社会问题的本质特征是食品安全风险社会共治体系构建的基础来源与逻辑起点。任何一个国家或地区的食品安全风险社会共治体系与治理能力的有效性,首先取决于,其与所面临的现实食品安全风险本质特征的契合程度。对于现实的食品安全风险公共社会问题的本质特征的科学性回答,这既是科学研究的起点,也是理论创新的必经之路。若形成与此前不尽相同甚至完全不同的理论,那么这种新理论就具有理论范式的演进或革命。因此,厘清食品安全风险现实问题的本质特征是构建具有中国特色的食品安全风险治理体系的基础。中国食品安全风险本质特征的研究应该包括引发风险的主要因素、风险类型与危害、基本矛盾等内容(参见图 17-6)。由此,基于最新理论研究成果,分析中国现阶段食品安全风险的本质特征等,就成为理论分析框架研究的切入点,也就是研究视角。对此,可进一步展开作如下分析:

1. 人源性因素与现实中国的食品安全风险

目前引发了广泛的社会关注且达成基本共识的是,中国食品安全风险固然有技术、自然的因素,但人源性因素尤为明显。对 2002—2011 年间我国发生的 1001 件食品安全典型案例的研究表明,68.20% 的食品安全事件缘由供应链上利益相关者的私利或盈利目的,在知情的状况下造成食品质量安全问题。这充分说明了食品生产经营者的"明知故犯"是目前食品安全问题的主要成因。而在发达国家,发生的食品安全事件大多由生物性因素、环境污染及食物链污染所致,大多不是人为因素故意污染。与发达国家发生的食品安全事件相比较,我国的食品安全事件虽然也有技术不足、环境污染等方面的原因,但更多是生产经营主体的不当行为、不执行或不严格执行已有的食品技术规范与标准体系等违规违法的人源性因素所造成,人源性因素是导致食品安全风险重要源头之一。

2. 自然、环境与技术等因素与现实中国的食品安全风险

虽然目前在我国食品安全事件多数为人源性因素所致,但生物性、化学性、物理性因素等引发的食源性疾病依然是我国极为严重的食品安全问题,消耗的医疗资源与社会资源更是难以估计。以农产品为例。在我国,由于农兽药的不合理使用,重金属污染,工业"三废"和城市垃圾的不合理排放等物理性污染、化学性污染、生物性污染和本地性污染所引发的农产品安全风险的隐患日趋增多(图17-3)。保障食品安全的技术问题也存在突出的问题,比如,我国自然环境污染和化学物质污染食品还很严重,但是食品检测技术水平还不高。据报道,我国 2200 种食品添加剂中还有近 60% 无法检测。再如,在我国用于危险性评估的技术支撑体系尚不完善,危害识别技术、危害特征描述技术、暴露评估技术等层次有待进一步提升;食品中诸多污染物暴露水平数据缺乏,用于风险评估的膳食消费数据库和主要食源性危害的数据库还很不完善等等,由此导致食品安全风险治理能力的缺陷。

3. 引发风险的主要因素与风险危害程度

以人源性因素引发的风险危害为典型案例进行分析。研究表明,在我国农产品初级生产、农产品初级加工、食品深加工、食品流通、销售、餐饮和消费等多个环节均出现了不同程度的人源性事件,而且食品安全事件的危害程度不同【按照我国《食品安全预案》把食品安全事件的等级划分,一般将食品安全事件划分为特别重大事件(Ⅰ)、重大事件(Ⅱ)、较大事件(Ⅲ)、一般食品安全事件(Ⅳ)】。对2002—2011 年发生的 1001 件食品安全典型案例的研究表明,目前食品供应链上发生特别重大食品安全事件(Ⅰ)的频数由大到小依次为食品深加工、农产品生产、食品流通、农产品初级加工、销售与餐饮、消费;发生重大食品安全事件(Ⅱ)的频

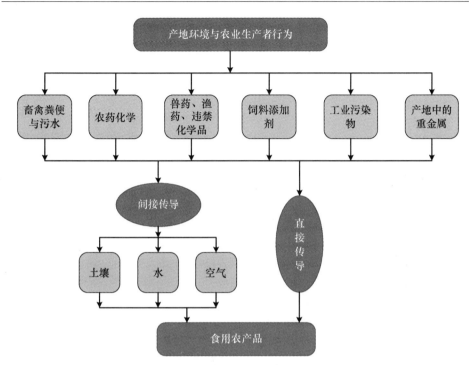

图 17-3　产地环境、农业生产行为与农产品质量安全间的传导机制示意图

数由大到小依次为食品深加工、销售与餐饮、食品流通、农产品产出、农产品初加工、消费;发生较大食品安全事件(Ⅲ)的频数由大到小依次为食品深加工、农产品初加工、销售与餐饮、农产品产出、食品流通、消费;发生一般食品安全事件(Ⅳ)的频数由大到小依次为食品深加工、农产品初加工、销售/餐饮、农产品产出、食品流通、消费。由此可知,在食品供应链不同环节安全风险危害程度差异显著,而食品深加工是危害程度最大的环节(图 17-4)。食品深加工环节发生的食品安全事件不仅涉及范围较广,而且所造成的伤害人数较多。食品安全问题最直接的表现方式就是食源性疾病,其危害程度与覆盖面相当广泛。

4. 生产经营组织方式与风险治理内在要求之间的基本矛盾构成了当前中国食品安全风险本质特征的基本矛盾

与发达国家相比,不难发现,分散化、小规模的食品生产经营方式与风险治理之间的矛盾是引发我国食品安全风险最具根本性的核心问题(图 17-5)。由于我国食品工业的基数大、产业链长、触点多,更由于食品生产、经营、销售等主体的不当行为,且由于处罚与法律制裁的不及时、不到位,更容易引发行业潜规则,在"破窗效应"的影响下,食品安全风险在传导中叠加,必然导致我国食品安全风险的显示度高、食品安全事件发生的概率大,并由此决定了我国食品安全风险治理的长

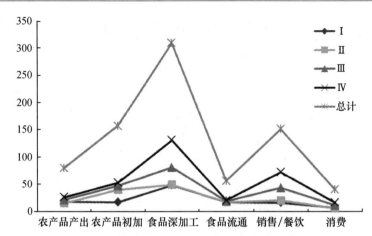

图 17-4　食品供应链不同环节安全风险的危害程度

资料来源:吴林海等:《中国食品安全发展报告(2013)》,北京大学出版社 2013 年版。

期性、艰巨性。

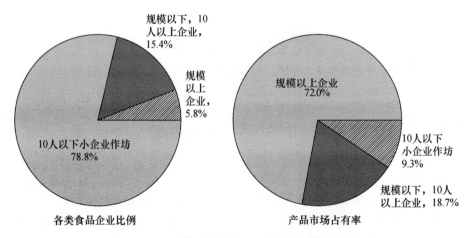

图 17-5　现阶段中国食品制造与加工企业比例及其产品市场占有率

5. 现实的中国食品安全风险与公共社会问题

　　食品安全风险是世界各国普遍面临的共同难题,全世界范围内的消费者普遍面临着不同程度的食品安全风险问题,全球每年因食品和饮用水不卫生导致约有1800 万人死亡。即使发达国家也存在较高的食品安全风险,1999 年以前美国每年约有 9000 人死于食品安全事件。但是食品安全风险在我国表现得更为突出,与此相对应的食品安全事件高频率地发生,难以置信,全球瞩目。尽管我国的食品安全水平稳中有升,趋势向好,但一个不可否认的事实是,食品安全风险与由此引发的安全事件已成为我国最大的社会风险之一。现实生活中的人们或已发出了"到底还能吃什么"的巨大呐喊？对此，十一届全国人大常委会在 2011 年 6 月 29 日召开的第二十一次会议上建议把食品安全与金融安全、粮食安全、能源安全、生态安全等共同纳入"国家安全"体系，这足以说明食品安全风险已在国家层面上成为一个极其严峻、非常严肃的重大问题。

　　因此，理论分析框架研究设定的逻辑起点是，以我国食品安全风险类型、风险危害与引发风险的主要因素为出发点，以客观现实中的分散化、小规模的生产经营方式与风险治理内在本质要求间的基本矛盾为主要背景，以深入分析政府、社会、市场在共治中失灵的主要表现与制度、技术因素为切入点，基于整体性理论科学构建具有中国特色的食品安全风险社会共治体系，据以设计相适应的一系列制度安排。可以认为，如此推进理论分析框架的研究在视角上是独特的，具有科学性与可行性。上述关于理论分析框架研究视角科学性、可行性的阐述可以用图 17-6 概括表示。

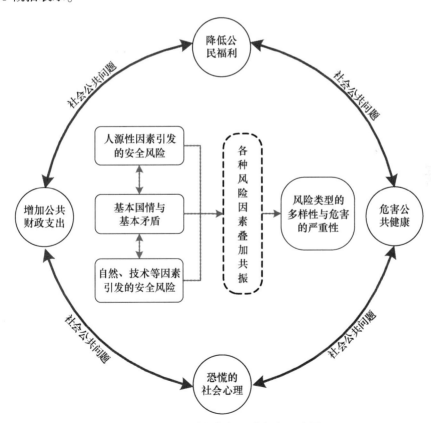

图 17-6　理论分析框架研究视角示意图

（三）理论框架研究的总体思路

基于当代公共安全问题与治理体系的相关理论，从食品安全风险的规律性出发，在理论框架的研究中应该按照"整体性治理"的总体思路展开食品安全风险社会共治问题的研究。整体性治理的总体思路重点体现在如下三个方面。

1. 体现在整个理论框架的体系之中

就整体性治理的本质而言，就是以最大程度降低食品安全风险、实现食品安全风险危害回归至与经济社会发展水平相适应的区间为共治目标，政府、市场、社会等治理主体依据各自的基本职能，以协调、整合和信任为主体间共识的运行机制，基于风险类型、风险危害，采用多层次组合的治理工具对治理对象实施整体性治理。图 17-7 较为完整地显示了理论框架构建的整体性治理研究的总体思路。

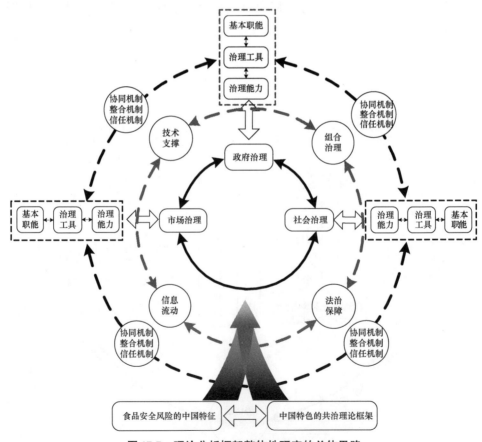

图 17-7 理论分析框架整体性研究的总体思路

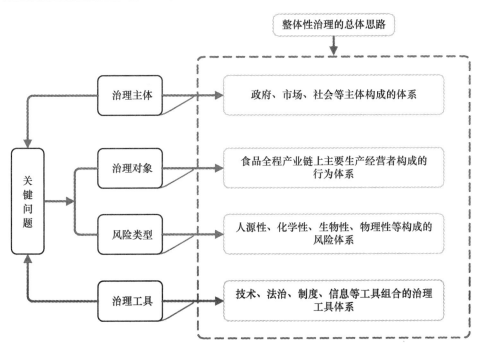

图 17-8　理论框架构建过程中的若干关键问题的整体性研究的示意图

2. 体现在理论框架每个子系统之中

在政府、市场、社会每个子系统研究的层次上也必须贯彻整体性治理的总体思路。比如,长期以来,我国实施的多政府部门的监管体制被称为"碎片化"(Functionally Fragmented)的监管体制,成为行政监管不力、食品安全风险日趋严重的重要因素。2013 年 3 月国务院再次进行机构改革,实施了由国家食品药品总局、农业部、卫生和计划生育委员会各司其职的"三位一体"的食品安全监管体制总体框架。在政府治理体系的设计与研究,继续按照整体性治理的总体思路,系统思考、研究中央政府与地方政府职能分工、同一层次地方政府内部相关部门(食药、农业)间的职能优化,政府治理责任、权限与治理能力等,试图努力设计并最终研究形成具有科学性、可行性,无缝隙且非分离的整体型、服务型、监管型政府食品安全风险治理范式。

3. 体现在关键问题的设计之中

与此同时,在关键性问题的设计与研究中同样应该深刻把握并努力体现整体性治理的总体思路。理论框架的构建涉及众多的重大问题,相互交织,构成了一个复杂的体系。但在研究重大问题时,仍然贯彻"整体性治理"的理念。图 17-8 示意了在理论框架构建的研究中所涉及的四个最关键问题的整体性研究理念。

（四）理论框架的基本特色

所构建的具有中国特色的食品安全风险社会共治的理论分析框架,应该具有如下基本特色,如图 17-9 所示。

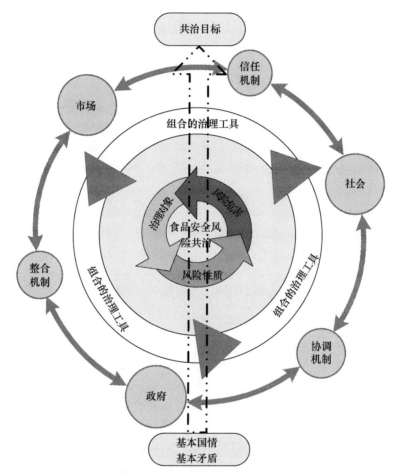

图 17-9　具有中国特色的食品安全风险社会共治理论框架的概念模型示意图

1. 研究视角的中国特色

所构建的食品安全风险社会共治的理论框架应该将现实的食品安全风险这一重大的公共社会问题的本质特征作为研究的基础来源和逻辑起点,体现了"公共社会问题基本特征的研究是当代国家治理理论研究与实践研究的一个基础性主题"的本质要求。食品安全风险的本质特征包括风险类型与风险危害,引发风险的主要因素、基本矛盾,以及由此产生的社会问题。中国 30 多年来改革开放的历史经验一再证实,照搬西方的理论难以有效解决中国的现实与未来复杂的问题,食品安全风险治理也同样如此。基于中国国情、中国问题、中国现实,思考食品安全风险中国特色的治理道路,实现食品安全风险治理的中国化创新探索。

2. 风险治理的实践特色

所构建的中国特色食品安全风险社会共治的理论框架应该努力建立在实践的基础上,主要总结中央"自上而下"的推进实践、基层"自下而上"的推动实践、地方与部门连接上下的促进实践,科学地总结中央经验、地方与部门经验、基层经验等相互组合的"中国经验",在理论研究上凝练中国特色的食品安全风险社会共治体系的实践特色,丰富与发展拟构建的理论框架的内涵。

3. 共治体系的系统特色

所构建的理论框架中,应该将政府、市场、社会三个主要治理主体作为一个有机的系统,从不同主体的基本职能出发,整体性地系统设计在共治体系中的相互关系。不仅如此,系统特色还体现在将食品全程产业链上各种生产经营主体,人源性、化学性、生物性、物理性等各种食品安全风险,技术、法治、制度、信息等各种风险治理工具分别作为相对独立的子系统,分别构成行为共治主体子系统、安全风险子系统、治理工具子系统,并把这些子系统分别嵌入食品安全风险治理的大系统之中,用系统、辩证的视野研究理论框架,体现系统治理、综合治理、依法治理、源头治理的特色。

4. 治理体系与治理能力、技术保障的有机统一

食品安全风险共治能否达到理想的治理目标,不仅仅取决于体系的制度安排与运行机制,也取决于主体的治理能力与体系的技术能力。在所构建的理论框架中,既研究共治主体的基本职能,有探讨主体治理工具的设计与创新,而且把依靠科技进步,实现治理能力的现代化作为理论框架的重要内容,充分设计了实现治理的最基本技术问题。

5. 共治体系的开放特色

遵循"立足现实、提炼现实,开发传统、超越传统,借鉴国外、跳出国外"的理念,科学构建理论框架,所构建的共治体系不仅是国家治理体系的重要组成部分,而且也是全球食品安全风险治理体系的重要节点,具有高度开放的系统特色。

图 17-9 大体上描述与示意了具有中国特色的食品安全风险社会共治理论风险框架的基本构思。在图 17-9 中所涉及的基本国情是指我国的分散化、小规模的食品生产经营方式,基本矛盾是分散化、小规模为主体的食品生产经营方式与食品安全风险治理内在要求间、人民群众日益增长的食品安全需求与日益显现的安全风险间的矛盾,基本目标是努力将中国的食品安全风险回归到与经济社会发展相适应的合理区间。基本国情、基本矛盾与基本目标的有机统一,构成了具有中国特色的食品安全风险社会共治理论框架的本质基础。

（五）共治主体间的协同治理研究

食品安全风险社会共治的研究应该在全面阐释食品安全风险社会共治的具体内涵的基础上,着力构建政府、企业、社会组织等各主体之间监管职能、监管边界,以及相互联系的分析框架。重点是:

1. 共治主体基本职能界定、相互关系与运行机制的理论研究

系统研究与综合借鉴现代公共治理理论、公共选择理论、多中心理论等理论研究成果,全面考察食品安全风险社会共治的内在本质特征与国内外可资借鉴的成功案例,沿着努力实现由传统社会的"单中心、封闭、等级、控制"的管理之道向现代社会的"多中心、开放、平等、协调"的治理之道转变的思路(图17-10),研究食品安全风险社会共治的内涵特征,刻画共治主体的治理行为,界定共治主体的基本职能,在治理对象、治理方式、治理工具等多个层面上研究食品安全风险共治体系中政府、市场、社会的相互作用与作用边界(图17-11)。

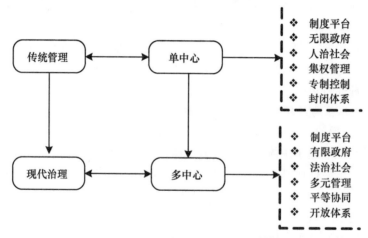

图17-10　食品安全风险思路的转变

与此同时,努力从政府、市场、社会主体间组合治理的有效性出发,依据整体性治理理论的内在本质,基于我国食品安全风险治理对象行为的复杂化,政府、市场、社会主体间跨"界"议题多样化的特征,构建实现主体间共治的基本运行机制(协调、整合、信任等机制)。

2. 基于风险危害的共治体系主体间的组合治理

自然因素,环境因素,人为因素,以及化学、生物、物理等技术因素,以及这些因素相互叠加,导致食品安全风险问题极其复杂,而且风险所产生的对人类健康的危害程度不一。因此社会共治必须着眼于食品安全风险危害程度的分类,基于不同的风险类别实施不同方式的组合治理。同时也必须从我国"点多、面广、量

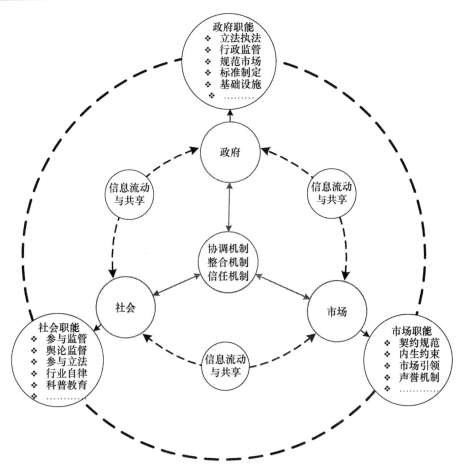

图 17-11　食品安全风险社会共治主体的基本职能与运行机制示意图

大"的食品生产经营主体构成的复杂性出发(图 17-12),把握现阶段食品安全风险
治理所面临的基本矛盾——分散化、小规模为主体的食品生产经营方式与风险治理
内在要求间、人民群众日益增长的食品安全需求与安全风险不断显现间的矛
盾,将食品安全风险危害程度与生产经营的主体规模、食品品种、具体形态等要素
结合起来,寻求最有效的组合治理方式。基于公共治理理论,在食品供应链全程
体系中,政府、市场、社会之间无法划分出一条绝对的权责边界,任何一个治理主
体的作用发挥均具有一定的时空与地域边界,边界总是具有某种相对性、有限性,
并形成界限和责任的模糊性,超越有效的作用边界就必然失灵。而共治主体之间
的模糊性也为主体间的互动与组合治理带来了可能性。因此,"点多、面广、量大"
生产经营的现实国情,决定了中国特色的食品安全风险共治模式具有层次性与组
合性。故在上述共治体系主体的基本职能界定、相互关系等理论研究的基础上,

拟以新公共治理、公共选择、委托—代理等理论为指导,从风险类别、危害程度与风险治理对象的多元性、复杂性、地域性特点出发,重点结合我国现实食品安全风险类型的危害程度,基于不同类型生产经营者负面行为的基本动机、主要行为与行为结果,按照治理主体职能对食品生产经营者动机引导、行为监督与风险危害程度治理的能力,采用行为概率与仿真理论,模拟食品生产经营者的行为与发生负面行为的边界条件,依据不同的治理对象,研究"政府—市场—社会"、"政府—社会"、"政府—市场"、"市场—社会"等主体间不同组合治理方式,提出不同治理主体与治理工具间的良性互动的组合式治理模式,细化并丰富具有中国特色的食品安全风险治理共治体系的内涵。

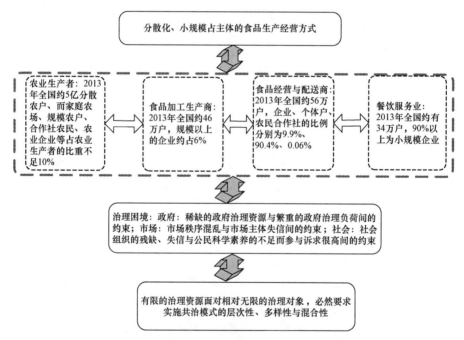

图 17-12　食品生产经营者主体构成复杂性示意图

第十八章 政府传统监管政策工具的效性 检验:婴幼儿配方奶粉的案例

有机认证是一些国家和有关国际组织认可并大力推广的一种农产品认证形式,也是我国国家认证认可监督管理委员会统一管理的认证形式之一。推行有机产品认证的目的,是保证有机产品生产和加工的质量,满足消费者对有机产品日益增长的需求,减少和防止农药、化肥等农用化学物质和农业废弃物对环境的污染。按照国家质检总局《有机产品认证管理办法》、国家认监委《有机产品认证实施规则》等法律法规和 GB/T19630《有机产品国家标准》,农产品作为有机产品在市场上销售必须通过有机认证。这是我国政府监管食用农产品质量安全的重要政策工具。中国现行的有机认证政策规定,仅获得国外认证而未经过中国认证的有机食品不能在中国国内市场销售,且国外有机认证机构也不允许在中国国内直接提供认证服务。本章的研究主要以消费者支付意愿作为判断中国有机认证政策有效性的标准,以婴幼儿配方奶粉为案例,运用混合 logit 模型对不同属性组合的婴幼儿配方奶粉的消费者偏好进行了分析,验证现行的政府传统有机认证政策工具的有效性。

一、研究背景

2008 年 9 月中国乳制品行业发生的"三聚氰胺"奶粉事件本质上是由信息不对称所引发的市场失灵的典型案例①。这一事件不仅严重削弱了中国国内消费者对本国产乳制品的信心,也成为国内消费者在抢购海外婴幼儿配方奶粉(IMF)的主要起因。近年来,中国政府一直在采取各种政策措施提升本国婴幼儿配方奶粉质量安全,以努力提升消费者对本国产婴幼儿配方奶粉的信任水平,但仍未能有效缓解消费者对海外奶粉的需求。

---

① 吴林海、卜凡、朱淀:《消费者对含有不同质量安全信息可追溯猪肉的消费偏好分析》,《中国农村经济》2012 年第 10 期。

研究表明,相对于供应商,消费者对独立的第三方认证机构往往更加信任[①]。因此,从一般意义上而言,食品的有机认证能够向消费者提供更多食品质量信息,可以在一定程度上减轻信息不对称[②]。建立有机食品认证制度,在食品上加贴认证标签成为厂商向消费者证明食品品质的有效手段,也是诸多欧美国家提升食品安全水平的重要政策工具[③]。但基于中国现实国情与市场发展实际,中国的有机认证政策与欧美国家相比,必然存在一定的差异。

自 2005 年中国的《有机产品认证管理办法(中国国家质量监督检验检疫总局67 号令)》及相应的国家标准《有机产品(GB/T 19630.1—19630.4-2005)》实施以来,在中国国内市场销售的有机食品必须加贴中国唯一认可的有机认证标签。即使已经通过了海外有机认证的食品,在中国销售也必须再通过中国的有机认证。同时,海外认证机构也不能直接在中国提供有机认证服务,只有跟中国国内认证机构合作方可进入中国市场。

就像 Wolf 提到的,市场失灵为非市场(政府)的干预提供了理论依据[④]。然而,非市场(政府)干预本身也可以失灵,就像市场可以失灵一样。非市场(政府)失灵带来了另一个问题,即有什么其他方案可以解决市场失灵?一般来说,可以提出其他非市场(政府)解决方案,但市场基础的方案往往是可行的。例如,第三方认证就是克服非对称信息导致的市场失灵的一种解决方案。在这种情况下,对于市场和非市场机制之间的选择,就要求进行比较以识别更优方案。可是,就像Coase 指出的那样,"我们通常所关注的是社会安排,其中与经济学相关的问题是:随着社会安排的变化,生产要素的分配与使用是如何改变的。从理论化的最优制度研究中很少能学到这些"[⑤]。

在 Coase 看来,应从整体出发考察现存情况,并把它与被提议的政策改变的整体效果进行比较,而不是与福利经济学理想的最优状况进行比较,这才是比较市

① Albersmeier, F., H. Schulze and A. Spiller, "System Dynamics in Food Quality Certifications: Development of an Audit Integrity System", *International Journal of Food System Dynamics*, Vol. 1, No. 1, 2010, pp. 69-81.

② Golan, E., F. Kuchler and L. Mitchell, "Economics of Food Labeling", *Journal of Consumer Policy*, Vol. 24, No. 2, 2001, pp. 117-184.

③ Janssen, M. and U. Hamm, "Product labelling in the Market for Organic Food: Consumer Preferences and Willingness-to-pay for Different Organic Certification Logos". *Food Quality and Preference*, Vol. 25, No. 3, 2012, pp. 9-22.

④ Wolf, C., "Markets or Governments: Choosing Between Imperfect Alternatives: A Rand Research Study". *Mit Press.* 1993.

⑤ Coase, R., "Discussion", *American Economic Review*, Vol. 54, No. 3, 1964, pp. 194-197.

场与非市场准确途径①。Wolf 明确指出，比较产出或产品与投入或成本之间的比率，即比较静态配置效率，可作为判断市场与非市场效率的依据之一②。

对此，本章的研究把消费者对有机认证标签的支付意愿作为婴幼儿配方奶粉生产厂商的收益（产出），把有机认证服务的价格作为成本③，认为收益—成本比例相对较高的政策更有效率。如果中国生产的某一婴幼儿配方奶粉在质量上同时达到了中国与欧美有机食品标准，那么这一婴幼儿配方奶粉申请不同有机认证的唯一成本差异只体现在不同认证机构服务价格的差异。事实上，自 2012 年中国《有机产品认证实施规则》的实施以来，中国有机认证的检查与检测成本已大幅提高，使得中国有机认证与欧盟等认证的服务价格基本相仿④。如果把消费者的支付意愿视为产出，那么不同有机认证政策的效率比较可以简化为消费者对不同认证标签支付意愿间的比较。本章的研究主要目的在于评估中国当前有机认证非市场化政策与允许通过海外有机认证的食品在中国市场直接销售的市场化机制的效率差异⑤⑥。

研究有机食品认证政策效率具有现实意义。虽然目前在中国近 80 亿美元的奶粉市场中，各种形态的有机奶粉份额还不到 1%，但有机奶粉的增长速度较快，未来两三年有望超过 10%⑦。有机奶粉市场销售额快速增长的原因在于，当前食品安全风险增大，可能会有越来越多消费者把有机奶粉视为降低食品安全风险的

①　Samuels, W. J. and S. G. Medema. , "Ronald Coase on Economic Policy Analysis: Framework and Implications", *Coasean Economics Law and Economics and the New Institutional Economics*, Vol. 3, No. 2, 1998, pp. 161-183.

②　Wolf, C. , "Markets or Governments: Choosing Between Imperfect Alternatives: A Rand Research Study", *Mit Press.* 1993.

③　有机食品的成本差异更多是由于生产效率与资源禀赋差异造成的，而由欧盟、美国及中国等不同认证机构采用的有机食品标准有所差别导致生产成本差异很小。我们在后文假设中国生产的某一婴幼儿配方奶粉在质量上同时达到了中国与欧、美有机食品标准，因此我们可以只关注认证服务价格所形成的成本差别。

④　中国认证认可协会于 2013 年颁布的《认证机构公平竞争规范——认证价格自律规定》对认证服务的价格进行了规定，使得不同认证机构认证服务的价格更为接近。进一步的，本章的研究通过对众多认证机构认证服务发布价格及从事有机食品生产企业的调研对认证服务价格进行了比较，如中国有机认证业务量最大的中绿华夏有机食品认证中心的《有机食品认证收费管理细则》等文件，若读者对此问题感兴趣，我们乐意提供更为详尽的资料。

⑤　即当前所实行的禁止通过海外有机认证的食品在中国市场直接销售或禁止海外有机认证机构直接在中国开展有机认证业务的政策。

⑥　中国政府颁布的政策通常是指令性的，与法律、法规、标准等很难有明确的界限，因此本章的研究把中国政府颁布的政策以及立法或其他机构颁布的法律、法规、标准统称为政策，把自由的市场化称为机制。

⑦　许雅：《"有机"奶粉国产品牌"突围"受质量差距影响》，中国产业经济信息网，2013-12-15［2014-01-13］，http://www.cinic.org.cn/site951/schj/2013-01-06/616944.shtml。

手段①。在国内消费者对国产婴幼儿配方奶粉普遍不信任的背景下,有机认证可能是提升国内消费者对国产婴幼儿配方奶粉信心的有效路径。

本章的研究在以下部分结构安排如下:第二部分是文献回顾,第三部分是理论框架与计量模型,第四部分是数据来源、选择实验设计和结构化访谈等,第五部分是 mixed logit 模型的结果与分析,讨论不同认知水平和风险感知水平对消费者支付意愿的影响,最后一部分概括本章研究的主要结论。

二、文献回顾

根据 Lancaster 的效用理论,商品并不是效用的直接客体,消费者的效用实际是来源于商品的具体属性②。具体而言,婴幼儿配方奶粉可被视为口味、外观等感官属性③以及标签、产地、品牌等非感官属性④的组合。在信息不对称的市场中,非感官属性在消费者购买决策中往往发挥着比感官属性更为重要的作用⑤⑥。

有机认证标签作为一种重要的非感官属性是消费者鉴别有机食品真假的重要依据⑦。Janssen and Hamm 设计选择实验研究了德国等 6 个欧洲国家消费者对不同有机认证标签的支付意愿,发现消费者对不同认证标签的支付意愿存在很大差异,消费者愿意为熟知的标签支付更高的价格,但消费者的熟知程度更多取决于其自身的主观感知而非客观知识⑧。Van Loo 等应用 mixed logit 模型分析了美国消费者对于加贴 USDA(美国农业部,U. S. Department of Agriculture)有机认证

① 尹世久:《信息不对称、认证有效性与消费者偏好:以有机食品为例》,《中国社会科学出版社》2013年第 5 期。

② Lancaster, K. J., "A new Approach to Consumer Theory", *The Journal of Political Economy*, Vol. 74, No. 6, 1966, pp. 132-157.

③ Probst, L., E. Houedjofonon, H. M. Ayerakwa and R. Haas, "Will they buy it? The Potential for Marketing Organic Vegetables in the Food Vending Sector to Strengthen Vegetable Safety: A Choice Experiment Study in Three West African Cities", *Food Policy*, Vol. 37, No. 3, 2012, pp. 296-308.

④ Tempesta T. and D. Vecchiato, "An Analysis of the Territorial Factors Affecting Milk Purchase in Italy", *Food Quality and Preference*, Vol. 27, No. 4, 2013, pp. 35-43.

⑤ Ares, G., A. Gimenez and R. Deliza, "Influence of Three Non-sensory Factors on Consumer Choice of Functional Yogurts Over Regular Ones", *Food Quality and Preference*, Vol. 21, No. 1, 2010, pp. 361-367.

⑥ Probst, L., E. Houedjofonon, H. M. Ayerakwa and R. Haas, "Will they buy it? The Potential for Marketing Organic Vegetables in the Food Vending Sector to Strengthen Vegetable Safety: A Choice Experiment Study in Three West African Cities", *Food Policy*, Vol. 37, No. 3, 2012, pp. 296-308.

⑦ Probst, L., E. Houedjofonon, H. M. Ayerakwa and R. Haas, "Will they buy it? The Potential for Marketing Organic Vegetables in the Food Vending Sector to Strengthen Vegetable Safety: A Choice Experiment Study in Three West African Cities", *Food Policy*, Vol. 37, No. 3, 2012, pp. 296-308.

⑧ Janssen, M. and U. Hamm, "Product Labelling in the Market for Organic Food: Consumer Preferences and Willingness-to-pay for Different Organic Certification Logos", *Food Quality and Preference*, Vol. 25, No. 2, 2012, pp. 9-22.

标签和一般有机认证标签的鸡胸肉的支付意愿,研究表明消费者对前者的支付意愿远高于后者①。

与有机认证标签属性相似,产地属性也是消费者购买食品的重要依据②③。Lim 等的研究表明,美国消费者对美国产牛肉的支付意愿要高于进口牛肉④。Loureiro and Umberger 研究也发现消费者愿意为产自美国的牛肉支付更高的价格⑤。Alfnes and Rickertsen 运用拍卖实验的研究表明,挪威消费者更偏好本国或瑞典生产的牛肉⑥。

品牌在大量研究中也被确认为决定消费者食品选择的重要非感官属性⑦⑧。对大多数消费者而言,品牌名称可以作为食品选择依据的"搜寻属性"⑨。Ares 等认为品牌是影响消费者食品选择的关键因素⑩。Froehlich 等研究发现 WTP 会受到品牌偏好的正向影响⑪。Roheim 等发现消费者愿意为熟知的品牌产品支付更

①　Van Loo E. J. , V. Caputo, R. M. Nayga Jr. , J. F. Meullenet and S. C. Ricke, "Consumers' Willingness to pay for Organic Chicken Breast: Evidence From Choice Experiment", *Food Quality and Preference*, Vol. 22, No. 4, 2011, pp. 603-613.

②　Roosen, J. , J. L. Lusk, and J. A. Fox, "Consumer Demand for and Attitudes Toward Alternative Beef Labeling Strategies in France, Germany, and the UK", *Agribusiness: An International Journal*, Vol. 19, No. 1, 2003, pp. 77-90.

③　Claret, A. , L. Guerrero, E. Aguirre, L. Rincón, M. D. Hernández, I. Martínez, J. B. Peleteiro, A. Grau and C. Rodríguez-Rodríguez, "Consumer Preferences for sea Fish Using Conjoint Analysis: Exploratory Study of the Importance of Country of Origin, Obtaining Method, Storage Conditions and Purchasing Price", *Food Quality and Preference*, Vol. 26, No. 5, 2012, pp. 259-266.

④　Lim K. H. , W. Y. Hu, J. M. Leigh and G. Ellen, "US Consumers' Preference and Willingness to pay for Country-of-Origin-Labeled Beef Steak and Food Safety Enhancements", *Canadian Journal of Agricultural Economics*, Vol. 61, No. 5, 2013, pp. 93-118.

⑤　Loureiro, M. L. and W. J. Umberger. , "Estimating Consumer Willingness to pay for Country-of-Origin Labeling", *Journal of Agricultural and Resource Economics*, Vol. 28, No. 3, 2003, pp. 287-301.

⑥　Alfnes, F. and K. Rickertsen. , "European Consumers' Willingness to pay for US Beef in Experimental Auction Markets", *American Journal of Agricultural Economic*, Vol. 85, No. 5, 2003, pp. 396-405.

⑦　Ares, G. , A. Gimenez and R. Deliza, "Influence of Three Non-sensory Factors on Consumer Choice of Functional Yogurts Over Regular ones", *Food Quality and Preference*, Vol. 21, No. 2, 2010, pp. 361-367.

⑧　Carrillo, E. , P. Varela and S. Fiszman, "Packaging Information as a Modulator of Consumers' Perception of Enriched and Reduced-Calorie Biscuits in Tasting and Non-tasting Tests", *Food Quality and Preference*, Vol. 25, No. 3, 2012, pp. 105-115.

⑨　Ahmad, W. and S. Anders, "The Value of Brand and Convenience Attributes in Highly Processed Food Products", *Canadian Journal of Agricultural Economics*, Vol. 60, No. 1, 2012, pp. 113-133.

⑩　Ares, G. , A. Gimenez and R. Deliza. , "Influence of Three Non-sensory Factors on Consumer Choice of Functional Yogurts Over regular ones", *Food Quality and Preference*, Vol. 21, No. 2, 2010, pp. 361-367.

⑪　Froehlich, E. J. , J. G. Carlberg and C. E. Ward, "Willingness-to-pay for Fresh Brand Name Beef", *Canadian Journal of Agricultural Economics*, Vol. 57, No. 1, 2009, pp. 119-137.

高的价格①。

除上述非感观属性以外,消费者偏好也会受众多偏好参数的影响,如消费者的认知、态度与社会特征(如年龄、收入和受教育程度)等②③④⑤。关于有机食品的消费者偏好的众多研究采用离散选择模型对这些因素的显著性与影响程度进行了考察。如 Gunduz 运用有序 Probit 模型分析了影响土耳其消费者对有机鸡肉支付意愿的因素,发现收入、受教育程度、有机食品知识与风险感知是主要影响因素⑥。James 等采用 MNL 研究了美国消费者对有机果酱的支付意愿,认为价格和有机食品知识等是重要影响因素⑦。也有学者采用方差分析等方法对这些因素展开研究。如 Napolitano 等采用方差分析对意大利消费者有机牛肉支付意愿的研究表明,信息的作用最为重要⑧。

基于现有的文献,可以发现:(1) 对消费者食品偏好的研究,学者们日益关注对具体属性支付意愿的测量。Janssen and Hamm 等少量学者开始研究消费者对有机食品具体属性的偏好,但其集中在对有机认证标签属性的关注上,而未能与品牌、产地等其他非感官属性展开对比研究,也未能有效结合消费者认知与风险感知等偏好参数比较不同消费者群体间偏好的差异性⑨。(2) 对有机食品消费者偏好的研究,大多以发达国家消费者为研究对象。由于在文化习俗与经济发展水平

---

① Roheim, C. A., L. Gardiner and R. Asche, "Value of Brands and Other Attributes: Hedonic Analysis of retail Frozen Fish in the UK", *Marine Resource Economics*, Vol. 22, No. 2, 2007, pp. 53-239.

② Yiridoe, E. K., S. Bonti-Ankomah and R. C. Martin., "Comparison of Consumer Perceptions and Preference Toward Organic Versus Conventionally Produced foods: A Review and Update of the Literature", *Renewable Agriculture and Food Systems*, Vol. 20, No. 4, 2005, pp. 193-205.

③ Ureña, F., R. Bernabéu and M. Olmeda, "Women, Men and Organic food: Differences in Their Attitudes and Willingness to pay", *A Spanish case study*, *International Journal of Consumer Studies*, Vol. 32, No. 1, 2008, pp. 18-26.

④ Smith, T. A., C. L. Huang and B. H. Lin, "Does price or Income Affect Organic Choice? Analysis of US Fresh Produce users", *Journal of Agricultural and Applied Economics*, Vol. 41, No. 2, 2009, pp. 731-744.

⑤ Napolitano, F., A. Braghieri, E. Piasentier, S. Favotto, S. Naspettiand and R. Zanoli, "Effect of Information About Organic Production on Beef Liking and Consumer Willingness to pay", *Food Quality and Preference*, Vol. 21, No. 2, 2010, pp. 207-212.

⑥ Gunduz, O. and Z. Bayramoglu, "Consumer's Willingness to pay for Organic Chicken Meat in Samsun Province of Turkey", *Journal of Animal and Veterinary Advances*, Vol. 10, No. 3, 2011, pp. 334-340.

⑦ James, J. S., B. J. Rickard and W. J. Rossman, "Product Differentiation and Market Segmentation in Applesauce: Using a Choice Experiment to Assess the Value of organic, local, and Nutrition Attributes", *Agricultural and Resource Economics Review*, Vol. 38, No. 3, 2009, pp. 357-370.

⑧ Napolitano, F., A. Braghieri, E. Piasentier, S. Favotto, S. Naspettiand and R. Zanoli, "Effect of Information About Organic Production on Beef Liking and Consumer Willingness to pay", *Food Quality and Preference*, Vol. 21, No. 2, 2010, pp. 207-212.

⑨ Janssen, M. and U. Hamm, "Product Labelling in the Market for Organic Food: Consumer Preferences and Willingness-to-pay for Different Organic Certification Logos", *Food Quality and Preference*, Vol. 25, No. 2, 2012, pp. 9-22.

等方面存在的诸多差异,上述学者对欧美等成熟的有机食品市场的研究,可能难以有效解释像中国这样的发展中国家市场中普遍存在的问题,尤其是不能反映当前中国国内消费者低水平认知和高风险感知的特殊背景。验证有机认证政策能否有效提高国内消费者对婴幼儿配方奶粉支付意愿的研究尚未见报道。

鉴于此,本章的研究将以婴幼儿配方奶粉为例,基于不同属性之间存在交叉效应,尝试以不同层次的有机认证标签、品牌、产地、价格四种属性构建不同婴幼儿配方奶粉的轮廓,重点研究消费者对加贴中国有机认证标签(CNORG)、欧盟有机认证标签(EURORG)、美国有机认证标签(USORG)以及无有机认证标签(NOORG)等四种婴幼儿配方奶粉的偏好,以评估中国所实施的有机认证政策的有效性。

三、理论框架与计量模型

目前中国市场上销售的奶粉品种主要有面向婴幼儿、女士、孕妇和中老年的各类配方奶粉以及适合各年龄段的普通奶粉。其中婴幼儿配方奶粉的需求量和进口量最大,中国国内消费者对婴幼儿配方奶粉的海外需求成为世界多国关注的焦点。因此本章的研究以加贴有机认证标签的婴幼儿配方奶粉为研究对象。依据 Lancaster 的研究,本章的研究把婴幼儿配方奶粉视为有机认证标签、品牌、产地以及价格属性的集合。消费者将在预算约束条件下选择婴幼儿配方奶粉的属性组合以最大化其效用[1]。具体而言,选择实验需要对婴幼儿配方奶粉每一种属性设定不同的层次并进行组合,以模拟可供消费者选择婴幼儿配方奶粉的轮廓。

依据 Luce 不相关独立选择的假设[2],令 U_{imt} 为消费者 i 在 t 情形下从选择空间 C 的 J 个婴幼儿配方奶粉轮廓中选择第 m 个轮廓所获得的效用,包括两个部分[3]:第一是确定部分 V_{imt};第二是随机项 ε_{imt},即:

$$U_{imt} = V_{imt} + \varepsilon_{imt} \tag{1}$$

$$V_{imt} = \beta_i^{'} X_{imt} \tag{2}$$

其中,β_i 为消费者 i 的分值向量,X_{imt} 为消费者 i 第 m 个选择的属性向量。消费者 i 选择第 m 个轮廓是基于 $U_{im} > U_{in}$ 对任意 $n \neq m$ 成立。从而在 β_i 已知的条件下,消费者 i 选择第 m 个轮廓的概率可表示为:

---

①　Lancaster, K. J., "A new Approach to Consumer Theory", *The Journal of Political Economy*, Vol. 74, No. 4, 1966, pp. 132-157.

②　Luce, R. D., "On the Possible Psychophysical laws", *Psychological Review*, Vol. 66, No. 2, 1959, pp. 81-95.

③　Ben-Akiva, M. and S. Gershenfeld, "Multi-featured Products and Services: Analysing Pricing and Bundling Strategies", *Journal of Forecasting*, Vol. 17, No. 1, 1998, pp. 175-196.

$$L_{imt}(\beta_i) = \text{prob}(V_{imt} + \varepsilon_{imt} > V_{int} + \varepsilon_{int}; \forall n \in C, \forall n \neq m)$$
$$= \text{prob}(\varepsilon_{int} < \varepsilon_{imt} + V_{imt} - V_{int}; \forall n \in C, \forall n \neq m) \tag{3}$$

如果假设 ε_{imt} 服从类型 I 的极值分布,且消费者的偏好是同质的,即所有的 β_i 均相同,则(1)和(2)可以转化为 multinominal logit model[①],即:

$$L_{imt}(\beta_i) = \frac{e^{\beta'_i X_{imt}}}{\sum_j e^{\beta'_i X_{ijt}}} \tag{4}$$

理论上消费者知道自己的 β_i 与 ε_{imt},但不能被观测。对此,假设每个消费者服从相同的分布,从而可以通过观测 X_{imt} 并对所有的 β_i 值进行积分从而得到无条件概率如下:

$$P_{imt} = \int \left(\frac{e^{\beta' X_{imt}}}{\sum_j e^{\beta' X_{ijt}}} \right) f(\beta) \, \mathrm{d}\beta \tag{5}$$

其中,$f(\beta)$ 是概率密度。(5)式是 multinominal logit model 的一般形式,称为 mixed logit 或者 random parameters logit 模型。假设消费者在 T 个时刻做选择,其中选择方案序列为 $I = \{i_1, \cdots, i_T\}$,则消费者选择序列的概率为:

$$L_{iT}(\beta) = \prod_{t=1}^{T} \left[\frac{e^{\beta'_i X_{ii_t t}}}{\sum_{t=1}^{T} e^{\beta'_i X_{ii_t t}}} \right] \tag{6}$$

无约束概率是关于所有 β 值的积分:

$$P_{iT} = \int L_{iT}(\beta) f(\beta) \, \mathrm{d}\beta \tag{7}$$

基于消费者偏好异质性假设更符合实际且 multinominal logit model 可能不满足不相关独立选择假设,而 mixed logit 模型在食品安全研究领域中成为研究消费者偏好的常用模型,这也是本章的研究引入 mixed logit 模型研究消费者对婴幼儿配方奶粉不同属性偏好的依据所在。

四、调查组织与研究方法

(一) 样本的选择

本章的研究调查的地点选择在山东省。山东省位于我国东部沿海地区,是我国人口大省。2014 年山东省常住人口与出生人口分别为 9789.43 万人、139.30 万

---

① Train, K. E., "Discrete Choice Methods with Simulation (Second Edition)", *Cambridge university press.* 2009.

人。同时,2014 年山东省人均 GDP 达到 9920.82 美元,位列全国第 10 位①。基于山东省具有较高的人均 GDP 与巨大的年出生人口总量,必然会对婴幼儿配方奶粉产生巨大需求。且山东省东部沿海地区与中西部内陆地区形成较大的发展差异,是我国东西部经济发展的不均衡状态的缩影。选择山东作为调研区域来研究婴幼儿配方奶粉的消费者偏好对研究中国国内市场具有一定的代表性。本章的研究分别在山东省东部、中部和西部地区各选择三个城市(东部:青岛、威海、日照;中部:淄博、泰安、莱芜;西部:德州、聊城、菏泽)。所调查的山东省 9 个城市发展水平具有明显的差异性,与中国国内不同区域经济发展的差异性较为接近,这 9个城市在我国不同区域经济社会发展中具有代表性。对这 9 个城市选取的消费者样本进行分析,可以大致刻画我国国内消费者对有机婴幼儿配方奶粉的消费偏好。

本章的研究针对婴幼儿配方奶粉有需求的消费者,具体调研分为两个阶段。第一阶段采取典型抽样法在每个城市选择对婴幼儿配方奶粉有需求(包括具有海外婴幼儿配方奶粉购买经历)的受访者进行焦点小组访谈,目的在于了解消费者基本情况及其对奶粉关键属性的偏好,为选择实验设定属性及层次提供依据。焦点小组讨论是对具体主题或产品类别进行深刻了解的合适方法②。2012 年 4—7月,在上述城市依次组织了 9 次焦点小组讨论,每次讨论用时 1.5—2 小时。每个讨论小组的人数为 8—10 人(共 81 人)。所有被调查者均为家庭中最常购买婴幼儿配方奶粉或食品的成员,且年龄在 20 到 65 岁之间③,男女性别比例约为 4:6。每次访谈皆包括两个阶段:一是受访者对婴幼儿配方奶粉的态度与利益诉求,包括对婴幼儿配方奶粉(有机与常规)的认知、购买习惯、购买动机、选购依据与关键属性等。二是受访者食品安全意识与消费态度等,如对食品安全风险感知的判断、对品牌等奶粉属性的态度等。每次焦点小组讨论都由同一有经验的协调者组织,所有过程都录制语音和视频,便于进一步的深化分析。

第二阶段于 2012 年 10—12 月,在上述城市的超市及附近商业区招募受访者进行选择实验及相应的访谈调研。焦点小组访谈发现,超市及商业区的专卖店等销售终端是婴幼儿配方奶粉的主要销售场所。实验由经过训练的调查实验员通过面对面直接访谈的方式进行,并共同约定以进入视线的第三个消费者作为采访

①　《2014 年山东省国民经济和社会发展统计公报》,《大众日报》网络版,2015-02-27［2015-07-02］,http://paper.dzwww.com/dzrb/content/20150227/Articel05002MT.htm。

②　Claret, A., L. Guerrero, E. Aguirre, L. Rincón, M. D. Hernández, I. Martínez, J. B. Peleteiro, A. Grau and C. Rodríguez-Rodríguez., "Consumer Preferences for sea Fish Using Conjoint Analysis: Exploratory Study of the Importance of Country of origin, Obtaining Method, Storage Conditions and Purchasing Price", *Food Quality and Preference*, Vol. 26, No. 5, 2012, pp. 259-266.

③　中国女性的法定结婚年龄为 20 岁,因此本章的研究选择调研对象将最低年龄设定在 20 岁。

对象[①],以保证样本选取的随机性[②]。首先于 2012 年 10 月在山东省日照市选取 100 个消费者样本展开预调研,对实验方案和调查问卷进行调整与完善。之后于 2012 年 11—12 月利用改善的实验方案在上述 9 个城市展开正式实验,共有 1350 位消费者(每个城市 150 位)参加了选择实验调查,有 1254 位消费者完成了问卷 和选择实验任务,有效回收率为 92.9%。样本中女性有 803 位(64%),男性有 451 位(36%),这与在我国家庭食品购买者多为女性的实际情况相符。该阶段调 研样本的统计特征见表 18-1。

表 18-1 样本基本统计特征

变量	分类	样本数	比重(%)
性别	女	803	64.04
	男	451	35.96
年龄	20—34 岁	477	38.04
	35—49 岁	313	24.96[a]
	50—65 岁	464	37.00
受教育程度	大学及以上	414	33.01
	中学或中专	614	48.97
	小学及以下	226	18.02
家庭年收入	<8015 美元	389	31.02
	8015—16030 美元	539	42.98
	>16030 美元	326	26.00
是否有海外婴幼儿 配方奶粉购买经历	有	464	37.00
	没有	790	63.00

注:本章的研究选取的受访者皆为对婴幼儿奶粉有需求的样本,因此年龄等人口结构与山 东省总体人口结构并不一致,山东省人口结构数据见《山东省统计年鉴(2012)》。根据中国教 育发展水平,学历为小学及小学以下定义为低级受教育程度,学历为中学则定义为中级受教育 程度,学历为大学及大学以上定义为高级受教育程度。与此同时,根据中国经济发展水平与消 费者收入水平,将家庭年收入低于 8015 美元定义为低收入水平,将高于 16030 美元定义为高收 入水平,在处于 8015—16030 美元之间定义为中等收入水平。

(二) 选择实验

1. 属性的层次设定

本章的研究目标在于分析消费者对婴幼儿配方奶粉的有机认证标签属性偏 好。对此,本章的研究基于山东省 9 个调研城市市场上婴幼儿配方奶粉的实际销

---

① 首先询问该受访者对婴幼儿配方奶粉是否有需求,若无,则放弃访问,继续选择下一个受访者。

② Wu, L. H., L. L. Xu, D. Zhu and X. L. Wang, "Factors Affecting Consumer Willingness to pay for Certified Traceable Food in Jiangsu Province of China", *Canadian Journal of Agricultural Economics*, Vol. 60, No. 4, 2012, pp. 317-333.

售状况,结合焦点小组讨论相关结论,设定属性及相应层次。最终共设定标签、品牌、产地和价格四个属性,以考察不同属性之间存在交叉效应。考察交叉效应的原因在于,Dawes and Corrigan 的研究表明,在解释方差中主效应占到70%—90%,双向交叉效应占 5%—15%,其余的解释方差来自高阶交叉效应[1],所以估算全部或部分双向交叉效应可以缩小主效应估计偏误[2]。

对标签属性设置欧盟有机认证标签(EURORG)、美国有机认证标签(USO-RG)、中国有机认证标签(CNORG)和无认证(NOORG)四个层次。引入欧盟和美国有机认证标签的原因是,这两个标签已经在中国国内市场广泛存在,且在各种海外标签中最为消费者熟知[3]。此外,本章的研究引入了无标签属性(即虽然达到有机食品标准但不进行任何有机认证)作为参照对比。

对产地属性设置中国生产(CNPRO)、德国生产(GERPRO)、美国生产(US-PRO)三个层次;对品牌属性设置中国非知名品牌"得乐(DELE)"、中国知名品牌"伊利(YILI)"以及中国消费者较为熟悉的欧美知名品牌"TOPFER"和"ENFA-MIL"(分别作为欧洲和北美地区的代表)四个层次。在产地与品牌属性引入美国和德国的原因在于:焦点访谈调研的结果及相关文献研究皆表明,中国国内消费者对这两个国家的婴幼儿配方奶粉品牌和产地最为熟悉。需要指出的是,新西兰实际上是中国主要的乳品进口来源国,但多数作为乳粉原料进入,大多数中国国内消费者对这一状况并不熟悉,因此对新西兰产地反而不太关注[4]。

此外,考虑到市场上实际销售的婴幼儿配方奶粉存在从 400 g 至 900 g 不同规格的包装重量,价格差异较大。为了缩小价格差异,本章的研究选择了最小的400g 包装。同时,为避免层次数量效应[5],并依据超市所售奶粉实际价格,把价格属性设置高(20 美元/400g)、常规 (15 美元/400g)和低(10 美元/400g)三个层次。最终设计的属性及相应层次为:LABLE(4 层次)、BRAND(4 层次)、ORIGIN(3 层次)和 PRICE(3 层次)(表 18-2)。

---

①　Dawes, R. M. and B. Corrigan, "Linear Models in Decision Making", *Psychological Bulletin*, Vol. 81, No. 5, 1974, p. 95.

②　Louviere, J. J., D. A. Hensher, J. D. Swait, "Stated Choice Methods: Analysis and Applications", *Cambridge University Press*. 2000.

③　尹世久:《信息不对称、认证有效性与消费者偏好:以有机食品为例》,中国社会科学出版社 2013 年版。

④　《2012 年乳制品进口情况分析》,中国奶业协会,2012-09-12[2014-06-03],http://www.dac.com. cn/html/gndt-20120912111924035118.jhtm。

⑤　Van Loo E. J., V. Caputo, R. M. Nayga Jr., J. F. Meullenet and S. C. Ricke, "Consumers' Willingness to pay for Organic Chicken Breast: Evidence from Choice Experiment", *Food Quality and Preference*, Vol. 22, No. 3, 2011, pp. 603-613.

表 18-2 选择实验属性及层次设定

属性	层次
标签	中国有机认证(CNORG),欧盟有机认证(EUORG),美国有机认证(USORG),无标签(NOORG)
品牌	得乐(DELE)图,伊利(YILI)图,特福芬(TOPFER)图,美赞臣(ENFAMIL)
产地	中国生产(CNPRO),美国生产(USPRO),德国生产(GERPRO)
价格	10 US $/400g 图, 15 US $/400g 图, 20 US $/400g

2. 选择实验设计

基于本章研究的属性与层次设定,婴幼儿配方奶粉可组合成个虚拟产品轮廓,让招募者在或 20736 任务中进行比较选择是不现实的。一般而言,消费者辨别轮廓超过 15—20 个将会产生疲劳[1],通过减少轮廓数以提高消费者的选择效率是必然的选择。因此引入部分因子设计(FFD),利用 Sawtooth 的 SSIWeb7.0 软件,通过随机法设计产生 8 个版本,每个版本 18 个任务,每个任务均包括两个产品轮廓与一个不选项,用来估计主效应和双向交叉效应。招募者实际需要辨别婴幼儿配方奶粉的 19 个轮廓,满足消费者辨别数的最高限额要求。考虑到 DELE 品牌作为一个小品牌,消费者会认为其受限于生产实力等,不太可能在德国或美国生产,在设计过程中采用了禁止方式以避免 DELE 品牌与德国、美国生产组合[2]。最终 DCE 实验设计的各属性层次标准差数据汇总见表 18-3。表 18-3 显示,实际标准差与理想标准差之间的偏差均低于 10%,表明设计效果较好。

表 18-3 选择实验设计检验

属性	层次	频数.	实际标准差	理想标准差	效率
有机标签	CNORG	72	—	—	—
	EUORG	72	0.2102	0.2041	0.9434
	USORG	72	0.2008	0.2041	1.0330
	NOORG	72	0.2081	0.2041	0.9623

---

[1] Allenby, G. M. and P. E. Rossi, "Marketing models of consumer heterogeneity", *Journal of Econometrics*, Vol. 89, No. 6, 1998, pp. 57-78.

[2] 看中中国市场潜力,雀巢等国际乳企和一些欧美日国家的有机认证机构开始进入中国拓展业务(如瑞士 Institute for Market Ecology 在中国设立南京英目认证有限公司,法国 International Eco-Certification Center 与中国农业大学生态研究所合作成立北京爱科赛尔认证中心有限公司)。与此同时,伊利、光明等中国知名乳企也开始在海外(如新西兰)投资建厂。但如 DELE 等小企业由于资金等实力限制,其在海外生产的可能性极小,在选择实验若设计 DELE 在德国或美国生产的产品,消费者必定不会相信。

（续表）

属性	层次	频数.	实际标准差	理想标准差	效率
品牌	DELE	72	—	—	—
	YILI	72	0.2040	0.2041	1.0008
	TOPFER	72	0.2108	0.2041	0.9375
	ENFAMIL	72	0.2058	0.2041	0.9839
产地	CNPRO	96	—	—	—
	USPRO	96	0.1675	0.1667	0.9898
	GERPRO	96	0.1682	0.1667	0.9820
价格	10 US $/400g	96	—	—	—
	15US $/400g	96	0.1681	0.1667	0.9825
	20US $/400g	96	0.1670	0.1667	0.9963

借鉴相关研究开展选择实验的做法①②③,以图18-1所示的方式向招募者展示

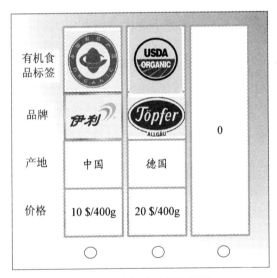

图18-1 选择实验任务样例

① Lusk, J. L. and T. C. Schroeder, "Are Choice Experiments Incentive Compatible? A Test with Quality Differentiated Beef Steaks", *American Journal of Agricultural Economics*, Vol. 86, No. 2, 2004, pp. 467-482.

② Lockshin, L., W. Jarvis, F. d'Hauteville and J. P. Perrouty, "Using Simulations from Discrete Choice Experiments to Measure Consumer Sensitivity to Brand, Region, Price, and Awards in Wine Choice", *Food Quality and Preference*, Vol. 17, No. 3-4, 2006, pp. 166-178.

③ Loureiro, M. L. and W. J. Umberger, "A Choice Experiment Model for Beef: What US Consumer Responses Tell us About Relative Preferences for Food Safety, Country-of-Origin Labeling and Traceability", *Food Policy*, Vol. 32, No. 4, 2007, pp. 496-514.

要选择的产品集合,并以文字进一步解释说明不同奶粉的标签、品牌、产地与价格等信息,告知招募者除这些属性外,展示的奶粉在外观、型号及等级等其他方面没有任何差别。

(三)结构化访谈

在选择实验之后进行的结构化访谈中,进一步收集消费者偏好可能影响因素的相关数据,以研究这些因素对消费者偏好的影响,包括消费者个体特征、对有机食品的认知及食品安全风险感知等。

1. 消费者对有机食品的认知

消费者关于有机食品的知识是影响其偏好的重要因素,不同的认知水平可能导致不同的选择[1][2]。对有机食品的认知会影响到消费者的态度和感知,并最终影响其购买决策[3]。借鉴 Ureña 等学者的做法,在问卷中设置了两个问题来判断受访者对有机食品的认知水平(KNOW)(包括主观知识和客观知识)[4]。主观知识的判断是直接询问受访者其自认为对有机食品的了解程度(采用7级里克特量表测度)。客观知识的测量是通过询问受访者知道的有机认证标签的数量(提供7个在中国有机食品市场上最常见的有机食品认证标签)。受访者对有机食品认知水平根据上述问题的得分进行简单算术平均得到。

2. 消费者食品安全风险感知

近年来我国发生的诸如"三聚氰胺"奶粉事件等食品安全事件大大提高了消费者的食品安全风险感知[5]。很多消费者认为有机食品具有健康、安全等有别于常规食品的特性[6]。食品安全风险感知对消费者的有机食品偏好产生复杂影响:一方面,那些有着较强食品安全风险意识的消费者可能更倾向于购买有机食品以替代常规食品;另一方面,消费者过高的风险感知也会影响其对有机食品的信任,

① Briz, T. and R. W. Ward, "Consumer Awareness of Organic Products in Spain: An Application of Multi-nominal Logit Models", *Food Policy*, Vol. 34, No. 3, 2009, pp. 295-304.

② Napolitano, F., A. Braghieri, E. Piasentier, S. Favotto, S. Naspettiand and R. Zanoli, "Effect of Information About Organic Production on Beef Liking and Consumer Willingness to pay", *Food Quality and Preference*, Vol. 21, No. 2, 2010, pp. 207-212.

③ Yiridoe, E. K., S. Bonti-Ankomah and R. C. Martin. , "Comparison of Consumer Perceptions and Preference Toward Organic Versus Conventionally Produced foods: A Review and Update of the literature", *Renewable Agriculture and Food Systems*, Vol. 20, No. 4, 2005, pp. 193-205.

④ Ureña, F., R. Bernabéu and M. Olmeda, "Women, men and Organic food: Differences in Their Attitudes and Willingness to pay", *A Spanish case study*, International Journal of Consumer Studies, Vol. 32, No. 1, 2008, pp. 18-26.

⑤ 王俊秀、杨宜音:《中国社会心态研究报告(2013)》,社会科学文献出版社 2013 年版。

⑥ Hjelmar, U. , "Consumers' Purchase of Organic food Products: A Matter of Convenience and Reflexive Practices", *Appetite*, Vol. 56, No. 2, 2011, pp. 336-344.

从而降低其支付意愿①②。

本章的研究借鉴 Ortega 等的研究,对消费者的食品安全风险感知分值(FS-RP)通过受访者自我感知判断(采用 7 级里克特量表测度)的方式调研获得③,据以测算其对消费者有机婴幼儿配方奶粉支付意愿的影响。

五、重要结论的讨论

(一)　消费者对有机食品的认知及其食品安全风险感知水平

将消费者对有机食品的认知情况和对食品安全的风险感知情况进行统计汇总,超过一半的消费者对有机食品的了解程度主观得分不超过 3 分,消费者对有机食品的了解程度主观评价总体是较低的,数据大致呈现平峰分布,说明消费者对有机食品的主观了解程度是比较分散的。对封闭式问题的回答平均得分为4.570 分,总体分布为左偏,超过一半的消费者平均得分不超过 5 分,消费者对有机认证标签的总体比较了解,标准差为 1.695,消费者对有机标签的了解程度是比较分散的。消费者对有机食品的认知总得分的均值为 3.995 分,中位数为 4 分,即超过一半的消费者认知总得分不超过 4 分,消费者的总体认知水平较低。消费者风险感知得分总体分布为右偏,超过一半的消费者的感知得分为 5.220 分以上,消费者的风险感知度较高,标准差为 1.079,小于认知得分的标准差 1.507,即风险感知的离散程度比认知水平稍小。综上所述,中国国内消费者呈现出对有机食品认知水平较低,食品安全风险感知水平较高的总体现状。

(二)　ML 模型估计结果

对表 18-2 的属性与层次参数采用效应编码,并假设“不选择”变量、价格和交叉项的系数是固定的,其他属性的参数是随机的并呈正态分布④。价格系数固定的假设有如下建模优势:(1)由于价格系数是固定的,WTP 的分布与相关联的属性参数的分布相一致,而非两个分布之比,从而避免了 WTP 分布不易估计的难题;(2)价格系数分布的选定存在一定的难度,在需求理论的框架下,价格系数应

---

① Yin, S. J., L. H. Wu, M. Chen and L. L. Du., "Consumers' Purchase Intention of Organic Food in China", *Journal of the Science of Food and Agriculture*, Vol. 8, No. 3, 2010, pp. 1361-1367.

② Falguera, V., N. Aliguer and M. Falguera, "An Integrated Approach to Current Trends in Food Consumption: Moving Toward Functional and Organic Products", *Food Control*, Vol. 26, No. 2, 2012, pp. 274-281.

③ Ortega, D. L., H. H. Wang, L. Wu and N. J. Olynk., "Modeling Heterogeneity in Consumer Preferences for Select Food Safety Attributes in China". *Food Policy*, Vol. 36, No. 4, 2011, pp. 318-324.

④ Ubilava, D. and K. Foster, "Quality Certification vs. Product Traceability: Consumer Preferences for Informational Attributes of Pork in Georgia". *Food Policy*, Vol. 34, No. 3, 2009, pp. 305-310.

该取负值,若假设价格系数是正态,则其系数的负性无法得到保证[1]。应用 NLOGIT 5.0 对式(8)的估计结果见表 18-4。

表 18-4　mixed logit 模型估计结果

主效应	系数	标准误	T 值	95% 置信区间
PRICE	-0.286 ***	0.065	-4.37	[-0.414, -0.157]
Opt Out	-1.497 ***	0.162	-9.27	[-1.814, -1.181]
USORG	2.678 ***	0.901	2.97	[0.912, 4.443]
EURORG	1.367 *	0.780	1.75	[-0.163, 2.896]
CNORG	1.219 *	0.729	1.67	[-0.209, 2.647]
NOORG[a]	-5.264	—	—	—
EnfamiL	2.159 ***	0.532	4.06	[1.117, 3.202]
Topfer	1.079 ***	0.382	2.83	[0.331, 1.828]
YILI	0.453	0.523	0.87	[-0.572, 1.478]
DELE[a]	-3.691	—	—	—
USPRO	1.757 **	0.741	2.37	[0.304, 3.209]
CNPRO	-1.864 **	0.923	-2.02	[-3.673, -0.055]
GERPRO[a]	0.107	—	—	—
交叉项				
USORG × USPRO	-0.518 ***	0.090	-5.74	[-0.695, 0.341]
EURORG × USPRO	0.025 **	0.010	2.51	[0.005, 0.044]
CNORG × USPRO	0.213 ***	0.073	2.92	[0.070, 0.356]
USORG × CNPRO	0.145 ***	0.056	2.61	[0.036, 0.254]
EURORG × CNPRO	0.099 ***	0.049	2.04	[0.004, 0.194]
CNORG × CNPRO	0.056	0.050	1.11	[0.043, 0.155]
USPRO × EnfamIL	0.430 ***	0.088	4.87	[0.257, 0.602]
USPRO × Topfer	0.063 ***	0.010	6.17	[0.043, 0.083]
USPRO × YILI	0.021 **	0.010	2.08	[0.001, 0.040]
CNPRO × EnfamiL	0.105 **	0.050	2.09	[0.006, 0.203]
CNPRO × Topfer	0.064 *	0.037	1.73	[0.009, 0.137]
CNPRO × YILI	0.028	0.045	0.61	[0.006, 0.117]

[1]　Revelt, D. and K. E. Train, "Customer-Specific Taste Parameters and Mixed Logit". University of California, Berkeley. 1999.

（续表）

主效应	系数	标准误	T 值	95% 置信区间
KNOW × USORG	0.063 ***	0.016	4.01	[0.032, 0.094]
KNOW × EURORG	0.017	0.016	1.05	[−0.014, 0.048]
KNOW × CNORG	−0.120	0.141	−0.85	[−0.398, 0.157]
KNOW × EnfamiL	0.0545 ***	0.014	4.02	[0.029, 0.082]
KNOW × Topfer	0.017	0.011	1.48	[−0.005, 0.039]
KNOW × YILI	0.355	1.039	0.34	[−1.683, 2.393]
KNOW × USPRO	0.124 ***	0.048	2.60	[0.030, 0.217]
KNOW × CNPRO	0.061	0.039	1.58	[−0.015, 0.138]
FSRP × USORG	0.098 ***	0.027	3.64	[0.045, 0.150]
FSRP × EURORG	0.073 ***	0.001	50.69	[0.070, 0.076]
FSRP × CNORG	0.062 **	0.030	2.05	[0.003, 0.120]
FSRP × EnfamiL	0.030 ***	0.010	3.05	[0.011, 0.049]
FSRP × Topfer	0.012 ***	0.032	3.63	[0.005, 0.018]
FSRP × YILI	0.014	0.029	0.48	[−0.044, 0.072]
FSRP × USPRO	0.013 ***	0.003	4.00	[0.007, 0.020]
FSRP × CNPRO	0.024	0.029	0.85	[−0.032, 0.080]
Diagonal Values in Cholesky Matrix				
USORG	0.399 ***	0.032	12.34	[0.336, 0.463]
EURORG	0.107 **	0.047	2.27	[0.015, 0.199]
CNORG	0.482 ***	0.037	13.21	[0.411, 0.554]
EnfamiL	0.394 ***	0.026	15.04	[0.343, 0.446]
Topfer	0.122 ***	0.015	8.21	[0.093, 0.151]
YILI	0.811 ***	0.120	6.74	[0.576, 1.047]
USPRO	1.045 *	0.600	1.74	[−0.131, 2.221]
CNPRO	0.366 ***	0.079	4.62	[0.210, 0.521]
Log Likelihood	−4514.460	McFadden R^2		0.363
AIC	9138.900	—		—

注: *, **, *** 分别表示在 10%, 5%, 1% 显著性水平上显著, a 为参照组。

根据表 18-4, 在标签属性中, 美国有机认证分值最高; 在品牌属性中, ENFA-MIL 分值最高; 在产地属性中, 美国生产分值最高。基于属性的最高与最低层次分值差异包含不同的信息量①,可以把标签、品牌、产地属性各自的最高分值与最低分值的差值所占比重作为重要性评价的依据。通过计算可知三个属性的重要性依次为标签(45.61%)、品牌(33.60%)、产地(20.79%)。因此,除价格属性外,有机认证标签对消费者而言是最重要的。这说明建立有机认证制度对提高消费者分值效用、促进市场发展的作用要高于品牌和产地。

在双向交叉效应中,值得关注的是,美国认证与中国生产、以及 ENFAMIL 品牌与中国生产交叉项显著为正值,表明美国认证与中国生产以及 ENFAMIL 品牌与中国生产均存在互补关系,即中国生产的婴幼儿配方奶粉如果加贴美国有机认证标签或 ENFAMIL 品牌可以提高分值效用②。这也与一些学者关于食品不同属性之间存在着互补或替代关系的研究结论相类似③。

(三) 支付意愿(WTP)的估计

基于表 18-5 的估计结果以及主效应序数效用特征,进一步应用式(8)计算支付意愿:

$$WTP_k = -\frac{2\beta_k}{\beta_p} \tag{8}$$

式(8)中,WTP_k 是对第 k 个属性的支付意愿,β_k 是第 k 个属性的估计参数,β_p 是估计的价格系数。在分析中,由于使用了效应编码,支付意愿的计算要乘以 2④。对支付意愿 95% 置信区间的估算运用参数自展技术(parametric bootstrapping technique,PBT)⑤创建。即对每一个支付意愿估计的一千个观察值的分布是通过运用模型中获得的系数和方差,在假定为多元正态分布的基础上来模拟的。这种方法与用 Delta 方法预测标准误差产生了类似的结果,但它放松了关于支付意愿是对

---

① Wang Y. M. And Y. Luo., "Integration of Correlations With Standard Deviations for Determining Attribute weights in Multiple Attribute Decision Making", *Mathematical and Computer Modelling*, Vol. 51, No. 1-2, 2010, pp. 1-12.

② 按目前中国有机认证政策,中国市场上只有可能会出现美国生产加贴中国有机认证标签的婴幼儿配方奶粉,不可能出现中国生产加贴美国有机认证标签的婴幼儿配方奶粉。但是,如果政策允许美国有机认证机构在中国独立开展认证业务,那么在中国市场上存在中国生产加贴美国有机认证标签的婴幼儿配方奶粉的可能性。

③ Ubilava, D. and K. Foster, "Quality Certification vs. Product Traceability: Consumer Preferences for Informational Attributes of Pork in Georgia", *Food Policy*, Vol. 34, No. 3, 2009, pp. 305-310.

④ Lusk, J. L., J. Roosen and J. Fox, "Demand for Beef from Cattle Administered Growth Hormones or Fed Genetically Modified corn: A Comparison of Consumers in France, Germany, the United Kingdom, and the United States", *American Journal of Agricultural Economics*, Vol. 85, No. 1, 2003, pp. 16-29.

⑤ Krinsky, I. and A. L. Robb., "On Approximating the Statistical Properties of Elasticities", *The Review of Economics and Statistics*, Vol. 68, No. 4, 1986, pp. 715-719.

称分布的假设①。每一个模型中属性的支付意愿估计平均值和95%的置信区间情况具体详见表18-5。

表18-5　消费者对不同奶粉属性的支付意愿 mixed logit 估计结果

属性层次	系数	标准误	95% 置信区间
USORG	10.395 ***	1.147	[8.267, 12.763]
EURORG	5.364 ***	0.695	[4.126, 6.850]
CNORG	3.232 ***	0.566	[2.240, 4.458]
EnfamiL	7.080 ***	0.901	[5.451, 8.983]
Topfer	6.166 ***	0.731	[4.847, 7.714]
YILI	4.401 ***	0.663	[3.239, 5.840]
USPRO	3.527 ***	0.582	[2.457, 4.738]
CNPRO	-2.423 ***	0.684	[-3.692, -1.012]

注:*, **, *** 分别表示在10%,5%,1% 显著性水平上显著。

从表18-5消费者对不同有机认证标签的支付意愿来看,消费者对具有美国有机认证标签比无有机认证标签的婴幼儿配方奶粉愿意多支付 10.395 美元,表明消费者最偏好美国有机认证。从对品牌的支付意愿来看,消费者更偏好美国 EN-FAMIL 品牌,相对于 DELE 品牌消费者的额外支付为 7.080 美元。对于产地而言,消费者更喜欢美国生产的奶粉,相对于德国生产的婴幼儿配方奶粉消费者的额外支付为 3.527 美元;消费者对中国生产婴幼儿配方奶粉的支付意愿则比德国生产低 2.423 美元。支付意愿显示的属性不同层次偏好次序与表18-4 估计是一致的。

基于研究背景的分析,借鉴 Wolf 的观点,将比较产出与成本之间的比率,作为判断市场与非市场效率的依据②。进一步地,把消费者对有机认证标签的支付意愿作为婴幼儿配方奶粉生产厂商的收益(产出),把有机认证服务的价格作为成本。当有机认证服务的价格(即成本)没有差异的情况下,不同有机认证政策的效率比较可以简化为消费者对不同认证标签支付意愿间的比较。基于中国消费者对欧盟及美国有机认证标签有较高的支付意愿,因此改革当前中国有机认证的非市场化政策,通过认证互认方式,允许通过海外有机认证的食品在中国市场直接销售的市场化机制是有效的。这验证了当前中国有机认证政策存在非市场失灵。

① Hole, A. R., "A Comparison of Approaches to Estimating Confidence Intervals for Willingness to pay Measures", *Health Economics*, Vol.16, No.8, 2007, pp.827-840.

② Wolf, C., "A Theory of Nonmarket Failure: Framework for Implementation Analysis", *Journal of Law and Economics*, Vol.22, No.1, 1979, pp.114-133.

我国消费者更偏好来自欧美的产品与很多学者的研究结论不一致①②③。一般认为,消费者对自己国家具有更大的忠诚度,而对其他国家具有一定的排斥④⑤。本章的研究结论与此相悖的原因主要在于两点:(1)我国消费者普遍认为,作为发展中国家,受制于技术与管理水平相对落后等客观因素,中国产品质量普遍低于发达国家。这是中国自 20 世纪 80 年代实行改革开放政策以来,很多国内消费者主要基于购买经验所得出的一种消费信念。即使相同质量的产品,很多消费者也认为欧美发达国家的质量要优于中国产品,甚至将购买欧美等发达国家或地区的产品视作炫耀性消费,以至于在中国有"月亮也是外国的圆"的俗语。(2)我国近年来在食品行业领域尤其是乳品行业频发的食品安全事件,对消费者信心造成巨大负面影响。尤其是 2008 年的"三聚氰胺事件",中国几乎所有的大型乳品企业都无一漏网地出现了三聚氰胺问题。在随后几年,"蒙牛""完达山"等中国知名乳品企业仍不断有食品安全丑闻爆出⑥,国内消费者对本土产品或品牌的信任度持续下降⑦。这些频发的食品安全事件,致使消费者对中国奶粉质量普遍评价不高,在很多消费者心中形成了一定程度的"崇洋媚外"消费心理,也在客观上促成了国内消费者的婴幼儿配方奶粉海外抢购行为。

(四)消费者有机食品认知与支付意愿

表 18-6 是不同认知水平的消费者对有机婴幼儿配方奶粉的支付意愿估计结

---

① Alfnes, F. and K. Rickertsen, "European consumers' Willingness to pay for US Beef in Experimental Auction Markets", *American Journal of Agricultural Economics*, Vol. 85, No. 3, 2003, pp. 396-405.

② Louviere, J. J., D. A. Hensher, J. D. Swait, "Stated Choice Methods: Analysis and Applications", *Cambridge University Press*, 2000.

③ Ehmke, M. D., J. L. Lusk and W. Tyner, "Measuring the Relative Importance of Preferences for Country of Origin in China, France, Niger, and the United States", *Agricultural Economics*, Vol. 38, No. 4. 2008, pp. 277-285.

④ Lusk, J. L., J. Brown, T. Mark, I. Proseku, R. Thompson and J. Welsh, "Consumer Behavior, Public Policy, and Country-of-origin labeling", *Applied Economic Perspectives and Policy*, Vol. 28, No. 5, 2006, pp. 284-292.

⑤ Alphonce, R. And F. Alfnes., "Consumer Willingness to pay for Food Safety in Tanzania: an Incentive-aligned Conjoint analysis", *International Journal of Consumer Studies*, Vol. 36, No. 6, 2012, pp. 394-400.

⑥ 2008 年中国的"三聚氰胺"奶粉事件即首先在当时奶粉产销量连续十五年居中国第一的石家庄三鹿集团股份有限公司引发,并直接导致了该公司的破产,之后蒙牛集团公司等中国知名乳企也先后被曝光,成为引起中国社会各界巨大反响的行业性食品安全丑闻。随后几年,中国乳制品行业多次爆出食品安全事件,如 2011 年中国质检部门在蒙牛牛奶里检出过量的致癌化学物质黄曲霉毒素,2013 年完达山乳业股份有限公司"变质奶重新包装出售事件"被曝光。这些事件对中国国内消费者信心带来颠覆性的打击。

⑦ 苏浩、丁仁博、赵文超、杨利娜、庄苏:《南京地区乳品消费市场调查分析》,《中国乳品工业》2010 年第 8 期,第 56—59 页。

果。借鉴 Ureña et al 的研究，根据认知得分将消费者划分为三个组别①。1—3 分为低认知组，4—5 分为中等认知组，6—7 分为高认知组。从表 18-6 中数据可以得知：相对于无有机认证标签，低认知组对于欧洲与美国有机认证标签具有最低的支付意愿，中等认知组具有最高的支付意愿；对于中国有机认证，中等认知组支付意愿亦最高，但高认知组支付意愿是最低的。这与 Napolitano 等研究得出的"认知有利于提高 WTP"的结论并不完全一致②。原因可能在于，在中国有机食品市场上，低认知组由于对有机认证缺乏足够的了解，其支付意愿相对较低；中等认知组可能认为，通过有机认证的产品质量有所保证，因此提高了支付意愿；而高认知组则因为对有机认证有更进一步的了解而意识到其运作机制可能存在一定不足，尤其是在中国当前存在的一些食品安全认证标签使用与管理相对混乱的背景下，更高的认知水平导致其对有机食品的信任下降，从而降低了 WTP，这一点在中国有机认证标签的 WTP 变化上显得尤为突出。上述研究表明，消费者有机知识的增加，对欧美认证有机食品的需求将会进一步增长，而现行的政策可能会制约市场发展，从而导致政策的低效率。

表 18-6　不同认知水平下消费者对不同有机认证标签的支付意愿估计结果

低认知组（1≤KNOW≤3）			
认证标签	系数	标准误	95% 置信区间
USORG	10.655 ***	1.020	[8.783, 12.783]
EURORG	3.812 ***	0.689	[2.533, 5.234]
CNORG	3.487 ***	0.679	[2.235, 4.898]
中等认知组（4≤KNOW≤5）			
认证标签	系数	标准误	95% 置信区间
USORG	16.870 ***	1.029	[14.986, 19.021]
EURORG	6.932 ***	1.108	[4.890, 9.234]
CNORG	3.842 ***	0.566	[2.811, 5.030]

---

① Ureña, F., R. Bernabéu and M. Olmeda, "Women, Men and Organic Food: Differences in Their Attitudes and Willingness to Pay", *A Spanish Case study*, *International Journal of Consumer Studies*, Vol. 32, No. 1, 2008, pp. 18-26.

② Napolitano, F., A. Braghieri, E. Piasentier, S. Favotto, S. Naspettiand and R. Zanoli, "Effect of Information About organic Production on Beef Liking and Consumer Willingness to pay", *Food Quality and Preference*, Vol. 21, No. 2, 2010, pp. 207-212.

（续表）

高认知组（6≤KNOW≤7）			
认证标签	系数	标准误	95% 置信区间
USORG	16.549 ***	1.199	[14.328, 19.028]
EURORG	6.035 ***	0.612	[4.966, 7.364]
CNORG	1.953 ***	0.348	[1.342, 2.705]

注：*，**，*** 分别表示在 10%，5%，1% 显著性水平上显著。

（五）食品风险感知作用下的消费者支付意愿

对于风险感知，按照消费者风险感知程度的大小（采用依据调研数据计算得出的 FSRP 分值）对样本进行分组，然后利用参数自展技术[①]计算不同风险感知组的消费者对具有不同有机认证标签属性的婴幼儿配方奶粉的支付意愿，计算结果见表 18-7。

表 18-7　不同食品风险感知水平下消费者对不同有机认证标签的支付意愿估计结果

低风险感知组（1≤FSRP≤3）			
认证标签	系数	标准误	95% 置信区间
USORG	9.932 ***	0.734	[8.624, 11.500]
EURORG	3.754 ***	0.759	[2.345, 5.321]
CNORG	3.842 ***	0.771	[2.412, 5.436]
中等风险感知组（4≤FSRP≤5）			
认证标签	系数	标准误	95% 置信区间
USORG	12.575 ***	0.943	[10.856, 14.554]
EURORG	6.021 ***	0.505	[5.167, 7.148]
CNORG	4.278 ***	0.775	[2.835, 5.873]
高风险感知组（6≤FSRP≤7）			
认证标签	系数	标准误	95% 置信区间
USORG	12.893 ***	1.490	[10.102, 15.942]
EURORG	6.246 ***	0.464	[5.465, 7.283]
CNORG	4.203 ***	0.764	[2.789, 5.782]

注：*，**，*** 分别表示在 10%，5%，1% 显著性水平上显著。

---

① Krinsky, I. and A. L. Robb, "On Approximating the Statistical Properties of Elasticities", *The Review of Economics and Statistics*, Vol. 68, No. 4, 1986, pp. 715-719.

表 18-7 数据表明,相对于无有机认证标签的 IMF,消费者食品安全风险感知程度越高,对加贴有机认证标签的婴幼儿配方奶粉的 WTP 也越高。这与 Ma and Zhang 关于消费者风险感知程度影响消费者对产品属性偏好的研究结论基本一致[1]。但也应注意到,随着 FSRP 的提高,消费者对不同有机认证标签的 WTP 变化幅度存在较大差异,这种差异也印证了前文提出的"风险感知会给 WTP 带来复杂影响"的研究假设。具体表现为从低风险感知水平到中等风险感知水平,消费者的 WTP 提高较大,尤其是对美国认证标签的支付意愿增长幅度最大(2.643 美元),欧盟认证标签次之(2.267 美元),而中国认证标签仅增长 0.436 美元。但从中等风险感知水平到高风险感知水平,消费者支付意愿增长较小(USORG:0.318 美元,EURORG:0.225 美元),而对中国认证标签的支付意愿则出现微弱下降(-0.075 美元)。这一变化轨迹构成了中国有机食品市场的独特性表现,反映了国内消费者在食品安全风险感知水平不断攀高与信任水平总体下降的现实背景。那些风险感知水平极高的消费者,对食品安全的信任已降至极低水平,也影响了其对有机认证食品的信任,尤其是对中国国内认证标签持怀疑态度,更不愿意为中国有机认证标签支付更高价格。如果食品安全风险持续增强,则当前有机认证的非市场化政策存在进一步降低效率的可能。

六、主要研究结论

本章的研究把消费者对不同认证标签支付意愿间的比较作为评判中国当前有机认证政策有效性的标准。结果表明中国有机认证政策是低效率的,因为消费者更偏好欧美有机标签,但当前中国禁止欧美及其他国家认证食品直接在国内市场销售。本章的研究得出的主要结论如下:

(1)有机认证标签的重要性对消费者而言要高于品牌和产地,说明建立有机认证制度对提高消费者分值效用、促进市场发展的作用要高于品牌和产地。进一步地,在双向交叉效应中,美国认证与中国生产以及 ENFAMIL 品牌与中国生产均存在互补关系,说明中国生产的婴幼儿配方奶粉如果加贴美国有机认证标签或 ENFAMIL 品牌可以提高分值效用。

(2)从消费者对加贴不同有机认证标签的婴幼儿配方奶粉的支付意愿来看,相对于无有机认证标签,消费者更偏好欧盟和美国有机认证标签。如果申请不同有机认证对婴幼儿配方奶粉生产成本影响无差异,那么允许欧美有机认证机构直

---

[1] Ma, Y. and L. Zhang, "Analysis of Transmission Model of Consumers' Risk Perception of Food Safety based on Case Analysis", *Research Journal of Applied Sciences, Engineering and Technology*, Vol. 5, No. 9, 2013, pp. 2686-2691.

接进入中国独立开展认证业务,以及通过海外有机认证的食品在中国市场直接销售的市场化机制才是有效的。

(3)消费者有机食品的认知与食品安全风险感知对加贴不同认证标签的婴幼儿配方奶粉的 WTP 均存在影响。一旦国内消费者对食品安全风险感知以及对有机食品认知达到较高水平,均可能会进一步降低中国当前有机认证非市场化政策的效率。

因此,基于 Coase、Wolf 对于非市场失灵所设定的检验标准①②,中国国内当前有机认证政策是低效的,并随着时间的推移效率有进一步下降的可能。提升国内消费者对国产婴幼儿配方奶粉信任的出路在于,建立有机认证的市场化机制,允许欧美尤其是北美认证机构在中国独立开展认证业务,或允许经欧美认证机构认证的有机婴幼儿配方奶粉在中国市场直接销售,这将有助于提升国内消费者对中国国产婴幼儿配方奶粉的信任。

---

① Coase, R. , "Discussion", *American Economic Review* , Vol. 54 , No. 3 , 1964 , pp. 194-197.

② Wolf, C. , "Markets or Governments: Choosing Between Imperfect Alternatives: A rand Research Study". *Mit Press.* 1993.

第十九章　食品安全风险治理中的市场力量:可追溯猪肉市场消费需求的案例

传统的食品安全风险治理的理论和对策研究以"改善政府监管"为主流范式,提出的解决办法也主要集中在强调"严惩、重典"。从食品安全风险治理制度的变迁过程来看,西方发达国家一开始也是采取政府监管为主导的模式。然而,随着经济社会的不断发展,西方发达国家逐渐认识到,食品安全问题具有复杂性、多样性、技术性和社会性交织在一起的特点,单纯依靠行政部门无法完全应对食品安全风险治理。自 20 世纪 70 年代以来,西方发达国家的食品安全风险治理已经从单一刚性的政府主导模式转向更加强调市场治理的模式。一方面,西方发达国家注重发挥食品供应链核心厂商的作用,通过纵向契约激励来实现食品产出和交易的质量安全。另一方面,国外也通过可追溯系统、标识认证等工具来引导企业在市场上自觉规范自己的行为。尤其是食品可追溯系统目前已经成为西方发达国家预防食品安全风险的主要工具之一。我国政府高度重视食品可追溯体系建设。借鉴欧美等发达国家的经验,我国自 2000 年起开始推进食品可追溯体系建设。2008 年"三鹿奶粉"等重大食品安全事件爆发后,国家商务部、财政部加速分批在全国范围内选择若干个城市作为肉类制品可追溯体系建设的试点城市,努力培育我国安全食品市场体系。2013 年 3 月初发生的"黄浦江死猪事件"成为国内外广泛流传的"免费排骨汤"笑料的严峻事实,再次说明建设食品可追溯体系的极端重要性。党的十八大以后,中央多次强调建设可追溯食品市场,要求通过努力使可追溯食品市场成为市场治理食品安全风险的重要政策工具。本章的研究以辽宁省大连市、河北省石家庄市、江苏省无锡市、宁夏回族自治区银川市、云南省昆明市的 2121 名消费者对不同层次安全信息的可追溯猪肉消费偏好为研究切入点,实证研究现实市场情景下,可追溯食品市场对食品安全风险治理的有效性。

一、文献回顾

欧美的疯牛病危机、动物饲料的二噁英污染引起了消费者对肉类制品的安全恐慌,对肉类制品的原产地标签、可追溯信息、质量认证、动物福利等属性的消费偏好和支付意愿迅速成为国际上研究的热点,并由此推动了欧美国家肉制品可追溯体系与食品标签政策的发展与完善①②③。从本质上而言,可追溯信息、质量认证等均属于食品的信任属性④,消费者在购买与消费后仍然难以识别这些信任属性。

可追溯信息、质量认证标签等被认为是有助于消费者恢复对食品安全信心的重要方式⑤。Ortega 等基于消费者食品安全风险感知,运用选择实验方法研究了中国消费者对猪肉产品质量安全属性的消费偏好,结果显示,消费者偏好具有异质性,对政府认证属性具有较高的支付意愿,然后依次为第三方认证、可追溯性和产品详细信息标签⑥。Loureiro and Umberger 关于美国消费者对牛肉质量安全属性的偏好和支付意愿的研究也得出相似的结论⑦。吴林海等运用联合分析方法研究了消费者对可追溯猪肉属性的偏好,研究结论显示,消费者对可追溯信息的认证属性最为重视,其次为价格和可追溯信息⑧。张振等运用选择实验研究了消费者对食品安全属性的偏好行为,研究发现消费者对政府认证支付意愿最高,并且第三方机构的认证与政府认证具有互补性⑨。而 Ubilava and Foster 对格鲁吉亚的研究发现,消费者对猪肉可追溯属性的支付意愿要高于对质量认证属性的支付意愿,且这两种属性具有替代关系⑩。但是,Verbeke and Ward 对比利时的调查研究发现,消费者比较重视质量保证和保质期等信息,对可追溯信息和原产地信息的

①　R. Clemens and B. A. Babcock, "Meat Traceability: its Effect on Trade", Iowa State University, Department of Economics Staff General Research Papers, 2002.

②　D. L. Dickinson and D. Bailey, "Meat Traceability: are US Consumers Willing to Pay for It?", *Journal of Agricultural and Resource Economics*, Vol. 27, No. 2, 2002, pp. 348-364.

③　U. Enneking, "Willingness to Pay for Safety Improvements in the German Meat Sector: the Case of the Q&S Label", *European Review of Agricultural Economics*, Vol. 31, No. 2, 2004, pp. 205-223.

④　D. Ubilava and K. Foster, "Quality Certification vs. Product Traceability: Consumer Preferences for Informational Attributes of Pork in Georgia", *Food Policy*, Vol. 34, No. 3, 2009, pp. 305-310.

⑤　W. Verbeke, "The Emerging Role of Traceability and Information in Demand-oriented Livestock Production", *Outlook on Agriculture*, Vol. 30, No. 4, 2001, pp. 249-255.

⑥　D. L. Ortega, H. H. Wang, Wu, L. and Olynk, N. J., "Modeling Heterogeneity in Consumer Preferences for Select Food Safety Attributes in China", *Food Policy*, Vol. 36, No. 4, 2011, pp. 318-324.

⑦　M. L. Loureiro and W. J. Umberger, "A Choice Experiment Model for Beef Attributes: What Consumer Preferences Tell us", Selected Paper Presented at the American Agricultural Economics Association Annual Meetings, Denver, CO, August. 2004.

⑧　吴林海、王红纱、朱淀、蔡杰:《消费者对不同层次安全信息可追溯猪肉的支付意愿研究》,《中国人口·资源与环境》2013 年第 8 期。

⑨　张振、乔娟、黄圣男:《基于异质性的消费者食品安全属性偏好行为研究》,《农业技术经济》2013 年第 5 期。

⑩　D. Ubilava and K. Foster, "Quality Certification vs. Product Traceability: Consumer Preferences for Informational Attributes of Pork in Georgia", *Food Policy*, Vol. 34, No. 3, 2009, pp. 305-310.

重视程度并不高[1]。

　　食品的色泽、外观以及鲜嫩程度等属性通常是消费者判断食品质量的外在线索。Alfnes 等研究了消费者对色泽程度不同鲑鱼的支付意愿。结论显示,色泽是鲑鱼最重要的品质属性之一,消费者将色泽看作鲑鱼的质量指标,普遍愿意为色泽较红的鲑鱼多支付一定的额外费用[2]。Grunert 在法国、德国、西班牙和英国的研究表明,消费者评价牛肉质量最重要的属性是肉质的鲜嫩度,而原产地、养殖信息并不影响消费者的质量感知[3]。

　　但也有诸多文献表明,原产地信息是影响消费者选择食品的重要属性。Roosen 等、Chung 等的研究表明,牛肉的原产地信息是影响消费者选择和购买牛肉最重要的因素[4][5]。Alfnes 等、Lim 等研究显示,消费者更偏好国产牛肉,对进口和国产牛肉的偏好和支付意愿具有显著的差别[6][7]。与此同时,消费者对动物福利关注的日益提升正在对食品和活动物市场产生影响[8]。Olesen 等运用真实选择实验研究了挪威消费者对鲑鱼有机认证和动物福利标签的支付意愿,结论显示,消费者对动物福利和养殖的环境效应同样关注,并愿意为动物福利和环保标签支付一定的费用[9]。

　　Burton 等、Loureiro and Umberger 等的研究涉及了消费者个体与社会特征对其

---

① W. Verbeke and R. W. Ward, "Consumer Interest in Information Cues Denoting Quality, Traceability and Origin: An Application of Ordered Probit Models to Beef Labels", *Food Quality and Preference*, Vol. 17, No. 6, 2006, 453-467.

② F. Alfnes, A. G. Guttormsen, G. Steine and K. Kolstad, "Consumers' Willingness to Pay for the Color of Salmon: A Choice Experiment with Real Economic Incentives", *American Journal of Agricultural Economics*, Vol. 88, No. 4, 2006, pp. 1050-1061.

③ K. G. Grunert, "What is in a steak? A Cross-cultural Study on the Quality Perception of Beef", *Food Quality and Preference*, Vol. 20, No. 4, 8(3): 157-174, 1997.

④ J. Roosen and J. L. Lusk, "Consumer Demand for and Attitudes Toward Alternative Beef Labeling Strategies in France, Germany, and the UK", *Agribusiness*, Vol. 19, No. 1, 2003, pp. 77-90.

⑤ C. Chung, T. Boyer and S. Han, "Valuing Quality Attributes and Country of Origin in the Korean Beef Market", *Journal of Agricultural Economics*, Vol. 60, No. 3, 2009, pp. 682-698.

⑥ F. Alfnes, "Stated Preferences for Imported and Hormone-treated Beef: Application of a Mixed Logit Model", *European Review of Agricultural Economics*, Vol. 31, No. 1, 2004, pp. 19-37.

⑦ K. H. Lim and W. Hu, "Maynard L. J. and Goddard E.: U. S. Consumers' Preference and Willingness to Pay for Country-of-Origin-Labeled Beef Steak and Food Safety Enhancements", *Canadian Journal of Agricultural Economics*, Vol. 61, No. 1, 2013, pp. 93-118.

⑧ G. T. Tonsor, N. Olynk and C. Wolf, "Consumer Preferences for Animal Welfare Attributes: The Case of Gestation Crates", *Journal of Agricultural and Applied Economics*, Vol. 41, No. 3, 2009 pp. 713-730.

⑨ I. Olesen, F. Alfnes, M. B. Røra and K. Kolstad, "Eliciting Consumers' Willingness to Pay for Organic and Welfare-Labelled Salmon in a Non-Hypothetical Choice Experiment", *Livestock Science*, Vol. 172, No. 2, 2010, pp. 218-226.

食品消费偏好的影响①②。Lim 等将消费者年龄、性别、收入、受教育程度等特征与原产地属性以交叉项的形式引入模型,测度消费者特征对牛肉原产地属性偏好的影响③。Gracia 等的研究显示,在消费者众多特征中,只有性别、收入和年龄显著影响其对动物福利的偏好④。

归纳国内外经典文献,发现虽然受消费文化和国情差异的影响,不同国家的消费者对食品不同属性的重视程度和偏好不尽相同,但一致的结论是,消费者普遍重视原产地、质量认证、可追溯性、外观、动物福利等属性。目前国际上运用选择实验方法就消费者对食品质量安全属性偏好的研究中,有关的质量安全属性及其层次设置并不符合中国的国情,比如,国外消费者在消费动物制品时非常关注动物福利信息,但目前动物福利信息并未被中国消费者广泛关注。因此,国际文献现有的研究结论是否在中国具有普适性,尚待于进一步的验证。国外学者就中国消费者对猪肉质量安全属性偏好的研究极少,国内的研究也主要集中在消费者对安全食品的支付意愿及影响因素领域。

建设可追溯体系的关键是向消费者提供涵盖全程供应链的安全信息,以便消费者识别食品安全风险。如果安全信息涵盖的环节越多、面越广,则更有助于消费者识别食品安全风险。然而,随着安全信息涵盖的深度与广度的拓展,势必将增加可追溯食品的生产成本,并最终传导到价格上,消费者对可追溯食品的消费必须在安全性与高价格间做出权衡。因此,基于食品安全风险防范与价格之间权衡,生产与供应为多数消费者可以接受的可追溯食品是建设我国安全食品市场的前提。本章研究的理论意义就在于,以食品的偏好与支付行为为研究起点,通过全轮廓联合分析(Conjoint Value Analysis, CVA)估算出可追溯猪肉各属性层次的效用分值,并进行市场模拟,基于可追溯食品市场消费需求,探究消费者可以接受的可追溯猪肉市场体系发展的基本路径。同时本章的研究也具有重要的实践价值,研究结论可能对引导食品生产方式与消费市场的转型,防范食品安全风险,保障食品安全水平提供参考。

① M. Burton, D. Rigby, T. Young and S. James, "Consumer Attitudes to Genetically Modified Organisms in Food in the UK", *European Review of Agricultural Economics*, Vol. 28, No. 4, 2001, pp. 79-498.

② M. L. Loureiro and W. J. Umberger, "A Choice Experiment Model for Beef Attributes: What Consumer Preferences Tell us", Selected paper presented at the American Agricultural Economics Association Annual Meetings, Denver, CO, August. 2004.

③ K. H. Lim and W. Hu, "Maynard L. J. and Goddard E.: U. S. Consumers' Preference and Willingness to Pay for Country-of-Origin-Labeled Beef Steak and Food Safety Enhancements", *Canadian Journal of Agricultural Economics*, Vol. 61, No. 1, 2013, pp. 93-118.

④ A. Gracia, M. L. Loureiro and Jr. R. M. Nayga, "Consumers' Valuation of Nutritional Information: A choice Experiment Study", *Food Quality and Preference*, Vol. 20, No. 7, 2009, pp. 463-471.

二、研究方法

　　研究主要以可追溯猪肉为案例,通过分析消费者对不同属性与层次组合的可追溯食品的消费偏好,探讨发展我国可追溯猪肉市场体系的基本路径。从理论上分析,消费偏好决定效用进而影响消费者的支付行为[①]。目前国际上学者们对消费者安全食品的消费偏好的研究主要运用假想价值评估法(Contingent Valuation Method,CVM)、选择实验法(Choice Experiment,CE)、实验拍卖法(Experimental Auctions,EA)、联合分析方法(Conjoint Analysis,CA)等方法展开。Angulo 等、Chen and Zhang、Angulo and Gil、吴林海等、Wu 等、Zhang 等运用 CVM 研究了消费者对于可追溯食品的偏好及支付意愿[②③④⑤⑥⑦]。然而由于 CVM 是在假想市场环境下进行,通常会出现消费者夸大实际消费意愿的策略性偏误,其有效性和可信度备受质疑[⑧⑨⑩],且难以在研究消费偏好的基础上进一步研究消费效用,更难以模拟研究消费者可以接受的安全食品的市场方案。Loureiro and Umberger、Ortega 等、Ubilava and Foster 则运用 CE 分别分析了美国、中国和格鲁吉亚消费者对于肉类制

　　① G. A. Jehle, P. J. Reny, "Advanced Microeconomic Theory", Gosport:Ashford Colour Press Ltd, 2001.

　　② A. M. Angulo, J. M. Gil and L. Tamburo, "Food Safety and Consumers' Willingness to Pay for Labelled Beef in Spain", *Journal of Food Products Marketing*, 2005, Vol. 11, No. 3, pp. 89-105.

　　③ L. H. Chien and Y. C. Zhang, "Food Traceability System—An Application of Pricing on the Integrated Information", The 5th International Conference of the Japan Economic Policy Association, Tokyo, Japan, December 2-3, 2006.

　　④ A. M. Angulo and J. M. Gil, "Risk perception and Consumers Willingness to pay for Beef in Spain", *Food Quality and Preference*, 2007, Vol. 18, No. 8, pp. 1106-1117.

　　⑤ 吴林海、徐玲玲、王晓莉:《影响消费者对可追溯食品额外价格支付意愿与支付水平的主要因素——基于 Logistic、Interval Censored 的回归分析》,《中国农村经济》2010 年第 4 期。

　　⑥ W. Linhai, X. Lingling and Z. Dian, "Factors Affecting Consumer Willingness to Pay for Certified Traceable Food in Jiangsu Province of China", *Canadian Journal of Agricultural Economics*, 2012, Vol. 60, No. 3, pp. 317-333.

　　⑦ Z. Caiping, B. Junfei and T. I. Wahl, "Consumers' Willingness to pay for Traceable Pork, Milk, and Cooking oil in Nanjing,China", *Food Control*, 2012, Vol. 27, No. 1, pp. 21-28.

　　⑧ P. A. Diamond and J. A. Hausman, "Contingent Valuation:Is Some Number Better than no Number?", *The Journal of Economic Perspectives*,1994, Vol. 8, No. 4, pp. 45-64.

　　⑨ W. M. Hanemann, "Valuing the Environment Through Contingent Valuation", *The Journal of Economic Perspectives*, Vol. 8, No. 4,1994, pp. 19-43.

　　⑩ 张志强、徐中民、程国栋:《条件价值评估法的发展与应用》,《地球科学进展》2003 年第 3 期。

品的偏好①②③。然而,CE虽然可以通过调查分析消费者对安全食品的评价并可分解研究消费者对安全食品各主要属性与层次的偏好,但是也存在难以满足不相关独立选择(Independence from Irrelevant Alternatives)的缺陷④。基于显示性偏好公理(Generalized Axiom of Revealed Preference),实证经济学倾向于通过消费者支付行为研究其显示性偏好。比如,Dickinson and Bailey、Hobbs等分别运用EA研究了消费者对可追溯食品的消费偏好⑤⑥。但EA操作复杂且成本较高⑦,这一方法也被质疑尚不是严格意义上的RP的研究方法⑧,最终实验结果还需要消费者支付行为数据的验证。

可追溯猪肉属性,本质上是指消费者通过购买可追溯猪肉能够满足猪肉消费安全性需要的特性。已有的研究指出,产品的层次(Levels)是产品属性的不同取值⑨,属性的不同层次组合形成产品轮廓(Profiles),产品的不同属性与相对应的层次决定产品的消费效用(Utility),进而影响消费者对产品的偏好⑩。因此,从我国的实际出发,研究消费群体对可追溯猪肉的偏好,必须为消费者提供包括可追溯安全信息、可追溯安全信息的认证和价格等属性的不同层次组合的可追溯猪肉轮廓,并由消费者对不同属性与层次组合的可追溯猪肉轮廓进行打分、排序或选择,在此基础上借助相关的分析工具估算消费者对可追溯猪肉各属性层次的效用参数,模拟不同层次的可追溯猪肉的市场份额,由此来探讨我国发展可追溯猪肉市场体系的基本路径。而已有的研究表明,CA是最合适的研究此问题的方法。到

---

① M. L. Loureiro and W. J. Umberger, "A Choice Experiment Model for Beef: What US Consumer Responses Tell Us about Relative Preferences for Food Safety, Country-of-origin Labeling and Traceability", *Food Policy*, Vol. 32, No. 4, 2007, pp. 496-514.

② D. L. Ortega, H. H. Wang, L. Wu and N. J. Olynk, "Modeling Heterogeneity in Consumer Preferences for Select Food Safety Attributes in China", *Food Policy*, Vol. 36, No. 4, 2011, pp. 318-324.

③ D. Ubilava and K. Foster, "Quality Certification vs. Product Traceability: Consumer Preferences for Informational Attributes of Pork in Georgia", *Food Policy*, Vol. 34, No. 3, 2009, pp. 305-310.

④ M. L. Loureiro and W. J. Umberger, "A Choice Experiment Model for Beef: What US Consumer Responses Tell Us about Relative Preferences for Food Safety, Country-of-origin Labeling and Traceability", *Food Policy*, Vol. 32, No. 4, 2007, pp. 496-514.

⑤ D. L. Dickinson and D. Bailey, "Meat Traceability: are US Consumers Willing to Pay for It?", *Journal of Agricultural and Resource Economics*, Vol. 27, No. 2, 2002, pp. 348-364.

⑥ J. E. Hobbs, D. Bailey, D. L. Dickinson and M. Haghiri, "Traceability in the Canadian Red Meat Sector: Do Consumers Care?", *Canadian Journal of Agricultural Economics*, Vol. 53, No. 1, 2005, pp. 47-65.

⑦ J. E. Hobbs, D. Bailey, D. L. Dickinson and M. Haghiri, "Traceability in the Canadian Red Meat Sector: Do Consumers Care?", *Canadian Journal of Agricultural Economics*, Vol. 53, No. 1, 2005, pp. 47-65.

⑧ 朱淀、蔡杰:《实验拍卖理论在食品安全研究领域中的应用:一个文献综述》,《江南大学学报(人文社会科学版)》2012年第1期。

⑨ 菲利普·科特勒:《营销管理》,卢泰宏、高辉译,中国人民大学出版社2001年版。

⑩ K. J. Lancaster, "A New Approach to Consumer Theory", *Journal of Political Economy*, Vol. 74, No. 2, 1966, pp. 132—157.

目前为止,CA 形成了由普通的全轮廓方法(Full Profile Approach,FPA)、自适应联合分析(Adaptive Conjoint Analysis,ACA)、全轮廓联合分析(CVA)、基于选择的联合分析(Choice-Based Conjoint,CBC)等多种方法为主体的联合分析方法体系。FPA 一直是国际上研究消费者对蛋类、肉制品、蔬菜水果、橄榄油、功能型食品、转基因食品等偏好的最常用的 CA 方法。代表性的研究有:Murphy 等应用 FPA 研究了爱尔兰消费者对包含不同属性的蜂蜜偏好,认为价格是影响消费偏好的最重要属性[①]。同样地,Mesias 等对西班牙消费者对有机鸡蛋的偏好也得出相似的结论[②]。Mesias 等运用 FPA 估计了牛肉不同属性的相对重要性,根据相同的消费偏好细分了消费者市场,研究表明原产地是影响西班牙消费者偏好的最重要属性,市场供应的最佳方案应该是具有是原产地、质量标签、饲养方式等属性组合的多层次牛肉品种[③]。Furnols 等运用 FPA 分别研究了西班牙、法国和英国的消费偏好,认为原产地是影响羊肉消费偏好的最主要因素,而价格、饲养方式等并不是最重要的属性[④]。

　　CBC 也被广泛应用于对食品消费偏好的研究。近年来,国际上运用 CBC 研究消费者偏好的典型文献是:Rokka 和 Uusitalo 研究了芬兰消费者对于功能型饮料的偏好,结果显示价格、环保型包装、包装的便利性、品牌的属性相对重要性分别为 35%、34%、17%、15%[⑤]。Abidoye 等研究了美国消费者对于牛肉质量属性的偏好,得出的结论是消费者对可追溯性、用草饲养以及美国原产地属性较为重视并愿意为这些属性支付一定的溢价[⑥]。Chang 等研究了美国消费者对于豆制品相关属性的支付意愿,结论显示口味是影响消费者对豆制品偏好与支付意愿的最关键因素[⑦]。但 CBC 的缺陷在于,相对于 CVA 需要更大的样本才能达到估计的精确

---

①　M. Murphy, C. Cowan and M. Henchion, "Irish Consumer Preferences for Honey: A Conjoint Approach", *British Food Journal*, Vol. 102, No. 8, 2000, pp. 585-598.

②　F. J. Mes'ias, F. Mart'ınez-Carrasco, J. M. Mart'ınez and P. Gaspara, "Functional and Organic Eggs as an Alternative to Conventional Production: a Conjoint Analysis of Consumers' Preferences", *Journal of the Science of Food Agriculture*, Vol. 91, No. 3, 2011, pp. 532-538.

③　F. J. Mes'ias, M. Escribano and A. D. Ledesma, et al., "Consumers' Preferences for Beef in the Spanish region of Extremadura: a Study Using Conjoint Analysis", *Journal of the Science of Food and Agriculture*, Vol. 85, No. 14, 2005, pp. 2487-2494.

④　M. F. Furnols, C. Realini and F. Montossi, et al., "Consumer's Purchasing Intention for Lamb Meat Affected by Country of Origin, Feeding System and Meat price: A Conjoint Study in Spain, France and United Kingdom", *Food Quality and Preference*, Vol. 22, No. 5, 2011, pp. 443-451.

⑤　J. Rokka and L. Uusitalo, "Preference for Green Packaging in Consumer Product Choices—Do Consumers care?", *International Journal of Consumer Studies*, Vol. 32, No. 5, 2008, pp. 516-525.

⑥　B. O. Abidoye, H. Bulut and J. D. Lawrence, et al., "U. S. Consumers' Valuation of Quality Attributes in Beef Products", *Journal of Agricultural and Applied Economics*, Vol. 43, No. 1, 2011, pp. 1-12.

⑦　J. B. Chang, W. Moon and S. K. Balasubramanian, "Consumer Valuation of Health Attributes for Soy-based food: A Choice Modeling Approach", *Food Policy*, Vol. 37, No. 3, 2012, pp. 335-342.

度。如果属性数目设定过多，而受访者必须在做出选择前阅读几个产品轮廓信息，受访者的信息负荷容易超载，数据的质量就可能因此受到影响，故在数据收集上也并不是最有效率的方式。

Genhardy和Ness应用ACA研究了英国消费者对于鸡蛋相关属性(生产方法、价格、原产地、新鲜程度)的偏好，研究显示消费者对于鸡蛋属性的偏好具有很大的差异，并据此提出了满足多层次消费偏好的市场组合方案[①]。Mennecke等综合运用ACA和CBC研究了美国消费者对于牛排的消费偏好，结论是原产地是最重要的属性，其次为动物繁殖信息、可追溯性、动物饲养等，产地来自安格斯(Angus)，并用谷物和草混合喂养且可追溯至农场的牛排是市场上最受青睐的[②]。但ACA具有容易低估价格属性的重要性、无法测算食品属性之间交互效应的缺陷[③]，被认为在属相数目超过6个且价格并不是研究重点的情形下最合适的方法。

黄璋如运用CVA探讨了台湾消费者对包括安全、认证、价格及外观四种属性的安全蔬菜的重视程度，并在此基础上分析了消费者对具有不同层次信息属性的农产品偏好[④]。研究结果显示，消费者偏好有机农产品、政府质量认证、价格低与外观鲜嫩的农产品。当属性数目不超过6个，样本数据又相对较小，CVA具有独特的优势:问卷中任务(Task)呈现的方式可以是单一轮廓(Single Concept)或者是配对轮廓(Pairwise Task)，配对轮廓一次提供受访者对比的两个产品轮廓(见图19-2)，比较的特性使得受访者能更好地区分产品属性的差异，从而获取更多的信息。

归纳现有的研究，国际上运用FPA、CBC、ACA、CVA等研究消费者对食品属性偏好的典型文献见表19-1。进一步分析，不难发现，国外的研究也有其局限性。尤其表现在，与FPA、CBC、ACA等研究方法相比较，目前国际上运用CVA来研究消费者对食品属性偏好和支付意愿的文献极少，CVA的优势在此研究领域并未充分发挥，尤其是CVA能够细分食品市场，并能够估算不同属性层次同类食品的市场份额这一优势未能在现有的文献中得以体现[⑤]；更为重要的是，目前国际上运用

---

① H. Gerhardy and M. R. Ness,"Consumer Preferences for Eggs Using Conjoint Analysis", *World's Poultry Science Journal*, Vol. 51, No. 5, 1995, pp. 203-214.

② B. E. Mennecke, A. M. Townsend and D. J. Hayes, et al., "A Study of the Factors that Influence Consumer Attitudes toward Beef Products using the Conjoint Market Analysis Tool", *Journal of animal science*, Vol. 85, No. 10, 2007, pp. 2639-2659.

③ 产品属性之间总是存在或大或小的交互作用，它反映了某一属性对其他属性效用值相互促进或抑制的作用。

④ 黄璋如:《消费者对蔬菜安全偏好之联合分析》,《农业经济半年刊》1999年第66期。

⑤ A. Krystallis and M. Ness, "Consumer Preferences for Quality Foods from a South European Perspective: A Conjoint Analysis Implementation on Greek Olive Oil", *International Food and Agribusiness Management Review*, Vol. 8, No. 2, 2005, pp. 62-91.

表 19-1　CA 研究消费者对食品属性品偏好的典型文献

作者	国家或地区	联合分析方法	食品类型	食品属性的相对重要性
Anna Claret 等①	西班牙	FPA	海水鱼	原产地(42.96%)、储藏条件(20.58%)、价格(19.13%)、获得方式(18.01%)
M. Font I Furnols 等②	西班牙,法国,英国	FPA	羊肉	原产地(56.70%)、饲养体系(26.21%)、价格(17.09%)
Berta Schnettler 等③	智利	FPA	牛肉	原产地(40.19%)、屠宰前处理信息(32.70%)、价格(27.11%)
Lichtenberg L 等④	德国	FPA	猪肉/鸡肉	价格(37%)、可追溯(27%)、QS标签(18%)、详细的标签(17%)
Athanasios Krystallis 等⑤	希腊	FPA	橄榄油	原产地(21.71%)、有机标签(19.07%)、健康信息(16.96%)、HACCP认证(11.11%)、ISO认证(9.58%)、品牌(8.1%)、价格(7.17%)、包装(6.29%)
Jae Bong Chang 等⑥	美国	CBC	豆制品	口感、蛋白质含量、健康信息、价格
Abidoye 等⑦	美国	CBC	牛肉	可追溯、饲养、原产地

① A. Claret, L. Guerrero and E. Aguirre, et al., "Consumer Preferences for sea Fish Using Conjoint Analysis: Exploratory Study of the Importance of Country of Origin, Obtaining Method, Storage Conditions and Purchasing Price", Food Quality and Preference, Vol. 26, No. 2, 2012, pp. 259-266.

② M. F. Furnols, C. Realini and F. Montossi, et al., "Consumer's Purchasing Intention for Lamb Meat Affected by Country of Origin, Feeding System and Meat Price: A Conjoint Study in Spain, France and United Kingdom", Food Quality and Preference, Vol. 22, No. 5, 2011, pp. 443-451.

③ B. Schnettler, R. Vidal and R. Silva, et al., "Consumer Willingness to pay for Beef Meat in a Developing Country: The Effect of Information Regarding Country of origin, Price and Animal Handling Prior to Slaughter", Food Quality and Preference, Vol. 20, No. 2, 2009, pp. 156-165.

④ L. Lichtenberg, S. J. Heidecke and T. Becker, "Traceability of Meat: Consumers' associations and Their Willingness-to-pay", 12th Congress of the European Association of Agricultural Economists — EAAE 2008.

⑤ A. Krystallis and M. Ness, "Consumer Preferences for Quality Foods from a South European Perspective: A Conjoint Analysis Implementation on Greek Olive Oil", International Food and Agribusiness Management Review, Vol. 8, No. 2, 2005, pp. 62-91.

⑥ J. B. Chang, W. Moon and S. K. Balasubramanian, "Consumer Valuation of Health Attributes for Soy-based Food: A Choice Modeling Approach", Food Policy, Vol. 37, No. 3, 2012, pp. 335-342.

⑦ B. O. Abidoye, H. Bulut and J. D. Lawrence, et al., "U. S. Consumers' Valuation of Quality Attributes in Beef Products", Journal of Agricultural and Applied Economics, Vol. 43, No. 1, 2011, pp. 1-12.

（续表）

作者	国家或地区	联合分析方法	食品类型	食品属性的相对重要性
Joonas Rokka 等①	芬兰	CBC	功能型饮料	品牌（14.58%）、包装材料（34.01%）、包装便利性（16.90%）、价格（34.51%）
B. E. Mennecke 等②	美国	ACA & CBC	牛肉	原产地（23.12%）、生长促进剂（14.47%）、价格（12.51%）、肉质细嫩保证（11.04%）、可追溯（8.96%）、有机认证（7.96%）、动物繁殖（5.80%）、挑选方式（5.64%）、动物饲养（5.36%）
HUBERT GERHARDY 等③	英国	ACA	鸡蛋	价格、新鲜程度、原产地、生产方式
黄童如 等④	台湾	CVA	蔬菜	安全类型（34.19%）、认证（32.76%）、价格（20.98%）、外观（12.07%）

注：表中未给出属性相对重要性的情况是文献研究了多种食品，或仅分析了不同类型消费者对食品属性的相对重要性。

① J. Rokka and L. Uusitalo, "Preference for Green Packaging in Consumer Product Choices—Do Consumers Care?", *International Journal of Consumer Studies*, Vol. 32, No. 5, 2008, pp. 516-525.
② B. E. Mennecke, A. M. Townsend and D. J. Hayes, et al., "A Study of the Factors that Influence Consumer Attitudes Toward Beef Products Using the Conjoint Market Analysis Tool", *Journal of animal science*, Vol. 85, No.10, 2007, pp. 2639-2659.
③ H. Gerhardy and M. R. Ness, "Consumer preferences for eggs using conjoint analysis", *World's Poultry Science Journal*, Vol. 51, No. 5,1995, pp. 203-214.
④ 黄童如：《消费者对蔬菜安全偏好之联合分析》，《农业经济半年刊》1999年第66期。

FPA、CBC、ACA、CVA 等就消费者对食品属性偏好的研究中,很显然食品的属性与层次设置不符合中国的国情,而且研究结论在中国是否具有普适性也尚待验证,比如在国外学者的研究认为生猪的饲养方式等并不是最重要的属性[①],而 2013 年 3 月初发生了"黄浦江死猪事件"再次说明目前养殖环节恰恰是我国全程猪肉供应链体系中安全风险最大的环节。本章的研究基于 CVA 方法,借鉴国际上现有的研究成果,以可追溯猪肉为案例,从中国可追溯猪肉属性与层次设置的实际出发,研究消费者对不同属性与层次组合的可追溯食品的消费偏好,探讨我国可追溯食品市场体系建设的基本路径。

三、可追溯猪肉属性与层次的设定与问卷设计

我国是猪肉生产和消费大国。联合国粮农组织与国家统计局的统计数据显示,2011 年中国猪肉产量为 5155.88 万吨,占全球猪肉产量的 47.46%;城镇、农村居民人均猪肉消费量分别为 20.63kg、14.42kg,分别占肉禽类消费比重的 58.66%、69.13%[②]。近年来,"瘦肉精""抗生素残留超标""垃圾猪"等恶性食品安全事件的曝光,导致猪肉质量安全成为全社会关注的焦点问题[③][37]。出于标准化的考虑,并且为了有效排除其他猪肉品质特征对消费者选择的影响,本章的研究选取猪后腿肉为案例展开具体研究。

完整的猪肉制品的可追溯体系所包含的安全信息不仅应具有原产地、动物福利、质量安全认证等,还应涵盖生产、加工、流通等主要环节的重要信息[④]。姜利红等的研究认为猪肉可追溯系统应包括养殖环节(饲料、兽药、免疫、生猪检疫)、屠宰环节(屠宰前后检验、冷却)、配送环节(配送温度、销售商与包装材料)等信息[⑤]。张可等则认为猪肉可追溯体系应实现猪肉养殖、屠宰、加工、物流、销售全程的信息追踪和溯源[⑥]。由于消费文化与国情的差异,国外学者极为关注可追溯肉类制品的原产地和动物福利信息。Sparling 等分析认为动物原产地信息包含从养

---

①　M. F. Furnols, C. Realini and F. Montossi, et al., "Consumer's Purchasing Intention for Lamb Meat Affected by Country of Origin, Feeding System and Meat Price: A Conjoint Study in Spain, France and United Kingdom", *Food Quality and Preference*, Vol. 22, No. 5, 2011, pp. 443-451.

②　数据来源:联合国粮农组织数据库(FAOSTAT)和《中国统计年鉴(2012)》。

③　张跃华、邹小撑:《食品安全及其管制与养猪微观行为—基于养猪户出售病死猪及疫情报告的问卷调查》,《中国农村经济》2012 年第 7 期。

④　吴林海、卜凡、朱淀:《消费者对含有不同质量安全信息可追溯猪肉的消费偏好分析》,《中国农村经济》2012 年第 10 期。

⑤　姜利红、潘迎捷、谢晶等:《基于 HACCP 的猪肉安全生产可追溯系统溯源信息的确定》,《中国食品学报》2009 年第 2 期。

⑥　张可、柴毅、翁道磊等:《猪肉生产加工信息追溯系统的分析和设计》,《农业工程学报》2010 年第 4 期。

殖、加工到最后销售的整个供应链过程信息,而 Hobbs 则认为原产地信息仅指养殖环节的信息[1][2]。动物福利强调的是动物在养殖、屠宰、运输等一系列过程中的福利待遇,国外消费者认为动物福利的改善将会减少疫病发生的概率,提高肉类制品的安全保障,并由此比较关注动物的福利信息。国内的消费者尚未形成对可追溯肉类制品提供原产地与动物福利信息的诉求。从我国目前猪肉制品全程供应链体系的实际来分析,安全风险主要发生在生猪养殖环节,突出地表现为养殖户普遍滥用抗生素、违规使用饲料添加剂、病死猪流入市场等问题[3],而在屠宰环节也较为普遍地存在着操作不当造成病原菌交叉感染等问题,运输环节中则存在温度控制不当、环境不洁、包装材料使用不当而导致微生物滋生腐败,具有潜在的污染源等问题[4]。根据相关文献,图 19-1 汇总了中国猪肉供应链体系主要环节的安全风险。由此表明,中国目前猪肉制品的安全风险主要发生在生猪养殖、屠宰加工、流通销售等环节上。因此,基于国内外现有的研究,从我国猪肉制品全程供应链体系存在的安全风险的实际出发,本章的研究对可追溯猪肉设置了可追溯安

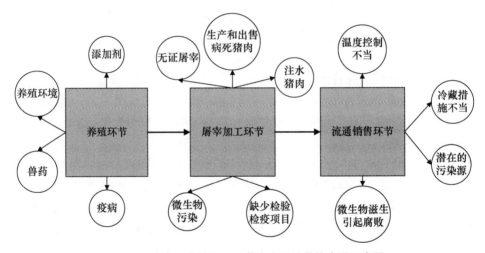

图 19-1 猪肉供应链主要环节安全风险具体表现示意图

① D. Sparling, S. Henson and S. Dessureault, et al. , "Costs and Benefits of Traceability in the Canadian Dairy-Processing Sector", *Journal of Food Distribution Research Distribution Research*, Vol. 37, No. 1, 2006, pp. 160-166.

② J. E. Hobbs, "A Transaction Cost Analysis of Quality, Traceability and Animal Welfare Issues in UK Beef Retailing", *British Food Journal*, Vol. 98, No. 6, 1996, pp. 16-26.

③ 张跃华、邹小撑:《食品安全及其管制与养殖户微观行为—基于养猪户出售病死猪及疫情报告的问卷调查》,《中国农村经济》2012 年第 7 期。

④ 姜利红、潘迎捷、谢晶等:《基于 HACCP 的猪肉安全生产可追溯系统溯源信息的确定》,《中国食品学报》2009 年第 2 期。

全信息、可追溯安全信息的认证和价格三个属性,对应的属性设置了如表 19-2 所示的不同层次。其中可追溯猪肉的安全信息的属性层次设定为猪肉养殖、屠宰与运输等三类信息,基本覆盖猪肉制品全程供应链体系中主要环节;可追溯安全信息的认证属性层次的设定参考黄璋如的无认证、第三方独立机构与政府机构认证三个层次[1];根据对具有不同安全信息属性可追溯猪肉价格的估算,以普通猪肉为参照,采用上浮的方式设定可追溯猪肉的价格层次,不仅能更好地考察消费者对可追溯猪后腿肉的支付意愿,也能避免对不同城市统一价格研究产生的偏误。

表 19-2 可追溯猪肉属性及层次设定

属性	层次与定义	效应代码
1. 可追溯安全信息	1. 可追溯码显示养殖信息、屠宰信息、运输信息(X_1)	$X_2 = -1; X_3 = -1$
	2. 可追溯码显示养殖信息、屠宰信息(X_2)	$X_2 = 1; X_3 = 0$
	3. 可追溯码显示养殖信息(X_3)	$X_1 = 0; X_2 = 1$
2. 可追溯安全信息的认证	1. 政府机构认证可追溯信息(X_4)	$X_5 = -1; X_6 = -1$
	2. 第三方独立机构认证(X_5)	$X_5 = 1; X_6 = 0$
	3. 无机构认证可追溯信息(X_6)	$X_5 = 0; X_6 = 1$
3. 价格	1. 价格上浮 1%—10%(X_7)	$X_8 = -1; X_9 = -1; X_{10} = -1$
	2. 价格上浮 10%—20%(X_8)	$X_8 = 1; X_9 = 0; X_{10} = 0$
	3. 价格上浮 20%—30%(X_9)	$X_8 = 0; X_9 = 1; X_{10} = 0$
	4. 价格上浮 30%—40%(X_{10})	$X_8 = 0; X_9 = 0; X_{10} = 1$

食品的不同属性与相对应的不同层次组合构成了食品轮廓。消费者若辨别轮廓超过 15—20 个将产生疲劳[2],通过采用最少的任务数来消费者提高选择效率是合理的选择。表 19-2 显示,本章的研究设定的可追溯猪肉不同层次的安全信息属性共有 $3 \times 3 \times 4 = 36$ 个组合轮廓,消费者需要在 1260 个选择集中做出比较选择,显然这在实际操作中难以实现。因此,在运用 SSIweb7.0 的具体操作中引入随机法,设计多个版本的问卷,以减少受访者受心理因素以及前后关联问题的影响,并由此提高设计效率。设计的每个版本的问卷任务数均为 8[3],并选取随机生成的设计效率(D-efficiency)最高的 10 个版本[4]。最终的问卷设计效率检验见表 19-3。

---

① 黄璋如:《消费者对蔬菜安全偏好之联合分析》,《农业经济半年刊》1999 年第 66 期。

② P. E. Rossi, R. E. McCulloch and G. M. Allenby, "The Value of Purchase History Data in Target Marketing", *Marketing Science*, Vol. 15, No. 4, 1996, pp. 321-340.

③ 按照部分析因设计(fractional factorial design)的要求,最少任务数 = 总层次数目—总属性数目 + 1。本章的研究设计中,总层次数目为 10,总属性数目为 3,所以最少任务数应该为 8。

④ 设计效率(D-efficiency)是从正交程度来测度问卷设计的优良性。一个好的设计应该是正交和平衡的,最高的估计效率可达 100。

表 19-3　CVA 问卷设计功效检验

属性	层次	频率	实际标准差	理想标准差 *	OLS 功效
可追溯安全信息	1	50	—	—	—
	2	51	0.1607	0.1545	0.9245
	3	59	0.1536	0.1545	1.0118
可追溯安全信息的认证	1	43	—	—	—
	2	64	0.1581	0.1518	0.9226
	3	57	0.1532	0.1518	0.9818
价格	1	41	—	—	—
	2	40	0.1895	0.1808	0.9101
	3	45	0.1777	0.1808	1.0359
	4	34	0.1718	0.1808	1.1082
平均			—	—	0.9849

* 理想标准差为满足正交设计的标准差。

从表 19-3 可以看出,OLS 功效均值为 0.9849,达到中等水平。此外,除价格属性的第四层次实际标准差与理想标准差差异较大外,其他属性层次的设计误差均在 10% 以内。差异产生的原因在于,本章的研究采用了非平衡设计,且因条件限制采用纸质问卷降低了版本数量。图 19-2 为 CVA 任务样例。每一个任务各由左右两个属性与层次不同的可追溯猪后腿肉轮廓组成,并呈现给受访者进行实验选择。受访者需在轮廓下 9 分制量表(1 代表强烈喜欢左边的产品轮廓,9 代表强烈喜欢右边的产品轮廓,5 代表无差别)进行打分。受访者在实验后还需回答年龄、性别、学历、收入等基本信息,以及购买猪后腿肉时首先考虑的因素、对当前食品安全状况的满意度、是否知道"瘦肉精"事件、对可追溯信息的认知等相关问题,用

任务1:下面选项您喜欢哪一个?

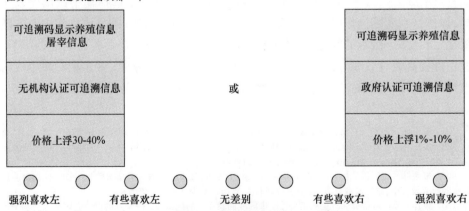

图 19-2　CVA 任务样例

来考察相关因素对消费者偏好可能产生的影响。

四、实验城市与样本的统计性分析

为加快我国可追溯食品市场体系建设,2010 年 10 月起国家商务部、财政部分 2 批选择了 20 个城市作为肉类可追溯体系建设的试点城市。本章的研究分别选取试点城市的辽宁省大连市、河北省石家庄市、江苏省无锡市、宁夏回族自治区银川市、云南省昆明市等五个城市为实验地点。这五个城市分别分布在我国的东北、华北、华东、西北与西南地区。对五个城市分别展开的预调研发现,消费者猪肉的主要购买场所大多为超市和食品专卖店。在后续具体的调查中分别在这五个城市的城区若干个超市和食品专卖店设立调查点随机调查消费者(简称受访者)。比如,在无锡选择了位于无锡市区中心人流量较大的家乐福、沃尔玛和华润万家超市。调查由经过训练的调查员与受访者一对一访谈的方式进行。为了保证调查样本的随机性,在调查中统一采取选择进入调查员视线的第三位消费者作为受访者的方法[①]。本次实验分别在上述五个城市均等发放 550 份数量的调查问卷(10 个不同版本,每个版本均为 55 份),对应分别回收了问卷 519 份、521 份、527 份、514 份和 528 份,共计 2609 份问卷,其中回答完整的有效问卷总计 2121 份,有效率达 77.13%。

表 19-4 描述了本次调查的受访者的基本统计特征。在受访者中,女性占 56.44%,比例略高于男性;年龄分布在 26—40 岁、41—55 岁的消费者比例分别为 49.01%、31.19%,构成了受访者的主体;高中学历及以下居多,占总体样本比例的 64.36%;受访者个体的月收入在 2000—5999 元的受访者占 51.98%。67.82% 的受访者家中有 18 岁以下的小孩,且高达 89.11% 的受访者表示知道"瘦肉精"事件。

虽然受访者中有 54.95% 表示并不了解可追溯信息和可追溯食品,仅有 8.42% 的受访者十分了解可追溯信息和可追溯食品,但超过一半(57.43%)的受访者还是认为可追溯信息可以增强食品安全。分别有 35.15%、61.88% 的受访者对可追溯信息的真实性持完全相信和半信半疑的态度。受访者对政府认证之后可追溯信息的真实性持完全相信和半信半疑态度的比例分别为 66.34%、29.21%;对第三方认证的可追溯信息的真实性,上述比例相对应为 35.15%、53.47%,说明消费者对政府认证的可追溯信息的信任度较高。分别有 72.28%、

①　W. Linhai, X. Lingling and Z. Dian,"Factors Affecting Consumer Willingness to Pay for Certified Traceable Food in Jiangsu Province of China", *Canadian Journal of Agricultural Economics*, Vol. 60, No. 3, 2012, pp. 317-333.

58.91% 的受访者认为养殖、屠宰是可追溯猪肉安全信息中第一、第二重要的信息,说明消费者对可追溯信息中具体信息的偏好较为一致。

表 19-4　样本统计特征

统计特征	分类指标	人数(人)	有效比例(%)
性别	男	924	43.56
	女	1197	56.44
年龄	25 岁及以下	231	10.89
	26—40 岁	1039	48.99
	41—55 岁	662	31.21
	56 岁及以上	189	8.91
学历	高中及以下	1365	64.36
	大专及本科	735	34.65
	研究生及以上	21	0.99
个体月收入	2000 元以下	850	40.08
	2000—5999 元	1103	52.00
	6000 元及以上	168	7.92
家中是否有 18 岁以下小孩	是	1439	67.85
	否	682	32.15
是否知道瘦肉精事件	知道	1890	89.11
	不知道	231	10.89

五、CVA 模型估算的消费者偏好

Lancaster 认为,消费者效用源自商品所具有的属性而非商品本身[1]。本章在此所研究的可追溯猪肉可以被视为可追溯安全信息、可追溯安全信息的认证以及价格等属性的组合。消费者将在预算约束下选择可追溯猪肉的属性组合以实现其自身效用的最大化。CVA 通过组合可追溯猪肉各种属性的不同层次,以模拟可供消费者选择的不同轮廓,满足 Lancaster 的效用理论假设[2],因而是模拟消费者可追溯猪肉实际偏好与购买决策的合适方法。

令 U_{imt} 为消费者 i 在 t 情形下从选择空间 C 的 J 子集中选择第 m 个可追溯猪

---

① K. J. Lancaster, "A New Approach to Consumer Theory", *Journal of Political Economy*, Vol. 74, No. 2, 1966, pp. 132-157.

② D. L. Ortega, H. H. Wang, L. Wu and N. J. Olynk, "Modeling Heterogeneity in Consumer Preferences for Select Food Safety Attributes in China", *Food Policy*, Vol. 36, No. 4, 2011, pp. 318-324.

肉轮廓所获得的效用 U_{imt},包括两个部分[1]:第一是确定部分 V_{imt};第二是误差项 ε_{imt},即:

$$U_{imt} = V_{imt} + \varepsilon_{imt} \tag{1}$$

$$V_{imt} = \beta_i' X_{imt} \tag{2}$$

其中,β_i 为消费者 i 的分值(Part Worth)向量,X_{imt} 为第 m 个可追溯猪肉轮廓的属性向量。

如果 ε_{imt} 服从正态分布且不考虑情形,则(1)式成为 FPA 的估计方法。基于 FPA 需要对所有可追溯猪肉轮廓进行排序并打分,因此轮廓总数受到限制,Green et al. (1978)认为 FPA 的总轮廓数不能超过 30 个[2]。为此,本章的研究采用等级配对比较(Grade Pairwise Comparison)的 CVA 方法,受访者只需在两个可追溯猪肉轮廓中进行选择,很好地解决了 FPA 为了达到好的数据收集效果总轮廓数受限的问题。假设消费者选择第 m 个可追溯猪肉轮廓是基于 $U_{imt} > U_{int}$ 对任意 $n \neq m$ 成立。第 m 个和第 n 个轮廓的效用差值可以表示为以下线性回归方程:

$$y_{it} = U_{imt} - U_{int} = \beta_i' x_{it} + \mu_{it} \tag{3}$$

其中 $\Delta U_{it} \geq 0$, $\mu_{it} = \varepsilon_{imt} - \varepsilon_{int}$。$x_{it} = X_{imt} - X_{int}$。利用多元最小二乘估计回归结果见表 19-5。

表 19-5 显示,在可追溯猪肉安全信息属性中,同时含有养殖信息、屠宰信息以及仅含有养殖信息这两个层次在 5% 的水平上显著,表明消费者对上述两个层次的偏好显著低于同时含有养殖信息、屠宰信息、运输信息的最高层次;在可追溯猪肉安全信息的认证中,只有无机构认证可追溯信息这一层次在 1% 水平上是显著的,表明消费者对政府认证的偏好显著高于无机构认证,而第三方独立机构认证不显著的可能原因在于,消费者认为第三方机构与政府认证是无差异的;在可追溯猪肉的价格属性中,价格上浮在 30%—40% 区间在 1% 水平上显著,价格上浮在 10%—20% 与 20%—30% 两个区间内则不显著,说明当价格上浮 30%—40% 时,消费者将会显著感知猪肉价格上涨。进而,如果把可追溯猪肉各属性层次分值的全距除以所有属性的分值全距之和作为各属性的重要性衡量指标,则各属性重要性由高到低依次为:可追溯安全信息的认证属性、价格属性、可追溯安全信息,重要性分别为 65.07%、21.87%、13.06%。根据模型结果,可以得出以下两个基本结论:

---

① A. M. Ben and S. Gershenfeld, "Multi-Featured Products and Services: Analysing Pricing and Bundling strategies", *Journal of Forecasting*, Vol.17, No.3-4, 1998, pp.175-196.

② P. E. Green and V. Srinivasan, "Conjoint Analysis in Consumer Research: Issues and Outlook", *Journal of Consumer Research*, Vol.5, No.2, 1978, pp.103-123.

表 19-5 属性的相对重要性及各属性层次的效用值

序号	属性	层次	效用分值	标准差	P 值
1	可追溯安全信息	显示养殖信息、屠宰信息、运输信息	0.3419	—	—
		显示养殖信息、屠宰信息	−0.1340*	0.0539	0.0182
		显示养殖信息	−0.2079*	0.0834	0.0179
2	可追溯安全信息的认证	政府认证可追溯信息	1.6553	—	—
		第三方独立机构认证	−0.5720	0.7782	0.3044
		无机构认证可追溯信息	−1.0833**	0.0525	<0.0001
3	价格	价格上浮 1%—10%	0.6066	—	—
		价格上浮 10%—20%	−0.1168	0.5822	0.3909
		价格上浮 20%—30%	−0.1758	0.5621	0.3798
		价格上浮 30%—40%	−0.3140**	0.0923	0.0012

*5% 水平上显著，**1% 水平上显著；$F = 62.176 > F_{0.05}(6, 2114) = 2.1028$；$R^2 = 0.85$，Adjusted $R^2 = 0.72$。

第一，消费者对政府认证的可追溯安全信息具有依赖性。研究显示，受访者在普通与可追溯猪后腿肉间的购买选择首要的依据是可追溯安全信息是否由政府认证，而并非依靠自身对可追溯安全信息的鉴别与判断。这一研究结论与 Yin 等对中国消费者的研究高度吻合[1]。Yin et al. 的研究认为，政府的食品安全信息认证是影响消费者购买行为的重要变量。作为一个新兴市场，由于利益驱动且市场监管缺位，可追溯食品安全信息认证在中国的投机行为较为盛行，虚假认证大量存在，导致消费者对可追溯食品认证的信任度普遍不高。Ortega 等的研究亦有类似的发现，消费者对普通可追溯食品支付意愿不高，而对具有政府认证的可追溯食品具有较高的支付意愿[2]。

第二，对于消费者而言，可追溯猪肉安全信息重要性低于价格，说明消费者对可追溯猪肉的消费偏好取决于其在安全性与价格间的权衡，更有可能因价格便宜而忽视猪肉的安全。需要指出的是，这并不表明消费者不愿意为可追溯安全信息支付额外价格。实际上，当可追溯猪肉价格上浮超过 30%，消费者则可能将忽视可追溯安全信息。换言之，消费者对可追溯的安全信息支付额外价格可能在 30%

① S. J. Yin, L. H. Wu, L. L. Du and M. Chen, "Consumers' Purchase Intention of Organic Food in China", *Journal of the Science of Food and Agriculture*, Vol. 90, No. 8, 2010, pp. 1361-1367.

② D. L. Ortega, H. H. Wang, L. Wu and N. J. Olynk, "Modeling Heterogeneity in Consumer Preferences for Select Food Safety Attributes in China", *Food Policy*, Vol. 36, No. 4, 2011, pp. 318-324.

的区间内。消费者对价格的敏感性可能与消费者的收入及消费频率相关①②③。

六、可追溯猪肉的市场模拟

　　基于前文论述,可追溯猪肉每一属性的第一层次的效用分值最高。毫无疑问,同时含有经过政府认证的养殖、屠宰以及运输信息,且价格上浮 1%—10% 的可追溯猪肉是消费者最偏好的。但是出于成本考虑,可追溯猪肉的相关厂商并不一定愿意在市场上供应上述属性层次组合的可追溯猪肉。因此,提供消费者所偏好且为厂商愿意提供的相关属性组合的可追溯猪肉才是发展可追溯猪肉市场的关键。鉴于此,并基于政府认证与第三方机构认证的无差异性,本章的研究选择以政府认证作为比较的立足点,选择如表 19-6 所示的 6 种可追溯猪肉轮廓并构建 8 种可追溯猪肉的市场提供方案。其中,表 19-7 中的第 1 种至第 4 种方案归为有政府认证类,表 19-8 中的第 5 种至第 8 种方案归为无政府认证类。可以表 19-7 为例作简单说明:在有政府认证可追溯猪肉安全信息的情形下,第 1 种方案是指市场上同时销售 A、B 两种类型的可追溯猪肉;第 2 种方案是市场上同时销售 B、C 两种类型的可追溯猪肉。以此类推。

　　为避免不相关独立选择假设所产生的偏误,本章的研究引入随机首选法(Randomized First Choice Method)对各具体市场方案计算出相应的市场份额。表 19-7 显示在第 1、2 种方案中,如果市场上同时销售 A、B 两种类型的可追溯猪肉,或者同时销售 B、C,那么 B 类型可追溯猪肉市场份额均为最高且都超过 50%。原因在于,C 类型可追溯猪肉价格上浮超过 30%,消费者将会降低对猪肉安全需求,转而选择 B 类型可追溯猪肉,而 A、B 两种类型可追溯猪肉价格上浮均在 30% 以内,消费者会选择相对安全的 B 类型可追溯猪肉。延续这一思路,不难解释在第 4 种方案中,A 类型可追溯猪肉市场份额超过 50% 的原因。

　　需要指出的是,如果市场上同时销售含 A、B、C 三种类型的可追溯猪肉,即表 19-7 中的第 3 种方案,可追溯猪肉市场份额由高到低依次为 A、B、C,分别占 33.88%、33.44%、32.68%。对此,假设当前市场上首先实施第 1 种方案,即同时销售 A、B 两种类型的可追溯猪肉,然后转变为实施第 3 种方案,即增加销售 C 类型的可追溯猪肉。按不相关独立选择假设,C 对 A、B 的影响份额是相同的,但第 3

　　① J. Rokka and L. Uusitalo, "Preference for Green Packaging in Consumer Product Choices—Do Consumers care?", *International Journal of Consumer Studies*, Vol. 32, No. 5, 2008, pp. 516-525.

　　② F. J. Mes'ıas, M. Escribano and A. D. Ledesma, et al., "Consumers' Preferences for Beef in the Spanish region of Extremadura: a Study Using Conjoint Analysis", *Journal of the Science of Food and Agriculture*, Vol. 85, No. 14, 2005, pp. 2487-2494.

　　③ J. B. Chang, W. Moon and S. K. Balasubramanian, "Consumer Valuation of Health Attributes for Soy-based food: A Choice Modeling Approach", *Food Policy*, Vol. 37, No. 3, 2012, pp. 335-342.

种方案的模拟结果表明,不相关独立选择假设并不成立,C 对 B 类型可追溯猪肉替代性更强,A 类型可追溯猪肉比 B 类型获得更多的市场份额。

表 19-6　可追溯猪肉产品轮廓定义

可追溯猪肉类型 属性层次	A	B	C	D	E	F
显示养殖信息	√			√		
显示养殖、屠宰信息		√			√	
显示养殖、屠宰、运输信息			√			√
政府认证	√	√	√			
无机构认证				√	√	√
价格上浮 1%—10%				√		
价格上浮 10%—20%	√					
价格上浮 20%—30%		√				√
价格上浮 30%—40%			√			

注:"√"表示某类型可追溯猪肉所包含的属性与层次组合。

表 19-7　政府认证情形下不同组合可追溯猪肉市场份额估计(%)

方案	A	B	C	合计
1	49.41	50.59	—	100
2	—	52.26	47.74	100
3	33.88	33.44	32.68	100
4	51.50	—	48.50	100

表 19-8 显示在无机构认证的情形下,D、E、F 三种类型可追溯猪肉价格上浮均未超过 30%。按前文的推断,消费者应更关注可追溯猪肉的安全性。第 6、8 种方案亦反映了这一规律,即含有可追溯安全信息层次越高,市场份额越大。不过第 5、7 种方案有所不同,表现为含有单个信息的 D 类型可追溯猪肉市场份额要高于 E 类型可追溯猪肉市场份额。进一步分析可以发现,在表 19-8 中 F 比 E 所涵盖的安全信息仅多了屠宰信息,而在表 19-7 的第 1 种方案中,相对于 A 类型的可追溯猪肉,消费者更偏好 B 类型的可追溯猪肉,B 类型的可追溯猪肉比 A 类型的可追溯猪肉所涵盖的安全信息增加了经过政府认证的屠宰信息。由此说明多数消费者认为不经过政府认证的屠宰信息并不能增强猪肉安全性,从而选择价格较低的 D 类型可追溯猪肉。这与我国长期以来实行猪肉定点屠宰制度相关,如果没有政府对屠宰信息的认证,消费者会降低对屠宰信息的信任度。

表19-8　无机构认证情形下不同组合可追溯猪肉市场份额估计(%)

方案	D	E	F	合计
5	50.23	49.77		100
6		47.42	52.58	100
7	32.97	30.44	36.59	100
8	48.11		51.89	100

七、现实情景下可追溯市场治理食品安全风险的有效性

本章的研究以辽宁省大连市、河北省石家庄市、江苏省无锡市、宁夏回族自治区银川市、云南省昆明市的 2121 名消费者对不同层次安全信息的可追溯猪肉消费偏好为研究切入点,设置了包括可追溯安全信息、可追溯安全信息的认证和价格三个属性的不同层次组合的可追溯猪肉轮廓,采用 CVA 方法估计出不同属性的相对重要性与层次的效用分值,在此基础上构建 8 种市场方案并引入随机首选法,对相应的可追溯猪肉的市场份额做出估计。

(一) 研究的主要结论与国际比较

研究的主要结论有:(1) 消费者对可追溯猪肉安全信息的认证这一属性最为关注,其次为价格和可追溯安全信息。可追溯猪肉安全信息的认证这一属性中政府认证具有最高的效用值。这一结论与 Umberger、Ortega 等有关消费者更愿意为安全信息属性由政府认证的牛肉和猪肉进行额外支付的结论相吻合[1][2]。在中国可追溯体系探索建设初期,消费者对于可追溯信息不了解、不信任的事实客观存在,需要具有公信力的机构进行认证,而政府无疑是最具公信力机构。(2) 消费者普遍愿意为具有安全信息的可追溯猪肉支付一定的额外价格。这一结论与 Murphy 等、Gil 等等学者使用联合分析方法研究食品得出的结论相一致[3][4]。但本章的研究与上述文献并不完全相同,本章的研究进一步明确了消费者对安全信息支付额外价格将以 30% 为拐点,额外价格上浮低于 30%,消费者偏好更安全的可追溯猪肉;一旦额外价格上浮超过 30%,消费者会降低对猪肉安全性的需求。

---

[1]　M. L. Loureiro and W. J. Umberger, "A Choice Experiment Model for Beef: What US Consumer Responses Tell US About Relative Preferences for Food Safety, Country-of-origin Labeling and Traceability", *Food Policy*, Vol. 32, No. 4, 2007, pp. 496-514.

[2]　D. L. Ortega, H. H. Wang, L. Wu and N. J. Olynk, "Modeling Heterogeneity in Consumer Preferences for Select Food Safety Attributes in China", *Food Policy*, Vol. 36, No. 4, 2011, pp. 318-324.

[3]　M. Murphy, C. Cowan and M. Henchion, "Irish Consumer Preferences for Honey: A Conjoint Approach", *British Food Journal*, Vol. 102, No. 8, 2000, pp. 585-598.

[4]　J. M. Gil and M. S'anchez, "Consumer Preferences for Wine Attributes, A Conjoint Approach", *British Food Journal*, Vol. 99, No. 1, 1997, pp. 3-11.

（3）政府认证与否会对可追溯猪肉市场份额产生影响。在有政府认证情形下,可追溯码显示养殖、屠宰信息,价格上浮 20%—30% 是较优的属性组合选择;而在无机构认证的情形下,可追溯码显示养殖、屠宰、运输信息,价格上浮 20%—30% 是较优的属性组合。其中屠宰信息是否经过政府认证是影响消费者对其真实性判断的关键因素。

（二）现实情景下可追溯市场治理的有效性

可追溯食品市场能否形成并发挥治理食品安全风险的市场力量,首先主要取决于消费需求。目前我国可追溯猪肉市场的可追溯猪肉品种单一,可追溯信息属性并不齐全,绝大多数可追溯猪肉缺少可追溯信息的认证,养殖、屠宰、运输信息等现实的可追溯猪肉市场上也是不同程度的缺失。因此,现实情景下可追溯市场治理的有效性仍然非常有限。基于本章研究的上述结论,我国在未来一个时期内可追溯猪肉市场体系有两种基本路径可供选择。第一,建立政府认证的局部可追溯食品市场体系。在政府认证情形下,势必会增加可追溯食品的成本,一旦额外成本增长超出消费者可以接受的临界点,则消费者会降低对食品安全的需求,因此可以选择政府认证的涵盖局部安全信息的可追溯体系发展模式,逐步发展政府认证的涵盖全部安全信息的可追溯食品市场体系。

第二,建立无机构认证与局部信息标签认证制度结合的全局可追溯食品市场体系。基于无机构认证的可追溯体系所增加的成本较低,因此可以充分考虑食品安全,建立无机构认证的涵盖全部安全信息的可追溯食品市场体系,对于一些关键信息,如屠宰信息等,可以辅助建立标签认证制度。

按照上述两种路径建设可追溯食品市场,应该适当加大政府财政补贴,建立消费者、厂商以及政府的可追溯食品额外成本共担机制,在可追溯体系建设的初期,政府补贴有助于推动可追溯体系的建设,但从效率的角度,政府补贴并非越多越好,应基于政府补贴与市场份额弹性高低,寻找政府补贴的最优点。

本章的研究也存在一些不足之处。为简单起见,本章的研究未同时研究消费者对"无可追溯信息"猪肉(普通猪肉)的消费偏好,也未与消费者对不同属性与层次组合的可追溯猪肉的消费偏好进行比较,更未能就普通猪肉与不同属性与层次组合的可追溯猪肉同时在市场上流通时进行市场模拟研究。因此,后续的研究应该展开消费者对普通猪肉与不同属性与层次组合的可追溯猪肉的消费偏好的比较研究,并同时进行市场模拟,提出更符合客观实际的我国可追溯猪肉市场体系的发展路径。

第二十章　社会组织参与食品安全风险社会共治的能力考察：食品行业社会组织的案例分析

本《报告》相关章节的研究与客观现实再次证明，单纯由政府主导的食品安全监管模式已无法满足人们对于食品安全的消费需求。政府和市场在食品安全风险治理中出现的政府公权和市场私权的"双重失灵"，迫切需要包括社会组织、公众等社会力量的参与。社会力量参与食品安全风险治理，既是弥补食品安全风险治理中政府与市场"双重失灵"的必然选择，也是实现我国食品安全管理由传统的政府主导型管理向"政府主导、社会协同，公众参与"的协同型治理转变的迫切需要。在风险治理体系中积极引入社会机制，引导、扶持、鼓励和加强政府与市场之外的第三方监管，这既是食品安全风险治理力量的增量改革，更是风险治理理念的重构，将对治理食品安全风险发挥难以估量的特殊作用。近年来，在我国的食品安全治理中，社会力量也正在发挥日益重要的作用，但是就社会组织而言，由于非常复杂的原因，在食品安全治理领域面临着数量较少、质量较低、作用较为有限的问题。如何培育与发展"满足治理需求、基本职能明确、类型结构合理、协同无缝对接"的多层次、多主体的社会组织体系，是构建具有中国特色的食品安全风险社会共治体系所面临的重大任务。本章主要以中国食品工业协会、中国乳制品工业协会、中国肉类协会、中国保健协会、中国豆类协会等 25 家中央层面的食品行业的社会组织为案例，通过深度访问和问卷调查的方式，并基于模型的计量研究，重点考察影响食品行业社会组织参与食品安全风险治理能力的主要因素，并提出相应的思考与建议。

一、问题的提出

食品从种植、生产加工、销售到最终消费，涉及生产农户、食品生产与加工、运输与经销商、零售业等多个生产经营主体，在此非常复杂的食品供应链体系中任何一个环节出现问题都将影响食品安全[①]。事实上，食品安全风险是世界各国普

---

① 李静：《我国食品安全监管的制度困境——以三鹿奶粉事件为例》，《中国行政管理》2009 年第 292 期。

遍面临的公共卫生难题①,全世界范围内的消费者普遍面临着不同程度的食品安全风险问题②。据统计,全球每年至少有 2.2 亿人感染食源性疾病③,严重威胁着人类的健康,世界卫生组织由此将控制食源性疾病和食品污染作为食品安全工作的重点,予以高度重视④。为防范食品安全风险,自 20 世纪 90 年代以来,我国不断探索与改革食品安全的政府监管机制。1993—2012 年间,随着市场经济体制的确立,我国食品安全管理机制逐步发展为分段式、多部门的监管机制(2003—2008年),并逐步演化为综合协调(国务院食安委)下的部门分段监管机制(2009 年—2013 年 2 月),2013 年 3 月又再次实施了新一轮的改革。与此同时,监管的技术能力不断提升。但是,现阶段我国食品安全事件依旧不断发生⑤。事实再次证明,单纯由政府主导的食品安全监管模式已无法满足人们对于食品安全的消费需求。基于由社会管理向社会治理转变的整体背景,中国必须加快食品安全治理中的民主化与法治化进程,促进食品安全由传统的政府主导型管理向"政府主导、社会协同,公众参与"的协同型治理的转变,在食品安全风险治理体系中引入社会机制,积极引导、扶持、鼓励社会组织(Social Organization)参与食品安全风险治理,这既是食品安全风险治理力量革命性的提升,更是风险治理理念创新性的改革,将对治理食品安全风险产生难以估量的特殊作用。为此,最新修订的《食品安全法》对社会组织参与食品安全风险治理的职能、责任、义务、权利作出了明确的规定。因此,研究现阶段影响我国社会组织参与食品安全风险治理能力的主要影响因素,据此提出提升社会组织参与食品安全风险治理能力的建议,对构建具有中国特色的食品安全风险社会共治体系就显得十分迫切。

二、基于社会共治视角的食品行业社会组织的概念界定

在西方国家体系内,社会组织之所以能够成为社会治理的重要主体,主要取决于社会组织的基本功能与社会环境。作为介于社会和国家之间的社会组织,社

① De Krom, M. P. M. M. , "Understanding Consumer Rationalities: Consumer Involvement in European Food Safety Governance of Avian Influenza", *Sociologia Ruralis*, Vol. 49, No. 1, 2009, pp. 1—19.

② Sarig, Y. , "Traceability of Food Products", Agricultural Engineering International: the CIGR Journal of Scientific Research and Development. *Invited Overview Paper*, 2003.

③ WHO/FAO. , Major Issues and Challenges in Food Safety. In FAO/WHO Regional Meeting on Food Safety for the Near East. Jordan: WHO/FAO. ,2005.

④ Dr Maged Younes, *Baseline Information for Food Safety Policy and Measures*, Department of Food Safety and Zoonoses World Health Organization 20, Avenue Appia, CH-1211 Geneva 27 Switzerland, October 6, 2011.

⑤ 厉曙光、陈莉莉、陈波:《我国 2004—2012 年媒体曝光食品安全事件分析》,《中国食品安全报》2014年第 3 期。

会成员加入的目的不是为了追求市场的利益①，也不是为了获得国家的权利②，而是公民为维护自身权益而自愿组成的组织。因此，在包括食品安全风险治理的社会治理中有着民间性、公益性、专业性和自治性等众多优势③。在国外，社会组织一般称为非政府组织（Non-Governmental Organization，NGO）。Lester M. Salamon 的研究指出，NGO 一般包括社会团体、教育机构、社会服务机构、倡议性团体、基金会、医疗保健组织等等④。从发达国家 NGO 参与社会共同治理的经验可以看出，NGO 的参与不仅能够弥补政府在治理过程中的各种弊端，同时能够弥补在社会治理中市场调节机制的缺陷⑤。

　　20 世纪 90 年代中后期以来，疯牛病（Bovine Spongiform Enceohalopathy，BSE）等食源性疾病的不断发生⑥，严重削弱了公众对食品安全治理的信心⑦，迫使政府寻找新的有效的治理方法⑧。Viscusi 的研究发现，在食品安全风险的监管过程中，政府监管部门在面对私人利益和公众利益冲突时，政府的监管政策与食品风险减少之间并没有直接的关联⑨。相较于食品生产经营者，政府掌握的信息是不完全和不对称的，严重阻碍了政府在食品安全风险治理过程中事前预警与监管作用的发挥，消费者对食品安全的需求客观上需要社会组织的加入，需要政府、市场、社会多元主体的共同治理⑩。食品行业的社会组织不仅拥有食品行业的权威专家，对会员企业的生产运作更有着显著的信息优势，在食品安全风险的治理过程中能够弥补政府和市场的双重失灵。在发达国家，如世界第三大食品和农产品出口国荷兰的农业协会不仅覆盖整个食品产业链，制定了完整的食品安全质量标准，同

　　① Fisher, J., *Non-governments：NGOs and the Political Redevelopment of the Third World*. West Hartford. CT：Kumarian Press. , 1998.

　　② Florini, A, M., *The Third Force：The Rise of Transnational Civil Society*. Tokyo：JCIE. 10, 2000.

　　③ 夏建中、张菊枝：《我国社会组织的现状与未来发展方向》，《湖南师范大学社会科学学报》2014 年第 2 期。

　　④ Lester M. Salamon, "Global Civil Society：Dimensions of the Nonprofit Sector", The Johns Hopkins Center for Civil Society Studies,1999.

　　⑤ 姚远、任羽中：《"激活"与"吸纳"的互动——走向协商民主的中国社会治理模式》，《北京大学学报（哲学社会科学版）》2013 年第 2 期。

　　⑥ Cantley, M. , "How Should Public Policy Respond to the Challenges of Modern Biotechnology",Current Opinion in Biotechnology No. 15 ,2004 ,pp. 258-263.

　　⑦ Halkier, B. , and L. Holm, Shifting Responsibilities for Food Safety in Europe：An Introduction. Appetite 47：pp. 127-33.

　　⑧ Caduff, L. , and T. Bernauer. 2006. , Managing Risk and Regulation in European Food Safety Governance. Review of Policy Research 23：153-68.

　　⑨ Viscusi, W. K. , J. M. Vernon and J. E. Harrington, Jr. , *Economics of Regulation and Antitrust(3rd Edition)*. Mas sachusetts, The MIT Press,2000.

　　⑩ Julie A. Caswell, Eliza M. , Using Informational Labeling to Influence the Market for Quality in Food products. *American Journal of Agricultural Economics*, Vol. 78 , No. 5 , 1996.

时还在政府和企业之间构架了一座桥梁①。在食品生产新技术高速发展、食品供应链日趋国际化的背景下，社会组织等非政府力量在食品生产技术与专业管理等方面具有独一无二的知识优势②，在保障安全食品供应方面发挥了重要作用，成为政府治理力量的有效补充③。全球由此逐步共同探索食品安全风险的社会共治，食品安全社会共治的概念迅速发展，并在西方国家引起了广泛关注并逐步成为治理食品安全风险的有效方法④。

社会组织在我国社会科学的研究中有广义、狭义之分。一般而言，社会组织可以理解为，与政府和市场营利企业相对的民间性社会团体，主要包括公益类社团、行业协会商会、民办非企业单位、基金会等⑤。张锋的研究指出，社会组织在参与食品安全相关政策的制定过程中，应当充分利用其民间性和专业性的优势，综合考虑各方的利益诉求，给出更加科学合理的政策建议⑥。谭德凡通过对于我国食品安全监管模式的研究指出，社会组织非政府、非营利的特征有利于其制定更加标准的、科学的检测手段和监管机制，减少企业的违法行为，为食品安全提供保障，同时社会组织的技术优势和专业优势能够帮助政府了解当前真实全面的食品安全相关信息，减少政府在治理环节的监管成本，提升食品安全的监管效率⑦。王辉霞的研究表明，社会组织能够有效地集中社会公众，了解社会公众的需求，在制定食品行业制度、标准方面维护消费者利益，同时可以集中公众力量督促企业管理者承担食品安全生产的社会责任，因此应当充分的利用食品行业协会、食品质量检测协会、消费者协会、食品风险评估协会、食品认证协会等社会组织的市场感知能力、信息获取能力以及专业技术水平的优势⑧。因此，并不是所有的社会组织均有能力参与食品安全风险治理，参与食品安全风险治理的社会组织需要具备相应的技术手段、专业素养。刘文彬的研究指出，食品行业的社会组织主要是由与食品安全存在一定利益关系（非直接利益）的食品行业协会、公众自治组织、民办

---

① 徐韩君：《社会中介组织参与我国食品安全治理优势的研究》，《南京工业大学学报》2014 年第 5 期。

② Gunningham and Sinclair, supra note 17, at 97 (Discussing the " Assumption that Industry Knows Best how to Abate its own Environmental Problems"),2007.

③ Henson, S. and Humphrey, J., The Impacts of Private Food Safety Standards on the Food Chain and on Public Standard-Setting Processes. Joint FAO/WHO Food Standards Programme, Codex Alimentarius Commission, ALINORM 09/32/9D-Part II FAO Headquarters, Rome. 2009.

④ Rouvière, Elodie；Caswell, Julie, A., From Punishment to Prevention：A French Case Study of the Introduction of co-Regulation in Enforcing Food Safety. *Food Policy*, Vol.37, No.3, 2012, pp.246-255.

⑤ 杨仁忠：《公共领域理论与和谐社会构建》，北京：社会科学文献出版社 2013 年版。

⑥ 张锋：《食品安全治理需要新视角》，《中国食品安全报》2012 年 10 月 11 日。

⑦ 谭德凡：《我国食品安全监管模式的反思与重构》，《湘潭大学学报》2011 年第 3 期。

⑧ 王辉霞：《食品企业诚信机制探索》，《生产力研究》2012 年第 3 期。

社会团体、消费者协会、新闻媒体机构等构成①。这些专业性、行业性的社会组织区别于政府和企业的自主性、非营利性的特性,在食品安全风险治理中有着特殊的地位。在我国,食品安全风险的社会共治,就是政府从全能的政府管理模式向有限参与的政府主导模式转化,由政府统筹管理,政府与市场、社会之间形成良好的合作伙伴关系,社会各主体共同参与的过程②。归纳、分析国内外现有的文献,并基于我国的实际,本章的研究将食品行业的社会组织定义为食品行业的利益相关群体不以营利为目的,按照共同认可的章程,为促进食品行业自律、保障食品安全和实现有效监管而自愿组织成立的,实行组织自治性运作,独立于政府和企业以外的社会公益性组织,主要包括食品专业类的行业协会、综合类的消费者协会以及基层群众自治组织。

研究表明,在向现代化国家转型进步过程中,中国社会组织也在迅速成长,由原来少而弱的局面开始向数量增长、结构优化的良好格局发展。在引导社会组织朝"政社分开、权责明确、依法自治"的方向健康有序发展中,一个包括监管体制、支持体制、合作体制、治理体制与运行体制在内的现代社会组织体制正在逐步成形并日趋成熟起来③。但总体而言,受我国经济、社会、历史、文化等众多纷繁复杂的因素影响,包括食品行业在内的国内各类社会组织的发展尚处于提升能力的提升阶段,难以承担与社会责任相适应的社会治理责任。食品行业的社会组织参与食品安全风险治理的能力受若干个维度和诸多因素共同影响。事实上,影响食品行业的社会组织参与食品安全风险治理能力的因素之间并非相互独立,各个维度和主要因素间可能存在相互的影响关系。一个比较有效的方法是通过分析所有影响因素之间的关系④,研究影响社会组织参与食品安全风险治理能力的最主要的因素。故本章的研究采用主成分分析法(Principal Component Analysis,PCA),把相关的因素融合为若干不相关的综合指标变量⑤,实现对数据集的降维,最终采用多元线性回归模型(Multivariable Linear Regression Model)识别关键因素,由此把握影响社会组织参与食品安全风险治理能力的关键因素,为提升食品行业社会组织的治理能力提供政策建议。

三、研究假设

美国国际开发署(United States Agency for International Development,USAID)对

---

①　刘文彬:《论健全综合性食品安全监管系统》,《消费经济》2009 年第 5 期。

②　胡冰:《十八届三中全会对"社会治理"的丰富与创新》,《特区实践与理论》2013 年第 6 期。

③　王名、丁晶晶:《中国社会组织的改革发展及其趋势》,《公益时报》2013 年 10 月 15 日。

④　Q. Zhou, W. L. Huang, Y. Zhang, Identifying Critical Success Factors in Emergency Management Using a fuzzy Dematel Method, *Saf. Sci. Vol. 49, No. 2, 2011, pp. 243-252.*

⑤　汪应洛:《系统工程(4 版)》,北京:机械工业出版社 2008 年版。

NGO 的生存能力调查设定了法律环境、财政活力、公众形象、基础设施、宣传、组织能力、提供的服务等七个关键指标[1]。Ekiert 和 Holy 等认为社会组织的资金来源、获取资金的过程、组织成员自愿参与的水平以及社会组织结构的合理性对社会组织的发展都有着重要的影响[2][3]。陈彦丽的研究认为,实现食品安全社会共治,大力促进 NGO 的发展,首先是宏观上鼓励,赋予社会组织独立的法律地位,授予其相应的专业权限,保障其独立性、权威性[4]。为了研究影响食品行业社会组织参与食品安全风险治理能力的主要因素,本章的研究基于前人的研究,做出了如下的研究假设:

(一) 社会组织的法律地位

USAID 的研究指出,社会组织可持续的发展必须依赖于其有明确的法律地位,明确的法律地位是社会组织存在的基本条件[5]。社会组织作为市场和政府的中间调节机制,应该具有独立的法律地位,这种法律地位不仅表现在形式上,更应赋予其独立的功能与运作模式。法律法规制约着社会组织发展的规模、价值取向、活动范围,明确的法律地位是社会组织参与食品安全风险治理的动力、基本条件和外在保障。因此,党的十八届三中全会明确提出加强社会组织立法对于更好地加强社会组织作用的发挥具有里程碑作用[6]。食品安全风险社会共治首先应当健全食品安全治理主体法规,明确界定各参与主体的法律地位、权责范围,社会组织的法律地位不明确会使得整体实力弱小,公众参与的动力机制不足。故在食品安全风险社会共治的过程中,应当首先明确社会组织的法律地位,确保社会组织在法律框架下按照各自的章程自主性地开展各种活动,由此假设:

H_1:法律地位影响食品行业社会组织参与食品安全风险的治理能力。

(二) 社会组织的资金状况

资金是社会组织生存和发展的重要因素[7]。由于社会组织的非营利性,使得组织运行的经费主要依赖外部资助。目前食品行业社会组织的资金主要来源于

---

① United States Agency for International Development(USAID). , NGO Sustainability Index for Central and Eastern Europe and Eurasia. Washington, DC: United States Agency for International Development. 2008.

② Ekiert, G. , Democratization Processes in East Central Europe: A Theoretical Reconsideration. *British Journal of Political Science*, No. 21 ,1991 ,pp. 285-313.

③ Holy, L. The Little Czech and the Great Czech Nation: National Identity and the Postcommunist Social transformation. Cambridge, Cambridge University Press. 1996.

④ 陈彦丽:《食品安全社会共治机制研究》,《学术交流》2014 年第 9 期。

⑤ United States Agency for International Development(USAID). , NGO Sustainability Index for Central and Eastern Europe and Eurasia. Washington, DC: United States Agency for International Development. 2008.

⑥ 《中共中央关于全面推进依法治国若干重大问题的决定》,2014 年。

⑦ 俞志元:《NGO 发展的影响因素分析——一项基于艾滋 NGO 的研究》,《复旦学报(社会科学版)》2014 年第 6 期。

国内外基金会、个人和团体捐款、政府和财政支持(免税、财政直接支援等)①。私人和团体捐助的资金能够保持社会组织的独立性,但单存依靠私人和团体的捐款,社会组织难以得到稳定的发展;通过政府的购买服务从政府或通过商业性的活动从国外捐助者方面获取资金虽然比较容易且可能,但社会组织可能会为了获取该资金改变自身的性质和宗旨②。社会组织的资金状况既关乎资助者的利益,也与社会组织自身的性质紧密相连③。周秀平等人研究认为,活动经费是影响社会组织处理紧急危机事件能力的重要因素④。Yang 在关于社会组织加强食品安全以及相关法律的作用研究中指出,充足的资金是社会组织在食品安全治理领域取得突破的重要保证⑤。很多社会组织职能性活动缺少的原因是受组织资金状况的约束。资金不足不仅是非常态下组织作用发挥不充分的原因,也是常态下社会组织发展受阻滞的根源,由此假设:

H_2:资金状况影响食品行业社会组织参与食品安全风险的治理能力。

(三) 社会组织的法人特征

众多学者将社会组织内的管理人员定义为一种特别的社会资本——企业家社会资本⑥⑦,而且认为社会组织所拥有的社会资本与其绩效存在着正相关的关系⑧。Hambrick 和 Mason 的研究认为,社会组织是组织体系内高层管理人员的集合体,具有不同背景特征的管理者由于其不同的职业经历、教育背景以及社会基础,即使处于完全相同的经营环境也会做出不同的战略选择,从而影响组织的绩效,故社会组织中的高层管理者的特征对社会组织的绩效具有重要的影响作用⑨。Bommer 的研究进一步认为,社会组织的决策者特征,比如年龄、性别、受教育水平对组织的决策行为起着重要的作用⑩。在我国,食品行业社会组织的法人分别来

---

① 周秀平、刘求实:《非政府组织参与重大危机应对的影响因素研究——以应对"5·12"地震为例》,载《南京师大学报(社会科学版)》2011 年第 5 期。

② 徐家良、廖鸿:《中国社会组织评估发展报告》,社会科学文献出版社 2014 年版。

③ 王绍光:《金钱与自主——市民社会面临的两难境地》,《开放时代》2002 年第 3 期。

④ 周秀平、刘求实:《非政府组织参与重大危机应对的影响因素研究——以应对"5·12"地震为例》,载《南京师大学报(社会科学版)》2011 年第 5 期。

⑤ Yang Yang. "Study of the Role of NGO in Strengthening the Food Safety and Construction of the Relevant Law". *Open Journal of Political Science*, Vol. 4, No. 3, 2014, pp. 137-142.

⑥ Nahapiet J., Ghoshal S., Social capital, Intellectual Capital, and Organizational Advantage. *Academy of Management Review*, Vol. 23, No. 2, 1998, pp. 242-266.

⑦ Hans Westlund, Roger Bolton. "Local Social Capital and Entrepreneurship". Small Business Economics, Vol. 21, No. 2, 2003, pp. 77-123.

⑧ 边燕杰、丘海雄:《企业的社会资本及其功效》,《中国社会科学》2000 年第 2 期。

⑨ Hambrick, D. C., Mason, P. A., Upper Echelons: The Organaization as a Reflection of its top Managers. *Academy of Management Review*. Vol. 9, No. 2, 1984, p. 198.

⑩ Bommer M, Gratto C, Gravander J, Tuttle M, A Behavioral Model of Ethical and Unethical Decision Making. *Journal of Business Ethics*, Vol. 6, No. 4, 1987, pp. 264-280.

源于党政机关、企业、事业单位等多个不同的社会管理机构(包括政府机构等),法人的不同背景特征会直接影响到社会组织在食品安全的风险治理过程中战略的选择,影响社会组织的角色定位以及职能发挥,从而影响参与食品安全风险治理的能力,由此假设:

H₃:法人特征可以影响社会组织参与食品安全风险的治理能力。

(四) 社会组织内部的成员构成

社会组织的人力资源是其核心竞争力所在,组织内部成员的质量是社会组织职能发挥的有效保障[①]。由于社会组织的成员带有很强的自愿性,他们一般以共同的价值取向和公益性理想以及高度的使命感和奉献精神加入社会组织,企业物质激励的人力资源管理方式难以对他们造成影响,社会组织内部成员的自身素养对组织的绩效存在至关重要的影响[②]。Bateman 和 Organ 在组织公民行为的研究中指出,组织成员的质量、成员自发性及创造性影响组织目标的实现[③]。组织人员的素质达不到专业要求或缺乏制度约束,专业人才的匮乏会严重影响到社会组织治理能力的发挥[④]。在食品安全风险治理过程中,社会组织必须以其价值目标为中心,吸收符合其发展的人才和建立相应的人才管理机制[⑤]。根据我国的现状,食品行业社会组织的重要发起者多为相关领域的专家,而组织内的专职与兼职人员则来源于各行各业,教育背景各不相同,拥有不同程度的专业知识和相关经验,在社会组织的日常活动和管理中发挥着截然不同的作用。由此假设:

H₄:组织成员的质量影响社会组织参与食品安全风险的治理能力。

(五) 社会组织与政府的关系

由于食品的种类繁多,食品从生产到消费涵盖着众多的不同环节,社会组织参与食品安全的治理涉及多方面的复杂工作,政府对于社会组织的支持和指导显得尤为重要。关保英在其早期的研究中根据社会组织与政府的关系,将社会组织分为全民间性社会组织和半行政半民间性社会组织[⑥]。而一些有较强政府背景的社会组织则被称为官办非政府组织(Government Organized non-Governmental Or-

---

① 郁建兴、任婉梦:《德国社会组织的人才培养模式和经验》,《中国社会组织》2013 年第 3 期。

② 汪力斌、王贺春:《中国非营利组织人力资源管理问题》,《中国农业大学学报(社会科学版)》2007 年第 3 期。

③ Bateman, T. S, Organ, D. W, Job Satisfaction and the Good Soldier: The Relationship Between Affect and Employee "Citizenship". *Academy of Management Journal*. No. 26,1983,pp. 262-270.

④ 周秋光、彭顺勇:《慈善公益组织治理能力现代化的思考:公信力建设的视角》,《湖南大学学报》2014 年第 6 期。

⑤ 廖卫东、熊咪:《食品公共安全信息障碍与化解途径》,《江西农业大学学报》2009 年第 3 期。

⑥ 关保英:《市场经济下社会组织的法律地位探讨》,《华中理工大学学报(社会科学版)》1996 年第 3 期。

ganization，GONGO)①。Dickson 的研究也强调了中国社会组织与政府关系的重要性②。一般而言,具有较强政府背景的 GONGO 在食品安全风险的治理中占有大量的资源——政府优惠的税收政策、财政政策、金融政策和各种社会保险等,能够帮助社会组织克服经济困难③。而那些与政府关系相对较弱,得到政府支持较少的全民间性社会组织,不仅其专业活动的开展受到了限制,甚至已经开展的活动也因此无法得到公众的支持。由此假设:

H_5:社会组织与政府的关系影响社会组织参与食品安全风险的治理能力。

(六) 社会组织的技术能力

社会组织的发展需要更多的关注专业技术水平的培训以及先进的技术援助,这对于社会组织治理能力的提升具有更为长远的意义④。食品行业具有较强的专业性,治理者、消费者、被治理者之间存在严重的信息不对称现象,故专业技术水平对治理食品这个特殊行业领域的安全风险显得尤为重要,社会组织参与食品安全风险治理依赖于其高度的专业化水平。然而,与政府直属的专业技术部门相比较,社会组织虽然在很多方面有一定的专业优势,但各组织的专业技术水平依旧参差不齐,专业知识以及技术手段落后的社会组织在食品安全监管过程中难以发现问题,比如技术装备的落后,并不能够检测到食品中是否添加了有毒有害的物质,甚至已经发生的食品安全事件也常常因为技术水平的落后,难以追根溯源⑤。因此社会组织参与食品安全风险治理需要组织专业技术的支撑。由此假设:

H_6:技术水平影响社会组织参与食品安全风险的治理能力。

(七) 社会组织的公信力

社会组织的公信力反映的是其赢得政府支持和社会信任的能力,是社会组织自身内在的信用水平的外在体现,是社会组织参与食品安全风险治理能力的无形资产⑥。食品既是商品,又不同于一般的普通商品,它既是一种经验品,又是一种信用品,食品特殊的信任品特征,必然导致在食品市场中存在着严重的信息不对

①　Natalie steinberg, Background Paper on GONGOs and QUANGOs and Wild NGOs. World Federalist Movement Institute of Global Policy, 2001.

②　Dickson, B. J. "Co-optation and Corparatism in China: The Logic Party Adaptaion". *Political Science Quarerly*, Vol. 115, No. 4, 2001, pp. 517-540.

③　Green, A., "Comparative Development of Post-communist Civil Societies", *Europe-Asia Studies*, Vol. 54, No. 3, 2002, pp. 455-471.

④　Lester, M, Salamon, "Rise of Nonprofit Sector". *Foreign Affairs*, 1994, 73.

⑤　徐韩君:《社会中介组织参与我国食品安全治理优势的研究》,《南京工业大学》2014 年第 5 期。

⑥　姚锐敏:《困境与出路—社会组织公信力建设研究》,《中州学报》2013 年第 193 期。

称①,表现为消费者即便消费食品后也无法了解到食品相关信息,例如是否残留农药、是否违规使用添加剂等"②。Encranacio 的研究表明,人们对于社会组织的态度和信任对社会组织的发展有着重要的影响③。在参与食品安全风险治理的过程中,缺乏公信力的社会组织不仅会在公众和成员间失去信誉,还会失去政府对于其治理能力的信任,社会组织活动将难以获得支持,组织的宗旨难以实现,严重阻碍社会组织食品安全风险治理职能的发挥。由此假设:

H_7:社会组织公信力影响社会组织参与食品安全风险的治理能力。

(八) 社会组织国际化程度

全球食品工业不断向多领域、全方位、深层次方向发展,比以往任何历史时期都更加深刻地影响着世界各国。我国食品工业的发展未曾像现在这样与全球食品工业的发展息息相关。吴林海等研究了中国进出口食品安全现状时发现,随着世界经济全球化的不断发展,食品安全问题已超越国界并日益演化为世界性问题。目前全球的消费者普遍面临着越来越多、越来越复杂的食品安全问题,食品安全监管变得越来越难④。要实现食品安全,需要相互合作与国际共治。社会组织参与食品安全风险国际共治的能力,在很大程度上取决于其国际化水平。俞志元的研究指出,国际影响力较强的社会组织一般拥有较强的资金优势和专业优势,这些优势对于社会组织在食品安全风险治理过程中能力的提升具有很大的帮助⑤。缺乏国际影响力的社会组织很难得到国外基金会的资助,专业技术水平也难以领先,阻碍了社会组织在食品安全治理领域职能的发挥。由此假设:

H_8:社会组织国际影响力影响社会组织参与食品安全风险的治理能力。

(九) 社会组织的独立性

Petrova 的研究发现,西方国家的社会组织通常是随着社会形态的演变和发展自下而上逐步建立,而由于种种历史原因和国情因素,在东欧国家的许多社会组织并非由民间力量自发组织与发展,而是通过自上而下的方式由政府的有关机构精简合并而来,独立性不足⑥。相类似地,我国的食品工业协会便是为了强化食品行业管理,作为国家机关的一个直属事业单位而成立,并一直处于"半行政化"的

---

① Caswell J A, padberg D L., "Toward a More Comprehensive Theory of Food Labels". *American Journal of Agricultural Economics*, No. 74, 1992, pp. 460-468.

② Davenport T H, Prusak, L. Working knowledge. Boston: Harvard Business School Press, 1998.

③ Encarnacio'n, O. On bowling leagues and NGOs: A Critique of Civil Society's Revival. *Studies in Comparative International Development*, No. 36, 2002, pp. 116-131.

④ 吴林海、尹世久、王建华:《中国食品安全发展报告 2014》,北京大学出版社 2014 年版。

⑤ 俞志元:《NGO 发展的影响因素分析——一项基于艾滋病 NGO 的研究》,《复旦学报(社会科学版)》2014 年第 6 期。

⑥ Velina. p, petrova, "Civil Society in Post-Communist Eastern Europe and Eurasia: A Cross-National Analysis of Micro—and Macro-Factors". *World Development*, Vol. 35, No. 7, 2007, pp. 1277-1305.

状态，组织体系内的管理人员相当一部分由政府的退（离）休领导干部在兼职，因此在参与食品安全风险治理的过程中有可能受到政府的干预。食品行业社会组织作为食品安全风险治理的第三方力量，其独立的自治能力是衡量食品安全风险治理的重要标准之一。王晓博、安洪武的研究认为，适当保持行业组织的独立性，不但可以降低政府监管的财政负担，且行业组织可以利用其分布较广、信息获取能力较强等优势等来弥补政府由于信息不对称而造成的监管失灵①。Lee 的研究认为，公众对于社会组织的信任在很大程度上取决于社会组织的独立性，取决于它们是否有能力在所开展的活动上为公众提供独立的信息②。行政化的社会组织，众多决策和运行均依赖于政府，其自治性难以充分、彻底的实现。食品行业社会组织的独立性是保障其在食品安全风险治理中职能发挥的重要因素③。由此假设：

H_9：社会组织的独立性影响社会组织参与食品安全风险的治理能力。

四、研究设计

为了验证上述研究假设，本章的研究通过调查问卷等收集数据，并展开相应的研究。

（一）样本选取

本章的研究以中国食品工业协会、中国乳制品工业协会、中国肉类协会、中国保健协会、中国豆类协会等 25 家中央层面的食品行业的社会组织为研究对象，以深度访谈和问卷调查的形式收集上述社会组织的基本信息和参与食品安全风险治理的相关数据。之所以选择中央层面的食品行业社会组织为案例，主要的考虑是，食品行业门类众多，就全国范围而言，任何一个地方区域可能尚没有形成覆盖本地区食品主要行业的社会组织。而中央层面的食品行业社会组织相对健全，且参与食品安全风险治理活动的范围不同程度地影响全国。以中央层面食品行业社会组织为研究对象，考察影响社会组织参与食品安全风险治理能力的主要因素，对构建全国性的食品安全社会共治格局，提升食品安全风险治理能力意义更大，并且可以根据中央层面影响社会组织参与食品安全风险治理能力的主要因素，可以大体评估影响地方性社会组织参与能力的基本因素。对食品行业的社会组织调查于 2015 年 1 月进行。通过社会组织参与食品安全风险治理座谈会的方

---

① 王晓博、安洪武：《我国食品安全治理工具多元化的探索》，《预测》2012 年第 3 期。

② Lee, T. , "The Rise of International Nongovernmental Organizations: Top—Down or Bottom-up Explanation". *Voluntas: International Journal of Voluntary and Nonprofit Organizations*, Vol. 21, No. 3, 2010, pp. 393-416.

③ Yang Yang, "Study of the Role of NGO in Strengthening the Food Safety and Construction of the Relevant Law". *Open Journal of Political Science*, Vol. 4, No. 3, 2014, pp. 137-142.

式,邀请在京的 25 家全国性的食品行业社会组织的 3—4 名领导和专家分批参加会议,讨论食品安全风险共治过程中社会组织参与治理的现状、影响治理能力的因素,并参加问卷调查。共发放调查问卷 95 份,获得有效样本 84 份,样本回收率88.42%。

(二) Bootstrap 模拟抽样

基于 PCA 的多元线性回归方法展开研究,客观要求样本数量与变量数之间保持 5:1 及以上的比例,实际理想的样本量更应达到 10—25 倍,同时总样本数量不应小于100[1]。而本章的研究通过问卷和实地调查共获得了 84 份原始样本,样本量小于 100。如果对原始样本直接采用基于 PCA 的多元线性回归分析,此时样本矩本身的误差可能导致分布拟合会出现较大的偏差。故首先采用Bootstrap 方法对原始样本进行反复重采样(Resampling with Replacement),以增加样本容量,并在实证部分依据模拟抽样的随机替换样本进行 PCA 的多元回归分析。

Bootstrap 方法仅依赖于给定的观测信息,是处理实际中只能获得少量样本,但可依此模拟大样本的抽样统计方法[2]。Bootstrap 对原始样本进行反复重采样共有 84^{84} 种可能的随机替换样本,但实际中抽取 84^{84} 个随机替换样本是困难的,一般抽取 300 个 Bootstrap 随机替换样本就可以据此进行分析计算[3]。故在此使用 MATLAB 平台从样本中生成容量为 300 的随机替换样本。在随机替换样本中接受调查的人员(简称受访者)的基本统计特征见表 20-1。表 20-1 显示,在接受调查的社会组织的管理者中,基层、中层与高层管理者的占比分别为33.33%、42.67% 与 24.00%[4];在受访者中,男性、女性的比例分别为 57.33%、42.47%,男性高出女性约 5 个百分点。同时,95.33% 的受访者具有本科及以上学历。

---

① Gorsuch, R. L., Psychology of Religion. *Annual Review of Psychology*, 1988, p. 39.

② B. Efron. "Bootstrap Methods: Another Look at the Jackknife". The Annuals of Statistics, Vol. 7, No. 1, 1979, pp. 1-26.

③ B. Efron, R. J. Tibshirani., An Introduction to the Bootstrap. *New York: Chapman & Hall*, 1993.

④ 基层管理者是指社会组织中执行组织命令,直接从事较为低端的事务性工作的一类人员;中层管理者是指位于社会组织中的基层与高层管理者之间一类人员,承上启下,主要职责是贯彻高层决策,领导组织内的某个部门,有效地指挥相关的职能工作;高层管理者是指社会组织中居于顶层或接近于顶层的人,对组织全面负责或负责分管某项工作,主要侧重于决策或实施决策。表 20-1 中管理人员的分类是基于问卷调查中受访者的选项,并通过 Bootstrap 随机替换样本而计算形成。

表 20-1　Bootstrap 后样本的基本统计特征

特征描述	具体特征	频数	百分比	Bootstrap 百分比			
				偏差	标准差	95% 置信区间	
						下限	上限
性别	男	172	57.33	0.05	2.98	51.36	63.33
	女	128	42.67	-0.05	2.98	36.67	48.64
年龄	30 岁及以下	71	23.67	-0.29	2.38	18.51	27.67
	31—45 岁	129	43.00	0.44	3.10	36.85	49.97
	46—60 岁	72	24.00	-0.07	2.62	18.51	29.15
	60 岁以上	28	9.33	-0.08	1.66	5.67	12.67
婚姻状况	已婚	185	61.67	0.15	2.88	56.00	67.67
	未婚	115	38.33	-0.15	2.88	32.33	44.00
学历	大专及以下	14	4.67	-0.07	1.22	2.18	7.00
	本科	199	66.33	-0.09	2.72	60.85	71.67
	硕士及以上	87	29.00	0.16	2.66	23.67	34.33
年收入	3 万元及以下	15	5.00	0.01	1.36	2.67	8.33
	(3,6) 万元	57	19.00	0.36	2.24	15.18	23.67
	(6,9) 万元	143	47.67	-0.34	2.91	41.67	52.33
	(9,12) 万元	57	19.00	-0.03	2.38	14.67	23.67
	12 万元以上	28	9.33	0.00	1.71	6.01	12.67
管理者层次	基层	100	33.33	-0.04	2.66	28.01	39.15
	中层	128	42.67	0.05	2.93	37.01	48.67
	高层	72	24.00	-0.01	2.50	18.85	29.00
任职年限	2 年及以下	56	18.67	-0.22	2.20	14.33	23.33
	(2,5) 年	87	29.00	0.24	2.72	23.85	34.49
	(5,10) 年	115	38.33	-0.15	2.85	32.67	43.82
	(10,15) 年	14	4.67	0.04	1.19	2.33	7.00
	15 年以上	28	9.33	0.09	1.73	6.33	13.00

（三）样本变量说明

　　调查问卷设置了如表 20-2 所示的 17 个测度指标，力求涵盖解释变量的所有信息。

表 20-2 影响社会组织参与食品安全风险治理能力各维度的指标变量

维度	可测变量	符号	变量取值
法律地位	法律依据是否健全	X_1	很健全 = 1;比较健全 = 2;一般 = 3;不太健全 = 4;很不健全 = 5
资金状况	社会组织年度收入	X_2	500 万以上 = 1;101—500 万 = 2;51—100 万 = 3;11—50 万 = 4;10 万及以下 = 5
	日常经费是否满足履职需求	X_3	非常满足 = 1;比较满足 = 2;基本满足 = 3;不满足 = 4;非常不满足 = 5
法人特征	年龄	X_4	66 岁及以上 = 1;61—65 岁 = 2;46—60 岁 = 3;31—45 岁 = 4;30 岁及以下 = 5
	学历	X_5	硕士及以上 = 1;本科 = 2;大专 = 3;高中 = 4;初中及以下 = 5
	来源	X_6	企业 = 1;事业单位 = 2;党政机关 = 3;个人 = 4;其他 = 5
内部成员构成	专职人员数量是否满足工作需求	X_7	非常满足 = 1;比较满足 = 2;基本满足 = 3;不满足 = 4;非常不满足 = 5
	学历本科以上人员比例	X_8	50% 以上 = 1;41%—50% = 2;31%—40% = 3;21%—30% = 4;20% 及以上 = 5
与政府的关系	组织与政府关系	X_9	非常好 = 1;比较好 = 2;一般 = 3;比较差 = 4;非常差 = 5
	获得的政府支持	X_{10}	非常多 = 1;比较多 = 2;一般 = 3;比较少 = 4;非常少 = 5
技术能力	技术能力是否满足履职需求	X_{11}	非常满足 = 1;比较满足 = 2;基本满足 = 3;不满足 = 4;非常不满足 = 5
公信力	社会公信度	X_{12}	非常好 = 1;比较好 = 2;一般 = 3;比较差 = 4;非常差 = 5
	信息公开程度	X_{13}	最大限度 = 1;大部分 = 2;一般 = 3;较差 = 4;非常差 = 5
国际化程度	国际影响力	X_{14}	非常好 = 1;比较好 = 2;一般 = 3;比较差 = 4;非常差 = 5
	年度境内外相互交流访问	X_{15}	10 次及以上 = 1;7—9 次 = 2;4—6 次 = 3;1—3 次 = 4;基本无 = 5
独立性	法定代表人产生方式	X_{16}	行政干预非常严重 = 1;比较严重 = 2;一般 = 3,;干预较少 = 4;基本无干预 = 5
	现职的国家机关公务人员在组织内担任职务的比例	X_{17}	15% 及以上 = 1;［10%,15%）= 2;［5%—10%）= 3;(0—5%)= 4;无 = 5
治理能力	参与食品安全风险治理的能力	Y	非常好 = 1;比较好 = 2;一般 = 3;比较差 = 4;非常差 = 5

五、社会组织参与食品安全风险治理能力影响因素的实证分析

依据 Bootstrap 模拟抽样所生成的 300 个随机替换样本，构建社会组织参与食品安全风险治理能力影响因素的多元线性回归模型。由于在社会学问题多元回归的研究中，考虑到自变量之间普遍存在多重共线性，由此影响回归模型的稳定性，并可能导致回归模型结果与社会学基本原理相悖且难以符合客观现实的状况，故采用 PCA 的研究方法，依据 Bootstrap 所生成的 300 个随机替换样本建立基于主成分分析的多元线性回归模型，克服食品行业社会组织参与食品安全风险治理能力影响因素模型估算结果可能出现的多重共线性问题。

（一）影响因素的多元线性回归分析

以影响因素 X_1，X_2，X_3，……，X_{17} 与因变量社会组织参与食品安全风险治理的能力 Y 建立回归分析模型，运用 SPSS 统计软件对 Bootstrap 的抽样数据进行分析，构建模型。分析结果显示，调整后的 R^2 为 0.945，方程的拟合程度非常高，拟合效果很好。但从表 20-3 的方差膨胀系数检验中可以看出，X_2、X_6 等多个因变量的 VIF 值均大于 10，说明变量之间确实存在多重共线性关系[1]。因此不能单纯利用多元线性回归分析来建立社会组织参与食品安全风险治理能力的影响因素模型，故采用 PCA 主成分分析方法处理多重共线性问题。

表 20-3　多元线性回归参数估计及其共线性统计量

Model	Unstandardized Coefficients		Standardized Coefficients	t	Sig.	Collinearity Statistics	
	B	Std. Error	Beta			Tolerance	VIF
（Constant）	1.311	0.270		4.857	0.000		
X_1	0.210	0.046	0.279	4.540	0.000	0.116	8.633
X_2	0.394	0.057	0.645	6.961	0.000	0.051	19.577
X_3	−0.270	0.036	−0.282	−7.386	0.000	0.300	3.332
X_4	−0.210	0.034	−0.274	−6.193	0.000	0.224	4.457
X_5	0.259	0.036	0.250	7.112	0.000	0.356	2.809
X_6	−0.015	0.036	−0.033	−0.410	0.683	0.069	14.441
X_7	−0.002	0.027	−0.002	−0.072	0.943	0.466	2.144
X_8	−0.183	0.042	−0.233	−4.367	0.000	0.155	6.472
X_9	−0.243	0.070	−0.251	−3.455	0.001	0.083	11.992
X_{10}	0.068	0.014	0.187	4.996	0.000	0.312	3.206
X_{11}	−0.241	0.051	−0.261	−4.743	0.000	0.145	6.896

---

[1] 金浩：《经济统计分析与 SAS 应用》，北京：经济科学出版社 2002 年版。

（续表）

Model	Unstandardized Coefficients		Standardized Coefficients	t	Sig.	Collinearity Statistics	
	B	Std. Error	Beta			Tolerance	VIF
X_{12}	0.709	0.055	0.900	12.817	0.000	0.089	11.229
X_{13}	−0.117	0.053	−0.183	−2.222	0.028	0.065	15.463
X_{14}	0.392	0.062	0.440	6.277	0.000	0.089	11.181
X_{15}	0.143	0.050	0.144	2.866	0.005	0.173	5.788
X_{16}	−0.139	0.022	−0.271	−6.208	0.000	0.231	4.336
X_{17}	−0.419	0.080	−0.240	−5.217	0.000	0.207	4.832

（二）基于 PCA 分析的主成分变量的构建

运用 SPSS 软件对 Bootstrap 抽样数据的 17 个测度指标进行相关性分析,得到指标数据的相关系数矩阵[①]。可以发现,变量 X_1 与 X_{10}、X_{11},X_2 与 X_6、X_9、X_{11} 等众多变量之间存在明显的相关关系,在信息上存在一定的重叠,如果直接用于问题的分析可能导致结果的共线性偏差。故使用主成分分析(PCA)将其融合为互不相关(正交)的综合指标变量,得到 F_1,F_2,……,F_7 共 7 个主成分变量。

通过计算各主成分的特征值和方差贡献率可以发现,第一主成分 F_1 的特征值为 3.848,能够解释 17 个原始变量总方差的 22.633%,其累计方差贡献率为 22.633%;主成分 F_2 的特征值为 3.181,能够解释 17 个原始变量总方差的 18.712%,其累计方差贡献率为 41.345%;主成分 F_3 的特征值为 1.990,能够解释 17 个原始变量总方差的 11.707%,其累计方差贡献率为 53.053%。通过 PCA 方法按照特征值大于 1 的判别方法提取了 7 个主成分,累计方差贡献率为 83.056%,可充分概括 17 个原始变量的信息。在此基础上,计算如表 20-4 所示的 7 个主成分 F_1,F_2,……,F_7 的初始因子载荷矩阵。

表 20-4 显示,社会组织的日常经费是否满足履职需求 X_3、与政府的关系 X_9、技术能力是否满足履职需求 X_{11}、社会公信度 X_{12}、信息的公开程度 X_{13} 等变量在第一主成分 F_1 上有较高载荷,说明第一主成分基本反映这些指标的信息;社会组织法人的学历 X_5、法人来源 X_6 在第二主成分 F_2 上有较高载荷,第二主成分基本反映这些指标的信息;社会组织年度收入 X_2、年度境内外相互交流访问 X_{15} 在第三主成分 F_3 上有较高载荷,第三主成分基本反映这些指标的信息;社会组织法人年龄 X_4、现职国家机关公务人员在组织内担任职务的比例 X_{17}、法定代表人产生方式 X_{16}、法人学历 X_5 等变量分别在主成分 F_4、F_5、F_6、F_7 中有较高的载荷,能够反映这些指标的信息。

---

① 由于文章篇幅有限,在此没有给出相关系数矩阵表,读者如需要,可向作者索要。

表 20-4　初始因子载荷矩阵

	Component						
	1	2	3	4	5	6	7
X_1	0.513	0.380	−0.381	−0.125	−0.272	0.026	−0.394
X_2	0.353	0.485	**0.649**	0.022	−0.002	0.385	−0.102
X_3	**0.736**	0.267	−0.013	0.228	0.183	−0.182	0.155
X_4	−0.262	−0.032	0.324	**0.804**	−0.091	−0.066	−0.232
X_5	0.008	0.566	0.201	−0.448	0.130	−0.155	**0.438**
X_6	−0.282	**0.852**	0.161	0.090	0.070	0.061	0.075
X_7	0.558	−0.031	−0.237	0.113	−0.517	−0.033	0.381
X_8	0.114	−0.533	0.211	−0.222	0.470	0.133	−0.213
X_9	**0.676**	0.336	−0.028	0.269	0.163	0.432	0.214
X_{10}	−0.264	−0.596	0.266	−0.177	−0.254	0.320	−0.036
X_{11}	**0.648**	0.184	0.319	0.118	−0.356	−0.287	−0.351
X_{12}	**0.639**	−0.395	−0.254	−0.029	0.114	0.489	0.018
X_{13}	**0.842**	−0.360	0.093	−0.150	−0.004	0.004	−0.054
X_{14}	0.166	−0.467	−0.263	0.610	0.344	−0.222	0.227
X_{15}	0.073	−0.220	**0.831**	0.141	0.043	0.020	0.202
X_{16}	−0.572	0.050	−0.202	0.282	−0.384	**0.493**	0.164
X_{17}	−0.143	0.584	−0.324	0.143	**0.422**	0.212	−0.277

　　根据初始成分载荷矩阵表 20-4 中的数据与主成分相对应的特征值,可计算得到如表 20-5 所示的 7 个主成分中每个指标对应的系数,由此可观察到 7 个主成分与原始影响因素指标之间的关系。由于篇幅原因,在此处仅列出第一主成分 F_1 与原有 17 个因素之间如方程(1)所示的函数关系, $F_2, F_3, \cdots\cdots, F_7$ 可依此类推。

$$F_1 = 0.133X_1 + 0.092X_2 + 0.191X_3 - 0.068X_4 + 0.002X_5 - 0.073X_6 + 0.145X_7$$
$$+ 0.03X_8 + 0.176X_9 - 0.069X_{10} + 0.168X_{11} + 0.166X_{12} + 0.219X_{13}$$
$$+ 0.043X_{14} + 0.019X_{15} - 0.149X_{16} - 0.037X_1 \tag{1}$$

表 20-5　主成分因子得分系数

	Component						
	1	2	3	4	5	6	7
X_1	0.133	0.119	−0.191	−0.077	−0.209	0.022	−0.393
X_2	0.092	0.153	0.326	0.013	−0.002	0.326	−0.102
X_3	0.191	0.084	−0.006	0.141	0.141	−0.154	0.155

（续表）

	Component						
	1	2	3	4	5	6	7
X_4	-0.068	-0.010	0.163	0.497	-0.070	-0.056	-0.232
X_5	0.002	0.178	0.101	-0.277	0.100	-0.131	0.437
X_6	-0.073	0.268	0.081	0.055	0.054	0.051	0.075
X_7	0.145	-0.010	-0.119	0.070	-0.397	-0.028	0.381
X_8	0.030	-0.168	0.106	-0.137	0.361	0.112	-0.212
X_9	0.176	0.106	-0.014	0.166	0.125	0.366	0.214
X_{10}	-0.069	-0.187	0.134	-0.109	-0.195	0.271	-0.035
X_{11}	0.168	0.058	0.160	0.073	-0.274	-0.243	-0.350
X_{12}	0.166	-0.124	-0.127	-0.018	0.088	0.414	0.018
X_{13}	0.219	-0.113	0.047	-0.093	-0.003	0.003	-0.054
X_{14}	0.043	-0.147	-0.132	0.377	0.264	-0.188	0.226
X_{15}	0.019	-0.069	0.418	0.087	0.033	0.017	0.202
X_{16}	-0.149	0.016	-0.102	0.174	-0.295	0.418	0.164
X_{17}	-0.037	0.184	-0.163	0.088	0.324	0.179	-0.277

（三）基于 PCA 的多元线性回归模型分析与结果讨论

上述已对可能影响社会组织参与食品安全风险治理能力的因素进行了分类，将所设定的 17 个原始影响因素指标通过 PCA 融合为 7 个互不相关的综合指标，避免了各影响因素之间共线性偏差。为了更好地反映这些指标是否影响社会组织参与食品安全风险治理的能力与影响程度，基于 PCA 的分析结果，构建如方程（2）所示的社会组织参与食品安全风险治理能力的影响因素分析的多元线性回归模型：

$$Y = b_0 + b_1 F_1 + b_2 F_2 + b_3 F_3 + b_4 F_4 + b_5 F_5 + b_6 F_6 + b_7 F_7 + e \qquad (2)$$

其中：Y 为社会组织参与食品安全风险治理的能力，$F_1,F_2,\cdots\cdots,F_7$ 为影响社会组织参与食品安全风险治理能力的综合指标，b_0 为回归常数（也称为偏置），b_1、$b_2\cdots b_7$ 为回归系数，e 为拟合误差。运用 SPSS 软件，按照方程（2）进行回归检验，结果如表 20-6 所示：

表 20-6　多元线性回归模型概述

Model	R	R^2	Adjusted R Square	F	Sig.
1	0.861^a	741	0.725	48.165	0.000^b

表 20-6 显示，R 值为 0.861，R^2 值为 0.741，调整后的 R^2 值取值为 $[0,1]$，值越接近于 1 说明方程的拟合度越好，调整后的 R^2 值为 0.725，说明自变量与因变量之间的方程合理性较强，模型与数据的拟合程度较好。F 统计值为 48.165，显著性水平小于 0.05，说明所建立的回归方程有效。对回归方程（2）进一步的回归系数测算，得到如表 20-7 所示的回归系数及共线性检测表。

表 20-7　回归系数及共线性检验表

Unstandardized Coefficients		Standardized Coefficients	t	Sig.	Collinearity Statistics	
B	Std. Error	Beta			Tolerance	VIF
2.238	0.029		78.299	0.000		
0.321	0.029	0.524	11.169	0.000	1.000	1.000
-0.205	0.029	-0.334	-7.128	0.000	1.000	1.000
0.054	0.029	0.089	1.898	0.060	1.000	1.000
-0.197	0.029	-0.321	-6.850	0.000	1.000	1.000
0.053	0.029	0.086	1.829	0.070	1.000	1.000
0.269	0.029	0.440	9.385	0.000	1.000	1.000
0.127	0.029	0.208	4.432	0.000	1.000	1.000

表 20-7 显示，各主成分 F_1，F_2，……，F_7 的 VIF 值均为 1，说明各个主成分相互正交，较好地消除了各影响指标之间的共线性偏差。同时除 F_3、F_5 之外，其他回归系数的显著性水平均小于 0.05，说明它们对社会组织参与食品安全风险治理的能力 Y 有显著的影响，而 F_3、F_5 与的显著性水平相对较高，与治理能力 Y 不存在明显的线性关系。基于以上检验结论，将变量 F_3、F_5 剔除，构建如方程（3）所示的社会组织参与食品安全风险治理能力影响因素的二次回归模型。

$$Y = b_0 + b_1 F_1 + b_2 F_2 + b_4 F_4 + b_6 F_6 + b_7 F_7 + e \qquad (3)$$

二次回归模型的计算结果如表 20-8 所示。表 20-8 显示，调整后的 R^2 值为 0.714，模型与数据的拟合度依旧较好。F 统计值为 63.424，显著性水平为 0.000，小于 0.05，说明所建立的二次回归方程（3）有效。

表 20-8　二次回归模型

Model	R	R Square	Adjusted R Square	F	Sig.
2	0.852^{a}	0.725	0.714	63.424	0.000^{b}

通过对二次回归模型中解释变量 F_1、F_2、F_4、F_6、F_7 的进一步回归计算得到了如表 20-9 所示的二次回归系数表。可以发现,所有解释变量的回归系数的显著性水平均小于 0.05,说明解释变量与被解释变量 Y 具有显著影响,由此构建出主成分指标与治理能力 Y 的回归分析方程(4)。

$$Y = 0.321F_1 - 0.205F_2 - 0.197F_4 + 0.269F_6 + 0.127F_7 + 2.238 \qquad (4)$$

表 20-9　二次回归系数表

	Model	Unstandardized Coefficients		Standardized Coefficients	t	Sig.
		B	Std. Error	Beta		
2	(Constant)	2.238	0.029		76.732	0.000
	F_1	0.321	0.029	0.524	10.946	0.000
	F_2	-0.205	0.029	-0.334	-6.985	0.000
	F_4	-0.197	0.029	-0.321	-6.713	0.000
	F_6	0.269	0.029	0.440	9.198	0.000
	F_7	0.127	0.029	0.208	4.344	0.000

基于方程(4)和 PCA 分析的主成分因子得分系数表(参见表 20-5),计算得出了各原始影响因素指标 $X_1, X_2, \cdots\cdots, X_{17}$ 与治理能力 Y 的回归方程(5)。

$$Y = 2.238 - 0.011X_1 + 0.07X_2 - 0.005X_3 - 0.162X_4 - 0.039X_5 - 0.066X_6$$
$$+ 0.076X_7 + 0.074X_8 + 0.128X_9 + 0.106X_{10} - 0.082X_{11} + 0.196X_{12}$$
$$+ 0.105X_{13} - 0.052X_{14} + 0.033X_{15} + 0.048X_{16} - 0.054X_{17} \qquad (5)$$

从方程(5)可以看出,在 17 个原始影响指标中,社会组织的公信度(X_{12})与其参与治理能力存在着最强的正相关,说明公信度是影响参与能力的关键因素;社会组织与政府的关系(X_9)、政府支持力度(X_{10})、社会组织的信息公开程度(X_{13})、专职人员的数量是否履职需求(X_7)、本科以上学历人员数(X_8)等与参与治理的能力存在较强的正相关,因此,构建良好社会组织与政府的伙伴关系、加大政府对社会组织的支持力度、提升社会组织信息的公开能力、改善专职人员的数量与质量能有效提升其参与食品安全风险的治理能力。除此之外,社会任组织法定代表人的年龄(X_4)、现职的国家机关公务人员在组织内担任职位的比例(X_{17})与其参与治理的能力存在较高的负相关,由此说明,社会组织法定代表人的年龄层次、国家机关人员在组织任职的比例等影响其参与能力,故社会组织参与食品安全风险共治,必须首先形成良好的内部治理结构。

六、主要结论与研究展望

相比于普通的多元线性规划模型，基于 PCA 分析的多元线性规划模型较好地解决了自变量之间的多重共线性关系，能够较好地测度与反映各个因素对社会组织参与食品安全风险治理能力的影响程度。同时 PCA 的相关性分析还能够反映两两指标之间的相互影响关系。实证检验结果显示，本章的研究选取的 17 个影响因素变量，对社会组织参与食品安全风险治理均存在一定的影响，研究假设大部分得到了验证。研究表明，社会组织在食品安全的风险治理中是否能发挥自身独有的优势，弥补政府和市场在食品安全风险中的双重失灵，内在地取决于社会组织的外部环境、内部治理结构与内部管理水平。一是要逐步完善社会组织的立法，明确社会组织的法律地位，确保社会组织在法律框架下按照各自的章程自主性地开展各种活动，并形成社会组织与政府间良好的合作关系，政府在法律框架下履行支持社会组织发展的职能力度；二是社会组织要优化内部人员结构，建设具有数量充足、能力结构基本完备的工作人员队伍，并依据改革要求，优化法定代表人的结构，逐步并最终取消现职国家机关公务人员在组织内担任职位的做法，并努力发挥其信息获取的优势，建立诚信信息服务平台，尽可能地向公众公开较多的信息，提升自身的社会公信度，由此保障社会组织在参与食品安全风险治理过程中独立性，发挥自身专业性、自治性等优势的发挥。

依据上述这些研究结论，考察我国目前食品行业社会组织的状况，不难得出在现实情景下，中央层面上的食品行业社会组织参与食品安全风险社会共治的能力较为有效。因此，贯彻执行国务院办公厅《关于加快推进行业协会商会改革和发展的若干意见》（国办发〔2007〕36 号），并从实际出发，把握食品行业社会组织的专业性，按照完善社会主义市场经济体制的总体要求，理顺关系、优化结构，改进监管、强化自律，完善政策、加强建设，加快推进食品行业社会组织的改革和发展，逐步建立体制完善、结构合理、行为规范、法制健全的食品行业社会组织体系，充分发挥行业社会组织在食品安全风险国家治理体系中的重要作用，就显得尤为迫切。

与此同时，需要说明的是，本章的研究调查仅仅限于专业性的食品专业类社会组织进行的，研究结论可能具有一定的局限性。同时 Bootstrap 虽然对小样本、非正态的估计结果比较理想，但难以避免数据相对集中于某一区间，估计误差偏大、解释能力不足等问题，估计结果的普适性尚有待检验；案例调查主要针对全国性的社会组织，同时受样本数量较少的影响，社会组织在食品安全风险治理中的一些真实状态难以测度。后续的研究期待通过更为全面的理论分析，进一步完善探索性案例的分析样本，研究不同区域、不同类型、样本量更大的案例，并展开比较研究，以提高研究结论的系统性和针对性。

第二十一章　食品安全风险治理中的公众参与:基于公众监督举报与消费者权益保护的视角

公众是参与食品安全治理社会力量的重要组成部分,是基于社会主义制度优势和市场机制基础作用,构建多管齐下、内外并举,综合施策、标本兼治,企业自律、政府监管、社会协同、公众参与、法治保障的食品安全风险社会共治格局的重要社会基础。为研究现阶段公众参与食品安全治理的积极性,本章的研究主要基于实际调查,从城市、农村受访者监督与举报食品安全问题、消费投诉与权益保护等两个层面上展开研究。

一、食品安全治理中城市公众监督举报的调查与样本特征

近年来,绝大多数省、自治区、直辖市发布文件,设立专项资金,搭建平台,鼓励公众参与食品安全治理,监督与举报食品安全问题特别是违法事件等。城市居民应该是现阶段公众参与监督与举报食品安全问题与违法事件的主体,故本章的研究首先从城市开始。

(一) 调查的组织

2015 年 1—2 月间,本《报告》研究团队在全国范围内组织了城市居民参与食品安全治理的相关调查,选取安徽、福建、贵州、湖北、江苏、内蒙古、陕西、四川、天津、新疆、云南、吉林 12 个省、自治区共 48 个规模不同的城市展开调研。调研人员主要由江南大学的在校本科生组成,根据本科生家乡所在城市分配调研城市。在开展调研之前,由问卷设计者及相关研究人员对参与调研的本科生进行专门的讲解与培训,以确保调研质量。在调研过程中,由参加调查的本科生按照统一规范的方式随机选取城市居民(以下简称城市受访者)。对城市受访者设定的基本要求是,年龄在 18 周岁及以上、拥有网络使用经验且自身确认知晓网络舆情(网民)。之所以把拥有网络使用经验且自身确认知晓网络舆情的人员(网民)作为受访者的最基本的条件,主要是考虑在信息化背景下,公众使用网络与自媒体是参与食品安全治理的主要路径。

(二) 城市受访者的个体特征

对城市公众的调查共发放问卷2640份,剔除不合格问卷,最终获得2457个有效样本,有效样本率为93.07%。城市受访者基本特征的描述性统计如表21-1所示。

表 21-1　城市受访者个体特征的描述性统计

特征描述	具体特征	频数(个)	有效比例(%)
性别	男	1220	49.65
	女	1237	50.35
年龄	18—25 岁	888	36.14
	26—45 岁	1002	40.78
	46—60 岁	481	19.58
	大于 60 岁	86	3.50
学历	小学及以下	224	9.10
	高中或职业高中	516	21.00
	大专	519	21.12
	本科	1030	41.92
	研究生及以上	168	6.86

城市受访者具有如下的基本特征:

1. 女性略多于男性

在2457个城市受访者中,女性略多于男性,比例分别为50.35%和49.65%,比例适中,样本选取合理。

2. 26—45 岁年龄段的比例最高

26—45 岁年龄段的城市受访者比例最高,为40.78%,年龄在18—25 岁、46—60 岁、61 岁及以上的城市受访者的比例分别为36.14%、19.58%、3.50%。总体来说,96.5%的城市受访者年龄在60 岁及以下。

3. 家庭人口数为3人的比例最高

42.33%的城市受访者家庭人口数为3人,家庭人口数为4人、5人的城市受访者比例分别为28.16%、14.04%。家庭人口数为1—2人与5人以上的城市受访者比例较低,仅分别为7.90%、7.57%。

4. 学历层次以本科为主体

有41.92%的城市受访者学历为本科,而城市受访者学历为高中或职业高中、大专的比例非常接近,所占比例分别为21.00%和21.12%。有9.10%的城市受访者学历为小学及以下,为研究生及以上层次学历的城市受访者比例为6.86%。

(三) 城市受访者的家庭特征

城市受访者的家庭特征见表21-2。

1. 家庭月平均收入整体呈倒 U 型的结构

以 2014 年家庭收入为标准的调查显示,在 2457 个城市受访者中,家庭平均月收入在 3001—6000 元的比例最高,为 30.44% ;其次为 6001—9000 元的城市受访者,为 21.25% ;家庭平均月收入在 1001—3000 元之间和 9001—15000 元之间的比例较为接近,分别为 18.23% 和 16.32% ,而家庭收入在 15001—25000 元之间的城市受访者比例为 6.63% ;处于两端的家庭平均月收入在 1000 元及以下、25000 元以上的城市受访者比例分别为 3.62% 和 3.51% 。

2. 家庭年收入是 3—6 万元之间的比例最高

家庭年收入在 3—6 万元之间城市受访者比例最高,为 46.34% ;家庭年收入在 3 万元及以下和 6—10 万元之间的比例基本相同,分别为 21.03% 和 23.82% ;而家庭年收入在 10 万元以上城市受访者比例仅为 8.81% 。

3. 没有 18 周岁以下未成年人与 60 周岁以上老人的家庭比例较高

分别有 60.28%、54.13% 的城市受访者家庭中没有 18 岁以下的未成年人和 60 周岁以上的老人。

4. 没有孕妇与哺乳期妇女的家庭占主体

分别有 95.52%、94.50% 的城市受访者家庭中没有孕妇、哺乳期妇女。

5. 已婚比例高于未婚

有 55.76% 的城市受访者为已婚,所占比例大于未婚者比例。

表 21-2 城市受访者家庭特征的描述性统计

特征描述	具体描述	频数(个)	有效比例(%)
家庭月平均收入	1000 元及以下	89	3.62
	1001—3000 元	448	18.23
	3001—6000 元	748	30.44
	6001—9000 元	522	21.25
	9001—15000 元	401	16.32
	15001—25000 元	163	6.63
	25000 元以上	86	3.51
家庭人口数	1 人	32	1.30
	2 人	162	6.60
	3 人	1040	42.33
	4 人	692	28.16
	5 人	345	14.04
	5 人以上	185	7.57
家里是否有 18 周岁以下的未成年人(小孩)	有	976	39.72
	没有	1481	60.28

（续表）

特征描述	具体描述	频数（个）	有效比例（%）
家里是否有60周岁以上的老人	有	1127	45.87
	没有	1330	54.13
家里是否有孕妇	有	110	4.48
	没有	2347	95.52
家里是否有哺乳期妇女	有	135	5.50
	没有	2322	94.50
婚姻状况	已婚	1370	55.76
	未婚	1087	44.24

（四）城市受访者的职业特征

城市受访者的职业特征见表21-3。

表21-3　城市受访者职业特征的描述性统计

特征描述	具体描述	频数（个）	有效比例（%）
职业	企事业单位的普通职工	701	28.53
	企事业单位较高层次的技术或管理人员	266	10.83
	企业主（私营企业老板等）	221	8.99
	退休人员	126	5.12
	在校学生	635	25.84
	教师	134	5.45
	网络媒体工作者	111	4.51
	公务员	36	1.47
	其他	227	9.26
平时上网是否方便	是	2149	87.46
	否	308	12.54

1. 以企事业单位职工与在校学生居多

在2457个城市受访者中,以企事业单位的普通职工居多,占28.53%,在校学生占比为25.84%,而在企事业单位从事较高层次的技术或管理人员和企业主、其他职业的比例大致相同,分别为10.83%、8.99%、9.26%;退休人员、教师、网络媒体工作者相对较少,但比例相对基本接近,分别为5.12%、5.45%、4.51%。

2. 大部分城市受访者平时上网方便

在2457个城市受访者中,平时上网方便的比例为87.46%,占绝大多数;而平时上网不方便的比例仅为12.54%,略微超过十分之一。

二、城市公众监督举报食品安全问题的意愿与方便程度

依据调查问卷,就城市公众监督与举报食品安全违法事件的具体调查结果分析如下。

(一) 平时是否关注食品质量安全等方面的信息

图 21-1 的调查显示,分别有 46.89% 和 29.51% 的城市受访者回答"一般" "比较关注",15.50% 的城市受访者则表示"不关注";与此同时,"非常关注"和 "极不关注"的城市受访者比例分别为 6.31% 和 1.79% 。由此可见,大多数城市 受访者比较关注食品质量安全等方面的信息。

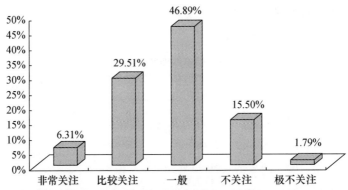

图 21-1　城市受访者对于食品质量安全等方面信息的关注程度

(二) 平时是否通过微信微博等方式发布或传播食品安全方面正能量的信息

图 21-2 所示,"从不""偶尔""一般""经常"通过微信微博等方式发布与传播 食品安全正能量信息的城市受访者比例分别为 19.48%、31.87%、29.29% 和 15.64%,而非常频繁发布与传播食品安全信息的城市受访者仅占 3.72% 。总体 而言,城市受访者发布与传播食品安全正能量信息的积极性不高。

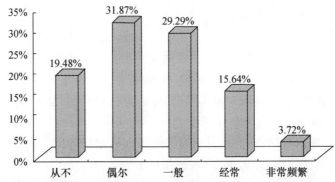

图 21-2　城市受访者通过微信微博等方式发布或传播食品安全正能量信息的频繁程度

（三）当自己遇到有问题的食品时是否愿意主动举报

当遇到食品安全问题时，分别有 8.43%、37.48%、41.27%、11.52%、1.30% 的城市受访者表示"非常愿意""比较愿意""一般""不愿意""极不愿意"进行主动举报。由此可见，当自身遇到有食品安全问题时，超过 60% 以上的城市受访者具有较高的举报意愿。

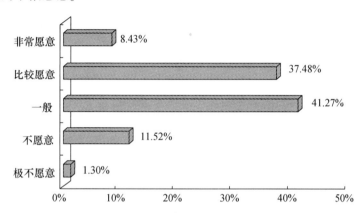

图 21-3　城市受访者自己遇到食品安全问题时主动举报的意愿程度

（四）举报的主要方式

当被问及举报采取的方式时，分别有 41.51%、37.66%、34.92%、19.67%、18.39% 的城市受访者选择"投诉举报服务热线""通过计算机网络平台监督举报""通过智能手机监督举报""到质检部门现场举报""投诉举报信"。由此可见，城市受访者都比较倾向于便捷快速的举报方式，72.58% 的城市受访者倾向于信赖现代科技手段，例如计算机网络平台或者智能手机 APP 等。

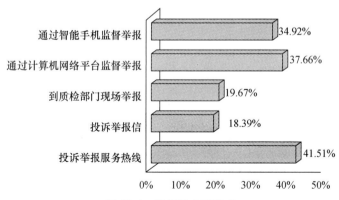

图 21-4　举报的主要方式

（五）公众参与食品安全监督举报与方便程度

认为"极不方便""不太方便""方便程度一般""比较方便""非常方便"的城市受访者分别占比为 9.74%、38.38%、32.49%、16.04%、3.35%。总的来说，认为方便程度不够的城市受访者占 48.12%，认为方便程度一般以上占 51.88%。由此可见，将近一半的城市受访者对参与食品安全监督与举报方式的方便程度不满意。

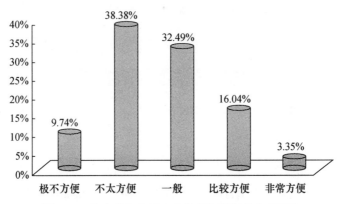

图 21-5   公众参与食品安全监督与举报的方便程度

三、城市公众使用手机 APP 参与监督与举报的调查

72.58% 的城市受访者倾向于信赖现代科技，例如计算机网络平台或者智能手机 APP 等等。为此，本《报告》设计了如下的内容，研究公众使用手机 APP 参与食品安全治理监督与举报的可能性。

（一）高达九成的受访者使用智能手机

在调查当前所使用的手机形态时，92.92% 的城市受访者表述自己使用的是智能手机，仅有 7.08% 的城市受访者仍旧使用非智能功能型手机。这说明，目前智能手机在城市居民中已非常普遍。

（二）多数受访者对于手机 APP 仅是了解而非精通

手机 APP 是可以在智能手机上运行的第三方手机应用程序软件，也称为 APP 软件、APP 应用、APP 客户端等。调查显示，分别有 20.19%、29.67%、30.97% 的城市受访者表示"不太了解""一般""了解"，而对手机 APP"完全不了解"和"非常了解"的受访者占 4.19% 和 14.98%。可见，多数受访者对于手机 APP 仅是了解而非精通。

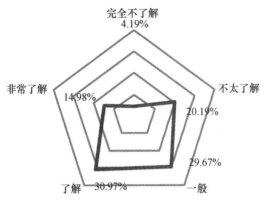

图 21-6　城市受访者对于手机 APP 的了解程度

（三）绝大多数受访者愿意在手机上安装食品安全问题监督与举报的 APP

随着智能手机的流行,各种 APP 软件逐渐为大众所接受。调查显示,只有 14.78%的城市受访者不愿意尝试在智能手机上安装免费的 APP,用于对食品安全问题的实时监督与举报,其中,"不愿意,没有必要""极不愿意"的城市受访者比例分别为 13.06%、1.72%,认为"无所谓,或许尝试""比较愿意""非常愿意"的城市受访者分别占 38.15%、35.61%、11.46%。由此可见,绝大多数城市受访者还是愿意尝试且具有一定的监督与维权意识。

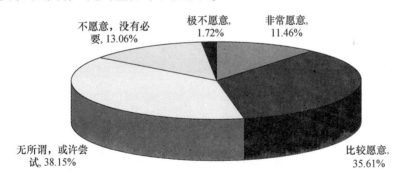

图 21-7　尝试在智能手机上安装食品安全监督与举报的免费 APP 的意愿

（四）半数以上的受访者认同使用手机 APP 可以了解更多有关食品安全信息

当被问及对"使用手机 APP 可以了解更多食品安全信息"的认同度时,"完全不同意"的城市受访者仅占 4.75%,另分别有 11.51%、25.48%、33.92%、24.33%的城市受访者对此持"不太同意""中立""比较同意""完全同意"的态度。由此可见,绝大多数城市受访者认同使用手机 APP 可以了解更多有关食品安全信息的观点。

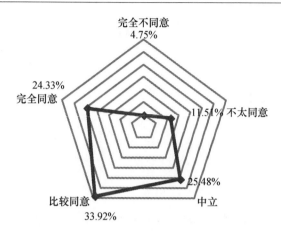

对使用手机 APP 可以了解更多食品安全信息的认同程度

（五）半数以上的受访者认同使用手机 APP 可以节约寻找食品信息的时间和精力

"完全不同意"和"不太同意"使用手机 APP 可以节约寻找食品相关信息的时间和精力的城市受访者分别仅占 2.13% 和 10.52%，同时持"中立""比较同意""完全同意"态度的城市受访者的比例分别为 28.53%、36.47%、22.35%。由此可见，更多的城市受访者赞同使用手机 APP 可以节约寻找食品信息的时间和精力的观点。

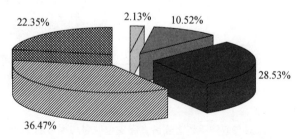

图 21-9　使用手机 APP 可以节约寻找食品信息的时间和精力的认同程度

（六）半数以上的受访者认同使用手机 APP 可以加强与食品安全监管部门及时互动

对于使用手机 APP"可以加强与食品安全监管部门的及时互动"的这一优点，持"完全不同意"和"不太同意"态度的城市受访者分别占 3.20% 和 12.36%，持"中立"态度的城市受访者占 29.10%，持"比较同意"和"完全同意"的城市受访者分别占 34.50% 和 20.84%。由此可见，持赞成态度的城市受访者比例为

55.34%。

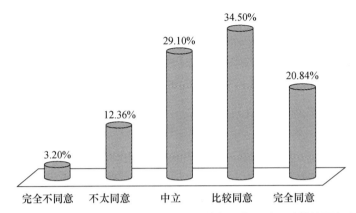

图 21-10　使用手机 APP 可以加强与监管部门的及时互动的认同程度

（七）半数以上的受访者认同使用手机 APP 能够增强自我食品安全意识

有 3.01% 的城市受访者完全不同意"使用手机 APP 能够增强自我的食品安全意识"。同时有 11.72%、31.34%、33.17%、20.76% 的城市受访者则分别表示"不太同意""中立""比较同意""完全同意"。

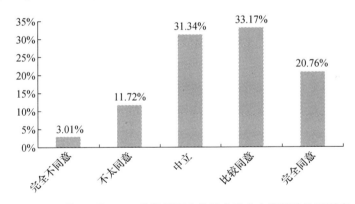

图 21-11　使用手机 APP 能够增强自我的食品安全意识的认同程度

（八）半数以上的受访者认同监管部门可以通过手机 APP 实时发布食品安全信息

2.28% 的城市受访者对"食品安全监管部门可以通过手机 APP 实时发布可靠的食品安全信息,及时对一些不实报道做出反馈和解释"表示"完全不同意"。同时分别有 10.70%、32.64%、36.14%、18.24% 的城市受访者此观点表示"不太同意""中立""比较同意""完全同意"。

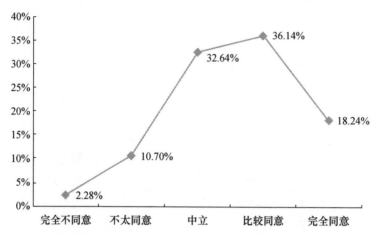

图 21-12   监管部门可以通过手机 APP 实时发布可靠的食品安全信息的认同度

（九）接近半数的受访者认同使用手机 APP 可以激发自我主动参与监管的积极性

图 21-13 所示,对受访者调查使用手机 APP 是否可任意帮助实时参与食品管理,激发自我主动参与的积极性时,分别有 3.22%、12.49%、35.08%、33.54%、15.67% 的城市受访者表示"完全不同意""不太同意""中立""比较同意""完全同意"。由此可见,城市受访者大多持中立或者比较同意的态度,一定程度上肯定了手机 APP 的优势。

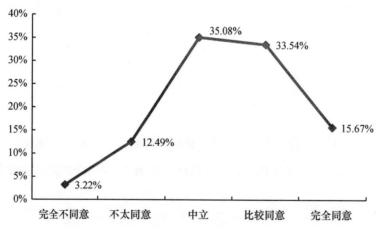

图 21-13   使用手机 APP 可以激发自我主动参与监督的积极性的认同程度

四、农村公众参与食品安全治理监督举报的态度与权益保护调查

农村居民发现食品安全问题后进行举报、投诉，是全社会参与食品安全风险社会共治的重要组成部分。政府制定举报奖励制度则可以进一步激励农村居民积极参与食品安全治理。本章在此继续使用本《报告》第十三章的调查数据，专门就此问题展开了讨论。

（一）农村受访者参与食品安全治理监督举报的态度

主要从农村受访者举报食品制假售假窝点的态度，举报使用假劣种子或禁止、过期、失效、变质农药化肥等的态度，食品安全问题举报的奖励政策的认知度等三个方面展开分析。

1. 农村受访者举报食品制假售假窝点的态度

在 2014 年的调查中，当农村受访者被问及"如果发现食品制假售假窝点，是否会举报"时，选择"肯定会""有时会，有时不会，大多数情况会""有时会，有时不会，大多数情况不会"以及"肯定不会"的农村受访者比例分别为 30.80%、30.40%、17.07% 和 5.89%（图 21-14）。另有 15.84% 的农村受访者选择"说不清"。说明超过 60% 的农村受访者可能会举报所发现的食品制假售假窝点。

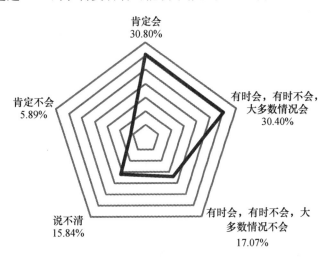

图 21-14　农村受访者对食品制假售假窝点的举报态度

2. 农村受访者举报使用假劣种子或禁止、过期、失效、变质农药化肥等的态度

在 2014 年的调查中，当农村受访者被问及"如果发现周围的农户使用假劣种子或禁止、过期、失效、变质农药、化肥、饲料、兽药等现象是否会举报"时，分别有 48.51%、28.09%、23.40% 的农村受访者选择"有时会，有时不会，大多数情况不

会""有时会,有时不会,大多数情况会""说不清"(图 21-15)。可见,大部分农村受访者不愿意举报周围使用劣种子、农业、化肥、饲料、兽药等行为的农户。可能的原因是,毕竟是自己的同乡同村人,担心伤了面子,同时极有可能生产农户使用假劣种子或禁止、过期、失效、变质农药化肥具有一定的比例而相互掩护,说明人情的概念还是比较根深蒂固。

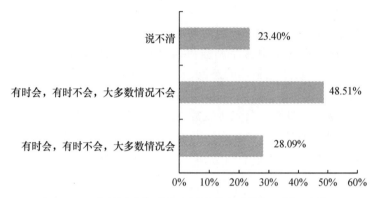

图 21-15　农村受访者对使用假劣种子或禁止、过期、失效、变质农药、饲料、兽药行为的举报态度

3. 农村受访者对食品安全问题举报的奖励政策的认知度

2014 年的调查表明,对"所在县、乡镇政府对食品安全问题的举报是否会有奖励政策"问题,分别有 29.94%、20.46%、49.60% 的农村受访者选择"有相应奖励政策""没有相应奖励政策""不清楚"(图 21-16)。一方面,基层政府确实没有相应的举报奖励政策,另一方面,可能农村受访者不清楚政府已有的食品安全问题的举报与奖励政策而认知度较低,政府举报奖励的相关政策可能仍有待完善。

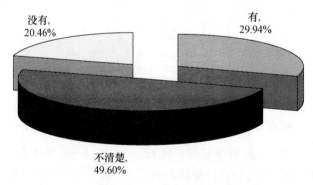

图 21-16　否有食品安全举报奖励政策的调查

（二）农村受访者食品消费的权益保护

我国最大的食品市场在农村，而农村也是食品安全最难监管的区域，农民最容易成为假冒伪劣食品的受害者。因此，调查农村食品市场的安全性尤其重要。为此，继续使用本《报告》第十三章的调查数据①，并主要通过分析农村受访者在外就餐后索要发票情况、遇到食品安全问题后所采取的应对措施等来分析农村消费者食品消费的权益保护意识等。

1. 农村受访者权益保障意识并不强

调查结果表明，在饭店就餐后不会主动索要发票的农村受访者比例仍然居高不下，在 2013 年和 2014 年的调查中，分别有 63.71% 和 64.16% 的农村受访者选择不索要发票。对于不索要发票的原因，2013 年和 2014 年的调查结果表明（见图 21-17），分别有 61.42%、71.64% 的农村受访者认为拿了发票没用以及嫌太麻烦，并且此比例提高了 10 个百分点。由此可见，在农村地区人们对于发票的认知度依然较低，迫切需要提高食品消费的权益保障意识，需要帮助消费者逐步认识到消费票据在国家税收、消费者权益保护、食品安全保障等方面的重要作用。

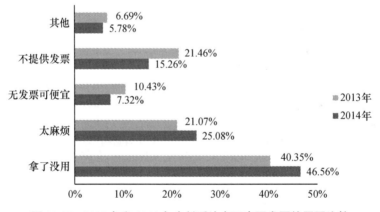

图 21-17　2013 年和 2014 年农村受访者不索要发票的原因比较

2. 农村受访者已逐步寻求合理的方式维护合法权益

调查结果如图 21-18 所示，当农村受访者遇到食品安全问题后，大部分消费者会选择要求商家赔偿和视损失而定，其中，选择要求商家赔偿的农村受访者比例从 2013 年的 28.62% 上升到 2014 年的 37.35%，选择视损失而定、向政府部门举报投诉、向媒体曝光、自认倒霉而不投诉的农村受访者比例在 2013 年和 2014 年分

①　本章节所涉及的有关 2013 年调查的具体情况、调查方法与基本结果等，可参考《中国食品安全发展报告 2013》。

别为30.54%、29.65%、20.41%、12.79%、6.48%、9.24%、13.95%、10.97%。与2013年的调查相比较,虽然2014年的调查情况有升有降,但已初步反映了相当数量的农村受访者在遇到食品安全问题后能够积极寻求多种合理的方式来维护自己食品消费的合法权益,而且选择直接要求商家赔偿成为农村受访者维权的重要方式。随着网络的普及以及媒体曝光效率的提升,选择向媒体曝光方式的农村受访者开始增加,而相比较而言,政府投诉举报的方便程度与有效性需要提升。

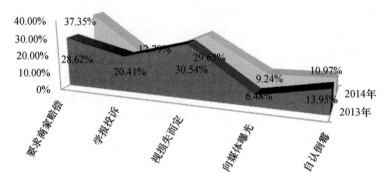

图 21-18 2013 年和 2014 年农村受访者遇到食品安全问题后处理方法的比较

3. 食品消费权益保护机构不健全

图 21-19 显示,在 2013 年和 2014 年的调查中发现,分别有 39.53% 和 32.35% 的农村受访者表示不清楚自己所在的乡镇是否有消费者权益保护机构,分别有 26.34% 和 31.53% 的农村受访者表示清楚知道自己所在的乡镇建有消费者权益保护机构,分别有 34.13% 和 36.12% 的农村受访者则认为自己所在的乡镇没有消

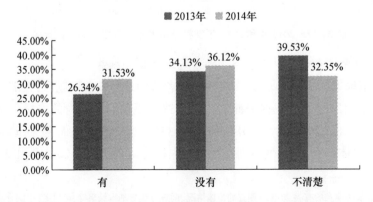

图 21-19 2013 年和 2014 年农村受访者所在乡镇是否有消费者权益保护机构的比较

费者权益保护机构。从调查的情况来分析,农村消费者权益保护机构建设仍不健全,保障机制还不完善,工作内容与覆盖面仍需进一步扩大,同时还需要加大宣传力度,以便能被更多的农村消费者所了解。

4. 与城市消费权益保护意识仍然有相当的差距

虽然农村地区的消费者在遇到食品安全问题后的维权意识已逐步增强,但与城市消费者相比仍然有很大的差距。表 21-4 是 2008—2014 年间全国消协组织受理的食品消费投诉量,其中绝大多数反映的是城市消费者的食品消费投诉。"三聚氰胺"奶粉事件发生后,全国食品消费投诉量在 2008 年达到了 46249 件的历史高位,比 2007 年上升了 25.6%。2010 年消费者食品消费投诉量持续下降到34789 件。而随着瘦肉精、地沟油等重大食品安全事件的爆发,2011 年开始则再次出现反弹,食品消费投诉量比 2010 年上升了 12.34%。2012 年食品消费投诉量与 2011 年基本相当,2013 年则反弹,上升至 42937 件的高位。2014 年食品类的投诉量比 2013 年大幅下降 38.38%。可见,仍需要进一步鼓励农村消费者通过多种途径维护其正当权益,形成农村食品安全共治的良好局面,共同保障农村的食品安全。

表 21-4　2008—2014 年间全国消协组织受理的食品消费投诉量

年份	2008	2009	2010	2011	2012	2013	2014
投诉量(件)	46249	36698	34789	39082	39039	42937	26459
比上年增长(%)	25.63	−20.65	−5.20	12.34	−0.11	9.98	−38.38

资料来源:根据中国消费者协会发布的 2008—2014 年受理投诉情况分析的整理。

五、食品安全的消费投诉与权益保护:基于全国消协组织的数据

消费者对食品安全相关问题的投诉,既是食品安全风险社会共治的重要组成部分,又是保护消费者自身权益的重要手段,也是观察食品安全风险的重要窗口。

(一) 食品类投诉的基本状况

1. 食品类投诉量仍居前列

中国消费者协会于 2015 年 2 月发布的《2014 年全国消协组织受理投诉情况分析》显示,与 2013 年相比(图 21-20、表 21-5),在所有商品大类投诉中,家用电子电器类、服装鞋帽类、日用商品类、交通工具类和食品类投诉量仍居前列。

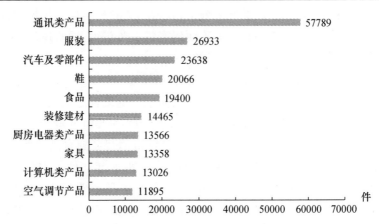

图 21-20　商品大类投诉量

资料来源:中国消费者协会:《2014 年全国消协组织受理投诉情况分析》。

表 21-5　2014 年全国消协组织受理的大类商品投诉量与比例

序号	商品大类	2014 年（件）	投诉比重（%）	2013 年（件）	投诉比重（%）	比重变化（%）
1	家用电子电器类	128607	20.76	165571	23.57	-2.49
2	服装鞋帽类	50863	8.21	59543	8.48	-0.14
3	日用商品类	43247	6.98	53328	7.59	-0.50
4	交通工具类	33706	5.44	38010	5.41	+0.12
5	食品类	26459	4.27	42973	6.12	-1.78
6	房屋建材类	24599	3.97	28425	4.05	-0.02
7	首饰及文体用品类	9448	1.53	11300	1.61	-0.06
8	烟、酒和饮料类※	8618	1.39	12115	1.72	-0.31
9	农用生产资料类	5554	0.90	9917	1.41	-0.50
10	医药及医疗用品类	3800	0.61	6492	0.92	-0.30

资料来源:中国消费者协会:《2014 年全国消协组织受理投诉情况分析》。

※:本表食品种类的有关分类按照中国消费者协会传统的方法。实际上,按照国家统计局的统计口径,烟、酒和饮料类属于食品。

2. 食品消费环境有所改善

在投诉量居前十位的具体商品投诉中,主要是通讯类产品、服装、汽车及零部件、鞋、食品等(图 21-21)。与 2013 年相比较,食品类的投诉从第二位降至 2014 年第五位,这说明通过政府主管部门、行业组织、消费者组织、食品经营者、消费者、新闻媒体等多方共同的努力,食品消费环境得到了一定改善。

表21-6　2014年食品类与烟、酒和饮料类等受理投诉的相关情况统计表[*]

类别	总计	质量	安全	价格	计量	假冒	合同	虚假宣传	人格尊严	售后服务	其他
一、食品类	26459	15704	1219	1148	1687	532	917	952	117	549	3634
食品	19400	11915	904	845	1270	351	663	325	91	316	2720
其中:米、面粉	911	604	32	44	119	14	8	6	5	9	70
食用油	622	376	22	38	16	40	9	25		17	79
肉及肉制品	1688	1071	55	89	222	15	16	26	8	15	171
水产品	681	316	22	30	160	2	49	9	5	10	78
乳制品	1708	1130	61	56	14	50	123	20	7	51	196
保健食品	3050	1387	102	97	29	100	208	533	12	178	404
其他	4009	2402	213	206	388	81	46	94	14	55	510
二、烟、酒和饮料类	8618	4596	342	290	177	621	654	178	34	675	1051
烟草、酒类	3513	1972	161	99	82	438	141	92	15	138	375
其中:啤酒	806	509	42	20	7	49	44	6	8	28	93
白酒	1243	651	20	28	33	173	67	56	3	76	136
非酒精饮料	3155	1419	145	113	23	86	464	39	15	466	385
其中:饮用水	1400	418	11	21	7	7	362	8	8	364	194
其他	1950	1205	36	78	72	97	49	47	4	71	291
三、婴幼儿奶粉	560	377	16	12	2	8	43	13	1	45	43

资料来源:中国消费者协会:《2014年全国消协组织受理投诉情况分析》。

※:本表食品和类的有关分类按照中国消费者协会传统的方法。实际上,按照国家统计局的统计口径,烟、酒和饮料类属于食品。

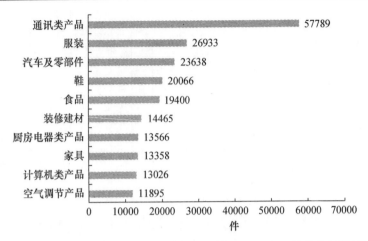

图21-21　2014年全国消协组织受理的投诉量位居前10位的商品与投诉量
资料来源：中国消费者协会：《2014年全国消协组织受理投诉情况分析》。

3. 受到投诉的食品主要为普通食品

表21-6所示，2014年全国消协组织受理的消费者投诉的具体食品类别中，主要是米、面粉、食用油、肉及肉制品、水产品、乳制品等，这些食品均是老百姓消费的最普通食品。在26459件食品投诉中，由于质量与安全问题引起的投诉分别为15704件、1219件，分别占投诉总量的59.35%、4.61%。并且以往消费者投诉食品问题的性质主要是食品质量，但现在消费者投诉食品问题性质涉及质量、安全、价格、计量、假冒、合同、虚假宣传、人格尊严等多个方面，投诉涉及的食品和服务种类多、性质复杂。

4. 投诉举报热线12331成为食品举报与投诉的重要渠道

除工商系统、消协组织与质量技术监督局通过12315、12365等受理食品投诉外，国家食品药品监管总局逐步在全国范围内设立了投诉举报热线12331。由于机构改革，一些地区食药、工商、质监合并成为"市场监管局"，也将原本分散的工商12315、质监12365投诉举报热线与食药12331热线进行了整合。目前，投诉举报热线12331成为食品举报与投诉的重要渠道。

据国家食品药品监督管理系统统计，2014年，全国食品药品监督管理系统共接受投诉举报56万余件，同比增长1.08倍，同时全国共有25个省级食品药品监管部门设立了投诉举报热线12331。12331已经成为公众最便捷的投诉举报方式。2014年，食品药品监督管理总局中心共接收投诉举报信息20140件，其中12331电话渠道占62.78%，比2013年增长近8倍。2014年，全国各级机构接收的投诉举报按产品类别统计，普通食品的投诉举报量最大（74.15%），其次为药品（12.90%）和保健食品（6.27%）；按产品环节统计，普通食品的投诉举报主要集中在餐饮消费环节(44.08%)，其次为流通环节(40.63%)；保健食品的投诉举报也主要集中在流通环节，所占比例达到50%以上。在2014年全国农村食品"四打击四规范"专项行动中，57%的案件线索来源于投诉举报(图21-22)，为各级食品药品投诉举报机构提供大量线索，在专项行动中发挥了重要作用①，消费者参与食品安全共治取得初步成效。

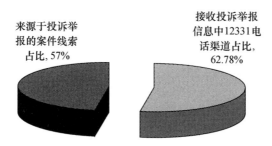

来源于投诉举报的案件线索占比，57%

接收投诉举报信息中12331电话渠道占比，62.78%

图21-22　消费者参与食品安全投诉举报情况

资料来源：《食品药品问题拨12331投诉很靠谱》，人民网，2015-04-05［2015-04-6］，http://legal.people.com.cn/n/2015/0405/c188502-26800764.html。

六、基本结论

本章的研究显示，大多数城市受访者比较关注食品质量安全等方面的信息，但城市受访者通过微信微博等方式发布与传播食品安全正能量信息的积极性不高；超过60%以上的城市受访者具有较高的举报意愿，而且比较倾向于便捷快速的举报方式，倾向于信赖现代科技手段，例如计算机网络平台或者智能手机 APP等，但将近一半的城市受访者对参与食品安全监督与举报方式的方便程度不满意；多数受访者对于手机 APP仅是了解而非精通，愿意在手机上安装食品安全问题监督与举报的 APP。

60%的农村受访者可能会举报所发现的食品制假售假窝点，但大部分农村受访者不愿意举报周围使用劣种子、农业、化肥、饲料、兽药等行为的农户，说明人情的概念还是比较根深蒂固；农村受访者对食品安全问题举报的奖励政策的认知度不高，接近70%的农村受访者感觉没有或不清楚是否有食品安全问题举报的奖励政策，政府举报奖励的相关政策可能仍有待完善；农村受访者权益保障意识并不强，与城市消费权益保护意识仍然有相当的差距，而且食品消费权益保护机构不健全，但农村受访者已逐步寻求合理的方式维护合法权益。

---

① 《食品药品问题拨12331投诉很靠谱》，人民网，2015-04-05［2015-04-6］，http://legal.people.com.cn/n/2015/0405/c188502-26800764.html。

　　基于全国消协组织的数据,发现在所有商品大类投诉中,食品类投诉量仍居前列,但食品类的投诉已从以前的第二位降至 2014 年第五位,说明食品消费环境得到了一定改善;投诉的食品主要为普通食品,涉及质量、安全、价格、计量、假冒、合同、虚假宣传、人格尊严等多个方面,投诉涉及的食品和服务种类多、性质复杂;目前,对消费者而言,投诉举报热线 12331 成为食品举报与投诉的重要渠道。由此可见,公众参与食品安全风险社会共治的基础初步具备。

参 考 文 献

安毓辉、连之伟、施鼎岳：《装运冷藏集装箱的货舱内气流组织模拟与分析》，《中国造船》2008年第3期。

白丽、巩顺龙、赵岸松：《食品安全管理问题研究进展》，《中国公共卫生》2008年第12期。

边燕杰、丘海雄：《企业的社会资本及其功效》，《中国社会科学》2000第2期。

卜梅：《国内外农产品冷链物流发展比较研究》，《物流工程与管理》2011年第11期。

陈磊、段雅丽、海峰等：《国内外农副产品冷链物流现状分析》，《物流技术》2012年第2期。

陈维君、周启发、黄敬峰：《用高光谱植被指数估算水稻乳熟后叶片和穗的色素含量》，《中国水稻科学》2006年第4期。

陈晓枫：《中国进出口食品卫生监督检验指南》，中国社会科学出版社1996年版。

陈晓艺、马晓群、姚筠：《安徽省秋季连阴雨发生规律及对秋收秋种的影响》，《中国农业气象》2009年第2期。

陈彦丽：《食品安全社会共治机制研究》，《学术交流》2014第9期。

池霞蔚、陈德蓉、郭玉蓉等：《苹果田间预冷方式、入库时间及冷藏库贮藏条件的优化》，《陕西农业科学》2012年第4期。

董艳德：《规模养殖场防疫模式的建立》，《中国动物检疫》2010年第2期。

窦艳芬、陈通、刘琳等：《基于农业生产环节的农产品质量安全问题的思考》，《天津农学院学报》2009年第3期。

杜树新、韩绍甫：《基于模糊综合评价方法的食品安全状态综合评价》，《中国食品学报》2006年第6期。

菲利普·科特勒：《营销管理》，卢泰宏、高辉译，中国人民大学出版社2001年版。

费威：《供应链生产、流通和消费利益博弈及其农产品质量安全》，《改革》2013年第10期。

费永成、陈林、彭国照等：《四川秋绵雨特征及水稻收获的气象适宜度研究》，《江苏农业科学》2013年第5期。

冯刚、孙聪聪：《水稻割晒拾禾分段收获技术》，《农村科技》2014年第4期。

付艳武、高丽朴、王清等：《蔬菜预冷技术的研究现状》，《保鲜与加工》2015年第1期。

傅泽强、蔡运龙、杨友孝：《中国食物安全基础的定量评估》，《地理研究》2001年第5期。

高恩元：《冷链物流中番茄压差预冷能耗及品质的研究》，哈尔滨商业大学硕士学位论文，2014年。

高觉民：《城乡消费二元结构及其加剧的原因分析》，《消费经济》2005年第1期。

巩顺龙、白丽、陈磊等：《我国城市居民家庭食品安全消费行为实证研究》，《消费经济》2011年第3期。

关保英：《市场经济下社会组织的法律地位探讨》，《华中理工大学学报（社会科学版）》1996 第 3 期。

郭蔺、邸倩倩、刘斌等：《冷藏运输用 Al_2O_3—H_2O 纳米流体蓄冷相变时间分析》，《应用化工》2014 年第 12 期。

郭燕枝、陈娆、郭静利：《中国粮食从"田间到餐桌"全产业链损耗分析及对策》，《农业经济》2014 年第 1 期。

何广文：《农产品交易体系建设的特征及其完善路径》，《农村金融研究》2013 年第 8 期。

洪炳财、陈向标、赖明河：《食品中微生物快速检测方法的研究进展》，《中国食物与营养》2013 年第 5 期。

洪涛：《我国农产品冷链物流呈现新趋势》，《中国合作经济》2012 年第 9 期。

胡冰：《十八届三中全会对"社会治理"的丰富与创新》，《特区实践与理论》2013 第 6 期。

黄健、杜恩杰、石文星：《国内外食品冷藏链行业的现状与发展》，《食品科学》2004 年第 11 期。

黄琴、徐剑敏：《"黄浦江上游水域漂浮死猪事件"引发的思考》，《中国动物检疫》2013 年第 7 期。

黄欣：《冷藏链中易腐食品冷藏运输品质安全与能耗分析》，中南大学博士学位论文，2011 年。

黄璋如：《消费者对蔬菜安全偏好之联合分析》，《农业经济半年刊》1999 年第 66 期。

纪志坚、杨萍、吕志家等：《低温冷链物流技术发展的探析》，《第九届全国食品冷藏链大会论文集》，2014 年。

贾娜、东梅、李瑾等：《我国农产品可追溯体系的现状及问题分析》，《农机化研究》2014 年第 2 期。

贾腾飞：《生鲜农产品冷链配送质量控制研究》，石家庄铁道大学硕士学位论文，2014 年。

江激宇、柯木飞、张士云：《农户蔬菜质量安全控制意愿的影响因素分析——基于河北省藁城市 151 份农户的调查》，《农业技术经济》2012 年第 5 期。

江佳、万波琴：《我国进口食品安全侵权问题研究》，《广州广播电视大学学报》2010 年第 3 期。

江佳：《我国进口食品安全监管法律制度完善研究》，西北大学硕士学位论文，2011 年。

姜利红、潘迎捷、谢晶等：《基于 HACCP 的猪肉安全生产可追溯系统溯源信息的确定》，《中国食品学报》2009 年第 2 期。

姜利红、潘迎捷、谢晶、晏绍庆、秦玉清：《基于 HACCP 的猪肉安全生产可追溯系统溯源信息的确定》，《中国食品学报》2009 年第 2 期。

姜利红、晏绍庆、谢晶等：《猪肉安全生产全程可追溯系统设计》，《食品工业科技》2008 年第 6 期。

金浩：《经济统计分析与 SAS 应用》，经济科学出版社 2002 年版。

康孟利、凌建刚、林旭东等：《真空预冷对"五号菜"贮运效果影响研究》，《北方园艺》2014 年第 10 期。

蓝志勇、宋学增、吴蒙：《我国食品安全问题的市场根源探析：基于转型期社会生产活动性质转变的视角》，《行政论坛》2013 年第 1 期。

雷炜：《关于社会中介组织法律地位的思考》，首都经济贸易大学硕士学位论文，2004 年。

李本森:《破窗理论与美国的犯罪控制》,《中国社会科学》2010 年第 5 期。

李肠、吴国栋、高宁:《智能计算在食品安全质量综合评价中的应用研究》,《农业网络信息》2006 年第 4 期。

李芳林、蔡晶晶:《城镇居民消费结构演变及其优化策略研究——以江苏省为例》,《战略研究》2014 年第 28 期。

李国祥:《2020 年中国粮食生产能力及其国家粮食安全保障程度分析》,《中国农村经济》2014 年第 5 期。

李海峰:《猪场病死猪处理之我见》,《畜禽业》2013 年第 9 期。

李建富、邢广杰、贾建平等:《城乡居民食品安全知信行为对比研究》,《医药论坛杂志》2011 年第 20 期。

李静:《我国食品安全监管的制度困境—以三鹿奶粉事件为例》,《中国行政管理》2009 年第 22 期。

李科亮、马骥:《粮食规模化经营中的土地细碎及其对规模经济的制约分析——基于中国 7 个小麦主产省的农户调研数据》,《科技与经济》2015 年第 2 期。

李丽娟、王国利:《鲜活农产品移动预冷保鲜装置的研究综述》,《第八届全国食品冷藏链大会论文集》,2012 年。

李明、刘桔林:《基于模糊层次分析法的小额贷款公司风险评价》,《统计与决策》2013 年第 23 期。

李强、刘文、王菁、戴岳:《内容分析法在食品安全事件分析中的应用》,《食品与发酵工业》2010 年第 1 期。

李秋月、龙桂英、巴良杰等:《不同物流条件对荔枝采后贮藏期间果实品质的影响》,《广东农业科学》2014 年第 16 期。

李泰然:《中国食源性疾病现状及管理建议》,《中华流行病学杂志》2003 年第 8 期。

李为相、程明、李郑义:《粗集理论在食品安全综合评价中的应用》,《食品研究与开发》2008 年第 2 期。

李维:《农户水稻种植意愿及其影响因素分析——基于湖南资兴 320 户农户问卷调查》,《湖南农业大学学报(社会科学版)》2010 年第 5 期。

李祥洲、钱永忠、邓玉等:《2014 年农产品质量安全网络舆情特征分析研究》,《农产品质量与安全》2015 年第 1 期。

李晓燕、高宇航、杨舒婷:《冷藏车用新型相变蓄冷材料的研究》,《哈尔滨商业大学学报(自然科学版)》2010 年第 1 期

李哲敏、刘磊、刘宏:《保障我国农产品质量安全面临的挑战及对策研究》,《中国科技论坛》2012 年第 10 期。

李哲敏:《食品安全内涵及评价指标体系研究》,《北京农业职业学院学报》2004 年第 1 期。

李植芬、夏培焜、汪彰辉等:《粮食产后损失的构成分析及防止对策》,《浙江农业大学学报》1991 年第 4 期。

厉曙光、陈莉莉、陈波:《我国 2004—2012 年媒体曝光食品安全事件分析》,《中国食品学报》

2014 年第 3 期。

廖卫东、熊咪:《食品公共安全信息障碍与化解途径》,《江西农业大学学报》2009 第 3 期。

刘补勋:《食品安全综合评价指标体系的层次与灰色分析》,《河南工业大学学报(自然科学版)》2007 年第 5 期。

刘畅、张浩、安玉发:《中国食品质量安全薄弱环节、本质原因及关键控制点研究——基于 1460 个食品质量安全事件的实证分析》,《农业经济问题》2011 年第 1 期。

刘芳、周水洪、余峰等:《AFAM + 果蔬长途冷藏运输新技术》,《食品安全导刊》2010 年第 1 期。

刘国丰、欧阳仲志:《冷藏运输市场现状及发展》,《制冷》2007 年第 2 期。

刘国丰:《蓄冷式冷藏运输装备的应用研究》,中南大学硕士学位论文,2007 年。

刘海卿、佘之蕴、陈丹玲:《金黄色葡萄球菌三种定量检验方法的比较》,《食品研究与开发》2014 年第 13 期。

刘华、陈卫灵、邹诗洋等:《南方水稻收获机械应用现状与发展趋势》,《现代农业装备》2014 年第 1 期。

刘华楠、徐锋:《肉类食品安全信用评价指标体系与方法》,《决策参考》2006 年第 5 期。

刘俊威:《基于信号传递博弈模型的我国食品安全问题探析》,《特区经济》2012 年第 1 期。

刘美玉、崔建云、任发政等:《鸡蛋强制通风预冷工艺研究》,《农业机械学报》2012 年第 8 期。

刘清裙、陈婷、张经华等:《基于于风险矩阵的食品安全风险监测模型》,《食品科学》2010 年第 5 期。

刘文彬:《论健全综合性食品安全监管系统》,《消费经济》2009 第 5 期。

刘秀英:《全球食源性疾病现状》,《国外医学(卫生学分册)》2003 年第 4 期。

柳敦江、王鹏:《一种快速鉴定猪舍空气样品中金黄色葡萄球菌的方法》,《猪业科学》2013 年第 5 期。

卢士勋:《我国铁路、水路及集装箱冷藏运输的发展概况》,《中国食品冷藏链新设备、新技术论坛论文集》2003 年第 11 期。

卢信、罗佳、高岩等:《土壤污染对农产品质量安全的影响及防治对策》,《江苏农业科学》2014 年第 7 期。

罗斌:《我国农产品质量安全发展状况及对策》,《农业 农村 农民(B 版)》2013 年第 8 期。

罗兰、安玉发、古川、李阳:《我国食品安全风险来源与监管策略研究》,《食品科学技术学报》2013 年第 2 期。

马彦丽、施轶坤:《农户加入农民专业合作社的意愿、行为及其转化》,《农业技术经济》2012 年第 6 期。

毛雪丹:《2003—2008 年我国细菌性食源性疾病流行病学特征及疾病负担研究》,中国疾病预防控制中心博士学位论文,2010 年。

莫鸣、安玉发、何忠伟:《超市食品安全的关键监管点与控制对策—基于 359 个超市食品安全事件的分析》,《财经理论与实践》2014 年第 1 期。

南晓红、何媛、刘立军:《冷库门空气幕性能的影响因素》,《农业工程学报》2011 年第 10 期。

全世文、曾寅初、刘媛媛:《消费者对国内外品牌奶制品的感知风险与风险态度——基于三聚氰胺事件后的消费者调查》,《中国农村观察》2011 年第 2 期。

任萍:《3 起家庭化学性食物中毒事件调查》,《海峡预防医学杂志》2011 年第 1 期。

单红梅、熊新正、胡恩华:《科研人员个体特征对其诚信行为的影响》,《科学学与科学技术管理》2014 年第 2 期。

邵懿、王君、吴永宁:《国内外食品中铅限量标准现状与趋势研究》,《食品安全质量检测学报》2014 年第 1 期。

申江、李超、苗惠等:《冷藏运输车内气体流场的数值模拟及分析》,《低温与超导》2010 年第 11 期。

申江、刘斌:《冷藏链现状及进展》,《制冷学报》2009 年第 6 期。

沈红:《食品安全的现状分析》,《食品工业》2011 年第 5 期。

沈莹:《食源性疾病的现状与控制策略》,《中国卫生检验杂志》2008 年第 10 期。

盛慧娟:《从公共政策的角度分析我国食品安全问题》,《经营管理者》2012 年第 14 卷。

石阶平:《食品安全风险评估》,中国农业大学出版社 2010 年版。

苏浩、丁仁博、赵文超、杨利娜、庄苏:《南京地区乳品消费市场调查分析》,《中国乳品工业》2010 年第 8 期。

粟勤、刘晓娜、尹朝亮:《基于媒体报道的中国银行业消费者权益受损事件研究》,《国际金融研究》2014 年第 2 期。

孙春华:《我国生鲜农产品冷链物流现状及发展对策分析》,《江苏农业科学》2013 年第 1 期。

孙绍荣、焦玥、刘春霞:《行为概率的数学模型》,《系统工程理论与实践》2007 年第 11 期。

孙世民、张媛媛、张健如:《基于 Logit-ISM 模型的养猪场(户)良好质量安全行为实施意愿影响因素的实证分析》,《中国农村经济》2012 年第 10 期。

谭德凡:《我国食品安全监管模式的反思与重构》,《湘潭大学学报》2011 第 3 期。

谭亦鹦:《基于联合分析法的消费者偏好研究》,天津大学博士学位论文,2007 年。

唐明霞、顾拥建、陈惠:《南通市农产品加工的发展现状与建议》,《农业开发与装备》2012 年第 6 期。

唐晓纯、赵建睿、刘文等:《消费者对网络食品安全信息的风险感知与影响研究》,《中国食品卫生杂志》2015 年第 7 期。

唐振柱、陈兴乐、黄林等:《50 起家庭细菌性食物中毒流行病学调查分析》,《广西预防医学》2004 年第 4 期。

同春芬、刘韦钰:《破窗理论研究述评》,《知识经济》2012 年第 23 期。

汪力斌、王贺春:《中国非营利组织人力资源管理问题》,《中国农业大学学报(社会科学版)》2007 第 3 期。

汪应洛:《系统工程》,机械工业出版社 2008 年版。

王百灵、张文忠、商全玉等:《不同收获时期对超级稻沈农 014 主要稻米品质影响》,《北方水稻》2009 年第 3 期。

王波、王顺喜、李军国:《农产品和食品领域可追溯系统的研究现状》,《中国安全科学学报》2007 年第 10 期。

王长彬:《病死动物无害化处理》,《中国畜牧兽医文摘》2013 年第 3 期。

王常伟、顾海英:《我国食品安全态势与政策启示——基于事件统计、监测与消费者认知的对比分析》,《社会科学》2013 年第 7 期。

王二朋:《从英美应对疯牛病事件成败经验看我国食品安全事件的应急管理》,《中国食物与营养》2012 年第 11 期。

王辉霞:《食品企业诚信机制探索》,《生产力研究》2012 第 3 期。

王会云、甘明、姜玉宏:《冷链物流发展现状及对策研究》,《中国储运》2011 年第 11 期。

王家敏、王凤丽、张建喜:《山东省农产品冷链物流监管与追溯公共服务平台的构建》,《中国农机化学报》2013 年第 2 期。

王静怡、陈珏颖、刘合光:《城镇化对中国农产品消费结构的影响》,《农业展望》2014 年第 2 期。

王俊秀、杨宜音:《中国社会心态研究报告(2013)》,北京:社会科学文献出版社 2013 年版。

王绍光:《金钱与自主——市民社会面临的两难境地》,《开放时代》2002 第 3 期。

王晓博、安洪武:《我国食品安全治理工具多元化的探索》,《预测》2012 年第 3 期。

王欣、刘宝林、李丽丽等:《速冻羊肉冷藏链中断后的品质变化模拟实验及保藏期预测》,《食品工业科技》2006 年第 12 期。

王兴平:《病死动物尸体处理的技术与政策探讨》,《甘肃畜牧兽医》2011 年第 6 期。

王亚辉:《农产品冷链物流状态监控信息系统》,吉林大学硕士学位论文,2013 年。

王彦苏、周佳宇、谢星光等:《隐蔽型真菌毒素的形成及降解方法的研究进展》,《食品科学》2014 年第 21 期。

王瑜、应瑞瑶:《养猪户的药物添加剂使用行为及其影响因素分析——基于垂直协作方式的比较研究》,《南京农业大学学报(社会科学版)》2008 年第 2 期。

王则金、林启训、苏大庆等:《气调冷藏对龙眼保鲜品质的影响》,《中国农学通报》2005 年第 6 期。

魏公铭、王薇:《中国的食品安全应高度关注微生物引起的食源性疾病》,《中国食品报》2012 年第 10 期。

魏益民、欧阳韶晖、刘为军等:《食品安全管理与科技研究进展》,《中国农业科技导报》2005 年第 5 期。

文晓巍、刘妙玲:《食品安全的诱因、窘境与监管:2002—2011 年》,《改革》2012 年第 9 期。

邬兰娅、齐振宏、张董敏等:《养猪业环境外部性内部化的治理对策研究——以死猪漂浮事件为例》,《农业现代化研究》2013 年 6 期。

巫幼华、徐润琪:《稻米的收获及产后处理损失因素分析》,《粮食流通技术》2004 年第 2 期。

吴林海、卜凡、朱淀:《消费者对含有不同质量安全信息可追溯猪肉的消费偏好分析》,《中国农村经济》2012 年第 10 期。

吴林海、钱和:《中国食品安全发展报告 2012》,北京大学出版社 2012 年版。

吴林海、王红纱、朱淀、蔡杰:《消费者对不同层次安全信息可追溯猪肉的的支付意愿研究》,《中国人口·资源与环境》2013 年第 8 期。

吴林海、王建华、朱淀:《中国食品安全发展报告 2013》,北京大学出版社 2013 年版。

吴林海、王淑娴、徐玲玲：《可追溯食品市场消费需求研究——以可追溯猪肉为例》，《公共管理学报》2013 年第 3 期。

吴林海、徐立青：《食品国际贸易》，中国轻工业出版社 2009 年版。

吴林海、徐玲玲、王晓莉：《影响消费者对可追溯食品额外价格支付意愿与支付水平的主要因素——基于 Logistic、Interval Censored 的回归分析》，《中国农村经济》2010 年第 4 期。

吴林海、尹世久、王建华：《中国食品安全发展报告 2014》，北京大学出版社 2014 年版。

吴林海、钟颖琦、洪巍、吴治海：《基于随机 n 价实验拍卖的消费者食品安全风险感知与补偿意愿研究》，《中国农村观察》2014 年第 2 期。

吴秀敏：《养猪户采用安全兽药的意愿及其影响因素——基于四川省养猪户的实证分析》，《中国农村经济》2007 年第 9 期。

武力：《从农田到餐桌"的食品安全风险评价研究》，《食品工业科技》2010 年第 9 期。

夏建中、张菊枝：《我国社会组织的现状与未来发展方向》，《湖南师范大学社会科学学报》2014 第 2 期。

谢晶、瞿晓华、徐世琼：《冷藏库内气体流场数值模拟与验证》，《农业工程学报》2005 年第 2 期。

谢晶、缪晨、杜子峥等：《冷库空气幕性能数值模拟与参数优化》，《农业机械学报》2014 年第 7 期。

谢晶、邱伟强：《我国食品冷藏链的现状及展望》，《中国食品学报》2013 年第 3 期。

谢晶：《我国水产品冷藏链的现状和发展趋势》，《制冷技术》2010 年第 3 期。

谢如鹤：《国外冷藏运输技术发展现状与趋势（二）》，《制冷与空调》2013 年第 10 期。

谢如鹤：《国外冷藏运输技术发展现状与趋势（三）》，《制冷与空调》2014 年第 1 期。

谢如鹤、刘广海：《香蕉冷藏运输品质及能耗综合试验研究》，《中国制冷学会冷藏运输专业委员会学术年会论文集》，2007 年。

徐方旭、刘诗扬、兰桃芳等：《食源性致病菌污染状况及其应对策略》，《食品研究与开发》2014 年第 1 期。

徐韩君：《社会中介组织参与我国食品安全治理优势的研究》，南京工业大学硕士学位论文，2014 年。

徐家良、廖鸿：《中国社会组织评估发展报告》，社会科学文献出版社 2014 年版。

徐君飞、张居作：《2001—2010 年中国食源性疾病暴发情况分析》，《中国农学通报》2012 第 27 期。

徐立青、孟菲：《中国食品安全研究报告》，科学出版社 2012 年版。

徐勇：《农民理性的扩张："中国奇迹"的创造主体分析——对既有理论的挑战及新的分析进路的提出》，《中国社会科学》2010 年第 1 期。

许世卫、李志强、李哲敏等：《农产品质量安全及预警类别分析》，《中国科技论坛》2009 年第 1 期。

许宇飞：《沈阳市主要农产品污染调查下防治与预警研究》，《农业环境保护》1996 年第 1 期。

薛瑞芳：《病死畜禽无害化处理的公共卫生学意义》，《畜禽业》2012 年第 11 期。

闫振宇、陶建平、徐家鹏：《养殖农户报告动物疫情行为意愿及影响因素分析——以湖北地区养殖农户为例》,《中国农业大学学报》2012 年第 3 期。

燕平梅、薛文通、张慧、胡晓平、谭丽平:《不同贮藏蔬菜中亚硝酸盐变化的研究》,《食品科学》2006 年第 6 期。

杨军、廖新福、沙勇龙等:《冷链运输对哈密瓜品质及腐烂率的影响》,《新疆农业科学》2011 年第 7 期。

杨玲:《中国农产品质量安全追溯体系建设现状与发展对策》,《世界农业》2012 年第 8 期。

杨仁忠:《公共领域理论与和谐社会构建》,社会科学文献出版社 2013 年版。

杨胜平、谢晶、高志立等:《冷链物流过程中温度和时间对冰鲜带鱼品质的影响》,《农业工程学报》2013 年第 24 期。

姚锐敏:《困境与出路—社会组织公信力建设研究》,《中州学报》2013 第 1 期。

姚远、任羽中:《"激活"与"吸纳"的互动——走向协商民主的中国社会治理模式》,《北京大学学报(哲学社会科学版)》2013 第 2 期。

叶蔚云、曾美玲、林洁如:《广州市家庭食品安全操作及影响因素分析》,《中国公共卫生》2012 年第 3 期。

易成非、姜福洋:《潜规则与明规则在中国场景下的共生——基于非法拆迁的经验研究》,《公共管理学报》2014 年第 4 期。

尹世久:《信息不对称、认证有效性与消费者偏好:以有机食品为例》,中国社会科学出版社 2013 年版。

英国 RSA 保险集团发布的全球风险调查报告:《中国人最担忧地震风险》,《国际金融报》2010 年 10 月 19 日。

俞志元:《NGO 发展的影响因素分析———项基于艾滋 NGO 的研究》,《复旦学报(社会科学版)》2014 第 6 期。

虞祎、张晖、胡浩:《排污补贴视角下的养殖户环保投资影响因素研究——基于沪、苏、浙生猪养殖户的调查分析》,《中国人口资源与环境》2012 第 2 期。

郁建兴、任婉梦:《德国社会组织的人才培养模式和经验》,《中国社会组织》2013 第 3 期。

袁军鹏:《科学计量学高级教程》,科学技术文献出版社 2010 年版。

曾名勇、曹立民、徐玮:《几种蔬菜在冷藏过程中的品质变化》,《食品与机械》2001 年第 3 期。

詹帅、霍红:《农产品冷藏链国内外研究现状分析》,《物流技术》2013 年第 4 期。

张锋、李长健:《我国食品安全多元规制模式研究》,山西财经大学硕士学位论文,2014 年。

张桂新、张淑霞:《动物疫情风险下养殖户防控行为影响因素分析》,《农村经济》2013 年第 2 期。

张海燕、刘元明、陈兴良:《高产水稻倒伏发生的原因及防止措施》,《农民致富之友》2013 年第 6 期。

张红霞、安玉发:《食品生产企业食品安全风险来源及防范策略—基于食品安全事件的内容分析》,《经济问题》2013 年第 5 期。

张红霞、安玉发、张文胜:《我国食品安全风险识别、评估与管理—基于食品安全事件的实证分析》,《经济问题探索》2013 年第 6 期。

张慧杰、王步军:《谷物及其制品中隐蔽型真菌毒素的污染及检测技术研究进展》,《现代农业科技》2013 年第 13 期。

张君瑛、章学来:《蓄冷式冷藏运输》,《能源技术》2005 年第 3 期。

张可、柴毅、翁道磊等:《猪肉生产加工信息追溯系统的分析和设计》,《农业工程学报》2010 年第 4 期。

张琳、庞燕:《农产品冷链物流模式比较研究》,《物流工程与管理》2010 年第 10 期。

张倩:《陕西省生鲜农产品冷链物流网络优化研究》,陕西科技大学硕士学位论文,2013 年。

张庆丰、韩伯领、张晓东:《制冷新技术对于我国发展铁路冷藏运输的启示》,《铁道货运》2008 第 4 期。

张星联、钱永忠:《我国农产品质量安全预警体系建设现状及对策研究》,《农产品质量与安全》2014 年第 2 期。

张学龙、李超、陈奇特等:《基于 ZigBee 和 RFID 技术的冷链无线监控系统》,《微计算机信息》2012 年第 3 期。

张雅燕:《养猪户病死猪无害化处理行为影响因素实证研究——基于江西养猪大县的调查》,《生态经济(学术版)》2013 年第 2 期。

张娅妮、陈洁、陈蕴光等:《机械式冷藏汽车厢体内部气流组织模拟研究》,《制冷空调与电力机械》2007 第 2 期。

张莹:《基于 HACCP 检测的冷链物流》,《物流技术》2006 年第 1 期。

张永恩、褚庆全、王宏广:《城镇化进程中的中国粮食安全形势和对策》,《农业现代化研究》2009 年第 3 期。

张跃华、邬小撑:《食品安全及其管制与养猪户微观行为——基于养猪户出售病死猪及疫情报告的问卷调查》,《中国农村经济》2012 年第 7 期。

张振、乔娟、黄圣男:《基于异质性的消费者食品安全属性偏好行为研究》,《农业技术经济》2013 年第 5 期。

张志强、徐中民、程国栋:《条件价值评估法的发展与应用》,《地球科学进展》2003 年第 3 期。

章力建:《农产品质量安全要从源头(产地环境)抓起》,《中国农业信息》2013 年第 15 期。

赵世岭、牛艳凯、张卓等:《水稻不同割晒期对产量及米质的影响》,《吉林农业》2010 年第 12 期。

赵晓芳、王贵禧、梁丽松等:《不同包装及延时预冷处理对模拟冷链贮运及货架期期间桃果实品质的影响》,《食品科学》2009 年第 6 期。

赵英霞:《中国农产品冷链物流发展对策探讨》,《哈尔滨商业大学学报(社会科学版)》2010 年第 2 期。

郑轶:《中国和日本生鲜农产品流通模式比较研究》,《世界农业》2014 年第 8 期。

中华人民共和国家质量监督检验检疫总局:《GB/T7635.1-2002 全国主要产品分类与代码》,中国标准出版社 2002 年版。

中华人民共和国卫生部:《GB2760-2011 食品安全国家标准食品添加剂使用标准》,中国标准出版社 2011 年版。

周力、薛荦绮:《基于纵向协作关系的农户清洁生产行为研究——以生猪养殖为例》,《南京农业大学学报(社会科学版)》2014 年第 3 期。

周秋光、彭顺勇:《慈善公益组织治理能力现代化的思考:公信力建设的视角》,《湖南大学学报》2014 第 6 期。

周秀平、刘求实:《非政府组织参与重大危机应对的影响因素研究——以应对"5.12"地震为例》,《南京师大学报(社会科学版)》2011 第 5 期。

周泽义、樊耀波、王敏健:《食品污染综合评价的模糊数学方法》,《环境科学》2000 年第 3 期。

朱冰清:《农产品冷链专用相变蓄冷剂研制与初步应用》,浙江大学硕士学位论文,2015 年。

朱昌俊:《执法不严是病死猪产业链的"病灶"》,《中国食品安全报》2015 年第 1 期。

朱淀、蔡杰:《实验拍卖理论在食品安全研究领域中的应用:一个文献综述》,《江南大学学报(人文社会科学版)》2012 年第 1 期。

朱淀、蔡杰、王红纱:《消费者食品安全信息需求与支付意愿研究——基于可追溯猪肉不同层次安全信息的 BDM 机制研究》,《公共管理学报》2013 年第 10 期。

朱则刚:《用现代科技打造冷链物流》,《交通与运输》2008 年第 6 期。

Abad, E. , F. Palacio, M. Nuin, et al. , "RFID Smart Tag for Traceability and Cold Chain Monitoring of Foods: Demonstration in an Intercontinental Fresh Fish Logistic Chain", *Journal of Food Engineering*, Vol. 93, No. 4, 2009.

Abass, A. B. , G. Ndunguru, P. Mamiro, et al. , "Post-Harvest Food Losses in a Maize-Based Farming System of Semi-Arid Savannah Area of Tanzania", *Journal of Stored Products Research*, Vol. 57, No. 3, 2014.

Abidoye, B. O. , H. Bulut, J. D. Lawrence, et al. , "U. S. Consumers' Valuation of Quality Attributes in Beef Products", *Journal of Agricultural and Applied Economics*, Vol. 43, No. 1,2011.

Ahmad, W. and S. Anders, "The Value of Brand and Convenience Attributes in Highly Processed Food Products", *Canadian Journal of Agricultural Economics*, Vol. 60, No. 1, 2014.

Ajay, D. , R. Handfield, C. Bozarth, "*Profiles in Supply Chain Management: An Empirical Examination*", 33rd Annual Meeting of the Decision Sciences Institute, 2002.

Akar, T. , M. Avci and F. Dusunceli, *Berley: Post-Harvest Operations*, Food and Agriculture Organization of the United Nations, Ulus, Ankara, Turkey, 2004.

Albersmeier, F. , H. Schulze and A. Spiller, System Dynamics in Food Quality Certifications: Development of an Audit Integrity System, *International Journal of Food System Dynamics*, Vol. 1, No. 1, 2014.

Alfnes, F. and K. Rickertsen, European Consumers' Willingness to Pay for US Beef in Experimental Auction Markets, *American Journal of Agricultural Economics*, Vol. 85, No. 2, 2014.

Alfnes, F. , "Stated Preferences for Imported and Hormone-treated Beef: Application of a Mixed Logit Model", *European Review of Agricultural Economics*, Vol. 31, No. 1, 2004.

Alfnes, F. , A. G. Guttormsen, G. Steine and K. Kolstad, "Consumers' Willingness to Pay for the Color of Salmon: A Choice Experiment with Real Economic Incentives", *American Journal of Agricultural Economics*, Vol. 88, No. 4,2006.

Allenby, G. M. and P. E. Rossi, "Marketing Models of Consumer Heterogeneity", *Journal of Econometrics*, Vol. 89, No. 1, 1998.

Alphonce, R. And F. Alfnes, Consumer Willingness to pay for Food Safety in Tanzania: An Incentive-Aligned Conjoint Analysis, *International Journal of Consumer Studies*, Vol. 36, No. 3, 2014.

Anderson, S., R. G. Newell, "Simplified Marginal Effects in Discrete Choice Models", *Economics Letters*, Vol. 81, No. 3, 2003.

Angulo, A. M., J. M. Gil and L. Tamburo, "Food Safety and Consumers' Willingness to Pay for Labelled Beef in Spain", *Journal of Food Products Marketing*, Vol. 11, No. 3, 2005.

Angulo, A. M. and J. M. Gil, "Risk Perception and Consumers Willingness to Pay for Beef in Spain", *Food Quality and Preference*, Vol. 18, No. 8, 2007.

Anonymous, "A Simple Guide to Understanding and Applying the Hazard Analysis Critical Control Point Concept" (2nd edition), International Life Sciences Institute (ILSI) Europe, Brussels, 1997.

Ansell, C. K. and D. Vogel, *What's the Beef? The Contested Governance of European Food Safety*, Cambridge, MA: MIT Press, 2006.

Antle, J. M., "Efficient Food Safety Regulation in the Food Manufacturing Sector", *American Journal of Agricultural Economics*, Vol. 78, No. 5, 1996.

Appiah, F. R. Guisse, P. K. Dartey, "Post Harvest Losses of Rice from Harvesting to Milling in Ghana", *Journal of Stored Products and Postharvest Research*, Vol. 2, No. 4, 2011.

Ares, G., A. Gimenez and R. Deliza, "Influence of Three Non-Sensory Factors on Consumer Choice of Functional Yogurts over Regular ones", *Food Quality and Preference*, Vol. 21, No. 6, 2014.

Aulakh, J., A. Regmi, et al., *Fost-harvest Food Losses Estimation-Development of Consistent Methodology*, Agricultural & Applied Economics Association's 2013 AAEA & CAES Joint Annual Meeting, Washington, DC, 2013.

Aung, M. M., Y. S. Chang, "Traceability in a Food Supply Chain: Safety and Quality Perspectives", *Food Control*, No. 11, 2013.

Ayres, I. and J. Braithwaite, *Responsive Regulation: Transcending the Deregulation Debate*, New York, NY: Oxford University Press, 1992.

Bailey, A. P. and C. Garforth, "An Industry Viewpoint on the Role of Farm Assurance in Delivering Food Safety to the Consumer: The Case of the Dairy Sector of England and Wales", *Food Policy*, Vol. 45, 2014.

Baldwin, R. and M. Cave, *Understanding Regulation: Theory, Strategy, and Practice*, Oxford: Oxford University Press, 1999.

Bardach, E., *The Implementation Game: What Happens after A Bill Becomes A Law*, Cambridge, MA: MIT Press, 1978.

Bartle, I. and P. Vass, "Self-Regulation and the Regulatory State: A Survey of Policy and Practices", Research Report, University Of Bath, 2005.

Basavaraja, H. , S. B. Mahajanashetti, Udagatti, N. C. , "Economic Analysis of Post-Harvest Losses in Food Grains in India: A Case Study of Karnataka", *Agricultural Economics Researh Review*, Vol. 20, No. 1, 2007.

Bateman, T. S and D. W. Organ, "Job Satisfaction and the Good Soldier: The Relationship Between Affect and Employee "Citizenship", *Academy of Management Journal*, Vol. 26, No. 4, 1983.

Efron, B. , "Bootstrap Methods: Another Look at the Jackknife", *The Annuals of Statistics*, Vol. 7, No. 1, 1979.

Batte, M. T. , N. H. Hooker, T. C. Haab and J. Beaverson, "Putting Their Money where Their mouths are: Consumer Willingness to Pay for Multi-ingredient, Processed Organic Food Products", *Food Policy*, Vol. 32, No. 2, 2014.

Bell, D. R. and J. M. Lattin, "Looking for Loss Aversion in Scanner Panel Data: The Confounding Effect of Price Response Heterogeneity", *Marketing Science*, Vol. 19, No. 2, 2000.

Ben, A. , M. and S. Gershenfeld, "Multi-featured Products and Services: Analysing Pricing and Bundling Strategies", *Journal of Forecasting*, Vol. 17, No. 3-4, 1998.

Berge, A. C. B. , T. D. Glanville, P. D. Millner, et al. , "Methods and Microbial Risks Associated with Composting of Animal Carcasses in the United States", *Journal of the American Veterinary Medical Association*, Vol. 234, No. 1, 2009.

Beta, T. , S. Nam, J. E. Dexter, et al. , "Phenolic Content and Antioxidant Activity of Pearled Wheat and Roller-Milled Fractions", *Cereal Chemistry*, Vol. 82, No. 4, 2005.

Better Regulation Task Force, *Imaginative Thinking For Better Regulation*, http://www. brtf. gov. uk/docs/pdf/imaginativeregulation. pdf, 2003.

Black, J. , "Decentring Regulation: Understanding the Role of Regulation and Self Regulation in A 'Post-Regulatory' World", *Current Legal Problems*, Vol. 54, 2001.

Boccaletti, S. and M. Nardella, "Consumer Willingness to Pay for Pesticide-Free Fresh Fruit and Vegetables in Italy", *The International Food and Agribusiness Management Review*, Vol. 3, No. 3, 2000.

Bommer, M. , C. Gratto, J. Gravander and M. Tuttle, "A Behavioral Model of Ethical and Unethical Decision Making", *Journal of Business Ethics*, Vol. 6, No. 4, 1987.

Bosona, T. and G. Gebresenbet, "Food Traceability as an Integral Part of Logistics Management in Food and Agricultural Supply Chain", *Food Control*, Vol. 33, No. 1, 2013.

Boxall, R. A. , "A Critical Review of the Methodology for Assessing Farm-level Grain Losses after Harvest", *International Biodeterioration*, Vol. 25, No. 4, 1989.

Brennan, M. , M. Mccarthy and C. Ritson, "Why do Consumers Deviate From Best Microbiological Food Safety Advice? An Examination of High-risk Consumers on the Island of Ireland", *Appetite*, Vol. 49, No. 2, 2007.

Bressersh, T. A., "*The Choice of Policy Instruments in Policy Networks*", Worcester: Edward Elgar, 1998.

Briz, T. and R. W. Ward, "Consumer Awareness of Organic Products in Spain: An Application of Multinominal Logit Models", *Food Policy*, Vol. 34, No. 3, 2014.

Brownstone, D. and K. Train, "Forecasting New Product Penetration with Flexible Substitution Patterns", *Journal of Econometrics*, Vol. 89, No. 4, 1999.

Brunsson, N. and B. Jacobsson, *A World of Standards*, Oxford: Oxford University Press, 2000.

Buchner, B., C. Fischler, E. Gustafson, et al., *Food Waste: Causes, Impacts and Proposals*, Barilla Center for Food & Nutrition, Italy, 2012.

Burton, A. W., L. A. Ralph, E. B. Robert, et al., "Thomas, Disease and Economic Development: The Impact of Parasitic Diseases in St. Luci", *International Journal of Social Economics*, Vol. 1, No. 1, 1974.

Burton, M., D. Rigby, T. Young and S. James, "Consumer Attitudes to Genetically Modified Organisms in Food in the UK", *European Review of Agricultural Economics*, Vol. 28, No. 4, 2001.

Caduff, L. and T. Bernauer, "Managing Risk and Regulation in European Food Safety Governance", *Review of Policy Research*, Vol. 17, No. 6, 23, 2006.

Comparative International Development, Vol. 36, No. 6, 2002.

Caduff, L. and T. Bernauer, "Managing Risk and Regulation in European Food Safety Governance", *Review of Policy Research*, Vol. 23, No. 1, 2006.

Caiping, Z., B. Junfei and T. I. Wahl, "Consumers' Willingness to Pay for Traceable Pork, Milk, and Cooking oil in Nanjing, China", *Food Control*, Vol. 27, No. 1, 2012.

Cantley, M., "How Should Public Policy Respond to the Challenges of Modern Biotechnology", *Current Opinion in Biotechnology*, Vol. 15, No. 3, 2004.

Carlsson, F., P. K. Nam, M. Linde-Rahr, et al, "Are Vietnamese Farmers Concerned with Their Relative Position in Society", *The Journal of Development Studies*, Vol. 43, No. 7, 2007.

Carrillo, E., P. Varela and S. Fiszman, "Packaging Information as a Modulator of Consumers' perception of Enriched and Reduced-Calorie Biscuits in Tasting and Non-tasting Tests", *Food Quality and Preference*, Vol. 25, No. 2, 2012.

Carullo, A., S. Corbellini, M. Parvis, et al., "A Wireless Sensor Network for Cold Chain Monitoring", *IEEE Transactions on Instrumentation and Measurement*, Vol. 55, No. 5, 2009.

Caswell, J. A. and E. M. Mojduszka, "Using Information Labeling to Influence the Market for Quality in Food Pro ducts", *American Journal of Agricultural Economics*, Vol. 78, No. 5, 1996.

Caswell, J. A. and D. L. Padberg, "Toward a More Comprehensive Theory of Food Labels", *American Journal of Agricultural Economics*, Vol. 74, No. 2, 1992.

Chang, J. B., W. Moon and S. K. Balasubramanian, "Consumer Valuation of Health Attributes for Soy-based food: A Choice Modeling Approach", *Food Policy*, Vol. 37, No. 3, 2012.

Chang, K. , S. Siddarth and C. B. Weinberg, "The Impact of Heterogeneity in Purchase Timing and Price Responsiveness on Estimates of Sticker Shock Effects", *Marketing Science*, Vol. 18, No. 2, 1999.

Chatterjee, S. and K. G. Pandey, "Thermoelectric Cold-chain Chests for Storing/Transporting Vaccines in Remote Regions", *Applied Energy*, Vol. 76, No. 4, 2003.

Chien, L. H. and Y. C. Zhang, "Food Traceability System—An Application of Pricing on the Integrated Information", The 5th International Conference of the Japan Economic Policy Association, Tokyo, Japan, December 2-3, 2006.

Christian, H. , J. Klaus and V. Axel, "Better Regulation by New Governance Hybrids? Governance Styles and the Reform of European Chemicals Policy", *Journal of Cleaner Production*, Vol. 15, No. 18, 2007.

Chung, C. , T. Boyer and S. Han, "Valuing Quality Attributes and Country of Origin in the Korean Beef Market", *Journal of Agricultural Economics*, Vol. 60, No. 3, 2009.

Claret, A. , L. Guerrero, E. Aguirre, et al. , "Consumer Preferences for Sea Fish Using Conjoint Analysis: Exploratory Study of the Importance of Country of Origin, Obtaining Method, Storage Conditions and Purchasing Price", *Food Quality and Preference*, Vol. 26, No. 2, 2012.

Clemens, R. and B. A. Babcock, "Meat Traceability: Its Effect on Trade", Iowa State University, Department of Economics Staff General Research Papers, 2002.

Coase, R. , "Discussion", *American Economic Review* 54 (3): 194-197.

Cohen, J. L. and Arato, A. , *Civil Society and Political Theory*, Cambridge, Ma: Mit Press, 1992.

Codron, J. M. , M. Fares, E. Rouvière, "From Public to Private Safety Regulation? The Case of Negotiated Agreements in the French Fresh Produce Import Industry", *International Journal of Agricultural Resources Governance and Ecology*, Vol. 6, No. 3, 2007.

Coglianese, C. and D. Lazer, "Management-Based Regulation: Prescribing Private Management to Achieve Public Goals", *Law & Society Review*, Vol. 37, 2003.

Colin, M. , K. Adam, L. Kelley, et al. , "Framing Global Health: The Governance Challenge", *Global Public Health*, Vol. 7, No. 2, 2012.

Commission of the European Communities, *European Governance, A White Paper, Com(2001)428*, http://Eur-Lex. Europa. Eu/Lexuriserv/Site/En/Com/2001/Com2001_0428en01. Pdf, *2001-04-28*.

Commission of the European Communities, European Governance' (White Paper) Com (*2001*) *428*, *2001-07-25*.

Commission of the European Communities, *Report From the Commission to the Council and the European Parliament on the Experience Gained From the Application of the Hygiene Regulations (Ec) No 852/2004, (Ec) No 853/2004 and (Ec) No 854/2004 of the European Parliament and of the Council of 29 April 2004, Sec(2009) 1079*, Brussels, 2009.

Commission on Global Governance, *Our Global Neighbourhood: The Report of the Commission on Global Governance*, London: Oxford University Press, 1995.

Corradof, G. G. , "Food Safety Issues: From Enlightened Elitism towards Deliberative Democracy? An Overview of Efsa's Public Consultation Instrument", *Food Policy*, Vol. 37, No. 4, 2012.

Cragg, R. D. , *Food Scares and Food Safety Regulation: Qualitative Research on Current Public Perceptions (Report Prepared For Coi and Food Standards Agency)*, London: Cragg Ross Dawson Qualitative Research, 2005.

Cuéllar-Padilla, M. , á. Calle-Collado, "Can We Find Solutions with People? Participatory Action Research with Small Organic Producers in Andalusia", *Journal of Rural Studies*, No. 4, 2011.

Danso, G. , P. Drechsel, S. Fialor, et al. , "Estimating the Demand for Municipal Waste Compost Via Farmers' Willingness-To-Pay in Ghana", *Waste Management*, Vol. 26, No. 12, 2006.

Davenport, T. H. and L. Prusak, "Working knowledge", Boston: Harvard Business School Press, 1998.

David, O. and G. Ted, *Reinventing Government*, Penguin, 1993.

Davis, G. F. , D. Mcadam and W. R. Scott, "*Social Movements and Organization Theory*", Cambridge: Cambridge University Press, 2005.

Dawes, R. M. and B. Corrigan. , "Linear Models in Decision Making", *Psychological Bulletin* Vol. 81, No. 5, 1974.

De Jong, A. E. I. , L. Verhoeff-Bakkenes, M. J. Nauta, et al. , "Cross-contamination in the Kitchen: Effect of Hygiene Measures", *Applied Microbiology*, Vol. 105, No. 5, 2008.

De Krom, M. P. M. M. , "Understanding Consumer Rationalities: Consumer Involvement in European Food Safety Governance of Avian Influenza", *Sociologia Ruralis*, Vol. 49, No. 1, 2009.

Dellacasa, A. , "Refrigerated Transport by Sea", *International Journal of Refrigeration*, Vol. 10, No. 6, 1987.

Demirci, K. , *Crop Losses with Combine at Harvest: Examples of Turkey and State Farms in Proceedings of the Seminar on Pre and Post Harvest*, Ministry of Agriculture and Forestry, Turkish, 1982.

Demortain, D. , "Standardising through Concepts, the Power of Scientific Experts in International Standard-Setting", *Science and Public Policy*, Vol. 35, No. 6, 2008.

Den Ouden, M. , A. A. Dijkhuizen, R. Huirne, P. J. P. Zuurbier, "Vertical Cooperation in Agricultural Production-Marketing Chains, with Special Reference to Product Differentiation in Pork", *Agribusiness*, Vol. 12, No. 3, 1996.

Department for Trade and Industry and Department for Culture, Media and Sport, *A New Future for Telecommunications*, London: The Stationery Office Cm 5010, 2000.

Derek, J. , de Solla Price, "Networks of Scientific Papers: the Pattern of Bibliographic References Indicates the Nature of the Scientific Research Front", *Science*, Vol. 3683, No. 149, 1965.

DeWaal, C. and N. Robert, "Global & Local: Food Safety Around the World", Center for Science in the Public Interest, 2005.

Diamond, P. A. and J. A. Hausman, "Contingent valuation: Is Some Number Better Than no Number?", *The Journal of Economic Perspectives*, Vol. 8, No. 4, 1994.

Dickinson, D. L. and D. V. Bailey, "Experimental Evidence on Willingness-to-pay for Red Meat Traceability in the United States, Canada, the United Kingdom, and Japan", *Journal of Agricultural and Applied Economics*, Vol. 37, No. 3, 2005.

Dickinson, D. L. and D. Bailey, "Meat Traceability: Are US Consumers Willing to Pay for It?", *Journal of Agricultural and Resource Economics*, Vol. 27, No. 2, 2002.

Dickson, B. J., "Co-optation and Corparatism in China: The Logic Party Adaptaion", *Political Science Quarerly*, Vol. 115, No. 4, 2001.

Dickson, M. A., S. F. Lennon, C. P., Montalto, D., Shen, L. Zhang, "Chinese Consumer Market Segment for Foreign Apparel Products", *Journal of Consumer Marketing*, Vol. 21, No. 4, 2004.

Dimitrios, P. K., L. P. Evangelos and D. K. Panagiotis, "Measuring the Effectiveness of the HACCP Food Safety Management System", *Food Control*, Vol. 33, No. 2, 2013.

Dordeck-Jung, B., M. J. G. O. Vrielink, J. V. Hoof, et al., "Contested Hybridization of Regulation: Failure of the Dutch Regulatory System to Protect Minors From Harmful Media", *Regulation & Governance*, Vol. 4, No. 2, 2010.

Dr Maged Younes, "Baseline Information for Food Safety Policy and Measures", Department of Food Safety and Zoonoses World Health Organization 20, Avenue Appia, CH-1211 Geneva 27 Switzerland, October 6, 2011.

Duret, S., L. Guillier and H. M. Hoang, et al., "Identification of Significant Parameters in Food Safety by Global Sensitivity Analysis and Accept/Reject Algorithm: Application to the Ham Cold Chain", *International Journal of Microbiol*, Vol. 180, No. 4, 2014.

Dyckman, L. J., "The Current State of Play: Federal and State Expenditures on Food Safety", Washington, DC: Resource For The Future, 2005.

Edwards, M., "Participatory Governance into the Future: Roles of the Government and Community Sectors", *Australian Journal of Public Administration*, Vol. 60, No. 3, 2001.

Efron, B. and R. J. Tibshirani, *An Introduction to the Bootstrap*, New York: Chapman & Hall, 1993.

Ehmke, M. D., J. L. Lusk and W. Tyner, "Measuring the Relative Importance of Preferences for Country of Origin in China, France, Niger, and the United States", *Agricultural Economics*, Vol. 38, No. 3, 2014.

Eijlander, P., "Possibilities and Constraints in the Use of Self-Regulation and Co-Regulation in Legislative Policy: Experience in the Netherlands—Lessons to be Learned for the EU", *Electronic Journal of Comparative Law*, Vol. 9, No. 1, 2005.

Encarnacio'n, O., "On Bowling Leagues and NGOs: A Critique of Civil Society's Revival", *Studies in*

Cantley, M., "How Should Public Policy Respond to the Challenges of Modern Biotechnology",

Current Opinion in Biotechnology, Vol. 25, No. 3, 2004.

Enneking, U., "Willingness to Pay for Safety Improvements in the German Meat Sector: The Case of the Q&S Label", *European Review of Agricultural Economics*, Vol. 31, No. 2, 2004.

Eugene Garfield, H. Irving, Sher, Richard J. Torpie, "The Use of Citation Data in Writing the History of Science", *Philadelphia: Institute For Scientific Information*, Vol. 8, No. 22, 1964.

Fairman, R. and C. Yapp, "Enforced Self-Regulation, Prescription, and Conceptions of Compliance within Small Businesses: The Impact of Enforcement", *Law and Policy*, Vol. 27, No. 4, 2005.

Falguera, V., N. Aliguer and M. Falguera, "An Integrated Approach to Current Trends in Food Consumption: Moving Toward Functional and Organic Products", *Food Control*, Vol. 26, No. 2, 2014.

FAO Food and Nutrition Paper, "Risk Management and Food Safety", *Rome*, 1997.

FAO/WHO, "Codex Procedures Manual", 10th *edition*, 1997.

Fearne, A. and M. G. Martinez, "Opportunities for the Coregulation of Food Safety: Insights From the United Kingdom", *Choices: The Magazine of Food, Farm and Resource Issues*, Vol. 20, No. 2, 2005.

Fearne, A., M. M. Garcia and M. Bourlakis, "Review of the Economics of Food Safety and Food Standards", Document Prepared for the Food Safety Agency, London: Imperial College London, 2004.

Fearne, A. and M. G. Martinez, "Opportunities for the Coregulation of Food Safety: Insights from the United Kingdom, Choices: The Magazine of Food", *Farm and Resource Issues*, Vol. 20, No. 2, 2005.

Fielding, L. M., L. Ellis, C. Beveridge, et al., "An Evaluation of HACCP Implementation Status In UK SME's in Food Manufacturing", *International Journal of Environmental Health Research*, Vol. 15, No. 2, 2005.

Fisher, J., "*Non-governments: NGOs and the Political Redevelopment of the Third World*", West Hartford, CT: Kumarian Press, 1998.

Flick, D., H. M. Hoang, G. Alvarez, et al., "Combined Deterministic and Stochastic Approaches for Modeling the Evolution of Food Products Along the Cold Chain. Part I: Methodology", *International Journal of Refrigeration*, Vol. 35, No. 6, 2012.

Florini, A. M., "The Third Force: The Rise of Transnational Civil Society", Tokyo: JCIE. 10, 2000. Food Standards Agency, *Safe Food and Healthy Eating for All*, *Annual Report 2007/08*, London: The Food Standards Agency, 2008.

Flynn, A., L. Carson, R. Lee, et al., *The Food Standards Agency: Making A Difference*, Cardiff: The Centre For Business Relationships, Accountability, Sustainability And Society (Brass), Cardiff University, 2004.

Freedman, R. and R. Fleming, *Water Quality Impacts of Burying Livestock Mortalities*, Livestock Mortality Recycling Project Steering Committee, Ridgetown, Ontario, Canada, 2003.

Freeman, *Collaborative Governance*, Supra Note 17, 2013.

Froehlich, E. J., J. G. Carlberg and C. E. Ward, "Willingness-to-pay for Fresh Brand Name Beef", *Canadian Journal of Agricultural Economics*, Vol. 57, No. 6, 2014.

Furnols, M. F., C. Realini, F. Montossi, et al., "Consumer's Purchasing Intention for Lamb Meat Affected by Country of Origin, Feeding System and Meat Price: A Conjoint Study in Spain, France and United Kingdom", *Food Quality and Preference*, Vol. 22, No. 5, 2011.

Garcia, M. M., P. Verbruggen and A. Fearne, "Risk-Based Approaches to Food Safety Regulation: What Role For Co-Regulation", *Journal of Risk Research*, Vol. 16, No. 9, 2013.

Garde, R., F. Jiménez, T. Larriba, et al., "Development of a Fuel Cell-based System for Refrigerated Transport", *Energy Procedia*, Vol. 29, No. 4, 2012.

Genius, M., C. J. Pantzios and V. Tzouvelekas, "Information Acquisition and Adoption of Organic Farming Practices", *Journal of Agricultural & Resource Economics*, Vol. 31, No. 1, 2006.

Gerhardy, H. and M. R. Ness, "Consumer Preferences for Eggs Using Conjoint Analysis", *World's Poultry Science Journal*, Vol. 51, No. 5, 1995.

Gil, J. M. and M. S'anchez, "Consumer Preferences for Wine Attributes, A Conjoint Approach", *British Food Journal*, Vol. 99, No. 1, 1997.

Gogou, E., G. Katsaros, E. Derens, et al., "Cold Chain Database Development and Application as a Tool for the Cold Chain Management and Food Quality Evaluation", *International Journal of Refrigeration*, Vol. 52, No. 6, 2015.

Golan, E., F. Kuchler and L. Mitchell, "Economics of Food Labeling", *Journal of Consumer Policy* Vol. 24, No. 2, 2001.

Goodwin, J. H. L. and R. Shiptsova, "Changes in Market Equilibria Resulting From Food Safety Regulation in the Meat and Poultry Industries", *The International Food and Agribusiness Management Review*, Vol. 5, No. 1, 2002.

Gorsuch, R. L., "Psychology of Religion", *Annual Review of Psychology*, Vol. 39, No. 2, 1988.

Gracia, A., M. L. Loureiro and J. R. M. Nayga, "Consumers' Valuation of Nutritional Information: A choice Experiment Study", *Food Quality and Preference*, Vol. 20, No. 7, 2009.

Gratt, L. B., *Uncertainty in Risk Assessment, Risk Management and Decision Making*, New York": Plenum Press, 1987.

Grazia, C. and A. Hammoudi, "Food Safety Management by Private Actors: Rationale and Impact on Supply Chain Stakeholders", *Rivista Di Studi Sulla Sostenibilita'*, Vol. 2, No. 2, 2012.

Green Pea, *Weed Science*, 1997.

Green, A., "Comparative Development of Post-communist Civil Societies", *Europe-Asia Studies*, Vol. 54, No. 3, 2002.

Ekiert, G., "Democratization Processes in East Central Europe: A Theoretical Reconsideration", *British Journal of Political Science*, Vol. 21, No. 6, 1991.

Green, J. M. , A. K. Draper and E. A. Dowler, "Short Cuts to Safety: Risk and Rules of Thumb in Accounts of Food Choice", *Health*, *Risk and Society*, Vol. 5, No. 1, 2003.

Green, P. E. and V. Srinivasan, "Conjoint Analysis in Consumer Research: Issues and Outlook", *Journal of Consumer Research*, Vol. 5, No. 2, 1978.

Greene, W. H. , *Econometric Analysis*, New Jersey: Prentice Hall, 2003.

Grethe, H. , A. Dembélé and N. Duman, "How to Feed the World's Growing Billions: Understanding FAO World Food Projections and Their Implications", Study for WWF Deutschland the Heinrich-Böll-Stiftung, Berlin, 2011.

Grolleaud, M. , "Post-Harvest Losses: Discovering The Full Story", Overview of the Phenomenon of Losses During the Post-Harvest System, FAO, Agro Industries and Post-Harvest Management Service, Rome, Italy, 2002.

Grunert, K. G. , "What is in a Steak? A Cross-cultural Study on the Quality Perception of Beef", *Food Quality and Preference*, Vol. 20, No. 4, 1997.

Gunduz, O. and Z. Bayramoglu, "Consumer's Willingness to pay for Organic Chicken Meat in Samsun Province of Turkey", *Journal of Animal and Veterinary Advances* Vol. 10, No. 3, 2011.

Gunningham, N. and J. Rees, "Industry Self Regulation: An Institutional Perspective", *Law and Policy*, Vol. 19, No. 4, 1997.

Gunningham and Sinclair, *Discussing the "Assumption that Industry Knows Best how to Abate its Own Environmental Problems"*, Supra Note 17, 2007.

Gustavsson, J. , C. Cederberg, U. Sonesson, R. Otterdijk, A. Meybeck, *Global Food Losses and Food Waste*, FAO: Jenny Gustavsson Christel Cederberg Ulf Sonesson, 2011.

Gwanpua, S. G. , P. Verboven, D. Leducq, et al. , "The FRISBEE Tool, a Software for Optimising the Trade-off Between Food Quality, Energy Use, and Global Warming Impact of Cold Chains", *Journal of Food Engineering*, Vol. 148, No. 2, 2015.

Hadjigeorgiou, A. , E. S. Soteriades, A. Gikas, "Establishment of A National Food Safety Authority for Cyprus: A Comparative Proposal Based on the European Paradigm", *Food Control*, Vol. 30, No. 2, 2013.

Halkier, B. and L. Holm. , "Shifting Responsibilities for Food Safety in Europe: An Introduction", *Appetite*, Vol. 47, No. 3, 2006.

Hall, D. , "Food with a Visible Face: Traceability and the Public Promotion of Private Governance in the Japanese Food System", *Geoforum*, Vol. 41, No. 5, 2010.

Halkier, B. and L. Holm, "Shifting Responsibilities for Food Safety in Europe: An Introduction", *Appetite*, Vol. 47, No. 2, 2006.

Hambrick, D. C. and P. A. Mason, "Upper Echelons: The Organaization as a Reflection of Its Top Managers", *Academy of Management Review*, Vol. 9, No. 2, 1984, p. 198.

Hampton, P. , *Reducing Administrative Burdens: Effective Inspection and Enforcement*, London: HM

Treasury, 2005.

Hanemann, W. M. , "Valuing the Environment Through Contingent Valuation", *The Journal of Economic Perspectives*, Vol. 8, No. 4, 1994.

Hans Westlund and Bolton Roger, "Local Social Capital and Entrepreneurship", *Small Business Economics*, Vol. 21, No. 2, 2003.

Hendrickson, M. K. and H. S. James, "The Ethics of Constrained Choice: How the Industrialization of Agriculture Impacts Farming and Farmer Behavior", *Journal of Agricultural and Environmental Ethics*, Vol. 18, No. 3, 2005.

Henry Small. , "Co-citation in Scientific Literature: A Newmeasure of the Relationship Between Two Documents", *Journal of the American Society for Information Science*, Vol. 24, No. 4, 1973.

Henson, S. and J. Humphrey, "The Impacts of Private Food Safety Standards on the Food Chain and on Public Standard-Setting Processes", Joint FAO/WHO Food Standards Programme, Codex Alimentarius Commission, ALINORM 09/32/9D-Part II FAO Headquarters, Rome. 2009.

Henson, S. and J. Caswell, "Food Safety Regulation: An Overview of Contemporary Issues", *Food Policy*, Vol. 24, No. 6, 1999.

Henson, S. and J. Humphrey, "The Impacts of Private Food Safety Standards on the Food Chain and on Public Standard-Setting Processes", Rome: Joint FAO/WHO Food Standards Programme, Codex Alimentarius Commission, Alinorm 09/32/9d-Part Ii Fao Headquarters.

Henson, S. and M. Heasman, "Food Safety Regulation and the Firm: Understanding the Compliance Process", *Food Policy*, Vol. 23, No. 1, 1998.

Henson, S. and N. Hooker, "Private Sector Management of Food Safety: Public Regulation and the Role of Private Controls", *International Food and Agribusiness management Review*, Vol. 4, No. 1, 2001.

Hjelmar, U. , "Consumers' Purchase of Organic Food Products: A Matter of Convenience and Reflexive Practices", *Appetite*, Vol. 56, No. 2, 2011.

Hoang, H. M. , D. Flick, E. Derens, et al. , "Combined Deterministic and Stochastic Approaches for Modeling the Evolution of Food Products Along the Cold Chain. Part II: A Case Study", *International Journal of Refrigeration*, Vol. 35, No. 3, 2012.

Hobbs, J. E. , "A Transaction Cost Analysis of Quality, Traceability and Animal Welfare Issues in UK Beef Retailing", *British Food Journal*, Vol. 98, No. 6, 1996.

Hobbs, J. E. , D. Bailey, D. L. Dickinson and M. Haghiri, "Traceability in the Canadian Red Meat Sector: Do Consumers Care?" *Canadian Journal of Agricultural Economics*, Vol. 53, No. 1, 2005.

Hodges, R. J. and C. Maritime, *Post-Harvest Weight Losses of Cereal Grains in Sub-Saharan Africa*, Aphlis, UK, 2012.

Hodges, R. J. , J. C. Buzby and B. Bennett, "Postharvest Losses and Waste in Developed and Less

Developed Countries: Opportunities to Improve Resource Use", *The Journal of Agricultural Science*, Vol. 149, No. 1, 2011.

Hole, A. R., "A Comparison of Approaches to Estimating Confidence Intervals for Willingness to Pay Measures", *Health Economics*, Vol. 16, No. 8, 2007.

Holy, L., *The Little Czech and the Great Czech Nation: National Identity and the Postcommunist Social Transformation. Cambridge*, Cambridge University Press, 1996.

Hutter, B. M., "The Role of Non State Actors in Regulation", London: The Centre for Analysis of Risk and Regulation (Carr), London School Of Economics And Political Science, 2006.

Hynes, S. and E. Garvey, "Modelling Farmers' Participation in an Agri-Environmental Scheme Using Panel Data: An Application to the Rural Environment Protection Scheme In Ireland", *Journal of Agricultural Economics*, Vol. 60, No. 3, 2009.

Ithika, C. S., S. P. Singh and G. Gautam, "Adoption of Scientific Poultry Farming Practices by the Broiler Farmers in Haryana, India", *Iranian Journal of Applied Animal Science*, Vol. 3, No. 2, 2013.

Jackson, V., I. S. Blair, D. A. McDowell, et al., "The Incidence of Significant Food-borne Pathogens in Domestic Refrigerators", *Food Control*, Vol. 18, No. 1, 2007.

James, H. S. and M. K. Hendrickson, "Perceived Economic Pressures and Farmer Ethics", *Agricultural Economics*, Vol. 38, No. 3, 2008.

James, H. S., *The Ethical Challenges Farming: A Report on Conversations with Missouri Corn and Soybean Producers*, 2004.

James, J. S., B. J. Rickard and W. J. Rossman, "Product Differentiation and Market Segmentation in Applesauce: Using a Choice Experiment to Assess the Value of Organic, Local, and Nutrition Attributes", *Agricultural and Resource Economics Review*, Vol. 38, No. 3, 2009.

James, S. J., C. James and J. A. Evans, "Modelling of Food Transportation Systems-a Review", *International Journal of Refrigeration*, Vol. 29, No. 6, 2006.

James, S. J. and C. James, "The food Cold-chain and Climate Change", *Food Research International*, Vol. 43, No. 6, 2010.

Janet, V. D. and B. D. Robert, *The New Public Service: Serving, Not Steering*, M. E. Sharpe, 2002.

Janssen, M. and U. Hamm, "Product Labelling in the Market for Organic Food: Consumer Preferences and Willingness-to-pay for Different Organic Certification Logos", *Food Quality and Preference*, Vol. 25, No. 4, 2012.

Jeannot, G., "Les Fonctionnaires Travaillent-Ils De Plus En Plus? Un Double Inventaire Des Recherches Sur L'Activité Des Agents Publics", *Revue Française De Science Politique*, Vol. 58, No. 1, 2008.

Jehle, G. A. and P. J. Reny, *Advanced Microeconomic Theory*, Gosport: Ashford Colour Press Ltd,

2001.

Jevsnik, M. , V. Hlebec and P. Raspor. , "Consumers' Awareness of Food Safety From Shopping to Eating", *Food Control*, Vol. 19, No. 5, 2008.

Jia, C. and D. Jukes, "The National Food Safety Control System of China: A Systematic Review", *Food Control*, Vol. 32, No. 1.

Jones, R. , L. Kelly, N. French, et al. , "Quantitative Estimates of the Risk of New Outbreaks of Foot-and-Mouth Disease as a Result of Burning Pyres", *The Veterinary Record*, Vol. 154, No. 6, 2004.

Jones, S. L. , S. M. Parry, S. J. O'Brien, et al. , "Are Staff Management Practices and Inspection Risk Ratings Associated with Foodborne Disease Outbreaks in the Catering Industry in England and Wales", *Journal of Food Protection*, Vol. 71, No. 3, 2008.

Julie A. , Caswell and Eliza, M. , "Using Informational Labeling to Influence the Market for Quality in Food products", *American Journal of Agricultural Economics*, Vol. 78, No. 5, 1996.

Kafle, B. , "Diffusion of Uncertified Organic Vegetable Farming Among Small Farmers in Chitwan District, Nepal: A Case of Phoolbari Village", *International Journal of Agriculture: Research and Review*, Vol. 1, No. 4, 2011.

Karabudak, E. , M. Bas and G. Kiziltan, "Food Safety in the Home Consumption of Meat in Turkey", *Food Control*, Vol. 19, No. 6, 2008.

Kerkaert, B. , F. Mestdagh, T. Cucu, K. Shrestha, J. Van Camp, B. De Meulenaer, "The Impact of Photo-Induced Molecular Changes of Dairy Proteins on Their ACE-Inhibitory Peptides and Activity", *Amino Acids*, Vol. 43, No. 2, 2012.

Kerwer, D. , "Rules That Many Use: Standards and Global Regulation", *Governance*, Vol. 18, No. 4, 2005.

Khatib, K. , C. Libbey and R. Boydston, "Weed Suppression with Brassica Green Manure Crops", in J. Kennedy, V. Jackson, C. Cowan, et al. , "Consumer Food Safety Knowledge", *British Food Journal*, Vol. 107 No. 7, 2005.

King, B. G. , K. G. Bentele and S. A. Soule, "Protest and Policymaking: Explaining Fluctuation in Congressional Attention to Rights Issues", *Social Forces*, Vol. 86, No. 1, 2007.

Kleter, G. A. , Marvin, H. J. P. , "Indicators of Emerging Hazards and Risks to Food Safety", *Food and Chemical Toxicology*, Vol. 47, No. 5, 2009.

Klinner, W. E. and G. W. Biggar, "Some Effects of Harvest Date and Design Features of the Cutting Table on the Front Losses of Combine-Harvesters", *Journal of Agricultural Engineering Research*, Vol. 17, No. 1, 1972.

Konerding, U. , "Theory and Methods for Analyzing Relations Between Behavioral Intentions, Behavioral Expectations, and Behavioral Probabilities", *Methods of Psychological Research Online*, Vol. 6, No. 1, 2001.

Kreyenschmidt, J. , H. Christiansen, A. Hiibner, et al. , "A Novel Photochromic Time-temperature Indicator to Support Cold Chain Management" , *International Journal of Food Science & Technology*, Vol. 45, No. 2, 2010.

Krinsky, I. and A. L. Robb, "On Approximating the Statistical Properties of Elasticities", *The Review of Economics and Statistics*, Vol. 68, No. 4, 1986.

Krueathep, W. , "Collaborative Network Activities of Thai Subnational Governments: Current Practices and Future Challenges", *International Public Management Review*, Vol. 9, No. 2, 2008.

Krystallis. A. and M. Ness, "Consumer Preferences for Quality Foods From a South European Perspective: A Conjoint Analysis Implementation on Greek Olive Oil", *International Food and Agribusiness Management Review*, Vol. 8, No. 2, 2005.

Kuo, J. C. and M. C. Chen, "Developing an Advanced Multi-Temperature Joint Distribution System for the Food Cold Chain", *Food Control*, Vol. 21, No. 6, 2010.

Laguerre, O. , M. H. Hoang and D. Flick, "Heat Transfer Modeling in a Refrigerated Display Cabinet: the Influence of Operating Conditions", *Journal of Food Engineering*, Vol. 108, No. 6, 2012.

Lancaster, K. J. , "A New Approach to Consumer Theory", *Journal of Political Economy*, Vol. 74, No. 2, 1966.

Lantin, R. , "*Rice: Post-Harvest Operations*", International Rice Research Institute, Philippines, 1999.

Läpple, D. , "Adoption and Abandonment of Organic Farming: An Empirical Investigation of the Irish Drystock Sector", *Journal of Agricultural Economics*, Vol. 61, No. 3, 2010.

Launio, C. C. , C. A. Asis, R. G. Manalili, et al. , "What Factors Influence Choice of Waste Management Practice? Evidence from Rice Straw Management in the Philippines", *Waste Management & Research*, Vol. 32, No. 2, 2014.

Lee, T. , "The Rise of International Nongovernmental Organizations: Top—down or Bottom-up Explanation", *Voluntas: International Journal of Voluntary and Nonprofit Organizations*, Vol. 21, No. 3, 2010.

Lester, M, Salamon. , "Rise of Nonprofit Sector", *Foreign Affairs*, Vol. 14, No. 1, 1994.

Lester, M. S. and S. W. Sokolowski, *Global Civil Society: Dimensions of the Nonprofit Sector*, Johns Hopkins Center For Civil Society Studies, 1999.

Lichtenberg, L. , S. J. Heidecke and T. Becker, "Traceability of meat: Consumers' Associations and Their Willingness-to-pay", 12th Congress of the European Association of Agricultural Economists— EAAE 2008.

Lim, K. H. , W. Y. Hu, J. M. Leigh and G. Ellen, "US Consumers' Preference and Willingness to Pay for Country-of-origin-labeled Beef Steak and Food Safety Enhancements", *Canadian Journal of Agricultural Economics*, Vol. 61, No. 2, 2013.

Lim, K. H. and W. Hu, "Maynard L. J. and Goddard E. : U. S. Consumers' Preference and Willingness to Pay for Country-of-Origin-Labeled Beef Steak and Food Safety Enhancements", *Canadian Journal of Agricultural Economics*, Vol. 61, No. 1, 2013.

Wu, L. H., Lingling, X., Dian, Z., "Factors Affecting Consumer Willingness to Pay for Certified Traceable Food in Jiangsu Province of China", *Canadian Journal of Agricultural Economics*, 2012, Vol. 60, No. 3.

Lipsky, M., *Street-Level Bureaucracy: Dilemmas of the Individual in Public Services*, New York: Russell Sage Foundation, 2010.

Liu, G., "Food Losses and Food Waste in China: A First Estimate", *OECD Food, Agriculture and Fisheries Papers*, Vol. 66, 2014.

Liu, J., C. Folberth, H. Yang, et al., "A Global and Spatially Explicit Assessment of Climate Change Impacts on Crop Production and Consumptive Water Use", *Plos One*, Vol. 8, No. 2, 2013.

Liu, Y., F. Liu, J. Zhang, J. Gao, "Insights into the Nature of Food Safety Issues in Beijing Through Content Analysis of an Internet Database of Food Safety Incidents in China", *Food Control*, Vol. 51, 2015.

Loader, R. and J. Hobbs, "Strategic Responses to Food Safety Legislation", *Food Policy*, Vol. 24, No. 6, 1999.

Lockie, S., K. Lyons, G. Lawrence and J. Grice, "Choosing Organics: A Path Analysis of Factors Underlying the Selection of Organic Food Among Australian Consumers", *Appetite*, Vol. 43, No. 2, 2014.

Lockshin, L., W. Jarvis, F. d'Hauteville and J. P. Perrouty, "Using Simulations From Discrete Choice Experiments to Measure Consumer Sensitivity to Brand, Region, Price, and Awards in Wine Choice", *Food Quality and Preference*, Vol. 17, No. 3-4, 2006.

Lopes, J. A., S. Jorge, F. C. Neves, et al., "Acute Renal failure in Severely Burned Patients", *Resuscitation*, Vol. 73, No. 2, 2007.

Loureiro, M. L. and W. J. Umberger, "A Choice Experiment Model for Beef: What US Consumer Responses Tell US About Relative Preferences for Food Safety, Country-of-origin Labeling and Traceability", *Food Policy*, Vol. 32, No. 4, 2007.

Loureiro, M. L. and W. J. Umberger, "A Choice Experiment Model for Beef Attributes: What Consumer Preferences Tell us", Selected Paper Presented at the American Agricultural Economics Association Annual Meetings, Denver, CO, August. 2004.

Loureiro, M. L. and W. J. Umberger, "Estimating Consumer Willingness to Pay for Country-of-Origin labeling", *Journal of Agricultural and Resource Economics*, Vol. 28, No. 4, 2003.

Loureiro, M. L. and W. J. Umberger, "A Choice Experiment Model for Beef: What US Consumer Responses Tell Us About Relative Preferences for Food Safety, Country-of-Origin Labeling and Traceability", *Food Policy*, Vol. 32, No. 4, 2007.

Louviere, J. J., D. A. Hensher and J. D. Swait, *Stated Choice Methods: Analysis and Applications*,

Cambridge University Press, 2000.

Luce, R. D., "On the Possible Psychophysical Laws", *Psychological Review*, Vol. 66, No. 2, 1959.

Lusk, J. L. and T. C. Schroeder, "Are Choice Experiments Incentive Compatible? A Test with Quality Differentiated Beef Steaks", *American Journal of Agricultural Economics*, Vol. 86, No. 2, 2004.

Lusk, J. L. and T. C. Schroeder, "Are Choice Experiments Incentive Compatible? A Test With Quality Differentiated Beef Steaks", *American Journal of Agricultural Economics*, Vol. 86, No. 2, 2004.

Lusk, J. L., J. Brown, T. Mark, I. Proseku, R. Thompson and J. Welsh, "Consumer Behavior, Public Policy, and Country-of-Origin Labeling", *Applied Economic Perspectives and Policy*, Vol. 28, No. 4, 2006.

Lusk, J. L., J. Roosen and J. A. Fox, "Demand for Beef from Cattle Administered Growth Hormones or Fed Genetically Modified Corn: A Comparison of Consumers in France, Germany, the United Kingdom, and the United States", *American Journal of Agricultural Economics*, Vol. 85, No. 4, 2003.

Lynn, L. M., K. Rondeau, S. Kirkpatrick, et al., "Food Provisioning Experiences of Ultra Poor Female Heads of Household Living in Bangladesh", *Social Science & Medicine*, Vol. 72, No. 1, 2011.

Ma, Y. and L. Zhang, "Analysis of Transmission Model of Consumers' Risk Perception of Food Safety based on Case Analysis", *Research Journal of Applied Sciences, Engineering and Technology*, Vol. 5, No. 9, 2013.

Maddala, G. S., *Limited-Dependent and Qualitative Variables in Econometrics*, Cambridge University Press, 1997.

Marian, G. M., F. Andrew, A. C. Julie, et al., "Co-Regulation as A Possible Model for Food Safety Governance: Opportunities for Public-Private Partnerships", *Food Policy*, Vol. 32, No. 3, 2007.

Marian, G. M., F. Andrew, A. C. Julie, et al., "Co-Regulation as A Possible Model for Food Safety Governance: Opportunities for Public-Private Partnerships", *Food Policy*, Vol. 32, No. 3, 2007.

Mariano, M. J., R. A. Villano, E. Fleming, "Factors Influencing Farmers' Adoption of Modern Rice Technologies and Good Management Practices in the Philippines", *Agricultural Systems*, Vol. 110, 2012.

Marsden, T. R. and Lee, A. Flynn, *The New Regulation and Governance of Food: Beyond the Food Crisis*, New York and London: Routledge, 2010.

Martínez-Romero, D., S. Castillo and D. Valero, "Forced-air Cooling Applied Before Fruit Handing to Prevent Mechani cal Damage of Plums(Prunus Salicina Lindl.)", *Postharvest Biology and Technology*, Vol. 28, No. 1, 2003.

May, P. and R. Burby, "Making Sense out of Regulatory Enforcement", *Law and Policy*, Vol. 20, No. 2, 1998.

Maynard-Moody, S. and M. Musheno, *Cops, Teachers, Counsellors: Stories from the Frontlines of Public Services*, Ann Arbor, Mi: University Of Michigan Press, 2003.

McFadden, D. and K. Train, "Mixed MNL Models of Discrete Response", *Journal of Applied Econometrics*, Vol. 15, No. 4, 2000.

Mead, P. S., L. Slutsker, V. Dietz, et al., "Food-Related Illness and Death in the United States", *Emerging Infectious Diseases*, Vol. 5, No. 5, 1999.

Meijboom, F. V. and F. Brom, "From Trust to Trustworthiness: Why Information is not Enough in the Food Sector", *Journal of Agricultural and Environmental Ethics*, Vol. 19, No. 5, 2006.

Mendola, M., "Farm Household Production Theories: A Review of 'Institutional' and 'Behavioral' Responses", *Asian Development Review*, Vol. 24, No. 1, 2007.

Mennecke, B. E., Townsend, A. M., Hayes D. J. and Lonergan, S. M., "A Study of the Factors that Influence Consumer Attitudes toward Beef Products Using the Conjoint Market Analysis Tool", *Journal of Animal Science*, Vol. 85, No. 10, 2007.

Merrill, R. A., *The Centennial of Us Food Safety Law: A Legal and Administrative History*, Washington, Dc: Resource For The Future Press, 2005.

Mes'ıas, F. J., M. Escribano, A. D. Ledesma, et al., "Consumers' preferences for beef in the Spanish region of Extremadura: A Study Using Conjoint Analysis", *Journal of the Science of Food and Agriculture*, Vol. 85, No. 14, 2005.

Mes'ıas, F. J., F. Mart'ınez-Carrasco, J. M. Mart'ınez, P. Gaspara, "Functional and Organic Eggs as an Alternative to Conventional Production: A Conjoint Analysis of Consumers' Preferences", *Journal of the Science of Food Agriculture*, Vol. 91, No. 3, 2011.

Mol, A. P. J., "Governing China's Food Quality Through Transparency: A Review", *Food Control*, Vol. 43, 2014.

Moureh, J. and E. Derens, "Numerical Modeling of the Temperature Increase in Frozen Food Packaged in Pallets in the Distribution Chain", *International Journal of Refrigeration*, Vol. 23, No. 5, 2000.

Moureh, J., N. Menia and D. Fliek, "Numerical and Experimental Study of Airflow in a Typical Refrigerated Truck Configuration Loaded with Pallets", *Computers and Electronics in Agriculture*, Vol. 34, No. 1, 2002.

Mueller, R. K., "Changes in the Wind in Corporate Governance", *Journal of Business Strategy*, Vol. 1, No. 4, 1981.

Murphy, M., C. Cowan and M. Henchion, "Irish Consumer Preferences for Honey: A Conjoint Approach", *British Food Journal*, Vol. 102, No. 8, 2000.

Mutshewa, A., "The Use of Information by Environmental Planners: A Qualitative Study Using

Grounded Theory Methodology", *Information Processing and Management: An International Journal*, *Vol.* 46, No. 2, 2010.

Mzoughi, N. , "Farmers Adoption of Integrated Crop Protection and Organic Farming: Do Moral and Social Concerns Matter", *Ecological Economics*, Vol. 70, No. 8, 2011.

Nahapiet, J. and S. Ghoshal, "Social Capital, Intellectual Capital, and Organizational Advantage", *Academy of Management Review*, Vol. 32, No. 2, 1998.

Napolitano, F. , A. Braghieri, E. Piasentier, S. Favotto, S. Naspettiand and R. Zanoli, "2010. Effect of Information About Organic Production on Beef Liking and Consumer Willingness to Pay", *Food Quality and Preference*, Vol. 21, No. 2, 2014.

Natalie, S. , "Background Paper on GONGOs and QUANGOs and Wild NGOs", World Federalist Movement Institute of Global Policy, 2001.

Norman, Scott and Hongda Chen. , "Nanoscale Science and Engineering for Agriculture and Food Systems", *National Planning Workshop*, Vol. 11, No. 2, 2003.

Nout, M. J. R. and Y. Motarjemi, "Assessment of Fermentation as a Household Technology for Improving Food Safety: A Joint FAO/WHO Workshop", *Food Control*, Vol. 5, No. 5, 2011.

Nuñez, J. "A Model of Selfregulation", *Economics Letters*, Vol. 74, No. 1, 2001.

Olesen, I. , F. Alfnes, M. B. Røra and Kolstad. , "Eliciting Consumers' Willingness to Pay for Organic and Welfare-Labelled Salmon in a Non-Hypothetical Choice Experiment", *Livestock Science*, Vol. 172, No. 2, 2010.

Organisation for Economic Cooperation and Development (OECD), *Regulatory Policies in OECD Countries*, *From Interventionism to Regulatory Governance*, Report OECD, 2002.

Ortega, D. L. , H. H. Wang, N. J. O. Widmar and L. Wu, "Chinese Producer Behavior: Aquaculture Farmers in Southern China", Selected Paper Prepared for Presentation at the Agricultural & Applied Economics Association's, 2013 AAEA & CAES Joint Annual Meeting, Washington, D. C. , August 4-6, 2013.

Ortega, D. L. , H. H. Wang, O. Widmar, et al. , "Chinese Producer Behavior: Aquaculture Farmers in Southern China", *China Economic Review*, Vol. 28, No. 3, 2014.

Ortega, D. L. , H. H. Wang, L. Wu and N. J. Olynk, "Modeling Heterogeneity in Consumer Preferences for Select Food Safety Attributes in China", *Food Policy*, Vol. 36, No. 4, 2011.

Osaili, T. M. , B. A. Obeidat, D. O. Abu Jamous, et al. , "Food Safety Knowledge and Practices Among College Female Students in North of Jordan", *Food Control*, Vol. 22, No. 2, 2011.

Osborne, D. and T. Gaebler, *Reinventing Government: How the Entrepreneurial Spirit is Transforming the Public Sector*, Reading, MA: Addison-Wesley, 1992.

Ouma, E. , A. Abdulai and A. Drucker, "Measuring Heterogeneous Preferences for Cattle Traits among Cattle-keeping Households in East Africa", *American Journal of Agricultural Economics*, Vol. 89, No. 4, 2007.

Parfitt, J., M. Barthel and S. Macnaughton, "Food Waste within Food Supply Chains: Quantification and Potential for Change to 2050", *Philosophical Transactions of the Royal Society B: Biological Sciences*, Vol. 365, No. 1554, 2010.

Pressman, J. L., A., "Wildavsky", *Implementation: How Great Expectations in Washington are Dashed in Oakland*, 3rd Edn, Los Angeles, CA: University Of California Press, 1984.

Priefer, C. and J. Jörissen, "*Technology Options for Feeding 10 Billion People Options for Cutting Food Waste*", Institute For Technology Assessment And Systems Analysis: Carmen Priefer, Project Leader, 2013.

Probst, L., E. Houedjofonon, H. M. Ayerakwa and R. Haas, "Will They Buy it? The Potential for Marketing Organic Vegetables in the Food Vending Sector to Strengthen Vegetable Safety: A Choice Experiment Study in Three West African Cities", *Food Policy*, Vol. 37, No. 5, 2012.

Putnam, R. D., "*Making Democracy Work: Civic Traditions in Modern Italy*", Princeton: Princeton University Press, 1993.

Qi, L., M. Xu, Z. T. Fu, et al., "C2SLDS: A WSN-based Perishable Food Shelf-life Prediction and LSFO Strategy Decision Support System in Cold Chain Logistics", *Food Control*, Vol. 38, No. 4, 2014.

Revelt, D. and K. E. Train, *Customer-Specific Taste Parameters and Mixed Logit*, University of California, Berkeley, 1999.

Richard, A. P., *Economic Analysis of Law*, Aspen, 2010.

Ridoutt, B. G., P. Juliano, P. Sanguansri and J. Sellahewa, "The Water Footprint of Food Waste: Case Study of Fresh Mango in Australia", *Journal of Cleaner Production*, Vol. 18, No. 16-17, 2010.

Rigby, D., T. Young and M. Burton, "The Development and Prospects for Organic Farming in the UK", *Food Policy*, Vol. 26, No. 6, 2001.

Roheim, C. A., L. Gardiner and R. Asche, "Value of Brands and Other Attributes: Hedonic Analysis of Retail Frozen Fish in the UK", *Marine Resource Economics*, Vol. 22, No. 2, 2007.

Rokka, J. and L. Uusitalo, "Preference for Green Packaging in Consumer Product Choices—Do Consumers Care?" *International Journal of Consumer Studies*, Vol. 32, No. 5, 2008.

Roosen, J. and J. L. Lusk, "Consumer Demand for and Attitudes Toward Alternative Beef Labeling Strategies in France, Germany, and the UK", *Agribusiness*, Vol. 19, No. 1, 2003.

Rosen, S., "Hedonic Prices and Implicit Markets: Product Differentiation in Pure Competition", *Journal of Political Economy*, Vol. 82, No. 1, 1974.

Rosenheim, J. A., "Costs of Lygus Herbivory on Cotton Associated with Farmer Decision-Making: An Ecoinformatics Approach", *Journal of Economic Entomology*, Vol. 106, No. 3, 2013.

Rossi, P. E., R. E. McCulloch and G. M. Allenby, "The Value of Purchase History Data in Target Marketing", *Marketing Science*, Vol. 15, No. 4, 1996.

Roth, E. and H. Rosenthal, "Fisheries and Aquaculture Industries Involvement to Control Product Health and Quality Safety to Satisfy Consumer-Driven Objectives on Retail Markets in Europe", *Marine Pollution Bulletin*, Vol. 53, No. 10, 2006.

Rouvière, E. and J. A. Caswell, "From Punishment to Prevention: A French Case Study of the Introduction of Co-Regulation in Enforcing Food Safety", *Food Policy*, Vol. 37, No. 3, 2012.

Samuels, W. J. and S. G. Medema, "Ronald Coase on Economic Policy Analysis: Framework and Implications", *Coasean Economics Law and Economics and the New Institutional Economics*, Vol. 28, No. 4, 1998.

Sanlier, N., "The Knowledge and Practice of Food Safety by Young And Adult Consumers", *Food Control*, Vol. 25, No. 5, 2009.

Sarig, Y., "Traceability of Food Products", *Agricultural Engineering International: the CIGR Journal of Scientific Research and Development*, Invited Overview Paper, 2003.

Sarig, Y., J. De Baerdemaker, P. Marchal, H. Auernhammer, L. Bodria, I. A. Nääs and H. Centrangolo, "Traceability of Food Products", *International Commission of Agricultural Engineering*, Vol. 5, No. 4, 2003.

Saurwein, F., "Regulatory Choice for Alternative Modes of Regulation: How Context Matters", *Law & Policy*, Vol. 33, No. 3, 2011.

Schnettler, B., R. Vidal, R. Silva, et al., "Consumer Willingness to Pay for Beef Meat in a Developing Country: The Effect of Information Regarding Country of Origin, Price and Animal Handling Prior to Slaughter", *Food Quality and Preference*, Vol. 20, No. 2, 2009.

Schulten, G. G. M., "Post-Harvest Losses in Tropical Africa and Their Prevention", *Food and Nutrition Bulletin*, Vol. 4, No. 2, 1982.

Yin, S. J., Linhai, W., Lili, D., Chen, M., "Consumers' Purchase Intention of Organic Food in China", *Journal of the Science of Food and Agriculture*, Vol. 90, No. 8, 2010.

Scott, C., "Analysing Regulatory Space: Fragmented Resources and Institutional Design", *Public Law Summer*, Vol. 1, 2001.

Shafiei, S. E. and A. Alleyne, "Model Predictive Control of Hybrid Thermal Energy Systems in Transport Refrigeration", *Applied Thermal Engineering*, Vol. 82, No. 2, 2015.

Simard, A. P. and M. Laeriox, "Study of the Thermal Behavior of a Latent Heat Cold Storage Unit Operating Under Frosting Conditions", *Energy Conversion & Management*, Vol. 44, No. 5, 2003.

Sinclair, D., "Self-Regulation Versus Command and Control? Beyond False Dichotomies", *Law & Policy*, Vol. 19, No. 4, 1997.

Skelcher, Mathur, *Governance Arrangements and Public Sector Performance: Reviewing and Reformulating the Research Agenda*, 2004.

Smerdon, W. J., G. K. Adak, S. J. O'Brien, et al., "General Outbreaks of Infectious Intestinal Disease Linked with red Meat, England and Wales, 1992—1999", *Communicable Disease and*

Public Health, Vol. 04, No. 5, 2001.

Smith, G. C., J. D. Tatum, K. E. Belk, et al., "Traceability From a US Perspective", *Meat Science*, Vol. 71, No. 2, 2005.

Smith, T. A., C. L. Huang and B. H. Lin, "Does Price or Income Affect Organic Choice? Analysis of US Fresh Produce Users", *Journal of Agricultural and Applied Economics*, Vol. 41, No. 4, 2009.

Stanford, K. and B. Sexton, "On-Farm Carcass Disposal Options for Dairies", *Adv. Dairy Technol*, Vol. 18, No. 6, 2006.

Starbird, S. A., V. Amanor-Boadu, "Contract Selectivity, Food Safety, and Traceability", *Journal of Agricultural & Food Industrial Organization*, Vol. 5, No. 1, 2007.

Stoker, G., "Governance as Theory: Five Propositions", *International Social Science Journal*, Vol. 155, No. 50, 1998.

Struthers, C. B. and J. L. Bokemeier, "Myths and Realities of Raising Children and Creating Family Life in a Rural County", *Journal of Family Issues*, Vol. 21, No. 1, 2000.

Sudershan, R. V., G. M. S. Rao, P. Rao, et al., "Food Safety Related Perceptions and Practices of mothers-A Case Study in Hyderabad", *India Food Control*, Vol. 19, No. 3, 2008.

Swait, J., "A Structural Equation Model of Latent Segmentation and Product Choice for Cross-sectional Revealed Preference Choice Data", *Journal of Retailing and Consumer Services*, Vol. 1, No. 2, 1994.

Tassou, S. A., G. De-Lille and Y. T. Ge, "Food Transport Refrigeration-approaches to Reduce Energy Consumption and Environmental Impacts of Road Transport", *Applied Thermal Engineering*, Vol. 29, No. 4, 2009.

Tempesta T. and D. Vecchiato, "An Analysis of the Territorial Factors Affecting Milk Purchase in Italy", *Food Quality and Preference* Vol. 27, No. 1, 2013.

Teshome, A., J. Kenneth, T. Bernard, et al., "Traditional Farmers' Knowledge of Sorghum (Sorghum Bicolor [Poaceae]) Landrace Storability In Ethiopia", *Economic Botany*, Vol. 53, No. 1, 1999.

Tey, Y. S. and M. Brindal, "Factors Influencing the Adoption of Precision Agricultural Technologies: A Review for Policy Implications", *Precision Agriculture*, Vol. 13, No. 6, 2012.

Thakur, M. and K. A. M. Donnelly, "Modeling Traceability Information in Soybean Value Chains", *Journal of Food Engineering*, No. 1, 2010.

Tinti, A., A. Tarzia, A. Passaro, et al., "Thermographic Analysis of Polyurethane Foams Integrated with Phase Change Materials Designed for Dynamic Thermal Insulation in Refrigerated Transport", *Applied Thermal Engineering*, Vol. 70, No. 6, 2014.

Tirole, J., *The Theory of Industrial Organization*, The Mit Press, 1988.

Todto, "Consumer Attitudes and the Governance of Food Safety", *Public Understanding of Science*, Vol. 18, No. 1, 2009.

Tonsor, G. T. , N. Olynk and C. Wolf, "Consumer Preferences for Animal Welfare Attributes: The Case of Gestation Crates", *Journal of Agricultural and Applied Economics*, Vol. 41, No. 3, 2009.

Torjusen, H. , G. Lieblein, M. Wandel and C. A. Francis, "Food System Orientation and Quality Perception Among Consumers and Producers of Organic Food in Hedmark County, Norway", *Food Qual. Prefer*, Vol. 12, No. 3, 2001.

Train, K. E. , *Discrete Choice Methods with Simulation* (Second Edition), Cambridge university press. 2009.

Ubilava, D. and K. Foster, "Quality Certification vs. Product Traceability: Consumer Preferences for Informational Attributes of Pork in Georgia", *Food Policy*, Vol. 34, No. 3, 2009.

Ureña, F. , R. Bernabéu and M. Olmeda, "Women, Men and Organic Food: Differences in Their Attitudes and Willingness to Pay, A Spanish Case Study", *International Journal of Consumer Studies*, Vol. 32, No. 1, 2008.

Valeeva, N. I. , M. P. M. Meuwissen, R. B. M. Huirne, "Economics of Food Safety in Chains: A Review of General Principles", *Wageningen Journal of Life Sciences*, Vol. 51, No. 4, 2004.

Van Loo E. J. , V. Caputo, R. M. Nayga Jr. , J. F. Meullenet and S. C. Ricke, "Consumers' Willingness to Pay for Organic Chicken Breast: Evidence from Choice Experiment", *Food Quality and Preference*, Vol. 22, No. 3, 2011.

Van Rijswijk, W. , L. J. Frewer, D. Menozzi and G. Faioli, "Consumers' Perceptions of Traceability: A Cross-national Comparison of the Associated Benefits", *Food Quality and Preference*, Vol. 19, No. 5, 2008.

Velina. p, petrova. , "Civil Society in Post-Communist Eastern Europe and Eurasia: A Cross-National Analysis of Micro—and Macro-Factors", *World Development*, Vol. 35, No. 7, 2007.

Verbeke, W. , "The Emerging Role of Traceability and Information in Demand-Oriented Livestock Production", *Outlook on Agriculture*, Vol. 30, No. 4, 2001.

Verbeke, W. and R. W. Ward, "Consumer Interest in Information Cues Denoting Quality, Traceability and Origin: An Application of Ordered Probit Models to Beef Labels", *Food Quality and Preference*, Vol. 17, No. 6, 2006.

Vignola, R. , T. Koellner, R. W. Scholz, et al. , "Decision-Making by Farmers Regarding Ecosystem Services: Factors Affecting Soil Conservation Efforts in Costa Rica", *Land Use Policy*, Vol. 27, No. 4, 2010.

Viscusi, W. K. , J. M. Vernon and J. E. Harrington, Jr. , *Economics of Regulation and Antitrust* (*3rd Edition*), Mas sachusetts, The MIT Press, 2000.

Vos, E. , "EU Food Safety Regulation in the Aftermath of the BES Crisis", *Journal of Consumer Policy*, Vol. 23, No. 3, 2000.

Wang, Y. M. And Y. Luo, "Integration of Correlations with Standard Deviations for Determining Attribute Weights in Multiple Attribute Decision Making", *Mathematical and Computer Modelling*, Vol. 51, No. 1-2, 2010.

WHO, "WHO Fact Sheet: Food Safety and Foodborne Disease", Geneva: World Health Organization, 2007.

WHO/FAO., "Major Issues and Challenges in Food Safety", in FAO/WHO Regional Meeting on Food Safety for the Near East. Jordan: WHO/FAO, 2005.

Wilcock, A., M. Pun, J. Khanona, et al., "Consumer attitudes, Knowledge and Behavior: A Review of Food Safety Issues", *Trends in Food Science and Technology*, Vol. 15, No. 2, 2004.

Wilson, J. Q. and G. L. Kelling, "Broken Windows: The Police and Neighborhood Safety", *Atlantic Monthly*, Vol. 249, No. 3, 1982.

Wolf, C., "A Theory of Nonmarket Failure: Framework for Implementation Analysis", *Journal of Law and Economics*, Vol. 22, No. 11, 1979.

Wolf, C., *Markets or governments: Choosing between imperfect alternatives: A rand research study*. MIT Press, 1993.

World Bank, FAO, NRI, *Missing Food: The Case of Post-Harvest Grain Losses in Sub-Saharan Africa*, Economic Sector Work Report No. 60371-AFR, World Bank, Washington, DC, 2011.

Wu, L. H., L. L. Xu, D. Zhu and X. L. Wang. "Factors Affecting Consumer Willingness to Pay for Certified Traceable Food in Jiangsu Province of China", *Canadian Journal of Agricultural Economics*, Vol. 60, No. 3, 2012.

Wu, L. and D. Zhu, *Food Safety in China: A Comprehensive Review*, CRC Press, 2014.

Wu, L., H. Wang, D. Zhu, "Analysis of Consumer Demand for Traceable Pork in China Based on a Real Choice Experiment", *China Agricultural Economic Review*, Vol. 7, No. 2, 2015.

Wu, L., Q. Zhang, L. Shan, et al., "Identifying Critical Factors Influencing the Use of Additives by Food Enterprises in China", *Food Control*, Vol. 31, No. 2, 2013, pp. 425-432.

Yang Yang., "Study of the Role of NGO in Strengthening the Food Safety and Construction of the Relevant Law", *Open Journal of Political Science*, Vol. 4, No. 3, 2014.

Yin, S. J., L. H. Wu, M. Chen and L. L. Du, "Consumers' Purchase Intention of Organic Food in China", *Journal of the Science of Food and Agriculture*, Vol. 8, No. 1, 2010.

Yiridoe, E. K., S. Bonti-Ankomah and R. C. Martin, "Comparison of Consumer Perceptions and Preference Toward Organic Versus Conventionally Produced foods: A Review and Update of the Literature", *Renewable Agriculture and Food Systems*, Vol. 20, No. 4, 2005.

Zhao, Q. and J. Huang, *Agricultural Science & Technology in China: A Roadmap to 2050*, China: Springer Berlin Heidelberg, 2011.

Zhejiang Academy of Agricultural Sicences, Postharvest Development Research Center, *Grain Post-Production System Analysis In China: Terminal Report*, Hangzhou, CN, 1991.

Zhou, Q. , W. L. Huang and Y. Zhang, "Identifying Critical Success Factors in Emergency Management Using a Fuzzy Dematel Method", *Saf. Sci.* Vol. 49, No. 2, 2011.

Zhu, X. , R. Zhang, F. Chu, et al. , "A Flexsim-based Optimization for the Operation Process of Cold-Chain Logistics Distribution Centre", *Journal of Applied Research and Technology*, Vol. 12, No. 6, 2014.

Zimbardo, P. G. , "The Human Choice: Individuation, Reason, and Order Versus Deindividuation, Impulse, and Chaos", *Nebraska Symposium On Motivation*, University Of Nebraska Press, 1969.

后　记

　　坚持"学科交叉、特色鲜明、实证研究"的学术理念,采用多学科组合的研究方法,我们完成了《中国食品安全发展报告 2015》的研究与写作工作。这是由江南大学江苏省食品安全研究基地为主体,协同国内十多所高校与研究机构共同完成的。这是教育部 2011 年批准立项的哲学社会科学系列发展报告重点培育资助项目——"中国食品安全发展报告"的第四个年度报告,也是 2014 年国家社科重大项目"食品安全风险社会共治研究"(项目编号:14ZDA069)与江苏省高校首批哲学社会科学优秀创新团队"中国食品安全风险防控研究"的阶段性研究成果。我们非常感谢所有参与本《报告》研究的学者们。

　　首先需要指出的是,随着研究的不断深入,我们深深地感受到,研究的难度越来越大,不仅仅体现在食品安全信息数据难以全面获得,而且每个年度出一本在内容的新颖性上面临很大的困难。为人民做学问,是学者的责任。出于责任,在此我们实事求是地告知阅读本书的人们,由于数据的缺失,本《报告》难以通过研究全面、完整地反映中国食品安全的真实状况,难以有针对性地回答人们的关切,难以真正架起政府、企业、消费者之间相互沟通的桥梁。我们真诚地呼吁相关方面最大程度地公开食品安全的信息,尤其是政府更应该按照相关法律法规带头公开应该公开的信息,最大程度地消除食品安全信息的不对称问题,这既是政府的责任,也是形成社会共治食品安全风险格局的基础,更是降低中国食品安全风险的必由之路。我们认为,经过新世纪以来 15 年的风风雨雨,全社会已经逐步了解并开始接受食品安全不存在零风险的基本理念,发达国家同样也存在食品安全风险。中国的食品安全风险并不可怕,可怕的是老百姓并不清楚食品安全的主要风险是什么、如何防范风险等问题。在内容的新颖性方面,我们每年都作出了努力,现在呈现给读者的第四个报告与第一个报告相比较,实际上在内容方面已经发生了巨大的变化。在目前数据难以全面获得与内容新颖性要求高的背景下,作为研究团队,我们真诚地恳请社会各界对《报告》的体例与结构安排、研究内容的时代性与实践性等提出宝贵的建议与批评,共同为提升《报告》质量,改善中国的食品安全治理状况作出应有的贡献。

　　《中国食品安全发展报告 2015》由江南大学江苏省食品安全研究基地首席专家、国家社科重大项目"食品安全风险社会共治研究"主持人、江苏省高校哲学社会科学优秀创新团队负责人吴林海教授牵头。吴林海教授主要负责报告的整体设计、修正研究大纲、确定研究重点,协调研究过程中关键问题,并且在完成自身研究任务的同时,最终对整个报告进行完整、统一的修改与把关。江南大学江苏省食品安全研究基地副教授徐玲玲、曲阜师范大学经济学院教授尹世久等协助吴林海教授展开了相关方面的研究工作,并各自承担了本《报告》的相关研究工作。与前三个年度报告的研究类似,参加《中国食品安全发展报告2015》研究的团队成员仍然以中青年学者为主,以年轻博士为主,以团队协同研究的方式为主,并逐步演化为以江南大学的研究团队为主。参加《中国食品安全发展报告2015》研究的主要成员是(以姓氏笔画为序):山丽杰(女,江南大学)、王红纱(女,江南大学)、王建华(江南大学)、王晓莉(女,江南大学)、王淑娴(女,江南大学)、牛亮云(北京交通大学)、冯蔚蔚(江南大学)、李清光(江南大学)、李艳云(江南大学)、吕煜昕(江南大学)、许国艳(女,江南大学)、朱中一(苏州大学)、朱淀(苏州大学)、李哲敏(女,中国农业科学院)、肖革新(国家食品安全风险评估中心)、沈向阳(广东省农产品冷链运输与物流工程技术研究中心)、张景祥(江南大学)、张文峰(广东省农产品冷链运输与物流工程技术研究中心)、陈秀娟(女,江南大学)、陆姣(女,江南大学)、赵美玲(女,天津科技大学)、钟颖琦(女,浙江大学)、侯博(女,南京农业大学)、洪小娟(女,南京邮电大学)、洪巍(江南大学)、胡其鹏(江南大学)、秦沙沙(女,江南大学)、唐晓纯(女,中国人民大学)、徐立青(江南大学)、徐迎军(曲阜师范大学)、浦徐进(江南大学)、谢旭燕(女,江南大学)、童霞(女,南通大学)等。

孙宝国院士非常关心我们的研究工作,一再嘱咐我们要站在对国家和人民负责的高度来研究中国的食品安全问题,力求数据真实、分析科学、结论可靠,并再次为本年度《报告》撰写序言。Wuyang Hu 教授(Department of Agricultural Economics at the University of Kentucky,Co-Editor of *Canadian Journal of Agricultural Economics*)也一直对我们的研究工作提供帮助与指导。研究团队再次对孙院士、Wuyang Hu 教授的支持与指导表示由衷的敬意。

在研究过程中,研究团队得到了国家发改委、国务院食品安全委员会办公室、国家食品药品监督管理总局、卫生计生委、农业部、质检总局、工商总局、工信部与中国标准化研究院、中国食品工业协会等国家部委、行业协会等有关领导、专业研究人员的积极帮助。

在研究成果最后合成的过程中,许国艳、谢旭燕、秦沙沙、吕煜昕、胡其鹏、李艳云等还在数据处理、图表制作、文字校对等方面给予了帮助。我们同时还要感谢参加本《报告》城乡居民食品安全满意度等相关调查的江南大学174位本科生!

感谢本《报告》的主要依托单位——江南大学相关领导、管理部门对研究过程中给予的帮助与经费支持;感谢北京大学出版社为出版报告所付出的辛勤劳动。

　　需要说明的是,我们在研究过程中参考了大量的文献资料,并尽可能地在文中一一列出,但也有疏忽或遗漏的可能。研究团队对被引用文献的国内外作者表示感谢。

　　从《中国食品安全发展报告 2012》出版至今的四年间,包括国外媒体在内的新闻界对不同年度的"中国食品安全发展报告"给予了高度评价,至少国内外共有300 篇的新闻、评论对此系列报告进行了持续跟踪性或集中性报道。正如中国工程院院士孙宝国教授所评价的,系列"中国食品安全发展报告"业已成为国内融学术性、实用性、工具性、科普性于一体的具有较大影响力的研究报告,对全面、客观公正地反映中国食品安全的真实状况起到了十分重要的作用。正因为如此,《中国食品安全发展报告 2012》分别评为国家商务部优秀专著奖、农村发展研究专项基金第六届中国农村发展提名奖,而《中国食品安全发展报告 2013》则获得江苏省人民政府第十三届社会科学优秀成果二等奖与教育部第七届人文社会科学优秀成果二等奖,相关研究成果还获得了无锡市政府社会科学一等奖、江苏省社科精品工程奖等奖项。我们十分感谢关注"中国食品安全发展报告"的广大读者、专家学者与政府官员。我们将继续努力,高水平地持续出版"中国食品安全发展报告",在更高层次、更大范围、更宽领域全面、客观地反映中国食品安全的真实状况,更好地体现由社会管理向社会治理转型过程中中国治理食品安全的新理念、新举措、新成效,更好地反映中国食品安全治理体系发展与治理能力提升的基本轨迹。

吴林海　　徐玲玲　　尹世久

2015 年 8 月于无锡